一个不注意小事情的人,永远不会成功大事业。

——卡耐基

人性的优点

Dale Carnegie

（美）卡耐基 著

吕平 译

北京日报出版社

图书在版编目(CIP)数据

人性的优点 / (美)卡耐基著;吕平译. -- 北京:北京日报出版社,2017.11(2019.5重印)

(卡耐基经典三部曲)

ISBN 978-7-5477-2609-9

Ⅰ.①人… Ⅱ.①卡… ②吕… Ⅲ.①成功心理—通俗读物 Ⅳ.① B848.4-49

中国版本图书馆 CIP 数据核字（2017）第 116828 号

人性的优点

出版发行：	北京日报出版社
地　　址：	北京市东城区东单三条 8-16 号东方广场配楼四层
邮　　编：	100005
电　　话：	发行部：（010）65255876
	总编室：（010）65252135
印　　刷：	三河市嵩川印刷有限公司
经　　销：	各地新华书店
版　　次：	2017 年 11 月第 1 版
	2019 年 5 月第 3 次印刷
开　　本：	710 毫米 ×1000 毫米　1/16
总 印 张：	54
总 字 数：	600 千字
定　　价：	198.00 元（全三册）

版权所有，侵权必究，未经许可，不得转载

推荐语

我从8岁就开始读卡耐基先生的著作,现在的年轻人,你越早读卡耐基的作品,你的人生就越早获得启发。

——股神、全球著名投资商沃伦·巴菲特

卡耐基先生的这些原则如魔术般令人震惊,他改变了3亿人的命运和生活。

——美国传媒大亨罗伯特·默多克

成功其实如此简单,只要你遵循卡耐基先生这些简单适用的人际标准,你就能获得成功。

——马克·维克多·汉森

戴尔·卡耐基

（1888年11月24日－1955年11月1日）

美国著名的**人际关系学大师**

西方现代人际关系教育的奠基人

他的作品被译成几十种文字，被誉为"**人类出版史上的奇迹**"

卡耐基对**人性**的洞见，指导着**千百万人**改变思想，完善行为，走上成功之路。

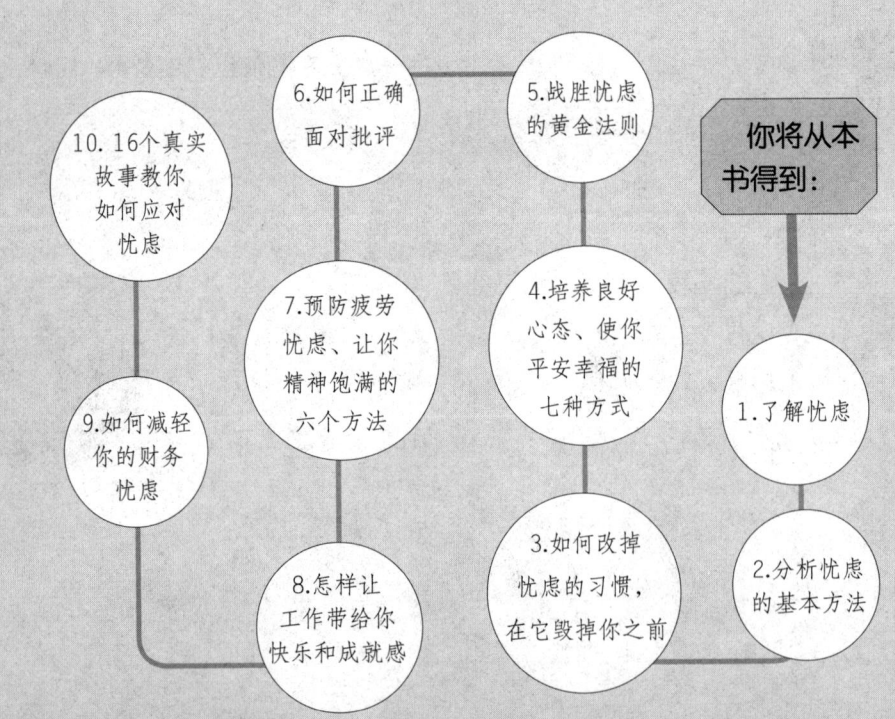

你将从本书得到：

1. 了解忧虑
2. 分析忧虑的基本方法
3. 如何改掉忧虑的习惯，在它毁掉你之前
4. 培养良好心态、使你平安幸福的七种方式
5. 战胜忧虑的黄金法则
6. 如何正确面对批评
7. 预防疲劳忧虑、让你精神饱满的六个方法
8. 怎样让工作带给你快乐和成就感
9. 如何减轻你的财务忧虑
10. 16个真实故事教你如何应对忧虑

前 言

戴尔·卡耐基是美国著名的人际学大师，美国现代成人教育之父，西方现代人际关系教育的奠基人，被誉为20世纪最伟大的心灵导师和成功学大师。他一生中撰写出了多部具有深远影响的著作，《人性的优点》便是其中之一。

这部著作是卡耐基成人教育实践的结晶，也是卡耐基哲学思想的集中体现，已被译成近60种文字，传播至世界的每一块土地，是改变无数人命运的伟大著作，也是20世纪最畅销的成功励志经典。

早在20世纪上半叶，美国经济陷入萧条，战争和贫困让人们失去了对美好生活的憧憬，在这种愁云笼罩的背景下，卡耐基通过内心的独特思考，别具匠心地开始了一套融演讲、推销、为人处世、智能开发于一体的教育方式，他运用社会学和心理学知识，对人性进行了深刻的探讨和分析，力求帮助人们征服"忧虑"，解决内心所面临的问题。他认为："人与人之间只有很小的差异，但是这种很小的差异却造成了巨大的差异！很小的差异就是所具备的心态是积极的还是消极的，巨大的差异就是成功和失败。"

带着深邃的思考，带着点亮人们内心的火种，带着激励人们鼓舞斗志和焕发豪情的力量，卡耐基潜心撰写了《人性的优点》一书，并于1948年问世。该书核心内容就是教你如何在你的日常生活、商务活动以及社会交往中与人打交道，并有效地影响他人，如

人性的优点
How To Stop Worrying And Start Living

何击败人类的生存之敌——忧虑,以创造一种幸福美好的人生。正如作者所说的那样:"昨天是过期的船票,明天是未兑现的支票,只有今天才是现金流通。"这深切地告诉我们,要善于珍惜今天、把握今天,不要患得患失,不要瞻前顾后,要生活在今天的密封舱内,静心做好今天的事,因为只有做好今天的事,才有明天的收获。这其实正是积极心态的倡导与淬炼。当你解决好这一问题后,其他许多问题定会迎刃而解。

卡耐基认为,积极的心态是成功的起点。它有助于人们克服困难,使人看到希望,保持进取的旺盛斗志。而消极心态使人沮丧、抑郁,对生活和人生充满抱怨,不仅影响身心健康,还会限制和扼杀自己的创造潜能。因此,即使面对的是困难、挫折,也可以通过乐观的思维,把"逆境"看作顺境的前奏,如此便能眼前一亮,出现一片豁然开朗的晴空。这就是选择积极的心态,也就等于选择了成功和希望的道理。书中讲述的许多普通人通过奋斗获得成功的真实故事,不仅激励了无数陷入迷茫的人走出困境,重新找到自己的人生,最终还获得了成功,有的还成为世人敬羡的杰出人士。

法国哲学家华莱理说:"科学,就是把许多的秘诀收集在一起。"《人性的优点》就是把许多成功的、经过时间考验的、真正解除我们的烦恼、忧愁的秘诀汇集在一起的作品。

该书是译者对原著进行认真研究而翻译的最新版本。全书分为10个部分,内容共有30章和16个真实故事。语言流畅,意译准确,阅读轻松,意味深长,定会深得广大读者的欢迎。

相信这本充满智慧和能量的书能让你更好地了解自己,相信自己,鞭策自己,鼓舞自己,由此发挥人性的优点,去开拓和拥抱成功而美好的生活。

如何充分利用本书的9个建议

1. 如果你想要充分利用本书，有一个必不可少的要求，而这个要求比其他任何的规则和技巧都更为重要。除非你事先具备了这个基本要求，否则学习也只能是事倍功半。如果你已经具备了这个基本要求，那么即便不读接下来教你如何充分利用本书的建议，你也可以创造奇迹。

这个神奇的要求是什么呢？答案在这里：你需要一个深刻而主动的学习欲望，一个停止忧虑、开始活力生活的决心冲动。

你该如何触发这个冲动呢？你需要不断地提醒自己，书里所讲的这一系列的规则对你有多么重要。试想一下，如果掌握了它们，它们将怎样帮你获得更为丰富多彩、快乐健康的生活。你要对自己说：从长远来看，我平静的内心、我的幸福、我的健康、甚至我的收入，在很大程度上都取决于对本书中所传授的古老、浅显而永恒的真理的运用。

2. 在阅读每个章节时先浏览它的框架，你可能会对下一个标题产生兴趣，并直接跳到那里去。不要这么做，除非你阅读本书仅仅是为了娱乐。但如果你阅读本书是为了想要停止忧虑并开始新生活，那么就请返回去重新仔细阅读每一章的内容。从长远来看，这将意味着节省时间和得到实效。

3. 在阅读的过程中，你可以经常停下来进行思考。问问你自己，将在什么时候、如何来实践这些建议。这种阅读方式会让你受益良多，就像追逐兔子的猎狗一样进步飞速。

4. 阅读的时候随手准备一支笔，每当遇到一个你觉得可行的建议时，就在它的旁边划一道线。如果它是一个四星级的建议，那就把这段话的每一个句子都强调一下，或做好"XXX"的标记。在一本书上做标记和强调更有意思，也更容易帮助你快速复习。

5. 我认识一位在一家大型保险公司工作过15年的办公室经理，每个月她会将自己公司的所有保险合同都读上一遍。没错，月复一月，年复一年，她读的都是相同的合同。为什么要这样做？因为经验告诉她，想要清楚地记住公司的所有规定，这是唯一的方法。

我曾经花了近两年的时间写了一部有关公开讲演的书籍，然而后来我却发现，若想记起我在这本书里都写了些什么，我必须不时地翻开书来温故阅读。我们健忘的速度就是如此的惊人。

所以，如果你想从这本书中获得真正的、持久的利益，不要以为略读一次就够了。你应该仔细阅读，每个月还要花些时间来阅读温故。你要保证每天都能在你的书桌前看到它，经常翻看它，记住并改进那些可能给自己带来改变的丰富的可能性。牢记这些原则可以让你在不知不觉中养成持续使用它的习惯。除此之外，别无他法。

6. 萧伯纳曾说过："如果你把一切都教给一个人，他是学不会的。"萧伯纳是正确的。

学习是一个主动的过程。我们需要在实践中不断学习。所以，如果你想要掌握本书中所教授的这些规则，就要充分运用每一个实践的机会来使用这些规则。否则的话，用不了多久，你就会将它们忘得一干二净。只有让知识在你的脑海中形成烙印才行。

或许你会认为很难在所有的时间里都应用这些建议，这点我可以理解。因为我写了这本书之后，却时常发现很难将我主张的一切都付诸实践。所以，请记住，你读这本书的目的并不只是想要获得信息，你也在试图形成新的习惯。没错，你正在尝试一种新的生活方式，而这需要时间、毅力和日积月累的实践。

所以，请保持时不时地就来翻看几页的习惯，也请把本书当成是战胜忧虑的工作手册。当你面临棘手的问题时，切忌冲动行事，因为这往往是错误的决定。

相反，请打开这本书的页面，并回顾一下你曾经强调的段落，然后再尝试些新的方式，看看它们是否能带给你奇迹。

7. 每当你违反书中的一个原则时，就给你爱人、朋友或者是商业伙伴一个先令。让掌握准则成为一种有趣的游戏。

8. 请翻开本书，看看华尔街的银行家H.P.豪威尔，以及年老的本·富兰克林是如何改正他们的错误的。为什么你不用豪威尔和富兰克林的技巧来检查本书中所阐述的原理应用？如果你这样做了，那么会产生两个结果：

首先，你会发现自己已经参与到一个教育的过程之中，这是一次有趣而无价的体验。

其次，你会发现你自己停止忧虑、开始新生活的能力大有长进，就像一棵茁壮成长的绿湾树。

9. 从现在起，养成写日记的习惯。你应该在日记上记录下你因为运用书中原理而获取成功的案例。要具体，写清楚名字、日期以及结果。保持这样的习惯会激励你更加努力。多年后的某个夜晚，当你偶然翻开这些记录时，也会感慨这是些多么迷人的回忆！

概 要

1. 培养一个深入而主动的学习欲望，继而如饥似渴地想要掌握克服忧虑的原则。

2. 每个章节都阅读两遍，然后再进入到下一个章节。

3. 阅读的过程中，不时地停下来思考，看看其中的每一个建议是否都可行。

4. 将每一个重要思想都标记下来。

5. 每月都温习本书。

6. 利用每一个可以应用这些原则的机会，将本书作为帮你解决日常问题的工作手册。

7. 做一个生动的游戏，如果你违反了本书的一条原则，就付给你的朋友一先令。

8. 每个星期都检讨一下。问问你自己犯了什么错误，是如何改进的，并从中得到了哪些教训。

9. 在本书的后面写日记，记录一下你运用这些原则的具体情况。

目 录

第一部分
了解忧虑

第一章 活在"日密舱"里 / 003
第二章 一个消除忧虑情绪的神奇公式 / 015
第三章 忧虑会给你带来什么 / 022
第一部分小结 / 032

第二部分
分析忧虑的基本方法

第四章 解开忧虑之谜 / 035
第五章 如何减少工作上50%的忧虑 / 042
第二部分小结 / 046

第三部分
如何改掉忧虑的习惯,在它毁掉你之前

第六章 如何将忧虑从思想中赶走 / 049
第七章 不要因为一点小事而心情低落 / 058
第八章 一个可以打消你诸多忧虑的定律 / 065

人性的优点

How To Stop Worrying And Start Living

第九章　学会接受不可避免的事实 / 071

第十章　给忧虑下个"止损订单" / 082

第十一章　不要试图去锯那些已经碎了的木屑 / 090

第三部分小结 / 096

第四部分
培养良好心态、使你平安幸福的七种方式

第十二章　六个字，改变你的生活 / 099

第十三章　复仇的代价亦高昂 / 114

第十四章　这样做，你将永远不会为别人的不知感恩而焦虑 / 122

第十五章　用一百万来交换你所拥有的，你愿意吗 / 130

第十六章　发现自己，做你自己：记住，你是这世界上独一无二的存在 / 138

第十七章　如果你有柠檬，就做成柠檬水 / 145

第十八章　如何在十四天内消除忧虑 / 153

第四部分小结 / 156

第五部分
战胜忧虑的黄金法则

第十九章　我的父母是如何战胜忧虑的 / 159

第六部分
如何正确面对批评

第二十章　请记住，没人会去踢一条死狗 / 173

目录

第二十一章　这样做，批评将无法伤到你 / 176
第二十二章　我做过的那些蠢事 / 179
第六部分小结 / 182

第七部分
预防疲劳忧虑、让你精神饱满的六个方法

第二十三章　如何每天多清醒一个小时 / 185
第二十四章　让你感到疲劳的因素以及应对方法 / 190
第二十五章　家庭主妇该如何避免疲劳和永葆青春 / 195
第二十六章　四个良好的工作习惯，帮助你防止忧虑和烦恼 / 201
第二十七章　如何避免产生疲劳、厌倦、担心和怨恨 / 204
第二十八章　帮你远离失眠的良方 / 211
第七部分小结 / 216

第八部分
怎样让工作带给你快乐和成就感

第二十九章　事关你一生幸福的重大决定 / 219

第九部分
如何减轻你的财务忧虑

第三十章　我们百分之七十的烦恼…… / 229

人性的优点

How To Stop Worrying And Start Living

第十部分
16个真实故事教你如何应对忧虑

第1个故事　突如其来的六大烦恼（作者：布莱克·伍德）/ 237

第2个故事　一小时之内变成乐观主义者（作者：罗格·W.斑布森）/ 240

第3个故事　如何摆脱自卑情结（作者：埃尔默·托马斯）/ 241

第4个故事　我对抗焦虑的5个方法（作者：威廉·里昂·菲尔普斯）/ 245

第5个故事　我挺得过昨天，也撑得过今天（作者：多罗西·迪克西）/ 248

第6个故事　用运动排忧解烦（作者：艾迪·伊根上校）/ 250

第7个故事　我曾被忧虑击倒过（作者：吉姆·博德赛尔）/ 251

第8个故事　绝地重生（作者：泰德·埃里克森）/ 254

第9个故事　我曾是这世界上最大的傻瓜（作者：培尔西·H.维汀）/ 256

第10个故事　给自己留条退路（作者：吉恩·奥特里）/ 258

第11个故事　当警察来敲门（作者：荷马·克洛伊）/ 261

第12个故事　曾经我最艰难的对手是忧虑（作者：杰克·邓普西）/ 264

第13个故事　祈祷我远离孤儿院（作者：凯瑟琳·哈特）/ 266

第14个故事　让自己忙起来吧（作者：德尔·修斯）/ 268

第15个故事　时间是治愈一切的良方（作者：路易斯·蒙坦特二世）/ 270

第16个故事　消除忧虑的高手（作者：奥德韦·蒂德）/ 272

第一部分

了解忧虑

第一章

活在"日密舱"里

在1871年的春天,一个年轻人随手拿起一本书来读了20几个字。虽说是20几个字,却对他的未来产生了极其深远的影响。那时的他是蒙特利尔总医院的一名医科学生,繁重的学业让他担心自己无法通过期末考试。他不知道自己未来该做些什么,会在什么地方,能否创立自己的基业,更不知道明天该怎么生活。

而这个年轻人在1871年读到的这20几个字,却让他成为了当时最有名的医生。他开办了世界上著名的约翰·霍普金斯医学院,成为了英国牛津大学的钦定教授——这是大英帝国授予医学人士的最高荣誉,还被英国国王赐予了爵士爵位。在他辞世后,多达1466页的两大卷书详述了他的一生。

他就是威廉·奥斯勒爵士。他在1871年春读的那20几个字就是托马斯·卡莱尔曾说的:"最重要的不是去看远方模糊的事,而是做手边清楚的事。"这20几个字让他从忧虑中回到了自由的生活。

42年后,在一个微风徐徐的春夜,校园里开满了馨香浓郁的郁金香,奥斯勒爵士正在耶鲁大学为学生们做演讲。他告诉那些学生,像他这样一个成为四所大学的教授,还著有很多畅销书的人,似乎应该拥有"最强的大脑",其实事实并非如此。他说,了解他的朋友都知道,他的大脑是"最普通的大脑"。

那么,他成功的奥秘是什么呢?他说这完全归功于他的"日

人性的优点
How To Stop Worrying And Start Living

密舱"。这句话是什么意思呢？就在他在这里演讲的几个月前，奥斯勒爵士乘坐远洋游轮横跨了大西洋。他在游轮上看到船长站在船桥上按下一个按钮，噌！机器叮当作响，船上的每一部分迅即关闭，与其他部分分割开来，成为水密舱室。奥斯勒爵士对这些耶鲁大学的学生说："现在，你们每一个人将成为比大游轮更非凡的机体，开始比游轮更长的航程。"我的忠告是：你要学会驾驭自己的机体，就像生活在"日密舱"中，以最保险的方法确保航行安全。登上船桥，你至少要看到大舱壁正在有序运行。按下按钮，然后倾听，你人生的每一个层段都要关上铁门阻断过去——逝去的昨天。按下另一个按钮，用一道铁幕隔断将来——未来的明天。现在你安全了——今天是安全的……阻断过去！让已逝的过去永远埋葬……阻断昨天，让傻瓜去处理昨天的尘土飞扬吧。明天的负担加上昨天的负担，如果还要承担今天的这些重担，那么再强健的人也会步履蹒跚。像阻断昨天一样阻断明天……未来就是今天……没有什么明天。人类救赎的日子就是今天。精力的浪费、精神的苦闷、紧张的忧虑都会紧紧跟随一个为未来担忧的人……那么，关闭前后的舱壁，准备生活在"日密舱"里吧。

难道奥斯勒爵士的意思是我们不应该为明天做任何努力吗？不，绝对不是！他在演讲中继续说，为明天做准备的最好的方式是集中你所有的智慧、所有的热情完美地做好今天的工作。这是你可以为未来做好准备的唯一可能途径。

奥斯勒爵士在耶鲁大学敦促学生用耶稣的祷告开始每一天："请赐予我们今日的食物！"

要注意的是，这个祷告只是要求赐予当天的食物。它没有抱怨我们昨天吃的馊面包，而且也没有说："啊，上帝，最近麦地非常

第一章

活在"日密舱"里

干旱,我们可能遇上了旱灾,那么到秋天我上哪弄面包吃?"或者"假如我失业了——哦,上帝,我该上哪赚面包吃?"

这个祷告教育我们只要求今天的面包。今天的面包才是你唯一可能吃到的面包。

数年前,一个身无分文的哲学家流浪到一个贫瘠的山村,那里的人们都生活得非常艰苦。有一天,在一座小山上,一群人围着听他布道,他说出了可能是有史以来被引用最多的一段话语。这段流传了几个世纪的话只有20几个字:"不要为明天忧虑,因为明天自有明天的忧虑;一天的难处一天担当就够了。"

很多人不相信耶稣的这句话:"不要为明天顾虑。"他们认为这句话是理想但不切实际的忠告,而且有点东方神秘主义的色彩。"我必须要为明天考虑,"他们说,"我必须得为家人买保险;我必须得为养老攒钱;我必须得为成功做好计划和准备。"

没错!你当然必须要做好计划和准备。但事实是,耶稣的这句话是300多年前翻译的,所以其现在的意思与国王詹姆斯统治时期的意思是不同的。在300年前,"顾虑"通常是指焦虑。现代版本的《圣经》准确地引用了耶稣的这句话:"不要为明天忧虑。"

当然,我们要尽一切办法为明天考虑,而且要仔细地考虑、计划和准备。但是不要忧虑。

在战争中,我们的军事领导人为第二天做好了部署,但是他们不能再有任何的忧虑。"我已经为最优秀的士兵配备了我有的最好的装备,"美国海军总司令、海军上将欧内斯特·约瑟夫·金[①]说,"并给他们部署了明智的军事行动。我所能做的仅此而已。"

"如果舰船已经沉没了,"海军上将金继续说,"我无法把它

[①] 欧内斯特·约瑟夫·金是美国海军五星上将,第二次世界大战中坚持太平洋第一的美国海军总司令。海军中尊称全能的上帝。

人性的优点

How To Stop Worrying And Start Living

打捞起来。如果舰船就要沉没了,我也无法阻止它。我可以把时间更好地用在处理明天的事物上,而不是浪费在为昨天而苦恼上。而且,如果我整天被这些事情所干扰,那么我也支撑不了多久。"

无论在战争时期还是和平年代,好思维和坏思维的主要区别是:好思维能考虑到前因后果,并导向逻辑和建设性的计划;坏思维经常导致紧张和精神崩溃。

最近,我有幸拜访了世界上最著名的报纸之一——《纽约时报》的发行人阿瑟·海斯·苏兹贝格。苏兹贝格先生告诉我说,当第二次世界大战的战火烧到整个欧洲时,他感到非常震惊、也非常担心未来,以至于彻夜难眠。他经常半夜起床,拿着画布和画笔,对着镜子,想画一张他的自画像。他对绘画一无所知,但是他为了让自己的注意力从担忧中脱离出来,还是坚持画。苏兹贝格先生还告诉我说,他始终无法消除忧虑,进入平静,直到他从教堂圣歌里摘取了几个字作为座右铭:只要前进一步就好。

恳求慈光导引我……
导我前行!
我不求主指引遥远路程,
我只恳求,只要前进一步就好。

大约就在同一个时期,在欧洲某地当兵的一个年轻人也有了同样的领悟。他叫泰德·本杰米诺,住在马里兰州巴尔的摩港市纽霍姆路5716号,他曾经担心自己得了严重的战斗疲劳症。

"1945年4月,"泰德·本杰米诺写道,"我整日担忧,并因此得了医生称之为'痉挛性横结肠'的病症。这种疾病会产生剧烈的疼痛。如果那时战争还不结束的话,我的身体肯定已经完全崩溃了。

第一章

活在"日密舱"里

"当时我焦头烂额。我是第94步兵师的士官。我的工作是帮助建立和维护所有在战斗中死亡、失踪和住院治疗士兵的记录。我还要帮忙挖掘那些在战斗间歇被草草浅埋的盟军和敌军士兵的尸体。我不得不收拾这些人的个人财物,然后再把它们送还给他们的父母或近亲,他们是非常珍视这些遗物的。我一直担心,怕我们可能会做出令人尴尬和严重的错误。我担心自己是否能熬得过去。我还担心我是否能有机会抱抱从未谋面的已经16个月大的唯一的儿子。我既担忧又疲惫不堪,以致足足瘦了34磅。我是如此的紧张忙乱,都差点发疯了。我的双手几乎就是皮包骨了。我一想到拖着这副瘦弱不堪的身体回家就感到害怕。我已经崩溃了,像一个孩子一样地哭泣。每当我独处时,我就浑身颤抖,眼泪不由自主地涌出。在阿登战役①开始后的一段时期,我常常哭泣,以至于我几乎放弃了恢复正常生活的希望。

"我最终住进了部队医院。在那里,有个军医给我了一些劝告,这些劝告完全改变了我的生活。在给我做完一次全身检查后,他说我的问题是心理上的。'泰德,'他说,'我建议你把生活看作一个沙漏。沙漏的上部有成千上万的沙粒,它们都缓慢而又均匀地从中间的瓶颈穿过。只要不打破沙漏,我们都无法让一粒以上的沙粒通过瓶颈。其实,每个人都和这个沙漏一样。从早上开始,我们就有很多的任务必须要当天完成,但是如果我们无法让工作像沙漏那样平稳、慢慢地完成,那么我们必然会损害身心健康。'

"从军医给我建议的那个难忘的日子开始,我一直在践行这一理念。'一次只通过一粒沙粒……一次只做一件事情。'在战争期间,这一建议拯救了我;而且也对我现在从事的业务有很大的帮

---

① 阿登战役,第二次世界大战中的一场战役,发生于1944年12月16日到1945年1月25日,是指纳粹德国于二战末期在欧洲西线战场比利时瓦隆的阿登地区发动的攻势。

人性的优点
How To Stop Worrying And Start Living

助。我现在是巴尔的摩商业信贷公司的一名库存控制员。我发现在工作中也遇到了和战场上相似的问题：一大堆事情必须立刻完成，而且时间非常有限。我们有大量的新表格需要填写，有新的股本需要筹备，还有地址变更、开设或者关闭办事处，等等。尽管工作非常紧张，但是我记得军医告诉我的'一次只通过一粒沙粒，一次只做一件事情。'我在内心一次次地重复这句话，反而使得工作更高效了，而且在工作时也没有了那种在战场上曾打垮我的迷茫和混乱的感觉。"

在我们目前的生活方式中，最令人震惊的情况是，医院里一半的病床都留给了神经和心理有问题的患者。这些患者是被昨天积攒的沉重负担和对明天的恐惧压垮的。如果这些病人听从耶稣的话："不要为明天忧虑。"或威廉·奥斯勒爵士说的："活在'日密舱'里。"那么，他们中的大部分就能脱离病床，过着幸福而有意义的生活。

这一秒，你和我就站在两个永恒的交界点上：永远逝去的过去和直到生命尽头的未来。我们不可能同时活在这两个永恒中——一分一秒都不行。但是，如果我们非要试着这么做，我们的身心都会被压垮。因此，让我们满足地生活在我们能够生活的这唯一一个时间段里：从现在开始直到睡觉。罗伯特·路易斯·史蒂文森在书中写道："不论背负的有多重，每个人都可以坚持到当天夜晚；不论工作有多累，每个人都可以完成当天的工作。每个人都能生活得很甜美、有耐心、有爱心、很纯净。而所有这些就是生活的真正意义所在。"

没错，这就是生活对我们的所有要求。不过，住在密歇根州萨吉诺法院街815号的希尔德夫人在学到"生活只是到就寝为止"前，她已经无比绝望——甚至到了想要自杀的境地。希尔德夫人把她的故事讲述给我听。她说："我在1937年就失去了丈夫。我非常

第一章

活在"日密舱"里

消沉,几乎是穷困潦倒。我就写信给我的原雇主莱昂·罗奇先生,他是堪萨斯城的罗奇·福勒公司的老板。我又重新回到了原来的工作岗位。我以前是靠向农村和城镇学校机构销售书籍维持生活的。两年前我丈夫生病时,我就卖掉了汽车。但是我又设法凑足了首付的钱,买了辆二手车,又开始卖书。

"我原本以为重新回到工作状态会有助于缓解我的抑郁症,但是独自开车、独自吃饭让我几乎无法忍受。而且我在有些地区的销售业绩并不好,我发现自己已经难以支付得起汽车贷款,尽管数额并不大。

"在1938年春天,我在密苏里州凡尔赛卖书。这里的学校都很穷,道路也破败不堪。我是如此的孤独和沮丧,甚至一度想要自杀。我看不到成功的希望,也不知道为什么而活。每天早晨,我害怕起床面对生活。我害怕一切:害怕付不起汽车贷款、害怕付不起房租、害怕买不起东西吃、害怕生病看不起医生。我唯一没有自杀的原因是害怕姐姐过度悲伤,且害怕她付不起我的丧葬费。

"后来有一天,我读了一篇文章,自此以后我就从忧虑中走出来,有了活下去的勇气。我永远感激文章中那鼓舞人心的一句话。它是这样写的:'对于智者来说,每天都是崭新的生活。'我把这句话打印出来,然后贴在汽车的挡风玻璃上,所以我开车的每一分钟都能看到它。我发现每次只生活一天并不是很困难。我学会了忘记昨天,不忧虑明天的事情。我每天早上都对自己说:'今天又是崭新的一天。'

"我已经成功地克服了自己对孤独和贫困的恐惧。我现在生活得很幸福,事业也非常成功,对生活充满了热情和热爱。我现在知道,不论生活中遇到什么困难,自己再也不会害怕,再也不会为未

人性的优点
How To Stop Worrying And Start Living

来担忧。我现在同样知道，自己可以只生活在当天——'对于智者来说，每天都是崭新的生活。'"

猜一下下面这首诗是谁作的：

只有那些能够把握今天的人，

才会获得幸福。

心中无所忧虑的人可以坦言说：

"就算明天处境再糟糕也无妨，

因为我已经把握住了今天。"

这些诗句很有现代气息，不是吗？但是这是古罗马诗人贺拉斯在耶稣诞生的39年前所创作的。

我认为人性最悲惨的事情是我们所有人往往都在拖延生活。我们都幻想着天边的梦幻玫瑰园，而不去欣赏今天在我们窗外争艳的玫瑰花。

我们为什么如此之傻？如此悲剧地傻？

"我们渺小的生活历程是多么奇怪！"斯蒂芬·利科克写道。"小孩说：'等我长成大男孩后。'但是这又能怎么样呢？等他长成大男孩后说：'等我成年以后。'然后，等他长大成人后又说：'等我结婚以后。'但是当他结婚后，又能怎么样呢？他的想法又变为'等我退休以后'。然后，当他退休的时候，他回头看其一生，只感到像是被寒风扫过。他不知为何就错过了所有，但已经无法回头。我们总是直到很晚才意识到，人生就在我们平时的生活中，在每一天每一刻里。"

底特律已故的爱德华·S.埃文斯在学到"人生就在我们平时的生活中，在每一天每一刻里"之前，差点因为忧虑而自杀。爱德

第一章

活在"日密舱"里

华·S.埃文斯自小家境贫寒，他通过卖报纸赚得了第一笔钱，然后又在杂货店当店员。后来，因为家里有7口人都要靠他的薪水生活，所以他只好找了份图书管理员助理的工作。虽然薪水微薄，但他不敢辞职。自此8年之后，他才鼓起勇气开始干自己的事业。他用借来的55美元作为初始投资基金，建立了自己的事业，一年之后他净赚了20000美元。但是紧接着他就遭到了一场打击——一场致命的打击。他向朋友赞助了一大笔钱，但是他的朋友破产了。

祸不单行，让他雪上加霜的是：他存着所有家产的那家银行倒闭了。他不但所有财产尽失，而且还背负了16000美元的债务。他承受不住这样的打击。"我寝食难安，"他告诉我说，"我开始生一些奇怪的病。肯定是忧虑导致了这些病症，除了忧虑没有其他原因。有一天，我走在大街上，突然就昏倒在路边。我只能卧床休息，然后身体上生了疮。这些疮渐渐地向身体内部发展，以至于我一躺下就隐隐作痛。我的身体日渐衰弱。最后我的医生告诉我，我只剩下两个星期的寿命了。当时我就惊呆了。我放弃了，也放松了。我已经连续数周没睡超过两个小时了；但是当我接到医生的通告后，感觉尘世的问题马上就要画上句号了，反而却睡得像个婴儿。我身心的疲倦开始消融，胃口也好了起来，体重也开始增加。"

"几周后，我就能拄着拐杖走路了。6周后，我已经恢复得可以工作了。我曾经一年可以赚20000美元；但现在我能找到一份一周能赚30美元的工作就很高兴。我找了一份售卖汽车轮胎后面挡泥板的工作。现在我已经吸取了之前的教训。我不再有任何忧虑——不再后悔过去发生的事情，也不再害怕未来。我把所有的时间、精力和热情都投入到销售挡泥板上来。"

爱德华·S.埃文斯的事业发展得很快。几年后，他就成为埃

人性的优点
How To Stop Worrying And Start Living

文斯产品公司的总裁。他的公司好几年前就已经在纽约证交所上市了。当爱德华·S. 埃文斯在1945年去世时，他是美国最具进步型的商人之一。如果你曾经乘飞机去过格陵兰岛，那么你可能会降落在埃文斯机场——这是为了纪念他而命名的。

这个故事的关键点是：如果爱德华·S. 埃文斯没有学会生活在今天的"日密舱"里，而是被愚蠢的担心情绪所困扰，那么他就不会取得后来在事业和生活上的成功。

希腊哲学家赫拉克利特曾告诉他的学生："世间万事万物都处于毫无规律可循的变化之中。"他说，"你无法两次踏进同一条河流。"河流无时无刻不在变化；所以踩在上面的人们也是一个不断变化发展的存在。唯一能够确定的就只有今天。为什么要为了去解决一个存在于缥缈未来的未知问题而耽搁了今天的美好生活呢？要知道，未来可是充满了不确定性，没有人能够预知未来啊。

关于这个问题，古罗马有一句流传已久的谚语。事实上是殊途同归的两句话。一句是"及时行乐"，另一句是"只争朝夕"。没错，只争朝夕，并且极尽可能地充分利用好每一天。

最近，我在洛厄尔·托马斯的农场度过了一个周末。我注意到他将诗篇的最后5篇裱起来挂在了他的广播室墙上，以便能够经常看到。上面写着如下诗句：

> 这是耶和华所定下的日子；
> 在这天我们要欣慰而欢喜。

约翰的桌子上放着一块简单的石碑，上面刻了两个字：今天。虽然我没有在自己的书桌上放一块石头，但在我的镜子上倒是贴着一首诗歌，每天刮胡子的时候都会看见它。这首诗歌是印度有名的戏剧家——卡里达沙的作品，也是威廉·奥斯勒爵士常放在办公桌上的座右铭：

向黎明致敬

期待这一天！
因为这才是生活，真正的生活。

这短暂的过程，
就是你所有的变化和现实：
成长的幸福，
行为的荣耀，
成就的辉煌。

昨天不过是一场梦境，
明天也只是一个幻觉，
只有今天好好地生活，
才能让昨天成为快乐的梦想，
明天成为希望的憧憬。

好好看着这一天吧，
这是向黎明致敬。

所以，如果你想保护你的生活不受忧虑侵扰，你就应该像奥斯勒爵士说的那样去做：用铁门把过去和未来隔断，生活在今天的"日密舱"里。

人性的优点
How To Stop Worrying And Start Living

为什么不问问自己这些问题，然后把答案写下来呢？

1.我是否倾向于把当下的时光用于担心未来，或者用于渴望"遥远奇妙的玫瑰园"？

2.我是否时常会后悔过去发生的事情，而让今天的生活过得更加难受？

3.我早上起床时会不会想要"只争朝夕"，尽最大可能去利用好接下来的这24个小时？

4."生活在完全独立的今天"，能否让我从生活中得到更多？

5.我该从什么时候开始执行这个计划？下个星期？明天？还是今天？

第二章

一个消除忧虑情绪的神奇公式

您是否想要掌握一个能够迅速消除忧虑情绪的好方法？只要打开这本书看上几页，就能够付诸实践？

如果您的回答是肯定的，那么就请允许我将威利·H. 卡尔发明的这个方法介绍给您。卡尔是一个十分杰出的工程师，他开创了空调行业，并成为世界闻名的卡尔公司的负责人。在纽约的工程师俱乐部共进午餐时，他告诉了我这个解决忧虑情绪的好方法。

"在我年轻的时候，"卡尔先生说，"我在纽约水牛城的水牛锻造公司工作。有一天，我被安排去密苏里州水晶城的匹兹堡厚玻璃公司安装燃气净化装置。安装这个设备的目的是除去气体中的杂质，让燃气在燃烧时可以不伤引擎。这是一种新的气体净化方法，耗资数百万美元。我们在不同的条件下尝试着调试设备，在这个过程中也克服了许多原先没有预想到的困难，但它的性能依然没能达到我们期望的指标。

"我感到自己被失败打倒了，就好像有人给了我当头一棒，胃疼胸闷，以至于好一阵子都辗转反侧睡不着觉。最后，还是常识告诉我，忧虑根本就无法解决任何问题。于是我便想了一个办法，结果证明它效果很好。接下来的这30年，我一直在用这个方法消除忧虑。

"它非常简单，任何人都可以使用它。它包括以下三个步骤：

人性的优点
How To Stop Worrying And Start Living

"第一步：我无所畏惧并忠于现实地分析了可能面对的最坏的结局。就算是失败了，老板会损失20000美元的投资，我可能会被炒鱿鱼，但没人会把我关进监狱。那是肯定的。

"第二步：在搞清楚可能发生的最坏结果后，我鼓励自己接受它。我对自己说：这次的失败会成为我职业生涯中的一个污点，这可能会让我失去眼前的这份工作，但我总会找到一份新工作的。至于我的老板，他们应该清楚我们正在尝试的是一种新的气体净化方法，就算这20000美元打了水漂，他们也可以承受得起，因为它毕竟是一个实验，研究需要花一定经费的。

"在想通了这点之后，我反而觉得轻松了许多，也感受到了这些天来久违的平静。

"第三步：从那时起，我便开始着手将自己的时间和精力投入到去改善最坏结果的努力之中了。

"我尽可能地去想一些补救方法，以减少那20000美元的损失。几次试验之后，我终于想通了：如果我们再花上5000美元去买些辅助设备，那么问题就可以迎刃而解了。果然，在执行了这个决策之后，公司不仅没有损失那20000美元，反而还赚了15000美元。

"倘若当时我一直担心下去，恐怕永远都不会解决这个难题。因为忧虑最大的坏处就是会毁掉一个人的能力。忧虑让人担心，让人丧失理智、心绪紊乱，让人们失去所有的决策能力。然而，当我们强迫自己面对最坏的结果、抱着去接受它的心理时，我们就开始把自己置于专注解决问题的境地，同时那些模糊的意念也一并烟消云散了。

"这个方法非常有效，这些年来我一直在使用它。因此，在我现在的生活中几乎很难再遇到能让自己烦恼的事情了。"

第二章

一个消除忧虑情绪的神奇公式

威利·H. 卡尔先生的神奇公式为什么如此的实用而有效呢？从心理学上来说，它能够将我们从缥缈的灰色云层上给拉向地面，让我们摆脱盲目地摸索和担心，能够脚踏实地地在地面上稳稳站立。倘若我们脱离了坚实的地面而悬在空中，又怎么可能做好事情呢？

早在105年前，应用心理学之父——威廉·詹姆斯教授就已经去世了。但如果他今天还健在的话，想必在听到这个公式之后也会赞赏有加。我之所以会这么说，是因为他曾经告诫过自己的学生："能够接受已经发生的事实，是克服任何不幸后果的第一步。"

同样的想法在林语堂那本广受欢迎的《生活的艺术》里也同样出现过。"真正平和的心态，"这位中国哲学家说，"是能够接受最坏的境遇，并从中焕发出崭新的能量。"

这话说得真是太对了。在心理上，这意味着一个新的能量释放！当我们接受了最坏的，我们就不必再惧怕会失去什么。这意味着我们已经有希望再赢回失去的一切！

很有道理，不是吗？然而成千上万的人们却因为愤怒毁掉了自己的生活。因为他们拒绝接受最坏的结果，不肯尝试去从中补救些什么。他们不去试图重建损失的财富，反而自怨自艾。最后，他们终于沦为了忧郁症的受害者。

你是否想看看别人是如何运用威利·H. 卡尔的这个神奇公式来解决他们的自身问题的？嗯，接下来的这个例子，是真实发生在我们班上一名学生身上的。他现在是纽约的原油经销商。

"我被勒索了！"这个学生对我说，"真让人难以置信，就跟拍电影似的。但是我居然真的被人勒索了！事情的经过是这样的：在我负责的石油公司里，有些送货的卡车司机将本该配送给公司固定客户的定量油给私吞了，然后倒卖给了他们自己的客户。一开始我

人性的优点
How To Stop Worrying And Start Living

并不知道这件事,直到有一天,一名自称是政府调查员的男子来找我索要封口费。他威胁我说已经掌握了我方司机的舞弊证据,如果我拒绝的话,他甚至扬言会把这个证明反映到区检察长的办公室去。

"我知道这不是自己的错,自然对我本人没什么影响。但我同时也清醒地意识到,根据法律规定,企业有义务对其雇员的行为负责。更重要的是,如果为了这件事吃了官司闹到法院去,报纸上就会发表相关的报道,而因此带来的坏名声会把我的生意全都毁了。这份生意是我父亲在24年前打下的基业,我也为此而感到骄傲。

"当时的我很着急,甚至因担心而生了病。我日不能食、夜不能寐地熬了整整三天三夜,简直快要急疯了。我是该付给那个男子5000美金封口费,还是让他爱怎么做就怎么做?无论采用哪种方式,似乎都有不妥之处。在这段犹疑的日子里,我每天都噩梦缠身。

"星期天的晚上,我随手拿起这本《如何停止忧虑》的小册子,这还是我从卡耐基公开演讲课的讲座上拿回来的。在我读到威利·H.卡尔的故事时,其中的一句话点亮了我困惑已久的心,那就是'面对最坏的情况'。于是我问自己,假使我拒绝支付那笔封口费,以致勒索者把那些证据交给检察机关的话,最糟糕的情况会是怎样?

"答案是:这最多是毁了我的生意。这就是可能发生的最坏的结果了,而我不可能被抓去坐牢。

"然后我对自己说:'好吧,就算是生意毁了,我在精神上也还能承受。那么接下来会发生什么呢?'

"嗯,我的生意毁了,我很有可能会去重新找一份工作。这也不算太糟糕,因为凭借我在石油行业的资历,我确信有几家大石油公司会愿意雇佣我……这么想来,我开始感觉好多了。那三天三

第二章

一个消除忧虑情绪的神奇公式

夜积累下来的忧虑情绪开始逐渐褪去,我的情绪也渐渐地平静了下来。令我感到惊讶的是,我觉得自己又开始能够思考了。

"现在,我有足够的清醒来进行到第三步:改善最坏的处境。当我开始思考解决方案时,一个全新的画面展现在了我的面前。如果我把事情的来龙去脉全都讲给我的律师听,或许他会帮我找到一条自己未曾想到的新出路。我知道这听起来有些愚蠢,但我在过去的那几天里确实只是担心不已而丧失了思考的能力!我立即打定主意:第二天一早我就要去会见我的律师。然后我上床进入了酣畅的梦乡。

"它是怎么结束的?第二天一早,我的律师告诉我应该去见见检察官并告诉他事情的真相。我照他的话这样做了。当我道出事情的原委时,竟出乎意料地听到地方检察官说,这种勒索已经持续好几个月了,而那个自称是'政府调查员'的人居然是个骗子,正在警方的通缉之中。多么可笑!就因为这个职业骗子,我居然会为是否该给他5000美元而把自己给折磨了三天三夜!

"这次的教训给我上了终生难忘的一课。现在,每当我面临一个让我忧虑的紧迫问题时,我都不会再惊慌失措,因为我知道'威利·H.卡尔公式'能帮我渡过难关。"

就在水晶城的威利·H.卡尔为他的新设备而担心的时候,几乎与此同时,家住曼彻斯特的艾尔·P.哈尼得到了十二指肠溃疡的确诊通知。那三名医生,其中还包括著名的溃疡专家,都认为哈尼的病已经无法治愈了。他们告诉他不能吃这吃那,不要忧虑担忧,要保持绝对的平静,他们甚至还建议他放弃现在高薪的职位。也就是说,从此之后他将什么都不能做,只能躺在床上等待那个随时可能到来的死亡。

人性的优点
How To Stop Worrying And Start Living

这种情况持续了好几个月。最终，他做了一个艰难而英明的决定。他对自己说："与其苟延残喘地等死，倒不如利用好短暂的余生。我不是一直想要在自己死之前环游世界么？如果要做的话，那就趁现在吧！"于是他便买了周游世界的旅票。

当他的医生们得知这个决定以后，都感到非常的震惊。"我们必须警告你，"他们说，"哈尼先生，如果你执意参加这次旅行，你将被葬在海里。"

"不，我不会的。"哈尼回答说，"我已经答应了我的亲戚，我将被安葬在我们在雷斯卡州的家族墓地里，我会带上一具随行的棺材的。"

于是，他真的买了一具棺材带上了船，然后安排轮船公司，如果他真的死了，就把他的尸体保存在冷冻仓里，一直到回国。就这样，他踏上了未知的环游之旅，心中默念着奥铃凯利的诗句：

啊，尽情享用这一切吧！
趁我们尚未零落成泥。
物化为泥，谎言埋藏其中。
无酒无歌无歌手，而且，永无尽头。

然而，他怎会让他的旅途陷入"无酒"的境地呢？

"我喝威士忌，抽雪茄烟，一路上有说有笑。"哈尼先生在信上说，"我去尝试各种各样的食物，甚至是奇怪的当地特色饮食，它们甚至可能会要了我的命。我尽情享用着我那所剩无几的时光！我们遇到了季风和台风，而我却从这次的冒险之中获得了很大的乐趣。

第二章
一个消除忧虑情绪的神奇公式

"我们在船上做游戏、唱歌，交新朋友，彻夜不眠地谈天说地。我停止了先前那些无谓的担心，心情也开始好了起来。当我回到美国的时候，我的体重增加了90磅。我几乎忘了我曾经得过十二指肠溃疡，感到现在的生活竟是前所未有的舒畅。我退回了棺材，然后迅速投入到工作之中，从那时起就再也没有为此焦虑过。"

在这件事情发生的时候，哈尼从未听说过威利·H. 卡尔以及他的神奇公式。"但是现在我意识到了，"他最近告诉我说，"其实在不知不觉中我和他使用了相同的原理。我意识到在我身上可能发生的最坏的结果就是死亡，而我却宁愿试图去最大限度地享受生活。如果我在上船之后仍然忧虑不已，我毫不怀疑自己会被放进棺材里运回来。庆幸的是，我在旅行中完全放空了自己。而正是这心灵的平静，才使得我重获新生。"

现在，如果我告诉你这个神奇公式让威利·H. 卡尔解决了20000美元的合同问题、让一个纽约商人摆脱了被勒索的境遇、甚至还帮助哈尼挽救了他的生命，你会不会最终相信它也能帮您解决一些烦恼呢？

所以，当您面对一个令人担忧的问题时，请记住威利·H. 卡尔的这个神奇公式，去做以下三件事：

1. 问问自己："可能发生的最坏的情况是什么？"
2. 如果不可避免，就做好接受它的准备。
3. 保持镇定，想方设法去改善最坏的结果。

第三章

忧虑会给你带来什么

很久之前的一个晚上，一个邻居按响了我家的门铃。他此行的目的是劝说我们全家去接种牛痘疫苗以预防天花。整个纽约市，大约得有几千名像他这样的志愿者。人们惊恐万分，排好几个小时的队就为了接种牛痘疫苗。不仅在医院里，就连消防队、警察分局和大型工厂里都设有接种站的接种点。超过2000名的医护人员在夜以继日地为大家接种。大家为何会如此狂热呢？原来纽约市里有人得了天花，而其中的两人因此丧命了——800万人口中死了两个人！

到目前为止，我已经在纽约生活了37年，可却从未有人前来按响我的门铃、提醒我注意精神卫生。在过去的37年里，精神忧虑对我造成的伤害甚至要比天花大1万倍。

从未有人按响门铃告诉我，现在的美国，平均每10个人中就会有一个因为精神忧虑和情绪冲突而导致神经衰弱、甚至是精神崩溃。所以我现在写的这一章，就相当于已经按下了您的门铃。

伟大的诺贝尔医学奖获奖者——亚利西斯·科瑞尔博士曾经说过："不知如何应对忧虑的商人，一定会短命而逝。"事实上，岂止是商人，就连家庭主妇、兽医、泥瓦工等人群也皆是如此啊。

几年前，在我驾车穿越德克萨斯和新墨西哥州的旅途中，曾与郭波尔博士讨论过忧虑对人体的影响。郭波尔博士是圣塔菲铁路医务处的主任医师。他说："其实只要是能够摆脱自己的恐惧和忧

第三章
忧虑会给你带来什么

虑，70%的病人的病情都会有所好转。不要怀疑我此番言论的可靠性。事实上，他们的病情就像是牙痛，有时甚至还要严重100倍。比如说神经性消化不良、胃溃疡、心律失常、失眠、偏头痛、麻痹症，等等。这些疾病都是真实的，我知道自己在说些什么。"郭波尔博士说，"我得过12年的胃溃疡。恐惧让人忧虑，忧虑令人紧张，这些负面情绪会影响到一个人的胃神经，使胃液从正常转变成不正常，而这些因素往往就导致了胃溃疡。"

《神经性胃病》的作者约瑟夫·孟坦博士也曾说过同样的话。他认为："胃溃疡病发，并不只在于你吃了些什么，还在于你在忧虑什么。"

玛雅诊所的法瑞苏博士也指出："胃溃疡之所以频繁爆发或是逐渐消退，都和一个人情绪的紧张程度密切相关。"这一观念，是根据15000名胃病患者的病情记录得出的。在得胃病的人群中，有五分之四的病人是非生理因素致病的，比如说恐惧、担心、怨恨、极度自私以及无法适应现实世界。而这些，都是胃病和胃溃疡的致病原因。胃溃疡可以杀死你。根据《生活》杂志的报道，在所有致命疾病的名单中，胃溃疡位居第10。

玛雅诊所的哈罗·海彬博士曾在全美工业医生和外科医生协会的年会上宣读过一篇论文，研究对象是176名平均年龄在44岁的企业高管。数据显示，超过三分之一的高管正在遭受心脏病、消化道溃疡和高血压的痛苦。试想一下，这些高管的平均年龄都还不到45岁，成功的代价居然如此之高！可就算他抵达了金钱帝国的顶峰，却依然无法买到健康。对他个人而言，若是以牺牲健康为代价，就算他赢得了全世界，这些所谓的成功又真的值得么？他依然只能睡在一张床上，每天也不过是只吃三餐。即便是一个挖沟的工人，他

人性的优点
How To Stop Worrying And Start Living

也能够做到这些,而且还会睡得更踏实、吃得更香。坦率地说,我宁愿在阿拉巴马州当一个耕田种地的农夫,也不愿以牺牲健康为代价,在45岁之前成为一个铁路公司或是香烟公司的高管。

说起香烟,有一位世界知名的烟草制造商,他在加拿大的森林中娱乐时却因心力衰竭去世了。他积累了几百万的财富,却在61岁就死去了。或许,他是牺牲了自己好几年的生命才换来了所谓的"商业成功",可在我看来,他的成功甚至不及我父亲的一半。我的父亲是密苏里州的农民,虽然一文不名,却活了89岁。

著名的玛雅兄弟宣布,在他们的病人中,有一半以上患有神经疾病。然而,在强力显微镜的检测下,却显示他们中的绝大多数人的神经都是健康的。他们的神经疾病,并不是因为神经本身出了毛病,而是由情绪上的悲观、沮丧、焦虑、担心、恐惧、绝望、挫败感等引起的。柏拉图说:"医生最大的错误,就在于他们只是试图治愈身体,而不懂得医治心灵。然而,心灵和身体原为一体,不该被区分对待!"

医学界耗费了2300年才终于认识到了这个真理,现在,我们开始发展一门崭新的学科——身心医学,也就是对肉体和精神同时进行治疗。现在医学已经在很大程度上消除了由细菌引发的可怕疾病,如天花、霍乱、黄热病,等等。然而,医学界却始终未能解决心理上那些并非由细菌,而是由担心、恐惧、恨意、绝望等情绪引发的病症。这种情绪疾病带来的灾难正以惊人的速度迅速蔓延。

医生预计,在当今美国社会,每20个人中就有一人曾在某段时期患过精神病。在第二次世界大战应征时,每6个年轻人中就会有一个因为精神缺陷而导致不能服役。

为何会导致精神错乱呢?没有人知道全部答案。但很有可能的

第三章
忧虑会给你带来什么

是，在绝大多数情况下，恐惧和担心却成为了其中的主要因素。焦虑和烦躁的人大都无法应对残酷的现实世界，因此他们会同周围的环境断绝关系，进而退缩到属于他自己的幻象世界中，借此解决他所有的担忧。

在我的书桌上放着爱德华·波尔多博士写的一本名为《除忧去病》的书。书中有以下几个章节标题：

忧虑对心脏的影响

忧虑导致高血压

忧虑可导致风湿病

减少忧虑吧，为了您的胃

忧虑可引起感冒

忧虑和甲状腺

忧虑的糖尿病患者

还有一本卡尔博士写的好书，书名叫《自寻烦恼》。在这本书中，卡尔博士不会告诉你如何去避免忧虑，但是却能告诉你一些令人震惊的事实，让你明白一个人是如何用忧虑、烦躁等负面情绪伤身伤心的。

忧虑甚至会使最坚强的人生病。在内战[①]的最后几天里，格兰特将军发现了这一点。故事的经过是这样的：格兰特已经围攻里士满长达9个月了，这直接导致了李将军的部下一个个衣衫不整、饥饿不堪，这样的部队很容易就被打败了。一次，好几个兵团的人集体开了小差，其余的人则在他们的帐篷里祈祷。他们大声叫喊，高声哭泣，眼前甚至出现了种种不好的幻象。眼看着战争就要结束了，可

---

① 指南北战争。

人性的优点
How To Stop Worrying And Start Living

李将军手下的人却一把火烧光了里士满的棉花和烟草仓库,也烧毁了兵工厂。随后,在这个烈焰升腾的漆黑夜晚,他们弃城而逃了。格兰特乘胜追击,从左右两翼和后方三面围攻,响应从正面进攻的骑兵。

由于头痛得厉害,处于半失明状态的格兰特无法跟上队伍,就停留在一户农家过了一夜。他在回忆录中记载道:"我的双脚浸泡在加了芥末的热水中,手腕和脖子后面也贴了芥末膏。希望第二天早上能够好起来。"

次日清晨,他的头痛果然被治愈了。可治愈他的并不是芥末膏,而是一个飞奔而来的骑兵。这个骑兵带来了李将军的降书。

"当那个军官站在我面前时,"格兰特写道,"我依然是痛苦的病人,可当我看到信上写的内容时,头立刻就不痛了。"

很明显,是忧虑、紧张的情绪让格兰特病倒了。一旦在情绪上重拾了信心,一想到触手可及的胜利,病症马上就好了。

70年后,在罗斯福内阁中担任财政部长的亨利·摩根索发现,忧虑会加重他头晕的病情。他在日记中写道:"为了提高小麦的价格,总统在一天里买下了440万蒲式耳的小麦,这让我非常的担心。在事情结束之前,我一直觉得头晕眼花。回家以后,我居然在午饭后睡了足足两个小时。"

如果我想看看忧虑会对人产生怎样的影响,那么根本不需要去图书馆或去请教医生,我只需从家里的写字台上抬起头向窗外望去,就可以看到对面楼房中有个人已经因为忧虑而神经衰弱,另一间房子里的人在股市行情不好时患了糖尿病。

杰出的法国哲学家蒙田在被推举为家乡的市长时,曾对他的市民说过下面一席话:"我愿意凭借我的双手来处理你们的事务,而不是用我的肝和肺。"而我的那位邻居却把股市事务融入了自己的血液中去，差点为此而丧命。

康奈尔大学医学院的罗素·L.塞西尔博士是世界公认的关节炎治疗权威，他列出了4种最常见的会导致关节炎的情况：

（1）婚姻破裂；

（2）财务紧张；

（3）孤独和忧虑；

（4）持久的怨恨。

当然，以上这4种情绪并不是引发关节炎的唯一原因。但关节炎的致病原因有很多，它们是最常见的。比方说我的一个朋友，在经济大萧条时期遭遇了严重的打击，天然气公司停止了对他家的燃气供应，银行没收了他抵押的房产。就在这个时期，他的妻子突然得了关节炎，多方治疗始终没有疗效，直到他们家的经济状况得到改善，她的病症才算是康复了。

忧虑会引起蛀牙。威廉·迈高灵格博士在全美牙医协会上演讲说："令人不愉快的情绪，比如担心、恐惧、心烦等，可能会打乱人体内的钙质平衡，从而引起蛀牙。"迈高灵格博士说起他的一个病人，以前的牙齿状况一直很好，直到有一天他的妻子突发急病，就在她住院的3周里，他突然生了9颗蛀牙——都是忧虑惹的祸啊。

你见过甲亢患者吗？我见过。我可以告诉你，患甲亢的人会焦躁不安，他们看上去很怕死。甲状腺原本是调节身体平衡的。一旦功能紊乱，就会让人心率加快，整个身子就会亢奋得像是个打开炉门的火炉，如果不去检查并进行手术治疗，病人很可能就会因此丧命，很可能会因此"把他自己烧干"。不久之前，我陪我的一个得了这种病的朋友去费城看病。主治大夫是位有过38年治疗此类疾病经验的知名医生。在他的

人性的优点
How To Stop Worrying And Start Living

候诊室的墙壁上画着一个大木签,所有的病人都会看到它。上面是写给病人的忠告:

放松和娱乐

最能带给你轻松和愉快的是:

宗教、睡眠、音乐以及欢笑。

请相信上帝——要学会睡一个好觉;

请热爱音乐——看到生活中有趣的一面。

做到上述几点,健康和幸福将属于你。

他问我朋友的第一个问题是:"是什么情绪干扰到你、让你产生这种情况的?"他警告我的朋友,如果不停止忧虑,他可能还会得其他的并发症,比如说心脏病、胃溃疡或是糖尿病。所有的这些疾病都互有亲戚关系,甚至还是近亲——它们都因忧虑而生。

一次,我在采访女明星奥伯伦时,她告诉我她绝不会忧虑,因为她知道,忧虑会毁了她在银幕上的主要资产——美貌。"当我第一次试图打入电影圈时,"她告诉我说,"我很担心和害怕。我刚从印度回来,想在人生地不熟的伦敦找一份工作。我也见了一些制片人,但没人愿意起用我,身上仅有的一点钱都快花完了。整整两个星期,我只有靠一点饼干和白开水度日。我不禁开始担心了,饥饿让我忧虑。我对自己说,也许我就是一个傻瓜,我永远都不可能闯进电影圈,毕竟我之前没有演艺经历,除了一张漂亮的脸蛋以外什么也没有。我走到镜子面前。可当我看到镜中的自己因为忧虑而生了皱纹时,我便告诉自己必须要阻止忧虑的再度侵袭!我不能让忧虑毁了我仅存的美丽容颜。"

忧虑会令人迅速老去,并会摧毁人的容貌。它会让皱纹爬满我们的面颊，形成一个永久的愁容。它可以让我们的头发变得灰白，甚至脱落。它会毁掉我们原本均匀的肤色，引发各种雀斑和粉刺。

心脏病是当今美国的头号杀手。在第二次世界大战期间，大约有30多万人在战争中丧命，而与此同时，心脏病却轻而易举地夺走了200万平民的性命——其中有100万人的心脏病是因为高度紧张的生活和忧虑导致的。没错，忧虑会引发心脏病。这就是为什么亚利西斯·科瑞尔博士会感慨地说"不知如何应对忧虑的人，一定会短命而逝"的原因了。而南方的黑人和中国人却很少会患这种因为忧虑而导致的心脏病，因为他们处之泰然。而死于心脏病的医生甚至要比农民多20倍，因为医生的生活节奏要紧张得多。

"上帝会宽恕我们的罪过，"威廉·詹姆斯说，"但是神经系统不会。"

这是一个令人震惊到几乎难以置信的事实：每年，死于自杀的美国人比死于最常见的物种传染病的人还要多，而且自杀人数还呈逐年上升态势。

为什么竟会如此呢？答案就是："忧虑"。

当我还是密苏里州的那个乡下少年时，我曾被牧师所说的地狱烈火吓了个半死，然而，他却从未提起过身体痛苦的地狱烈火。比方说，如果你长期处于忧虑状态，那么你总有一天会患上最难以忍受的病症——心绞痛。

啊，如果犯了这种病，你会痛苦得尖叫起来。和你的尖叫声相比，但丁的《地狱篇》完全就是小儿科了。到了那个时候，你就会呻吟着说："哦，我的上帝哟，哦，上帝，如果能让我好起来，我保证以后不再为任何事忧虑！"（如果你觉得我夸大其词了，那么请找你的家庭医生确认一下。）

人性的优点
How To Stop Worrying And Start Living

你热爱生命吗？你想要健康长寿吗？我现在就告诉你如何做到的方法。在这里，我将再次引用亚利西斯·科瑞尔博士的一句名言："在现代的喧嚣都市中，只有那些保持内心平和的人才不会得神经病。"

你能否在当下的喧嚣都市中保持内心的平静呢？如果你是一个正常人，答案应该是肯定的。我们中的绝大多数人，都比自己想象中的更加强大。我们拥有许多未被发现的内在力量，我们绝不会被打败。就像梭罗在他的不朽名著《瓦尔登湖》中所说的那样："我不知道还有什么事情能比一个人下定决心提升他的生活能力更让人感到振奋的了……如果一个人能够信心满满地朝向他的梦想前进，下定决心过他所想要过上的生活，他就会取得意想不到的成功。"

当然，我相信很多读者都会像欧嘉·佳薇那样充满意志力以及内在的力量。她家住在爱达荷州，在最悲惨的情况下依然能够摒弃烦恼。我相信，你我也同样可以做到这一点。欧嘉·佳薇说："8年半前，我被告知将不久于人世，会缓慢而痛苦地死于癌症。全美最好医疗机构的负责人——玛雅兄弟也证实了这个诊断。我像是走进了一个死胡同，眼前就是赤裸裸的死亡。我还年轻，我不想死！绝望之余，我给我的医生凯洛格打了一通电话，大声地对他诉说着心中的绝望。而他却有些不耐烦地对我说：'你这是怎么了，欧嘉？难道你连一点斗志都没有了吗？当然，你肯定会死的——如果你再继续这么哭下去。没错，你的确是遇上了最坏的情况，可你总得面对现实！别再忧虑了，再想想其他办法。'在那一瞬间，我发了一个誓，态度严肃到指甲都掐进了手里，后背一阵发凉：'我不会再忧虑下去了！我不想哭！如果我还会想起些什么，那就是我一定会赢！我要活下去！'

第三章
忧虑会给你带来什么

"面对我这种癌症晚期患者,不能用镭照射,而只能每天用X光照射10分半钟,连续照射30天。但医生每天给我照射14分半钟,连续照射了49天。尽管我的骨头像贫瘠山坡上的岩石一样突兀在我瘦弱的体表,哪怕我的双脚像灌了铅一般沉重,但我却不再忧虑!我一次都没有哭!我始终面带着微笑,没错,我强迫自己必须微笑。

"我不会蠢到以为只要微笑就可以治愈癌症。但我相信,一份阳光的心态,能够帮助身体对抗疾病。无论如何,我经历了一次癌症被奇迹般治愈的历程。感谢这些挑战,现在我的身体状况是前所未有的健康。'面对现实!别再忧虑了,再想想其他办法。'这句话我始终铭记于心。"

在本章结束之前,我想再次重复一下亚利西斯·科瑞尔博士的那句话:"不知如何应对忧虑的人,一定会短命而逝。"

第一部分小结

规则1：如果你想避免忧虑，就按照威廉·奥斯勒爵士所说的那样做：完全生活在今天的"日密舱"里，不要空想未来。只是过好今天就好，直到夜晚进入梦乡。

规则2：如果碰上了不太小的麻烦，就试试威利·H.卡尔博士的神奇公式：

（1）问问自己，如果这个麻烦无法解决，那么可能出现的最坏的结果是什么？

（2）自己做好接受最坏结果的心理准备，如果必要的话。

（3）接下来，平静地去试图改善最坏的结果，也就是你已经做好心理准备去接受的那个。

规则3：提醒自己，忧虑会让你为自己的健康付出高昂的代价，"不知如何应对忧虑的人，一定会短命而逝。"

第二部分

分析忧虑的基本方法

第四章

解开忧虑之谜

前面我们提到了威利·H.卡尔博士的神奇公式,这是否就能解决所有的烦恼呢?不,当然不是。那么我们应该怎么做呢?答案是:我们必须通过学习分析忧虑的基本方法,从而解决各式各样的烦恼。请记住以下三个步骤:

(1)认识事实。

(2)分析事实。

(3)作出决定并依此照做。

很简单是吗?没错,这是亚里士多德教给我们的方法,他自己也使用过。要想解决那些像炼狱一般困扰我们,让我们日日夜夜为之忧虑的问题,我们就必须学会使用它。

先来看看第一个步骤:认识事实。为什么认识事实处于如此重要的地位?因为只有认清事实,我们才有可能运用聪明才智来解决问题。倘若没有认清事实,我们就只能茫然无措,病急乱投医。这是已故的赫伯特·E.霍克斯所说的,他在哥伦比亚大学当了22年的院长,曾帮助过20万名学生消解忧虑的情绪。他告诉我说:"混乱是产生忧虑的主要原因。"据他了解,世界上有一半的忧虑,是因为人们知识不足、无法作出决定而产生的。"例如,如果我在下周二之前必须解决一个问题,那么在此之前我不会作出任何决定。在此期间我只会集中精力去认清关于这个问题的所有事实,因此我不会忧虑,不会

人性的优点
How To Stop Worrying And Start Living

徒劳担忧以致影响睡眠。当星期二到来的时候，倘若我已经看清了所有的事实，一般而言这个问题本身就会迎刃而解了。"

我问霍克斯，这是否意味着他已经完全摆脱了忧虑情绪的困扰？他回答说："没错，我想我现在的生活中几乎已经完全看不见忧虑的影子了。我发现，假使一个人能够超然、客观地把他的时间全都用来寻找事实的真相，那么他的忧虑情绪将在他知识的光芒下烟消云散。"

然而，我们中的大多数人会怎么做呢？倘若我们对一切事实都熟视无睹，那么请想想托马斯·爱迪生所说的那句话："没有任何权宜之计可以让人逃避真正的劳动——思考。"如果我们烦于去看清事实，我们就会陷于之前的思维定势，而对周围的一切熟视无睹。我们所希望看到的事实，只是为了证实我们一厢情愿的想法以及先入为主的偏见！

就像安德烈·莫洛亚所说的那样："一切都是为了证实我们的个人愿望。那些与我们愿望相左的事实会令我们发怒。"

这也没什么好奇怪的。是否，我们时常会发现很难去找到我们所面临问题的答案？在我们试图去解开一个二年级小学生的算术题时，我们会找到这类似的影子。

假设我们认定了2加2等于5，那么要想解开一道2年级的算术题也是困难的。然而在这个世界上，恐怕有很多人都硬要坚持说2加2等于5，或是等于500，害得别人和自己都如同炼狱一般难受。

对此，我们能做些什么呢？我们必须保持我们的思想不受个人感情所左右，就像霍克斯说的那样，必须采用"超然、客观"的方式去认清事实。这不是一件容易完成的事，因为我们都有忧虑的时候。当我们忧虑时，往往会情绪激动。但是，庆幸的是我找到了两

第四章 解开忧虑之谜

个可以帮助我们超然、客观地去看清事实的方法：

1. 查找事实真相的过程中，我假装收集这些信息并不是为了自己，而是为了别人。这样做会让我保持冷静、公正的态度，也有助于我控制个人情绪。

2. 忧虑情绪时，我有时会使自己站在对方的立场。换句话说，我试图去找一些违背我意愿的真相，以及我不愿去面对的事实。

然后我将我方和对方所找到的所有情况都如实记录下来，而我最终会发现，真理就介于这两个极端中间。

这就是我所要阐明的观点：在没有认清全部事实的前提下，你、我、爱因斯坦，乃至最高法院，都无法对任何问题做出聪明的决策。事实上，托马斯·爱迪生非常清楚这点，所以在他死后留下来2500本笔记，里面记满了他所遇到各种问题的事实。

所以，解决我们问题的第一个方法就是：认清事实。就像霍克斯所做的那样，在解决问题之前，我们先要客观、公正地收集所有事实资料。

然而，如果我们只是机械地收集事实而不加以分析，那么哪怕把全世界的所有事实都收集起来也无济于事。

根据我的经验，在把所有事实记录下来并分析完毕的基础上，事情解决起来会容易得多。事实上，哪怕仅仅在纸上将事实清清楚楚地描述下来，就有可能帮助我们作出一个明智的决定。正如查尔斯·凯琳特所说的那样："只要能把事情讲明白，问题就已经解决了一半。"

让我来告诉你一个实际案例吧。就像中国人所说的那样，一幅图片胜过千言万语。那么接下来，就让我来向你们展示一张这样的"图片"，图片的内容就是一个人是如何用实际行动排解忧虑之苦的。

格伦·李区菲——一个我相识多年的美国商人，在远东地区

人性的优点
How To Stop Worrying And Start Living

做着一份非常成功的生意。他曾告诉我说：1942年，日军轰炸珍珠港，没过多久又侵占了上海。当时我是亚洲人寿保险公司驻上海的区域经理。那时日军派来了一个所谓的"军方清算员"——事实上他是个海军上将——命令我来协助他清算我们的资产。在这个问题上，我别无选择。要么和他们合作，否则就是死路一条。我只好奉命行事，因为没有人告诉我该怎么做是好，我也别无选择。不过，有一笔价值75万美元的证券，我并没有将它填在即将交出去的资产清单上。因为这一笔款项用在了我们的香港分公司，和上海公司并无资产瓜葛。不过即便如此，我还是担心日本人会发现我做的手脚，那样的话会将我置于不利之地。

果然，他们很快就发现了我的小把戏。事发时我本人不在办公室，现场的会计主任后来告诉了我事情的经过。据他所说，当时那个日本海军上将勃然大怒，气得直跳脚，大骂我是小偷和叛徒，还说我无视日本皇军的尊严和智商。我当然知道这意味着什么，我会被扔去博来居酒店！

博来居酒店是当时日本特务的刑讯室，也就是传说中的宪兵队。我有朋友也曾面临过和我此时同样的处境，可他宁可选择自杀也不愿被关到那种鬼地方去。还有其他的几位朋友在那里经受了10天的严刑拷打，受尽酷刑之后也只是惨死在那里。而此时此刻，我自己也即将被送到那里去了！

听到这个消息时，是个星期天的下午。此后，我做了些什么？印象中，那时的我非常害怕。多年来，每当我担心时，我就会一直走到我的打字机前写下面临的困境及其答案：

1.我在担心什么？

2.我能做些什么？

我曾经尝试过在心里写下问题的答案，然而后来我发现，如果

第四章
解开忧虑之谜

同时将问题和答案都写出来，会帮助我理顺思路。所以，在那个星期天的下午，我径直回到了我在上海基督教青年会的房间，拿出我的打字机来，打下了第一个问题和答案：

1.我在担心什么？

我怕自己明天会被带到博来居酒店。

然后我输入了第二个问题：

2.我能做些什么？

我花了几个小时思考并写下了4种可能采取的行动，以及每一种行动可能导致的后果。

（1）我可以直接去找日本海军上将解释清楚这件事，不过他不懂英语，如果通过翻译在中间添油加醋，我可能会把他惹得更恼火，那样我就是死路一条了。毕竟我要面对的是一个残暴的军人，与其火上浇油，我宁愿在博来居酒店闭口不谈。

（2）我可以逃跑。不过这是不现实的，因为他们一直有人在监视我。如果我真要从这间基督教青年会的房子里潜逃，我八成会被他们直接给毙了。

（3）我可以躲在我的房间里不出去，也不去附近的办公室上班。可如果我这样做了，日本海军上将会起疑心，会直接让士兵把我抓进博来居酒店而不给我任何说话的机会。

（4）我可以像往常一样，在星期一的早上去办公室上班。如果我这样做的话，那么就是一个机会。日本海军上将也许会很忙，而不会再觉得我是因为做了些什么而心虚。即便他还记得，也很可能已经冷却下来，不再派人来找麻烦。如果真如我预想的这般，那么我就安然无恙了。而就算他再来吵，我也仍然拥有解释的机会。

左思右想权衡利弊，我终于想通了，决定采取第4个方案：在星期一早上照常到办公室去上班。然后，我终于松了一口气。

人性的优点

How To Stop Worrying And Start Living

第二天,当我走进办公室时,发现那个日本海军上将正坐在那里,嘴里还叼着一支香烟。他瞪着我,却自始至终没说一句话。6个星期之后,他被调回东京,而我的忧虑也就此告终了。

就像我之前说的那样,我能虎口脱险,还得归功于我在那个星期天下午写下的4种方案以及各自可能引发的后果,然后冷静地作出决定。如果我当时犹豫不决、心绪烦乱,那么就很可能一时迷乱,走错最关键的一步。仅仅是满面愁容和惊慌举动就已经非常可能引起那个日本海军上将的怀疑,并促使他采取行动了。

一次又一次,我的经验证实了如此作出决定的巨大价值。受困于一个固定的目的,不可抑止地在一个疯狂的圈子里做困兽之斗,这才是让人神经衰弱的人间地狱呢。我发现,每当我作出一个清晰而明确的决定时,烦恼就会消失一半。而当我开始执行我的决定时,剩下的烦恼又会消失40%。所以,我会采取以下4个步骤,来消除我90%的忧虑:

1.清楚地写下我所担心的是什么。

2.写下我所能做的应对之策。

3.决定采取哪种对策。

4.立即开始执行我的决定。

现在,格伦·李区菲是纽约三约翰街Park and Freeman有限责任公司驻远东斯塔尔的负责人,掌管大型保险和金融业务。事实上,正如我之前所说的,今天的格伦·李区菲已经成为美国在亚洲业务的重要高管,他诚恳地对我说:他的成功很大程度上要归功于这种忧虑分析以及实施方法。

这种方法有什么高明之处吗?因为它是有效而具体的,直指问题的核心。而最重要的是第三步,它是最不可或缺的原则:决定采取哪种对策。除非我们立即执行这个决策,否则我们所做的实施调

第四章
解开忧虑之谜

查以及方案分析就会沦为纯粹的精力浪费。

威廉·詹姆斯说过:"一旦作出决定,当天就必须付诸行动,同时不必理会责任问题,也不必关心后果如何。"(毫无疑问,在这种情况下,威廉·詹姆斯把"关心"等同于"焦虑"了。)他的意思是说,一旦你基于事实作出了慎重的决定,那么就行动起来吧!不要再瞻前顾后,不要再为这本身而忧虑迟疑,不要在自我怀疑中节外生枝,不要再回头。

一次,我向俄克拉荷马州的一位最著名的石油商人请教如何将决定付诸行动。他是这样回答我的:"我发现,如果我们在超出一定限度时还继续思考问题的话,就一定会导致混乱和忧虑。有时候,过度的思考和调查是有害的。有时候,我们必须坚决地付诸行动,决不回头。"

如此看来,你为什么不试着使用格伦·李区菲的方法,来消除你现在的忧虑呢?

1. 我在担心什么?(请将这个问题的答案写在空白处。)
2. 我能做些什么?(请把这个问题的答案写在空白处。)
3. 我决定如何去做?
4. 我从什么时候开始执行?

第五章

如何减少工作上50%的忧虑

如果你是一个生意人,那么看到这个标题,你可能会说:"真是可笑。我已经做了19年的业务,当然知道该怎样做。可现在居然有人还要教我如何减少工作上50%的忧虑,真是荒谬至极!"

这话说得没错。若是我在几年前看到这样的标题,想必也会有同样的感觉。这个标题看似能帮助你,其实一文不值。

让我们打开天窗说亮话吧!也许我并不能帮你减少工作上50%的忧虑,以我之前的分析结果来看,没人可以帮你做到这一点,除了你自己。但我能做的就是让你知道,其他人是这样做的,剩下的就看你啦。

你可能还记得,前面我们曾说起过亚利西斯·科瑞尔博士的名言:"不知如何应对忧虑的人,一定会短命而逝。"

既然忧虑所带来的后果如此严重,那么如果我能帮助你消除其中哪怕10%的忧虑,或许你也会满意。接下来,我就要告诉你一位企业家是如何做到消除50%的忧虑,而且还节省了75%过去用于开会、试图解决生意问题的时间的。

当然,我不打算告诉你那些所谓"琼斯先生""某先生"或是"我那一个在俄亥俄州的熟人"的故事,因为根本就无从考证。这个故事的主角是一个现实存在的人,名叫里昂·胥孟津。多年来,

第五章

如何减少工作上50%的忧虑

他一直担任西蒙出版社几个高层单位的高管,现任纽约州纽约市袖珍图书公司董事长一职。

下面就是里昂·胥孟津的经验之谈:

"15年来,我花了几乎一半的时间在开会及会议讨论上。我们应该这样做还是那样做、抑或是什么都不做?会上,大家都很紧张,坐立不安地走来走去、争论以及兜圈子打太极。当夜晚来临时,我会感到一天下来已经筋疲力尽。我甚至完全可以预料到我的余生也都会如此度过——事实上我已经如此做了15年了。如果有人告诉我可以用一个更好的方式去处理这些事情,那会帮助我节约四分之三的时间并节省四分之三的精力,那我一定认为他是一个狂热而盲目的乐观者。然而,我却制订了一个恰好能做到这一点的方案。这个方案我一用就是8年,它帮我创造了意想不到的奇迹:不仅办事效率提高了,我的健康和快乐程度也有了很大的改观。

这听上去很神奇,就像是魔术一样。但只要你知道了它是如何操作的,就会觉得它也非常简单了。

下面就是我的秘诀:首先,我立即停止了这个在会议中沿用了15年的程序——那些让人恼火的部下先把所有的问题细节描述一番,然后再问'我们该怎么办'。其次,我立了一个新规矩——任何想要向我提问问题的人,事先都必须准备一份书面报告,回答下面的这4个问题:

问题1:出了什么问题?

在过去,我们经常花上一两个小时来就此进行讨论,末了却还是没人能够指出问题的真正所在。我们所犯的错误就是将自己陷入一个虚无的泡沫之中了,讨论的只是麻烦本身而并没有指出问题真正出在哪里。

人性的优点

How To Stop Worrying And Start Living

问题2：问题的起因是什么？

当我在回顾自己的职业生涯时，竟惊奇地发现会议上的我只是一直在为忧虑浪费时间，却没有试图去寻找造成问题的根本原因。

问题3：有哪些方法可以解决这些问题？

在从前，要是有人在会议上提出一种解决方案，总会有人跟他争辩。辩论总会偏离主题，争得乌烟瘴气，到头来也拿不出合适的解决方法。

问题4：你建议采用哪种解决方案？

过去的会议总会为了一种情况而花上几个小时担心，不断地兜圈子，从未有人会思考所有的可行方案，然后写下他的建议：这是我推荐的解决方法。

现在，我的部下很少会拿问题过来问我了。为什么？因为他们发现，有四分之三的问题他们都不必再找我了，而在回答这四个问题的过程中，最妥当的方案已经像从烤箱中蓄势而出的面包，自然而然地就蹦了出来。即使非咨询不可，所花的时间也只不过是过去的三分之一，因为讨论是沿着一个有序、合理的逻辑思路进行的，而且最后都得到了很明智的结论。"

现在，西蒙和舒斯特会花更少的时间用于焦虑以及追寻犯错的原因，而采取更多的行动来作出对的决定。

我的朋友弗兰克·贝特格，一位美国保险业的巨子，他告诉我说，他在运用了一个类似的方法之后，不仅消除了工作上的烦恼，而且收入还几乎翻了一番。"几年前，当我第一次卖保险时，我对我的工作充满了热情和喜爱。后来发生了一件事情，让我变得非常的沮丧。我开始看不起自己的职业，几乎都想要辞职了。若不是在一个星期六的早上我坐下来想清了问题的根源，我也就不可能取得今天的这番成就了。

第五章

如何减少工作上50%的忧虑

1.我首先问自己:'问题究竟出在哪里?'我的问题是这样的:我马不停蹄地拜访了很多客户,看起来前景十分乐观,可每每在即将要成交的时候,他们却会告诉我想要'再考虑考虑,下次再说'。然后我还要再在他们身上费一遍工夫,这让我很是郁闷。

2.我问自己:'有什么可行的解决方案么?'在回答之前,我不得不拿出我的记录本,研究一下过去12个月里产生的数据。然后,我得到了一个惊人的发现!白纸黑字记得清清楚楚:原来在我所卖出的保险之中,有70%是在第一次见面时就成功完成的,另外有23%是在第二次见面时成交的,只有7%是在第三、第四、第五……次才成交的。事实上,我几乎浪费了一半的工作时间在那7%的业务上。

3.那么,答案是什么呢?答案是显而易见的:我应该立即停止在第二次拜访仍不成功的客户身上浪费时间,而应该空出这些时间积极寻找新客户。结果是令人难以置信的:在一个很短的时间内,我的单次拜访价值就几乎翻了一番。"

弗兰克·贝特格,现今美国最著名的人寿保险推销员,据说他每年拿下的保单业务都在100万美元以上。然而曾经他几乎就要放弃了这份职业,几乎就要承认失败!好在分析问题将他重新拉回了成功之路。

下面我想再重复一下这几个问题,希望也能帮助您解决掉50%的忧虑烦恼:

1.问题是什么?

2.问题的起因是什么?

3.所有可能解决问题的方法是什么?

4.你建议采用哪一种方案?

第二部分小结

规则1：了解事实。记住，哥伦比亚大学的霍克斯院长曾经说过："世界上有一半的忧虑是因为急于作出决定，而事先并没有收集到足以作出决定的事实。"

规则2：在仔细权衡所有事实之后再作决定。

规则3：一旦作出谨慎的决定，就要立即付诸行动去实现它，不要为结果如何而感到担忧。

规则4：当你或者你的同事在为一个问题而忧虑时，请回答下面4个问题，并用笔写出来：

（1）问题是什么？

（2）问题的起因是什么？

（3）所有可能的解决方案是什么？

（4）最好的解决方案是哪一个？

第三部分

如何改掉忧虑的习惯，在它毁掉你之前

第六章

如何将忧虑从思想中赶走

我永远都不会忘记那个夜晚。几年前，当我的一个学生——马里安·道格拉斯（请允许我用了这个化名。因为个人原因，他曾叮嘱过我不要透漏他的身份）站在我面前时，我才知道了这个真实的故事。他告诉我悲剧是如何侵袭了他的家，事实上不止一次，而是两次。第一次，他失去了他5岁的女儿，一个他非常心爱的孩子，他和他的妻子都认为他们无法忍受这个打击。可是更不幸的是，"10个月后，上帝给了我们另一个小女孩，而她却没活过5天！"

这种双重的丧亲之痛几乎让人难以承受。"我无法接受这样接二连三的不幸，"这位父亲告诉我说，"我睡不着，也吃不下，更无法放松和休息。我的精神受到了致命的打击，信心也丧失殆尽。"最后他只好去找医生开安眠药，也试过一些其他的方法，但终究还是无济于事。他说："我感到自己的身体像被一把大钳子给夹住了似的，而且还越夹越紧。"我理解他的感受，如果你曾经品尝过悲痛欲绝的滋味。

"不过，感谢上帝，好在我还有一个4岁的儿子，是他教给了我们解决问题的方法。一天下午，正当我呆坐着为自己难过时，他问我说：'老爸，你能为我造一艘船吗？'现在的我哪有心思去给他造什么船？事实上，我也没心情做任何事。但我的儿子可是个黏人

的小家伙,最后我只好遂了他的心愿。

"造那艘玩具船花了我3个小时。等做完了我才意识到,原来这么多天以来,这3个小时却是我心理上第一次感到放松和安宁的时候。

"这个发现使我如梦初醒。几个月来,我第一次有精力去思考一些事情。我意识到,如果你忙着做一些需要动脑子的事情,就根本没有时间去忧虑了。就拿我来说,造船将我的忧虑全都给吹了个烟消云散,所以我决定以后继续保持忙碌。

"当天晚上,我把家里的每一个房间都做了个检查,列了个任务清单。有好多小东西需要修理,比如说书柜、楼梯台阶、风暴窗、百叶窗、门把手、锁具、漏水的水龙头,等等。两个星期里,我竟惊人地列出了242个需要做的事情。

"在过去的两年里,我已经完成了其中的大部分任务。与此同时,我的生活中也充满了有意思的活动。每个星期,我都会抽出两个晚上的时间到纽约参加成人教育班。现在的我是校董会的主席,得马不停蹄地参加家乡的公共活动以及为红十字会募捐。我现在很忙,忙得根本抽不出时间来忧虑。"

没有时间忧虑!这也正是温斯顿·丘吉尔所说的。当战事紧张到需要他每天工作18个小时的时候,有人问他是否会担心自己责任巨大,他就是如此回答的:"我太忙了,哪有时间担心啊。"

查尔斯·科特林在发明汽车启动机时也遇到过类似的情况。科特林先生是世界闻名的通用汽车公司的副总裁,一直负责通用汽车的研究工作,直到最近才退休。但在早些年,他却穷到不得不使用一个谷仓里的枯草做实验,只能靠着妻子每月1500美元的钢琴教学费过活,后来,还是借了500美元交了自己的生命保险费。我问他的妻子在那段时间里是不是发愁得厉害?她回答说:"没错!我都愁

第六章

如何将忧虑从思想中赶走

得睡不着。可科特林先生却没有出现这种症状，他天天忙着工作上的事，没有时间担心这些。"

伟大的科学家巴斯德先生曾经说过："图书馆和实验室能让人平静。为什么呢？因为图书馆和实验室的人都太专注于他们的任务，没有时间为自己担心。研究人员很少有患神经衰弱的，因为他们根本就没时间来享受这种奢侈。"

为什么这样简单的事情就能帮助赶走忧虑？心理学上的一条定理揭示了这个秘密：一个人，不管他有多么聪明，都无法在同一时间思考两件以上的事情。如果你不相信，那就让我们来做一个实验。

现在，请闭上你的眼睛。试着在脑海中同时去想自由女神像以及明早要做的事情。（去吧，试试看。）

你会发现，你根本就无法专注地同时想象这两件事情，而只能轮流去想其中的一件。在情感方面，亦是如此。我们无法既热衷于去做一件令人兴奋的事情，同时又因为忧虑而搁浅下来。集中感觉会将另一种感觉赶走。这个简单的发现，让军队的心理精神科专家在战争时期创造了一个又一个的奇迹。

一些从战场上退役的男人常患有心理上的精神衰弱症，而军队医生往往会给他们开一个"让他们忙起来"的处方。除了睡觉以外，在他们醒着的每时每刻都让他们去户外活动起来。钓鱼、打猎、打篮球、打高尔夫、拍照、园艺作业、跳舞……如此一来，他们根本就没时间去回忆那些战场上的可怕经历了。

"职业治疗"是一种近代用于治疗心理疾病的名词。这不是现在才有的处方，事实上在500年前的古希腊，就已经有医生采用这种医疗方法了。

在富兰克林时代，费城教友也在采用这种方法。1774年，曾有

人性的优点
How To Stop Worrying And Start Living

人在参观教友会的疗养院时,发现那些精神病人一个个都为了纺纱织布忙得团团转。当时他就惊呆了,觉得这些可怜的精神病人在被迫地接受劳动。直到教友会向他解释时,他才明白,原来只有给那些病人安排一点工作,他们的病情才能得以真正的舒缓和好转,因为工作是安定神经最好的麻醉药。

著名诗人亨利·W. 朗费罗那年轻的妻子因为不幸被蜡烛点着了衣服而命丧黄泉。当时,朗费罗听见了她的哭叫声,也曾尝试去救她,但依然未能挽回这条年轻而鲜活的生命。而这次可怕而惨痛的经历,也成了日夜折磨他的梦魇,他几乎难过得要发疯了。幸运的是,他还有三个孩子需要去照料。尽管他悲痛欲绝,但还得同时承担起一名父亲兼母亲应尽的义务。他带着他们散步,给他们讲故事,和他们一起做游戏,并将他们父子间的感情永远封存在了他那首名为《和孩子们在一起的时间》的不朽名诗中。他还翻译了但丁的《神曲》。所有的这些责任都让他变得异常忙碌,完全顾不得自己的情绪了,也因此而得到了心灵上的宁静。

在失去了自己最亲密的朋友——亚瑟·哈兰时,班尼生曾说过这样一句话:"我必须将自己埋在工作中去,否则我会在绝望中死去。"

我们中的绝大多数人都有些自己的小麻烦,然而当我们马不停蹄地沉浸在工作中时,这些忧虑的小情绪就会被工作赶走。然而忙碌过后,闲下来的这段时间又会变得危险。当我们自由享受本该充满欢乐的闲暇时光时,忧虑的魔鬼便会瞅准时机过来攻击我们。这时,我们便不禁对这些问题产生了焦虑:我们是否可以在生活中来去自由?我们是否身处某些法则之中?老板今天所强调的东西是否另有深意?我们是否正在变成秃头?

闲下来的时候,脑子里往往都是真空一片。每个学物理的学生

第六章

如何将忧虑从思想中赶走

都知道这个道理：自然界中不存在真空状态。一个白炽灯泡一旦被打破，那么在被打破的那一瞬间，空气就会进去，充满理论上原本是真空的那个空间。

同理，当你的头脑空闲下来的时候，也自然而然会有别的东西填充进去。那是些什么东西呢？通常是你的感觉。为什么这么说呢？因为焦虑、恐惧、仇恨、嫉妒……这些情绪都是受我们的大脑控制的。它们会把我们思想中所有平静、欢快的思想和情感全都排挤出去。

哥伦比亚师范教育学院的教授詹姆斯·L.马歇尔，在这方面提出了很好的见解："忧虑最能伤害你的时候，并不是在你忙碌的时候，而是在结束了一天的工作之后。这个时候，你的想象力开始混乱，各种各样的小失误被可笑地放大了好多倍。而此时此刻，你的心就像一头不受控制的野马在横冲直撞，撞毁了一切，直至把自己也一并撞成碎片。消除忧虑最好的防范，就是把自己置身于任何有意义的事情当中。"

即便你不是一名大学教授，你也会认识到这个道理并将其付诸实践。在战争期间，我曾遇见过一个来自芝加哥的家庭主妇，她也明白"消除忧虑最好的防范，就是把自己置身于任何有意义的事情当中"这个道理。我是在从纽约旅行回到密苏里农场的旅途中遇见这个女人和她的丈夫的。（很抱歉，我并不知道这对夫妇的名字——虽然我不希望在我的讲演中使用没有名字和街道地址的案例——只好让细节来证实这个故事啦。）

这对夫妇告诉我说，他们的儿子在日军突袭珍珠港的第二天就参加了陆军。这位夫人告诉我说，这可是她唯一的儿子，她一度陷入了深深的忧虑之中，无时无刻不在担心他的处境：他现在在哪里呢？他还好吗？他会不会受伤，或是命丧战场？忧虑的情绪正在侵

蚀着她的健康。

当我问她后来又是如何克服自己的忧虑的,她是这样回答的:"我让自己忙起来了。"起初,她先辞退了家里的女佣人,想要通过家务让自己忙碌起来,可惜并没有太大的效果。因为她做的家务基本就是机械化的,不用动脑子。所以即便她正在洗碗、整理床铺,脑子还是在一刻不闲地担忧。"我开始意识到我需要重新找一份工作,好让我的身心在一天里的每时每刻都在不停忙碌着。于是,我成了一家大型百货商店的售货员。"

"这下可好了,"她说,"那时的我就像身处于旋风中心似的,周围挤满了顾客,不停地向我询问价格、尺寸、颜色等问题,我根本就抽不出哪怕一秒的时间去想工作以外的事情。结束了一天的忙碌,我只想歇歇我那站得发痛的双脚。晚饭过后,我倒头就睡,既没有时间也没有精力再去担心些别的事情了。"

约翰·考博尔·博斯在《忘记不快的艺术》中说过:"一定的舒适与安全、内在的平静和快乐都能麻木人的神经,让人在专注工作的同时保持精神的镇静。"

世界著名的女探险家——欧莎·约翰逊,最近给我讲述了她的故事。她在16岁时就成为了别人的妻子,25年来,一直追随丈夫的步伐周游了世界各地,拍摄一些亚洲和非洲濒临绝迹的野生动物的影片。9年前他们夫妇二人回到了美国,到处做巡回演讲,展示他们在旅途中所拍下的著名影像。不幸的是,就在他们从丹佛飞往西海岸时,飞机却不幸撞到了一座山。她的丈夫马丁·约翰逊当场死亡,而医生也宣布说,从今往后她再也无法从床上站起来了。然而3个月之后,欧莎却坐在轮椅上前来发表演讲了。我问她为什么要这样勉强自己,她回答说:"我之所以这样做,是因为这样我就没时间去悲伤和忧虑了。"

第六章
如何将忧虑从思想中赶走

欧莎·约翰逊发现，大约一个世纪以前，班尼生也曾说过类似的道理："我必须把自己埋在工作中去，否则我会在绝望中死去。"

在南极待了5个月之后，海军上将伯德也发现了这个道理。当时，他独自一人被困在被冰雪覆盖的小屋里，方圆百里之内再无其他动植物。天气是那么的寒冷，他甚至能听见自己的呼吸被冻住的声音；凛冽的寒风呼啸着吹过他的耳朵，他是那么的孤独而绝望。在《孤独》一书中，伯德上将描述了他这5个月的绝望生活，黑暗是那么的可怕又难熬，只有在不停地忙碌中才能保持基本的清醒，否则他真的会疯掉。

"在晚上熄灯之前"，他说，"我养成了规划好第二天工作的习惯。比方说，我要花一个小时去检查逃生隧道，半个小时去挖坑，一个小时用来清理燃料桶，一个小时用来修整壁橱，两个小时修一个已经断裂的人用雪橇……"

"真是好极了，"伯德上将说，"能够把时间分开来安排，这让我产生了一种可以掌控自我的感觉。要不然的话，日复一日的生活就会变得没有目标。而没有目标，这些日子就会像平常一样，免不了落得分崩离析的下场。"

注意，最后再强调一下："没有目标，这些日子就会像平常一样，免不了落得分崩离析的下场。"

在被忧虑烦扰时，让我们记住，我们可以像老式机器那样工作。理查·C.卡波特——原哈佛大学医学院的临床医学教授——在他的《生活的条件》中指出："作为一名医生，看到那么多焦虑症患者因为工作而得到治愈，我感到非常的欣慰。这种病症是因为怀疑、犹豫和恐惧而引起的，而工作可以赐予我们勇气和力量。"

如果我们闲下来什么都不干，只是一个劲地坐在那里发愁，我

人性的优点
How To Stop Worrying And Start Living

们就会产生一群被达尔文称为"胡思乱想"的东西。这些"胡思乱想"的东西就会掏空我们的思想，摧毁我们的意志和力量。

我认识一个纽约的企业家，他也是利用繁忙的工作来赶走那些所谓的"胡思乱想"的。他的名字叫特雷姆佩·朗文，办公室就在华尔街上，也是我在成人教育班上的学生。他战胜忧虑的经历十分有趣，也令人印象深刻。所以，下课之后我约了他一起去吃晚饭，我们在一家餐馆中聊了半宿，讨论他的经验。这就是他告诉我的故事：

"18年前，我因为思虑过度而得了失眠症。我感到非常的紧张、烦躁和不安，我简直就快要崩溃了。

"之所以忧虑，我是有原因的。那时我是踊跃皇冠水果制品公司的财务负责人。当时，我们投了50万美元在一加仑装的罐装草莓生产线上。20年来，我们都向草莓冰淇淋制造商供应这款罐装草莓。可是后来有一天，我们的这款罐装草莓却突然卖不动了，原因就是那些大的冰淇淋制造商——例如国家乳制品公司之类——的产量急剧增加。为了节约成本，他们更倾向于购买36加仑一桶的桶装草莓了。

"这个时候，我们不仅卖不动那价值50万美元的一加仑装草莓，而且根据合同内容，在未来的12个月里我们还得购买价值100万美元的草莓用于向客户供货。我们已经向银行贷了35万美元的款项，而根据当时的情况，我们既无法还清贷款，又无法筹到需要的款项，不忧虑才怪呢。

"于是，我以最快的速度赶到了位于加利福尼亚州沃森维尔的工厂，试图向我们的总经理阐明我们现在所面临的处境：再不整改的话，我们很可能就要破产了！可他根本就不相信，反而让我们纽约公司的业务员负全责——那些可怜的人啊！

"经过几天的恳求之后，我终于说服了我们的总经理，今后我们将不再使用旧的包装规格来包装草莓，而把那些新加工出来的一

第六章
如何将忧虑从思想中赶走

加仑装的草莓制品拿到旧金山的鲜果市场上处理掉。这个方案帮我们解决了大麻烦,按理说我应该不再焦虑了才是。然而,我发现我依然无法做到这点,因为我已经养成了忧虑的习惯。

"当我回到纽约之后,我又开始了无休止的焦虑,开始为每一件事情而担忧。我们从意大利购买樱桃,从夏威夷进口菠萝……这一切的一切都会让我紧张得睡不着觉。就像我之前说过的那样,我正在一步一步地走向崩溃的深渊。

"绝望中,我采用了一种新的生活方式,也正得幸于此,我的失眠症终于康复了,而且我也不再感到忧虑。我尽量让自己忙碌起来,忙到我必须投入200%的精力到工作上去,忙到无暇再去忧虑。以前,我每天工作7个小时;而现在,我开始将每天的工作时间提升到了15到16个小时。每天早上8点,我准时来到办公室开始工作,直到深夜才收工回家。我增加了新的工作,也承担起了新的责任。当我半夜回到家里的时候,总是筋疲力尽地一头倒在床上,用不了几秒钟就开始呼呼大睡了。

"如此,3个月之后,我终于改掉了忧虑的习惯。与此同时,我又回到了每天工作七八个小时的正常状态。这件事情已经过去18年了,这18年来,我再也没有忧虑和失眠过。"

萧伯纳是这样总结这一切的:"痛苦的根源,就在于人们还有闲工夫来担心自己是不是过得幸福。"所以,不要再去想它!摩拳擦掌干起来吧!忙碌的工作会加快你的血液循环,会让你头脑清醒、思维敏锐。所以,保持忙碌,是世界上治愈忧虑最好的灵药,也是最便宜的一种。

要想改掉忧虑的习惯,第一条规则就是:

保持忙碌。忧虑的人一定要把自己埋到工作中去,否则只能在绝望中苦苦挣扎。

第七章

不要因为一点小事而心情低落

　　这是一个富于戏剧性的故事。只要我还活着，我想我永远不会忘记。故事的主人公名叫罗伯特·穆尔，家住新泽西梅普尔伍德的高地大道14号。

　　"1945年3月，我正乘坐一段潜水艇，进入中南半岛附近276英尺深的海底。在那里，我学到了人生中最重要的一课。我们的雷达发现了一支正向我们这边开来的日本舰队。透过潜望镜，我看到了迎面而来的是一艘护航驱逐舰、一艘油轮以及一艘布雷舰。我们向护航舰发射了3枚鱼雷，不幸无一中的。当我们正准备集中火力攻击最后边的布雷舰时，却发现那艘布雷舰竟然径直朝向我们开了过来。（日军的飞机已经发现了我们在海底60英尺处的位置，并用无线电通知了布雷舰。）我们只好又潜到了150英尺处的海底，以免又被侦察到，同时也做好了应付深水炸弹的准备。为了使我们的潜艇保持悄无声息，我们还关掉了风冷系统以及所有的电气装置。

　　"3分钟后，天崩地裂。6枚深水炸弹在我们周围炸裂开来，将我们的潜艇直逼海底276英尺深的地方。我们当时都被吓坏了。此时此刻对我们而言，在不超过1000英尺处被攻击和不超过500英尺处遭到攻击同样都是致命的。现在，深水炸弹攻击的地方超过一半都在500英尺水深处。整整15个小时，那艘日本布雷舰不断地在我们

第七章
不要因为一点小事而心情低落

周围投下一颗颗深水炸弹。若是哪颗深水炸弹在距离潜艇不到17英尺的地方爆炸，准会把我们的潜艇炸出一个洞来。当时，我们奉命要保持镇定，只好静静地躺在自己的床上。我吓得几乎无法呼吸，只是一遍又一遍不停地对自己说：'这下肯定要玩儿完了……死定了！'这时，潜艇里所有的风冷系统全都关闭了，内部气温足足超过了100华氏度；而此时此刻的我却是如此的胆战心惊，即便毛衣外边还套了一件皮袄，我却仍然感到牙齿咯咯作响，后脊发凉、冷汗频发。在连续攻击了15个小时之后，进攻突然停止了。显然，日军的布雷舰已经用光了所有的深水炸弹，只好离开了。这短短的15个小时，却像1500百万年那般漫长。曾经的生活像放电影似的——在我眼前浮现，我记得我做过的所有坏事，那些曾让我担心烦扰的小事又是多么的荒唐啊。在加入海军之前，我曾是一个银行职员，那时的我会为工时长、工资低而又没有发展前景而忧虑。我担心买不起属于自己的房子，也买不起新车，甚至无法给自己的妻子买一身漂亮的衣服。我恨我的老板，他总是絮絮叨叨地数落我、责骂我。记得那时我老和妻子为了些鸡毛蒜皮的事而吵架，我还为自己额头上那块车祸留下的疤痕而烦恼不已。

"在深水炸弹威胁生命时，那些陈芝麻烂谷子的小事全都显得那么的渺小又荒谬。我发誓，如果我还能有机会再看到太阳和星辰，我再也不会为这种小事而忧虑了。在海底等待生死判决的这15个小时教会我的东西，远远要比我大学4年从书本上学到的多得多！"

面对生活中的大灾大难时，我们往往会勇敢以对；而那些不起眼的小事，却又往往让我们忧虑不已。举个例子，塞缪尔·佩皮斯曾在他的日记中描写过伦敦的哈里爵士上断头台的故事。当哈里

人性的优点

How To Stop Worrying And Start Living

爵士被送上断头台时,他并没有求饶,只是请求刽子手不要把刀落在他脖子上那块因长疖而痛苦不已的地方。身处苦寒黑暗的极夜地带,伯德海军上将想必比其他人更能理解,能够打垮一个人的,可能就是类似于"脖子上的疖子"这种看似不起眼的小事吧。正因如此,他的手下才能毫无怨言地从事危险而艰苦的工作。"但是我知道,"伯德上将说,"好几个同一宿舍的人彼此不说话,就是因为怀疑有人乱放东西、占了自己的空间。还有一个人,在吃饭时喜欢将食物咀嚼28次以后才吞下肚子,而另一个人一定得找个看不见这个家伙的位子才能吃得下饭。"在极地军营,就是这样的小事,才更会将男人们推向疯狂的深渊。

这些"小事"如果发生在婚姻生活里,就会把人们推向疯狂的悬崖边,并导致"世界上一半的心痛"。至少专家是这样认为的。芝加哥的约瑟夫·沙巴士法官,在经手过4万多件不幸的婚姻案件后总结说:"婚姻生活之所以不幸,往往就是这些琐碎的小事造成的。"而纽约州的地方检察官——弗兰克·S.霍根说:"在我国,半数刑事案件的起因也都只是些小事情。比如说酒吧的争风吃醋,国内问题的争论,侮辱性的诋毁之词,粗鲁的行为……这些小事都可能导致行为攻击,甚至谋杀。很少有人会因为这些小事受到极大的委屈,然而我们爱面子的小自尊、小虚荣,却造成了这世界上一半的伤心。"

埃莉诺·罗斯福夫人刚结婚时,一直担心了好几天,原因是她的新厨师做饭不好吃。"要是事情搁在现在",罗斯福太太说,"我会耸耸肩,直接把这件事给忘了。"这才是一个成年人应有的态度。即便是最伟大而专制的凯瑟琳女王,面对厨师做坏了的饭菜,也只能付之一笑。

第七章

不要因为一点小事而心情低落

一次,我们应邀到芝加哥的一位朋友家共进晚餐。席间有些小事他可能没有考虑周到,我们也没有往心里去,可他的妻子注意到了,当着大家的面就跳起来开始指责他。"约翰,"她喊道,"看看你都做了些什么!你就永远都学不会好好服务大家吗?"然后,她又扭过头来对我们说:"他总是这样,一错再错还不长记性。"或许他确实没有考虑周到,但我真佩服他居然能和他的妻子共同生活20年之久。坦率地说,我宁愿舒舒服服地吃上几个抹了芥末酱的热狗,也不愿意一边听她责骂一边吃什么鱼翅和北京烤鸭。

不久之后,我和太太邀请了几位朋友来家里吃饭。就在他们快要来到时,我的太太却发现有3条餐巾和桌布不搭。后来她告诉我说:"我立马赶到厨房,却发现其他3条餐巾已经送去了洗衣房。客人马上就要到了,根本没有时间再去准备。我急得都快要哭出来了!难道所有的准备都要被它毁了吗?后来,我转念一想,为什么要让这个愚蠢的错误毁了这个美好的夜晚?于是我决心走进去好好享用这顿晚餐。我宁愿我的朋友们认为我是个邋遢的主妇,也不愿他们看到的是一个吹毛求疵而又坏脾气的女主人。而且,接下来的事情证实了,居然没有一个人注意到了那些不协调的餐巾!"

一个著名的法律格言是这么说的:"法律不关心琐事。"所以,我们也没必要为了一点小事而忧虑。

很多时候,要想克服一些琐事引起的烦恼,只要把观念转移一下就好——转移到一个新的、令人愉悦的观念中去。我的朋友,作家荷马·克洛伊给我讲了一个很好的例子。有一段时间,他在写书时经常被纽约家中的散热器吵得头疼,简直就快疯了。后来有一次,他和他的一些朋友去露营。当他听到噼里啪啦的篝火燃烧声时,突然想到,难道这声音不是和他家中那个讨厌的声音一模一样

人性的优点

How To Stop Worrying And Start Living

的吗?为什么自己会喜欢这个声音而讨厌家里的那个声音呢?回到家以后,他对自己说:"篝火那噼里啪啦燃烧的声音很好听,散热器的声音也一样。我可以进入美妙的梦乡,再也不用担心那些噪音。于是,头几天我还是会注意到散热器的声音,但是没过多久我就把它给忘了。"

由此可见,很多烦恼也不过如此。我们不喜欢一些小事,可它却将我们的生活搞得非常沮丧,只是因为我们夸大了它们的重要性。

迪斯雷利说:"人生苦短。"

"这些话,"安德烈·莫罗亚在《本周杂志》上说,"曾帮我度过了许多痛苦的时候。我们经常因为一点小事,一些我们本该不屑一顾、抛之脑后的小事,而把自己弄得心烦意乱……在这个地球上,我们只有短短的几十年可活,而我们却为了一些在一年内就会忘得没影的小事而浪费了许多大好时光。我们应该把我们的生活用在有价值的行为和情感上,用在产生伟大的思想、纯真的爱恋以及永恒的事业上。毕竟,生命太匆匆。"

"生命太匆匆。"这是名人吉布林的名言。可即便像他这样显赫的人物,却也和他的小舅子打了韦尔蒙特有史以来最有名的一场官司。事情是这样的:

吉布林娶了一个韦尔蒙特的女孩为妻,在佛蒙特州的布拉特尔伯勒建了一个可爱温馨的家,然后在那里定居了下来。他的小舅子比蒂成了吉布林最好的朋友,他们两个经常在一起玩耍。后来,吉布林从比蒂手里买了一些地,并约定每个季度比蒂都可以在那片草地上割草。一天,比蒂发现吉布林居然在那片草地上建了一个花园,一时间气得他血脉贲张、勃然大怒。吉布林也不甘示弱,一时

第七章
不要因为一点小事而心情低落

间竟搞得佛蒙特原本绿色的山脉变得乌烟瘴气。

几天后,当吉布林骑着他的自行车外出游玩时,在路上被他小舅子的马给撞倒在了地上。于是这位曾写出"即便所有人都失去理智来责备你,你也应保持头脑的冷静"的吉布林先生也气昏了头,直接把比蒂告上了法庭。记者们纷纷从大城市蜂拥而至,将这个小城挤了个水泄不通。一时间,这个不甚光彩的消息简直传遍了全世界。这还没有结束。因为这个官司,吉布林和他太太的生活受到了严重的干扰,他们之后放弃了安在美国的家,选择出走海外。而这所有的痛苦,只不过源于一车干草!

伯利克里曾说过:"站起来吧,先生们!我们为琐事耽搁太久了。"事实上,我们的确如此!

哈里·爱默生·福斯蒂克博士曾讲过这样一个有趣的故事,有关一片大森林的胜利与消亡。

在科罗拉多州的长峰岭,躺着一片大树的残躯,自然学家告诉我们说,它们的树龄都在400年左右。在它们漫长的生命中,曾遭遇过多次的闪电袭击、无数次的狂风暴雨和雪崩,它们都挺过来了。然而最终,它们却被一个甲虫小分队给撂倒了。原来,甲虫们在啃完树皮之后又开始往树根处咬,渐渐就伤了树的内在元气。哪怕它们很小,但大树也禁不住这持续不断的攻击。于是,这片闪电击不倒、风暴拔不掉的巨树森林,就这样被甲虫们毁于一旦。这可是些用拇指和食指就能轻而易举捏死的甲虫啊!

和那片巨树森林相比,难道我们不一样吗?我们的生命中也经历过罕见的风暴、雪崩以及电闪雷鸣,但我们也都挺过来了。只有忧虑——像那轻而易举就能捏死的甲虫一般的忧虑,反而却能将我们吞噬一空。

人性的优点
How To Stop Worrying And Start Living

几年前,我曾和怀俄明州公路局的局长查尔斯·赛弗雷德先生以及他的一些朋友,一道去参观了约翰·D.洛克菲勒在国家公园中的一栋房子。遗憾的是,我的车转错了方向,所以晚到了一个小时,赛弗雷德先生没带钥匙,只好在那个又热、蚊虫又多的林子里等了我们整整一个小时。当我们好不容易赶到的时候,却发现赛弗雷德先生居然折了支白杨树,正在足以令圣人发疯的蚊虫群中吹起了笛子!他不仅没有在该死的蚊虫群中怨声载道,而且还悠闲地吹起了笛子。后来,我把这支笛子珍藏了起来,用来纪念这个懂得不为小事而徒增烦恼的男人。

在忧虑这个坏习惯毁掉你的生活之前,请改掉它。记住:

规则2:不要让自己为一些不愉快的小事而忧虑,它们本该被我们忘记。要知道,"生命太匆匆"。

第八章
一个可以打消你诸多忧虑的定律

当我还是个孩子的时候，我就开始在密苏里老家的农场里生活了。有一天，我一边帮母亲窖藏樱桃，一边哭泣不已。妈妈疑惑地问我说："戴尔，你到底是怎么了？"我抽抽搭搭地回答说："我好怕自己被活埋！"

在那些少不更事的日子里，我的心中总是充满了忧虑。暴雨来临，我担心自己会被闪电劈死；家里经济困难，我担心没有足够的食物挺过这个难关。我害怕自己死后会下地狱，也害怕那个名叫山姆·怀特的大男孩会割掉我的耳朵——就像他曾经威胁我说的那样。我担心女孩子们会嘲笑我戴歪的帽子，也担心将来没有女孩子愿意嫁给我做妻子。我担心自己在结婚典礼上不知该对妻子说些什么，甚至还想象自己应该会在某个乡村教堂举行婚礼，礼毕后会赶着一辆顶部带有流苏的马车回到农场……但是在回农场的路上，我在马车上又该对妻子说些什么呢？怎么办？怎么办？我常常花上一大把的时间，来思考这些惊天动地的大事。

随着岁月的流逝，我才渐渐发现，原来我曾经担心的问题，99%根本就不会发生。例如，我曾说过我害怕闪电，但现在我知道了，不管在哪一年，我被闪电击中的几率只有三十五万分之一。而我担心会被活埋的恐惧更是荒谬，平均1000万个人里只有一个人会

遭此厄运，而我曾经竟会被这件小事吓哭。

死于癌症的几率则是八分之一。如果我一定要为什么事情而担心，那也该担心得癌症，而不是什么雷击和活埋。

我一直在谈论青年人的忧虑。而事实上，我们许多成年人的忧虑也同样荒谬。现在，如果我们根据概率来评估一下某些事情是否值得我们真正去为之忧虑，那么十分之九的忧虑就会自然而然地消失殆尽。

不愧是伦敦最著名的保险公司，罗爱德保险公司就是利用大家对少有可能会发生的事情的担忧，而赚了个盆满钵满。罗爱德是在和人们打赌，赌他们所担心的灾难极少会可能发生。只不过他们不管这叫赌博，而称之为保险，但它的原理也是基于赌博的概率。200年来，这家保险公司越做越大；除非人性会发生改变，否则在未来的50个世纪，它的业绩只会越来越好。而它只不过是利用概率，赚取你所投保的各种灾祸的发生险，毕竟这些灾祸并不像人们想象中那么容易发生。

如果我们留心一下，就会为我们所发现的事实而震惊不已。比方说，如果我知道在接下来的5年里会被安排去参加一场像盖茨堡战役那样血腥惨烈的战斗，我肯定会被吓疯。我一定会想方设法去追加我人寿保险的保单，会写下遗嘱把自己所有的资产全都变卖一空。我会说："我可能活不过这场战斗了，所以这几年我得痛痛快快地活。"但事实上，根据概率，在和平年代中那些50岁到55岁的人之间，每1000人的死亡概率和盖茨堡战役中每1000名士兵的死亡率是一样的。

我写这本书的时候，曾有几个章节是在詹姆斯·辛普森的旅馆中创作完成的。有一年夏天，我在加拿大落基山脉的弓湖岸边遇见了赫伯·H.塞林格夫妇。塞林格夫人是个平静而安详的女子，在我的印象中，她就像是从来都没有烦心事的样子。一天晚上，大家坐在壁炉前，我问她是否曾为某件事情而烦扰过。她说："我的

第八章

一个可以打消你诸多忧虑的定律

生活差点就被它给毁了。在征服忧虑之前，我曾自作自受地经历了11年宛如人间地狱般的生活。我脾气暴躁，无时无刻不生活在可怕的压力下。每个星期，我都会乘坐公交车到旧金山购物。但即便在购物时，我还会忍不住担心些没来由的事：是不是我搁在熨衣板上的电熨斗忘了断电啊？它会不会把房子给烧了啊？家里的保姆会不会丢下孩子一个人跑了？孩子们会不会骑着他们的自行车被汽车撞死了……买东西的时候，我常常忧虑得满头大汗，忍不住会冲出商店、乘着公交车回家看看一切都是否正常。难怪我的第一次婚姻没能落得好下场呢。

"我的第二任丈夫是个律师，他很安静，分析问题也很有一套，从不为任何事而担心。每当我变得紧张和忧虑的时候，他就会对我说：'放松点，让我们来想一下，你究竟在为什么而担心？让我们看一看它发生的概率，想想这种事情是不是真的有可能发生。'

"例如，我记得有一次，我们在开车从墨西哥的阿尔布开克到卡尔斯巴德的途中遭遇了一场可怕的暴风雨。行驶在泥泞的道路上，车子非常容易打滑，而我们几乎就要无法控制它了。我肯定我们会滑进路边的沟里去。但我的丈夫却一直安抚我说：'我开得很慢，不会有意外发生的。就算车子不小心滑进了沟里，根据概率，我们也不会受伤的。'他的冷静和自信渐渐地让我放下心来。

"还有一年夏天，我们在加拿大落基山脉的图坎谷露营。一天夜里，我们把帐篷扎在了海拔7000英尺的地带，不料却遭遇了突如其来的暴风雨。暴露在大风中的帐篷摇摇欲坠，发出尖锐的响声。我每分钟都忍不住在想：我们的帐篷马上就要被肆虐的风暴给撕裂、吹到天上去了。当时我简直被吓坏了，但我的丈夫却不停地安慰我说：'看，亲爱的，别忘了我们的印第安向导可是经验丰富的行家哟。连他们都说了，这六七十年来还从没发生过帐篷被风吹跑过的事情呢。

人性的优点

How To Stop Worrying And Start Living

所以根据概率，今晚我们的帐篷也不会被吹跑的。哪怕它真的被吹跑了，我们也可以躲到其他帐篷里避难嘛。所以放轻松些，不会有事的。'那天夜里我睡得很香，而且果然什么事都没有发生。

"几年前，小儿麻痹症的疫情席卷了加利福尼亚州。要是搁在过去，我肯定会歇斯底里地忧虑不已。但我的丈夫劝我要保持冷静。我们采取了所有的预防手段，让我们的孩子远离人群、学校以及电影院。通过向卫生局咨询，我们发现，即使是加利福尼亚州的小儿麻痹症最为肆虐的时候，全州也只有1835个孩子会被疫情侵袭。而平均每次感染疫情的儿童数量大约在200到300之间。虽然这个数据也不容乐观，但根据概率，每个孩子感染疫情的几率却是不值一提的渺茫。

"'根据概率，这件事不会发生。'这句话消除了我90%的忧虑，使我在过去20多年的生活得到了前所未有的宁静和美好。"

乔治·库克将军可能是美国历史上最伟大的印度斗士了，他在自传中说过："印度人那几乎所有的忧虑和不快，都来自于他们的想象，而并非现实。"

回顾我这几十年走过的漫漫人生路，我发现，我的大半忧虑也是这么产生的。吉姆·格兰特告诉我说，他的经验也大抵如此。他在纽约市富兰克林街道204号开了一家公司，名叫詹姆斯·A.格兰特配送公司。一次，他从佛罗里达州买了10到15车的柚子和橙子。他告诉我说，他曾用一系列的怪念头把自己折磨得够呛。比方说，万一火车失事了该怎么办？如果我买的水果滚落了一地该怎么办？那座桥不会单单在我的车刚好经过时塌了吧……当然，这些水果都是上了保险的，但他还是担心不能按时接收，搞不好还会滞销。他是如此的焦虑，最后甚至还因此得了胃溃疡，不得不去看医生。医生告诉他说，其实他也没别的毛病，就是神经绷得太紧了。

第八章
一个可以打消你诸多忧虑的定律

"我这才茅塞顿开,"他说:"我开始扪心自问:'吉姆,这么多年来你都处理过多少车水果了?'答案是25000车。然后我又问自己:'有多少辆运输车出了事故?'答案是5辆左右。我又接着问道:'你知道这意味着什么吗?答案是出车祸的概率是五千分之一!换句话说,根据以往的经验,在每5000辆运输车之中,只有一辆可能会出现意外。所以,你还有什么好担心的呢?'

"我又对自己说:'好吧,可桥说不定还是会塌。'然后我又问自己:'从前你有多少辆汽车从桥上塌下来了?'答案是没有。然后我又对自己说:'那你还为一座从来没有塌过的桥、一辆失事率为五千分之一的火车而忧虑,而且还患上了胃溃疡!你不是傻瓜又是什么?'

"从那以后,我发现自己过去活得太傻了。我当时就决定,以后再遇见让人忧虑的事就多想想它能够发生的概率,而我也再没为我的'胃溃疡'而烦恼过。"

当艾尔·史密斯在纽约州当州长时,我记得他时常会对他的政敌们这么说:"让我们来看看数据吧……让我们回顾一下。"然后他会给出一系列的事实。我们也可以向睿智的老史密斯学习一下,以后在遇到什么令人忧虑的事情时,不妨回顾一下之前的数据,看看这件事情是不是真的值得我们去为它忧虑。这也正是弗雷德里克·马克斯塔特害怕他会躺在自己的坟墓中所做的事情。

"那是1944年的6月上旬,我躺在奥马哈海滩附近的一个壕沟里。看着这个刚刚被挖出来的长方形的散兵坑,我对自己说,'它看上去就像个坟墓。'当我躺下来睡在里边的时候,我感觉它和真的坟墓没什么两样。我忍不住对自己说:'或许我真的会死在这里了。'晚上11点,德军的轰炸机开始了疯狂的袭击,炸弹像雨点一样纷纷落下,吓得我脑子都快不转了。前3个晚上我压根就睡不

人性的优点
How To Stop Worrying And Start Living

着觉,到了第4天还是第5天晚上,我紧张得几乎就要崩溃了。我知道,要是再想不出办法来阻止这个苗头,我可能会疯掉。所以我提醒自己,都已经过去5天了,而我还依然好好地活着。我知道的人中,只有两个受了伤,而且他们还并不是被德军的炸弹给炸伤的,而是被我们自己的高射炮碎片给不小心弄伤了。于是我决心不再胡思乱想,而是用木头在壕沟的上方搭了一个棚子,以保护自己不被高射炮的碎片击中。我告诉自己说:'除非炸弹直接击中我,否则我死在这里的可能性是微乎其微。'我接着算了算,我被直接击中的概率不到万分之一。这么想来,在接下来的几天我终于能够平心静气了,甚至在敌军空袭时也能睡得安稳了。"

美国海军也时常使用概率来鼓舞士兵的士气。一个曾经的水手告诉我说,想当年,当他和他的船员们被分配到一艘油轮上时,他们全都吓呆了。毕竟这艘油轮上可是装满了高标号的汽油,万一要是被鱼雷击中,那么大家肯定没有任何生还的希望。可是,美国海军单位深谙概率说服之道,他们连夜发布了确切的统计数据:在被鱼雷击中的100艘油轮里,有60%并没有沉入到海底;在剩下的那沉入海底的40%的油轮中,10分钟以内完全沉没的又只有5艘。这组数据意味着即便油轮遭遇鱼雷,人员伤亡的几率也是非常小的。这个解释,是不是有助于鼓舞士气了呢?"这个概率法则打消了我们的疑虑。"1969年,住在明尼苏达州圣保罗核桃街的克莱德·W.马斯说给我讲了这个故事。他说:"在了解这些数据之后,船上的人都感觉好多了。我们知道我们有的是机会跳下船,而且根据概率,我们很可能根本就不会死在这里。"

在忧虑毁掉你的生活之前,请改掉这个坏习惯。请记住规则3:

"让我们看看从前的记录,然后问问自己,根据概率,我们所担心的事情真正发生的几率是多少?"

第九章

学会接受不可避免的事实

当我还是个小男孩的时候，一天，我正和几个小伙伴在阁楼上玩。这座阁楼坐落在密苏里州的西北部，已经好久没住过人了。那个时候，我正准备从阁楼的窗台往下跳，不料左手食指上的指环却被一颗钉子给勾住了，紧接着整个手指都被扯了下来。当时我尖叫一声，疼得要死，也吓坏了。我觉得我肯定会这么死掉！可是等我的伤好了以后，我却再没为这件事烦恼过。我接受了这个既定的事实。除了妥协，还有别的办法么？

现在，我每个月都忙得团团转，也没有时间和精力去顾及我的左手只有3根手指的事实了。

几年前，我在纽约市中心的写字楼里遇见了一个货运电梯操作工。我注意到他的左手已经不在了，便询问他，这是否会给他造成困扰。他是这样回答我的："噢，不会的，我几乎不去想它。我还没有结婚呢。而我唯一去想它的时候，是在我试着穿针引线的时候。"

真是神奇，我们居然能在短时间内接受任何已经发生的事实，如果必要，我们甚至还能调节好自己的情绪，然后忘了它。

我时常会想起荷兰首都——阿姆斯特丹的一座教堂。教堂的废墟上刻着这样一行字：事情已然如此，不会再发生改变。

在历经几十年的风风雨雨之后，我们肯定会遇到一些不愉快的

事情,它们已然如此,不会再发生改变。然而,对于我们来说,却有我们自己的选择。我们可以接受它们已经发生的既定事实,同时试着调整自己去适应它们的存在;我们也可以尽情忧虑,直到它来毁了我们的生活。

这是我最喜欢的一位哲学家——威廉·詹姆斯的忠告:"要学会接受既定的事实,因为它们已经发生了。接受它们,是克服随之而来的任何不幸的第一步。"住在俄勒冈州波特兰第四十九大道2840号的伊丽莎白·康莱,在历经诸多困难后也学会了这一点。

这是她写给我的信:

"这一天,举国上下都在庆祝美军在北非战场上的胜利。可与此同时,我收到了一封来自部队的电报,说我的侄子——我最爱的人——在战场上失踪了。没过多久,又有一封电报来报,说他已经死了。我的悲伤无以复加。

"在那之前,我一直认为生活是那么的美好。我有一份热爱的工作,也终于把这个侄子给拉扯大了。在我心里,他就是我的一切,是大好青年的优秀代表……现在,我曾极力营造出来的美丽世界全都崩塌了,我觉得再也没有能够支撑自己活下去的理由。于是我疏离了所有的朋友,想让身边的一切都滚得远远的。我悲痛欲绝,甚至还对这个世界充满怨恨。为什么老天要把我那可爱的侄子带走?为什么这么好的一个男孩子,却要在年纪轻轻的时候遭遇死亡的厄运?我无法接受!我的悲伤是如此强烈,以至于最后辞了工作想要远走高飞,把自己埋在眼泪和痛苦之中。

"然而,正在我清理桌子、准备辞职的时候,无意中却看见了一封几乎都要被我忘记的信。几年前,我的母亲去世,这封信就是侄子在那个时候寄给我的。'当然,我们会想念她。'他在信

第九章
学会接受不可避免的事实

中说:'特别是你。但我知道你一定能挺过去,你的人生观会帮助你。我永远都不会忘记你教给我的那些美丽真理。无论我身处何地,无论和你相距多远,我永远记得你曾教导我要保持微笑。像个男子汉一样,勇敢地面对一切。'

"我反复重读着那封信,仿佛此时此刻他就站在我的面前,对我说:'你为什么不能像你所教我的那样做?坚持下去,不管发生了什么。用你的微笑将悲伤隐藏,然后继续走下去。'

"所以,我又回到了我的工作岗位,也不再怨天尤人。我一再对自己说:'事情已经发生了,我无法改变它,但我会继续坚强地走下去,就像他所期待的那样。'我把所有的心思都用在了工作上,写信给前线的士兵,晚上去参加成人教育班,不断发掘自己的新兴趣,结交新朋友。我几乎不能相信,自己在不知不觉中像换了个人似的。我已经不再为过去发生的不幸而哀伤,是彻彻底底地放下了。现在的我,像侄子希望的那样,已经学会了和生活讲和,学会了接受自己的命运。和从前相比,我现在的生活更加的充实而完整。"

伊丽莎白·康莱现在已经离开了俄勒冈州的波特兰。她深知,我们早晚都会明白这个道理:事情已然如此,不会再发生改变。而这深刻的一课,并不像想象中的那么容易做到。即便是坐在宝座上的国王,也需要时时不忘提醒自己。已故的乔治五世,曾在他白金汉宫的阅读室里挂着下面几句话:"不要为月亮而哭泣,也不要为打翻的牛奶而悲伤。"叔本华下面的语录也表达了同样的看法:"学会妥协,是人生旅途中的第一要事。"

显然,环境本身并不能使我们快乐或是不快乐,能够决定我们情绪的,只能是我们对外界环境所做的反应。耶稣说,天堂就在你心中。同样,地狱也在你的心中。

在必要的时候,我们都能忍受灾难和悲剧,甚至还能战胜它们。也许我们并没有意识到,在这方面我们有着惊人的潜力。只要我们想去利用它,我们的强大甚至会超出自己的想象。

已故的布什·塔金顿总是这么念叨说:"我能接受生命中的任何事情,只有失明是无法忍受的。"然而有一天,年迈的塔金顿低头看了看地板上铺着的地毯,却发现颜色开始模糊了起来,他甚至无法看清上面的图案。他去看医生,得到的却是一个惨痛的答复。他被告知,自己的一只眼睛已经完全瞎了,而另一只眼睛也在失明的边缘。他所担心的事情,终究还是降临了。

面对这"最糟糕的灾难",塔金顿又是如何应对的呢?他是否会认为"就是它!就是这该死的瞎眼把我的生活全毁了"呢?答案当然是否定的。就连他自己都没有想到,在经历了这件事情之后居然还能开心起来。他甚至还能运用他的幽默感。当那些浮动的"斑点"从眼前飘过时,他却开玩笑说:"你好,黑斑长老!这么一个晴朗的早晨,你要往哪里去呢?"

命运能够征服精神吗?答案是否定的。在塔金顿完全失明之后,他说:"我发现自己可以接受失明这个事实,就像一个人能够承受其他事情一样。就算我的五感全都丧失了,我也知道,我依然可以活在自己的精神世界里。因为不管我们是否已经意识到,它们就住在我们的心中,与我们的生命血肉相连。"

为了恢复视力,塔金顿不得不在一年里去做12次以上的手术,而手术只能局部麻醉!他会退缩吗?不,他知道自己无法逃避。所以,减轻痛苦的唯一方法,就是痛痛快快地接受它。住院时,他拒绝一个人住单间,而要求和其他病人一起住在大病房里。在那里,竭尽全力地鼓励大家振作起来。动手术的时候,他总是尽力去想自

第九章
学会接受不可避免的事实

己有多么的幸运:"真是太好了,多么的神奇啊!现代科学发展得如此迅速,都能够给人眼做这么精细的手术了。"

若是换了一般人,在不得不忍受12次眼部手术和暗无天日的生活之后,恐怕早就发疯了。然而,塔金顿却说:"即便用欢乐的体验来替换这些痛苦,我也不愿接受。"因为通过这件事情,他意识到生命已经馈赠给了自己超出想象的力量,再没有什么是他无法忍受的。就像约翰·米尔顿所说的那样:"失明本身并不悲惨,无法忍受失明才是。"

著名的新英格兰女权主义者——玛格丽特·福勒曾将这句话作为自己的心跳:"我能接受全宇宙!"

当爱发牢骚的老托马斯·克莱尔在英国听说了这件事以后,曾不屑地说:"上帝,但愿她自己能做到!"是的,但愿你我也能做到这点,去接受无法改变的既定事实。如果我们抱怨它或是抗拒它,生活就会充满了苦楚。我们无法改变既定事实,但我们却可以改变我们自己。我知道这能行,因为我已经尝试过了。

曾经,我也拒绝过去接受不可避免的情况。我装傻、反对、抗拒,结果自己却陷入了整夜失眠的地狱深渊。终于,在经历了一年的自我折磨之后,我才不得不学会了去接受那些根本就不可能发生改变的事实。

早在多年之前,我应该就能吟诵出老惠特曼的诗句了:

哦!面对黑夜、风暴、饥馑、荒谬、意外与挫折,让我们学着像树木和动物那样顺其自然吧!

出于工作原因,我有12年的职业生涯是和牛一起度过的。然而我却从未看见过一头泽西牛会因为牧场失火、冰雪严寒或是自己的

伴侣过多关注其他异性而发疯。动物们总是能够平静地面对黑夜、风暴和饥馑。

什么？难道你以为我主张对所有的困境逆来顺受？完全不是这么回事。如果这样，那就沦为了纯粹的宿命论者。哪怕还有一丝挽救的希望，我们就一定要为扭转乾坤而战！然而常识告诉我们，事情是无法避免的——也不可能再出现任何转机——那么，为了保持理智，我们就不要再"瞻前顾后，庸人自扰"了。

已故的哥伦比亚大学的霍克斯院长曾告诉我说，他用一首打油诗作为座右铭：

天下疾病千千万，有的能治有的非；
如果能治就尽力，若无良方就忘记。

在写这本书的时候，我曾采访过一些美国顶尖的商人。印象最深刻的是，他们中的绝大多数人，都能够接受工作和生活中无法避免的局面，从而就能过上无忧无虑的生活。如果他们不具备这种能力，他们就会无法承受过分的压力，而陷入崩溃的深渊。我手里就有几个现成的例子，看过之后你就会明白，我想要表达的是什么。

J. C. 潘尼是全美潘尼连锁店的创始人，他对我说："就算有一天，我所积累的所有财富全都离我而去，我也不会为此感到忧虑，因为我找不出忧虑能带给我的任何好处。我会尽最大可能把我的工作做好，剩下的就交给老天爷吧。"

亨利·福特也告诉我一句类似的话："当我遇到无法处理的事情时，我就让它们自生自灭。"

当我向克莱斯勒汽车公司的总裁——K. T. 凯勒先生讨教时，他是这么对我说的："当我面对一个棘手的问题时，但凡还有解决

第九章
学会接受不可避免的事实

的希望，我就可以为之去做任何努力。如果我不能，我就干脆忘了它。我从不担心未来，因为我知道活着的人不可能知道未来会发生什么事情。毕竟能够影响未来的因素实在是太多了。所以，为什么要为它担心呢？"如果你认为凯勒先生是个哲学家，那么他一定会觉得不好意思，因为在他看来，自己只不过是一个商人。但他发现，他的想法居然和古罗马大哲学家——爱比克泰德的观点有着异曲同工之妙。爱比克泰德是这样教导罗马人的："通往幸福的道路只有一条，那就是不要为超出我们能力范围的事情而忧虑。"

被称为"神圣的莎拉"的莎拉·哈特，可谓是深谙此道的一个案例。半个世纪以来，她一直是四大洲剧院里独一无二的女王，也深受世界各地观众的喜爱。可是天有不测风云，在她71岁的那年，突然破产了，所有的财富全都离她而去了。祸不单行，就在这个节骨眼上，她的私人医生——波基教授告诉她，因为在大西洋甲板上遭遇的那场暴雨，她的腿受到了严重的损伤。静脉炎已经导致了腿部肌肉萎缩，疼痛难忍不说，而且现在也保不住了，必须截肢。他也是思量良久，才终于决心将这个残酷的事实告诉她，他完全能够想象莎拉在听到这个消息后会变成如何歇斯底里的样子。然而他这次错了。莎拉只是平静地看了他一会儿，然后开口说："如果它就是我的命运，那么我也别无选择了。"

当她被推进手术室时，她的儿子站在那里哭得很厉害，她却朝他挥了挥手，高兴地说："不要走，我马上就回来。"

在去往手术室的路上，她给身边的医生和护士背诵她曾经演出过的台词。后来有人问她，这样做是不是为了给自己减压？她回答说："没有，我是为了让医生和护士开心些。他们可是承受了很大的压力呢。"

人性的优点

How To Stop Worrying And Start Living

从手术中恢复之后,莎拉·哈特开始了她周游世界的旅程。她的潇洒举动,让她的粉丝又为她疯狂了7年。

"当我们停止对必然事件做无谓的反抗时,"埃尔希·马克·科密克在《读者文摘》上发表文章说,"我们会释放出一种能量,它能够令我们创造出更丰富的生活。"

没有一个人能够拥有足够的精力,在与不可避免的事情做抗争的同时又去创建一个崭新的生活。绝大多数情况下,我们只能从这两者中选择其一。在面对不可避免的冰雪风暴时,你可以选择弯下身子,也可以选择直挺挺地抗拒它,并最终被它折断。

在我那密苏里州的农场,我亲眼目睹了里面发生的事情,感慨良多。我曾在农场里种过一些树。刚开始时,它们都在以惊人的速度生长。后来,在一场暴风雪的袭击中,这些树的枝枝叶叶却不得不背负上了重重的冰霜雪衣。然而,面对这种情形,我的树并没有选择深深地弯下身子以减轻负担,而是自始至终都骄傲地挺立着、抗拒着上天的不公。终于,它们的骄傲给自己招来了断裂之祸。它们终究还是没能学会北方森林的智慧。我曾在加拿大的常绿森林里漫步了数百英里之多,但令人吃惊的是,我却从未看见一棵云杉或是松树会被冰雪压断。因为这些常绿森林里的树木深谙能屈能伸之道,它们懂得何时该低头,何时该弯腰,何时该接受无法改变的事实。

柔道大师在教导学生时会说:"要像柳树一样柔韧,而非像橡树一般刚直。"

你知道为什么你的汽车轮胎能够在路上坚持那么久吗?一开始的时候,制造商希望能够创造一种能够抵抗路面障碍的轮胎,可没过多久它就被割成了碎片。后来,他们又制造了另外一种轮胎,可以吸收路面上遇到的各种冲击和压力,可以"接受一切"。倘若

第九章

学会接受不可避免的事实

你我能够学会去接受坎坷人生路上的任何冲击和所有颠簸，那么我们的生命将能持续更久，同时我们的人生旅程也能够更加的畅通无阻。

对于漫漫人生路上的各种冲击，如果我们选择抗拒而非接受，又会出现怎样的结局？试想一下，如果我们拒绝"弯曲如柳"，而选择"抗拒如橡"，结局将是显而易见的：我们将会产生一系列的内部冲突，我们会忧虑、紧张、躁动以及神经质。

如果我们仍旧选择继续抗拒现实的波折，我们就会逐渐退缩到自己幻想中的小世界，直到无路可退。到了那时，我们一定会疯掉的。

在战争中，数以万计的受到惊吓的士兵要么选择接受已然走上战场这个必然的事实，要么便只能在过度紧张的情绪里不可自拔。给你们说个故事吧，这是威廉·H.卡塞留斯口述的实例。他现在住在纽的格伦代尔七十六街的7126号，曾经参加过我在纽约的成人课程。

"在我加入海岸警卫队之后，没过多久我就被分配到大西洋战场上去管炸药了。试想一下，我原来只不过是个饼干推销员，现在居然开始管炸药了！单是想象一下自己站在成千上万吨的炸药上，我就吓得恨不得连骨髓都冻住了。他们给了我两天的时间去学习相关指令，而培训学到的内容反而让我的恐惧感更加深了不止一倍！

我永远都不会忘记我的第一个任务。那是一个黑暗、寒冷而又雾气连天的日子，我奉命去新泽西州的卡文角码头去负责5号仓。码头上那5个身强力壮的工人显然对炸药的危险性一无所知，毫不注意地将2000至4000磅的炸药堆向船上。要知道，他们现在正在搬运的炸弹，每一颗都包含着一吨的TNT，随便出点问题就足以将那艘旧船给炸个粉碎！我吓得浑身哆嗦，口干不已，膝盖也发软无力，周围仿佛陷入了死一般的沉寂，只能听见自己砰砰的心跳声。我好想

人性的优点
How To Stop Worrying And Start Living

逃离这里，却又不能这么做。若是我当了逃兵，不仅是我，就连我的父母也会被连累得脸上无光，而且逃兵的命运很可能会以被枪毙而告终。纠结来纠结去，我看透了自己根本就不能逃跑，只能留在这里。终于，在经历了一个多小时令人毛骨悚然的恐怖之后，我开始能够正常思考了。我对自己说：'想想看吧！就算你被炸飞了又能怎样？反正你又感觉不到疼痛，多么痛快的死法啊！至少会比死于癌症要舒服上一万倍吧？别傻了，人终会有一死的。反正这份工作你又不能不做，除非你想要被枪毙，所以，倒不如看开点，爱上它吧。'

"在和自己对话了几个小时之后，我的心终于轻松了起来。最后，我克服了我的忧虑和恐惧，也说服了自己去接受这个无法避免的情况。

"我永远也不会忘记战争教会我的这一课。在之后的日子里，每当我遇到令自己忧虑且无法改变的情况时，我都会耸耸肩，对自己说：'忘了它。'我发现，即便是对于一个饼干推销员，这句话也是十分受用的。万岁！让我们为能够持有这种想法的饼干推销员而喝彩吧！"

在过去的8年里，我几乎阅读了所有和忧虑相关的书籍和杂志，以期能够找到消除忧虑的各种方法。你可想知道，我在阅读中所发现的能够消除忧虑的最好忠告是什么吗？嗯，我总结了几十个字，我觉得大家应该把它贴在镜子上。那么，每当我们洗脸时，就能够将自己头脑中的烦恼一洗而空了。这是住在纽约百老汇120街的雷恩贺·纽博尔写下的无价祷告，他曾是纽约联合工业神学院实用神学的教授。祷告的内容如下：

第九章
学会接受不可避免的事实

　　上帝啊，请赐予我三件珍宝吧！
　　一件是平静，去接受无法改变的事实；
　　一件是勇气，去争取可以改变的机遇；
　　一件是智慧，懂得去区分以上那两者。

在忧虑毁掉你的生活之前，请改掉这个坏习惯。请记住规则4：学会接受不可避免的事实。

第十章

给忧虑下个"止损订单"

你想知道怎样才能在股票交易中赚钱吗？好吧，关于这个问题的答案，其他100万人也想知道。如果我知道答案的话，想必这本书能卖个奇迹般的好价钱了。然而，一些成功的投资人却深谙一个好方法，这个方法还是查尔斯·罗伯茨告诉我的。他是一个投资顾问，办公室就在纽约四十二街东17号。

"我刚从德克萨斯州来纽约的时候，全身上下只有20000美元，这是我的朋友们托我在股票市场帮忙投资用的。"查尔斯·罗伯茨告诉我说，"我原以为自己对股票市场的内部行情了如指掌，可没想到这次我却赔了个一分不剩。真的，在此之前我通过股市赚了不少钱，可我这次终究还是输了个精光。要是这20000块钱是我自己的，那也就无所谓了，可我觉得把朋友的钱都给赔光了，那可就太糟糕了，哪怕他们能够承受这些损失。我害怕再见到他们。然而令我惊讶的是，得知这个消息以后，他们不仅看得很开，而且乐观程度简直到了你无法想象的地步。

"反思之前的失败，我意识到自己曾经在股票交易中过多地依赖运气以及他人的意见。就像H. I. 菲利普所说的那样，我是在'看心情玩股票'。

第十章

给忧虑下个"止损订单"

"我开始仔细研究我的错误之处,并决定在重返股市之前,要把必要的知识全都学习一遍。于是,我找到了最成功的投资专家——波顿·卡瑟斯,我知道像他这样声名显赫的成功人士,不可能只凭机遇和运气就能随随便便成功。我相信,在他的身上,我一定能学到很多。

"他问了我一些问题,关于我在交易之前是如何判断的。然后,他把交易中最重要的原则告诉了我:'我在每次交易时,都会定一个止损订单。比方说,如果我买了一只股票,50美元买入,我就把止损订单定在45美元。这就意味着,最多股票跌至45美元,我就会立即把它给卖出去。这么做,可以把损失限制在5美元以内。'

"'如果你当初卖得好的话',专家接着说,'你的盈利可能在平均10美元,25美元甚至50美元。因此,通过你把止损限制在5块以内,就算你有半数的股票会判断失误,整体而言你还是会赚不少钱。'

"我马上就把这个方法用在了接下来的投资上。事实上,它为我的顾客和我挽回了成千上万的钱。

"过了一段时间以后,我发现这个止损原理也同样适用于其他方面,而不仅仅适用于股票市场。我开始将'止损订单'应用在了自己所遭遇的所有烦恼和怨恨上,接下来发生的事情简直就像变魔术一般。例如有一次,我和一个经常不守时的朋友约好共进午餐。根据以往的经历,每次得在餐桌上等他半个钟头,他才会姗姗来迟。后来,我告诉了他我的'止损订单',也就是最多允许他迟到10分钟,否则对不起,10分钟一到我就拍拍屁股走人,你爱和谁一起吃就和谁一起吃,反正我是不会出现了。"

苍天啊!我是多么的希望自己在多年前就能够明白制订"止

人性的优点
How To Stop Worrying And Start Living

损订单"这个道理，在我面对自己缺乏耐心、脾气暴躁、对欲望妥协、悔恨遗憾以及所有精神和情感压力的时候！为什么当年在遇到上述每一种可能会破坏我那良好情绪的情况时，我没有用下面的话告诫自己呢？"看这里，卡耐基，这种情况只值得你担心这一点点，不能再多了。"为什么我没有？

然而，至少在一种情形下，我也曾给自己下过一个"止损订单"。那是我人生中最艰难的一个时期，我的生活简直可以说是危机四伏。当时的我只能站在原地，眼睁睁地看着这几年来为之努力奋斗的梦想规划在一瞬间化为乌有。事情是这样的：

在我30多岁的时候，我决定在接下来的日子里要以写小说为生。我会是第二个诺里斯、杰克·伦敦或托马斯·哈代。我很认真地规划着这一切，并在欧洲节衣缩食地度过了两年的时光。第一次世界大战以后，我那两年来呕心沥血的杰作终于完成了，我给它题名为《暴风雪》。这个书名真是棒极了，因为所有出版商对它的态度，无一例外全都冰冷地如同呼啸过达科他州大平原的暴风雪一样！当我的经纪人告诉我这本书实在是一文不值，我其实根本就没有写小说的天赋和才华时，我能感到自己的心跳都快要停止了。我呆呆地走出了他的办公室，无法面对这一系列的打击，除了震惊还是震惊。当时，我意识到自己正站在人生的十字路口上，不得不去做出一个重大的选择了。我应该怎么做呢？我又该何去何从？几个星期以后，我才从茫然中清醒过来。那时的我虽然还从未听说过"给你的忧虑下一个'止损订单'"这码事，但现在回想起来，我可以确定自己当时的确就是这样做的。我费尽心机地写了两年的小说了，却成为了现在我眼中宝贵的经验。到此为止吧！之后，我又重操旧业，做回了组织和开展成人教育工作的老本行，并在业余时间写了一本传记及一本非小说类书籍，类似于你现在正阅读

第十章

给忧虑下个"止损订单"

着的这本。

现在的我会对自己当年做下的这个决定深感欣慰吗？没错！我很高兴事情能够发展成今天这个样子，每当想起那个决定，我都会想要跳舞！然而，我可以诚实地告诉你，即便我没有成为托马斯·哈代那样杰出的小说家，我却从来没有耗费一天、哪怕一个小时来为它遗憾、悲叹。

一个世纪以前的一个晚上，当猫头鹰在瓦尔登湖岸边的树林里尖叫而过时，亨利·梭罗用他的鹅毛笔蘸了蘸他自制的墨水，在日记中写下了这样一句话："一件事的成本，也就是我们称之为生活的总值，需要当场兑换，否则它将成为长期的代价。"

换句话说：如果生活中的事情只需我们付出一点点的代价，那么每多付一点，我们的傻气就会多增一分。这种不划算的买卖，正是吉尔伯特和沙利文当年做过的。他们两个知道该如何创造出欢快的歌词和配乐，却完全不知道该如何在自己的生活中创造快乐。他们两个创作了一些最可爱欢快的轻歌剧，让整个世界都能为之手舞足蹈，只是他们却终究没能控制住自己的脾气。一天，沙利文让人给剧院买了一张新地毯。当吉尔伯特看到账单上的价格时，却气得恨不得顶破天花板！就为了这点小事，他们甚至还闹到了法庭上。从那时起，两人决定有生之年都"老死不相往来"。当沙利文给新歌剧谱完曲之后，就把它寄给了吉尔伯特；吉尔伯特填完词后，再将它寄回给沙利文。有一次，他们俩不得不同台谢幕，但两人却不约而同地面向不同方向，分别站在了舞台的两侧。这样，他们就不会看见彼此了。他们不懂得给彼此的怨恨加上一个"止损订单"，而林肯却做到了。

在南北战争时期，一次，林肯的一些朋友联起手来抨击他的敌

人性的优点
How To Stop Worrying And Start Living

人。林肯见状,淡然地说:"我怎么感觉,你们对他们的怨恨甚至比我的还多呢?或许是我没太看重这些吧。因为我从来都没有想过会花上半辈子时间来和他们争吵,在我看来这太不值得。如果那些人不再攻击我的话,我也就不会跟他们记仇了。"

我真希望我的伊迪丝老姑妈也能拥有林肯的这种宽容精神啊!她和弗兰克姑父住在一座被抵押出去的农场里。那个农场土壤贫瘠、灌溉不良,自然而然的也不会有什么好收成。所以他们的日子一直都过得挺紧巴,恨不得把一分钱掰成两半花。可是,伊迪丝姑妈总是喜欢去买一些窗帘之类的小摆设来装饰他们的家,因此就经常向那些商家赊账。弗兰克叔叔非常担心他们的债务状况,不愿意再让姑妈在外面欠债。所以,他就偷偷地去向那些商家打了个招呼,让他们别再让伊迪丝姑妈在他们那里赊账购物。当伊迪丝姑妈听说了这回事以后,直接气得她大发雷霆。这件事情已经过去了50多年,可她直到如今都在为这件事恼火不已,我曾不止一次地听她絮叨起这件事情。我最后一次见她时,她已经七老八十了。我劝她说:"伊迪丝姑妈,弗兰克叔叔没有顾及到你的面子是他的不对。可是这件事都已经过去那么多年了,你也抱怨了半个世纪了,难道你不觉得,你所做的比他所做的还要糟糕得多吗?"(好吧,最后的结果说明,我还是对牛弹琴了。)

为了这份怨恨和痛苦的回忆,伊迪丝姑妈也付出了高昂的代价:半个世纪以来,她失去了原本应该平静的内心。

本杰明·富兰克林在他小的时候,曾犯过一个错误。那之后的70年来,他再也没能忘记这个教训。当他7岁那年,他看上了一只口哨。他是如此的兴奋,便跑去文具店里把他所有的钱全都堆在了柜台上,连问都没问它的价格,就这样径直把口哨买回了家。70年以

第十章

给忧虑下个"止损订单"

后,他写信给他的朋友说:"后来,当我跑回家的时候,我还对这只哨子爱不释手,得意洋洋地在房间里转着圈。"可是他的兄弟姐妹们发现他买这个哨子多花了钱时,大家便都来取笑他。"我懊恼地大哭了一场。"

多年以后,富兰克林已然成为一位世界闻名的大人物,身为驻法国大使的他却依然没能忘记小时候的这个教训。事实上,他为他的哨子付出了太多,给他带来的痛苦远远超过了那哨子给他带来的快乐。

富兰克林在这个教训里学到的道理非常的简单:"等我长大之后,见识到了这个大千世界,也经历了人间百态。我发现,在我遇到的人们之中,他们的很多所作所为都类似于'为买哨子付出了过多的钱'。总之,我确信,人类之所以会感到痛苦,很大程度上取决于人们对事务价值做出了错误的估计,并为他们的'口哨'付出了太多。"

吉尔伯特和沙利文为他们的"口哨"付出了太多,伊迪丝姑妈也是如此。而我,戴尔·卡耐基,在许多场合也曾犯下过类似的过错。不朽的列夫·托尔斯泰,那个时代最伟大的两部小说——《战争与和平》《安娜·卡列尼娜》——的作者,为他那"口哨"付出的代价简直可以说是毁灭性的。根据大英百科全书记载,在他生命的最后20年里,他"可能是世界上最受尊敬的人"。在他去世前的20年里,也就是从1890年到1910年,他的仰慕者曾络绎不绝地前往他的住处,只为一睹他的真容,聆听他的声音,甚至是感受一下他衣服的触感。他所说过的每一句话都被人们给记录下来,仿佛是个"神圣的启示"一般。然而,当圣人走下神坛,生活中的托尔斯泰却还不如7岁的富兰克林明白事理,哪怕当时的他已经是70多岁的高

龄！他根本就还没弄懂生活的真谛。

这是第一个表明他不通世事的证明。托尔斯泰娶了一个他深爱的姑娘，事实上，两个人在一起的时候也非常的开心，他们还时常双膝跪地、虔诚地向上帝祷告，期望上帝能保佑他们永远纯粹、快乐地生活在二人世界的天堂里。然而万万没想到的是，他娶回来的这个女孩却是天生的嫉妒成性，经常神经兮兮地打扮成侦探的样子来监视着托尔斯泰的一举一动。渐渐地，她的嫉妒简直到了走火入魔的地步，甚至连她自己生的女儿都不放过，抓起枪来就对着女儿的照片打出了一个洞。她甚至倒在地上撒泼打滚、嘴里含着个鸦片瓶扬言要自杀，而此时此刻，她的孩子们正蜷缩在房间的角落里吓得惊声尖叫。

面对这种情况，托尔斯泰做了些什么呢？如果他暴跳如雷、把家具砸了个稀巴烂，我倒是可以理解，因为他有足够的理由如此愤怒，可他做的事情却比这差远了，他把这一切记在了他的私人日记本上！是的，一本日记，他在里面一一"揭发"了妻子的种种过错，并把所有的罪责全都推到了她一人身上。他希望后人在看了这本日记之后都会去责怪他的妻子，而对他抱有同情、选择原谅他。而他的妻子做了些什么呢？她当然会把他写的那些日记撕毁烧掉，而且，她也开始写日记了，像他一样，把过错全都推给了对方。她甚至还写了一部小说，书名就叫《谁之错》。在这部小说里，她把她的丈夫描写成了一个破坏婚姻和家庭的人，而自己则是一个可怜的殉道者。

这样做的结局又有什么好处呢？为什么这两个人要一步一步地将原本美好的家庭变成托尔斯泰口中的"疯人院"？原因显然是多方面的，但其中之一就是他们都十分在意后人的评价，而选择

第十章
给忧虑下个"止损订单"

了用走火入魔的方式来争取我们的支持。为了他们的"哨子",这两个执迷不悟的人付出了巨大的代价。在50多年的婚姻生活中,这两个不幸的人却活在了名副其实的地狱里,只因为他们中没有一个人懂得喊停的艺术。他们都没有足够的价值判断力,能够鼓起勇气说:"让我们就此罢手吧,这就是在浪费生命。现在,咱们一起喊'停'吧!"

没错,我十分确信这就是能够在真正意义上保持内心平静的秘诀之一:要树立正确的价值观。我相信,如果我们能够开发出一套黄金标准——告诉我们在生活中一切事物真正的价值,我想我们的忧虑就会消除掉一半了。

因此,在忧虑这个坏习惯毁掉你的生活之前,请先改掉它。

规则5:每当我们想要花钱购买商品、或是为生活付出代价时,请先停下来想一想,问问自己以下这三个问题:

1.现在让我忧虑的这件事,对我来说是否真的如此重要?

2.我应该在什么时候设定一个"止损点",然后不再为它忧虑、直至忘了它?

3.我究竟该为这个"哨子"付多少钱?我已经付出的那些,是否已经超出了它的价值?

第十一章

不要试图去锯那些已经碎了的木屑

当我写下这个题目的时候，透过我的窗户，我可以看见院子里留在大石板和木头上的恐龙的足迹。这是我从耶鲁大学的皮博迪博物馆买来的。博物馆的馆长还给我写信介绍说：这些足迹可是18000年以前留下的。

大家都知道18000年以前的足迹是不可改变的。然而，人的忧虑却不比这种想法聪明到哪里去：因为就算是180秒之前发生的事情，我们也不可能回过头来去纠正它。而我们所能做的，只是尽力去改变180秒之前发生的事情所带来的影响，但却无法改变当时已然发生了的事情。

唯一能让过去犯下的错误产生价值的方法，就是平静地去接受它、分析它并从中吸取教训，然后再忘了这些不可更改的错误。

我虽然明白上面的这个道理，但能否在面对错误时，永远都能够充满勇气以及分析利用它的决心呢？要回答这个问题，首先让我告诉你一个我的亲身经历吧。几年前，有30多万美元就这样从我的手指缝里白白地溜走了，而我却没能用它赚取一分一毫的利润。事情是这样的：当时，我开办了一个很大规模的成人教育补习班，在不同的城市也都开设了连锁机构，并斥巨资用于补习班的日常运转以及广告推广。当时我把主要精力都放在了教学上，根本就没时间

第十一章

不要试图去锯那些已经碎了的木屑

去打理财务。而且当时的我太傻太天真,没有意识到自己需要一个精明的财务经理来帮我管理各项财务支出。

终于,大约一年之后,我发现了一个令人震惊的事实,那就是虽然我们有大笔进账,最终却没能落下半点利润。意识到这点之后,我本该立即着手做两件事:

第一,我应该像黑人科学家乔治·华盛顿·卡佛学习。那时,他所存钱的那家银行宣布破产了,而他积蓄一生的40000美元的财富也毫不例外地随之付诸东流了。当有人问他是否知道自己已经破产了的时候,他回答说:"是的,我听说了。"然后像什么都没发生似的,继续他的教学工作。对于破产这件事,他居然不介意得如此彻底,以至于后来再也没有提起过。

第二,我应该认真分析自己犯错的原因,并从中吸取到持久的教训。

坦率地说,以上两点我一件都没能做到。相反,我却陷入了深深的忧虑,几近崩溃。几个月以来,我一直处于恍惚发呆的状态,失眠、忧虑,活得像是个行尸走肉。我不仅没能从这个巨大的错误中吸取经验,反而紧接着又犯了一个规模稍小的同类错误。好吧,我不得不尴尬地承认自己的愚蠢,而且我也明白了一个道理,那就是"教会20个学生该如何去做容易,自己一个人能够做到才是真的难"。

我是多么希望自己能够有幸去纽约的乔治·华盛顿高中,听布兰德文老师上一课啊!在纽约布朗克斯的霍奥迪科热斯特大道939号,就是这位先生给艾伦·桑德斯上了一课。据桑德斯先生说,他永远都不会忘记教授生理卫生课的保尔·布兰德文老师,那节课是他一生中所接受的最宝贵的课程。

人性的优点
How To Stop Worrying And Start Living

"在我10几岁的时候,"桑德斯对我,"经常为许多事情忧心忡忡,为自己犯下的错误自怨自艾。比如说我即将要参加一场考试,我便会躺在床上,一边紧张地咬指甲一边担心如果我不及格该怎么办。我总是在想那些已经发生过的事情,心想当初要是没有那么做就好了;我总是在反复思考自己说过的话,希望当时能够说得更好。

"后来,有一天上午,当我们走进科学实验室时,发现布兰德文先生在桌边放了一瓶牛奶。我们都坐了下来,盯着牛奶百思不得其解,真搞不懂它和这堂生理卫生课有什么关系。随后,布兰德文先生竟出其不意地突然站了起来,大手一挥将牛奶瓶子打翻进水池中,同时大声说:'不要为打翻的牛奶而哭泣!'

"然后,他让我们好好看看水池里的奶瓶残骸,教导我们说:'好好看看吧,用你的余生好好记住这一课。牛奶已经打翻了,你将眼睁睁地看着它付诸东流;而不管你怎么后悔抱怨,也不可能再挽回哪怕一滴了。如果事先做好准备加以防范,牛奶可能还能够保得住,但是现在已经太晚了。现在我们能做的,就只有忘记了,然后把精力放在下一件事情上吧。'

"这个小小的表演让我终生难忘。事实上,这个关于现实生活的实验所教会我的,比我高中4年学到的纯理论还要意义深远。它教我懂得,只要能够预防,就不要去让牛奶打翻;一旦牛奶已经被打翻,就彻底忘记它。"

听了桑德斯的故事,一些读者可能会嗤之以鼻。难怪,这个世界上有那么多老掉牙的格言,如"不要为打翻的牛奶而哭泣"等。我知道这是个毫无新意的老生常谈,也知道你的耳朵都要听出茧子来了。但我也知道,这些陈腐的格言,却可以称得上是人类智慧的

第十一章
不要试图去锯那些已经碎了的木屑

结晶，它们经受住了数代人类的考验，才会得以源远流长。哪怕你饱读诗书，对各个时代的伟大学者关于忧虑的见解了然于胸，你也永远不会看到比"船到桥头自然直""不要为打翻的牛奶而哭泣"更加深刻实用的道理了。如果我们列举这两个谚语做例子只是为了嘲笑它们，那我们也根本就不需要来写（读）这本书了。事实上，如果我们能够多加利用这些古老的谚语，我们几乎就能过上完美的生活了。然而，知识并不是直接的力量，除非你能够利用它。而这本书的目的并不是为了告诉你一个新鲜的理论，而是要提醒你去注意那些你已经知道的事情，并鼓励你对它们加以运用。

我一直都很欣赏像已故的弗兰德·福勒·谢德这样的大师，他们拥有一种天赋，总是能够运用新的方式去将古老的真理娓娓道来。当弗兰德·福勒·谢德在费城公报从事编辑工作时，有一次，他在一个大学毕业班上做演讲时提问说："你们当中有多少人曾经锯过木头？请举手。"大部分的学生都举起了手。然后他又问道："那你们中又有多少人锯过木屑？"这时，没有一人举手。

"这就对了，你们不可能去锯木屑！"谢德先生说："因为它已经被锯碎了。同样，过去的事情也是一个道理，当你在为已经发生过的事情而忧虑时，就无异于是在锯木屑。"

在棒球老将康尼·马克81岁的时候，我曾问他是否曾为输掉的比赛而忧虑过，他回答我说："哦，是的。多年以前，我的确常做这种愚蠢的事。可是后来我却发现，这么做并不能给我带来任何好处，就像已经磨完的米糠，早就被水流冲到下游了，又能如何补救呢？"

去年感恩节，我和杰克·邓普西共进晚餐。席间，他给我讲述了在土耳其的那次比赛的种种。就在那场比赛上，他把世界拳王的

人性的优点
How To Stop Worrying And Start Living

宝座输给了金·特尼。"比赛进行完第10个回合时,虽然我仍然坚持着没有倒下去,但是我的脸已经肿得连眼睛都睁不开了……我看见裁判员举起了特尼的手,宣告他才是这届世界冠军的得主……我不再是世界冠军,我突然意识到我已经成了一个过去时的老人。我冒着无情的冷雨穿过人群,回到了我的换药室。途中,一些人试图抓住我的手,而其他人都热泪盈眶。一年之后,我又和特尼比过一次赛,然而结果依然没有改观。就这样,我就永远地被拍死在了沙滩上。我知道若想完全不为这件事而忧虑是一件非常艰难的事情,但我对自己说:'我不想活在过去,我不能为打翻的牛奶而哭泣。我要勇敢地承受住这个打击,不能被它打倒。'"

这就是杰克·邓普西的故事。怎么样?只是一次又一次地告诫自己"我不会为过去而忧虑"吗?不,那只会迫使他更加忘不了过去的烦恼。他在忘掉失败的基础上,还不忘集中精力规划未来。后来,他在百老汇经营着杰克·邓普西的同名西餐厅,在第五十七大街也经营着大北方酒店。与此同时,他还主导拳击比赛,举办拳击比赛相关的各种展览。现在的他很好很忙碌,根本就没有时间去为过去的事情忧虑。"在过去的10年里,我从未像今天这样开心过。"杰克·邓普西说,"比我当世界冠军的时候要好多了!"

每当我读史书和人物传记时,我喜欢观察艰难处境下的人们是如何应对他们人生中的不如意的。一个又一个的案例让我有了惊人的发现,那就是能够忘掉不顺、继续向前看的人们,往往能够生活得比较幸福。

一次,我应邀到纽约的辛辛监狱去参观,让我吃惊的是,那里的囚犯根本没把自己当囚犯,日子过得有声有色!我说出了自己的困惑,典狱长回答我说,一般囚犯刚来的时候都会经历忧虑暴躁的

第十一章
不要试图去锯那些已经碎了的木屑

一个阶段，但几个月过去以后，他们中更多的聪明人会选择忘记不幸、接受现实，安下心来想办法让自己在狱中过得更好。典狱长还告诉我，他们这里有一个犯人，进来之前曾是个园丁，来到这里之后便开始在监狱的围墙里种些花花草草，还种菜，而且还能唱出歌来。这个唱歌的犯人带给我们的启示，远远超过了他所种植的花草和蔬菜。因为他明白这个道理：

大笔一挥书已成，唯有前瞻莫回头。
妄想改写既成文，泪水成诗亦徒劳。

所以，我们为什么要浪费眼泪呢？当然，犯错误是我们的不对，然而谁又没有过一丝一毫的过失呢？即便是拿破仑，在他所有的重要战役中也曾吃过三分之一的败仗，或许我们的平均记录比拿破仑的还要少呢。而这些种种，又有多少人知道呢？

而且，不管在什么时候，即便国王派出他所有的人马，也不可能让时光倒流。

让我们记住规则6：
不要试图去锯那些已经碎了的木屑。

第三部分小结

简而言之,要想在忧虑毁掉你的生活之前改掉这个坏习惯,请记住以下规则。

规则1:用自己的忙碌来赶走忧虑。大量的行动是治愈"胡思乱想综合征"的最佳方法之一。

规则2:不要小题大做。不要让生活中的小事——如白蚁般不值一提的小事来毁了你原本幸福的生活。

规则3:用概率来赶走你的忧虑。问问自己:"这件事情发生的几率能有多少呢?"

规则4:接受不可避免的事实。如果你知道事情的发展已经超出了自己的能力范围,你已无法对它做出任何改观,不妨对自己说:"事情已然如此,不会再发生改变。"

规则5:给你的忧虑下个"止损订单",以此来决定你到底可以投入多少担忧在这件事情上。然后,绝不去为它多浪费哪怕一丝的烦恼。

规则6:将无法改变的过去永远地埋藏进时光的墓穴。不要试图去锯那些已经碎了的木屑。

第四部分

培养良好心态、使你平安幸福的七种方式

第十二章

六个字，改变你的生活

几年前，我应邀参加一个电台的节目。其间，主持人向我提了这么一个问题："在您过去的经历中，上过的最重要的一课是什么？"

这个问题的答案其实非常简单。迄今为止，我所学到的最重要的东西，就是认识到思想的重要性。如果我能够了解你在想些什么，那么我就可以推断出你是一个怎样的人。因为我们的思想造就了我们的为人，我们的精神态度主宰了我们未知的命运。爱默生曾经说过："日思夜虑，可知其人。"一个人，又怎么可能会和他的思想体现的并非一人呢？

现在的我深知，当面对问题时，最关键的是我们所持有怎样的信念。事实上，几乎我们要面对的唯一的问题，就是去选择正确的思想。如果我们能够做到，那么问题很容易就会迎刃而解。罗马帝国最伟大的哲学家马库斯·奥里利乌斯将可以决定你命运的种种概括成了这句"6字箴言"："思想塑造生活。"

没错。如果我们拥有快乐的思想，我们就会感到幸福；如果我们认为自己身处痛苦的漩涡，那么迎接我们的将会是悲惨的命运。如果我们产生恐惧的想法，恐惧感就会无孔不入；如果我们认为自己有病，我们可能就真的会病邪侵体。如果我们心生失败之念，那

人性的优点
How To Stop Worrying And Start Living

么我们肯定会必败无疑；如果我们顾影自怜，那么所有人都会对我们避而不及。诺曼·文森特·皮尔说："你不是你想象中的那个你，而是你的想法决定了你将成为什么样的人。"

难道你认为，我会主张对所有的问题都习惯性地保持一种盲目乐观的态度？不是的。很不幸，生活并没有这么简单。但我始终提倡人们都能够保持一个积极乐观的态度，而非消极应对。换句话说，面对围绕着我们周边的各种各样的问题，我们要关心，但不要担心。那么，关心和担心的区别又在哪里呢？举个例子吧。每当我穿过纽约拥挤的街道时，我都在关心自己该做些什么来改变它，而并不是担心它。关心，意味着你要明白问题究竟是什么，然后冷静地采取措施去解决它。担心，意味着只会急得团团转，而做的只是些兜圈子的无用功。

面对严峻的问题，一个人也是可以做到从容地扣上纽扣、插好胸花，然后再思考怎样去解决它的。洛厄尔·托马斯就是这么做的。我很荣幸能与他结识，并在现在将他的影片推荐给大家。

一战期间，为了完成他的纪录片，他曾与助手六度涉险亲临现场。在他所拍摄的纪录片作品中，《阿拉伯军队》和《艾伦比征服圣地》堪称双璧。后来，他以"艾伦比在巴勒斯坦"和"劳伦斯在阿拉伯"为主题，在伦敦各地开展了他的巡回演讲，造成了世界性的轰动局面。为了他能够继续演讲他那些别开生面的冒险故事并展示相关影像，伦敦歌剧节被往后推迟了整整6周。伦敦的成功为他的世界巡回演讲之路奠定了稳固的基础，他所到之处总是能够掀起一阵阵的热潮。在那以后，他又花了两年的时间去拍摄有关印度和阿富汗风土民情的纪录片。

然而，不幸却接踵而至。许多意想不到的事情接二连三地发生

第十二章

六个字，改变你的生活

了。当他不得不在伦敦宣布破产的时候，我正和他在一起。我记得那时的我俩不得不去廉价餐馆吃些便宜的饭菜，即便他已经向苏格兰的著名艺术家朋友——杰姆斯·麦克白借了一些钱。

这个故事告诉我们：即便洛厄尔·托马斯面临巨额债务，他也在践行"只关心，不担心"的理念。他知道，如果自己被失败击倒，他曾经所做的所有努力全都会付之东流。每个人，包括他的债权人，都会对他失望透顶。所以，每天清晨出门前，他都会从容地扣上纽扣并在上衣口袋上插好胸花，然后昂首挺胸地走上牛津街头。面对生活，他始终保持着一种积极向上的态度，勇敢地思考对策，拒绝让失败打倒在地。对他而言，一时的挫折只不过是人生体验的一种，是他攀登人生巅峰旅途中的宝贵磨炼。

我们的精神状态有着令人难以置信的影响力，甚至能够左右我们身体力量的发挥。著名的英国精神病学家J. A. 哈菲尔德曾在他的著作中提到过一个鲜明的例子，对心理的力量做出了事实力证。"我邀请了三个人来参加我的'心理对生理的影响力'测试，测试方式是测力计。我会给他们三种不同的暗示，同时记录下他们在这三种不同暗示下的测力结果。当他们处于正常的清醒状态时，平均握力是101磅。然后，我开始催眠，暗示他们现在身体非常虚弱，手臂的力量非常小，就像个新生的婴儿。结果，数据显示他们此时的握力竟然连正常情况下的三分之一都不到。最后，当他们进入催眠状态后，我又开始暗示他们非常强壮。这时，数据显示他们的平均握力达到了142磅。实验表明，当一个人的心中充满了积极的信念，他的力量是能够提升将近15%的。"

这就是思想态度的魔力。很让人难以置信，是吗？那么，我再给你们讲一个令人震惊的故事吧。我尽可能地长话短说，因为它长

人性的优点
How To Stop Worrying And Start Living

得几乎可以写成一部长篇小说。

故事发生在一个10月里的寒夜。当时,南北战争刚刚结束不久,一个无家可归、瘦弱得连流浪者都不如的贫穷女人敲响了韦博斯太太的家门。韦博斯是个退休船长的妻子,生活在马萨诸塞州的埃姆斯波里。

韦博斯太太打开门后,发现门口站着的是一个体重不超过100磅、瘦得皮包骨头的惊慌失措的陌生女人。女人说,她正在找一个落脚处,希望能够好好思考一个困扰她的重大问题,同时想方设法解决它。

"为什么不留在这里呢?"热心的韦博斯太太回答说,"反正这所大房子里就住着我一个人。"如果这时韦博斯太太的女婿比尔·艾利斯没有从纽约过来度假,那么这两个女人说不定依然能够好好地住在一起。当他发现家里居然住进来了个来路不明的流浪女人,顿时大发雷霆:"咱们家里怎么能收留无赖呢?"然后,他把这个无家可归的女人赶出了家门。女人懵了,在雨中瑟瑟发抖了几分钟后,继续开始了寻找庇护所的新旅途。

接下来,就到了故事的高潮了。世事难料,多年以后,那个当年被韦博斯太太的女婿扫地出门的"无赖",居然成了世界思想界的女性领军人物,与此同时还创立了基督教心灵治疗学,并拥有了成百上千万的忠实追随者。她,就是大名鼎鼎的玛丽·贝克·艾迪。

然而,她曾经的生活中却是充满了疾病、忧伤和浓浓的悲剧色彩。她的第一任丈夫在他们结婚后不久就去世了,第二任丈夫为了别的女人抛弃她私奔了。她只有一个相依为命的孩子,可是迫于贫困、疾病和种种困难,在他4岁时,她不得不把他送给别人去抚养

第十二章

六个字，改变你的生活

了。此后，母子二人再未谋面，随后的31年里她永远失去了他的消息。

因为自己的身体状况一直不好，艾迪太太便开始对"心理治疗学"产生了浓厚的兴趣。而她生活中最富于戏剧性的转折点，就发生在马萨诸塞州的一个寒夜里。当时，她独自一人行走在结了冰的街道上，不小心滑倒在地失去了知觉。她的脊柱伤得很厉害，全身抽搐抖动、痉挛不已，甚至连医生都认为她没救了。医生宣告说，就算奇迹发生，她能够捡回一条命，她的下半辈子也只能瘫痪在床，永远地失去行走能力。

一天，躺在病床上等死的玛丽·贝克·艾迪无意间翻开了她的《圣经》，就像是有神灵指引一般，《马太福音》中的一段话就这样出其不意地呈现在了她的眼前："看哪，一个躺在床上的瘫痪男人被抬到了耶稣的面前。耶稣对他说：'我的孩子，放下心来吧！我已经赦免了你的罪，现在你可以背着你的床回家了。'于是，那个人就站了起来，回家去了。"

后来，艾迪回忆说，耶稣的这些话在她心中产生了一股神奇的力量，一种昂扬的信仰。靠着这股积极向上的力量，她甚至想要马上下床走路。

"那次的经历，就像是落在牛顿头上的苹果一般，也激发了我的灵感，为我开启了一条如何帮助自己，治愈他人的探索之路。我对未来充满了信心，也开始深信所有的因果关系都有着科学的解释，所有的信念和勇气都源于自我精神的认知。"

那以后，玛丽·贝克·艾迪开创了基督教的新派别——基督教心灵治疗学派。她所创立的这个派别，至今仍流行于全世界。

看到这里，你可能会认为："这个卡耐基，肯定是基督教心灵

人性的优点
How To Stop Worrying And Start Living

治疗学派的教徒。"其实不然,我并不是这个教派的教友,只不过随着年岁的增长,我越来越对思想所能产生的巨大力量深信不疑。得益于35年来的成人教育经验,我知道不管是男人还是女人,他们完全可以改变自己的思想状态来消除忧虑、恐惧以及各种疾病,甚至改变命运。多年的见闻已经成百上千次地证明了这不可思议的奇迹,因此我没有理由再怀疑它!

举个例子,转变就发生在我的一个学生身上。他叫弗兰克·J.惠利,家住明尼苏达州圣保罗西爱达荷州街1469号。他曾一度因为忧虑而精神崩溃。弗兰克·J.惠利告诉我说:

"所有的事情都能让我发愁。我担心自己太瘦了,也害怕自己会脱发脱成秃头,还忧虑自己不能赚到足够的钱结婚。我觉得我永远都无法成为一个好父亲,也害怕自己心爱的女孩不愿意嫁给我,还担心我的生活不会迎来美好的明天。我害怕给别人留下不好的印象,也担心患上胃溃疡无法继续工作、最后不得不辞职……我不断地给自己施加压力,那时的自己就像是个没有安全阀的锅炉,巨大的压力不断地发酵、膨胀,到了无法承受的时候就只能爆炸了。

"如果你从未体验过神经衰弱的痛苦,那么就向上帝祈祷吧,但愿你此生永远都不用遭受这种痛苦,因为肉体的痛楚永远都无法和心灵的煎熬相提并论。

"我忧虑得相当严重,甚至都无法和自己的家人正常沟通了。我充满了恐惧,也无法控制自己的思想。我会因为很小的噪音而焦躁不安,也开始躲着大家避而不见。甚至,我还时常会莫名其妙地大哭不已。

"在那些灰暗的日子里,每一天我都过得非常痛苦。我觉得自己已经到了人神共弃的地步,甚至想要投河自尽一了百了。

"后来我决定到佛罗里达去旅行,希望换个环境可以对我有

第十二章

六个字，改变你的生活

所帮助。当我登上火车时，父亲交给我一封信，嘱咐我先不要打开它，等到了佛罗里达再拿出来读。当我抵达佛罗里达时，那里正值旅游旺季，我订不到酒店房间，只好租了个汽车旅馆睡觉。我原本计划在迈阿密找份货船上的工作，可惜运气不好没找到。没办法，我只好整天整天地在海滩上消磨时间，这种日子简直比在家里还要难熬。

"我想起了临出发前父亲交给我的那封信，便拆开来想看看父亲到底对我说了些什么。只见信上写着：'儿子，现在你距离咱们家已经1500英里，可你却没有感觉到任何的改观，是吗？我知道你也不会感到什么特别之处，因为你把烦恼也一并带了过去，而归根到底，你自己才是烦恼产生的根源。虽然无论是从生理上还是心理上来说你都堪称健康，也没有真正遇到什么不幸的伤害，但你对现实世界的想法却把你拖下了心烦意乱的深渊。作为一个男人，你的想法决定了你将成为一个怎样的人。我亲爱的儿子，等你想明白了这些，你就回家吧！因为到了那时，就说明你已经痊愈了。'

"父亲的这封信让我很生气，我希望得到的是他的同情，而非劈头盖脸的说教。气愤之余，我发誓永远都不会再回家！

"那天晚上，我在迈阿密的一条小巷里无所事事地游荡，恰巧路过一个正在做礼拜的教堂。反正我也无处可去，所以干脆就溜了进去。这时，牧师正在以庄严而慈爱的语气讲道：'他战胜了自己的精神，比他夺取一座城池更加的伟大。'这句话讲得道理，居然和父亲信中所说的如出一辙。终于，光明照进了我的大脑、席卷了密布的乌云而去，此时此刻，我的疲惫与困惑终于一扫而空。我意识到，从前的自己居然是那么的愚蠢，居然还妄想改变世界甚至所有人。而事实上，唯一需要改变的，或许只是自己这些荒谬的想法而已。

人性的优点

How To Stop Worrying And Start Living

"第二天清晨,我开始收拾行囊回家。一个星期以后,我又重新回到了从前的工作岗位,4个月以后,我和那个一直担心她会离我而去的女孩结了婚,现在我们已经有了5个孩子。不管是物质层面还是精神层面,上帝都还是非常眷顾我的。过去,我只是一个小部门的夜班领班,手底下只有18个人,而现在我已经升任了生产部门的主管,要管理超过450个工人。我的生活越来越充实,我相信、也感激自己能够领悟到人生的真谛。如今的我虽然偶尔也会出现不安的情绪,但我已经知道怎样去开解自己。只要把心态调整好了,一切就都不再是难题。

"事实上,我非常庆幸自己曾经遭遇过精神崩溃的打击,因为它让我明白,我们的思想对身心有着难以想象的巨大控制力。现在,我已经懂得该如何去运用思想的力量,而非被它操控折磨。我也终于明白,父亲说得道理一点都没错:让我感到痛苦的并非现实环境,而在于我对现实环境的看法。但我真正明白了这个道理时,我已经不治而愈了。而且,从今往后,我永远都不会再遭受这种疾病的困扰。"

这就是弗兰克·J. 惠利的亲身经历。

我深信,我们心灵的平静与快乐,并非取决于我们身在何处、拥有多少财富或是身为何人,而是取决于我们的心态。这个心态,和外在环境几乎没有什么关联。

再说说老约翰·布朗的例子吧。他曾经在美国霸占了一个军工厂,而且还试图煽动工人叛乱。因此,他被判处绞刑,择日即将正法。当他骑在马上,向绞刑架走去时,同行的狱卒竟然紧张得直冒冷汗,而老约翰·布朗却是异常地平静。他注视着弗吉尼亚的蓝色山脉,感叹道:"多么美丽的国家啊!我竟从未曾好好地看看

第十二章

六个字，改变你的生活

她。"

还有司各特，他是有史以来第一个抵达南极的英国人。然而，他们的回程可能是人类历史上最为残酷的旅程了。他们已经没有了存粮，燃料也已经消耗殆尽。狂风暴雪已经整整咆哮了11天，甚至连坚硬的极地冰崖都被磨平了边角，司各特一行几乎是寸步难行了。司各特和他的同伴们知道早晚逃不过一死，也提前准备了一些鸦片应急。只要服下大剂量的鸦片，他们就能愉快地进入梦乡，永远都不会醒来。但他们却没有这么做，而是选择唱着欢快的歌曲，以此绝唱告别人世。8个月之后，搜寻队在雪地里找到了他们已经冻僵的尸体，同时发现的还有一封遗书。只见上面写道："是的，面对死亡我们充满了勇气，我们选择了平静，我们坐在自己的棺木上欣赏着极地的美景，在饥寒交迫中谈笑风生。"

300年前，失明的米尔顿也发现了同样的真理：心灵是自我的殿堂。它，能把天堂变成地狱，也能将地狱变为天堂。

拿破仑和海伦·凯勒的遭遇就验证了他的这一真理。拿破仑的一生已近乎完美，他已然拥有了男人通常都渴望不已的荣耀、权力以及财富，但他却曾对圣海伦娜说："在我的一生中，真正快乐的日子总共也就只有不到6天。"而海伦·凯勒，这个集聋、哑、盲于一身的女性，却宣称"我发现我的生命竟是如此的美妙。"

如果半个世纪的人生经历让我领悟到了什么真理，那么我想，最朴实实用的就是这一个："没有什么能够带给你心灵的平静，除了你自己。"

在这里，我想再次引用一下爱默生在《论自信》中的结尾："政治的胜利，收入的上涨，疾病的痊愈，好友之间的久别重逢，或是其他类似的场景都能够振奋你的精神，让你欢天喜地地迎接好

人性的优点
How To Stop Worrying And Start Living

日子的到来。然而，这并不是你获得愉悦的真实原因。没有什么能够带给你心灵的平静，除了你自己。"

斯多葛派伟大的哲学家——艾比克泰德曾经告诫过我们："相对于肉体上的囊肿，我们应该更多地去关注脑海中的毒瘤。因为错误的思想更可怕。"

虽然爱比克泰德的这个论断出自19世纪以前，但现代医学还是肯定了他的这个观念。据罗宾医生所言，在约翰·霍布金斯医院的病人当中，平均每5个中就有4人会因为情绪压力而犯病。"归根结底，这都是因为在生活中遇到的问题没能得到及时的调适。"罗宾医生如是说。

"伤人的并非事情本身，而是我们对这件事的看法。"这句话是伟大的法国哲学家——蒙田的座右铭。我们对事情的看法，完全取决于我们自己。

你问我说的是什么意思？好吧，我的意思是说，你完全可以凭着自己的意志来改变心境，接下来我会告诉你怎么操作。当然，它可能会需要你做出一些小小的努力，但方法还是很简单的。

实用心理学界的巨擘——威廉·詹姆斯观察道："看上去似乎是行动跟着感觉走，但实际上行动和感觉是同步发生的。如果我们能够运用意志的力量来控制和引导行为，那么我们就可以间接地控制感觉。"

换句话说，虽然我们并不能在下决心的那刻就立即改变情绪，但我们却可以改变自己的行为，继而自然而然地让我们的情绪也发生改变。

威廉·詹姆斯解释说："快乐与否在于自己的选择。如果你不开心，那就坐直身体装作开心的样子，那么你很可能会真的开心

第十二章

六个字，改变你的生活

起来。"

这么简单的方法，可它真的会奏效吗？你不妨尝试一下吧！首先，你应该面向上帝，给出一个真诚的微笑，然后坐直身体，深呼吸，再唱一首歌。如果你不会唱歌，那就吹吹口哨吧。要是连口哨都不会吹，那就哼上一小段。用不了多久，你就会发现威廉·詹姆斯没有说谎，只要你在行为上表现出幸福的样子，你的内心就自然而然地不会充满忧郁和沮丧。

这只是一个看似微不足道的真理，却能够很容易让我们在生活中创造奇迹。我认识一个加利福尼亚的女性朋友（我不会提到她的名字），如果她能够早些知道这个秘密，或许在24小时内就能把心中的阴霾一扫而空了。她是一位年迈的寡妇，我承认她过得很凄惨，而且连她自己也是这么认为的。可是，她是否曾试着装出一副快乐的样子吗？没有。如果你问候她，她也只会嘴上说句"我很好"。但她脸上的表情和说话的语气却出卖了她依然哀伤的内里，她浑身上下都透着一股埋怨的气息，像是在埋怨上帝从未体恤过她的不幸。甚至就连你在她面前自然流露的快乐，都能够让她对你心生不满。

事实上，命运凄惨的妇女又何止她一人？比她更加不幸的大有人在。至少，她的丈夫在临走之前给她留下了足以安度余生的保险金，她的孩子也已经成家立业，可以给她养老。但奇怪的是，我却很少见她笑过。她总是抱怨她的三个女婿吝啬又自私，尽管自己总是在他们家一住就是好几个月。她埋怨她的女儿们从来都没有给她买过礼物，而她自己却把钱看得特别重要。"我得给自己养老！"对于她的家庭而言，她着实让人讨厌。这么做真的值得吗？她本可以改变自己不幸的命运，而去选择成为一个让家人敬爱的长者，只

是她没有这样做。所有的转变都要从行动开始,只有这样,才能让自己远离痛苦的深渊,充满爱意地享受人生。

我认识一个名叫H. J. 恩格勒特的人,家住印第安纳州特尔城北大街1335号。他之所以能够活到今天,也是因为他能够及早地明白这个道理。10年前,恩格勒特得了猩红热,当他康复以后,却发现自己又患上了肾病。他到处寻医问药,甚至还尝试去找过江湖郎中,但仍然没有奏效。

就在前不久,他告诉我自己血压飙升,又患上了其他并发症。他去看医生,医生告诉他说,他的血压已经升到了214,这简直是致命的,还是趁早准备后事为妙。

"后来我回到了家,"恩格勒特说,"确认自己的保险全都已经付过钱之后便开始向上帝忏悔从前犯下的过错。我的心情总是阴郁不定,搞得全家上下都不高兴。看见妻子愁眉不展,我更是沮丧到无以复加。然而,在经历了一星期的自怨自艾以后,我对自己说:'你的行为和傻瓜又有什么两样?未来的一年以内你可能都死不了,与其胡思乱想,干吗不好好过好眼前的日子呢?'

"于是,我又重新挺直了脊梁,面带微笑地试图让自己看上去和以往一样。我承认,起初我的确是在努力强迫自己保持愉悦和开朗的情绪,不只是为了让家人放心,也是为了我自己。

"没过多长时间,我发现自己居然好了很多,几乎就跟我装出来的感觉一模一样了!几个月过后,我的血压居然也降了下来!我确信:如果我真的把医生的预测当成压在身上的一块巨石,现在我可能真的已经不在人世了。幸运的是,我及时调整好了自己的心态,所以才给了身体一个自行痊愈的机会。"

让我来问你一个问题吧:如果仅仅是假装开心、保持思想上的积极健康就能够拯救一个人的生命,我们又何必再去为一些鸡毛蒜

第十二章

六个字，改变你的生活

皮的小事而烦恼呢？如果我们只要从行动上向开心靠近就能够把握自己的幸福，又何苦搞得身边的每个人都不开心呢？

几年前，我曾读过一本名叫《思想的力量》的小书，它对我的生活产生了持久而深远的影响。书中，作者詹姆斯·艾伦是这么说的：

如果一个人能够改变自己对人、事的想法，那么对他而言，这些人、事也会发生相应的改变。如果一个人的想法发生彻底的改变，那么他就会惊讶于世界变化的速度真的叫人应接不暇。一个人并不能吸引他所想要的，但却能够吸引他所拥有的。人的内心拥有一种神奇的魔力，密钥就在自己身上。所有人都是自己思想的产物。一个人，只有拥有奋发进取的意识，才可能会有所建树。如果他固执己见、选择裹足不前，那么他将永远无法摆脱悲惨的命运。

根据古老的传说，造物主赐予了人类统治整个大地的权利。这是一份宝贵的礼物，但我却对这份权利兴趣了了。我所有的祈愿，只是能够控制自己的思想、统领自己的灵魂。我时常会这么想：最完美的情况，应该就是我能够拥有这个相当高度的自我控制力，无论何时何地，只要我能够控制自己的行为，就能够控制一切。

因此，让我们铭记威廉·詹姆斯的这句名言吧："通常情况下，只要受苦者肯将内心的恐惧转化为振奋，那些被我们称之为'厄运'的东西就会在不知不觉中变幻成令人振奋的福祉。"

让我们为自己的幸福而努力吧！

让我们遵循以下富于建设性的思想，力争每天都能获得最大的快乐吧！这个计划的名字就叫"为了今天"。我发现，这个计划是如此的振奋人心，于是便复印了几百份来送人。这个计划是西比尔·F. 鹧鸪在36年前写下的。如果我们依此来做，我们绝大多数的忧虑就会一扫而空，与此同时，它还能大大提升我们的生活乐趣。

人性的优点

How To Stop Worrying And Start Living

为了今天

1.为了今天,我要快乐地生活。正如亚伯拉罕·林肯所说:"绝大多数的人们,只要他们愿意,他们就能够得到快乐。"没错,快乐源于我们的内心,与外界无关。

2.为了今天,我要调整自己去适应世界,而非让世界来迁就自己。我将以这种心态来面对我的家人和事业。

3.为了今天,我要爱惜自己的身体。我要坚持锻炼、自我关爱、注重保养、加强重视,使它成为保护我心灵的坚固堡垒。

4.为了今天,我要武装自己的思想。我要学习一切有用的知识,不做一个头脑空空的废人。我要阅读一些需要集中精力、努力思考的书籍。

5.为了今天,我要塑造自己的灵魂。我要隐姓埋名地为别人做一件好事,还要至少做两件自己不想做的事,就像威廉·詹姆斯所建议的那样,只为磨砺自己的意志。

6.为了今天,我要惬意地生活。我会尽我所能地衣着得体、言语得当、举止优雅,多赞赏、少批评。对事不过分苛责,对人不求全责备。

7.为了今天,我将只争朝夕,不去妄想解决穷尽一生都无法解开的难题。即便我可以连续12小时只做一件事,但若要我持续一辈子,我可能会打退堂鼓。

8.为了今天,我将制订计划,写下每一小时都要做些什么。即便我不可能完全按计划执行,但我依然要订下这个计划,因为它会帮我避免两种错误:急躁冒进和优柔寡断。

9.为了今天,我会留有半个小时的放松时间,用来静静地祈祷,同时规划今后的生活。

第十二章

六个字，改变你的生活

10.为了今天，我将心无所畏。我不会拒绝快乐，我要享受生活中的点滴美好，尽情去爱，去相信我所爱的人，我相信我也会感受到来自对方的爱。

如果有一种心态能够带给我们平静和幸福，那么请记住规则1：快乐地思考，快乐地行动。如此，你就真的能够感受到快乐。

第十三章

复仇的代价亦高昂

几年前的一个晚上,当我和其他几个游客穿过黄石公园时,我们躲进了一个松林密布、云杉擎天的看台,兴奋地等待着森林杀手——灰熊的出现。据导游说,美国西部的灰熊几乎是所向披靡,也就只有水牛和科迪亚克棕熊才有可能与之抗衡。然而,那天晚上我却注意到,一只不怕死的小动物却从头到尾地尾随着灰熊一路行走,甚至还胆敢从它嘴里分得一杯羹。仔细看清楚了,原来是一只臭鼬。没错,灰熊完全可以一掌拍死臭鼬,可它为什么没这么做呢?因为经验告诉它,这样做的代价很高,因为臭鼬会往它身上喷臭水。

这个道理,我也有过亲身体会。作为一个在农场里长大的男孩,我曾在密苏里州的灌木丛里逮到过一只臭鼬,长大以后,我也在纽约遇见过几个臭鼬般的烂人。这些惨痛的经历告诉我:无论哪种臭鼬,和它们计较都会得不偿失。

当我们怨恨敌人时,就无异于在削弱我们自己、壮大对方。你可能不会相信,但事实上那些负面情绪真的会影响我们的睡眠、食欲、血压、健康以及获取幸福。要是让我们的敌人知道他居然如愿以偿给我们造成了严重困扰,他不高兴得手舞足蹈才怪!我们的怨恨对敌人根本无法造成任何打击,反而会将我们自己置于人间

第十三章
复仇的代价亦高昂

地狱。

猜猜这句话出自哪里："如果自私之人试图利用你，那么将他赶出你的圈子，但不要去报复他们。因为哪怕你只是这么想想，对你自己的伤害要远重于对敌人的打击。"这些话听上去似乎是空想家的胡言乱语，然而事实上，这是密尔沃基警署的公告。

报复心理会如何给你造成伤害呢？根据《生活》杂志所言，它可能会破坏你的健康。"高血压患者的主要性格特征就是容易生气。当然，生气造成的恶果是慢性发作的，久而久之，慢性高血压、心脏病之类的心脑血管疾病就会找上门来。"

所以你看，当耶稣教导他的门徒"爱你的敌人"时，他这不仅仅是道德的说教，更是向我们传达了20世纪的医学保健之道。在《圣经》中，耶稣说："不止宽恕7次，而是77次。"这就是让我们远离高血压、心脏病、胃溃疡和其他诸多疾病的灵修之道。

我有个患有严重心脏病的朋友，最近病情发作被送进了医院。医生对病床上的朋友说："不管发生什么，你都不能为任何事而动怒。"因为医生知道，在心力衰弱的情况下，愤怒完全可以送你去见上帝。几年前，华盛顿斯波坎市的一位餐厅老板就是因为和他的厨师产生争执而引发心脏病猝死的。而原因只不过是他的厨师坚持在喝咖啡时不用托盘。

当耶稣说"爱你的敌人"时，他更是在向我们传授美容之道。许多女人的脸上之所以会布满皱纹、表情僵硬，是因为怨恨等负面情绪在不知不觉中苍老了她们的容颜。哪怕是世界上最先进的美容秘方，也不如一颗充满柔情、宽容和爱意的心灵对美貌的雕刻。

仇恨甚至会破坏我们享受美食的美好心情。《圣经》上是这么说的："享怨恨推出的牛肉，不如啖爱心捧出的野菜。"试想一

人性的优点
How To Stop Worrying And Start Living

下,如果我们的敌人知道我们因为仇恨而感到心力交瘁,变得面目可憎、忧心不已甚至还会影响长寿,他们该多高兴啊!

即便我们无法做到像圣贤那样爱敌如亲,但我们至少要善待自己,决不能让敌人控制我们的快乐、健康和容貌。莎士比亚说:"怒火中烧并不会伤敌,只会引火烧身伤了自己。"

当耶稣教导我们应当宽恕我们的敌人"77个7次"时,也是在教我们处世之道。

例如,我曾经收到过一封来信,写信的是来自瑞典乌普萨拉的乔治·荣纳先生。他曾经在维也纳当过多年律师,但在二战期间逃回了瑞典。当时的他一贫如洗,急需一份能够糊口的工作。好在他会说多门外语,所以期望能够从事一些与进出口相关的文秘工作。绝大多数的公司都回复说战争期间不需要此种业务,婉言拒绝了他。更过分的是,其中有一家公司的回信是这么写的:"你对我们公司的业务内容真是曲解到家了,完全是风马牛不相及。我们不需要文秘,即便需要,也不会聘请你这样愚蠢的家伙。你的求职信上真是错字连篇,你确定你真的懂瑞典语吗?"

读完这封信,乔治·荣纳气得直跳脚。这个瑞典人究竟是什么意思?明明是他在信中错字连篇,竟然反而来说自己不懂瑞典语!乔治·荣纳一不做、二不休,言语恶劣地给对方写了一封挖苦回击的信。但随后他却又静下来仔细想了想,自言自语说:"稍等。我怎么就能打包票说那个瑞典人是一派胡言呢?我虽然学过瑞典语,可这毕竟不是我的母语,有没有一种可能性,那就是我明明错了自己却不知道?如果真是这样,那我就得努力学习才能胜任这类工作了。这个人给我敲响了警钟,哪怕信中生硬的措辞并不让人那么容易接受。所以,我得给他回个信,感谢他对我的提点之恩。"

第十三章
复仇的代价亦高昂

于是，乔治·荣纳撕毁了刚才的那封信，紧接着又重写了一封："非常感谢您能够在百忙之中给我回信，尤其是在您不需要秘书的情况下。很抱歉，我对贵公司作出了错误的判断。我之所以给您写这封信，是因为我听说您是这个领域的先驱者，我也没想到自己会在信里犯那么多的语法错误，深感惭愧。今后，我决心更加努力地学习，以提高自己的瑞典语言能力，减少错误的发生。非常感谢您的提点，让我能够更深入地认识自己。"

几天过后，乔治·荣纳再次收到了这个人的信，信中邀请他去公司详谈。最终，荣纳在那个公司得到了一份理想的工作。经过这次事件，他发现原来用温和的语言可以化解愤怒。

即便我们无法做到像圣贤那样爱敌如友，但是为了我们自己的健康和幸福，我们至少要原谅他们、忘记他们。只有这样，才算是明智之举。子曰："君子坦荡荡，小人长戚戚。"我曾经问过艾森豪威尔将军的儿子约翰，他的父亲是否会一直对某一个人怀恨在心，约翰是这样回答的："怎么可能。我父亲从不会在他不喜欢的人身上浪费哪怕一分钟！"

有句老话说得好："傻瓜不会生气，但智者却不去生气。"

前纽约市长威廉·J. 吉诺尔为了制定一个政策，曾被迫顶着巨大的压力，甚至还被一个疯子持枪追击并几乎中弹身亡。当他躺在医院的时候，威廉·J. 吉诺尔依然在和命运做殊死搏斗，他说："每晚临睡前，我将原谅一切，以及所有人。"这是不是太理想化了？若是这样，不妨让我们想想德国伟大的哲学家叔本华，他是一个骨灰级的悲观主义研究者。

在叔本华的眼中，生命无异于一场徒劳而痛苦的冒险，而他自己的周身都氤氲着忧郁的气息。深陷绝望深渊的叔本华曾哭着说：

人性的优点
How To Stop Worrying And Start Living

"如果可能的话,仇恨不该属于任何人。"

我曾向伯纳德·巴鲁克请教过一个问题:"你在被敌人攻击时,是否会感到困扰?"这位曾给6任美国总统[①]担任过顾问的长者非常肯定地回答说:"我不会允许他们欺负我或是干扰我,我不会给他们这个机会的。"

没有人能够欺侮或是干扰我们,除非我们自己愿意给他们机会。

或许棍棒和石头能够打断我的筋骨,但言语却无法对我造成任何伤害。

要宽恕我们的敌人,最好的方法就是投身于伟大而超出我们能力范围的事情上去。当我们专注于此,那么那些侮辱和非议便显得无关紧要了,因为忙于事业的我们已经没有精力再去计较仇恨这种小事了。给你们举个例子吧,这可是件富于戏剧性的案例。

故事发生在1918年密西西比州的松林,一个名叫劳伦斯·琼斯的黑人教师和牧师被判处了极刑。几年前,我曾拜访过他亲手创建的乡村学校,还为那里的学生做过一次讲演。我要讲的案例就发生在第一次世界大战期间,当时到处都人心惶惶。从密西西比州的中部地区传来了一个谣言,说是德国人准备煽动黑人进行叛乱。当时,据说有白人曾听见劳伦斯·琼斯在教堂里呼吁黑人们团结一心,为争取生存和发展的权利而战。到了晚上,这些被激怒的年轻人直接买通了一个暴徒,冲进教堂把劳伦斯五花大绑了起来,然后拖行了一英里地,最后把他绑在一堆干柴顶端,眼看着就要放火烧人了。这时,人群中有人叫嚣道:"嘿,临行刑之前让这个该死的家伙讲几句吧?他不是挺能说会道的吗?这回看看他的狗嘴里还能吐出什么象牙!"于是,劳伦斯·琼斯就这样被捆绑着,开始了他

[①]这6位美国总统分别是威尔逊、哈丁、库里奇、罗斯福、杜鲁门和胡佛。

第十三章
复仇的代价亦高昂

人生中最后的演讲。

1907年,劳伦斯·琼斯从爱荷华大学毕业。身为一个秉性正直、颇有音乐造诣的优等生,他在老师和同学之间都很受欢迎。然而,毕业以后,他却拒绝了一个酒店管理方面的优渥职位,甚至还放弃了一个免费攻读音乐学位的机会。他为什么会做出这样的选择呢?因为在读过布克尔·华盛顿的传记以后,这个有志青年便在心中树立了一个崇高的理想:投身到落后地区的教育事业中去,让那些因为贫困而上不起学的黑人孩子们也能够接受教育。于是,他便来到了南部最贫困的密西西比州,变卖了自己的手表,用这来之不易的1.65美元搭建了一所露天的简易学校。

面对这些急等着要把自己处死的愤怒的人群,劳伦斯·琼斯依然面色从容、不卑不亢地阐述着自己的理想,他要把这些男孩、女孩们培养成一个个优秀的农民、厨师、服务员……他感谢那些曾经帮他搭建起学校的白人朋友,得益于他们提供的土地、木材、牲畜和资金,他的教育理想才能够顺利实现。

后来,有人问劳伦斯是否曾对将他拖向道路、准备烧死他的人心怀怨恨,他回答说:"我当时正忙着去实现自己的人生理想,哪有工夫去争吵、怨恨啊。我从未后悔过我为追求理想而作出的牺牲,也没有人可以让我自甘堕落到去恨他。"

终于,劳伦斯·琼斯用真诚而富于理想激情的演说感动了暴徒。这时,人群中走出来一位老者,为他求情说:"我相信这个孩子说的是实话,他提到的那些白人我也认识。他真的是在行好事,我们不能一错再错了。"说完,老者脱帽穿过人群,为劳伦斯筹集了52.4美元重新办学的基金。

19世纪前,爱比克泰德就曾说过:"我们播种什么,就会收获

什么。"从长远来看，每个人都会为他的所作所为付出代价。只要将此道理铭记于心，就能避免对他人的愤慨、谩骂、责难、攻击和怨恨。

在美国，也许再没有其他人比林肯饱受的责难、痛恨更多的了。然而，根据赫恩登笔下的《林肯传》记载："他从不会因为个人的喜恶来排斥敌对他的人。如果他的敌人恰巧是某一职位的最佳人选，林肯仍会任人唯才。像麦克莱伦、西沃德、斯坦顿和蔡斯，林肯时代这些位高权重的人都曾与他敌对过，但林肯却始终相信：'我们无法凭一时的行为就认定一个人是完美无缺还是一无是处。因为一个人的行为时时刻刻都会受环境教育、后天习惯、遗传因素的影响而发生变化。'"

也许林肯是正确的。如果你我都有着和敌人相同的遗传因素、精神情感，那么在面对同一种情境时，我们所采取的行动或许和敌人没什么两样，那么我们的生活也将因此而改变。正如克拉伦斯·达罗经常说的那样："你了解了什么，就能够理解什么。但这并没有为审判和定罪留下任何空间。"所以与其仇恨我们的敌人，倒不如对他们表示同情。感谢上帝，生活没有把我们变成他们那样。与其积累仇恨、报复我们的对手，倒不如给予他们理解、同情、帮助、宽恕以及我们的祝福。

我有幸生在一个书香门第之家，每天晚上我们都要诵读《圣经》或是唱赞美诗，然后再跪下做祷告。在密苏里州一个偏僻的农家小院里，父亲的话语仿佛近在耳畔。他不断地重复着耶稣的箴言。只要人类可以珍视他的意见，我想耶稣的箴言将永存于世："爱你的敌人，祝福那些诅咒你的人，善待那些仇恨你的人，为那些利用你并迫害你的人做祷告。"

第十三章
复仇的代价亦高昂

耶稣的箴言带给了父亲内心长久的平静。那些君王贵胄们费尽心机却始终求而不得的,大抵也不过是此吧。

培养一种良好的心态,会带给你平静和幸福。请记住规则2:

永远不要试图去报复我们的敌人,因为这对我们自身的伤害要远远超过对他们的打击。我们要像艾森豪威尔将军那样:不在自己不喜欢的人身上浪费哪怕一分钟。

第十四章

这样做，你将永远不会为别人的不知感恩而焦虑

我最近在得克萨斯州遇见了一个生意人。之前曾有人警告过我，这个人只要遇见可以倾诉的对象，15分钟之内必定会把话题引向让他义愤填膺的那件事上。事实证明果然如此。事情已经发生了11个月，可时至今日他还是怒火难消，似乎除此以外再没有别的话题可以讨论。

故事发生在圣诞节，他给他的34名员工发了10000美元的奖金，平均下来每人也能拿到300多美元，但却没有一个人对他表示感谢。"我真是肠子都悔青了！"那个人抱怨说，"我真该一分钱都不给他们！"

古语有云："愤怒之人，全身皆毒。"我对这个浑身上下散发着毒气的人深表同情。他已经60岁了，而据保险公司统计显示，现在人们的平均寿命也就只有74岁左右。所以就算他足够幸运，大约也就剩下十四五年的光景好活。而他却为这件已经是过去时的小事，浪费了自己将近一年的余生，真是可怜！

在愤恨和自怨自艾的同时，他也应该好好反省一下，为什么

第十四章
这样做，你将永远不会为别人的不知感恩而焦虑

他的员工会不懂得感恩？是不是因为在公司不得赏识？还是工资太低？抑或是加班严重？再或是他们认为圣诞节发奖金是情理之中的事情？当然，也有可能是因为他本身就是个不懂感恩之人，所以他的员工才不敢也不愿去对他表示感激。还有一种可能，那就是他的员工们觉得，既然大部分利润都要用来缴税，倒不如变作奖金发给他们。

当然，从另一个角度来看，也许他的员工是真的自私、狭隘、没有礼貌。不管是出于怎样的原因，或许都可以借用约翰逊·赛谬尔博士的这句名言："感恩是高尚灵魂的产物，你不可能在普通人身上得到。"

我想说的是：期待别人的感恩，本身就是让人痛苦的错误。这只能说明你并不了解人性。如果你拯救了一个人，你就会期待他的感恩。那么让我来告诉你：著名的刑事辩护律师赛谬尔·博维茨在他担任法官期间，曾先后让78名罪犯免于死刑、重获新生。而事后登门道谢、给他寄感谢信的又有多少人呢？让我们来猜一猜……没错，连一个人也没有！

耶稣曾耗时整个下午来帮助10个麻风病人，可又有几个人感谢他呢？只有一个！当耶稣转过身来，询问他的门徒"其余的9个人哪里去了"的时候，他的门徒说："他们都跑了。连句谢谢都没说就消失得无影无踪了！"好吧，现在就让我来问问诸位：像我们这种给人小恩小惠的凡夫俗子，又怎能奢望连神圣的耶稣都难以获得的感恩呢？

要是涉及钱，好吧，那就更别奢望了！查尔斯·斯瓦特曾说过这样一个亲身经历：多年以前，曾有个银行出纳员因为挪用公款炒

人性的优点
How To Stop Worrying And Start Living

股失败而险些坐牢。是斯瓦特帮他填补了这块亏空，他才得以免除了牢狱之灾。那么，这个银行出纳员感谢过他吗？是，他的确表达了自己的感谢，可惜这种感激之情并没能持续多久。后来，他居然又反过头来针对斯瓦特，横眉冷对、谩骂谴责，完全将当年的救助之恩给抛之脑后了。

如果你曾送给你亲戚100万美元，这下他该对你感激不已了吧？安德烈·卡内基就是这么做的。可如果他泉下有知，知道这位受赠的亲戚一直在背后对他恶言诅咒，我想他一定会震惊地从坟墓里跳出来！他的亲戚为什么要这样做呢？因为卡内基曾向慈善机构捐赠了超过3亿美金，而他的亲戚却只得到了"微不足道的100万美元"！

人性就是人性，这是你所无法左右的。既然如此，为什么不坦然接受呢？在这一点上，我们应该向罗马帝国的统治者——马尔斯·奥勒留士学习，充满智慧地面对现实。有一天，他在自己的日记中写道："我要学会知足。对于那些在背后说我坏话的小人，自私任性、忘恩负义之人，我不会感到震惊或是惶恐，因为我实在难以想象世界上会没有这种人存在。"

说得很有道理，不是吗？如果我们一天到晚地抱怨别人怎样怎样的忘恩负义，那么这又是谁的过错呢？要知道，人性就是如此，要怪也只能怪我们自己不懂人性。那么从今往后，让我们不再期待别人的感恩，至于偶然得到的感谢，就权当是生活中意外的惊喜吧。即便没有，我们也不必感到失落。

在这里我想指出一点：忘恩负义是人的天性。因此，如果我们期待别人的感恩，无异于自寻烦恼。

第十四章

这样做,你将永远不会为别人的不知感恩而焦虑

我认识一个老太太,她总是一天到晚地跟人抱怨,说她自己很孤独,可没有一个亲戚来看望她。这就难怪了,要是有人过去看望她,她能一口气抱怨几个小时不休息。她说她把侄子、侄女当成自己的亲生孩子一样看待,在他们患上荨麻疹、腮腺炎和百日咳的时候还是自己亲自在他们身边照料的,她自己在结婚以前一直和孩子们生活在一起,还资助了其中一个孩子考上了商学院。

那么,后来她的侄儿们来看望过她吗?哦,是的,出于义务,他们偶尔会回来看她。其实他们也害怕回来,因为一着家他们就不得不坐下来听她一连几个小时的抱怨。对于那些陈芝麻烂谷子的事,老太太总是没完没了地重复着当年的各种委屈,埋怨起来叹息不已。到了后来,就连威逼利诱也不能再让她的侄儿们来看她了,于是老太太便使出了终极杀手锏:假装心脏病发作。

难道她这病真是装出来的?当然不是。据医生诊断,她这纯粹是因为过于情绪化而引发的心悸。而且医生还说了,像这种情绪性的毛病,就连他们当医生的都束手无策。

这个老太太真正想要的是关爱和关注,但她却将自己的需求误认成了"感恩"。或许她这辈子永远都无法得到侄儿们的感恩了,因为她已经消耗了他们的关爱,而这恰恰导致了相反的结果。

在这个世界上,有太多的女人犯了和老太太同样的毛病,因为别人"忘恩负义"而倍感孤独,渴望被爱却又总是被忽视。因为她们不明白,在这个世界上,能够得到爱的方式只有一个,那就是:付出,不求回报地奉献爱。

这句话听起来似乎有些不切实际,有些过分的理想化。其实

人性的优点
How To Stop Worrying And Start Living

不然。我们要想得到自己渴望的幸福,这恰恰就是最好的途径。对此,我深信不疑,因为我亲眼见证了发生在自己家的实例。虽然我家比较穷,总是债务缠身。但是我的父母亲却一直都以帮助别人为乐,每年总是想方设法地筹一些钱寄去孤儿院。他们从没有亲自造访过哪家孤儿院,也许根本就没人会感激他们的馈赠,除了收到回信以外,从未有人前来登门道谢过。然而,我的父母们却在帮助那些孤儿的过程中得到了回报。给予,让他们体会到了更为高贵的快乐。

自从我离开家独立生活以后,每年圣诞节前夕都会往家里寄一张支票,让父母亲买些他们喜欢的东西,但他们却很少会舍得把这笔钱用在自己身上。当我回家过圣诞节的时候,父亲才告诉我说,他们用那笔钱买了些食物和燃料寄给了城里的一个寡妇,她自己一个人养孩子很不容易。不求回报的付出,是上天回馈给他们最大的快乐。

我相信我的父亲几乎已经完全符合亚里士多德关于理想之人的描述:"他助人为乐,却羞于接受别人的感恩。甘愿付出是高尚的行为,而索取回报是低级的表征。"

在这里,我再强调一点:如果我们想要获得真正的快乐,那么就请抛弃别人是否会感恩于你的念头,而只享受付出时的愉悦。

为人父母,常会因子女不知感恩而头痛不已。即便是莎士比亚笔下的李尔王,也会抱怨道:"忘恩负义的孩子,比毒蛇的利刃更让人痛心!"

可是,如果我们没有从小就培养好孩子的感恩意识,他们又怎会懂得去这样做呢?忘恩负义本就是人的天性,是野火烧不尽的杂

第十四章

这样做，你将永远不会为别人的不知感恩而焦虑

草。而感恩之心则像是一朵玫瑰，需要用爱去悉心滋养和培育。如果我们的孩子不懂感恩，这又是谁的责任呢？或许我们更应该反思自己。如果我们从未教过他们应该对别人的帮助表示感激，又怎能指望他们会感激我们自己呢？

我认识一个芝加哥的朋友，他在木箱制造厂上班。在我看来，他完全有理由抱怨他继子们的忘恩负义。他累死累活地努力工作，每个星期的收入却不到40美元。他娶了一个寡妇，她说服他去借钱供养她和前夫的两个儿子上了大学。他那仅有的40美元周薪，除了用来支付房租、燃料费，还得用来购买食物和衣服，此外还得偿还借款。4年来，他像做苦力一样拼命赚钱，从未有过半句怨言。

可是，他得到任何感激了吗？没有。他的妻子把这一切都当作是理所当然，自然她那两个孩子也不会有感恩的心思。他们甚至都没有对这个含辛茹苦的继父说过一句"谢谢"！这是谁的责任？是这两个儿子的吗？或许是吧，但他们的母亲却更加难辞其咎。她认为这两个孩子还年轻，不应背负感恩的"心理负担"，让他们觉得自己对继父"有所亏欠"。她从未教导过他们："你们的继父不容易，为了你们俩上大学出了不少力。"恰恰相反，就连她自己也想当然地认为，培养两个继子上大学是丈夫分内的事。

她自认为这是为了孩子们好，可事实上，她却对他们作出了危险的暗示，让他们产生了这个世界有义务来帮助他们的错觉。这种想法非常危险，而她其中的一个儿子，就是因为试图从老板那"借"些钱财而被关进了监狱。

我们必须要牢牢记住，我们的孩子会变成什么样子，完全取决

人性的优点
How To Stop Worrying And Start Living

于家长的教育。在这方面，我那家住明尼阿波利斯市的姨妈就是个很好的范例。姨妈从未抱怨过她的孩子"忘恩负义"。在我小的时候，维纳姨妈就把她自己的母亲接到家里来住了，同时照料的还有她的婆婆。直到现在，两位老人围坐在壁炉前的温馨场景都让我记忆犹新。难道维纳姨妈就不怕"麻烦"？我想，她同时照顾两个老人肯定很累，但她却从未流露出一丝不快或是埋怨的情绪。她是打心眼里爱着这两位老人，而这两位老太太也真像住在自己家里一样开心、快乐。此外，维纳姨妈还养育了6个孩子，但她却从未觉得这是一件多么了不得的事情。在她眼里，自己所做的一切都是那样的平常，没有什么可炫耀或抱怨的。

今天，维纳姨妈身在何处呢？她现在已经守寡20多年了，而6个子女中有5个已经长大成人，现在都争着抢着的想把维纳姨妈接到自己家里住。孩子们和她的感情很深，从来都不嫌弃她烦，而这都仅仅是因为"感恩"吗？当然不是，这可是纯粹的爱。从童年开始，孩子们就受温暖、和谐的家风熏陶，如今他们的母亲也需要照顾了，他们同样像母亲当年照顾祖母们那样报以同样的爱，这是多么的顺理成章啊。

我们应该谨记：如果想要拥有知恩图报的子女，首先我们自己就该成为懂得感恩之人。"勿以恶小而为之，勿以善小而不为。"我们切记不要在孩子面前诋毁别人的善意，永远都不要抱怨说："看看这些表妹送的圣诞礼物！都是她们自己手工做的，都没舍得花一分钱！"这些微不足道的评论短时间内看不出来有什么恶果，但却可能对孩子的成长产生极大的负面影响。相反，我们最好这样说："你看，表妹送来的圣诞礼物真漂亮，肯定下了不少工夫。让

第十四章
这样做,你将永远不会为别人的不知感恩而焦虑

我们给她写封感谢信吧!"这样,我们的孩子就可能在潜移默化中养成赞美和感恩的习惯。

为了避免因别人"忘恩负义"而产生的怨恨和焦虑,请记住规则3:

(1)与其担心别人忘恩负义,倒不如在心里不抱期望。耶稣在一天里救治了10个麻风病人,而记得向他表达感激之情的却只有区区一人。难道我们还能指望比耶稣得到的更多么?

(2)我们应该记住,获得幸福的唯一途径是:不要对别人的感恩心有期盼,而应享受无私付出的快乐过程。

(3)让我们记住,感恩是一种需要培养的品德。所以,如果我们希望自己的孩子心怀感恩之念,我们就必须加以正确引导。

第十五章

用一百万来交换你所拥有的，你愿意吗

哈罗德·罗伯特是我的老朋友了，他曾经是我的演讲经纪人，家住密苏里州韦伯城的麦迪逊大道南820号。有一天，我在堪萨斯市偶然遇见他，他开车将我送回了我在贝尔城的农场。在路上，我们聊到了克服忧虑的方法，他给我讲了一个振奋人心的亲身经历，这个故事让我终生难忘。

"我曾经时常会为事情担忧"，罗伯特说，"但在1934年春天的一个日子里，当我走在韦伯城的街道上时，眼前的一副场景却驱散了我所有的烦恼。整个过程不过才10秒钟，但这10秒钟给我的教育意义，却比我在过去10年中学到的更多。

"两年来，我一直靠经营一家杂货铺为生。为此，我甚至花光了所有的积蓄，而且还背上了需要7年才能够还得清的债务。在事情发生的前一个周六，我的杂货铺就已经关门大吉了。当时我正准备去矿商银行贷些款出来，这样我就能去堪萨斯市找工作了。

"当时的我就像是一只斗败了的公鸡，失去了对未来的信心和斗志。突然，我无意间和迎面而来的那个人目光交接，定睛一看才发现他没有腿！只见那个人坐在一块装着4个滑轮的木板上，双手

第十五章

用一百万来交换你所拥有的，你愿意吗

各执一根木棍，像划船一样从街的对面划了过来。四目交接的那一刻，迎接我的是一个大大的微笑：'早上好，先生。今天天儿可真不错，不是吗？'言语间都是蓬勃而出的朝气。

"我怔怔地站在那里看着他，突然意识到，原来自己竟是这么的富有！至少，我还有完好无缺的双腿可以自由行走，而我之前竟还自怨自艾，真是太丢人了。于是我对自己说：如果就连一个失去双腿的人都可以如此的阳光、开朗、自信，作为一个身体健全之人，这些我应该也可以做到。想到这里，我顿时感觉自己精神倍增。

"本来我只打算向银行贷款100美元，但现在我有勇气借200美元了。原本我只是想去堪萨斯市碰碰运气，而现在我却自信一定会找到一份好工作！果不其然，从银行贷到款之后，我顺利地找到了一份可心的工作。

"现在，我在浴室的镜子下面依然贴着这些话。每天清晨，在我刮胡子的时候都能够得到鼓舞：'我很忧郁，因为我没有鞋穿，直到一天我在街上遇见了一个失去双腿的人。'"

探险家艾迪曾在出海时迷失了方向。后来我问他，在他和同伴们被困在海上的21天，他得到最重要的启示是什么。他是这样回答的："经过那次九死一生的冒险，我们得到的最宝贵的启发就是：如果你有足够的新鲜淡水和食物，你还有什么好抱怨的呢？"

《时代》周刊曾采访过一位在关达坎受伤的士兵。他在战斗中被弹片打破了喉咙，曾先后输过7次血。后来他给医生写了一张纸条，询问说："我还能活命吗？"医生回答说能。他又问医生："那我还能说话吗？"医生的回答依然是肯定的。于是他又在纸条上写道："太好了，那我就没什么好担心的了。"

人性的优点
How To Stop Worrying And Start Living

现在，如果你停下来问问自己："我到底在担心些什么？"或许你会发现，你所担心的一切根本就不值一提。

在我们的生活中，大约有九成的事情都是顺心遂意的，不如意的事只占一成。如果我们想要获得快乐，就把精力集中到那九成顺利的事情，忽略那不如意的一成就可以了。如果我们想要生活在担心与痛苦之中，那么就把我们的注意力集中在那一成倒霉事上、不理会那九成的好事就可以了。

在英国伦敦的许多新教堂里都刻着这样几个字：思考，并感恩。我们应该将这句话铭记于心。想想上帝赐予我们的一切美好，我们理应心怀感恩。

《格列佛游记》的作者——乔纳森·斯威夫特，可能算得上是英国文学史上最悲观的作家了。他时常认为自己不应该被带到这个世界上来，每当生日那天都会身披黑衣禁食一天。然而，即便是这样一个悲观主义者，却依然没有忘记去歌颂身心愉悦所带来的巨大能量。他说："世界上最好的医生，就是适度饮食、心态平和以及心情愉悦。"

每时每刻，我们都能够获得愉悦的心情，只要我们将注意力关注自己所拥有的，我们就会发现，或许我们得到的馈赠比传说中阿里巴巴的宝藏还要多。给你10亿美元，你愿意卖掉自己的双眼吗？或是你的双腿、你的双手、你的听觉、你的孩子、你的家人？你愿意吗？扪心自问，你肯定不愿出卖现在所拥有的一切，即便拿洛克菲勒、福特和摩根家族的所有财富来交换，你也不会愿意的。

然而，我们是否对自己所拥有的一切心怀感激？没有！就像叔本华说的："我们很少会去想自己所拥有的，而总去关注那些我

第十五章

用一百万来交换你所拥有的，你愿意吗

们未曾得到的。"是的，这就是世界上最大的悲剧。这种心态的危害，甚至比战争、疾病对人的毁灭性更大。就因为这，还差点把约翰·帕默"从一个正常人变成个坏脾气的家伙"呢。约翰告诉我说，这差点把他的家给毁了。

帕默先生住在新泽西帕特森的第十九大道30号。"我刚从部队复员没多久，就开始做生意了。"他说："我没日没夜的辛勤工作，心想一切都会越来越好的。可是没想到的是，麻烦却接踵而来。我找不到原材料，生怕货源问题会毁了我的生意。生意上的事总是让我操心不断，原本心态平和的我竟渐渐变成了一个阴晴不定的暴脾气。当时我并没有意识到自己的尖酸刻薄，现在时过境迁，我才明白当时我那温馨快乐的家几乎差一点就毁于一旦了。

"事情的转折点是一段谈话。一天，追随我做生意的年轻伤员对我说：'约翰，你应该为自己的行为感到羞愧。就好像全世界只有你一个人面临着麻烦似的。就算你暂时歇业又能怎样？货源一到，生意仍然可以继续嘛。你已经拥有了很多，可你却从不感恩，反而却总是怨天尤人。你再看看我，我多么羡慕你能够拥有健全的身躯啊。我现在只剩下一只胳膊，脸也伤了半边，可我却从未有过怨言。如果你再不停止咆哮和抱怨，那么你失去的将不仅仅是事业，还有你的健康，你的家庭，甚至你的朋友！'

"这一席话如同当头一棒，让我彻底清醒了。我终于意识到，原来我已经拥有了那么多。于是我当即决定变回从前的自己，绝不重蹈覆辙。"

我还有一个名叫露西·布莱尔的朋友，她也曾游走于悲剧的边缘，因为她一天到晚地为自己未曾得到的而烦恼，而不明白知足常

人性的优点
How To Stop Worrying And Start Living

乐的重要性。

几年前,我在哥伦比亚大学新闻学院的短篇小说写作研究课程上与她结识。她告诉我,9年前,当她还在亚利桑那州的图森生活时,生活曾遭受了巨大的变故。故事是这样的:

"我的生活一直非常忙碌。我要在亚利桑那大学上风琴课,还开了个演讲培训班,同时还在自家的农场里教授音乐欣赏课。一天到晚,我的工作日程里挤满了派对、舞会、骑马等各种社交活动。直到有一天我的身体撑不住了。医生告诉我说,我得了心脏病,在接下来的一年里必须卧床静养。除此之外,再没有一句鼓励我的话,我都不知道自己还能不能康复、什么时候能够康复。

"卧床休养一年!那和废人有什么两样?还不如死了一了百了!我吓坏了,不知道这一切为什么会发生在自己的身上。我不知道自己究竟做错了什么,竟要承受如此厄运。我哭了很久,抱怨着命运的不公。最后,我还是听从了医生的建议,老老实实地卧床休息了。

"我的邻居鲁道夫先生是个艺术家。他在前来探望我时,曾对我说:'在床上躺一年也不一定就是件坏事。你不妨利用这段时间来好好思考一下人生,去重新认识你自己。或许在接下来的几个月里,你在思想上的成长会比你在过去的几十年还要多。'

"渐渐地,我终于趋于平静,在此期间阅读了很多启迪心灵的书籍,并试图塑造一种全新的价值观。一天,我在广播里听主持人说:'你的行为,永远都是你内在意识的表露。'在从前,这样的话我听过很多次,但只有这一次才在真正意义上触及了我的灵魂。今后,我决定只去想让人开心的事。我强迫自己在每天清晨醒来的

第十五章

用一百万来交换你所拥有的，你愿意吗

时候，对自己所拥有的一切表示感恩：我有一个可爱的小女儿，我眼睛明亮、耳朵聪敏，收音机里的音乐总是悦耳动听。我有充足的时间用来看书，可以品尝到美味的食物，我有很多朋友，前来看望我的人甚至多到连医生都不得不为我挂出一个牌子，告诉大家只能每次一人并分时段探视。

"9年过去了，现在的我生活得充实而快乐。我打心眼里感激自己卧床休养的那一年，那是我在亚利桑那州度过的最幸福、最有价值的一年。在那一年里，我养成了每天清晨都要盘点一下自己拥有的幸福的习惯，这已经成为我人生中最宝贵的财富。我羞愧地意识到，这么多年，原来我一直都没有学会如何生活，直到我觉得自己可能死去的那一刻。"

我亲爱的露西·布莱尔，你自己可能并没有意识到，你学到的这些经验，和200年前赛谬尔·约翰逊博士所学到的简直如出一辙。他曾经说过："养成看见事情美好一面的习惯，比每年赚取1000英镑更有价值。"

在这里，我要补充的是：约翰逊并不是一个天生的乐观主义者，20年来，他曾百般遭遇焦虑、饥饿的磨难，不过这并不影响他最终成为了一名那个时代杰出的作家和评论家。

罗根·史密斯曾说过这样几句颇为明智的话："有两件事可以作为生活中的目标：第一，得到你想要的；第二，享受它。只有最聪明的人，才懂得第二个目标的真谛。"

你想知道，如何把站在厨房的水槽边清洗餐具这件苦差事当成一次令人愉悦的经历吗？我建议你去读一下波吉尔·达尔的《我想看到》。如此，你将备受鼓舞，获得难以置信的勇气。

人性的优点
How To Stop Worrying And Start Living

波吉尔是个失明了将近半个世纪的女士。她在书中写道："我那仅存光明的眼睛上布满了密集的伤痕，只有通过眼睛左侧的一个小洞，才能勉强感受到光线的刺激。看书的时候，我必须把脸几乎贴在书页上，还得使劲把左眼斜过去，才能勉强看清上面写了些什么。"

可即便如此，她依然拒绝接受别人的同情。在她还是个小孩子的时候，她想和其他的孩子们一起玩游戏，但是她却看不清地上的标记。所以她就等到其他孩子都回家的时候，一个人跪在地上将眼睛贴上去，仔细辨别这些标记并将它们铭记于心。很快，她就成了这个游戏的常胜冠军。她在家里的时候，总是拿着放大字体的书籍自学，每次眼睛几乎都要贴在书本上了，连睫毛都会轻触书页。后来，她获得了两个学位：明尼苏达大学的学士学位以及哥伦比亚大学的艺术硕士学位。

一开始的时候，她在明尼苏达州的一个小村庄里教学，后来，她跻身成为南达科他州某个学院的新闻与文学教授。她在那所学院一连工作了13年，在很多女子俱乐部都发表过演说，还在电台主持过有关书籍的作家访谈节目。她在书中写道："在我的内心深处，对完全失明的恐惧总是阴魂不散。为了克服这个不良情绪，我只好采取了一种开朗到近乎滑稽的态度笑对人生。"

1943年，在波吉尔52岁的时候，奇迹发生了：她在久负盛名的玛雅医院做了眼科手术，现在，她的视力恢复到了从前的40倍！

现在，一个崭新的、色彩斑斓的美丽新世界展现在她的眼前，这是她从前从未有过的美妙经历。对她而言，就连站在厨房的水槽边洗碗，也是一件令人兴奋的乐事。"我开始把玩盘子里那白色而

第十五章

用一百万来交换你所拥有的，你愿意吗

蓬松的泡沫，"她在书中写道，"我将它们捧在手心，托在阳光底下，可以看见一道道美丽的彩虹折射出一片绚丽的光彩。"

透过厨房的窗户向外看去，她看见"扑打着灰色翅膀的麻雀从雪白的积雪上掠过。"今生今世居然还能够幸运地玩肥皂泡和看麻雀，这天赐的恩典让波吉尔忍不住在书的结尾感叹道："亲爱的上帝，我们的在天之父！我感谢你，感谢你让我重新认识这美丽的世界！"

想想看吧，我们都应该由衷地对上帝表达感激之情，因为我们得以有幸亲眼看见掠过雪地的飞鸟以及色彩斑斓的肥皂泡。

难道我们不应该为自己的行为感到羞耻吗？一直以来我们都身处美妙仙境，却又不懂得珍惜，未曾发现它的美。

如果我们要停止焦虑、开始新生活，请记住规则4：

盘点你所拥有的幸福，而非总对烦恼耿耿于怀。

第十六章

发现自己，做你自己：记住，你是这世界上独一无二的存在

住在北卡罗来纳州艾尔山的伊笛丝·阿雷德太太曾给我来信说："当我还是个孩子的时候，自己曾经非常的敏感而腼腆。我本身就长得很胖，而古板的母亲又总喜欢给我穿一些又土又老气的衣服，这让我看上去更加的壮硕了。为此，自卑的我从不去参加聚会，也不和其他小朋友们一起玩耍，腼腆的性子让我愈发地不合群。我觉得自己就是个不讨喜的另类。

"后来我长大结婚了，嫁给了一个比我大好几岁的人。我开始尝试着改变，希望像丈夫一家人那样成熟、自信而快乐。可是，我做不到。每当他们尝试着让我往前迈出一步的时候，我却反倒会愈发地紧张和烦躁，甚至往自己的蜗牛壳里回缩得更深。我回避所有的朋友，我变得如此糟糕，甚至连响起的门铃声都会让我感到恐惧。我知道我活得很失败，我怕我的丈夫会嫌弃我。因此，任何时候在公共场合我总是极力地装作开心的样子，有时甚至表演得过于浮夸，而事后我又会陷入悲观的情绪，把自己搞得很不开心。最后，我甚至开始怀疑自己存在在这个世界上的价值，想要自杀一了百了。

第十六章

发现自己,做你自己:记住,你是这世界上独一无二的存在

"那么,又是什么支持着我这个不快乐的女人活到现在呢?只是一句无心的话!一个偶然的机会,我婆婆说到她的育儿心经时点醒了我。'不管发生了什么事,我总是要求他们坚持做你自己。''做你自己!'一瞬间,我突然意识到,原来一直以来自己痛苦的根源就在于我总是试图改变自己、以此去适应别人。

"晚上躺在床上睡不着的时候,我开始反思自己究竟是一个怎样的人。我的优点在哪里?我适合穿什么颜色的衣服、搭配哪种样式的首饰?做我自己,以适合我本人的方式!我主动去交朋友,参加社团组织。尽管一开始我的表现还是有些生硬和不习惯,但每一次发言,都让我的勇气点滴倍增。经过了一个艰难而快乐的过程,现在的我非常幸福,连我自己都觉得不可思议。现在,我也有了自己的孩子,我总是告诉他们我从曾经的痛苦经历中总结出来的教训:无论发生什么事,永远要做你自己!"

在詹姆斯·戈登·吉凯博士看来,做你自己,"应该像历史一样古老,像人生一样普遍"。许多心理和精神疾病的潜在病因,往往就是没有做自己的勇气。著名的儿童教育学家安吉罗·帕特曾经说过:"没有人会不幸到一定要成为别人,他只应该去做真实的自己。"

这种渴望成为别人的想法,在好莱坞尤其盛行。山姆·伍德,好莱坞最负盛名的导演之一,据他所说,他在和某些年轻演员打交道时,遇到的最棘手的问题正是这个:他希望他们能够保持本色。可他们都想做二流的拉娜,或者是三流的克拉克·盖博。"可这一套观众早就看够了,"山姆·伍德说,"现在他们需要的是其他东西。"

在导演《别了,希普斯先生》《战地钟声》等影片之前,山

人性的优点
How To Stop Worrying And Start Living

姆·伍德曾有过多年的房地产公司工作经验，他本人也非常注重销售员的个性培养。在他看来，商界规则同样适用于电影界。他说："模仿将一事无成。经验告诉我，尽快抛弃那些模仿他人的演员，这才是最保险的做法。"

最近我向索科尼石油公司的人事经理保罗·鲍尔顿请教，求职者常犯的最大错误是什么。关于这个问题他应该能够给予客观而真实的解答，因为他曾面试过成千上万个求职者，还写过一本名为《求职六妙招》的求职宝典。他的回答令人深思："求职者所犯的最大错误，就是没有做真实的自己。他们不敢以真面目示人，不敢坦诚相对，经常自作聪明地给你一些他们认为你想要的回答。可是这种做法毫无用处，因为没有人想要和虚伪之徒共处，就像没有人愿意接受假币一样。"

一位电车司机的女儿，也是几经周折，最后才明白了这个道理。这个女孩渴望成为一名歌唱家，遗憾的是她长得并不好看。她天生嘴大，龅牙突出。当她第一次在新泽西州的一家夜总会公开演唱时，她极力抿着嘴巴，试图遮住龅牙以展现自认为的优雅，可结果呢？丑态百出的她终究没能逃脱出洋相的命运。

幸运的是，在她诸多的听众当中出现了一位独具慧眼的"伯乐"。"我想告诉你，"他直白地说，"我一直在观看你的表演，我知道你在掩饰些什么。你是觉得自己的牙齿难看。"听了这么一针见血的评论，女孩非常窘迫，可那人却继续说道："这有什么大不了的？难道长了龅牙就没有出路了吗？不要去掩饰，尽管张大你的嘴去唱吧。当观众看到连你都不在乎时，他们就会喜欢你。再说了，"他犀利地指出，"你想遮起来的那些牙齿，说不定还能给你带来意想不到的财富呢。"

第十六章

发现自己，做你自己：记住，你是这世界上独一无二的存在

女孩接受了他的忠告。从那时起，她不再过多地关注自己的龅牙，而一心只想着她的观众。她张开大嘴，尽情享受着自己动听的歌声，并最终成为了深受观众喜爱的一线当红歌星。她，就是凯斯·戴利。现在，反倒是其他演员想来模仿她了！

著名的威廉·詹姆士曾经说过："人类大脑的利用率还不到10%，我们只是开发了自身资源的一小部分。人们往往习惯于给自己设定限制，虽然我们资源丰富，却没养成使用的习惯。"

既然我们都拥有如此丰富的潜能，又何必把它白白浪费、煞费苦心地想要模仿别人呢？遗传学告诉我们，你之所以能够成为你，很大程度上取决于来自你父亲的23条染色体和你母亲的23条染色体，这46条染色体的排列组合，决定了你将继承的遗传基因。如果你想了解更多，你可以去公共图书馆借一本名为《遗传和你》的书籍，书作者阿伦·斯费德说："每一条染色体上都包含了无数的基因，在某种情况下，它甚至足以改变你的一生。"是啊，生命就是如此的奇妙和伟大。

即便你的父母相知相爱并孕育了新生命，那么恰好能够生下你的可能性也只不过300万亿分之一。换句话说，如果你有300万亿个兄弟姐妹，他们也都与你不尽相同。你以为这是猜测？不，这是生命科学研究的结果。

对于"做你自己"这个话题，我深有感悟。我知道自己在说些什么，因为我的切身体会曾让我付出了痛苦的高昂代价。

刚到纽约的时候，我曾立志成为一个演员，并参加了美国戏剧艺术学院的招生考试。我想了一个自认为绝妙的主意，并自认为找到了通往成功的捷径。方法很简单，而且可以说是万无一失。我不明白，为什么其他雄心勃勃的人没有发现它呢？为此，我洋洋自得

人性的优点
How To Stop Worrying And Start Living

了好一阵子。这个方法就是：我会努力研究当时的几位著名演员，比如沃尔特·汉普登等，然后模仿他们每一人的最佳闪光点，把自己培养成一个集众家之长于一身的完美演员。现在想来，我当时的想法是多么的愚蠢和荒唐啊！此后，我甚至浪费了好几年的光阴去模仿别人，而直到撞了南墙我才发现：不管我多么努力，我终究无法成为他人，我只能做我自己。

那段惨痛的经历本来应该成为我的教训，可是很遗憾，它并没能让我清醒。看来我真是愚不可及，必须得再经受另外一次挫折。

几年后，我开始着手创作一本有关公共演讲的畅销书，当时在市面上还没有类似的书籍问世过。这个时候，我那"靠模仿获取成功"的愚蠢想法又一次抬起了头。于是，我"借鉴"了很多作家的观点，并把它们汇集到了我这本"集大成之作"里。可后来我却发现，这本我耗时一年的"集大成之作"竟是如此的枯燥无聊，完全就是他人思想的大杂烩，连我自己都不愿意读。这就是我为愚蠢付出的代价。后来，我只好把这一年的"心血"丢进垃圾桶，决定重新开始。

这一次，我对自己说："你就是你，卡耐基。你有你自己的优点和局限性，你永远都不可能成为别人。"所以，我打消了模仿别人的念头，开始做我早就应该做的事情。我根据自身的经验教训，从一个演说者的角度写成了一本有关公共演讲的教科书。书里，我引用了沃尔特·罗利爵士的名言："我无法写出一本莎士比亚风格的书，但我可以写一本我自己的书。"

做你自己，这是欧文·柏林给已故的乔治·格什温最明智的建议。当柏林和格什温第一次见面时，柏林已经成名。而作为一个年轻的作曲家，格什温却还在为周薪35美元的工作苦苦挣扎。柏林对

第十六章

发现自己,做你自己:记住,你是这世界上独一无二的存在

格什温的音乐才华留下了深刻的印象,便给了格什温一个选择工作的机会。格什温可以留下来做自己的助理,如果他愿意接受,薪水也会翻两番。"可是我建议你不要接受这份工作,"柏林说:"如果你这样做,你可能会发展成为一个二流的柏林。但如果你坚持做自己,终有一天你会成为一流的格什温。"

格什温听进了柏林的建议,并慢慢地转变自己,终于迎来了美国音乐史上的格什温时代。

查理·卓别林,威尔·罗杰斯,玛丽·玛格丽特·麦克布莱德,吉恩·奥特里,数以万计的案例无不见证着我在本章中阐述的道理。

当查理·卓别林刚开始拍电影时,导演们都坚持要他模仿一位在德国广受欢迎的喜剧演员。卓别林照做了,可他一直没能成功,直到他做回了自己。鲍勃·霍伯的经历也如出一辙:多年来他一直在模仿别人的歌唱和舞蹈动作,可惜反响平平,直到他找到了适合自己的喜剧风格后才成名立万……

当你降临到这个世界上的时候,你应该感到高兴。大自然赐予了你与众不同的天赋,你应该充分和自信地做你自己。归根到底,所有的艺术都带有自传的色彩。你只能唱你自己的歌,画你自己的画,先天遗传和后天环境造就了你,你只能做你自己。无论好坏,你必须打理好自己的小花园;不管动听与否,你必须演奏出属于自己的命运交响曲。

正如爱默生在他的文章中所写的那样:"每个人在接受教育的过程中,终有一日都会明了,嫉妒是无知的反应,模仿是自杀的前奏。因为不管是好是坏,人都必须坚持做他自己。尽管广袤的宇宙充满诱惑,但我们唯有辛勤耕耘好自己这一亩三分地,才有可能

人性的优点

How To Stop Worrying And Start Living

获得切实的收获。上天赋予每个人独一无二的天赋,只有你努力发掘、不断尝试,才能清楚它到底能够创造些什么。"

还有一位诗人也在他的诗中阐述过类似的道理:

> 如果不能成为山顶的青松,
> 那就安心去做谷中的小树,
> 但必是溪旁最醒目的那棵。
> 如果你无法成为一片树林,
> 不妨只做一棵快乐的小草,
> 为道路平添几分勃勃生机。
> 如果你无法成为一条大鱼,
> 那就甘心做一条小鱼也好,
> 游起泳来依然要酣畅淋漓。
> 不是人人都能够成为船长,
> 总得有船员要去扬帆抛锚,
> 扬长避短、各尽其责即可。
> 如果你不能成为一条公路,
> 那就沉下心去做一条小径。
> 如果你无法成为灿烂骄阳,
> 不妨去做夜空的璀璨星辰。
> 功过成败理应无关大小,
> 坚持自我方能问心无愧。

培养一种自信的心态,能给我们带来平静和自由。请记住规则5:勿要盲目模仿他人,坚持自我才最重要。

第十七章

如果你有柠檬，就做成柠檬水

在写这本书的时候，一天，我偶遇了芝加哥大学的校长罗伯特·梅纳德·哈钦斯，并向他请教有什么摆脱忧虑的妙计。他回答说："我一直都在努力遵循着已故的朱利叶斯·罗森沃尔德总裁的教导。那就是'如果你有柠檬，就做成柠檬水。'"

这就是一位伟大的教育学家正在做的事。但傻瓜的行动却是适得其反。如果他发现生活给了他一颗柠檬，他就会气馁地说："我被放弃了，这是命运的安排。我没能得到一个机会。"然后，他会继续自怨自艾、萎靡不振。但当智者得到一颗柠檬的时候，他会仔细思量："我能从这个不幸中学到什么？我怎样才能吃一堑长一智？我可以把酸酸的柠檬变成爽口的柠檬水吗？"

伟大的心理学家——阿尔弗雷德·阿德勒，在花费毕生心血对人类潜能进行研究之后，发现人类竟充满了化腐朽为神奇的能力。

接下来我要讲一个有趣而刺激的故事，主人公是家住纽约市的塞尔玛·汤普森女士。"战争打响的时候，我丈夫的军队驻扎在新墨西哥州的莫哈维沙漠附近。为了离丈夫更近一些，我也随军跟了过去。我讨厌这个地方，也从未这么狼狈过。因为丈夫每天都要进行军事演习，所以只留下我一人孤零零地守在沙漠中那间简陋的小木屋里。天气酷热难熬，当地也都是些墨西哥人和印第安人，根本

人性的优点

How To Stop Worrying And Start Living

就不会说英语,我连沟通都有障碍。热风吹个不停,所有的食物也都吃完了,连呼吸都变得燥热难耐,而且鼻孔里还夹满了热风带来的沙子、沙子、沙子!

"我感觉自己倒霉到家了,便写信对父母说,我再也不要在这个鬼地方受罪了,连多待一分钟都受不了!我宁愿在监狱里待着也不要再待在这里!

"父亲很快就给我回信了。内容只有两句话。而就是这两句话,竟全然改变了我的生活,直到现在我仍记忆犹新。父亲是这样说的:

监狱里,两个男人抬头仰望上空;
一个看到了泥土,另一个看到了星星。

"我反复重复着这两句话,为自己之前的想法感到羞愧。于是我下定决心不悲观、不抱怨,在目前的生活状态中苦中作乐。我想要成为那个能够看到星空的人。

"我开始尝试着与当地人交朋友,而他们的反应也大大出乎我的意料。当我对他们的编织物和陶器表示出兴趣时,他们竟把自己最喜欢的作品拿出来送给了我。要知道,之前有游客想要买走它们,而他们却拒绝了。我开始学习研究仙人掌、丝兰和约书亚树的不同形态,近距离地观察土拨鼠,在沙漠中观看日落,寻找那些在数百万年前海地变迁遗留在沙漠中的贝壳。

"究竟是什么让我发生了这些惊人的改变呢?莫哈维沙漠并没有改变,印第安人也还是如同往常那样。发生改变的是我的态度。通过转变思维,我将原本凄惨的沙漠苦旅变成了生命中最为激动人心的冒险。一个崭新的世界在我的面前展现开来,兴奋如我,感到

第十七章

如果你有柠檬，就做成柠檬水

自己的人生也化腐朽为神奇了。我甚至把自己的这段经历写成了一本小说，出版时的名称就是《明亮的狱墙》……我已经发现了禁锢自我的监狱，并终于在仰头时看见了璀璨星空。"

塞尔玛·汤普森，恭喜你终于发现了这个最古老的真理。早在耶稣临世前的500年，希腊人就已经明白：最美好的东西，往往是最困难的。

20世纪，哈里·爱默生·福斯迪克的一段话再次阐述了这个真理："幸福并非最主要的乐趣，胜利才是。"没错，这种成就感来自获胜，来自凯旋，来自我们将柠檬变为柠檬水的神奇。

我曾经拜访过佛罗里达州的一个快乐的农夫，他就把自己那酸涩的柠檬变成了爽口的柠檬水。当他第一次来到这个农场的时候，简直可以说是失望透顶。这里的土地是如此的贫瘠，他无法种植果树，甚至连养猪的水准都无法达标。一切都显得那么荒凉，只有粗犷的矮橡树和四处出没的响尾蛇还显得欣欣向荣。这时，他产生了一个绝妙的主意：生产响尾蛇周边产品。响尾蛇肉罐头，响尾蛇药品，响尾蛇农场游……他甚至还将响尾蛇皮以高价出售，用来做成妇女喜爱的手袋和鞋子。让人大跌眼镜的是，他的生意简直好得不得了，疯狂的客户遍布世界各地。现在，在我买的农场风景明信片的地址一栏，当地邮局已经把它重新命名为"响尾蛇，佛罗里达州"，就是为了纪念这个将柠檬变成柠檬水的有为之士。

我数次穿梭于美国各地之间，每次很荣幸能与那十几个证明"他们的权力转负为正"的人会面。

已故的《反对神的12个理由》的作者威廉·伯利梭这样认为："生命中最重要的事情不是利用你获得的利益，因为任何傻瓜都能做到这一点。真正最重要的是从你的损失中获利，这是需要智慧

人性的优点
How To Stop Worrying And Start Living

的。这是明智之人与傻瓜的区别。"

伯利梭是在一次铁路事故中失去一条腿后说出那些话的。此外，我还知道有一个人在他失去双腿后，把他生命中的"减号"变成了"加号"，他就是本·福特森。我在佐治亚州亚特兰大市一家酒店的电梯里见过他。当我走进电梯时，我发现这个开朗英俊、失去双腿的男人在电梯的一个角落里坐在轮椅上。当电梯到达他要去的楼层时，他非常和蔼地问我是否可以往边上移动一下，那样他就可以比较容易的出电梯了。"很抱歉，"他说，"给您带来不便。"当他说这些时，他的脸上挂着发自内心的、令人十分温暖的笑容。

当我下了电梯，来到我的房间，我能想到的无非是这个欢快的残疾人。于是，我便找到他，然后请他讲述他的故事。

"事情发生在1929年，"他笑着告诉我，"我为了给花园里的豆子搭架子，所以出去砍伐一些核桃树枝。我把砍的树枝装到福特车上，然后开车回家。突然，有一根树枝从车上滑落下来，并卡住了转向装置，就在那时我打了个急转弯。汽车撞上了堤防，而我被甩出去撞到了树上。我的脊椎受了伤，然后腿就瘫痪了。"

"那时我才24岁，自此之后我就无法走路了。"

仅有24岁，就被无情地宣判余生都要在轮椅上度过！我问他是如何让自己变得如此勇敢，他回答说："我没有。"他说自己非常狂怒和反叛，抱怨自己的命运。但是随着时间的流逝，他发现自己的反叛除了能让自己更加痛苦外，什么都得不到。"我终于意识到，"他说，"其他人对我都很礼貌、很友好。所以我至少能做到的是友好和礼貌地对待他们。"

我问他，这么多年过去了，他是否还觉得当年的事故是一个

第十七章
如果你有柠檬，就做成柠檬水

可怕的不幸。他马上回答说："不。我现在几乎情愿发生了那次事故。"他告诉我说，在他克服了震惊和不满之后，他开始生活在另一个不同的世界。他开始阅读并开发了一个读好的文学作品的爱好。他说，在这14年中，他至少读了1400本书；这些书已经为他打开了新的视野，并且使他的生活比想象的还要富有。他开始听好的音乐；现在他会因伟大的交响乐而激动，而不是像以前那样令他烦躁。但最大的变化是，他有时间去思考。"我生命中的第一次，"他说，"能够认真地看看世界，并获得真正意义上的价值。我开始意识到，以前一直在努力争取的大部分东西都是不值得的。"

由于他的阅读，他开始对政治感兴趣，研究公共问题，坐在轮椅上发表演说！他开始认识世人，而世人也开始认识他。现在，本·福特森仍然是坐在轮椅上的佐治亚州州务卿！

在过去的35年里，我一直在纽约市开办成人教育班，我发现许多人的一大遗憾都是他们从来没有上过大学。他们似乎认为没有获得大学教育是一个很大的障碍。我知道这不一定是真的，因为成千上万的成功人士都未读过高中。所以，我经常把我认识的一个未读完小学的人的故事讲给那些学生听。他在赤贫的环境中长大。他父亲离世的时候，还是他父亲的朋友们一起凑钱给他父亲买的棺木下葬。在他父亲死后，他的母亲在伞厂一天工作10小时，然后带着工作回家，一直工作到晚上11点。

这个男孩就在这种环境下长大。有一次，他自告奋勇参加当地教堂俱乐部的业余演出。演出很成功，他受到这次表演的激励，所以决定从事公共演讲。这让他参与到政治中。当他30岁的时候，他被选为纽约州议会议员。但他对承担这种责任毫无准备。事实上，他坦诚地告诉我说，他都不知道那到底是怎么回事。那些要他投票

人性的优点

How To Stop Worrying And Start Living

表决的又长又复杂的法案对他来说,就好像乔克托印第安人的语言那样难懂。当他当选为森林委员会的委员时,他觉得既担心又困惑,因为在此之前,他从未踏入过森林半步。当他当选为州议会金融委员会的委员时,他也很担心困惑,因为在此之前他从未有过一个银行账户。他告诉我说,他非常沮丧,如果不是担心愧于在母亲面前承认失败,他就会辞去议会职务。在绝望中,他决定每天学习16个小时,把自己从无知的柠檬变成博学的柠檬水。经过坚持如此做之后,他把自己从一个地方的政治家变成了一个全国知名人物;他把自己变得如此优秀,以至于《纽约时报》称他为"纽约最受欢迎的市民"。

我说的是阿尔·史密斯。

阿尔·史密斯开始了他的政治自我教育计划10年后,他是纽约州政府的一切事务最有权威的人。后来,他四度被选为纽约州州长,这也是一个绝无仅有的纪录。在1928年,他成为民主党的总统候选人。六大高校包括哥伦比亚大学和哈佛大学授予这个小学都没毕业的男人荣誉学位。

阿尔·史密斯说,如果他没有一天工作16个小时,努力把他的"减"变成"加",所有的这些事情都不会发生。

在尼采看来,所谓超人,就是"不仅能够承受住所有的困难,而且还能够欣赏这些困难带给自己的磨砺"的人。

仔细研究一下那些成功人士的人生经历,我们就会发现,他们之所以会成功,很大程度上是因为从一开始就遭受了缺陷的打击,从而促使他们愈发努力,进而收获了更大的回报。威廉·詹姆士说:"我们的缺陷对我们的帮助总是始料未及。"

没错,这种可能性非常大。米尔顿之所以能够写出动人的诗

第十七章

如果你有柠檬，就做成柠檬水

篇，是因为他先天失明；贝多芬能够谱写出惊世乐章，也益于他先天失聪。若不是因为海伦·凯勒眼盲耳钝，很难想象她会取得如此辉煌的成就；如果柴可夫斯基从未有过婚姻不合几近自杀的痛苦经历，或许他永远都无法谱出惊世名作《悲怆交响曲》。也正因为饱受现实生活的折磨，陀思妥耶夫斯基和托尔斯泰才能构思出一部部杰出的小说。

"如果我没有先天缺陷，我就无法完成这么多繁琐纷杂的研究工作。"《进化论》的作者查尔斯·达尔文坦言说，身患残疾对他竟有想象不到的帮助。

在达尔文在英国降生的同一天，美国肯塔基州的一个男孩——亚伯拉罕·林肯，也降生在一个林中木屋之中。他也是仰仗先天缺陷而获得巨大成就的一个案例。试想一下，倘若林肯拥有贵族出身，拥有哈佛大学法律学位以及一个幸福的婚姻家庭，他可能永远都不会在盖茨堡发表传世演说，更不会说出神圣如诗的至理名言："对任何人都不应心生怨恨，而应将爱心遍洒大地……"

哈瑞·爱默生·福斯迪克博士在他的书中写道：我们可以借鉴斯堪的纳维亚半岛的一句谚语："北风造就维京人。"要知道，舒适而安逸的生活环境并不能让人们得到真正的快乐和满足。即便生活在最舒适的环境里，那些自怨自艾的人依然会觉得自己可怜。一个人幸福与否，关键在于他们的性格养成。无论环境是好是坏，他们永远都有自己的判断标准。

如果我们的内心总是充斥着失望和沮丧，感到自己根本就无法将柠檬变成柠檬水，那么请试着按以下两点做，相信积极的心态对我们的成就有百利而无一害。

第一、相信我们终会成功。

第二、即便没能获得成功，也不要放弃。只要抬头挺胸向前看，始终保持积极向上的心态，前途依然一片光明。

显而易见的是，积极的心态终将促成积极的行动。一旦投身到攀登成功之巅的努力之中，难道我们还有时间去对既定事实悔不当初、悲观绝望吗？

世界著名的小提琴家欧力·布尔曾在巴黎举行了一场盛大的音乐会。正演奏在兴头上，没想到小提琴突然就断了一根弦。可他没有停下来，而是用剩下的三根弦继续演奏完成了那支曲子。"这就是生活，" 哈瑞·爱默生·福斯迪克说："如果你的琴弦断了一根，哪怕只用其他三根也要继续下去。"

这不仅是生活，而且高于生活。这就是生命的凯歌！

如果我拥有可以这样做的权利，我愿将威廉·博莱索的这段话挂满每个学校："生命中最重要的事情并非是利用你的优势，这点连傻瓜都知道。真正重要的，是要从你的缺陷和弱势中得到力量。当然，这需要智慧，但也正因如此，才能将聪明人和傻瓜区别开来。"

因此，培养一种自信的心态，能给我们带来平静和自由。让我们记住规则6：

当命运递给我们一个柠檬，让我们把它做成柠檬水。

第十八章

如何在十四天内消除忧虑

几年前，我去一个小镇做演讲，晚上住在一位女士家里。第二天早上，她驱车50公里送我去火车站。途中，我们聊了很多，谈到如何交朋友这件事上时，她说："卡耐基先生，我要告诉你一些我从前的经历，就连我先生都并不知情呢。"（顺便说一下，这个故事可能并不像你想象中的那么有趣。）"在我年轻的时候，我们一家住在费城，一直靠领社会救济金过活。作为一个年轻的姑娘，贫困，无疑剥夺了我们参加正常社交的权利。我衣着寒酸，打扮过时，这些都让我觉得没脸见人。羞愧之余，就连我的梦中也挂满了泪痕。

最后，在近乎绝望之际，我灵机一动，计上心来。每次聚会的时候，我都会邀请我的男伴畅谈他的人生经历，对世界的看法以及对未来的规划。刚开始，我并没有真的在意这些问题的答案，我只不过不希望他们过多地关注我寒酸的打扮。然而，奇妙的事情发生了：在青年们侃侃而谈之际，渐渐地，我对这些谈话内容产生了真正的兴趣，甚至有时连自己的服饰也不再介意了。最终结果更是给了我一个深深的震撼：作为一个良好的倾听者，讲话者和我在一起都能够感受到满满的幸福。不知不觉中，我居然成为了最受欢迎的女孩，甚至有三位男士向我求婚呢。"

人性的优点
How To Stop Worrying And Start Living

读到这一段，或许有人会说："我才没有闲心去管别人的事情呢。只要我自己能赚钱，得到想要的东西就可以了，其他人的闲事和我有半毛钱的关系吗？"

好吧，如果那是你的意见，你有权利这么做。但如果说你是对的，那么有史以来所有的哲学家，包括耶稣、佛陀、孔子、柏拉图、亚里士多德、苏格拉底、圣弗朗西斯，他们就全错了。但是，倘若你去嘲讽宗教领袖的谆谆教诲，那么就让我们先来听听两位无神论者的忠告吧。首先，让我们听听已故的剑桥大学教授——A. E. 豪斯曼是怎么说的吧，他可是当代最杰出的学者之一。1936年，他赋予了剑桥大学一个"诗意的名字和内涵"。在剑桥，他宣称"最伟大的真理，就是耶稣在《马太福音》中所说的那句话：'凡有的，还要加给他，叫他有余；凡没有的，连他所有的也要夺去。'"

我们经常会从牧师口中了解到我们所有人的生活。但豪斯曼是一个无神论者，一个悲观主义者，一个曾经动过自杀念头的人。连他也觉得，一个只想着自己的自私之人不可能从生命中得到太多。这样的人生注定以悲剧收尾。然而，人们却忘了，在为他人付出时，自己也会从中得到快乐。

如果你并未对A. E. 豪斯曼所说的留下深刻印象，那么让我们听听20世纪美国最杰出的无神论者——西奥多·德莱塞的下场吧。德莱塞对所有的宗教神话都嗤之以鼻，在他眼里，生命无异于"痴人说梦，充满了喧嚣和躁动，没有任何意义"。但即便是这样的德莱塞，也将耶稣的教义"服务他人"视为重要原则。"如果一个人想要感受到任何喜悦"，德莱塞说，"他必须想办法把事情变得更好。不仅是为了自己，更是为了别人。因为自己快乐与否，很大程度上源于你为别人、别人为你。"

第十八章

如何在十四天内消除忧虑

如果我们决定践行德莱塞的主张,"为了他人,让事情变得更好",那么从现在就开始行动吧。时光不等人,我们只有一次生命。不要拖延,不要忽视,因为在这方面,我们永远都不能重来。

如果你想要消除忧虑、获得平静和幸福,这就是规则7:

通过关注别人而忘却自己。每天做一件好事,将快乐带给他人。

人性的优点

How To Stop Worrying And Start Living

第四部分小结

一言以蔽之，培养良好心态、保你平安幸福有7种方式。

规则1：让我们始终保持平和、勇气、健康、积极的思想，因为"我们的思想，决定了我们能成为什么样子。"

规则2：不要试图去报复我们的敌人。因为如果我们这样做，对自己的伤害会远远超过对敌人的伤害。我们应该像艾森豪威尔将军学习：绝不在自己不喜欢的人身上浪费哪怕一分一秒。

规则3：

（1）与其担心别人忘恩负义，倒不如心怀期待。我们要记住，耶稣在一天里治愈了10个麻风病人，其中只有一人记得对他表示感谢。我们怎能期待比耶稣得到更多的感恩呢？

（2）让我们记住，获得快乐的唯一方式是不要指望得到感恩，而是要快乐地给予。

（3）让我们记住，感恩的心态需要培养。所以，如果我们希望自己的孩子成为知恩图报之人，我们必须教育他们懂得感恩。

规则4：盘点你的幸福，而非烦恼！

规则5：我们不要模仿别人。让我们发现自己，做真实的自己。因为"嫉妒源于无知，模仿同于自杀。"

规则6：当命运递给我们一个柠檬，让我们把它做成柠檬水。

规则7：让我们忘记自己的不快，尝试着去给他人创造幸福。当你为他人服务时，自己得到的反而更多。

第五部分

战胜忧虑的黄金法则

第十九章

我的父母是如何战胜忧虑的

正如我之前提到的,我从小就生活在密苏里州的一个农场里。当时的农民大都过着非常艰苦的生活,我的父母自然也不例外。当时,我的母亲是个小学老师,我的父亲是个农场工人,全家一个月的收入也只不过区区12美元。在教学之余,母亲每天还得操持着繁重的家务。她不仅要缝制全家大小穿的衣服,甚至连洗衣服的肥皂都得自己亲手做。

我们家真是一贫如洗,手头上也很少有现金。每年,我们把家养的猪卖掉以后,还会用黄油、鸡蛋去杂货店换些面粉、糖和咖啡,这简直算得上是我们家一年到头最快乐的日子。直到现在我依然记得,在我12岁的时候,一年到头的零花钱也只有50美分。记得有一次我去参加国庆庆典,父亲居然出乎意料地给了我10美分,我快要乐疯了,觉得自己简直就是世界上最富有的人!

为了去那所只有一间教室的乡村小学上课,每天我都得风雨无阻地徒步一英里。在我14岁以前,连双胶鞋都没有的穿。在那些漫长而寒冷的冬季,我的双脚总是湿漉漉地沾满了寒气。作为一个孩子,我从来都不敢奢望自己的双脚在冬天里能够保持干燥、温暖。

我的父母都需要每天工作16个小时,但辛勤的劳作依然抵不住

人性的优点
How To Stop Worrying And Start Living

家里日益高筑的债台以及来催还钱的债主。我最早的记忆，就是肆虐的洪水冲进了我们的玉米地和草场，淹没了庄稼，害的粮食颗粒无收，还毁掉了农场里的一切。在7年里，有6年都有洪灾涝害。我们家好不容易养大的猪也因为霍乱病死了，我们只好忍痛将它们焚化，而这可是我们家赖以维持生计的唯一财产了。多年以后，每当我闭上眼睛，那些可怕的场景依然历历在目，我似乎还能够闻到烧焦了的猪皮的味道。

有一年洪水没来，所以收成比往年要好得多。我们终于有了充足的玉米饲料去喂牛。可即便如此，我们的境况也没比发洪水时好很多。因为大丰收过后，紧接着又是通货紧缩，牛肉价格暴跌，我们的肥牛才卖了30美元。这可是我们辛勤劳作了一年的结果啊！

无论我们怎么努力，我们做的却都是些赔本的买卖。我仍然记得父亲将他雇人喂养了三四年的骡子运到田纳西州去卖，结果卖的价格还不如我们几年前买它们的价格高。

经过了10年的努力奋斗，我们不但身无分文，反而落了个负债累累的下场。我们只好将农场全部抵押了出去。因为不管我们怎么努力，可连偿还银行的利息都没有，于是银行就威胁说要把我们赶出农场，甚至还把我父亲骂得很难听。当时，我父亲47岁。经过了30多年的努力，他所得到的就只是债务和羞辱。这种种打击都超出了他的承受范围，终于郁郁成疾，只能靠药物来维持一个基本的食欲。医生告诉我的母亲说，如果父亲再继续在忧虑中郁郁度日的话，他很可能活不过半年。我记得母亲常常对我说，每当父亲去马厩喂马或挤牛奶时迟迟未归，她就心跳个不停，生怕会在谷仓发现父亲上吊身亡的尸体。有一天，在父亲从银行回家的途中，路过一座桥的时候，他盯着桥下的滔滔水流发了好一阵子呆，差点就跳下

第十九章
我的父母是如何战胜忧虑的

去一了百了了。

后来，父亲告诉我说，那天他之所以没有投河自尽，唯一的支撑就是母亲那矢至不渝的坚定信念：只要我们虔诚地敬爱上帝，我们终会迎来时来运转的那一天。事实证明，母亲是对的。最终，我们的生活否极泰来，一切都在向好的方面发展。后来，父亲又度过了42年的余生，在1941年逝世，享年89岁。

在那数十年暗无天日的日子里，我的母亲从未丧失过希望。她向上帝祈祷，将所有的烦恼都倾诉与他。每晚睡觉之前，母亲都会翻开《圣经》读上一段，耶稣的教诲总能触及我们的灵魂：

"上帝的殿堂有许多房间。我将现行，是为你们安排一切。我将与你们同在。"

然后我们便在密苏里州农场的家中虔诚下跪，祈祷上帝的宠爱和庇佑。

哈佛大学的哲学系教授威廉·詹姆斯说："虔诚的宗教信仰是治愈忧郁的最佳药方。"

虽然我不是哈佛大学的学生，但我对这个道理却深有体会。我的母亲，就在密苏里州的农场里悟出了这点。不管是洪水灾害还是债务缠身，哪怕是再严重的灾难都无法夺取她乐观坚强的秉性。她在干活时哼唱的歌谣依然回荡在我的耳边：

> 平安、平安，美好祥和的平安。
> 上帝赐予我们平安，
> 是洗涤心灵的海洋。
> 沉浸于无尽的爱海，
> 平安始终未曾远去。

人性的优点
How To Stop Worrying And Start Living

母亲希望我投身于宗教事业中去，我也曾认真考虑过这件事。然而，随着岁月的流逝，我心中的理想也在不知不觉中发生了变化。在大学里，我研究了生物学、科学、哲学和比较宗教学，我终于知道了《圣经》是如何被写出来的，并对它言论的真实性产生了怀疑。我开始怀疑那些乡下传教士的狭隘教义，这一切都让我陷入了迷茫之中。就像惠特曼所说的那样，"我的内心被一些看似简单却难以回答的问题所困扰"。我不知道自己该相信些什么，生活似乎也失去了目标。我不再祈祷，成为了一个不可知论者。我相信所有的生命都是无计划、无目的的，我相信人类终会走上两亿年前恐龙灭亡的老路。科学研究表明：太阳正在渐渐冷却，当它的温度下降10%，地球上的所有生命便都会灭亡。"仁慈的上帝根据自己的形象，创造了人类。"事到如今，这句话竟变得如此可笑。我坚信，宇宙中那几十亿颗天体的运行并不是神的产物，而只不过是些自然的巧合。

可是，难道我这样自以为是，就知道所有问题的答案了么？当然不可能。没有人能够解释明白宇宙和生命的奥秘。事实上，我们自己就是一个奥秘。我们的身体是如何生长的？这就和你家中为什么有电、窗外墙角的裂缝中为什么会长出花草一样，都是些未解之谜。通用汽车公司实验室的天才研究员——查尔斯·F.凯特琳，曾经向安提阿学院赞助了30000美元用于研究为何青草是绿色的。他宣称："如果我们能够弄明白青草是如何进行光合作用的，那么人类文明将被改写。"

即便是汽车发动机的运转，也称得上是一个奥秘。通用汽车公司的研究实验室曾耗时数年、耗资数百万美元去研究汽缸的火花为什么就能够引燃爆炸，从而发动汽车。

第十九章
我的父母是如何战胜忧虑的

事实上，我们并不能了解我们的身体、电或是燃气发动机的工作原理，但这也并不妨碍我们可以充分享受它们带来的便利。换句话说，就算我们无法全面掌握宗教的奥秘，但我们依然能够享受宗教信仰带给我们的精神慰藉。桑塔亚那说得好："人生的意义并不在于理解生命，而是体验生命。"

我想说的是，现在，我又投入到了宗教的怀抱，尽管这种说法可能并不准确。不可否认的是，我的宗教观进入了一个崭新的境界。我不再纠结于宗教信条、教派、教义，我的兴趣点已经转移到了如何享受宗教带给我的快乐上来。在我看来，它们就和电力、食物、水源一样，使我能够享受到更加充实、惬意而丰富多彩的人生。然而，宗教带给我的却远远不止于此，它对我的精神还大有裨益。正如威廉·詹姆斯所说的那样："一种对生命全新的热爱，一种更为宽广、丰富而充实的人生。"

宗教令我充满信念、希望和勇气，教我消除紧张、忧虑、恐惧和担忧。它指引我前进的方向，发掘我快乐的源泉，同时也赋予我真正的健康。它在我的生命沙漠中建造出一座绿洲，让我无时无刻不充满无穷的力量。

350年前，弗朗西斯·培根如是说："肤浅的哲学只会让人成为无神论者，而深邃的哲学却引领人们走进宗教的殿堂。"

仍记得当时，人们在谈及科学与宗教的关系时曾认为它们彼此对立。而现在，作为最年轻的科学，心理学和宗教所倡导的东西竟是殊途同归。为什么事情会发展成这个样子？是因为心理学家也认识到，强烈的宗教信仰和祷告的确能够帮人消除烦恼、缓解忧虑。就连心理学之父布莱尔博士也这么说："真正有信仰的宗教徒，一般都不会产生心理疾病。"

人性的优点
How To Stop Worrying And Start Living

如果将宗教的意义给完全否定，那么生活便失去了它的意义。这无疑会沦为一个大大的悲剧。

在亨利·福特去世前的几年里，我曾有幸采访过他。在见到这位时年78岁的老人之前，我还心想他这么多年来一直辛苦经营着全球最大的企业，健康一定会有所损害。可当我见到他本人时，不禁大吃一惊：老人的状态依然十分平和健康！我问老先生是否会为某事而忧虑，他回答说："不，我相信上帝自有安排，他不需要什么建议，一切结局都是最好的。所以，我还有什么可担心的呢？"

今天，不少心理学家都俨然成为了"传教士"，规劝人们皈依宗教，从而在生活中免受胃溃疡、心绞痛、神经衰弱、精神错乱等地狱之火的折磨。如果你想进一步了解心理学上的相关看法，我推荐你去参阅林克博士的《回归宗教》一书。

没错，宗教的确能够鼓舞人心、有益健康。耶稣说："我的存在，就是让你们的生命更加幸福多彩。"耶稣反对那些僵硬的教义和仪式，他是个叛逆者。他提倡一种新的教义，因此被钉死在了十字架上。他认为宗教存在的意义是为全体人民谋取福利，而不是牺牲人们的利益去保护宗教。安息日是为人而定，而不是让人为了安息日而生活。在耶稣看来，无端恐惧无异于犯罪，因为它会摧毁你的健康，阻止你去享受本应丰富、充实而快乐的人生。爱默生曾经认为自己是个"快乐的科学教授"，耶稣也自认为是"快乐学派的导师"，他对他的门徒们说："请尽情欢歌、纵情起舞吧！为了生命的欢乐！"

耶稣说，宗教只有两条真正重要的戒律，那就是：虔诚地敬爱上帝，虔诚地恭慕邻人。不管你是否了解宗教，也不管你是否相信命运，只要做到了这两点，那就称得上是一个有信仰的人。我

第十九章

我的父母是如何战胜忧虑的

的岳父哈瑞·普锐斯就是其中的一个例子。在他的一生中，他始终遵循这两条戒律，从不做任何自私自利、坑蒙拐骗之事。然而，他是个无神论者，从不去教堂做礼拜。那么，评判一个人是否是基督徒的标准究竟是什么？引用爱丁堡大学神学院教授约翰·贝利的话就是："一个真正意义上的基督徒，并不一定严格恪守戒律，也不一定就拥有理性的观念。但他一定会具有一种热爱人生的精神品质。"

如果这就是基督徒的评判标准，那么我的岳父可以说是当之无愧。

现代心理学之父威廉·詹姆斯写信给他的朋友托马斯·戴维斯教授说："随着时间的推移，我发现自己已经越米越离不开上帝了。"

荣格博士说："在过去的30年里，我曾治愈过上百例发达国家的病人，他们的年龄大都在35岁以上。根据我的经验，这个年龄段的人正处于人生的十字路口，心浮气躁、缺乏信仰，所以才导致了自我的迷失。换句话说，如果他们不能重拾当年的信仰，那么将会难以恢复健康。"

威廉·詹姆斯大概也有过类似的表达："信仰是人类赖以生活的力量源泉。如果失去信仰，那么人们面临的将是精神的崩溃。"

继佛祖释迦牟尼之后，印度又出现了伟大的领导人——圣雄甘地。祈祷，成为了他的精神支柱。你问我怎么知道？因为甘地自己也是这么说的："没有祈祷，我可能早就发疯了。"

成千上万的人都有类似的感悟。正如前文所说，如果我的父亲没有受到母亲祈祷和信仰的熏陶，可能他早就跳河自杀了。如果那成千上万个受折磨的灵魂及早地求救于上帝，可能他们也就不至于

How To Stop Worrying And Start Living

像现在这般痛苦难耐了。

很多人,只有在他们感到自己力量薄弱、陷入绝境之时才会向上帝求救。然而,为什么一定要等到绝望的时候才幡然醒悟呢?为什么不让自己在每一天都充满新生的力量呢?为什么非得等到礼拜天才会去想起上帝呢?

多年来我养成了一个习惯,就是抽一个工作日的下午前往教堂。每当我觉得自己疲于奔命、连起早的时间都没有的时候,我就会对自己说:"停下来,戴尔·卡耐基!你只不过是个渺小的人类,一天到晚哪里有那么多事情好忙的?是时候好好反省了!"于是,我就去教堂忏悔。虽然我是个新教徒,但我通常会在周日的下午去第五大道的天主教堂去做礼拜。或许我的余生只有不到30年了,但我的信仰永存。每当我闭目祈祷时,我就会感到自己神清气爽、一身轻松,连判断力也更清晰可靠了。那么,现在就让我来把这个方法推荐给你吧。

我知道有些人会认为,宗教只不过是妇女儿童和牧师的信仰,作为一个孔武有力的男人,他们完全能够凭借自己的力量去和大自然厮杀战斗。

然而,世界上有很多个伟人,他们也是虔诚的信徒,他们每天都不忘祈祷。例如:

杰克·邓普西曾告诉我说,每天临睡前、吃饭前,他都会向上帝进行祷告。每次训练和比赛之前,他也会向上帝祈福。"祈祷赐予我足够的力量,让我燃起战胜的勇气和信心。"

康尼·马克曾告诉我说,如果一天不祈祷,他就会睡不着觉。

艾迪·瑞肯贝克对我说,他坚信是上帝的慈悲延续了他的生命,所以有生之日的每一天,他都不会放弃祈祷。

第十九章

我的父母是如何战胜忧虑的

爱德华·R.斯塔特尼是通用汽车公司和美国钢铁公司的前高管,也曾担任过美国的国务卿。他说他每天早晚都不忘祷告,请求上帝赐予他智慧。

J.皮波特·摩根,那个时代最伟大的金融家,他每个周六下午都会独自去位于华尔街的三一教堂祷告。

艾森豪威尔,二战期间在他的随行飞机上只带了一本书——《圣经》。

麦克·克拉克将军,在战争期间每天都会阅读《圣经》并跪地祈祷。

其他还有蒙哥马利将军、尼尔逊将军、乔治·华盛顿将军、罗伯特·李将军、杰克逊将军……无数军事将领,概莫能外。

这些伟人们最能够体会威廉·詹姆斯这句话的内涵:"我们与上帝同在。把我们的一切交付上帝,回馈我们的将是期待中的幸福与快乐。"

现在,越来越多的人意识到了祷告的力量。现在,只是美国就有7200万教友,创下了有史以来的最高纪录。正如我之前所说的那样,即便是科学家,现在他们中也有很多回归了宗教。比方说法国生理学家、《人类的奥秘》的作者、成就非凡的诺贝尔奖获得者卡雷尔博士,他就曾经为《读者文摘》撰文写道:

"祈祷,能够带给人们空前绝后的强大力量,这种力量就像地球引力一般存在于现实世界之中。作为一名医生,当我们对绝症晚期的患者爱莫能助时,而我却知道,一定有病人会因祈祷而重获新生……祷告就像是发光的太阳,能够带给人们无可想象的能量。人们祈祷的过程,就是寻求神灵的力量以补充自身的过程。在我们祈祷的时候,我们的力量与伟大的宇宙的力量交相辉映,产生了更加

人性的优点
How To Stop Worrying And Start Living

强大的力量。虽然我们的祈祷仅仅能够分享到其中的一小部分，但这已然足够了。仅是祈祷，就能够弥补我们的缺陷、恢复我们的力量……祈祷的力量裨益身心。不管是谁，他都能够通过祈祷获取这些益处，而没有一个祈祷之人会以不幸告终。"

对此，海军上将伯德最有发言权。他曾因为祈祷而度过了一段最为艰难的时期。他在他的著作《孤独1934》中写道：

"1934年，我在南极的一个小冰屋里被困了整整5个月。在这南纬78度的冰雪之地，不出所料的话，我就是这里唯一存活的生灵。暴风雪呼啸着在冰屋周围盘旋，气温骤降至零下82华氏度。在那个被无尽黑夜包围的夜晚，恐惧渐渐袭来。我能够感觉得到整间屋子里都充满了一氧化碳的味道，那一定是从炉子中释放出来的。我能感觉到自己已经中了毒。而此时此刻，我又能做些什么呢？即便是最近的救援队，距离我也有123英里。等他们赶过来的时候最少也得几个月之后了，到时候黄花菜都凉了。于是，我挣扎着起身试图修炉子，可晕倒了好几次也没修理好。我浑身乏力地倒在地板上，吃不下也睡不着，身子也越来越虚弱。一整晚我都在担心自己还能不能看到明天的光明。我好怕自己会被埋葬在这茫茫的冰封之地。

那么，最终又是什么力量使他获救了呢？毗邻绝望的深渊，他从日记本上读到了这样一句话："人，并非孤独地存活于宇宙之中。"抬头仰望星空，他开始相信，就像空中按部就班运行的繁星，永恒的太阳自始至终都在释放出光芒。终有一天，这些光芒也会照进世界尽头的南极角落。想到这里，他在日记中写道："我并不孤独，并不是我一个人在战斗！"

终于，在这种强大信念的支撑下，尽管深陷世界尽头的冰雪之境，伯德上将还是奇迹般地活了下来。通过向上帝祷告，他找到了

第十九章

我的父母是如何战胜忧虑的

自己的力量之泉。"感谢信念的力量，若是没有它，我恐怕无法渡过难关。"他说："没人能够耗尽他一生的能量，要知道，我们体内的精神力量是取之不尽的。"

即便你不是一个虔诚的宗教徒，即便你对此充满怀疑，祈祷还是能够给你带去意外的惊喜，因为它的力量是真实存在的。我的意思是说，不管你相不相信上帝，祈祷仍然可以满足人们的三个基本需求：

1. 祈祷利于我们理清烦恼。正如我们在第四章所说的那样，如果一个问题模糊不清，那么根本就无处着手处理。祈祷，在某种程度上就像是把我们的问题写在纸上。如果我们想要寻求帮助，哪怕是上帝的帮助，那么也得先搞明白问题究竟是什么。

2. 祈祷能够让我们的痛苦得以分担，令我们不再感到孤单无助。即便是最坚强的人，也无法仅凭一己之力去承担所有的痛苦。有时候，我们的忧虑是难言之隐，无法与亲朋好友讨论畅言，这时候，祈祷的力量就开始发挥作用了。心理学家告诉我们：当我们把烦恼告诉别人时，的确可以帮助我们释放压力。然而，当我们不便向别人倾诉时，向上帝祷告会是一个好方法。

3. 祈祷是积极的开始，是行动的前奏。一个日复一日坚持祈祷的人，到头来不可能会一无所获，他一定会通过实际行动去渡过难关。一个世界闻名的科学家曾经说过："祈祷是获得能量的最有效的方式。"那么，我们为什么不好好运用它呢？你可以称他为上帝，也可以是真主安拉，再或者是其他任何名称，何必为他的名称而纠结不已呢？

现在，为什么不马上合上手中的书，回到你自己的卧室去关上门、跪在床上向上帝祈祷呢？如果你曾经并无信仰，那么就即刻重

新出发、奔向幸福吧！如果你不知如何做祷告，那么就请跟随圣弗兰西斯的脚步，重复他在700年前写下的这段优美动人的祈祷文吧：

上帝啊，我无法再忍受只身闯荡的孤独。我祈求您的帮助，以及爱！请原谅我过往的所有罪孽，请洗净我心中的一切恶念，请指引我通往平和与安宁，请赐予我无穷无尽的爱，哪怕我将它赠予我的敌人！

上帝啊，请让我为你播种和平。我将在仇恨生根的地方播下爱的种子，在悲愤发芽的地方埋藏宽容的信念，在怀疑泛滥的地方点燃信任的火花，在绝望袭人的地方撒满希望的花朵。我将在黑暗之境散播光明，在悲伤之地布施快乐！

神圣的上帝啊！请赐予我足够的力量，让我去安慰他人、理解他人，去爱以及被爱。要知道，只有付出，才会有收获；只有宽恕他人，才会得到救赎；只有保持高尚，才能够通往永生之境。

第六部分

如何正确面对批评

第二十章

请记住，没人会去踢一条死狗

　　1929年，美国教育界发生了一起轰动全国的事件。各界学者从美国各地蜂拥而至，将芝加哥围了个水泄不通，就是为了见证这个令人难以置信的事情。

　　几年前，一个叫罗伯特·赫金斯的年轻人通过了耶鲁大学的考试，并在半工半读中给自己的学生生涯画上了一个圆满的句号。而现在，事情才过去了仅仅8年，他就被任命为著名学府——芝加哥大学的校长！而他才只有30岁！那些年长的教育学家们摇着头，纷纷对他的年龄、资历、经验乃至教育观念持有质疑，攻击的声音更是一浪高过一浪。

　　而就在他参加就职典礼的那天，他父亲的一个朋友也来感叹说："我在今天早上的报纸上看见有人对你儿子大肆谴责，真是太吓人了。"而他的父亲却回应说："是啊，确实很吓人。不过，请记住，没有人会去踢一条死狗。"

　　是的，又有谁会去踢一条无足轻重的死狗呢？越是重要的狗，踢他的人才越会感到满足呢。

　　温莎王子在达特茅斯海军学院念书时，大约只有14岁。一天，一位海军军官发现他竟然一个人偷偷摸摸地在哭，便问他发生了什么事。原来，他被其他海军学员给踢了屁股。于是，学院的司令便把闹

人性的优点
How To Stop Worrying And Start Living

事的男孩子召集在一起，而王子并没有抱怨或是回击的意思，他只是在纳闷：大家为什么偏偏要踢自己而不去踢别人的屁股？经过调查，结论却令人哭笑不得。原来，这些未来的海军军官们都希望有朝一日能够在和别人吹牛皮时炫耀说，自己当年还踢过国王的屁股呢！

所以，当你在遭到别人恶意的批评和打击时，请记住，这通常是因为他们认为你很重要。同时，这也意味着你是有所成就并且引人注目的。很多人在谴责那些受教育程度比自己高，或是比自己成功的人的时候，都会产生一种阴暗的满足感。

例如，就在我写这一章的时候，恰巧收到了一位女士的来信，信中，她对救世军的创始人——威廉将军谩骂不已。因为之前我曾在电台做过一期威廉将军的专访，其间充满了溢美之词。所以，这位女士便写信对我说，威廉将军曾将用于救济穷人的800万元善款占为己有，他根本就是个伪君子，等等。很显然，这个指控是荒谬无据的。而这位女士，她的目的也不在于查清真相，她不过是想要通过打击这个各方面都远远比她优越的人来获得卑鄙的满足感。我直接把她的信扔进了垃圾桶，感谢万能的上帝，让我没有和这种阴暗的女人结为夫妻。她的指控根本就不会撼动威廉将军在我心中的正面形象，反倒让我认清了她的为人。

叔本华曾说过："鄙俗之人常因伟人的失误而倍感愉悦。"

我相信，没人会认为耶鲁大学的校长居然是个庸俗之人。然而，前耶鲁大学的校长德怀特，却以诋毁一个美国总统的候选人为最大的乐趣。他曾扬言说："如果你们真的把这个人给捧上总统的席位，那么你们将会目睹我们的妻女成为合法卖淫、道德沦丧的牺牲品。"

听起来像是对希特勒的谴责，不是吗？可他的谩骂对象居然是《独立宣言》的起草者、民主的守护神、不朽的革命先驱托马斯·杰弗逊总统！

第二十章

请记住，没人会去踢一条死狗

试想一下，美国历史上又有谁还享受过这种待遇？他被指责为"伪君子""骗子""比杀人犯好不到哪里去"，谩骂声一片。报纸上刊登了他伏在断头台上的漫画，一把铡刀正在落向他的脑袋。当他骑马穿过街道时，人群中总会爆发出此起彼伏的嘲笑声……他是谁？他就是我们不朽的总统——乔治·华盛顿！

也许你会说，那都是很久以前的老黄历了，可能随着社会文明程度的提高，人性已经发生了很大的改观呢？那么就让我们来看看近代发生的故事吧。

1899年4月6日，当海军上将皮尔里乘坐着狗拉的雪橇抵达北极的时候，吸引了全世界震撼而兴奋的目光。这次探险让他饱受严寒和饥馑的考验，并为此付出了失去8个脚趾的代价。然而，华盛顿的一些海军军官却对此充满了妒意，不仅对他极尽诽谤之能事，甚至还几乎扰乱了他的研究工作，幸亏麦金利总统亲自过问此事，否则皮尔里的科研工作恐怕早就泡汤了。

试问一下，如果皮尔里一直老老实实地在华盛顿的海军总部从事文职工作，他会遭受如此无端打击吗？正是因为他很重要，所以才会引发旁人的嫉妒。

相对于皮尔里上将，格兰特将军的遭遇更加悲惨。1862年，格兰特将军在南北战争中赢得了他第一次决定性的胜利，成为了北方的战争英雄。然而出乎意料的是，仅在40天之后，这位名噪一时的英雄偶像却遭遇牢狱之灾，不仅部队被解散，而且在狱中还饱受羞辱。为什么举世瞩目的北方英雄一夜之间竟身陷囹圄？大概就是因为他那傲慢的上级对他充满妒意吧。

如果我们开始担心那些荒唐的流言蜚语，请记住规则1：
不合理的批评往往是一种变相的恭维。记住，没有人会去踢一条死狗。

第二十一章

这样做，批评将无法伤到你

　　我曾经采访过史密德里·波特勒少将。你们对他还有印象吗？他是当年最引人注目、派头十足的美国海军陆战队的指挥官之一。

　　他告诉我说，在他年轻的时候曾非常渴望成为一个广受众人欢迎的人物，而现实中的他却常常遭受无端的批评。他自己也承认，正是这30年的磨砺使自己变得坚强。"我被人骂做毒蛇、疯狗、臭鼬。他们的骂辞是那么的肮脏、不堪入耳。可这些根本就无法将我打倒。特别是现在，要是我听到有人在背后辱骂我，我甚至都懒得回头看看他是谁。"

　　也许老波特勒对待批评的态度的确过于冷漠，但有一点可以肯定，那就是我们中的绝大多数往往习惯于小题大做。我还记得几年前，纽约《太阳报》的一个记者在我的成人教育班示范教学会议上对我横加讽刺挖苦，严重干扰了我的工作。我气得要命，当即致电给《太阳报》的负责人，要求他们刊登文章澄清事实，让肇事者得到应有的惩罚。现在想来，我对当时的行事方式却感到有些惭愧。坦白说，那些买报纸当消遣的人一般不会注意到那篇文章，就算注意到了，也有半数会觉得不值一提，而真正关心那篇文章的人，用不了多久又有一半人会淡忘此事。所以，何必呢？

第二十一章
这样做，批评将无法伤到你

　　渐渐地我意识到，人们根本就不会对与自己无关的事情牵涉太多精力。相对于你我生死攸关的大事，他们往往更关心自己早餐吃了些什么。

　　虽然我无法阻止所有不公正的批评，但却可以置之不理。当然，我并不是说要对批评全然不理会，但是对于那些不公正的批评，我们却完全可以这样做。

　　伊莲娜·罗斯福，这个住在白宫的第一夫人，她的敌人却和朋友同样众多。那么，她是怎样处理这些不公平的批评呢？据说小时候的她非常害羞、要面子，总是不得不去向姑妈求助。姑妈是这样教育她的："不要去在意别人怎么说，只要你坚信自己是正确的。"后来，当她入住白宫之后，她对这个简单的道理依然十分受用。现在，我也将这个忠告赠予大家："反正不管怎样做都会有人批评，那么干脆只去做你自己认为正确的事情吧。"

　　前美国国际集团公司的总裁马修·C. 布拉什是个完美主义者，年轻的时候对他人的批评非常敏感。只要有人对他提出了批评意见，他就会竭尽全力改正以取悦对方。然而，这样做的结果总是顾此失彼，总会有另外一些人对他表示不满。如此反复，他的敌人反而越来越多了。后来，他终于明白了这点，便对自己说："算了吧，反正总有人看你不顺眼。"从那以后，他只管做好自己认为正确的事，然后撑起他的破伞，让批评的雨水沿着伞骨滑落、而不再让它灌到脖子里。

　　对此，泰勒更是看得开，干脆让批评的雨水顺着脖子滑进身体，还咯咯笑得好开心！一个星期天的下午，当他在爱乐乐团广播音乐会的休息间隙发表音乐评论时，收到了一个女人的来信，信中大骂他"是个骗子、叛徒、毒蛇和白痴"。在接下来的一个星期，

人性的优点

How To Stop Worrying And Start Living

泰勒先生大大方方地在广播里向他的听众们宣读了这封信的内容。几天之后，他又收到了这个女人的同样内容的来信。泰勒先生在节目中笑着说："我想，她可能不喜欢听评论，只喜欢听音乐。"诚然，泰勒先生接受批评的态度让人钦佩，而他的沉着、冷静、自信和幽默感，更是值得我们学习。

查尔斯·舒瓦波在普林斯顿大学给学生们做演讲时，曾经说起过他在钢铁厂学到的重要一课。当时，一个德国老人因为二战问题和别人起了争执，继而被活生生地扔进了河里。而当这个满身泥水的德国人从河里爬出来时，只是对扔他进水的人付之一笑。后来，"只是付之一笑"便成了查尔斯·舒瓦波毕生的座右铭。如果你正在遭受不公正的批评，那么我想这个座右铭会相当管用。对于那些面对批评"只是付之一笑"的人，那些批评者还能怎样呢？

正因为内战时的林肯能够顶住压力、对蛮横无理的指责置之不理，他才能成为美国历史上最伟大的总统之一。他是这样剖析的："先不必说要去对所有关于我的攻击——回应，单是读完它就会耗尽我的精力。与其如此，倒不如尽我所能去坚持到底、做到最好。这样一来，要是最终结果证明我是正确的，那么之前的所有责难便都失去了意义。相反，如果结果证明我是错误的，那么即便我现在花费10倍的精力来宣扬自己，也无济于事。"

所以，当我们面对不公正的批评时，请记住规则2：

尽人事、听天命。撑起伞来避开批判之雨，不要被它所伤。

第二十二章

我做过的那些蠢事

在我的私人文件柜里存放着一个文件夹，里面记录着"我做过的那些蠢事"。有时候，我会在口述后请我的秘书协助记录，但有些事情的确太私人化，就连我自己也羞于启齿，便只好亲自动笔了。

至今我依然记得15年前记录在文件夹里的一些事情，如果我能够自始至终都对自己保持绝对的诚实，那么我想这些蠢事早就撑破了我的文件夹。每当我重读这些傻事引以为戒的时候，曾经的那些错误都能够帮我解决如今的困境、为我指点迷津。

过去我曾常常埋怨别人给自己带来困扰，但随着年龄的增长，我却意识到几乎所有的不幸都该归咎于自己。我相信很多人在阅历增加后都会理解我的意思。拿破仑在被放逐时曾对圣海伦娜说："没有人需要为我的失败负责，该负责的只是我自己。我最大的敌人正是我自己，而这，也是我悲惨命运的根源。"

在这里，请允许我先来讲述一个发生在我熟人身上的故事。我的朋友霍华，在自我管理和自我评价方面堪称是一个艺术家。1944年7月31日，当他猝死在纽约埃姆巴萨度酒店的房间时，整个华尔街都震惊了。作为美国财政领域的权威人士、美国金融银行和信托公司的董事长，未曾接受过多少正规教育的霍华从乡村商店的职员起家，经过美国钢铁公司信贷部经理一职的历练，随后步步高升，并

最终成长为一位位高权重的巨擘。

"多年来，我一直坚持在记事本上记录当天的所有邀约，家人也从不在礼拜天晚上打扰我，因为他们知道我会在那个时候自我反省，回顾并检讨过去这一周的工作。"谈及他成功的原因，霍华这样对我说。

"晚餐之后我便独自回房，打开记事本开始回忆从周一早上开始的所有采访、讨论和回忆。我问自己：'我是否做错了些什么？''我做对了些什么？今后怎样处理会做得更好？''从中我能够得到怎样的教训？'

虽然我有时会觉得这样每周检讨一次的做法会让自己感到不快，甚至为自己犯下的错误而感到惊讶。但随着时光的推移，我的错误却越来越少了。通过长年累月的自我分析，我的人生也发生了良好的质变。"

或许霍华这种自我检讨的想法得益于老富兰克林的启示，只是富兰克林却不会等到礼拜天晚上。每天晚上，他都会检讨当天犯下的13个严重错误，而浪费时间、在小事上纠结、和他人争论起冲突就是其中3项。聪明的老富兰克林意识到，除非他消除这些障碍，否则不可能在成功的道路上走太远。所以他每周都会改正一个缺点，并在笔记本上及时跟进记录。为了完善自我，老富兰克林前后花了两年的时间，难怪他能够成为美国有史以来最有影响力、最受人爱戴的伟人。

阿尔伯特·哈伯德曾经说过："每个人，每天至少有5分钟在犯蠢。智慧之所以神奇，就在于它知道如何不让这愚蠢的5分钟延长。"

如果有人骂你蠢笨至极，你会气急败坏、大发雷霆吗？诗人惠特曼是这样认为的："不要以为你只能从那些仰慕你、喜欢你的人那里学到东西，那些反对你、指责你的人更能带给你深刻的教训。"

第二十二章

我做过的那些蠢事

与其坐以待毙地等待别人来批评，倒不如自己首先成为最严厉的批评家。在别人有机会指责自己的缺点之前，我们应该提前认清我们的弱点所在，并予以改进。达尔文就是这样做的。在不朽著作《物种起源》问世之时，他早已意识到这个革命性的新学说会引发整个宗教界以及学术界的大地震，所以他率先发表了自我怀疑的评论，并历时15年反复进行数据查证。

我之前曾认识一个肥皂推销员，他就主动请求别人来批评自己。据说他刚开始推销肥皂的时候，几乎没有订单，他很担心自己会丢掉这份工作。他确信肥皂的价格和质量都没有问题，那么问题肯定就出在自己身上了。所以，每当他推销失败的时候，他就会绕着街区慢跑，思考问题到底出在哪里。是产品描述上有问题？还是自己显得不太热情？

有时他也会回头去找客户咨询："我这次回来，并没有向您再推销肥皂的意思。我只是想听听您的建议和批评。您可否告诉我，当我之前向您推销肥皂时是不是有哪些地方做得不够好？您比我更加成功、也更富有经验，还请不吝赐教、但说无妨。"

渐渐地，这种态度为他赢得了许多朋友以及无价的忠告。他就是当今全球最大的肥皂制造商CPP公司的总裁——李特，公司去年的年收入已位居美国第15位。

霍华、老富兰克林、李特……像他们这种拥有大智慧的人物一般都会自我检讨。现在，如果你还没有引发大家的关注，那么何不问问镜子里的自己，你的优劣势分别是什么？

不要担心被批评，让我们记住规则3：

正因为我们并不完美，所以就十分有必要向李特学习，请求别人来帮助自己，给予我们最公正坦诚、大有裨益的建设性批评意见。

人性的优点

How To Stop Worrying And Start Living

第六部分小结
如何打消对批评的忧虑

规则1：不公正的批评往往是一种变相恭维。这往往意味着你已经引发了别人的嫉妒和羡慕。记住，没有人会去踢一条死狗。

规则2：做最好的自己。撑起伞来避开批判之雨，不要被它所伤。

规则3：记录我们自己曾经做过的蠢事，并时常进行自我反省。我们并不完美，所以就十分有必要向李特学习，请求别人来帮助自己，给予我们最公正坦诚、大有裨益的建设性批评意见。

第七部分

预防疲劳忧虑、让你精神饱满的六个方法

第二十三章

如何每天多清醒一个小时

为什么我要写一章有关预防忧虑和疲劳的文章呢？原因很简单，因为疲劳往往产生忧虑，或者说，它至少会让你容易受到忧虑的侵袭。任何一位医学院在读的学生都会告诉你，疲劳会降低人体对感冒以及其他数百种疾病的抵抗力；而任何一位医生也会告诉你，疲劳同样也会降低你对恐惧和忧虑的抵抗力。所以，防止疲劳可以防止忧虑。

在预防忧虑的研究上，埃德蒙·雅各布森医生走得比我更远。他是芝加哥大学临床心理实验室的主任，《消除紧张》和《必须放松紧张情绪》这两本关于如何放松紧张情绪的书就出自他的笔下。除此之外，他还花了几年的时间研究放松情绪在医学实践方面的应用。他宣称：任何紧张情绪在"完全放松之后就会消失殆尽"。也就是说，如果你放松心情，那么忧虑情绪也就会一扫而空。

因此，要防止疲劳和忧虑，第一条规则就是：经常休息，在你感到疲劳之前就开始休息。

这一点为什么如此重要呢？因为疲劳的积累速度快得惊人。美国军队已经通过反复试验证明，即便是经过多年军事训练又极富忍耐力的年轻人，在卸掉背包、每小时休息10分钟的前提下，行军速度也会明显加快，而且能够走向更远的路途。所以一直以来军队

人性的优点

How To Stop Worrying And Start Living

都是这样执行的。你的心脏和美国军队一样聪明,它每天都会泵出足够的血液流遍全身,足足能够将一整节运油火车的车厢装满,而它每天所释放出的能量,足够用铲子将20吨煤铲成一个3尺高的平台。请相信你的心脏完全能够完成这么大的工作量,而且能够持续50年、70年甚至是90年。那么,它是如何承受如此令人难以置信的工作量的呢?哈佛大学医学院的教授怀特·坎农博士解释说:"绝大多数人都以为心脏每天都是在一刻不停地连轴转。然而事实上,它在每次收缩之后都会有一段休息调整的时间。当心率在70次的时候,它在一天里实际上只工作了9个小时,而其余的15个小时都是在休息。"

在20世纪30年代末40年代中的第二次世界大战时期,温斯顿·丘吉尔每天的工作时间都在16个小时左右。年复一年,他的努力程度创造了一个惊人的记录。那么,他的秘诀是什么呢?他每天早上到11点之前都是在床上工作的,他在床上看报告、口授命令、打电话甚至召开重要会议。午饭后他还要睡一个小时的觉,晚上8点开饭之前还要睡两个小时。他这样做并不是为了要去消除疲劳,因为他根本就不需要这样做,之前的休息已经帮他打了预防针。因为他经常休息,所以他能够精力充沛地一直工作到午夜之后。

约翰·D.洛克菲勒也创造了两项非凡的记录:他积累了世界上首屈一指的大量财富,而且还活到98岁!他是怎样做到的呢?当然,他能够长寿的主要原因得益于遗传,另一个原因就是,他每天中午都会在办公室里小睡一个半小时,即便是美国总统打来电话他也不接。

丹尼尔·W.杰斯林在他的优秀作品《为什么会疲劳》中写道:

第二十三章

如何每天多清醒一个小时

"休息并不是一点事情都不做，休息是一种恢复。"

即便在一个很短的时间里，休息也能让人感到精力得到了很大的恢复。哪怕只小憩5分钟，对防止疲劳也是大有裨益。

棒球界的前辈名将康尼·马克曾经告诉我说，如果每次比赛之前他不能睡个午觉，那么在第5局时就会觉得筋疲力尽。可是，如果他有机会睡上哪怕只有5分钟，他也能够比完全场，而且一点都不会觉得疲劳。

当我向第一夫人伊莲娜·罗斯福请教她在白宫的这12年是如何应付那么多繁琐事务的时候，她回答说："每当我需要接见一大群人或是在发表演说之前，通常我都会找一把椅子或一张沙发坐下来，然后闭上眼睛休息20分钟。"

最近，我在麦迪逊广场花园的换药室里采访了前来参加世界骑术锦标赛的名将金·奥维。我发现他的换药室里有一张行军床，金·奥维解释说："每天下午我都会在床上躺一会儿，在两场比赛之间睡上一个小时。我在好莱坞拍电影的时候，每天也经常窝在一张巨大的安乐椅上睡两次午觉，每次休息10分钟。这样，我就能够始终保持精力充沛了。"

爱迪生认为，他之所以能够始终保持巨大的能量以及无穷的耐力，全然来自于他能够随时入眠的习惯。

在亨利·福特80岁生日前夕，我曾去拜访过他。我很惊讶地看着眼前这个精神矍铄的老人，他看上去依然非常健康。我问他保持年轻活力有什么秘诀？他说："能坐的时候，我绝不站着；能躺的时候，我绝不坐着。"

被称作"现代教育之父"的克拉斯·曼恩，也是这样做的。随着他年龄的增长，当他升任安提阿学院院长的时候，甚至还躺在沙

人性的优点
How To Stop Worrying And Start Living

发上面试学生。我曾建议一位好莱坞的电影导演尝试这种保持精力的方法，他后来也承认，这个方法的确能够创造奇迹。我所说的这位导演就是好莱坞赫赫有名的杰克·查纳克。几年前他来见我的时候，时任米高梅公司短片部门的经理，经常感到疲惫不堪、精力不够用。为此，他简直可以说是尝遍了所有的方法，包括喝矿泉水、吃补益药以及维生素，可到头来都没有什么太大的帮助。当时，我建议他每天都去"度假"。具体怎么操作呢？就是当他在举行会议以及在办公室里的时候，时不时地躺下来放松一下。

当我们再次相见时，已经是两年之后的事情了。他说："我的医生对我说，奇迹出现了。从前，每当我坐在椅子上和部下讨论影片时，总会觉得十分紧张。而现在，每次开会的时候我就躺在自己办公室的沙发上。就目前来看，我觉得自己这20年来从没有这么精力充沛过。现在我每天都能多工作两个小时不说，而且很少会感觉疲倦了。"

那么，这种方法怎样才能够帮到你呢？如果你是一名速记员，你可能就无法像爱迪生或是山姆·高尔文那样每天在办公室小憩一会儿；如果你是一名会计，你又怎能躺在长沙发上和老板讨论财务报表呢？但如果你所生活的是一个小城市，每天中午都能够回家吃午饭，那么饭后你完全有时间小睡10分钟。马歇尔将军也正是这么做的。第二次世界大战期间，指挥美军部队的繁重工作让他感觉非常劳累，所以他每天中午必须休息一会儿。

如果你无法在中午小憩一会儿，那么你至少可以在晚餐前躺下来休息一小时，这可比在餐桌上来上一瓶酒要便宜得多。仔细算起来的话，它的有效程度甚至比喝一小杯酒还要高5467倍！如果你在下午5点到7点之间睡一个小时的觉，那么你就可以每天多清醒一个小时。为什么呢？因为白天的这一个小时加上夜里睡的6个小时，这总共7个小时的睡眠时间对你的益处要远远大于连续睡眠8小时。

第二十三章

如何每天多清醒一个小时

对于一个体力劳动者来说，如果增加他的休息时间，那么每天所做的工作量也就会相应地增多。当弗雷德里克·泰勒还是贝德汉钢铁公司的科学管理工程师的时候，就曾用事实证明了这点。据他观察，工人们每人每天都可以往货运车上装载大约12.5吨生铁，可他们一般在中午时就已经累得筋疲力尽了。他曾经对这些所有可能产生疲劳的因素做过一次科学研究，结论证实，这些工人每天不应该只配送12.5吨生铁，这个数据应该是47吨才合理。如果依照自己的算法，这些工人们每天的工作效率完全可能提升到目前指标的4倍，而且他们根本就不会感到疲惫。只是，他的研究论断需要实践的佐证。

于是，泰勒从这些搬运工人中选了一位名叫施密特的先生出来做实验。他让施密特按照规定的时间工作，还有专人拿着表指挥他："现在搬起一块生铁，走……现在坐下来休息……现在走……现在休息。"

你们猜，结果发生了什么呢？就像弗雷德里克·泰勒预计的那样，在其他工人每天只能搬运12.5吨生铁的时候，施密特却能够搬47吨！在之后的3年里，他的工作能力从未有过衰减，这完全归功于他在感到疲惫之前就已经得到了休息：每个小时他只需要工作大约26分钟，而其他的34分钟却完全用来休息。他的休息时间甚至比工作时间还要多，而他的工作成绩却几乎是其他工人的4倍！

这仅仅是一个传言？不是的，不信你可以读读弗雷德里克·泰勒自己记录的科学管理原理。

现在，让我再重复一遍：像美国军队所做的那样，经常休息。像你的心脏那样去工作：在感到疲劳之前，先休息一下。你会发现，这样就能让你每天多清醒一个小时了。

第二十四章

让你感到疲劳的因素以及应对方法

　　这是一个惊人且重要的事实：单纯的脑力劳动并不会让你产生疲惫感。听起来似乎很荒谬，可几年前的科学实验已经证明了它的真实性。科学家们惊奇地发现：单纯进行脑力劳动的人，流经他脑细胞的血液一点都没有疲劳反应；而从正在进行体力劳动的人体中抽取的血液，里面却充满了各种杂质以及"疲劳毒素"。

　　如果只是单纯性地用脑，那么在一个人工作了8个小时甚至是12个小时之后，他的状态还能够和刚开始工作时保持一致。所以说，大脑是完全不知疲倦的。那么，究竟是什么让你感到疲劳呢？

　　精神科医生指出：我们大部分的疲劳，源于我们的精神和情感态度。英国最著名的心理分析学专家J. A. 哈德菲在他的《权力心理学》中写道："我们所感到的疲劳，大多都是心理因素影响的结果。事实上，纯粹因为生理因素引发的疲劳十分罕见。"

　　一位美国杰出的心理分析学专家布里尔则说得更加详细："对于一个久坐不动的劳动者而言，在他健康状况良好的前提下，他的疲劳百分之百源于心理因素——也就是我们所说的情感因素——的影响。"

　　那么，究竟是哪些因素会导致疲劳的产生呢？绝对不是满足、快乐这种正面情绪，而是烦躁、无聊、怨恨、焦虑以及不被赏识的

第二十四章
让你感到疲劳的因素以及应对方法

无用感。正是后者这些不良情绪才容易引发人们的精神紧张、甚至是筋疲力尽。而且，这些情绪还会让人引病上身，比如说感冒以及神经性头痛，等等。

在美国，绝大多数的人寿保险公司都会在一本讨论疲劳的宣传单上着重指出："忧虑、紧张以及不安的情绪，是导致疲劳产生的三大原因。因为身体无法得到放松，所以人才会感到疲劳。"

现在，请停下来，给自己做一个检查吧。当你读到这段话的时候，你是双眼紧盯着书本在看吗？你是否觉得两眼之间有些疲劳的感觉？你是放松地坐在椅子上吗？还是耸着你的肩膀？你的脸部肌肉是否感到紧张？除非你的整个身体都放松得像个布娃娃，否则你现在的一举一动正在制造紧张和疲劳！你正在制造精神紧张和疲劳情绪！

为什么我们在从事脑力劳动的时候也会产生这些不必要的紧张呢？杰西林说："我发现，几乎所有人都相信，越是艰苦的工作就越需要努力去做，否则就无法做好。"所以，当我们想要集中精力时，就会不自觉地表现出一副如临大敌的样子：不自觉地皱起眉头，耸着肩膀，想让所有的肌肉都用力工作，以各种各样的形式来帮助大脑工作。然而，事实却是令人吃惊而不幸的：这样做对于解决问题来说居然毫无用处。

那么，碰到这种精神上的疲倦，我们应该怎么做呢？答案是放松、放松、再放松。你要学会如何去轻松地工作。

这很容易么？不是的，这可能花费你很大的力气来改变出生以来的不良习惯。然而，做出这样的努力还是值得的。威廉·詹姆斯在他的那本《论放松情绪》中说道："美国人习惯于过度紧张、表情痛苦、坐立不安，这可不是什么好习惯。这是一种彻头彻尾的坏

人性的优点
How To Stop Worrying And Start Living

习惯。"紧张是一种习惯,放松也是一种习惯。我们要摒弃紧张的坏习惯,培养放松的好习惯。

你该如何才能放松呢?是想先从头脑开始、还是先从神经开始?都不是,你该先从肌肉开始放松。

让我们首先尝试着去闭上眼睛,放松身体,在心里默念:"放松……放松……不要紧张……松开皱紧的眉头……"如此重复,一分钟后,你是否感受到眼部的肌肉开始慢慢放松了?是否感受到紧张的情绪已经全然舒缓?嗯,这似乎有些难以置信,但是道理其实很简单:眼睛是人体的重要器官,只要眼部肌肉放松了,那么情绪也就能放松,因为它可以消耗全身四分之一的能量。这就是为什么很多视力好的人会时常感到眼睛酸痛的原因——他们过于频繁地使用了那些眼部肌肉。

著名小说家维基·鲍姆曾说,当她还是个孩子的时候,有个老人给她上了人生中最重要的一课。一次,她摔倒在地,膝盖和手腕都擦破了皮。这时,有个曾在马戏团里当过小丑的老人扶起她,帮她掸了掸身上的灰尘说:"你之所以会受伤,是因为你不知道如何放松自己。要是你把自己当成一只旧袜子,软弱无力、皱巴巴的旧袜子,就不会这样了。来吧,让我告诉你具体怎么做。"

于是老人开始教维基·鲍姆和其他的一些小孩子怎样跑步、怎样跳跃、怎样翻跟头,还不断地告诫他们要把自己想象成一只旧袜子。果然,这样做以后,维基感觉全身都得到了放松。

几乎在任何时候、任何地方,只要你愿意,你都可以不费吹灰之力去让自己放松开来。所谓放松,就是消除所有紧张和用力的感觉,只想到松弛和安逸。起初,你要先放松眼部和脸部的肌肉,不断地对自己说:"放松……放松……不要紧张……再放松……"要

第二十四章
让你感到疲劳的因素以及应对方法

从脸部肌肉到身体中心,都能感受到力量的流动。要把自己当成一个婴孩,完全不会紧张。

这就是伟大的女高音歌唱家嘉丽·库契所采用的方法。海伦·杰普森告诉我说,她时常会看见嘉丽·库契在演出前坐在椅子上,全面放松身体肌肉,把下颚放松得和脱臼没什么两样。这个方式很不错,至少可以让她在登台演唱的时候不至于太过紧张,也可以预防疲劳。

下面有5条建议,可以帮你学会放松:

1.读一读大卫·哈罗·芬克博士的《释放紧张》,这可以说是有关放松紧张情绪方面最好的书籍了。

2.随时随地放松自己,让你的身体像一只旧袜子一样放松。我的桌子上放着一双栗色的旧袜子,每当我工作的时候就会看看它,它会提醒我应该放松到何种程度。如果你找不到一只旧袜子,一只小猫也无妨。你是否曾经抱起过一只在太阳底下熟睡的小猫呢?当你抱起它的时候,它的头和尾巴就会像打湿了的报纸一样垂下去。即使是在印度,瑜伽师也会建议你在练习瑜伽放松术的时候多去研究研究猫。我从来没有看见过一只疲惫的猫,猫不会神经衰弱、失眠、忧虑,更不会得胃溃疡。如果你能够学会像猫一样放松自己,或许就能够避免这些困扰了。

3.工作时尽可能采取一个舒服的姿势。要知道,身体的紧张会产生肩膀的酸痛以及精神的疲劳。

4.每天请自我检查四五次,并问问自己:"我有没有让自己的工作化繁为简?我是否使用了一些和工作无关的肌肉?"这将帮助你养成休息放松的好习惯。就像大卫·哈罗·芬克博士所说的那样:"那些熟知心理学的人都知道,有三分之二的疲倦是属于习惯

性的。"

5.请在每天晚上睡觉之前再检查一次,问问自己:"我到底有多累?如果我感到疲惫,是不是因为我过于劳心?是不是因为我采用了错误的做事方法?"丹尼尔·W.杰西林说:"我大体上计算了一下,我的成绩不在于我在结束了一天的工作之后有多疲倦,而是有多不疲倦。如果哪一天结束之后我会感到特别疲惫,或者是自己在精神上特别疲乏,我就会意识到,毫无疑问这一天不论是在工作的质上还是量上,我都做得不够。如果每一个企业家都能够明白这个教训,那么想必高血压之类疾病的致死率就会下降很多。而且,我们的精神病院和疗养院里,从此以后也不会再有那些因为焦虑和疲劳而导致精神崩溃的人了。"

第二十五章

家庭主妇该如何避免疲劳和永葆青春

去年秋天的一天，我的助手搭乘飞机到波士顿去参加一个会议，会议主题就是有关世界医学界的一个最不同寻常的实验。这个每周一次的实验的正式名称叫做"应用心理学"，目的是治疗一些因忧虑而患病的人。而病人中，绝大多数又都是在精神上受到不安情绪困扰的家庭主妇。

1930年，约瑟夫·H.普雷特博士——顺便说一句，他是威廉·奥斯勒爵士的学生——发现了这样一个现象：在前来波士顿医院求医的女性患者之中，其实很多人根本就没有生理上的疾病。其中有一个女病人认为自己的双手患了"关节炎"，导致她根本没法干活；另一个女病人说自己得了"胃癌"，疼得受不了。此外，还有诉说自己头疼的、腰疼的、疲倦乏力的女患者，都是一副十分痛苦不堪的样子，而经过最彻底的医学诊断之后，却证实这些女性在生理上居然什么问题都没有。为此，许多老式的医生会嘀咕说："她们准是脑子进水了。"

但普雷特博士却认为，如果单纯地让这些患者"忘了这些回家去吧"根本就是无济于事。他也知道，如果这些"疾病"真有那么容易忘记，那么想必绝大多数患者自己也并不想这样。所以，他才开了这个

人性的优点
How To Stop Worrying And Start Living

"应用心理学"的实验班,帮助他们根治心理疾病,回归正常生活。

起初,对于他的这个举措,医学界中还是怀疑者居多。但经历了过去18年的风风雨雨,在成千上万名参加试验的病人"痊愈"以后,结果却进入了意想不到的佳境。一些病人已经在这个实验班上了好几年的课,积极和虔诚的程度不亚于上教堂做礼拜。我的助手曾与一位上了9年且极少缺课的妇女聊过,据说她第一次来医院的时候还对自己患有肾炎和心脏病的"事实"深信不疑,甚至还会因为过于紧张和担心而间歇性失明。而今天,她的身体日趋健康,同时也逐渐恢复了自信和快乐。虽然现在的她都到了抱孙子的年纪了,可看上去却只有40岁左右。

她说:"那时的我非常担心自己会给家人添麻烦,我甚至想到了去死。直到来到医院,我才懂得了忧虑害己害人,也在这里学会了该怎样去消除忧虑。现在,我可以坦诚地说,我的生活真是平静而幸福。"

同在实验班授课的罗斯·海芬婷博士认为,能够减轻忧虑的最好的药方,就是"将你的麻烦说给你信任的人听,也就是所谓的宣泄。"她说:"当患者来到我们这里的时候,她们可以畅所欲言地谈及自己的烦恼,直到把这些问题全部从头脑中赶出去。一个人将焦虑憋在心里不说,长此以往会造成精神上的巨大损失。我们所有人应该请别人来分担我们的难题,当然我们也得分担别人的焦虑。我们必须有这种感觉,那就是在这个世界上仍然有人愿意倾听我们的话,也能够理解我们的担忧。"

我的助手就亲眼目睹了一个说出自己忧虑的妇女确实得到解脱的案例。她有很多家长里短的烦恼。在刚刚谈到这些的时候,她还紧张得像一个压紧的弹簧,渐渐放松下来以后,她便开始说个不

第二十五章

家庭主妇该如何避免疲劳和永葆青春

停,情绪也越来越平静。等到谈完以后,她居然能够笑出来了。而这些问题真的就已经解决了吗?没有,这可不是那么容易。那么,是什么促成了这些良好的变化呢?我想这正是因为她得到了别人的建议,以及一点点的同情。真正促成这些变化的,正是这些具有强有力治愈功能的语言!

心理分析的基础,在某种程度上可以说是以语言的治愈力量为基础的。从弗洛伊德时代开始,心理分析学家们就已经明白了这个道理:只要病人能够开口说话——哪怕仅仅是说出来,那么他心中的焦虑就能大大消解。这是为什么呢?也许是因为通过交流,我们反而可以更深入地了解我们的问题所在,得到一个更好的解决方式。没人知道确切的答案,但我们所有人都知道,"吐露心扉"和"直抒胸臆"能让人立刻感觉舒畅很多。

所以,当我们下次再遇到什么情感难题的时候,为什么不找个人聊聊呢?当然,我的意思不是随便抓个人过来倾听你的满腹牢骚和苦水,我们要找的是一个值得我们信任的人,预约好时间。这个人可能是我们的一个亲属,也可能是一个医生、律师或者神父。然后,请对那个人说:"我需要你的忠告。我有一个问题想跟你谈谈,也许你能够给我一个建议。毕竟旁观者清,也许你可以给我提供一个看待问题的新角度。当然,即便你无法做到这一点,那么只要肯坐下来听我说说,对我也是一种莫大的帮助。"

不过,如果你真觉得自己实在是找不到一个可以交谈的人,那么我可以介绍一个"救生联盟"给你——当然,这个组织和波士顿的那个医学实验课程完全没有关联。我刚才所说的这个"救生联盟",是世界上最不同寻常的组织之一。它最初成立的目的,就是为了防止可能会发生的自杀事件。但是随着岁月的流逝,它的服务

人性的优点
How To Stop Worrying And Start Living

范围又扩大到了给那些不开心或是情感方面有所需要的人们提供慰藉。我和罗娜·B.邦内尔小姐见过几次面,她经常会和那些"救生联盟"的人举行会谈。邦内尔小姐告诉我说,她非常乐意回答读者的来信问题。如果你也有自己的烦恼,那么请致信纽约市第五大道505号"救生联盟",请放心,组织会严格为您保密。

坦率地说,如果条件允许的话,我还是建议你去找一个值得信任的人倾诉烦恼,那样会给你更大的帮助。但如果那样做不现实,那为什么不写信给这个"救生联盟"呢?

说出你的心事,这就是波士顿医院"应用心理学"实验班上最主要的治疗课程。下面,我将介绍一下这个课程里的其他治疗方式,作为一个家庭主妇,我想你在家里就能够轻松做到。

1.准备一个"提供灵感"的剪贴本。你可以在上面粘满自己喜欢的鼓舞人心的诗歌、祷告、名人格言等。以后,当你感到意志消沉、精神颓废的时候,你或许可以从这个剪贴本上找到能够驱散黑暗的药物。在波士顿医院,有很多病人都数十年如一日地保存着这样一个剪贴本,他们称它为一种精神上的"强心针"。

2.不要太关注别人的缺点!没错,你的丈夫确实有许多缺点。话说回来,如果他是一个圣人,恐怕也不会娶你为妻了,你说对吗?实验班上有一位主妇,通过学习后才发现原来自己竟是一个满腹牢骚、挑剔不已、满脸怒容的妻子。当别人问她"如果你丈夫去世了,你会怎么做"的时候,她才意识到从前的自己是那么不堪。当时,她大吃一惊,连忙找了一张纸坐下来,在上面列满了丈夫的条条优点——这些条条目目可是不少呢!所以,如果你感觉到自己嫁错了人,不妨也尝试一下这个方法。在一一看完他的所有优点之后,也许你会发现,原来他正是你所要找的那个人呢。

第二十五章

家庭主妇该如何避免疲劳和永葆青春

3.要对你的邻居们怀有兴趣。请对和你生活在同一条街道上的邻居抱有一种友善的、健康的兴趣。有个生病的女人,她总是觉得自己非常的"孤立",连一个朋友都没有。于是,有人建议她试着将未来和自己相遇的人当作主人公,去编织一个故事。后来,她开始在大街上、公交车上,为她看到的所有人编织故事情节。她会想象那些人的生活背景及境遇,试着去假想他们正在经历着怎样的生活。再后来,她开始变得喜欢和人聊天,今天的她更是生活得快乐无比,变成了一个受人欢迎的人。当然,她的"痛苦"也不治而愈了。

4.每天晚上睡觉之前,先做好明天的工作计划。在实验班上,我们发现很多家庭主妇会因为做不完家务而感到非常疲惫。她们的工作似乎永远都做不完,而且老是被时间追着屁股跑。为了治愈这种因着急而产生的焦虑,建议这些家庭主妇们制定一个工作时间表,头一天晚上就计划好第二天要做的工作。你猜结果怎样?她们不仅完成了更多的工作,而且还不会感到太劳累。与此同时,她们还会为自己的工作成绩产生一种自豪感和成就感,甚至还有了休息和打扮的时间!(在我看来,每一个女人都应该在一天里抽出些时间将自己打扮得漂漂亮亮。要知道,当一个女人意识到自己很漂亮时,她就不会那么"紧张"了。)

5.最后,为了避免紧张和疲劳,请放松,再放松!再没有什么会比紧张和疲劳更催人老了。再不会有其他事情会对你的外表造成更大伤害了。我的助手在波士顿听了一个小时的思想控制课程。在这堂课上,保罗·E.约翰逊教授谈到了很多我们之前已经讨论过的关于如何放松的做法。在10分钟的放松练习之后,我的助手几乎已经坐在椅子上睡着了!为什么身体放松会带来如此大的益处呢?因为这家医院的医生们都知道,如果你要解决忧虑的困扰,放松是唯一的途径。

人性的优点
How To Stop Worrying And Start Living

是的，作为一个家庭主妇，你必须学会如何去放松自己！和别人相比，你有一个很大的优势——只要你想要躺下来，你随时都可以做到，甚至还可以躺在地板上！神奇的是，硬地板比席梦思床更利于人们放松自己，它对脊柱健康也有很好的疗效。

好吧，下面就给你介绍一些在家里就可以做的运动。你可以先尝试一个星期，看看它对你的外表和性格塑造有多大好处。

A：只要你感到自己累了，平躺在地板上，同时尽量伸直身体。在此期间你可以随意翻身。每天做两次。

B：闭上你的眼睛，就像约翰逊教授建议的那样："想象太阳在澄明的蓝天里当空照耀，大自然是那么的宁静而祥和。作为大自然的孩子，你也能与宇宙和谐一致。"

C：如果你不能够躺下来，或是因为烤箱里正烤着食物而没有这个时间，那么你只要能够找张椅子坐下来，也能得到同样的效果。你需要坐在一张很硬的直背椅上，采用像古埃及雕像那样的坐姿坐直身体，然后掌心朝下、将双手平放在你的大腿上。

D：现在，请慢慢地放松紧张的脚趾，放松紧张的腿部肌肉，让它们放松。慢慢向上运动你身体的所有肌肉，直到你的颈部。然后，想象你的头颅是一个足球，最大限度地向四周转动。不断地对你的肌肉说："放松……放松……"

E：用缓慢而稳定的深呼吸来安抚你的神经。正如印度瑜伽教练所说的那样：规律而有节奏的呼吸是安神的良方。

F：想象你脸上的皱纹正在逐渐地恢复光滑，放松你紧皱的眉头，放松你的嘴唇和牙齿。每天坚持做两次，也许你会发现自己不需要再去美容院做按摩就能够延缓皱纹的增长。

第二十六章

四个良好的工作习惯，帮助你防止忧虑和烦恼

良好的工作习惯1：不要在桌子上摆放和工作无关的东西。

芝加哥西北铁路公司的总裁罗兰德·威廉姆斯说："当你把办公桌上那些无关的东西清理干净以后，你会发现，连工作都变得容易了许多。这是一个提升工作效率的好办法。"

如果你的办公桌上堆满了未回复的信件、报告和备忘录，那么一看到这一堆待处理的东西，很容易会让人感到混乱、紧张和焦虑。更糟糕的是，它会让你产生"还有100万件事要做，可我根本没有那么多时间，也根本就做不完"的紧张感。这种焦虑的情绪会让你更容易患上高血压、心脏病以及胃溃疡。

宾夕法尼亚大学医学院的教授约翰·H.斯托克曾在全美医药协会的代表大会上宣读过一篇论文，题目就是《功能性神经症的并发症以及器质性疾病》。在这篇论文中，斯托克博士列举了11种"病人的心理状态研究"，其中第一种就是：

"感觉必须要做的事情却永远都做不完。"

面对这种情况，清理你的办公桌将有助于避免这种高度紧张的压力，这是可以肯定的。著名心理治疗专家威廉·L.萨德勒博士就曾采用过这种简单方法治愈了一个患有神经衰弱的病人。

人性的优点
How To Stop Worrying And Start Living

这个病人是芝加哥一家大公司的执行官。当他初次来到萨德勒的办公室时，他已经十分紧张、焦虑，险些要精神崩溃了。在他就诊之前，据说他的办公室里放着三张大写字台，他把全部的时间和精力都投入到了工作里，可似乎总有做不完的工作等着他去处理。后来，在和萨德勒交谈之后，他终于意识到自己在哪里出了问题，回到办公室之后首先做的就是清理出一大车的报告和旧文件，只保留了一张写字台。这样，所有的工作一经手就能够马上处理完了。现在，再也没有堆积如山的工作让他紧张和忧虑不已，他的工作也渐入佳境，最令人惊奇的是就连身体也完全康复了。

前美国最高法院的首席大法官查尔斯·伊万斯·休斯曾经说过："人不会过劳死，他们只会消耗死、忧虑死。"

良好的工作习惯2：先做重要的事。

全国城市服务公司的创始人亨利·L. 多尔蒂说，不管他愿意出多高的薪水，几乎都无法找到同时拥有这两种能力的人。

这两种无价的能力是：第一，思考的能力；第二，能够明确事物重要程度的能力。

查尔斯·陆克曼，一个从零开始、摸爬滚打12年后成为培素登公司董事长的小伙子，现在除了10万美元的年薪以外，每年还有100万美元的进项。在他看来，自己的成功得益于兼具亨利·L. 多尔蒂所说的这两种几乎不可能同时拥有的能力。陆克曼说："根据我的记忆所及，我每天早上5点钟就要起床。因为在这个时候我的头脑要比其他时间更加清晰。这个时候，我可以周密计划接下来一天的工作，根据事情的重要程度首先处理要事。"

富兰克林·贝特格，一个美国最成功的保险推销员，他可不会等到凌晨5点才去规划自己当天的工作，通常他在前一天晚上就已经规划好了。他会给自己设定一个销售目标，即在接下来的一天里要卖掉多少数额的保险。如果当天他没能完成任务，那么差额就会顺

第二十六章

四个良好的工作习惯，帮助你防止忧虑和烦恼

延到第二天，依次轮推。

如果萧伯纳没有制订一个严格的计划去坚持先做应该最先完成的事情，那么他这辈子很可能只不过是个失败的作家，而且仍然做着银行出纳员的工作了此一生。他制订了一个计划，就是每天必须至少写作5页，而他一坚持就坚持了9年。

良好的工作习惯3：当你遇到问题的时候，如果必须做决定，就当场解决，不要拖延。

我以前有个名叫H. P. 霍华的学生，据他所说，当年他还是美国钢铁公司董事长的时候，开董事会总是会耗费很多时间，虽然提出的问题很多，但却很少能够讨论出结果。最后，各位董事会成员不得不背着一大包文件回家再继续研究。

后来，霍华说服了董事会，每次开会只讨论并解决一个问题，不耽搁，也不拖延。为了做出决策，可能会需要研究更多的资料，但是在进入到下一个问题之前，这个问题一定能够得到解决。霍华先生告诉我说，这样做的结果可以说是非常惊人，也可以说是十分有效，就连那些陈年老账都被处理干净了，而且日历上也不再是密密麻麻的琐事。现在，董事们再也不用背着大包的文件回家加班，也不必再为悬而未决的问题而感到忧虑了。

这的确是一个非常好的方法，不仅适用于美国钢铁公司的董事会，同样也适用于你和我。

良好的工作习惯4：学会如何组织、层级负责以及监督。

很多生意人其实都是在自掘坟墓，因为他们不懂得如何向他人分摊责任，而却坚持事必躬亲。这样做的结果会导致自己被诸多细枝末节的小事牵涉过多精力，总是手忙脚乱、焦急、担心、紧张而一筹莫展。

我知道层级负责不是一件简单的事，况且如果没有一个合适的负责人选，也会产生相当的灾难。但是对于一个高级管理人员来说，如果他想要避免紧张、忧虑和疲劳，他就必须得这样做。

第二十七章

如何避免产生疲劳、厌倦、担心和怨恨

无聊是产生疲劳的一个重要原因。就拿打字员爱丽丝小姐来说，每天晚上回家之后她都会累得筋疲力尽。她感到自己腰酸背痛，也不想吃饭，只想趴在床上好好睡上一觉。可是，如果这时她的男朋友打电话过来邀请她去跳舞，那么她顿时就来了精神，眼睛中都闪着兴奋的亮光。她甚至可以立即冲到楼上，换上她那漂亮的蓝色礼服，一直跳到凌晨3点才肯回家。而这时，她却丝毫都不会感到疲倦，相反，她还会兴奋得睡不着觉。

看得出来，她之所以会在傍晚时分感到疲惫，是因为白天那8个小时的工作让她厌烦，甚至对生活都丧失了兴趣。在这个世界上有数以百万计的"爱丽丝小姐"，而你很可能也是其中之一。

众所周知，你个人的情感态度通常会比体力劳动更容易让人产生疲劳感。几年前，约瑟夫·E.巴马科博士曾在《心理学学报》上发表了一篇文章，内容就是他所进行的一次实验：

他找了一些大学生，安排他们参加了一系列的实验工作，而这些工作并不是他们感兴趣的。结果如何呢？学生们都感到又困又

第二十七章

如何避免产生疲劳、厌倦、担心和怨恨

累、眼睛疲劳、头疼烦躁,甚至还有人感到胃不舒服。化验结果表明:在一个人烦闷的时候,他的新陈代谢也会加剧。

当我们在做一些有趣而令人兴奋的工作时,是很少会感到疲惫的。比如说,最近我花了一整个假期在加拿大落基山脉的路易斯湖畔度假,在珊瑚湾钓了好几天的鳟鱼却并没有感到无聊。为了钓鱼,我甚至还需要穿过长得比人还高的树丛,翻过许多横卧在地上的树枝,可即便是这样辛苦了8个小时之后,我却一点都没有觉得疲惫。这是为什么呢?很简单,因为我非常兴奋,还兴致勃勃。我总共抓到了6条大鳟鱼,这让我很有成就感。但是,如果我认为钓鱼是一件非常无聊的事情的话,此时此刻我又会产生怎样的感觉呢?想必我早就会因为在这海拔7000尺的高山上来回奔波的艰苦而感到精疲力竭了。

即便是像登山这样累人的活动,恐怕也远不如无聊那么容易让你感到疲劳了。明尼阿波利斯储蓄银行的总裁S. H. 金曼先生就曾经给我讲过一个例证:

1943年7月,加拿大政府要求加拿大登山俱乐部为威尔士军团的登山成员做培训指导,金曼先生就是应邀而来的教练之一。他告诉我说,他和其他的教练——大都是年龄在42到59岁之间的男性一起,带领着这些年轻的士兵们向冰川雪野行进了。他们一路上长途跋涉,而且还得利用绳索以及一些简单的工具攀登40英尺的悬崖,在小月河山谷攀爬了许多高峰,历经15个小时的登山活动,那些正值最佳状态(他们刚刚完成了一项为期6周的突击训练)的年轻人们已经全然累瘫了。

他们之所以会感到筋疲力尽,难道是因为他们的突击训练强度不够大、肌肉没有练结实吗?任何一个曾经接受过这种严格军事

人性的优点
How To Stop Worrying And Start Living

训练的人,都会觉得这个问题问得可笑,确切地说,他们之所以会觉得疲惫不堪,完全是因为他们对登山毫无兴趣。他们厌烦得不得了,以致很多士兵累得连饭都不想吃就睡下了。那么,那些比他们年龄大两倍的教练们又感觉如何呢?没错,他们也觉得很累,但却不是筋疲力尽。晚饭过后,他们还坐在一起聊了一个多钟头,讨论着白天的有趣经历。他们之所以不会累得倒头就睡,就是因为他们对登山感兴趣。

哥伦比亚大学的爱德华·桑代克博士在经过反复试验后得出了这个结论:"感到无聊和烦闷,是降低工作能量的唯一原因。"

杰罗姆·卡恩所创作的音乐喜剧《画舫璇宫》中有这样一个情节,故事的主人公安迪上尉感慨地说:"能够做自己喜欢的事情的人是何等的幸运,因为他们拥有更多的能量、更多的快乐,很少会担心和感到疲劳。"

你的兴趣所在,就是你的能量所在。还等什么?你又能做些什么呢?好的,下面是另一位打字员小姐的例子:

塔尔萨小姐在俄克拉荷马州托沙城的一家石油公司工作。每个月有好几天,她都得去做一个很枯燥的工作:填写石油销售报表。因为这项工作实在是太索然乏味了,于是塔尔萨小姐决定想个办法,让它变得有趣些。

那该怎么做呢?她每天都会和自己比赛。她会统计出上午所打印出的报表数量,然后争取下午打印更多;统计出头一天打印的总数,然后争取第二天再次打破纪录。这么一来,她的速度就比别人快了许多,而且还能够帮助防止枯燥带来的疲劳。为此,她节省了更多的能量和热情,并且在休息时间也更加开心了。

我当然知道这个故事是真的,因为后来我娶了那个女孩。

第二十七章

如何避免产生疲劳、厌倦、担心和怨恨

接下来是有关另一位打字员小姐维利·哥顿的故事，她住在伊利诺斯州艾姆赫斯特城的凯尼尔沃斯大街南473号。她发现，"假装"工作很有意思，会让人得到更多的补偿。她在信中这么写道：

"我们办公室里总共有4个打字员，分别给几个人打印信件。我们时不时地会因为工作量太大而加班加点。一天，一个副总坚持让我重新打印一封长信，我感到无法接受，并向他解释说这封信只改几个地方就可以，没必要全部重来。可他态度很强硬，还扬言如果我不服从命令就炒我鱿鱼。我当时气得要命，可为了保住工作和薪水，只好装作喜欢的样子重返工了。虽然我很鄙视自己的妥协，可不知不觉做下来，我却渐渐真得喜欢自己的工作了，而且工作速度也越来越快。我的这种工作态度为我赢得了一个好名声，当另外一个部门的主管需要一个私人秘书时，立即就想到了我，因为他知道我愿意毫无怨言地去做额外的工作。这种心理状态的转变，带给了我奇迹般的好运！"

哥顿小姐使用的"假装"哲学，启示我们要"假装"快乐。如果你能够"假装"对自己的工作感兴趣，那么这一段表演将会助你兴趣成真。它可以减少你的疲劳、你的紧张、你的忧虑。

几年前，哈兰·A.霍华做出一个决定，想让自己枯燥的工作变得有趣起来。没想到，这竟完全改变了他的生活。他的工作确实很乏味，每天就是不停地在高中食堂洗盘子、擦柜台、售卖冰淇淋，而其他的男孩子们却不是在打球就是在和女孩子们约会。

霍华很不喜欢自己的工作，可又没有什么别的工作机会可换。于是，他便下定决心去研究冰淇淋的化学成分以及制作方法，为什么有些冰淇淋的口感会更好。

人性的优点
How To Stop Worrying And Start Living

在研究冰淇淋化学成分的过程中,他也渐渐成为了高中化学课上的小天才。出于对食品化学的浓厚兴趣,高中毕业后他考进了马萨诸塞州立大学,主修食品技术。一次,纽约可可公司举办了有关可可和巧克力在应用方面的有奖征文,你猜冠军是谁?没错,获奖者正是哈兰·A.霍华。

毕业以后,当他发现自己很难找到一份工作的时候,便索性在马萨诸塞州阿默斯特城的北乐街750号开了一家私人化验室。开业没多久,当局就通过了一条新法令:牛奶中的细菌含量必须被严格计数。于是,哈兰·A.霍华就开始为阿默斯特城的14家牛奶公司数细菌,考虑到业务量比较大,他还不得不再雇两名助手。

那么,25年之后会发生些什么呢?没错,这几位奋战在食品化学实验工作中的前辈们大都不是到了退休年龄便是已经作古,年轻后继者们会接过他们手中的工作。但哈兰·A.霍华却很可能会成为这一行业的领军人物,而当年从他手中买过冰淇淋的那些同学,却可能会面临因失业在家穷困潦倒而怨天尤人的悲惨境地。其实,如果哈兰·A.霍华没有下决心把无聊的差事变得有趣,恐怕他也不会找到这么好的工作机会。

很多年以前,有个在一家工厂工作的年轻人也是在做着乏味的工作,他一天到晚无聊地站在车床边加工螺栓,想要辞职又怕找不到别的工作。他心想,既然没法改变,就试着把工作变得有趣些吧。于是他开始和旁边的工人比赛谁的产量多,工头看在眼里,对他的生产速度和质量形成了良好的印象,很快,他便得到了提拔。当然,这只是他此后一连串的升迁的开始。30年以后,这个工人竟成了鲍德温机车制造公司的董事长,他的名字就是山姆·塞缪尔·瓦克兰恩。

著名的广播新闻分析师卡腾博恩曾对我讲过,他是这样将枯燥

第二十七章

如何避免产生疲劳、厌倦、担心和怨恨

的工作变得妙趣横生的：

在他22岁的时候，他在一艘横渡大西洋的活牛运送船上工作，他的工作就是喂牛和阉牛。后来，他开启了自己的骑行英国之旅，接着又骑着自行车来到了法国。当他抵达巴黎时，身上的积蓄已经花光了，只好把随身携带的相机当了5美元，然后在巴黎版的《纽约先驱报》上刊登了一个求职广告，最后找到了一份推销立体观测镜的工作。

可是卡腾博恩并不会说法语，他怎么能够把这些玩意儿销售出去呢？出乎意料的是，在挨家挨户推销了一年之后，他居然赚了5000美元的佣金，并一举成为了法国当年收入最高的销售员！那么，作为一个不懂法语的外国人，他是如何创造出这个奇迹的呢？

首先，他请他的老板用纯正的法语写了一个通用推销语录，然后把它背了个滚瓜烂熟。接着，他就开始去按人家的门铃了。当开门的家庭主妇听见他那套略带美国口音的说辞感到有点滑稽时，他就立即递上实物照片。如果对方再问一些其他问题，他就耸耸肩说："我是美国人……一个美国人。"同时摘下帽子，拿出藏在帽子里的销售辞给人家看。家庭主妇当然会觉得很好笑，他也就跟着一起大笑起来，然后再拿出更多的照片给人家看。

当卡腾博恩向我讲述这些事情的时候，自己也承认这种工作的确不好干。之所以他能够挺过去，完全就靠一个信念的支撑：要让工作变得有趣。

每天早晨出门之前，他都会看着镜子中的自己打气说："卡腾博恩，你必须这么做，如果你想要吃上饭的话。既然非做不可，为什么不开开心心地做呢？在按响门铃之前，你就想象自己是一个正站在舞台上的演员，下面有很多双观众的眼睛在注视着你，那么你

人性的优点
How To Stop Worrying And Start Living

为什么不把戏表演得有趣些呢？释放你的热情吧！"

卡腾博恩告诉我说，正是这些日常生活中的鼓励，帮他完成了一个又一个看似不可能完成的任务。他曾经恨透了这份工作，可后来演变成有趣的冒险，也为他带来了高额利润。

我问卡腾博恩先生，对于渴望成功的美国年轻一代，他有什么好的建议或忠告吗？他是这样说的：

"是的，每天早上给自己打打气。我们经常会觉得需要做些体育运动，好让自己从半睡眠状态中清醒过来。但我们更需要的是去做些精神和思想上的运动，让我们每天早上能够真正地充满活力。每天早晨，记得给自己打打气吧。"

每天早上给自己打打气，听上去是不是傻傻的很幼稚？不是的，恰恰相反，这在心理学上极其重要。

18个世纪以前，马尔卡斯·奥勒斯在他的《沉思录》中写道：

"我们的生活是我们思想的产物。"

这句话放在今天也同样受用。

每时每刻，我们要不断地提醒自己，花上些时间去思考勇气、幸福、权利和和平的思想，学会感恩，充满热情地投身到生活和工作中去。你的老板肯定也希望你能够对自己的工作感兴趣，因为只有这样才能够完成好任务。抛开这点不谈，我们也应该为自己考虑一下，带着兴趣去工作能给我们带来哪些益处？毕竟我们的绝大多数时间都是用在工作上，如果你无法从工作中找到快乐，那么恐怕也不可能在其他地方找到。

不断地提醒自己，对工作产生兴趣会让你忘记忧虑和厌倦。从长远来看，这还可能会让你升职加薪。即使最终没有成功，至少它会降低你的疲劳感。要知道，谁会拒绝享受快乐呢？

第二十八章

帮你远离失眠的良方

你时常会因为睡不好觉而担忧吗？然而你可能并不知道，国际著名的大律师塞缪尔·安特梅尔一辈子都没有睡过一次好觉。

大学时代的安特梅尔最痛苦的就是两件事：哮喘和失眠。而且他的这两种病似乎都无法治愈，因此他只好退而求其次，每当失眠的时候就不再在床上辗转反侧、崩溃不已，而是起床学习。结果，他的每门功课成绩都在班上名列前茅，而且成为了纽约城市大学的奇才。

后来他成为了一名律师，可失眠症依然困扰着他，但是安特梅尔并没有忧虑，他说："它自然会给我眷顾的。"

事实真就像他所说的那样，虽然他每天只能睡很少的觉，可健康状况却一直良好，而且工作业绩也远远超过了同事一大截。因为当别人在睡觉的时候，他却在清醒地努力。

在他21岁的时候，赛缪尔·安特梅尔的年薪已经高达75000美元了。1931年，他在一桩诉讼案上创造了律师界史上的最高收费纪录：100万美元。

但此时的他依然饱受失眠症的困扰。每天晚上，他都会失眠半宿用于阅读，凌晨5点就开始起床工作。当大多数人刚刚开始一天工作的时候，他已经做完了差不多当天一半的工作。

人生在世的81年里，他却难有一天完整的安眠。幸亏他没有为失眠而焦躁不已，否则他这辈子恐怕已经毁了。

人性的优点

How To Stop Worrying And Start Living

在我们的一生中,大概有三分之一的时间会花在睡眠上,可没人真正知道睡眠究竟是怎么一回事。我们只知道睡眠是一种生活习惯,是一种静止的休息状态,可我们并不知道每个个体需要多长时间的睡眠时间,更不清楚我们是不是必须得睡觉才可以。

接下来的故事或许让人难以置信。第一次世界大战期间,有个名叫保罗·科恩的匈牙利士兵被子弹射穿了大脑额叶。奇怪的是,伤口痊愈以后的科恩竟再也无法入睡。医生们给他尝遍了各种镇静剂和麻醉剂,甚至还为他进行催眠,可他始终无法感到倦意。所有的医生都估计他活不了多长时间了,可他却用事实证明了他们的错误判断。后来,他找到了一份工作,并继续健健康康地生活了好多年。他有时候会躺下来闭目养神,却再也没能够进入梦乡。

他的病例成为了医学史上的不解之谜,同时也推翻了许多传统的睡眠理念。

睡眠时间的长短可能因人而异。著名指挥家托斯卡尼尼每天只需睡5个小时足矣,而科利芝总统却需要每天睡上11个小时。

为失眠而忧虑所带来的损害远远超过了失眠本身。例如我的一个学生伊拉·山德,就差点因为严重的失眠而自杀。下面就是他的亲身经历:

"我真的以为我是疯了。让人郁闷的是,原来我的睡眠状况非常好,就算闹钟都无法将我从梦乡中叫醒,所以那阵子我几乎天天上班都迟到。后来,忍无可忍的老板警告我说,如果下次我再迟到当心被炒鱿鱼。

"后来,我的一个朋友建议我在睡觉时将注意力集中到闹钟上去,没想到这就是我失眠的开始!那该死的滴滴答答声在我的脑子里阴魂不散,害得我整夜整夜地辗转反侧无法入眠,我简直快要疯了。天终于亮了,可我也几乎没有力气再动弹了。这种状态一直持

第二十八章

帮你远离失眠的良方

续了8个星期，在这期间，我被折磨得甚至都觉得自己早晚有一天得精神失常。我会来来回回地在房间里转上几个钟头，甚至开始想象自己推开窗户跳下去会不会一了百了。

"最后，另外一位医生对我说：'伊拉，我帮不了你，也没有人能够帮得了你，你只能靠自己来解决。如果你在晚上还是无法入睡，那么干脆忘了这些烦恼吧。你可以暗示自己，就算睡不着，可躺在床上也能够得到休息。'

"后来我就照他的话去做了，神奇的是，不到两周我就能够安然入睡了。过了不到一个月，我的精神恢复了正常，每天也能够睡满8个小时了。"

让伊拉·山德备受折磨的并不是失眠症，而是因失眠而引起的焦虑。

芝加哥大学的教授山尼尔·克利特曼博士是一位世界级的睡眠专家。据他所说，还从未有人会死于失眠。可以确定的是，一个人可能会因为担心而失眠，可只要他能够放下焦虑，便可以轻松睡上几个小时。

克利特曼博士还说，那些为失眠而忧虑的人，通常真实获得的睡眠要远比自己想象得多。那些发誓说"我昨天一整夜都没合眼"的人，实际上可能已经睡了几个小时。

例如，19世纪最著名的思想家赫伯特·斯宾塞，到老还是个光棍。他住在单身公寓，一天到晚地都在和别人诉苦，说自己失眠痛苦得很，结果把别人也搞得很心烦。为了防止外面的噪音，他甚至会在耳朵里塞耳塞，时不时还会用药物来催眠。一天晚上，他和牛津大学的塞斯教授住在旅馆的同一个房间，第二天早上斯宾塞宣称他一晚上都没合眼。而事实上，一晚上没有合眼的是塞斯教授，因为斯宾塞的呼噜声吵了他一整夜！

How To Stop Worrying And Start Living

想要晚上睡好觉,第一要素就是必须要有安全感。大卫·哈罗·芬克博士在他名为《释放紧张情绪》的书中写到过和自己身体对话的方法。在他看来,语言是一切催眠法的关键。如果你一直睡不着,不妨对你身体的肌肉说:"放松,让我们放松一下。"众所周知,当肌肉处于紧张状态的时候,大脑和神经就无法放松下来。所以,如果我们想要睡觉,首先就得放松肌肉。随后,出于同样的目的,我们可以在手臂底下垫上几个小枕头,这样有利于放松我们的下巴、眼睛、手臂和双腿。在我们还没有意识到是怎么回事之前,我们已经进入了梦乡。

此外,治疗失眠还有一种非常有效的方法,那就是让自己累起来。你可以去做园艺、游泳、打网球、玩高尔夫球、滑雪……或者哪怕只做些简单的体力劳动。名作家西奥多·德赛来就是这么做的。当他还是一个为生计而挣扎的青年作者时,也曾为失眠而忧虑过。于是,他到纽约的中央铁路去找了一份铁路工人的工作,每天打完铁钉铲完石子之后,他就已经快要累瘫了,甚至等不到吃晚饭就想睡了。

如果我们足够疲倦,那么即便我们正在走路,大自然也会强迫我们入睡的。一个筋疲力尽的人,即便在打雷下雨或是身处战争的危险之中,他依然能够安然入睡。著名的神经学家福斯特·甘乃迪博士曾告诉我说,1918年,当英国第5军撤退的时候,他就亲眼见过筋疲力尽的士兵倒在地上酣然大睡,就算他用手指撑起他们的眼皮,他们依然沉睡不醒。他留意到,那些酣睡的士兵的瞳孔是翻向上眼皮的。"从那以后,"甘乃迪博士说:"每当我睡不着觉的时候,我就会把自己的眼球翻到那个位置,我发现,用不了几秒钟自己就会哈欠连天,睡意沉重。这是一种自然的条件反射,我没法

第二十八章

帮你远离失眠的良方

控制。"

没有人会用不睡觉来成功实现自杀。不管他的控制力有多强,大自然都会强迫他去入睡。我们可以长久地忍受不吃东西、不喝水的生活,却终究无法做到不睡觉。

说起自杀,这让我想到了一个案例。亨利·林克博士是一个心理咨询公司的副总裁,他曾经接触过很多忧虑而沮丧的患者。在他的《人的再发现》一书中写有《克服恐惧和忧虑》这么一章内容。文章中,他对一个想要自杀的病人说:"如果你真的想自杀,那么无论如何,至少可以死得像个英雄。绕着这条街道一直跑下去,直到累死为止吧!"

后来,那个病人果然照他所说的那样去做了,而且尝试了不止一次。神奇的是,每一次都会让他感觉更舒适一些。到了第3天晚上,他终于达到了林克博士所期望的效果——这个病人因为身体疲劳(当然身体上也得到了放松),沉沉地进入了梦乡。再后来他加入了一个体育俱乐部,开始了各种竞技体育的锻炼。没过多久,那种良好的感觉就让他想要永远地活下去了。

所以,不要再为失眠而忧虑。下面是帮你远离失眠的4个良方:

1.如果你睡不着,那就像塞缪尔·安特梅尔那样干脆起床学习和工作,直到你感到困倦为止。

2.记住,从来都没有人会死于睡眠不足。对失眠的忧虑所带来的危害,通常比失眠本身更严重。

3.放松你的全身心,读一读《消除紧张情绪》这本书。

4.多做运动,让你因为体力不支而无法保持清醒。

第七部分小结
预防疲劳忧虑、让你精神饱满的6个方法

方法1：在感到疲劳之前就开始休息。

方法2：学会在工作中放松情绪。

方法3：如果你是一个家庭主妇，请学会在家放松，以保持健康的体魄及容貌。

方法4：养成以下4种良好的工作习惯：

（1）整理好你的办公桌，只保留那些与当前问题相关的文件。

（2）根据事情的重要程度排序，首先处理重要的事。

（3）能当场解决的问题不要拖延。

（4）学会组织、层级负责以及监督。

方法5：想要远离烦恼和疲劳，请在工作中投入热情。

方法6：记住，没有人会死于睡眠不足。造成损害的并不是失眠本身，而是因担心失眠而产生的焦虑。

第八部分

怎样让工作带给你
快乐和成就感

第二十九章

事关你一生幸福的重大决定

如果你已满18岁，那么你可能很快就会面临两个事关你一生幸福的重大决定，这两个决定将影响你的人生——收入、健康以及幸福。

那么，这两个重大决定是什么呢？

第一、你要选择怎样的职业？是准备当一个农民、一个邮递员、一个化学家、一个护林员、一个打字员、一个马贩子、一个大学教授还是直接开一家汉堡店？

第二、你将选择一个怎样的人来结为夫妻伴侣？

在有些人看来，这两个问题的选择无异于赌博。哈里·爱默生·福斯蒂克博士曾经说过：''每一个小男孩在选择度假方式时完全就是赌徒的作风，他必须以整个假期做筹码。''

那么，你该如何才能在选择职业时降低赌博成分呢？我建议，在条件允许的情况下，尽量去选择自己喜欢和感兴趣的工作。一次，我曾向轮胎制造商戴维·M.古德里奇先生请教成功的秘诀，他说："只要你热爱自己的工作，即便上班时间长一点也不会觉得累，整天就跟玩儿似的，不知不觉就过去了。"

人性的优点
How To Stop Worrying And Start Living

伟大的发明家爱迪生就是一个很好的例子。这个曾经的报童几乎每天都会花上18个小时奋战在他的实验室，就连吃、住都在那里，而且很是乐此不疲。难怪他能够取得巨大的成功！

对此，查尔斯·史兹韦伯也持有同样的看法。他说："只要一个人热爱他所从事的工作，那么他成功的几率将大大增加。"

然而初入职场的你或许会有疑问：对工作的热爱是怎样产生的呢？曾为杜邦公司成功招聘过数千名员工、时任美国家庭产品公司公关副总的艾德娜·卡尔夫人说："最大的悲剧，是我知道有太多的年轻人，他们从来都不知道自己真正想要的是什么。要是一个人的工作只为得到薪水，那他真是太可怜了。"

卡尔夫人说，即便是大学毕业生前来应聘，他们的说辞往往也是："我获得了达特茅斯大学的学士学位或是康奈尔大学的硕士学位，不知贵公司有没有适合我的岗位？"他们根本就不知道自己能做些什么，就连自己想做什么也不知道。难怪这世上有无数学子在初出校门时豪情万丈、对未来充满了梦幻般的憧憬，可到了40岁依然还是一事无成、沮丧落魄甚至濒临崩溃。

事实上，找到一个适合自己的职业十分重要，甚至还有益于身心健康。约翰·霍普金斯医院的雷蒙德大夫曾和几家保险公司联合做过一项研究，发现"适合自己的工作是令人长寿的首要原因。"这与托马斯·卡莱尔"能找到自己喜欢的工作是幸运的，这种幸运甚至超越了其他幸福"的名言殊途同归。

我在前面的章节里曾提到过《求职六妙招》的作者、索科尼石油公司的人事经理保罗·鲍尔顿。之前我们在聊天的时候，鲍尔顿

第二十九章
事关你一生幸福的重大决定

还感慨地说现在的年轻人在求职时总是一片茫然，而且还喜欢自作聪明地见机行事。他说："令人震惊的是，他们在选择职业生涯时所花的心思甚至还不如在买衣服时用得多。要知道，衣服穿几年就旧了，而他们整个未来的人生完全取决于今天的工作和事业，这才是关乎幸福安康的大事情！"

还等什么呢？你又能够做些什么呢？或许你可以借鉴一下"就业指导"服务机构给出的就业测试结果，并获得相应的职业规划指导。当然，这些建议未必绝对可靠，最终决定还得靠你自己来做。

有个职业规划师曾建议我的一个学生去当作家，仅仅因为他的词汇量比较大。真是荒唐可笑！作家哪有那么好当。作为一名优秀的作家，词汇量丰富是一方面，作家自身的思想、情感是否具备感染力和说服力，都是必不可少的。只有做到这些，才能够将自己的思想、信念和经验传达给读者。这位职业规划师显然是看人看问题都过于简单片面化了。

在这里我想指出的是，即便是职业指导专家，他们也不可能百分之百不犯错。也许你最好还是多听几个人的意见为好，那样得出的结论会更趋于真实合理。

或许你会认为我在这一章里讲的道理过于危言耸听，这并不奇怪。但是，如果你了解到多数过来人之所以会悔不当初、忧虑遗憾，都是因为当年的草率就业，你就会理解我的苦心了。不信的话，你可以问问你的父亲、邻居或是你的上司。

在约翰·米勒看来，如果工人无法适应并喜欢上他们所做的工

人性的优点

How To Stop Worrying And Start Living

作,那么损失最严重的还是社会。试想一下,在这个地球上有成千上万的工人厌恶他的日常工作,对社会而言该有多么的糟糕!

你知道在美国军队里最先"崩溃"的是哪一类人吗?这个崩溃并不是指因战斗而伤亡,而是指在执行常规任务时精神崩溃。没错,就是那些被编派到错误部门的人!伟大的心理学专家威廉·曼宁格博士曾在二战期间负责过军队的心理治疗工作,他说:"我们发现,人岗匹配至关重要,也就是把合适的人放在合适的岗位上去。如果一个人对他的工作毫无兴趣,那么他就会觉得自己怀才不遇、虚度人生。如果这样继续发展下去,就算他不得心理疾病,也会蒙上一层心理阴影。"

出于同样的理由,在工商业的从业者中也会出现一些心理疾病患者,甚至是精神崩溃的人。那些对自己的工作和事业深恶痛绝的人,完全有可能把一切都搞得一团糟。

就拿菲尔·约翰逊的故事来说。菲尔的父亲经营着一家洗衣店,他希望自己的儿子能够子承父业。可菲尔非常讨厌这份工作,所以干起活来总是磨磨蹭蹭、敷衍了事,甚至还偷偷摸摸地旷工。得知这一切的老约翰逊感到非常伤心,他没想到自己居然养了这么一个不求上进、懒散纨绔的儿子,觉得这个儿子让他丢尽了脸。一天,菲尔告诉他的父亲,自己想到一个机械厂去当技工。老约翰逊直接惊呆了,毕竟那可是一份辛苦活儿,不仅需要整天穿着沾满油污的工作服,而且一天到晚都没有闲工夫。可菲尔决心已定,不顾家人的反对就去机械厂上班了,而且还干得挺起劲,甚至有时还会边吹口哨边干活。他选修工程学课程,研究发动机技术,废寝忘食

第二十九章
事关你一生幸福的重大决定

地投入到了机械设计中来。在1944年菲尔·约翰逊去世以前,他担任总裁的波音公司已经制造出了当时世界上最先进的轰炸机,助了盟军一臂之力。

如果当年他选择继续留在洗衣店而子承父业,那么结果会怎样呢?我想,恐怕他会把洗衣店败了个精光。所以,我想奉劝你们这些年轻人,不要因为盲目听信家人、朋友的建议就勉强自己进入本不喜欢的职业领域。当然,那些建议还是听听为好,毕竟他们吃过的盐比你吃过的饭还要多,丰富的经验和岁月的智慧会给你带来一定的启发。只是,最后做出决定的人一定得是你自己,因为这个决定只关乎你一人的悲欢体验。

说到这里,我将向你提供以下几点建议,仅供参考:

1.阅读并思考就业指导专家、哥伦比亚大学的吉森教授所拟定的关于职业选择的建议。

A:不要去听信所谓算命师、占星家、性格分析师、笔迹鉴定专家等相关人士的神奇指导。

B:不要去听信仅仅通过一个测试就能够给你选定职业的人。这些人违背了职业辅导的原则,因为你的社会、经济背景等都需要纳入考虑的范围之内。同时,他们还应该向你介绍该岗位的基本情况。

C:寻找一位拥有丰富职业资料的就业指导人,掌握充分的资料并悉心咨询。

D:规范的就业指导服务通常需要至少两次以上的面谈。

E:拒绝接受函授的就业指导。

人性的优点

How To Stop Worrying And Start Living

2.避免选择那些过于热门、人满为患的职业。可以谋生的行业有很多种，可调查表明，三分之二的男生却只选择了其中的5种职业，五分之四的女孩子也做出了差不多的选择。那些热门职业的应聘者前赴后继，怪不得白领阶层患忧郁症等压力性心理疾病的人也越来越多。如果你打定主意一定要进军像法律、新闻、传媒、影视这种人满为患的行业并且还想有所建树，那就得做好千军万马过独木桥的准备。

3.谨慎选择生存机会渺茫的行业，比方说卖人寿保险。每年都会有成千上万的人——通常是失业者——贸然涉足人寿保险行业，可作为美国最成功的人寿保险推销员之一的富兰克林·贝格特先生却对我说："90%的人寿保险推销员都会在一年之内黯然收场，即便是留下来的那些人，成功的几率也只不过是1%，否则只不过是勉强混口饭吃。"

4.花上几周甚至几个月的时间，对意向职业做个全面调查。和同行的资深人士深入交流，或许会对你的未来产生深远影响。从我自身来说，在我20岁出头的时候，我找到了两个前辈，他们给我提出了颇有意义的职业建议。现在，当我回过头看时，我才发现，那两次谈话可以称得上我职业生涯中的转折点。

那么，你该怎样进行就业咨询呢？比方说你想要成为一名建筑师，可又苦于没有合适的咨询渠道，那么不妨搜索一下电话黄页的分类栏。你可以打电话，也可以写信，内容可以这样写：

您好，可否麻烦您帮我个小忙？我非常需要您的意见。我今年18岁，希望未来能够成为一名建筑师。在我做出决定之前，希望征

第二十九章
事关你一生幸福的重大决定

询一下您的建议。如果您能够抽出半个小时的时间和我面谈，我将不胜感激。我想咨询的问题是：

A：如果您可以重新选择，您还会愿意当一名建筑师吗？

B：根据您的观察，我是否具备成为一名成功的建筑师的素质和条件？

C：建筑师这一行是否已经人才饱和？

D：4年后，建筑师这一行的前景怎样？

E：假如我工作能力一般，在工作的前5年期望多少薪水合适？

F：建筑师这一职业的优缺点分别是什么？

G：如果我是您的儿子，您是否会建议我成为一名建筑师？

如果你是腼腆羞涩的小伙子，那么我建议你可以找个同伴陪自己一起去，这样彼此之间可以增加信心。再者，你也可以请你的父亲和你一同前去拜访。

你之所以会求教于某人，实际上也是在变相地恭维他、给他荣誉，他可以感受到你的尊敬，说不定还会受宠若惊。记住，成年人向来喜欢给年轻人提出建议和忠告，特别是在受到敬重和礼遇的情况下，他们简直无法拒绝你的求教。

如果你之前联系的5个建筑师都忙得腾不出时间，那么你就再去联系另外5个，总会有人能够见你，总会有人可以向你提出宝贵的意见。有些时候，这些意见和建议能够令你茅塞顿开。

记住，你是在做一个事关你人生大计且影响深远的两个决定中

的其中一个,也正因如此,你需要多做些准备,多花些时间和心思在上面。否则,你可能会悔恨终生。

还有,那些所谓"你只适合一种职业"的观念简直是大错特错!每一个正常人都可能在不同的职业领域获得成功,他可以适应很多种的职业,当然,他也可能在很多种职业上遭遇失败。就拿我自己来说,如果让我去从事以下职业,成功的几率肯定会高于让我去从事其他职业,而且我也非常享受这些工作:果农、医药业从业者、销售员、广告业从业者、报纸编辑、教师、林业。在另一方面,下边的这几种职业,我相信自己一旦涉足肯定会遭遇失败,而且我本身也不喜欢做:会计、工程、酒店老板或工厂主、建筑、机械行业以及其他工作,等等。

第九部分

如何减轻你的财务忧虑

第三十章

我们百分之七十的烦恼……

如果我知道如何解决大家在财务问题上的忧虑，也就用不着写这本书了——我恐怕早就到白宫去当总统顾问了。但至少我能够引述专家的一些实用性建议，或许能够提供给你们一些帮助。

根据《妇女家庭》杂志调查显示，我们70%的烦恼都和金钱有关。盖洛普民意调查协会的主席乔治·盖洛普说，大多数人都认为如果他们的收入能够增加10%，那么他们就不会面临财政危机了。然而，在很多情况下却并非如此。

在写这一章之前，我曾采访过艾尔西·斯塔普林顿夫人。她是一位预算专家，曾以个人的名义帮助过那些面临经济困扰的人，从年入1000美元的看门人到年入10万美元的企业执行官不等。她告诉我说："对于绝大多数人而言，多赚一点薪水并不能解决他们的财务危机。很多家庭也会出现收入增加烦恼也随着增加的状况。他们之所以会担心，并不是因为没有足够的钱，而是因为不知道怎么支配手中的这笔钱。"

事实上，当年我也曾面临过财政困境。在密苏里的农场上，我每天下地辛苦劳动10个小时，累得腰酸背痛不说，每个小时的薪水也才只有区区5美分。你知道这意味着什么吗？我只能20年如一日地住在没有浴室和自来水的房间，在零下15度的卧室里辗转难眠，为了

人性的优点
How To Stop Worrying And Start Living

节省10美分而徒步赶路，衣服上的补丁补了又补，在餐厅也只能点菜单上最便宜的菜……我永远都忘不了当年穷苦时的滋味。

然而，即便在那种艰苦奋斗的日子里，我依然想方设法地储蓄个三分五分。如果我手中没有积蓄，心里就会发慌。

经验告诉我，如果想要避免债务和减少金钱上的困扰，就不得不像企业一样做好预算，然后根据预算计划用钱。可我们中的绝大多数人都没有这样做。比如说有个会计师，在管理公司的资产时可以做到精打细算，可面对个人财务问题时的做法却盲目得让人不敢恭维。哪怕他刚领到工资，只要在商店的橱窗里相中了一件大衣，他就可以不管房租、水电费等各种固定开支立即把它买回家。然而，他自己也非常清楚，如果他们公司也像他一般大手大脚不顾成本，早晚有一天会关门大吉。

所以，一旦涉及钱，你就相当于是在为自己经营事业，和家庭物质生活息息相关的事业。虽然你如何对待自己的金钱的确和他人无关，但下面这10条有关如何管理家庭财产、如何制定经济预算的规则或许值得一看。

规则1：用记账本做预算。

50年前，在小说家阿诺德·班尼特刚刚抵达伦敦时，他还是个为钱烦恼的穷人。所以，他便把自己的每一笔花销——哪怕只有一个便士——都记录在一个记账本上，以便自己心中有数。后来，他成为了一个拥有私人游艇、闻名于世的作家富豪，可依然保留了当年的这个习惯。

约翰·D. 洛克菲勒在每天晚上的祷告之前，总会把当天的开支给算个清清楚楚，此后才会放心上床睡觉。他习惯了核算总账。

我们不一定非得找个记账本做记录，但是如果可能的话，我

第三十章

我们百分之七十的烦恼……

们可以列出1到3个月的消费明细，这样我们就能大致知道钱的流向了，然后我们就可以以此作为依据、制定预算了。一旦你这么实施开来，人们通常会难以置信地对着花销流水账大惊失色："原来我的钱就是这样花没的！"

规则2：量身定制适合你的财务预算。

斯泰普敦太太告诉我说，因为人与人之间的差异，哪怕是各方面情况都相差无几的两个家庭，他们的预算也会截然不同。做预算并不是为了抹杀生命中的所有乐趣，而是给我们带来物质层面的安全感，而物质层面的安全感，是精神层面安全感的基础和前提。预算能让你的生活更加轻松愉快。

那么，你该如何去做预算呢？首先，你得理出所有的开支明细，然后恳请银行理财顾问给你提出合理化建议。你会发现，他们非常乐意为你的财务问题提供咨询并帮助你拟定预算。

规则3：学会聪明地花钱。

我的意思是说，你要学习如何让你的金钱发挥最大的价值。所有大公司都会有专业的采购员，他们的工作任务就是进行价格谈判、争取最合理的价位。作为你个人资产的管理人，你有什么理由不这样做呢？

规则4：避免在收入增加的同时，烦恼也同步增加。

斯泰普敦太太说，她最怕别人向她咨询，如何才能每年收入5000美元。年入5000美元似乎是大多数美国家庭的奋斗目标。经过多年的奋斗，他们在终于达成这个目标以后往往被看成是人人艳羡的成功人士。在外人看来，他们可以随心所欲地买房、买车、添置新家具、购买新衣服了。可是，这种情况下真就会比以前更加快乐吗？恐怕不是想象中那么乐观。因为他们收入的增加根本就比不上

开销的增长，一不留神还会出现家庭赤字，在某种程度上来说，他们甚至比以前更穷了。

自然，我们都希望能够享受更加美好的生活，但是从长远来看，与其让信箱中塞满催债的账单、债主亲自找上门来，适度控制自己的欲望、维持预算内的生活水准是否会更幸福些呢？

规则5：尝试建立自己的良好信用，以备不时之需。

到了紧急关头，当你意识到必须靠借钱才能够渡过难关时，人寿保险、国防债券简直就成了你的救命稻草。然而，你得确保你的保险具有现金价值，当你需要借用它们的时候，它们确定可以被当作抵押资产。有一种定期的保险，它之所以被称为"保险"，是因为它仅能够在规定的期限内给予你保护，而却并不会建立现金储备。而这种"保险"，对于应急来说显然用处不大。因此，在你签署保险购买合约之前，一定要确保它能够作为抵押金以备不时之需。

如果你没有可以帮你借到钱的保险、证券，你只有房子、汽车等其他类型的抵押品，那你该去哪里借钱呢？想尽一切办法，去银行碰碰运气吧！通常情况下，在你遇到经济困难时，银行会乐意和你共同探讨这个问题，并帮助你制定合理可行的计划，最终确定一个双方都可以接受的方案。

规则6：保护自己不要生病，分期兑现人寿保险。

为了防止当事人在短期内因为上当受骗、盲目投资或转作他用而将自己的保险金挥霍殆尽，我建议保险可以用，但最好不要一次性全部兑现。就像伟大的金融家J. P. 摩根所做的那样，他的保险受益人所得到的遗产是有价证券，而且每月都有一笔固定收入作为生活保障。

规则7：重视对子女的金钱管理教育。

第三十章

我们百分之七十的烦恼……

我永远都不会忘记杂志《你的生活》中所刊载的一篇文章。作者斯特拉·韦斯顿·托特描述了他是如何培养女儿管理金钱的:"我每周都会给9岁的女儿一些零花钱,并让她自己记好账,拿到零钱的时候就'存进'她自己的'银行账户',花出去的时候就记下'取出',并在每次财务进出时记录清楚。为此,女儿不仅从中得到了其他孩子无法体会的乐趣,而且也学会了该如何管理金钱。"

规则8:兼职外快可"开源"。

如果你在精打细算之后却发现仍然无法保持收支平衡,你可以破口大骂、怨天尤人,也可以想法子赚一些额外的钱。究竟该如何是好呢?显然,靠做兼职赚取外快来增收才是个明智的好法子。在选择做外快的方向上,那些人们迫切需要而在市场上却供不应求的项目赚钱最快。

规则9:永远不要寄希望于赌博。

我总是很惊讶,为什么有那么多人会妄想通过赌马、玩老虎机发财?那都是些事先就设计好的赌局,你真得会天真地认为自己能够玩过其中的潜规则吗?我认识一个在美国很出名的出版商,他曾是我一个成人教育班上的学生,深谙赌博游戏的幕后潜规则。他告诉我说,要想对付敌人,没有比教唆他去赌马更好的方法了。即便是根据所谓的内部消息来下注,也会输掉全美国所有的印钞厂!事实上,每年都会有无数的傻瓜扔进马赛60亿美金,金额恰好是1910年美国国债总和的6倍。

如果一意孤行偏要去赌博,那么至少请在赌博之前学聪明一点,看看陷阱往往出在哪儿?桥牌和扑克牌的顶级专家奥斯瓦尔德·雅各比在《如何计算胜率》一书中,详细讲解了各种常见的赌博方式以及在股票市场的胜率,我相信你在读了此书之后会无比同情那些上当受

人性的优点
How To Stop Worrying And Start Living

骗的可怜虫,他们辛苦赚来的血汗钱居然如此轻松地就打了水漂。

规则10:如果实在无法改善财务状况,不妨调整好心态。

如果我们实在无法改善自己的财务状况,那么也许可以试着去改善心态。要知道,家家有本难念的经,说不定和别人相比,我们已经很幸运了呢。一些美国历史上的著名人士也有面临经济窘困的时候,比如说林肯和华盛顿,他们当年就任总统的时候就不得不靠借钱才勉强凑齐了前往首都的路费。

即便我们终究无法得到自己想要的东西,也请不要怨天尤人,那会毁了我们的生活。让我们尽力而为,做最好的自己就够了。就像罗马最伟大的哲学家塞内卡所说的那样:"如果你不懂得知足常乐,那么即便你已经拥有了全世界,也终归是个可怜人。"

让我们记住这一点:即便我们拥有整个美国,我们还是得过一日三餐的寻常日子,同一时间只能躺在一张床上睡觉。

为了减轻在财务方面的忧虑,让我们试着去遵循以下10条规则:

规则1:用记账本做预算。

规则2:量身定制适合你的财务预算。

规则3:学会聪明地花钱。

规则4:避免在收入增加的同时,烦恼也同步增加。

规则5:尝试建立自己的良好信用,以备不时之需。

规则6:保护自己不要生病,分期兑现人寿保险。

规则7:重视对子女的金钱管理教育。

规则8:兼职外快可"开源"。

规则9:永远不要寄希望于赌博。

规则10:如果实在无法改善财务状况,不妨调整好心态。

第十部分

16个真实故事
教你如何应对忧虑

第1个故事

突如其来的六大烦恼

（作者：布莱克·伍德）

  1943年的那个夏天，在我看来，似乎世界上一半的烦恼全都压在了我的肩膀上。40年来，我的生活一直风平浪静，即便偶有烦恼，也不过是些诸如为人夫、为人父的日常琐事，最大也不过是生意上遇到些麻烦，而我也完全能够应付自如。没想到，有一天我竟也会遭遇突如其来的大麻烦，而且祸不单行，接踵而至的还是六大重击，愁得我天天晚上睡不着觉。这些烦恼分别是：

  1.我所开办的商学院陷入了极其严重的财务危机。因为在校的绝大多数男孩都得去服兵役，而大多数女孩虽然接受过良好的教育培训，可她们毕业后从事白领工作所能够赚取的工资，反而不如在兵工厂工作的从未接受过任何教育的普通女工赚得多。

  2.我的大儿子也在服兵役，像所有后方的父母一样，我非常担心他在前线的安危。

  3.为了建造新机场，俄克拉荷马州的土地征收工作正在如火如荼地进行中，而我父亲遗留给我们住的这套房子，恰好就处于被征收的范围之内。这样，除了我只能拿到市场价10%的补偿金外，更不幸的是，我们一家老小将流离失所。毕竟城市里的住房资源紧张，我担心我们这一大家子人无法找到栖身之所，而就算是住帐

篷,能不能买得到也是个问题。

4.我家附近的一处运河正在施工,所以农庄里的水井也断了水。原本我可以花500美元重新挖一口井,可不巧恰逢土地征收,这就意味着挖井的钱也没着落了。为了保证牲口的日常饮水,我不得不每天早晨亲自上阵去运水,而这样的工作至少要持续两个月,也可能会更久。我真怕自己的后半辈子就浪费在给牛运水这件事上了。

5.我家住在离商学院10英里的地方,而我的车用的是B类加油卡,根据战时的规定,这意味着我将不能够去买新轮胎,所以每当我开车去学校时总是悬着一颗心,说不定什么时候我这辆老福特车就会在荒郊野岭罢了工。

6.我的大女儿已经提前一年从高中毕业了,她想去上大学,而我却凑不齐学费给她。我知道,为了这件事,她的心都要碎了。

一天下午,我独自一人坐在办公室里,又开始为这些事发愁了。于是,我决定把这些事一件件地写下来,因为它们给我造成忧虑的严重程度是前所未有的。只要能够想办法把它们解决,再苦再累我都不介意,可那些困难貌似已经超出了我的能力范围,所以我常常会感到束手无策。于是,我又把这些写满忧虑的纸给收了起来。随着时间的流逝,我已经忘了自己写过它的这回事。

18个月之后的某一天,当我在整理文件的时候,这张纸又不知从什么地方冒出来了。重新审视当初写下的这6个严重威胁我健康生活的烦恼,我竟看着看着突然觉得有趣了起来,同时也从中悟出了一些道理。事实上,纸上写的6个烦恼,一个都没有发生。

这六大烦恼的最终结果如下:

1.我担心自己开办的商学院要关门大吉了——不曾想政府又出

第1个故事

突如其来的六大烦恼（作者：布莱克·伍德）

台了新政策,向商学院拨款训练退伍军人,所以没过多久我的学校又生源满堂了。

2.我担心我那服兵役的大儿子能否安然无恙——最后,他毫发无损地回了家。

3.我担心土地被政府征用建机场之后举家上下会无家可归——后来他们在我家农庄的附近发现了大油田,所以也就逃过了一劫。

4.我担心井里断水,牲口没水喝——既然政府决定不再征用我的土地,那么我当然就可以放心地花钱挖新井。

5.我担心车子会半路罢工——出于我的悉心保养,我的老福特也坚强地挺过了难关。

6.我担心女儿会没钱上大学——在大学开学前的60天,我竟奇迹般地得到了一份审计工作的兼职,谢天谢地,我在女儿开学之前终于凑齐了学费。

我之前常听人说"99%的忧虑最后都不会发生",此前我一直半信半疑。可18个月后的今天,当我面对这张忧虑清单时,总算是心服口服了。

虽然我的这六大烦恼只不过是杞人忧天,但在经历了这一切之后,我也收获了一个永生难忘的教训,那就是:不要为尚未发生的事情而忧虑,那只不过是在浪费好心情和时间。

记住"今天就是你昨天曾经担心着的明天。"你可以问问自己:当初你所担心的那些事,它们真的发生了么?

第2个故事

一小时之内变成乐观主义者

（作者：罗格·W. 斑布森）

每当我发现自己心情沮丧、意志消沉时，我总是能够在一个小时内消除烦恼、恢复乐观。

我是这么做的：我会走进图书馆，闭上眼睛，走到摆满历史书籍的书架旁边。此时此刻我依然闭着眼睛。我伸手拿起一本书，好像是普雷斯科特写的《墨西哥征服史》。我的眼睛仍然紧闭，随手翻开一页，然后才睁开眼睛。从那页开始，我会一连看上一个小时，越是深入其中，就越能够融入到书中的悲惨世界：在这个世上，痛苦的事情数不胜数，人类文明也时常处于摇摇欲坠的边缘。战争、饥荒、贫穷、瘟疫以及人与人之间的残暴斗争就像是驱之不尽的虱子，爬满了历史的扉页。

在阅读了一个小时的历史纪事之后，我总会产生无限感慨：无论眼前的苟且有多么的不堪，也总好过历史上所发生的不幸。这种感悟会指引着我从容面对当前的困境，凡事多往好的方面看。因为从历史的角度来看，我们始终是走在通往光明和美好的康庄大道上。

感悟历史，这是个值得一试的好方法。以千百年来历史的沧桑对照当下的处境，我们会发现，原来困扰我们的只不过是些无足轻重的小事。

第3个故事

如何摆脱自卑情结

（作者：埃尔默·托马斯）

在我15岁的时候，曾长期饱受忧虑和恐惧的困扰，而且自尊心也备受打击。和同龄人相比，我长得就像是根又高又瘦的竹竿，明明是6尺2寸的大高个，体重却只有118磅。我空长了大高个了，在棒球、赛跑等竞技比赛中总是技不如人。而且，别的孩子们还给我起了个"大马脸"的外号，常常以取笑我为乐。我家住在偏僻的农村，距离公路也至少有半英里的路程。除了父母和兄弟姐妹，我接触陌生人的几率本来就不高，再加上我那超强的自尊心，更是不愿意和别人打交道，于是便显得更加孤僻了。

每一天，每一刻，我都为自己的高瘦羸弱而自怨自艾，根本也顾不上其他事情。我的尴尬和恐惧是如此强烈，这种精神上的痛苦简直无法言喻。如果后来的我一直沉浸在这种烦恼和恐惧之中无法自拔，那么我的一生恐怕只会以失败而告终了。我的母亲曾是一名教师，她对我说："儿子，你应该努力学习以图深造。既然你在身体上不占优势，今后就只能靠头脑谋生了。"

话虽如此，可考虑到我的父母根本就无力供我上大学，我就只能靠自己筹措学费了。于是，我在冬天里捕获了一些诸如负鼠、臭鼬、浣熊和水貂之类的小动物，等来年开春把它们卖了，用得到的

人性的优点
How To Stop Worrying And Start Living

4美元买了两头小猪。第二年秋天,养肥了的小猪又卖了40美元。凭借着40美元的学费,我终于如愿以偿走进了印第安纳州的州立学院。每星期的伙食费是1.4元,宿舍租金是50美分;棕色衬衫是母亲亲手为我缝制的(很明显,她之所以选择这个颜色是因为它耐脏);外套也是父亲穿旧了的,并不合身;皮鞋也是父亲穿旧的,且不合脚,甚至就连鞋上的松紧带都因为频繁绑系而失去了弹性,走路时鞋子还会时不时地往下掉。这就是我在大学里的生活常态,所以我总是很自卑,也羞于和其他同学交往,几乎所有的时间都用来学习了。当时我生命中最深切的渴望就是:有朝一日,我也能在服装店买一件体面又合身的衣服穿。

在那之后没过多久,接连发生的4件事使我克服了忧虑,也终于让我走出了自卑的阴影。其中有一件事,不仅带给我勇气、希望和信心,更是彻底改变了我今后的人生。事情是这样的:

第一件事:入学仅仅8周之后,我就通过了一项考试,并取得了一个可以在乡村公立学校教书的三级证书。虽然该证书的有效期只有6个月,但值得肯定的是,这是我有生以来,除了母亲之外第一次有人对我表明信心的铁证。

第二件事:我收到了一所名叫"幸福山谷"的学校的聘书,他们愿意为我提供日薪两美元,或是月薪40美元的薪水,这也再次证明了别人对我的信心。

第三件事:在我第一次领到薪水时,我到服装店买了一身体面合身的衣服。即便现在有人给我100万美元,我想我的激动程度也不会超过自己第一次买新衣时的一半。

第四件事:这也是我生命中真正意义上的转折点,从那以后我才真真正正地战胜了自卑。我的母亲鼓励我去参加以色列国家博览

第3个故事

如何摆脱自卑情结（作者：埃尔默·托马斯）

会的演讲比赛，要知道，这对曾经的我来说简直可以称得上是天方夜谭。放在从前，我连单独和人说话的勇气都没有，更别提要对着一大群人做演讲了。最终，我还是选择登上了演讲台。

我抽中了"美国杰出的自由主义艺术"这个演讲主题，对我而言，这个题目很不简单。坦白说，在此之前我可以说是对自由主义艺术一无所知，幸运的是听众们貌似也只是一知半解，所以这次演讲内容的专业程度也就显得不那么重要了。我仍记得自己在树林和田野里千排百练的努力，我迫切地渴望借这个机会为母亲争光。比赛时，我真情流露，竟出乎意料地拿到了冠军的奖杯。成功来得太突然，当四周爆发出雷鸣般的掌声时，就连那些曾经嘲笑过我的男生也跑过来向我表达祝贺："埃尔默，我就知道你能行！"我的母亲紧紧抱住我，激动得热泪盈眶。

回首我的漫漫人生路，我能够明显地感受到，那次演讲比赛的胜利的确给了我一个至关重要的转折。当地的一家报纸刊登了我在比赛上的辉煌胜利，并预言我在将来一定会赢得更大的成功。赢得那次比赛让大家开始认可我，更重要的是，它大大增强了我的自信。

如果不是那次成功的比赛经验，我今天恐怕也不会成为国会议员。那次比赛不但开阔了我的眼界，让我终于意识到了自己的潜力，而且还为我赢得了印第安纳州州立大学的奖学金。

渐渐地，我对知识的渴望与日俱增，因此在之后的几年里，我把自己的所有时间都用在了学习和教学上。为了凑齐上大学的学费，暑假我就到田间劳作，还会去打工建公路。

到1896年为止，年仅19岁的我却已经做了28次演讲。凭借这份资历，我被布莱恩相中，成了他竞选美国总统的唱票人。为布莱

人性的优点
How To Stop Worrying And Start Living

恩助选的演说取得了空前的成功，为此我也信心倍增，同时也为我今后向政界发展打下了基础。进入大学之后，我主修公共演讲和法律。1899年，我还曾代表学校与巴勒特大学展开了一场题为"美国参议院是否该由公众投票选出"的辩论。因为我拿过不少演讲比赛的冠军奖杯，我还有幸被选为学校1900年年刊《幻影》的学生主编，主要负责校报的编辑。

大学毕业之后，我在俄克拉荷马州开了一家律师事务所，主要办理一些印第安原住民地区的案子。后来，我在俄克拉荷马州的参议院工作了13年，又在国会下议院工作了4年。1927年3月4日，在我50岁生日的那年，我终于实现了自己的人生理想，成为俄克拉荷马州的国会议员。再后来，由于俄克拉荷马州和印第安保留区合并，我幸运地连续获得了民主党的提名。继州议员以后，我最终成为一名国会参议员。

我之所以会把自己的这个经历讲给大家听，并不是为了吹嘘自己一时取得的成就，估计也没有几个人会对我这些所谓的成就感兴趣。我所希望的是，通过我的亲身经历，可以让更多因贫苦出身而焦虑自卑的莘莘学子看到人生的希望。我希望他们能够鼓足勇气抬起头来，为追求自己的理想而坚定信心、自强不息。哪怕此时此刻的他们就像童年时期的我一样，正在为生活窘困而遭遇嘲笑，只能去穿父亲穿过的旧衣服、旧鞋子。

第4个故事

我对抗焦虑的5个方法

（作者：威廉·里昂·菲尔普斯）

【在菲尔普斯教授去世前不久，我有幸同他在耶鲁大学交流了一个下午。下面的访谈录就是根据那次谈话的内容整理而成的，其中就包含了教授用于对抗焦虑的5个方法。——戴尔·卡耐基】

一、当我在24岁的时候，有一天眼睛突然出了毛病。每次阅读3到4分钟之后，我的眼睛就仿佛像针扎了一样疼，根本就无法继续看书。而且，这个时候我的眼睛似乎变得对光线也极为敏感，敏感到甚至无法面对窗户。我咨询了纽约最好的眼科专家，可他似乎也爱莫能助。每天下午4点之后，我就只能躲在阴暗的房间角落，坐在椅子上等待困意袭来。我很害怕，我担心眼疾会让我不得不结束自己的执教生涯，到时候说不定就只能到西部森林当伐木工了。可后来发生了一件奇怪的事，让我意识到原来精神的力量竟可以奇迹般地战胜肉体的伤痛。在我眼睛状态最糟糕的那个冬天，我应邀去为一群即将走出大学校门的毕业生演讲。大厅的天花板上悬满了明晃晃的吊灯，高强度的灯光刺激得我眼睛疼痛难耐。虽然我的人坐在讲台上，眼睛却不得不紧盯着地面。然而，在这30分钟的演讲中，我竟全然没有感觉到痛苦，甚至在直视灯光的时候也没有感到任何不

人性的优点

How To Stop Worrying And Start Living

适。可是，在演讲结束以后，我的眼睛又开始痛了起来。

从那时起，我渐渐悟出了一个道理：只要把精力集中到某一件事情上，不是30分钟，可能需要一个星期，我的眼睛就能痊愈了。因为之前的例子告诉我，心理作用完全可以战胜肉体上的病痛。

我曾经也有过类似的经历。一次，我乘船在海上航行，当时腰痛的简直直不起来，甚至连正常走路都成了难题。可即便是如此恶劣的情境，我还是坚持完成了在船上的演讲。当第一句演讲词从我嘴中蹦出来的时候，似乎所有的疼痛全都消失了。我昂首挺胸地讲了一个多小时，结束后竟轻松自如地走回了自己的房间。当时，我还以为自己的腰痛已经痊愈，可没想到那只是暂时的，演讲完没过多久，我的腰又疼了起来。

所有的这些经历都在说明着同一个道理：一个人的心态是何等的重要！与此同时我也意识到了享受人生的重要性。所以，现在我把每一天都当成是生命中的最后一天来认真对待。平静如水的生活也能激起我冒险的兴趣，我无暇也不屑于再为凡俗琐事而担忧。我热爱我的教学工作，还写了一本名叫《充满激情地教学》的教育书籍。对我而言，教学并不仅仅是赖以谋生的职业，还是我的激情和艺术所在。我对教学的热爱就像画家热爱画画、歌手热爱唱歌。每天早晨，当我从睡梦中醒来，我首先想到的就是我那一群可爱的学生。我深信，一个人能否在生活中获得成功，最关键的因素就是内心时刻充满激情。

二、我发现了一本引人入胜的好书，它能够让我忘却烦恼、完全沉浸其中。当时我在美国，已经有很长时间在面临精神崩溃的边缘。就在那个时候，我开始阅读起戴维·亚历克·威尔逊的不朽名著《克莱尔的生活》。这真是一剂良方，全神贯注地阅读竟让我在不知不觉中忘记了自己的烦恼，直至走出绝望的深渊。

第4个故事

我对抗焦虑的5个方法（作者：威廉·里昂·菲尔普斯）

三、另一次，当我郁闷到极点的时候，我强迫自己忙个不停。每天早上我都要打五六个回合的网球，然后洗澡、吃早饭，下午再继续打18洞的高尔夫球。每个星期五的晚上，我还会去跳舞，一直跳到凌晨一点钟。我深信，汗水会盗走我所有的忧虑和烦恼，并将它们蒸发个一干二净。

四、很久之前，我就学会了如何避免手忙脚乱地面对工作，以及如何规避工作中的压力。我一直对威尔伯·克洛斯的人生哲学观深表赞同。当时，时任康涅狄格州州长的威尔伯·克洛斯对我说："当我觉得事情多到超出我的能力范围时，我就干脆坐下来休息，抽上一小时的烟，其他什么都不做。"

五、我发现，耐心和时间是解决问题的良方。每当我为一件事忧虑不已的时候，我就会试着去想它的将来。我会对自己说："如果两个月之后我就不必再为此事而担心了，那现在又何必自讨苦吃呢？为什么不像两个月之后那样生活呢？"

总之，以下5个方法就是菲尔普斯教授用来对抗忧虑的良方：

1.激情四射地生活："把每一天都当成是生命中的最后一天来认真对待。"

2.读一本有趣的书："全神贯注地阅读竟让我在不知不觉中忘记了自己的烦恼，直至走出绝望的深渊。"

3.做运动："当我郁闷到极点的时候，我强迫自己忙个不停。"

4.轻松地工作："很久之前，我就学会了如何避免手忙脚乱地面对工作，以及如何规避工作中的压力。"

5.从未来的角度看待今天的问题。我会对自己说："如果两个月之后我就不必再为此事而担心了，那现在又何必自讨苦吃呢？为什么不像两个月之后那样生活呢？"

第5个故事

我挺得过昨天，也撑得过今天

（作者：多罗西·迪克西）

我曾深陷贫穷和病痛的深渊。当人们问我是如何挨过那段难忘的日子时，我总是这样回答："既然我挺得过昨天，便也撑得过今天。我绝不会让自己去为明天的事情而担忧。"

一直以来我都在超负荷地工作，焦虑和绝望时时让我挣扎，让我濒临崩溃。回首当年走过的路，遍地都是支离破碎的希望，直到今天，我依然能听见梦想破碎的声音。那是一场身心俱疲的战斗，我被打得体无完肤，急剧衰落。

但我并没有顾影自怜，也不会为过去而悲伤流泪。我从不去嫉妒那些比我幸运的人。因为我的经历让我感觉自己是在真真实实地生活，而他们只不过是游离于人间的行尸走肉。我饱尝人间疾苦，而他们只品尝过杯边的气泡。我看到了其他人或许永远都不会看到的真相，他们却盲目得对此一无所知。只有被泪水洗涤过的眸子，才会透着最深邃的目光。

在上大学的时候，我就已经明白了一个真理，而这是那些在温室中长大的孩子所永远无法明了的。那就是：活在当下，不要为害怕明天而自寻烦恼。正是生活中那些我们所无法预料的部分才会最令人心生恐惧。之所以我不去为明天而担忧，是因为经验告诉我，

第5个故事

我挺得过昨天，也撑得过今天（作者：多罗西·迪克西）

当真正的恐惧袭来，上帝总会赐予我们与之对抗的智慧和力量。我不会为凡俗琐事而忧心不已，因为在你目睹了整个人生大厦的坍圮之后，自然而然就不会再去为诸如被人打翻了水杯、有人把汤溅了你一身之类的小事而斤斤计较了。

我还明白了另外一个道理，那就是永远都不要对别人期望过高。因此，即便是面对那些两面三刀、虚情假意的朋友，我也能够泰然处之，谈笑风生。而且，我还培养出了一种幽默感，在面对问题的时候，我总能够大事化小、小事化了，而不是越搞越糟。现在的我已经越来越坚强，再没有什么能够伤害到我了。我不会为曾经经历的苦难而痛苦遗憾，因为每一次疼痛，都让我更深刻地体悟到了生命的意义。在我看来，这是值得的。

多罗西·迪克西战胜了忧虑，因为她活在当下，只争朝夕。

第6个故事

用运动排忧解烦

（作者：艾迪·伊根上校）

  当我发现自己陷入忧虑、或是为一件事而踌躇不定时，运动会帮我排忧解烦。我会去跑步，去郊外远足，去打上半个小时的沙袋，或是去体育馆打网球。不管是什么运动，它们都能够让我精神焕发、阴霾散尽。每当周末我都会做大量的体育运动，比如说围着高尔夫球场跑步、打乒乓球、滑雪等。当我的身体变得疲惫，我就无暇再在心理上纠结于一些烦心事了，从而迸发出新的活力。

  我工作的地点在纽约市，所以去耶鲁俱乐部的健身房做运动就比较方便了。没人能在一边打乒乓球、打网球或是滑雪的同时一边记挂着烦心事，要知道，一旦忙起来，就连烦恼的时间都没有了。原本心中还是千愁万绪，转眼间就只剩下几片悬着的乌云，而新生的思想和活力又会让它们在一瞬间烟消云散。

  我发现，解决忧虑困扰的最好的方式就是运动锻炼了。在你陷入忧虑情绪时，多用肌肉，少用大脑，你会发现结果竟是出奇的令人满意。根据我的亲身体会，当你开始运动时，烦恼就已经开始离你远去了。

第7个故事

我曾被忧虑击倒过

（作者：吉姆·博德赛尔）

17年前，当我还是弗吉尼亚军事学院的一名学生时，大家都称我为"忧郁的吉姆"，因为我经常会因过度忧虑而生病。因为我生病已成了家常便饭，所以校医院专门为我留了一张病床，只要一看见我踏进医务室的大门，护士就会立刻跑出来给我打针。我会担心所有的事，有时甚至还会连自己在担心些什么都记不得了。我的学习成绩不好，我担心会被学校劝退。我知道至少应该保持75～84分之间的平均成绩，可物理考试就从未及格过，而还有其他几门功课也不尽理想。我也担心自己的健康状况，因为我不仅失眠，还患有消化不良等其他疾病。我的经济条件也不太好，因为我无法经常带女朋友去跳舞或是给她买礼物，我担心她最后会跟其他追求者跑了。就这样，我一天到晚没日没夜地为这些琐事而烦恼，根本就停不下来。

当我为这些事情陷入了不可自拔的绝望中时，我只好求救于教我工商管理课的教授贝尔德先生。我向他倾诉了自己的烦恼，希望他能够拉我一把。

我们的谈话只进行了15分钟，而这短短的15分钟，对我身心的帮助竟远远超过了我在大学4年书本中的所学。

人性的优点
How To Stop Worrying And Start Living

贝尔德教授说:"吉姆,你应该坐下来好好想想自己的问题。如果你能拿出一半用来忧虑的时间去想想解决方法,你就用不着再那样痛苦了。忧虑只不过是你长时间养成的一个坏习惯。"

于是,他教给了我消除忧虑的3个步骤:

步骤1:明确找出你所忧虑的问题是什么。

步骤2:找出问题产生的原因。

步骤3:寻求切实可行的解决方法,并予以践行。

在那次谈话之后,我做了一些富有建设性的规划。我不再去担心物理考试会不及格,而是反问自己为什么会不及格,而不管是出于什么原因,都不会是因为自己愚钝。毕竟,我曾担任过弗吉尼亚军事学院《工程师》杂志的主编,在智力上应该没有缺陷。那么,为什么会出现这个结果呢?经过反复思考,我发现自己考不好物理的原因就是对这门课毫无兴趣。我不知道自己为什么要去学物理,更搞不懂学习这门课程对我将来成为一名工程师会有何帮助。综合分析之后,我的态度发生了转变,我对自己说:"既然学校有规定,不通过物理考试就无法拿到学位,那我干吗还要去质疑学校的智商呢?"

于是我重修了物理,并最终通过了考试。考试合格的原因很简单,那就是我再也不把时间浪费在忧虑和抱怨上,而是把精力投入到了努力学习中去。

为了改善经济上的困境,我开始做兼职,比如说会在学校的舞会上卖鸡尾酒。我偶尔也会向父亲借钱,不过毕业之后没多久就全部还清了。

我曾担心自己心爱的姑娘会跟别人跑了,于是我便直接向她求婚。现在,她已经是博德赛尔夫人了。

当我现在蓦然回首时,竟清楚地看到,自己当年的问题完全

第7个故事

我曾被忧虑击倒过（作者：吉姆·博德赛尔）

属于庸人自扰。我被忧虑冲昏了头脑，以致根本没法理清烦恼的头绪，更不用说是采取有效的解决措施了。

吉姆·博德赛尔学会了如何去排解忧虑，因为他知道怎样去分析自己的烦恼。事实上，他所采用的，正是本书第二部分中所介绍的"分析忧虑的基本方法"。

第8个故事

绝地重生

（作者：泰德·埃里克森）

从前，我可是个喜欢"杞人忧天"的可怜人，可现在我变了。1942年的夏天，我经历了一件事，它将我生命中的忧虑一扫而空。和那次经历相比，其他所有烦恼都变得不值一提。

多年来，我一直期望着有一天能到阿拉斯加的渔船上度夏。于是在1942年的那个夏天，我便随同一条阿拉斯加的渔船出发了。那条船长达32英尺，上面总共有三个成员：船长负责监督，船副负责协助船长，而我则负责打杂。

因为捕鱼作业需要利用潮汐，所以我一天通常会工作20个小时以上。甚至有一次，我连续一周每天的工作时间都在20小时以上，因为我还得做一些别人不想做的工作。我得负责刷洗船身，还得在局促的船舱里烧火做饭，里面的热气简直都快要把我蒸熟了。除此之外，我还得去刷盘子洗碗，修理船只，将鲑鱼卸到另一条船上运到罐头厂。因为我根本就没有清理靴子的时间，所以我的靴子里总是灌满了咸湿的海水，双脚也总是湿漉漉的。坦白说，和我的本职工作相比，这些杂事已经轻松多了。我的本职工作是站在船尾拖捞捕满鱼的网。这份差事听上去倒是挺轻松，可亲自尝试之后你就会知道，这得使上全身的力气。我每天都得来上这么一遭，全身酸痛

第8个故事

绝地重生（作者：泰德·埃里克森）

了好几个月，几乎累得半死。

只要有机会休息哪怕一小会儿，我就会像一条死狗一样躺在一张湿漉漉且不甚平整的垫子上，因为体力透支得厉害，没多久我就沉沉地睡着了。

我很庆幸能够拥有那样的一次经历，并经受住了疼痛和疲惫的考验。这对于我战胜忧虑起到了很大的作用。现在，每当我遇到难题时，我都不会再忧心忡忡了。我对自己说："埃里克森，难道这还能比拖渔网更糟糕吗？"然后我马上就会闪现出问题的答案："不可能，这和拖渔网比起来根本就不算是事儿！"于是我又会自信满满、生龙活虎了。我相信生活中的一些磨难对人的成长是有帮助的，知道自己能够从磨难中幸存下来也是件大有裨益的事。因为，它让生活中的烦恼琐事都变得微不足道。

第9个故事

我曾是这世界上最大的傻瓜

（作者：培尔西·H.维汀）

我曾濒临过死亡的边缘。因为久病难医，我的人生总是在"活着、死亡或半死不活"中反复循环。这些经历，我比任何人都经验丰富。

我并不是一个普通的抑郁症患者。我的父亲开了一家药店，我从小就在药房和医生护士们待在一起，所以我对各种疾病的名称和症状都了如指掌。就像我前面说到的那样，虽然我并不是一个普通的抑郁症患者，但我的症状却更甚于他们。我可以为一种疾病担忧上一两个小时，然后，不知不觉中我就染上了那种疾病的症状。

记得有一次，我居住的马萨诸塞州的马林顿镇爆发了一起相当严重的流行性白喉病。那时候我天天都待在药店里帮忙卖药给那些染病的顾客，心里也越来越害怕，因为我觉得自己也感染了白喉病，不，是肯定感染上了！我整天卧床不起，忧心忡忡，白喉病的症状也开始随着忧虑表露出来了。果然，医生在给我做完检查后得出结论："没错，你的确得了白喉病！"听了这个答复，我心里悬着的石头方才落了地。因为我的推断终于得到了证实，我就不用再反复纠结于病状了。我终于放松了下来，安心地睡了。没想到第二

第9个故事

我曾是这世界上最大的傻瓜（作者：培尔西·H．维汀）

天早晨，我居然又痊愈了。

长时间以来，我一直在担心自己得了某种稀奇古怪的病，因此也时常得到别人的同情和关注。我曾因破伤风和狂犬病"死"过几次，还得过癌症和肺结核之类的疾病。

对于那些在当时看来极其惨痛的经历，现在回过头想想，我只能付之一笑。这么多年来，我始终相信死神随时会把我的灵魂收走，自己命该如此。每当春天添置新衣时，我都会暗自神伤："反正我已经活不了多久了，何苦再花冤枉钱呢？"

然而，今天我要十分高兴地向大家汇报我的进步：在过去的10年里，我居然一次都没有"死"过。

那么，我是怎么做到的呢？我经常和自己开玩笑，每当我感到可怕的病症再次降临时，我就自嘲地说："看吧，维汀，这20年来你已经因为这个病那个病的'死'过800回了，而现在你居然还活蹦乱跳地活着，而且有家保险公司近日还接受了你更多的投保请求。难道你还没发现么？你就是这世界上最大的傻瓜！"

后来，我越来越发现，只要试着去放轻松自嘲一下，我就再也不用去为那些恐怖的疾病而担忧了。所以，我会经常性地自嘲。

这个故事要告诉我们的是：不要太把自己当回事。对于一些愚蠢的忧虑，你不妨一笑而过，看看那些烦恼会不会被你"笑"得灰飞烟灭。

第10个故事

给自己留条退路

（作者：吉恩·奥特里）

在我看来，这世界上绝大多数的烦恼都与家庭问题及金钱有关。幸运的是，我娶了一位和我家庭背景相似的俄克拉荷马州的妻子，夫妻二人也兴趣相投。一直以来我们都用心呵护着彼此的感情，几乎没经历过什么烦恼。

关于经济问题，我有两个帮助减轻其困扰的方法。首先，我一直笃信并践行着诚信理念，所谓"好借好还再借不难"，只要是我借来的钱，我就一定会按时归还。在这点上，诚信可以解决很多烦恼。

其次，每当我进军新的事业领域时，我一定会给自己留条后路。军事专家指出，作战的首要原则就是保证补给线的畅通。在人生的战场上，这条原则也同样适用。举个例子吧。我的童年是在得克萨斯州和俄克拉荷马州度过的，在那里，经常不得不去面对因干旱而导致的贫困。在那种环境中，即便人们拼命劳作也只能勉强糊口，我们家更是穷得揭不开锅。为此，父亲经常要翻山越岭地劳苦奔波，好用马匹去换取一些生活必需品。为了维持生计，当我稍大一些的时候就想出去找一份稳定的工作。最终，我如愿以偿地进了铁道站上班，并用业余时间自学了拍发电报。后来，我又在旧金山的铁路公司找到了一份电报收发员的兼职，月薪150美元。我被派遣到各个车站，给那些请假的站员或是人手不够的站点提供帮助。不

第10个故事

给自己留条退路（作者：吉恩·奥特里）

管我今后想从事什么样的工作，我总感觉铁路部门的大门始终为我敞开着，那是我的一条退路。它能够帮我挺过经济难关，除非我能够找到更好的稳定工作，否则我是永远都不会切断这条后路的。

1928年，我被派遣到俄克拉荷马州的铁路公司救急。一天晚上，有个陌生人来到办公室请我代发一份电报。当时我正抱着吉他自弹自唱，他禁不住对我赞赏了一番，还建议我去纽约发展。最让人心动的是，他说我说不定还能在剧院或广播电台找份工作。当然，听了他的话我很高兴，但我想或许他的话里恭维的成分更多吧。可当我看了他在电报上签署的名字之后，竟激动得几乎喘不过气来了！原来，他就是西部民谣明星——威尔·罗杰斯！

虽然我很激动，但我并没有马上收拾行李前往纽约，而是反复考虑了9个月。最后，我终于做出了去纽约发展的决定，我相信自己一定会有所收获，而且即便失败了，也不会有任何损失。作为铁路部门的工作人员，我可以免费搭乘火车。我困了就睡在车上，饿了就吃些随身带的三明治和水果。

来到纽约以后，我找了一间周租5美元的小房间，平时就只吃些便宜快餐。可是我在街上晃了两个半月，还是没能找到一份像样的工作。要不是考虑到即便回去也还有份铁路公司的工作保障，我说不定早就因为经济压力而精神崩溃了。到目前为止，我已经在铁路公司服务了5年，按理说能够享受资深员工的优待。可现在，要想保障这些权益，我就不能离职超过90天。考虑到当时我在纽约待了70天还一无所获，我当即作出一个决定：回去俄克拉荷马州继续上班。因为我必须保证自己的补给线畅通无阻。

于是我又在铁路部门工作了几个月，然后用省下来的钱再次来到纽约，准备放手一搏。老天眷顾，这次总算进展顺利。有一天，我正在录音棚等候面试，我即兴对接待员小姐弹唱了一曲《珍妮，我梦中的丁香花》。正当我唱到投入之处，一抬头却正脸迎上了这

人性的优点
How To Stop Worrying And Start Living

首歌的曲作者纳特·斯切克劳特先生。听见我在演唱他的歌,他显得十分高兴,便给我写了个纸条,推荐我去维多利亚唱片公司应聘。我在那里录了一首歌,可能是有些紧张的缘故,效果并不太理想。后来,我听从了维多利亚唱片公司工作人员的建议,决定先回铁路公司工作。我白天正常上班,晚上去电台兼职演唱西部歌曲。我喜欢这样的工作安排,因为我不用为经济问题而担忧。

不知不觉中,我在地方电台已经演唱了9个月。在那段时间里,我同吉米·布朗共同创作的歌曲《我的银发老爸》受到了空前的欢迎。为此,美国唱片公司的老板邀请我灌制了单曲唱片,并一炮而红。后来,我又先后灌制了许多歌曲,还在芝加哥电台得到了一份演唱乡村歌曲的工作,每周的工资是40美元。4年之后,我的周薪又提到了90美元,还得到了一个在剧院登台表演的机会,演出费高达300美元。

1934年,随着电影协会的成立,我的机遇终于降临了。好莱坞制片人打算拍一部西部片,里面需要一位唱得一嗓子好歌的牛仔。恰好,美国唱片公司的老板是电影制片厂的股东之一,他就把我推荐给了其他股东:"你们要找会唱歌的牛仔,正好我手上就有这么一个人。"就这样,我开始在大银幕上崭露头角,周薪100美元。在拍片的过程中,我一直对这部影片能否成功持怀疑态度,不过我也并不担心,因为铁路公司的工作为我解除了后顾之忧。

结果远远出乎了我的预料,这部电影居然获得了空前的成功。现在,我除了能领到10万美元的年薪之外,还能得到50%的票房分红。当然我自己也非常清楚,我不可能一直保持这种收入状况,但我依然不必担心,因为不管怎样,就算我破产变成了穷光蛋,铁路公司的大门依然随时为我敞开,因为我一直都没有切断自己的后路。

第11个故事

当警察来敲门

（作者：荷马·克洛伊）

我生命中最痛苦的时刻发生在1933年的一天。那天警察找到了我的家，我只好从后面夺路而逃。从那时起，我永远失去了我那位于长岛弗洛里斯山的家，那是我们一家生活了18年的地方，也是我女儿出生的住所。

我从未想过自己身上居然会发生这样的事情。12年前，我可谓"春风得意马蹄疾"，我把我写的小说——《水塔西侧》的电影版权卖给了一家影视公司，当时的售价甚至还破了好莱坞的既往记录。随后，我们一家移民到了国外，度过了将近两年的美好时光。当时我们会在夏天去瑞士避暑，在冬天去法国南部度假，俨然一副有钱人家过的日子。

我在巴黎待了6个月，此间完成了一部名为《他们该来巴黎看看》的小说。后来，这部小说被改编成了电影，主角是威尔·罗杰斯，那也是他第一次拍有声电影。再后来，制片商要邀请我留在好莱坞再为罗杰斯写一些剧本，可我断然拒绝了，随后回到了纽约。让人意想不到的是，我的悲剧也从此开始。

渐渐地，我意识到自己似乎拥有一种很棒的潜能，只不过还没有被开发出来——我坚信自己有成为一个精明企业家的才华和能力。据说约翰·雅各布·阿斯特都能靠投资纽约的房地产而一夜暴富，为什么我不可以呢？再说了，阿斯特是谁？他只不过是一个带有外国口音的移民小贩，如果他都能行，那我肯定更不在话下！我要变成一个大

人性的优点

How To Stop Worrying And Start Living

富翁！我开始阅读游艇杂志，似乎马上就能梦想成真了。

当时，虽然我对房地产领域一无所知，但却有一股初生牛犊不怕虎的蛮劲。那么，我要怎样才能筹集到足够的资金来大干一场呢？很简单，我把自己的房产抵押了，用抵押款买下了弗洛里斯山的一块地皮，心想什么时候这块地皮炒到差不多高的价位了，我再倒手把它卖掉，这样，我就可以蹲在家里数钱了。有那么一瞬间，我甚至对那些只能整日打卡上下班的碌碌上班族产生了一种同情，这种靠微薄的工资吃饭的人真是太可怜了。我不禁感慨万分，毕竟像我这种有能力的人只是凤毛麟角。

可惜天有不测风云，这个时候美国竟一夜之间爆发了经济危机。我就像一座在堪萨斯州龙卷风中摇摇欲坠的鸡舍，最终也没能逃出被击垮在地的命运。

要知道，那块地皮每月要花费我220美元的费用，而且我还得偿还那些抵押贷款，一家老小还得靠我来养活。经济上的困境让我忧心忡忡，我开始想着法子去写些幽默故事换取稿费，可在这种心态背景下，我哪还能写出什么有趣的东西？看内容倒更像是《旧约》里的哀歌！我的才华似乎全都用尽了，写出的那些小说也全都以失败告终。最后，我花光了家里的最后一分钱，能卖的东西也都卖得差不多了，也就剩下镶着的满口金牙和打字机可以卖钱了。牛奶公司不再给我家送牛奶，燃气公司也切断了我家的气路，我们只好买了个露营用的小型煤气罐，如果你看过它的广告，你就知道它在喷出火苗时的嘶嘶声有多像一只愤怒的鹅了。

我们没钱买煤，只好趁晚上夜黑风高去建筑工地拾些木板和碎木头来当柴火烧。我本来梦想着一夜暴富，却没想到自己竟落魄至此。我开始失眠，每天晚上都得在半夜起来溜达上几个小时，直到走累了才能躺下入睡。

地皮的损失让我血本无归。要知道，我在上面可是倾注了所有的心血，而这一切竟都化成了泡影！

第11个故事

当警察来敲门（作者：荷马·克洛伊）

还清抵押款的日子到了，不出所料，银行没收了我们的房产，我们一家人就这样被赶出了家门。要不是我们想办法借了些钱住进了一所小公寓，恐怕我们真要露宿街头了。

那是1933年的最后一天，我坐在一个阴暗的角落环视四周，突然想起母亲曾对我说过的一句老话："不要为打翻的牛奶而哭泣。"可这毕竟不是牛奶，而是我一生的积蓄啊！

我坐在那里沉思了好长一段时间，终于渐渐恢复了平静。我对自己说："好吧，反正我已经不能再倒霉了，以后走的就只会是上坡路了。"

我开始盘点自己现在所拥有的一切美好，比如说我依然拥有健康的体魄、爱我的家人和珍贵的朋友。一切，都有机会重新开始。我不再为过去而悲伤，还时常用母亲说过的那句老话来告诫自己："不要为打翻的牛奶而哭泣。"

我开始把所有的精力都集中到工作上去，生活也渐渐有了起色，事业更是渐入佳境。

今天，回首过往的那段不堪岁月，我的心中充满了感激。正是那段苦难的经历，赐予了我前所未有的力量、坚韧和信心，让我明白了生活的艰辛，更让我明白了一个事实："没有什么能够打败我！"其实，我们远比自己想象中的要坚强得多。现在，每当我再次遇到烦恼、忧愁和困难时，我都会提醒自己曾在小公寓的阴暗角落说下的话："反正我已经不能再倒霉了，以后走的就只会是上坡路了。"

这个故事告诉了我们哪些道理呢？那就是不要为打翻的牛奶而哭泣。面对已经发生了的、不可改变的事实，我们只能去勇敢接受。当我们跌到谷底时，不管往哪个方向努力，走的也只有上坡这一条路。

第12个故事

曾经我最艰难的对手是忧虑

（作者：杰克·邓普西）

杰克·邓普西是一名拳击手，他说："在我的职业生涯中，最大的敌人并不是重量级拳击手，而是内在的担心。这不仅会增加体力消耗，而且还会影响我的发挥。所以，渐渐地我总结了一套适合于我的原则要求。"

1.每次比赛前，我都会为自己打气。例如，我跟菲勒普比赛时，我就一遍遍地提醒自己："没有什么可以阻止我，他不会伤到我的，我不会让他的拳头碰到我的，我也不会受伤的，不管如何，我要继续战斗。"对自己做一些积极的陈述，想一些正面的东西，对我帮助很大。

2.另一方面，我一直提醒自己不要产生一些无用的担心。晚上，我经常因为担心而躺在床上辗转反侧，过好几个小时才能入睡。每当这种时候，我就会起床对着镜子说："你担心一些从未发生的事情是多么的愚蠢，你的担心可能都不会发生。生命短暂，我们一生能有多少年可以活，所以我必须享受生活。"我继续对自己说："除了健康什么都不重要。除了健康什么都不重要……"我一直提醒自己失眠和担心会压垮我的身体。我发现通过对自己一遍又一遍、一晚又一晚、一年又一年说这些话后，我可以轻松地洗刷掉担心。

第12个故事

曾经我最艰难的对手是忧虑（作者：杰克·邓普西）

3.第三条，也是最重要的一条，那就是祈祷！在我为准备参加比赛而进行高强度训练时，我经常一天祈祷好几次。这帮我在战斗中更有勇气和自信。我每次睡觉前、吃饭前都要做祈祷。我的祈祷有作用吗？上千次！

第13个故事

祈祷我远离孤儿院

（作者：凯瑟琳·哈特）

当我还是个小孩的时候，我的生命中充满了恐惧。我母亲有心脏病，所以我经常看到她昏倒。我很担心她会死去，而且那时我认为，没有妈妈的小女孩都要被送进孤儿院。我一想到要去孤儿院就害怕。在我6岁的时候，我经常祈祷："敬爱的上帝，请保佑我妈妈活到我可以不用去孤儿院。"

20年后，我弟弟梅纳受了重伤，在他去世前的两年里，他受尽了折磨。他生活不能自理，甚至都不能做床上翻身。为了减轻他的痛苦，我不得不每3个小时就给他打一针麻醉剂。我这样照料了他两年，那时我在学校里当音乐老师。当邻居听到我弟弟痛苦的喊叫声时，他们就会打电话到学校，然后我飞奔回家。每天晚上睡觉时，为了给他注射麻醉剂，我都要定上3小时的闹钟。现在，我还清晰地记得冬天的时候，我都会把一瓶牛奶放在窗外，让它变成我爱吃的牛奶冰激凌。当闹钟响时，窗外的牛奶冰激凌就给我起床的动力。

在这最艰辛的日子里，我做两件事情使自己免于在自怜、忧虑和怨恨中生活。首先，我让自己一天教12到14个小时的音乐，因此我几乎就没有时间考虑这些麻烦；而且每当我有忧虑的倾向时，我一遍遍对自己说："听着，只要你还能生活自理，你就应该是世界

第13个故事

祈祷我远离孤儿院（作者：凯瑟琳·哈特）

上最幸福的人。不管发生什么，只要你还活着你就不要忘记自己是幸福的人！"

我尽全力让自己感恩。每天早上醒来，我会感谢上帝还没有让我变得更糟；我认为虽然有一些烦恼，但我仍然是最幸福的人。或许我取得不了大的成就，但是我在让自己成为最懂得感恩的女人。

凯瑟琳使用了本书中描述的两个准则：通过保持忙碌而忘记忧虑和让自己感恩。同样的方法可能也适用于你。

第14个故事

让自己忙起来吧

（作者：德尔·修斯）

1943年，我被抬进了新墨西哥州的一家退伍兵医院，原因是我有3根肋骨骨折，而且肺部也受到了严重的刺伤。事故是这样发生的：

当时，我正在夏威夷群岛参加一次军事演习，当我正准备从登陆艇跳到沙滩上时，不曾想一个巨浪打来，我被狠狠地拍到了沙滩上。因为浪花卷落的力量太大，我的3根肋骨都被拍裂了，其中有一根还刺穿了我的右肺。

住了3个月的院之后，医生的诊断给我造成了人生中最沉重的打击。他对我说，我的伤势依然看不出任何改善。我反复思考了很长时间，发现妨碍我病情好转的最大原因，很可能就是我思虑过度。要知道，在意外发生之前，我可是非常乐观开朗的一个人，日子也过得有滋有味。可在病床上躺着的这3个月，我一天24小时都无所事事，只能胡思乱想。可想得越多，忧虑也就越多。我担心自己永远都不可能康复了，想到自己会落下终生残疾就心生恐惧；我还担心自己将来无法结婚，不能过正常人的生活。

后来，为了帮助自己摆脱这种毫无止境的烦恼，我请求医生把我调到隔壁那间被称为"乡村俱乐部"的病房，那里的病人几乎可

第14个故事

让自己忙起来吧（作者：德尔·修斯）

以做任何他们想做的事。

在"乡村俱乐部"里，我对桥牌产生了浓厚的兴趣，并花了6个星期的时间用来学习打桥牌，然后和其他病友们一起玩乐。在此期间，我还研读了关于怎样打好一手桥牌的书籍，俨然一副资深桥牌迷的样子。与此同时，我还迷上了油画，每天下午的3到5点都会在老师的指导下学习画画。我的油画功底还不赖，只要看上一眼，至少你会知道我画的是什么。在这期间，我还学会了怎样雕刻肥皂和木头，并且阅读了大量相关书籍，对这些知识的渴望让我废寝忘食。我就是要让自己马不停蹄地忙碌起来，这样我就没有时间去为自己的病情而担忧了。对了，我还仔细阅读了红十字会送给我的关于心理学的书籍，它让我学会了如何去提高自己的心理承受能力。

不知不觉，3个月过去了。一天，当医生来看我时，他恭喜我"进步得很快"。这绝对是我从出生以来听到的最动听的话语了，我高兴得几乎要跳了起来。

在这里，我想强调的是：当我不得不无所事事地躺在病床上为未来而担忧时，我的身体状况根本就没有得到任何改善。对我而言，忧虑无疑是一剂毒药，害得我无法愈合伤口。但当我不再关注自己的病情，而将精力集中到打桥牌、画油画、做雕刻等事情上时，反而却得到了医生"进步得很快"的恭喜。

现在，我已经过上了正常而健康的生活，我的肺可是和你的一样健全呢。

记得萧伯纳曾经说过："人生中最大的不幸，就是有闲心去担心自己是否不幸。"记住，想要重拾快乐，就让自己忙起来吧！

第15个故事

时间是治愈一切的良方

（作者：路易斯·蒙坦特二世）

  从18岁到28岁的10年时光本该是每个人人生中最光彩的时光，但是忧虑使我失去了这段岁月。

  我现在才明白，是我自己把这10年白白牺牲掉了。我担忧所有事情，包括工作、健康、家庭，而且还感到非常的自卑。那时，我非常害怕在大街上遇到熟人。当我在大街上遇到朋友时，我常常假装没看到他，因为我怕被别人冷落。

  8年前的一天，我战胜了忧虑，从那时开始我很少会担心什么。那天下午我去了一个比我麻烦还多的一个人的办公室，但是他也是我见过的最乐观的人。他在1929年挣了一大笔钱，但是不久就分文不剩了；在1933年，他又挣了一笔钱，又赔光了；1937年又挣到钱，但还是赔光了。他已经破产了，被对手和债主四处追讨。通常，这么多的麻烦会把人击垮，导致他们选择自杀去逃离这一切。

  那时，我坐在他的办公室里，非常羡慕他，并希望自己也能如此乐观。他拿出了早上刚收到的一封信递给我，说："你读读吧。"

  那是一封看了就让人生气的信，如果我收到那样的信，我肯定会陷入慌乱。我说："比尔，你准备怎么回信？"

  "嗯，"比尔说，"告诉你个小秘密。下次你有什么忧虑的

第15个故事

时间是治愈一切的良方（作者：路易斯·蒙坦特二世）

事时，拿出笔和纸记下让你忧虑的事。然后把这张纸放到抽屉里。过几周后，你拿出来看看，如果你还担心，那么就把它再放到抽屉里。再让它在抽屉里待上几周。这张纸没有什么变化，但是令你担心的问题却发生了很多变化。我发现，只要我有耐心，让我担忧的烦恼就会像被捅破的气球一样瓦解。"

这个建议对我产生了巨大的影响。我已经使用比尔的建议好几年了，而现在我几乎不会再忧虑什么了。

时间会解决一切，时间总能解决你今天遇到的忧虑，是治愈一切的良方。

第16个故事

消除忧虑的高手

（作者：奥德韦·蒂德）

忧虑是我很久以前就打破的坏习惯。在我看来，能够让自己形成远离忧虑的习惯主要靠以下3个方面。

首先，我得保持非常忙碌的状态，以至于自己根本就无暇沉溺于自我毁灭的忧虑之中。我同时从事3份职业，而且每一份职业都是全职的。我在哥伦比亚大学授课，还是纽约高等教育委员会的主席，同时也是哈珀兄弟出版公司经济和社会学部门的负责人。我坚持做这3份工作，让我没有闲暇时间去思考和酝酿忧虑。

其次，我是消除忧虑的高手。当我从一项工作转换到另一项工作时，我会首先解决掉先前遇到的所有问题。我发现这可以让我在转移到另一项工作时仍然保持精神焕发的状态，因为在此之前我已经清空了头脑。

第三，当我离开办公桌后，我会训练自己消除头脑中的所有问题。这些问题通常是连续性的，而且每一个问题都会产生一系列其他问题来占用我的注意力。如果我每天都把这些问题带回家，并因此而担忧，我将会损坏我的身体，同时也会减弱我处理问题的能力。

奥德韦是4个良好工作习惯的大师。你还记得4个良好工作习惯是什么吗？

你希望别人怎么待你,你就该怎样的对待别人。

——卡耐基

人性的弱点

Dale Carnegie

（美）卡耐基 著

吕平 译

北京日报出版社

图书在版编目（CIP）数据

人性的弱点 /（美）卡耐基著；吕平译 . -- 北京：北京日报出版社，2017.11（2019.5 重印）

（卡耐基经典三部曲）

ISBN 978-7-5477-2609-9

Ⅰ.①人… Ⅱ.①卡… ②吕… Ⅲ.①心理交往—通俗读物 Ⅳ.① C912.11-49

中国版本图书馆 CIP 数据核字（2017）第 119062 号

人性的弱点

出版发行：	北京日报出版社
地　　址：	北京市东城区东单三条 8-16 号东方广场配楼四层
邮　　编：	100005
电　　话：	发行部：（010）65255876
	总编室：（010）65252135
印　　刷：	三河市嵩川印刷有限公司
经　　销：	各地新华书店
版　　次：	2017 年 11 月第 1 版
	2019 年 5 月第 3 次印刷
开　　本：	710 毫米 ×1000 毫米　1/16
总 印 张：	54
总 字 数：	600 千字
定　　价：	198.00 元（全三册）

版权所有，侵权必究，未经许可，不得转载

推荐语

我从8岁就开始读卡耐基先生的著作,现在的年轻人,你越早读卡耐基的作品,你的人生就越早获得启发。

——股神、全球著名投资商沃伦·巴菲特

卡耐基先生的这些原则如魔术般令人震惊,他改变了3亿人的命运和生活。

——美国传媒大亨罗伯特·默多克

成功其实如此简单,只要你遵循卡耐基先生这些简单适用的人际标准,你就能获得成功。

——马克·维克多·汉森

戴尔·卡耐基

（1888年11月24日 – 1955年11月1日）

美国著名的**人际关系学大师**

西方现代人际关系教育的奠基人

他的作品被译成几十种文字，被誉为"**人类出版史上的奇迹**"

卡耐基对**人性**的洞见，指导着**千百万人**改变思想，完善行为，走上成功之路。

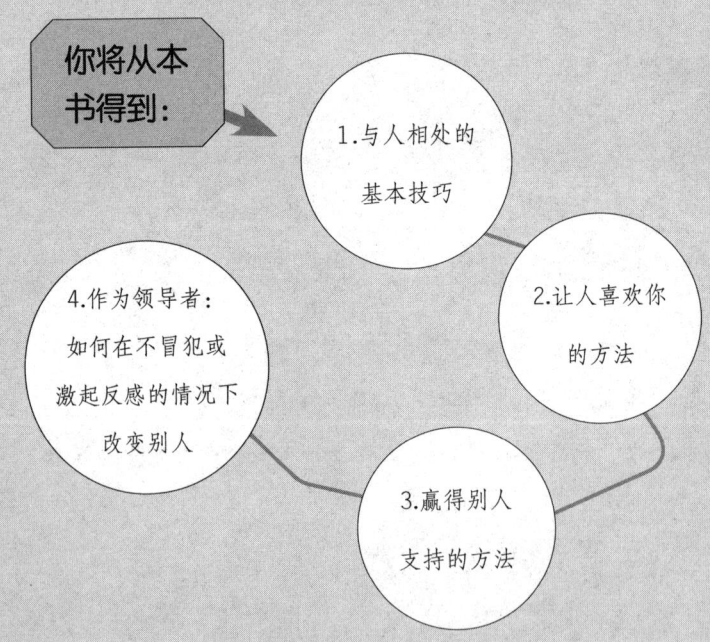

你将从本书得到：
1. 与人相处的基本技巧
2. 让人喜欢你的方法
3. 赢得别人支持的方法
4. 作为领导者：如何在不冒犯或激起反感的情况下改变别人

代序

这本书是如何写成的

——戴尔·卡耐基

在二十世纪的前三十五年间,美国的出版社出版了各式各样的二十多万种书籍。但是大多数书的内容都索然无味,而且还有许多书的出版导致了出版社的亏损。我刚才说了"许多"书亏损,其中作为世界上最大出版社之一的一家出版社总裁对我坦诚地说,尽管他的出版社有七十五年的出版经验,但八本书中仍有七本是亏本的。

那么,我为什么还要冒险去再写一本书?更何况,我写完后,凭什么会让你费心去读它呢?

这确实是两个合情合理的问题,因此我将尽力去回答它们。

从1912年开始,我就在纽约为商界和职业男女开办教育课程。起初,我只开办了公共演讲类的课程。设置这个课程的主要目的是,通过实际经历训练成年人在商务谈判和人际交往中能够根据他们的感觉更清晰、更高效、更自信地表达自己的观点。

但是经过几批学员的培训后，我渐渐意识到这些人毫无疑问需要进行这方面的培训，并在日常商务和社会交往中需要更多的与人相处的艺术方面的培训。

同时，我渐渐意识到自己也非常迫切地需要这方面的练习。每当我回想起那时，我就对自己在技巧和理解上的匮乏而感到震惊。二十多年前，我是多么希望能拥有这样的一本书。如果那时能有这本书，那它必定是对我无价的恩赐。

如何与人交往可能是你所面临的最大问题。如果你是一个商人，那么这个问题将尤为重要。如果你是家庭主妇、会计师或工程师，你也会碰到同样的问题。

几年前，为了促进教学，在卡耐基基金会的资助下完成的研究发现了一个非常重要而又显著的事实。不久后，这项发现又被卡耐基理工学院的进一步研究加以证实。这些研究显示，即使是走工程类技术路线的人，他的成功仅约有百分之十五是得益于他的技术知识，而百分之八十五是由于人事管理学技能——人格和领导能力。

许多年前，我为费城工程师协会开办了一系列课程，并且也为美国电气工程师协会纽约分会开办了很多培训课程。大约总共有一千五百名工程师参加了我的课程。他们之所以来参加我的课程，是因为他们经过数年的观察和经历，最终意识到工程师中薪酬最高的人员往往不是工程技术水平最高的人。例如，我们仅需要付一定的工资就可以雇用到工程、建筑或其他职业的技术能力。但是如果一个人有技术知识再加上表达思想能力、领导能力和调动他人积极性的能力，那么他也就能有更高的薪酬。

在约翰·D.洛克菲勒的事业全盛时期，他说："与人打交道的能力也像糖或咖啡一样是可购买的商品。"他接着说,"而且和这世界上的其他东西相比,我更愿意为这种能力付出代价。"

难道你不想世界上的所有大学都会开办课程来发扬世界上这种最高昂的能力?但是,如果这只是世界上每一所大学针对成人的某种实用常识课程,那么,我根本不可能会费心去写这本书。

芝加哥大学和美国基督教青年会学校开展了一项调查,以确定成年人想学什么。

这项调查花费了两万五千美元,并持续进行了两年时间。这项调查的最后一部分是在康涅狄格州的梅里登完成的。梅里登曾经被选为美国最典型的城镇。梅里登的每一个成年人都是采访对象,并且要求回答一百五十六个问题。这些问题诸如:"你的生意或职业是什么?你的教育经历?你如何打发业余时间?你的收入如何?你的业余爱好是什么?你的理想是什么?你的缺点是什么?在学习中你最喜欢哪门学科?"等。这项调查显示,健康是成年人最关注的问题;而第二个关注的问题是人——如何理解别人、如何与人相处、如何让别人喜欢你以及如何赢得别人的认同。

因此,进行本次调查的委员会决定在梅里登开办这样一个课程。他们努力搜寻关于这个问题的一本实用教材,但一本都没有找到。最后,他们去寻求一名世界杰出的权威成人教育家的帮助,并问这位成人教育家是否有适合这些成年人需要的书籍。"没有,"成人教育家回答说,"我知道这些成年人需要什么。但是他们需要的这种书籍却从未有人写过。"

根据我的经验,我知道他说的没有错,因为我自己好几年前就在寻找一本实用的人际关系指导书。由于没有找到这样的书籍,所以我决定写一本用于我的课程教学。因此这本书问世了，我希望你能喜欢。

为了准备这本书，我读了所有我能找到的关于这一主题的资料——包括报纸专栏、杂志文章、家事法庭记录、老的哲学家著作和新的心理学家著作。此外，我还雇用了一名训练有素的研究人员花了一年半的时间去各个图书馆搜寻我错过的资料、梳理各类心理学书卷、研读成千上万的杂志文章、检索无数的人物传记，试图确定所有时代佼佼者是如何与人相处的。我们读了他们的传记，我们还读了从恺撒到爱迪生之间所有佼佼者的生平事迹。我还清晰地记得，仅罗斯福的传记我们就读了不下一百本。我们决定不惜一切时间和金钱代价，找出不管是什么人还是什么时代的所有赢得朋友和影响他人的实际经验。

我亲自采访过很多成功人士，他们有诸如马可尼和爱迪生等世界著名发明家，诸如富兰克林·D.罗斯福和詹姆斯·法利等政治领袖，诸如欧文·扬等商业精英，像克拉克·盖博和玛丽·皮克福德等电影明星以及像马丁·约翰逊等探险家。我试图探明他们处理人际关系的方式方法。

我从所有的这些材料中整理出了一份简短的演讲稿。我把这篇演讲稿叫作"如何赢得朋友和影响他人"。我说它"简短"，只是因为在一开始它是非常简短的，但是很快，这篇演讲稿就扩增到可以做一个半小时的讲座了。多年来，我在纽约卡耐基学院每一学期都给成年人上一次关于这本演讲稿的课程。

我给他们演讲，并敦促他们在商业和社会交往中尝试使用这些技巧；然后他们再在课堂上说出他们的经验和取得的成果。这是多么有趣的课程啊！这些渴望提升自己的男男女女被在一种新的试验中工作的想法所深深吸引，这是曾经存在的第一个也是唯一一个对成人开展的关于人际关系的试验。

这本书不是像通常的写作那样完成的。它就像一个孩子一样一点点地长大。它是从那次试验中成长和发展的，是从成千上万成年人的经验中成长和发展的。

几年前，我们开始将一套人际交往准则印在一张比明信片还小的卡片上；在下一学期，我们把人际交往准则扩充，印在更大的卡片上；后来就印成一本小册子，再后来就是一系列小册子；每一次尺寸和内容都增加。十五年的实验和研究后，那些准则就成了这本书。

我们在这里制定的准则不是单纯的理论或猜测。尽管这些准则听起来难以置信，但是它们却像魔法一样富有成效，我已经看到这些字面上教义的使用确实使很多人的生活发生了重大的改变。

举例说明：一位拥有三百一十四名员工的老板参加了这些课程之一。他多年来都是毫无顾忌、任意地驱使、评判、责骂他的员工。他的嘴里从未吐露过和蔼、赞赏和鼓励的话。学习了本书讨论的准则后，这位老板的人生哲学发生了大幅改变。因此，他的团队激发了新的忠诚度、新的积极性、新的团队合作精神。原先的三百一十四名"敌人"，现在变成了三百一十四名朋友。他在课前演讲中自豪地说："以前，我在公司里游走时，没有人跟我打招呼。当他们看到我走近时，马上转过脸去看着其他地方。但是现在他们都成了我的朋友，甚至连保安都亲切地叫着我的名字。"

这位老板因此而获得更多的利润，更多的从容，而且最为重要的是他在事业和家庭中发现了更多的快乐。

不计其数的销售人员通过使用这些原则大幅增加了他们的销售额。而且很多销售人员赢得了他们以前费尽口舌都无法赢得的客户。公司管理人员不仅被赋予更大的权力,而且获得更高的薪酬。某公司的一位管理人员说,他的薪酬增加了很大一截,原因就是他应用了这些准则。另外一个真实例子就是费城煤气公司的高管,在他六十五岁时,由于他的好战和无法巧妙地带领团队而被确定要降级。但是他参加完这些准则的培训后,不仅让他免于降级,而且还得到了升职和加薪。

在无数次课程结束后的宴会上,他(她)们的妻子或丈夫都告诉我说:自从他(她)们的丈夫或妻子参加这类培训开始,他们的家庭变得更加幸福。

人们常常惊讶于他们获得的新成效。这一切似乎像变魔术一样。有些时候,他们的内心充满了无比的激动之情,他们甚至在周日都要打电话到我家中,因为他们已经激动得无法忍受再等四十八小时才能在课程上报告他们的成就。

其中有一个人非常激动地向我谈论这些准则,甚至他与其他学员一同讨论这些准则到深夜。他们一直讨论到凌晨三点,这时,其他人都回家了。但是他因为意识到自己的错误而感到非常震惊,并受到在他面前打开的新的和更丰富的世界远景的影响。他那天晚上彻夜难眠,而且第二天和第三天晚上也没能入睡。

他是谁呢?一个天真的、不谙世事的且要讲述新发现的任何新理论的人?不,远非如此。他是一个精于世故的艺术品经销商,他能流利地说三种语言,毕业于欧洲的两所大学。

在写这本书期间，我收到了一名德国守旧派寄来的信。他是一位贵族，他的祖先曾世代担任霍亨索伦王朝的职业军官。他从大西洋彼岸寄来的信中讲述了那些准则的应用，几乎达到了宗教般的狂热。

另一个人是一位"老纽约"，是一位毕业于哈佛大学的高材生，一位大地毯厂的老板。他声明通过为期十四周关于影响他人艺术的系统训练学习要比他在大学四年学的还多。荒谬？可笑？还是神奇？当然，你有权利根据你的想象反驳这个声明。我只是报道并没有评论他做出的这个声明，这是一名保守的和非常成功的哈佛毕业生在1933年2月23日周四晚上的耶鲁会馆内，对着六百多人的公开演讲中做出的声明。

哈佛大学的著名教授威廉姆·詹姆斯说："与我们应有的成就相比，我们只能算是半醒着。我们只是使用了自己身心非常小的一部分资源。广义地说，人类个体的利用程度距其限制还有很远。人类拥有各种能力但却经常未能加以利用。"

这本书的唯一目的是帮助你发现、开发和利用那些你"经常不利用的"能力——那些隐匿和未使用的东西。普林斯顿大学的前校长约翰·G.希本说："教育是适应生活环境的能力。"

如果到你读完这本书的前三章的时候还没有以一点更好的状态面对生活，那么就你所关心的而言，我认为这本书是彻底失败的。因为赫伯特·斯宾塞说："教育的最大目标不是知识，而是行动。"

而这就是一本行动的书。

戴尔·卡耐基

1936年

从本书中获得最多收获的九项建议

1. 如果你想从本书中获得最多的收益,这里有一个必不可少的要求,一个比任何规则或技术更重要的基本条件。除非你有这个基本的条件,否则成千上万的准则也将是一无是处。如果你拥有这种重要的天赋,那么你不用读如何从书中获得最多收益的建议就可以达到奇迹般的效果。

这个不可思议的条件是什么呢?只是一种深深的求知欲望,一种增加你处理人际关系能力的坚强决心。

你应该如何产生这样一种迫切要求呢?通过不断地提醒自己这些准则对你有多重要。想象一下本书的技巧会帮助你过上更富有、更充实、更快乐和更有意义的生活。自己对自己一遍遍地说:"我的人缘、幸福和价值观很大程度都取决于我与人相处的能力。"

2. 首先,迅速地阅读每一章以获得大致的了解。你可能会被吸引,然后匆匆地去看下一章。但是请不要这样做,除非你只是为了消遣而阅读。如果你读此书是为了提升你的人际关系处理能力,那么,请从头重新把每一章仔细地读一遍。从长远来看,这将节省时间并能取得良好的效果。

3. 经常停下来思考一下你正在读的东西。然后扪心自问什么时候可以使用每一条建议。

4. 阅读时,手中拿支蜡笔、铅笔、钢笔或荧光笔。当你遇到一条你觉得可以利用的建议时,就在建议边上画一条线。如果它是一条四星级的建议,那么在每个句子下面划条线或用荧光笔划出,或标记上"****"。在书上做记号和划线会使书本更加有趣,并且可以使你更容易快速地复习。

5. 我认识一位在一家大保险公司当了十五年办公室经理的女

士,她每个月都读公司本月签署的所有保险合同。没错,她月复一月、年复一年地读着那些大部分相同的合同。为什么呢?因为经验告诉她,那是她能清楚地记住公司规定的唯一途径。我曾经花费将近两年时间写一本关于公开演讲的书,然而我发现自己为了记起已经写过的内容就必须一次次返回来看前面的内容。我们遗忘的速度真的非常惊人。

所以,如果你想从本书中获得真实、持久的收益,那么,就不要认为只需要粗略地看一遍就够了。当你仔细看完整本书后,你应该每月都花几小时进行复习,并且要把书放在书桌上,以供不时翻看。自己对在酝酿中改进的丰富可能性仍然不断保持有深刻的印象。我们要记住,只有通过持久有力的复习和应用才能让这些准则的使用变成习惯。这没有其他捷径可寻。

6. 萧伯纳曾经说过:"如果你把一切都教给一个人,他将永远学不会。"萧伯纳说得没错。学习是一种主动的过程。我通过实践来学习。因此,如果你想掌握你从本书中学到的准则,那么就去践行它们吧。不要放过任何可以运用它们的机会。如果你不这样做,那么很快你就会忘记它们。只有经常使用的知识才能深深地烙在脑海里。

你可能会觉得无时无刻地运用这些建议会非常困难。我了解这一点,毕竟我写了这本书,而且我也时常觉得运用我主张的每个准则会很困难。比如说,当我们心情低落的时候,我们更容易对别人进行指责和谩骂,而难以试着去理解其他人的观点。我们总是容易发现过错,而难以发现令人称赞的事。我们总是更自然地谈论我们想要的,而难以谈论别人想要的。因此,当你在读这本书时,要记住你不仅仅是想获得知识,也要尝试养成新的习惯。没错,你要尝试新的生活方式。这是需要时间、持久地和日复一日地运用它们。

所以你要时常阅读这些文字，把本书当作人际关系的工作手册；当你遇到某些具体问题时——例如照看小孩、说服爱人同意你的观点、平息愤怒的客人——犹豫如何去处理这些自然的事情、冲动的事情。通常情况下，这样是不对的。相反，我们应该翻开书温习一下划线的段落，然后尝试这些新方式，等着看它们是如何创造奇迹的吧。

7. 每当爱人或孩子或商业伙伴抓到你违背了某项准则时，你就给他们一角或一美元。让掌握这些准则成为生动的游戏。

8. 在我的一个班级课前演讲中，一位来自华尔街某知名银行的董事长讲述了一个他用于自我提升的高效系统。虽然这个人没有接受过多少正规教育，但是他却成为美国最重要的金融家之一，而且他坦诚自己的成功完全要归功于他那套系统的不间断运用。这就是他所做的一切，我将尽可能准确地复述他的原话。

"数年来，我有一本邀约记录簿，上面记录着我每天的邀约。我的家人在周六晚上从不会为我做什么安排，因为他们知道我每周六晚上都要进行自我反省、自我回顾和自我评价。晚餐过后，我就离开餐桌来到自己的房间，打开我的邀约记录簿，仔细回想这一周来参加的访谈、讨论会和会议。然后，我问自己：

'我犯过什么错误？'

'我又做对了什么，怎么做才会让我有自我提升？'

'我从这些经历中学到了什么？'"

"我经常发现通过对这一周的反思会使自己非常不开心。我经常惊讶于我自己的失误。当然，随着时间的流逝，这些失误变得不那么频繁。有时候，我更愿意自我安慰。这个自我分析、自我教育的系统年复一年地持续着，比我做过的其他任何事都对我更有益处。"

"它帮我提高了决策能力，在与人相处的方面也给予我极大的帮助。无论我怎样推荐它都不过分。"

我们为什么不利用类似的系统去检验自己对本书中准则的运用情况呢？如果你做了，会有两个结果。

第一，你会发现自己正在进行着一场不仅有趣而且珍贵的教育过程。

第二，你会发现你与人相处的能力将会有极大的提升。

9. 你会发现在本书的最后有几页空白纸，你可以把应用这些准则取得的成功都记录在上面。记录的时候要具体，记上姓名、日期和结果。保持进行这样的记录将激励你付出更大的努力；而且当若干年后你再看到这些记录时，这些记录将是多么的迷人啊！

为了最大限度地利用这本书：

培养强烈想要掌握这些处理人际关系准则的愿望。

每一章都要读两遍，再读下一章。

当你阅读的时候，时常停下来想一想自己如何应用这些建议。

把重要的观点划出来。

每月都要把这本书温习一遍。

抓住每次能运用这些准则的机会。把本书作为工作手册来帮助你解决日常遇到的问题。

当你的朋友抓住你违背某条准则时，就给他们一角或一美元，把这个学习过程当作生动的游戏。

每周检查自己的进度。反省一下自己犯了哪些错误，取得了哪些进步，又学到了什么。

在本书的后面记录你在何时，又是如何运用这些准则的。

目 录

第一部分 | 与人相处的基本技巧

第一章　"如果想采集蜂蜜，就不要踢翻蜂巢" / 003
第二章　与人相处的大秘诀 / 017
第三章　能激发别人渴望的人拥有全世界，否则形单影只 / 031
第一部分小结　处理人际关系的基本方法 / 048

第二部分 | 让人喜欢你的方法

第四章　如果这样做，你将处处受欢迎 / 051
第五章　一个给人留下美好印象的简易方法 / 064
第六章　如果你想避免麻烦，请这样做 / 073
第七章　一个简单的方法：学会倾听 / 083
第八章　如何让人对你感兴趣 / 095
第九章　如何让人很快喜欢上你 / 100
第二部分小结　让人喜欢你的六种方法 / 114

第三部分 | 如何赢得别人的支持

第十章　你无法在争辩中取胜 / 117
第十一章　怎样避免树敌 / 125

第十二章　如果你错了就要承认 / 138

第十三章　一滴蜂蜜 / 147

第十四章　苏格拉底的秘密 / 157

第十五章　处理矛盾的安全方法 / 164

第十六章　如何促成合作 / 170

第十七章　一个能够为你创造奇迹的公式 / 177

第十八章　什么是每个人所需要的 / 184

第十九章　每个人都喜欢的吸引力 / 194

第二十章　戏剧性地表现你的想法 / 201

第二十一章　当你无计可施时，试试这个 / 206

第三部分小结　如何赢得别人的支持 / 210

第四部分 | 作为领导者：如何在不冒犯或激起反感的情况下改变别人

第二十二章　如果必须批评，请以这种方式开始 / 213

第二十三章　巧用暗示，让他人意识到自己的错误 / 219

第二十四章　先谈自己的错误 / 222

第二十五章　没人喜欢被别人命令 / 227

第二十六章　为他人保全颜面 / 229

第二十七章　激励的作用 / 234

第二十八章　给人一个好名声 / 240

第二十九章　鼓励使人容易纠正错误 / 244

第三十章　使人乐意去做你所希望的事 / 250

第四部分小结　作为一个领导者 / 256

附录　走向成功的捷径 / 257

第一部分

与人相处的基本技巧

第一章

"如果想采集蜂蜜,就不要踢翻蜂巢"

1931年5月7日,纽约有史以来最轰动的追捕行动到了关键时刻。经过数周的搜查后,"双枪"克劳利——一名烟酒不沾的杀人凶手——在位于西区大街的他情人的公寓里被捕。

一百五十名警察和侦探把克劳利包围在公寓顶层的藏身处。他们在房顶打了一个洞,想用催泪瓦斯把克劳利这个"警察杀手"从里面熏出来。警方已在四周的建筑上安装好了机关枪,之后一个多小时的时间里,这个纽约的上等居民区内回荡着"啪啪"的手枪声和"突突"的机枪声。克劳利躲在一把被塞满了东西的椅子后面朝警察不停地开着枪。数以万计激动的人们在观赏着这场战斗。纽约已经很久没有过这样的景象了。

当克劳利被抓住时,警察局局长声称这个"双枪"暴徒是纽约史上最危险的犯罪分子之一。警察局局长说:"一点小事就能够让他随意杀人。"

但是"双枪"克劳利如何看待自己呢?我们得知,就在警察扫射他的公寓时,他写了一封信。而且在他写信时,从伤口淌出的鲜血在信纸上留下了殷红的印记。克劳利在这封信中写道:"敬启者,在我

人性的弱点

How To Win Friends and Influence People

的外表之下是一颗疲惫而又善良的心——一颗不愿伤害任何人的心。"

在这不久前,克劳利正在长岛的公路边跟他的女友调情。突然,一名警察走向他的车边说:"请出示一下驾照。"

克劳利二话不说就掏出手枪朝那名警察连开数枪,致警察于死地。当那名生命垂危的警察倒下时,克劳利从车里跳了出来,拿起警官的手枪又朝尸体开了一枪。这就是这名杀人凶手说的"在我的外表之下是一颗疲惫而又善良的心——一颗不愿伤害任何人的心。"

克劳利被判用电椅处以死刑。当他走进死囚牢房的时候,你以为他会说:"这就是我杀人的下场?"你错了,他说:"这是我保护自己的代价。"

这则故事是为了说明:"双枪"克劳利对自己的所作所为没有任何愧疚感。

这是犯罪分子的一种不寻常的态度吗?如果你是这么认为,那么请听这则故事:

"我把自己生命中最好的时光都用来给予人们快乐,帮助他们生活得更幸福,而我得到的却是辱骂,成为了一个被四处追捕的人。"

这是阿尔·卡彭说的。没错,他就是那个美国最臭名昭著的全民公敌——横行在芝加哥一带的黑帮教父。卡彭并没有谴责自己的行为。实际上,他把自己当作一个不被认可和被人误解的公众慈善家。

而且,杜奇·舒尔茨在诺华克被杀死前也这样说。他是最臭名昭著的罪犯之一,在一次报纸的采访中,他说他是个社会慈善家,并且他非常坚信这一点。

我曾经和刘易斯·劳斯有过一些有趣的联系,他在纽约声名狼藉的新新监狱当了多年狱长。关于这方面的问题,他宣称:"新新监

第一章

"如果想采集蜂蜜,就不要踢翻蜂巢"

狱里没有几个犯罪分子把自己看作是坏人。他们认为自己只是跟你我一样的人类。他们时常这样辩解和解释。他们会告诉你,为什么他们不得不撬开保险箱或者快速扣动扳机。他们大多试图通过一种推理形式、谬误或逻辑,为他们的反社会行为辩解,因而坚决认为不应该监禁他们。"

如果阿尔·卡彭、"双枪"克劳利、杜奇·舒尔茨以及监狱内的绝望的男人和女人对自己所做的事情没有任何自责,那么我们接触的人又怎么样呢?

约翰·沃纳梅克——以他的名字命名的专卖店的创始人,他有一次坦白地说:"三十年前我就懂得,责骂是愚蠢的。我克服自己的缺陷已经足够麻烦,但我不因上帝没有将智力均匀分配而抱怨。"

沃纳梅克很早就懂得了这一点,但是我却在世界上愚蠢地走过了三十多年后才能领悟。无论是什么样的错误,人们一百次中有九十九次都不会为了任何事而批评自己。

批评是徒劳的,因为它让人处于防御状态,而且通常使人们努力地为自己辩解。批评也是危险的,因为它会伤到一个人的自尊,让他们以为自己不受重视,而且会激起怨恨。

B. F. 斯金纳是世界上著名的心理学家,通过他的实验证明,动物因良好行为而受到奖励将会使它学习的更加迅速,而且,相比因不良行为受到处罚的动物,前者能够更有效地记住所学的东西。后来的研究表明,这也同样适用于人类。通过批评,我们不会进行持久的改变,反而往往招致怨恨。

另一个伟大的心理学家汉斯·塞里说:"我们渴望赞同,害怕谴责。"

人性的弱点
How To Win Friends and Influence People

怨恨的批评会导致员工、家庭成员和朋友心情低落,但不会使他们去纠正自己的错误。

俄克拉荷马州伊尼德的乔治·B. 约翰斯顿是一家工程公司的安全协调员。他的一个职责就是要监督员工在工厂里工作时佩戴安全帽的情况。他说,每当他遇到了没有戴安全帽的工人,他会用很多工人必须遵守的权威规章制度告诫他们。结果,受训的工人会沉着脸接受,但是往往在他离开后,那些工人就会把安全帽摘掉。

他决定尝试一种不同的方法。接下来的时间里,如果他发现一些工人不戴安全帽,那么他就询问工人是否是安全帽不舒服或者不合适。然后,他用一种愉快的语气提醒工人,安全帽的设计是用来保护工人安全的,并且建议工人在工作中要始终戴着安全帽。这样做的结果是,工人既遵守了规章制度,也没有产生怨恨或不安情绪。

纵观数千年的历史,我们可以找出无数关于批评是徒劳的例子。例如,西奥多·罗斯福和塔夫脱总统之间的著名争论。正是由于这个争论,使共和党分裂,而让伍德罗·威尔逊入主白宫。他的大胆举动在第一次世界大战中留下了光辉的一笔,从而改变了历史的轨迹。让我们快速回顾一下那段历史。西奥多·罗斯福于1908年卸任,离开白宫,他支持的塔夫脱当上了总统。然后,西奥多·罗斯福去了非洲猎狮子。当他回来后,他谴责塔夫脱的保守主义,并且试图争取自己提名为第三个任期的总统,建立了公麋党(进步党)等,几乎拆散了共和党。在随后的选举中,威廉·霍华德·塔夫脱和共和党只赢了两个州——佛蒙特和犹他州。这是共和党迄今为止最大的败笔。

西奥多·罗斯福指责塔夫脱,但是塔夫脱总统有没有自责呢?当然没有。塔夫脱眼中含着泪水说:"我并未发现我本能做的和我已

第一章

"如果想采集蜂蜜,就不要踢翻蜂巢"

经做过的有任何区别。"

谁是罪魁祸首?罗斯福还是塔夫脱?坦率地说,我不知道,我也不在乎。我想试图说明的一点是,西奥多·罗斯福的所有批评并没有说服塔夫脱承认自己的错误。这只是使得塔夫脱努力来证明自己和含着泪水反复地说:"我并未发现我本能做的和我已经做过的有任何区别。"

还有茶壶山丑闻。在二十世纪二十年代初,这个丑闻不停地引起舆论的愤慨,震惊了全国!在所有美国人的记忆中,这是在美国人的公共生活中绝无仅有的事情。这起丑闻的真相是哈丁总统内阁的内政部长阿尔伯特·B.福尔将麋鹿山和茶壶山的政府石油储备委托租赁出去,这些石油是留作未来海军石油储备的。福尔内政部长进行公开招标了吗?没有。他把这块"肥肉"合同给了他的朋友爱德华·L.黑尼。那么黑尼又做了什么?他高兴地把自称为"贷款"的十万美元送给了内政部长福尔。然后,内政部长福尔以一种霸道的方式命令美国海军陆战队进驻石油开采区,驱逐石油开采竞争者,理由是这些邻近的油井削弱了麋鹿山石油储备。那些石油开采竞争者被刀枪赶出了开采区,他们冲进法庭,然后揭发了茶壶山的丑闻。这件丑闻如此卑劣恶臭,以至于把哈丁的治理毁于一旦,共和党也受到了致命的打击,而阿尔伯特·B.福尔也锒铛入狱。

福尔受到了斥责,在大众生活中仅有少数几个人受到这样的谴责。那么,他后悔了吗?从来都没有!几年后,赫伯特·胡佛在一次公开演讲中暗示,哈丁总统去世是因为一个朋友背叛了他,令他精神焦虑和担忧。当福尔夫人听到这些话后,她"蹭"地从椅子上站起来,拼命攥着拳头,哭着大喊道:"什么!是福尔背叛了哈丁?不是的。我丈夫从未背叛过任何人。即便是堆满黄金的屋子摆在我

人性的弱点
How To Win Friends and Influence People

丈夫面前,也不会诱使他做错事。他才是被别人背叛的人,才导致了他的不幸。"

这就是人类的天性,做错事的人只会责怪别人,而从来不会责怪自己。我们每个人都是如此。所以,当我们明天要忍不住批评别人时,我们就想想阿尔·卡彭、"双枪"克劳利和阿尔伯特·福尔。我们认识到,批评就像信鸽,它们总是会回来的。我们要认识到,我们将要批评和责备的人也很可能会为自己辩解,而且反过来谴责我们,或者像温和的塔夫脱那样说:"我并未发现我本能做的和我已经做过的有任何区别。"

1865年4月15日上午,亚伯拉罕·林肯在弥留之际就躺在福特剧院路对面廉价公寓的卧室里,就是在那里,约翰·威尔克斯·布斯暗杀了他。林肯瘦长的身躯就斜躺在下方的小床上。床上方挂着罗莎·博纳尔的名画《马市》的廉价复制品,一盏惨淡的煤气灯闪烁着黄色的光。

在林肯的弥留之际,战时秘书斯坦顿说:"躺在这里的是世界上最完美的国家元首。"

在人际关系中,林肯成功的秘密是什么?我花费十年时间研究亚伯拉罕·林肯的一生,然后倾注了整整三年的时间编写和修订了一本名为《人性的光辉》的书。我认为我已经对林肯的性格和家庭生活进行了细致和详尽的研究,其程度已经达到了人类所能达到的最详尽程度。我对林肯与人交往的方法进行了专项研究。他随意批评过别人吗?当然。当他年轻的时候,在印第安纳的鸽子溪谷,他不仅批评别人,还写信和诗歌嘲笑别人,并且把信扔到必定有人经过的路上。其中有一封信,激起了人们对他终生的怨恨。

第一章

"如果想采集蜂蜜,就不要踢翻蜂巢"

林肯甚至在伊利诺伊州斯普林菲尔德成为执业律师后,还在报纸上发表文章公开攻击他的对手。但是这一次他做得太过分了。

在1842年的秋天,他嘲笑一个虚荣的、好斗的政客詹姆斯·希尔德。林肯在《斯普林菲尔德日报》上发表一封匿名信嘲笑希尔德,使全市的人都哄然大笑。希尔德非常敏感而自傲,于是怒火中烧。他查到是林肯写的这封信后,立刻翻身上马,去找林肯决斗。林肯并不想打架,但是为了自己的脸面而又不能逃脱。希尔德让林肯挑选武器。因为林肯的手臂很长,所以他选择了骑兵大刀,并从一名西点军校毕业生那里学习刀法。在他们约定的决斗日期,林肯和希尔德在密西西比河的沙洲上会面,并准备战斗到死;但是,在最后时刻,他们的支持者制止了这场决斗。

那一次是林肯一生中最可怕的个人事件。这个事件也给林肯上了如何与人交往的一课。自此之后,他再也没有写过一封无礼的信,再也没有取笑过任何人。从那时起,他几乎没有因为任何事而评判过任何人。

在内战期间,林肯一次又一次地任命波托马克军团的新将领,但是每一个将军都是失败而返,林肯绝望地在地板上踱步。全国一半人都在痛骂那些无能的将军,而林肯却以"不恶意的对待任何人,而是宽容的对待所有人"保持心态平和。他最喜欢的一句格言是"勿非议他人,自己亦免招非议"。

当林肯太太和其他人刻薄地谈论南方人时,林肯回答说:"请不要评判他们,我们在同样的情况下也会像他们那样做。"

我们再举下面一个例子:

葛底斯堡战役发生在1863年7月的前三天。7月4日的晚上,

人性的弱点
How To Win Friends and Influence People

当风暴云使全国雨水泛滥成灾后,李将军开始南撤。当将军带着战败的军队来到波托马克河时,他发现河水已经高涨,无法过河,而身后就是胜利的联军。李将军已经进退维谷,也无处逃跑。林肯知道这是一个围捕李将军军队、立即结束这场战争的千载难逢的天赐良机。因此,林肯满怀着希望,命令米德将军不要召开军事会议,立刻围攻李将军。林肯打电话下达了命令,然后派特使要求米德将军立即行动。

可是米德将军是怎么做的呢?米德将军的做法完全跟林肯的命令相反。他违反林肯的命令,召开了军事会议。他还犹豫、拖延,用各种借口打电报拖延。他断然拒绝攻击李将军。最后,洪水退去,李将军带着他的军队从波托马克河逃跑了。

林肯很愤怒,他对自己的儿子罗伯特大喊:"米德这是什么意思?""天哪!这是什么意思?敌人已经在我们的股掌之中,我们只需要动手,李将军的军队就是我们的了。但是,无论我说什么或做什么,米德将军的军队都不行动。在那种情况下,任何军队都能把李将军打败。如果我亲自出征,我早就把他活捉了。"

林肯在痛苦失望之下,坐下来写信给米德。在林肯这一时期的生活中,他非常保守和克制他的措辞。所以,1863年林肯写的这封信已经等于最严厉的斥责。

亲爱的将军:

我认为你无法了解李将军的逃走会引起多么大的不幸。他已经在我们的掌控之中,将他拿下,再加上我们最近接连的成功,这场战争就可以结束。而现在,战争将无限期延长。上周一你都不能有

第一章

"如果想采集蜂蜜，就不要踢翻蜂巢"

把握地拿下他，那么在河流以南你又怎么能够击败他……没有合理的理由让我期望你现在能获得什么样的扭转。那黄金般的机会你已经错失了，为此我深感遗憾。

你觉得米德在读到这封信时会如何做呢？

米德从未见过这封信，因为林肯根本就没有把信发出去。这封信是林肯离世后在他的文件里发现的。

我猜测林肯在写完那封信后，看着窗外，对自己说："冷静一下，也许我不应该这么草率。我坐在安静的白宫发号施令让米德进攻很容易，但如果我身在葛底斯堡，如果我也看到了米德上周看到的那么多将士的鲜血，如果我的耳朵里也充满了伤员痛苦的尖叫声和垂死的喊叫声，也许我也不会那么急于要进攻。如果我有米德胆怯的性情，也许我也会像他那样做。无论如何，现在已经无法挽回。如果我发出这封信，肯定会减轻我的情绪波动，但是它也会让米德为自己辩护，也会使他谴责我。这封信也会对作为指挥官的他有进一步的伤害，也会引起他的痛苦感觉，也许会迫使他离开军队。"当然，这些只是我的一个猜测。

所以，正如我已经说过的，林肯把信放在一边。林肯从痛苦的经验教训中学会，尖锐的批评和指责几乎都是无果而终。

总统西奥多·罗斯福说，当他面临着一个令人困惑的问题时，他通常是抬头仰望林肯的巨大画像，然后问自己："如果林肯遇到这种问题，他会怎么做？他又是如何解决问题的呢？"

以后当我们忍不住要告诫某人时，我们就从口袋里拿出一张五美元的钞票，看着钞票上的林肯画像，扪心自问："如果林肯遇到这

人性的弱点

How To Win Friends and Influence People

个问题,他会如何处理呢?"

马克·吐温偶尔也会无法控制自己的脾气,写一些毫不客气的信。例如,他曾经给一个惹怒他的人写过一封信:"你需要的是一份埋葬许可证。只要你开口,我就送给你。"还有一次,他写信给一位编辑,是关于一所名校对企图"改进我的拼写和标点"的事情。他在信中命令道:"必须遵照我的原稿去做,让那个校对把他的建议留在他那已经腐朽了的脑子里面吧。"

马克·吐温写了这些口气尖锐的信后,内心是感觉好了很多。他们允许马克·吐温这样发泄,而且这些信并没有造成任何伤害,因为马克·吐温的妻子偷偷地把这些信从发信箱里拿走了,根本就没有发出去过。

你想改变、控制和改进一些你认识的人吗?想,那很好。我完全赞成,但是,为什么不从你自己开始呢?从纯粹自私的立场上说,从自身开始改变要比改进别人获益得多。"当一场争论、激辩源于自己时,"鲍宁这样说,"他在很多方面已不寻常了"。

我年轻的时候,试图给人们留下深刻的印象,曾经给理查德·哈丁·戴维斯写过一封愚蠢的信,他是美国文学史上占有重要地位的一位作家。那时,我正在准备一篇关于作家的杂志文章,我请戴维斯告诉我关于他的写作方法。几周后,我收到了一封底部写着如下文字的信:"口述,未经审阅。"我对此印象非常深刻,因此觉得这位作家肯定是一位非常繁忙,非常有权力的大人物。我却一点也不忙,但是我渴望能为理查德·哈丁·戴维斯留下深刻的印象,所以我在简短的回信后面也加上了这样几个字:"口述,未经审阅。"

他从来都不厌烦回信。他在信的底部写了下面一句话:"你的坏

第一章

"如果想采集蜂蜜，就不要踢翻蜂巢"

习惯会造成更恶劣的习惯。"真的，我犯了大错，或许我就应该得到这样的斥责。但是，由于人性使然，我痛恨这件事，以至于十年后，我得知理查德·哈丁·戴维斯离世的消息后，他给我造成伤害的心绪依然萦绕在我心头，只是我羞于承认。

如果你想激起让人对你产生数十年甚至到死的怨恨，那你就随意发表一点尖刻的批评吧，不管我们是否确定那些批评是不是正当合理的。

与人打交道时，我们一定要记住：我们不是和有逻辑的生物打交道，而是与感情用事的、充满偏见、骄傲和虚荣的动物打交道。

激烈的批评致使敏感的托马斯·哈代永远放弃了写小说，他曾经是英国最优秀的小说家。批评致使英国诗人托马斯·查特顿自杀。

本杰明·富兰克林年轻时并不聪慧伶俐，但是后来成为处理人际关系的老手和熟手，因此他被任命为美国驻法国大使。他成功的秘诀是什么呢？他说："我不说任何人的坏话，只说每个人的优点。"

所有愚蠢的人都会批评、谴责和抱怨别人。

但品格高尚和自我控制的人懂得理解和宽容。

卡莱尔说："伟人的伟大之处在于他对待小人的方式。"

鲍勃·胡佛是个著名的试飞员，经常在空中表演特技。有一次，他在圣地亚哥表演完后，准备飞回洛杉矶。胡佛在飞到三百英尺高的地方时，两个引擎同时出现故障。幸亏他反应迅速，控制有方，飞机才得以降落。虽然无人员伤亡，但是飞机已面目全非。

胡佛在紧急降落以后，做的第一件事就是检查飞机的燃油。正如同预料的一样，这架曾在第二次世界大战中飞行的螺旋桨飞机里装的是喷气机燃油，而不是汽油。

人性的弱点
How To Win Friends and Influence People

胡佛回到机场后,他去见了那位负责保养的机械师。年轻的机械师早已为自己犯下的错误而懊悔不已。当胡佛走近他的时候,他懊悔的眼泪已经沿着面颊流下。由于他的失误,不仅损失了一架昂贵的飞机,还差点害了三个人的性命。

你肯定能想象到胡佛当时的愤怒,并认为胡佛肯定会对这个机械师大发雷霆,加以痛责。然而,胡佛并没有责备那个机械师,只是伸出手臂,搂着机械师的肩膀说:"为了证明你不会再犯错,我要你明天帮我养护我的 F-51 飞机。"

父母通常会批评他们的孩子。你认为我会说"不",但我不会这么说,我只是想说:"在你批评他们之前,请你读一读美国新闻界的经典文章'爸爸忘了'。"该文章最初出现在人们的家居杂志的社论上。经作者许可,我们把它转载到这里,根据《读者文摘》中的介绍:"爸爸忘了"是某一时刻真挚感情的碎片之一,因为扣动许多读者的心弦,所以称为最喜欢的常年转载。从作者李文斯·敦·朗德所写的"爸爸忘了"第一次出现开始,该文章就已被转载到全国各地的成百上千的杂志、内部刊物和报纸上,并已经翻译成了好几个国家的语言。我已经让想读到它的成千上万的人读到了它,他们分别来自于学校、教堂和演讲台等地方。它充满在无数的场合和节目的广播中,更有甚者,高校期刊和高中杂志都使用它。有时,似乎冥冥中有神明的"点化",而这篇文章确实得到了这种点化。

爸爸忘了(李文斯·敦·朗德)

孩子,听我说:在你熟睡的时候,你的一只小手放在你的脸颊旁,金色头发贴在你的额头上。我一个人偷偷地来到你的房间。就在几

第一章

"如果想采集蜂蜜,就不要踢翻蜂巢"

分钟前,当我坐在书房里看报纸时,突然一股令人窒息的悔恨涌上我的心头。于是我内疚地来到你的床前,说了这些话。

孩子,我想了许多事情:我经常对你发脾气。早上你穿衣服准备上学时,因为你胡乱地用毛巾往脸上一擦,我责备你;当你没有擦干净鞋子时,我责备你;当你把你的东西胡乱地扔到地上时,我更是生气地责备你。

在吃早餐的时候,我也发现了你的一些毛病。你把早餐弄得到处都是,狼吞虎咽地吃着,还把胳膊肘放在餐桌上,甚至还把整瓶黄油都涂在面包上。当你开始玩,而我却要赶地铁时,你转身向我挥手说:"再见,爸爸!"而我却皱了皱眉头,回答说:"挺直你的身子!"

在傍晚的时候,这一幕又重演了一次。当我在回家的路上遇见你时,你正跪在地上跟你的朋友玩弹珠。你的长袜磨破了一个洞,而我就在你的朋友面前训斥了你,让你马上回家。我对你大吼道:"长袜很贵的,如果你自己挣钱买的话,你会穿得更加珍惜的!"孩子,你能想象这是出自一个父亲之口吗?

你还记得吗?就在刚才,我在书房看报,你小心翼翼地走进来,眼里还带着惧怕。我瞥了你一眼,脸上写满了对你来打扰的不耐烦,你犹豫地站在门口。我怒气冲冲地问道:"你究竟要做什么?"

你一言不发,只是匆忙地跑过来,搂着我的脖子吻了我一下。你带着上帝种在你心里的爱意,用那瘦小的胳膊紧紧地搂着我,这纯洁的爱让人无法忽视。然后,你就跑出了书房,跑上楼去了。

孩子,就在那时,报纸从我手里滑落,我的内心突然感到一种恐惧。我做了什么?我总是挑毛病,总是斥责——这就是我想让你

人性的弱点
How To Win Friends and Influence People

成为一个男子汉的方式。这并不是说我不爱你,而是我对年幼的你心怀太多期望。我是在用我自己这个年龄的标准来衡量你,要求你。

你的性格有那么多的美好、善良和真实。你小小的心灵,就像群山之上的曙光一样美好。这从你天真率直地跑过来吻我,向我道晚安就能看得出来。今晚没有其他更重要的事情了,孩子。我在黑暗中来到你的床前,我跪在这里,内心充满愧疚。

这是一个微弱的赎罪。我知道,如果在你醒着的时候对你说这些,你可能还无法理解这些事情。但是,从明天开始,我将要做一个真正的爸爸!我将要和你成为朋友,与你一同分担痛苦,一起分享快乐。从此以后,如果我再说不耐烦的话,我会咬舌头提醒自己。我每天都提醒自己:"他只是个孩子,很年轻的孩子!"

我一直把你当成一个男子汉。但我现在看着你蜷缩在你的床上,我意识到你还是个孩子。我还清晰地记得,不久前,你还是依偎在母亲怀抱里的小孩。我对你要求的太多了,太多了!

让我们不要再谴责别人,试着去理解他们。让我们试着去理解他们那样做的原因。这比批评更为有益;让我们心怀着同情、宽容和仁慈。"理解即是宽容!"

正如约翰逊博士所说的:"哪怕是上帝也不会在一个人临死之前来评判他的为人的!"

那么我们为什么还要评判别人呢?

准则1　不要批评、谴责或抱怨。

第二章

与人相处的大秘诀

世界上只有一个方法可以让任何人去做任何事。你有没有停下来想一想是哪种方法呢？没错，只有一个方法可以让其他人愿意去做一件事。

记住，世界上没有第二种方法能够做到。

当然，你可以用左轮手枪顶着别人的胸口，让他乖乖地把手表给你。你可以通过恐吓员工要解雇他们，让他们乖乖地给你效力，但是这种"效力"只能维持到你转身离开之前。你可以用鞭子或威胁让一个孩子按照你的意志做事。但是这些简单粗鲁的方法都具有明显的不良后果。

我能让你做任何事情的唯一方法是给你你想要的。

你想要什么呢？

西格蒙德·弗洛伊德说，我们所做的所有事，都出于两个动机：性冲动和成为伟人的欲望。

美国最渊博的哲学家之一约翰·杜威对此的措辞稍微有点不同。杜威博士说，人性中最深切的渴望是"成就卓越的欲望"。记住这句话:"成就卓越的欲望",这句话很重要。你会在本书中看到很多地方都提到了这句话。

你想要什么呢?没有很多东西,但是你却不可否认地渴望而执着地想得到这几样东西。大多数人想要的这些东西包括:

1. 健康和生命的保护。

2. 食物。

3. 睡眠。

4. 金钱和金钱所能买到的。

5. 今后的生活。

6. 性生活的满足。

7. 子女健康幸福。

8. 自重感。

几乎所有的这些渴望都能得到全部的满足,但其中有一种渴望,几乎与食物和睡眠一样,既深刻又迫切,很少能得到满足。这就是弗洛伊德所说的"成为伟人的欲望",也是杜威所谓的"成就卓越的欲望"。

林肯曾在一封信的开头写道:"每个人都喜欢赞美。"威廉·詹姆斯说:"人性最深处的本能是迫切需要得到赏识。"你一定要注意到,他不是说"希望""想要"或"渴望",而是说"迫切需要"得到赏识。

这是一个令人痛苦的、永恒不变的人类渴望,而且很少有人能

第二章
与人相处的大秘诀

真正地满足这种内心的渴望,成为人们心中的英雄,甚至"殡仪员也会为他的离世而感到惋惜"。

追求自重感是人类和动物之间的主要差异之一。譬如:当我还是密苏里州的一个乡下男孩时,我的父亲饲养了品种优良的杜洛克大红猪和纯种的白脸牛。我们曾经在整个中西部的乡村集市上展示我们的杜洛克猪和白脸牛,并获得了很多次一等奖。我父亲把蓝色的绶带别在一条白棉布上,当朋友或客人来到我们家时,父亲就拿出这条长布条。他拉着布条一端,我拉着另一端,展示那些蓝绶带。

那些猪并不在乎它们赢得的那些绶带,但是我父亲在乎。那些绶带让他有一种自重感。

如果我们的祖先没有对自重感的炽热冲动,就不可能有文明。如果人类没有文明,那么人类就跟动物没什么区别。

正是这种自重感,让没有受过教育的贫困的杂货店店员学习法律书籍。那些法律书籍是他在堆满杂货的木桶底部发现的,然后花了五十美分买了下来。你可能听说过这个杂货店店员,他的名字叫林肯。

正是这种自重感,激发狄更斯写出了不朽的小说。这种欲望激发克里斯托弗·雷恩成为最著名的建筑大师。这种欲望激励洛克菲勒积累了他一辈子都花不完的金钱。这种欲望促使城市里最富有的家庭建造了远超过其需求的大房子。

这种欲望让你想穿最时髦的衣服,开最新款的汽车,谈论让自己引以为豪的孩子们。

也正是这种欲望,引诱许多少男少女拉帮结派,从事犯罪活动。根据纽约前警察局局长E.P.穆罗尼所说,通常,这些年轻的罪犯都

人性的弱点

How To Win Friends and Influence People

非常自我；他们被捕后的第一个要求就是看那些把他们写成英雄的骇人听闻的报纸。他们只要看到自己的照片与体育明星、电影明星和政治家同在一个版面上，他们就觉得将要开始的痛苦的服刑生活似乎与他们不相干。

如果你告诉我，你是如何获得你的自重感的，我就能告之你，你是什么样的人。你的自重感决定了你的性格，也是关于你的最明显的特征。我们举一个例子吧。约翰·D.洛克菲勒获得他的自重感是通过出资在中国北平建造最新式的医院，来照顾他从来没见过、同时也永远不会见到的贫民，借此得到自己的自重感。另一方面，迪林格获得自重感是通过成为一个强盗、一个银行抢劫犯和杀人犯。当联邦调查局的人追捕他时，他冲进明尼苏达州的一间农舍说："我是迪林格！"他非常自豪自己是头号公敌，然后又说："我不会伤害你，但我是迪林格！"

是的，迪林格和洛克菲勒的最大区别是他们获得自己的自重感的方式。

纵观历史，我们会发现历史上有很多名人争取获得自重感的有趣例子。甚至乔治·华盛顿都想被称为"神力无边的大总统"；哥伦布请求赐予"海军上将和印度总督"的称号；叶卡捷琳娜二世拒绝拆阅没有称她为"女皇陛下"的信件；林肯夫人在白宫里向格兰特太太大喊道："我没有邀请你，你竟敢坐在我的面前！"

1928年，有些百万富翁资助海军上将伯德去南极探险，但条件是发现的冰山都得以他们的名字命名；维克多·雨果甚至渴望把巴黎重新以他的名字命名。

第二章
与人相处的大秘诀

人们有时候还为了博取别人的同情、关注和自重感而装病。我们就举一个麦金利夫人的例子吧。她为了获得一种自重感,强迫身为美国总统的丈夫不顾国家重要事务,留在她的床边陪伴她数小时,还要他搂着她、抚慰她睡觉。她为了满足看牙齿时让丈夫怜惜自己痛楚的欲望,而坚持让麦金利总统陪着她看牙医。有一次,麦金利与国务卿约翰·海有要事约谈,所以把麦金利夫人留在牙医馆,而麦金利夫人因此大发雷霆。

作家玛丽·罗伯茨·莱因哈特曾经给我讲过一个故事,一个面色红润、充满活力的妇人为了获得自重感而装病。莱茵哈特夫人说:"有一天,这位妇人不得不面对的一些事情,可能与她的年龄有关。她将要面对的是孤独的岁月,而又没多大希望能脱离这种生活。"

"她躺在床上,而她母亲日复一日地端饭送水地爬到三楼来伺候她。后来有一天,这位老母亲又累又老地离世了。她憔悴了几周后,起床穿上衣服,病也好了。"

一些专家说,人们为了在幻境中获得那种在真实世界中无法获得的自重感,可能真的会精神失常。美国患精神病的人数比患其他疾病的人数总和还要多。

精神错乱的原因是什么?

没有人能回答这么笼统的问题,但是我们知道某些疾病,如梅毒会破坏脑细胞而导致精神失常。事实上,约有半数以上的精神失常的人可归因于这样的身体原因,例如脑损伤,酒精、毒品的伤害。但是令人震惊的是,另外半数精神失常人的脑细胞并没有任何的病

态。在他们死后,用最高性能的显微镜对他们的脑组织进行研究发现,他们的脑组织跟我们正常人的一样健康。

为什么这些人精神失常了?

我向最有权威的精神病院的主治医师请教了这个问题。这位医生因为知识渊博而获得了最高的荣誉和最令人垂涎的奖项,他坦白地告诉我说,他也不知道为什么人们会精神失常。但是他说很多精神失常的人找到了他们在现实世界中无法实现的自重感。他还给我讲了下面这个故事:

"我现在有一位病人,她的婚姻是场悲剧。她渴望爱情、性满足、孩子和社会地位,但是生活却把她的希望都化为灰烬。她丈夫不再爱她了,甚至拒绝跟她一起用餐,并强迫她把饭食端到他楼上的房间。她没有孩子,没有社会地位,最后精神失常了。在她的想象中,她跟丈夫离婚了,并重新使用娘家的姓氏。她现在认为自己已经嫁给了英国贵族,让别人称呼她为史密斯夫人。"

"至于孩子方面,她认为自己已经有了孩子。我每次去看她的时候,她都会说:'医生,我昨晚有了自己的孩子。'"

生命中,她的梦之船被现实的岩礁撞得粉碎;但是精神失常中,在阳光明媚的幻想岛上,她所有的三桅帆船带着起伏的船帆和穿过桅杆的歌唱的风儿竞相驶入港口。

"悲剧吗?我无法判定。"她的医生对我说:"如果我有能力帮她恢复理智,我也不会那样做。她现在这样要比以前幸福。"

如果有人非常渴望自重感,以至于他们真的变得精神失常而获得了自重感;想象一下,通过让人真诚地欣赏精神失常的这一面,

第二章

与人相处的大秘诀

我们能达到什么样的奇迹？

在美国商界中，年薪超过一百万美元（当时没有所得税，一个人一周挣五十美元就算非常不错的了）的第一人是查尔斯·施瓦布。1921年，他已经被安德烈·卡耐基任命为新成立的美国钢铁公司的第一任总裁，那时施瓦布只有三十八岁（施瓦布后来离开美国钢铁公司接管陷入困境的伯利恒钢铁公司，他对公司进行重组，并使公司成为美国最赚钱的公司）。为什么安德烈·卡耐基支付给查尔斯·施瓦布一百万美元的年薪，或者说三千美元的日薪？因为施瓦布是个天才？不是的。因为他比别人更懂得钢铁生产？也不是。查尔斯·施瓦布亲口对我说为他工作的人知道的钢铁生产知识比他多得太多了。

施瓦布说，他之所以能得到这么高的年薪，是因为他与人相处的能力。我问他是如何做到的。用他自己的话说，这是他的秘密。他的这个秘密应该铸成永世不灭的青铜字挂在世界上的每个家庭、学校、商店和办公室里；学生们应该记住他的这个秘密，而不是浪费时间去记住动词的变化或者巴西的年降水量；如果我们谨记这些话语，它将改变我们的生活。

"我认为我有能力激发手下的热情，"施瓦布说，"那是我所具有的最大的资源……我充分发挥每一个人才能的方法，是用赞美和鼓励。"

"没有什么比上级的批评更能泯灭掉一个人的抱负。我从来不批评人，我笃信激励能促进工作。所以我渴望去赞扬，而不情愿去寻找错误。如果我喜欢什么的话，我衷心地赞许，不吝啬地赞许。"

人性的弱点

How To Win Friends and Influence People

这就是施瓦布成功的原因。但是普通人又是怎么做的呢？正好相反。如果他们不喜欢一件事，他们痛骂下属；如果他们喜欢某件事，他们什么都不说。正如一句老话所说的那样："一旦做错，尽受数落；次次做好，不见嘉奖。"

"我一生中广交朋友，在与世界各地的许多名人志士相识中，"施瓦布说，"我还没有发现有一个人，无论他多么伟大崇高，在批评的状态下比在赞许的鼓舞下能更好地工作和付出更大的努力。"

坦率地讲，施瓦布所说的正是安德烈·卡耐基取得惊人成功的一个突出的原因。卡耐基在公开场合以及私下里都称赞他的同事。

卡耐基甚至还在他的墓碑上称赞他的助手们。他写给自己的墓志铭是："埋葬在这里的是一个知道如何同比他更聪明的人相处的人。"

真诚的赞赏是约翰·D.洛克菲勒成功处理人际关系的第一秘诀。例如，当他的一个合作伙伴爱德华·T.贝德福德因为在南美洲的一笔不合算的买卖导致公司损失一百万美元时，洛克菲勒可以批评他；但是他知道贝德福德已经尽力了，事情已经过去了。所以，洛克菲勒发掘了一些可以赞美的地方，他庆贺贝德福德为他挽回了百分之六十的投资损失。"这已经很了不起了，"洛克菲勒说，"我们不可能一直都顺风顺水。"

我的剪报中有一个我知道但从未发生过的故事，但它说明了一个道理，所以我在这里再讲一遍这个故事：

这是一个可笑的故事：一个农妇在结束了一天繁重的劳作后，要吃饭的时候，她把一堆干草放到那些男工面前。他们愤怒地问她，

第二章
与人相处的大秘诀

是不是疯了？她回答道："为什么？你们不说，我怎么知道你们会注意到这是干草？我已经为你们这些男人做了二十多年的饭，而且在这二十多年里，你们也没告诉我说你们不吃干草。"

几年前，有一个对离家出走妻子的调查研究，"你认为妻子离家出走的主要原因是什么？"调查表明妻子离家出走的主要原因是"缺乏赞赏"。所以我猜想，如果开展类似的丈夫离家出走的原因调查，那么其主要原因应该也是"缺乏赞赏"。我们经常把我们另一半的付出当作理所当然，而从来没有表达我们对他们的赞赏。

我们课程中的一名学员讲述了他妻子请求他指出缺点的事例。她和教会的其他妇女一起参与了一项自我提升计划。她要求丈夫帮她列出六条他认为能帮她成为一个更称职的妻子的建议。他对所有学员说：

"我对这样的要求感到十分惊讶。坦白地讲，对我来说列出六个我想让她改善的方面很容易，但是我换个角度想，她也会列出上百条想让我改善的地方，所以我没有说。我对她说：'让我思考一下，明天早上告诉你。'

"第二天早上，我很早就起床，打电话到花店，让他们送六朵红玫瑰给我的妻子，并附有一张卡片：'我想不出六条想要你改变的方面。我喜欢做你自己的你。'

"当我晚上下班回到家时，你猜是谁在门口迎接我？没错，我的妻子。她几乎要哭了。不必说，我很高兴我没有因为她的要求而批评她。

"接下来的星期日，她在教堂里报告了自己的成果，几个参与自

人性的弱点
How To Win Friends and Influence People

我提升计划的妇女走到我跟前说：'这是我听过的最体贴的事。'就在那时我意识到了赞赏的力量。"

佛罗伦兹·齐格菲尔德曾是百老汇最辉煌的歌剧大王。他因为具有"赞美美国女孩"的不可思议的能力，获得了声誉。他一次又一次地把别人不愿意看第二眼的小人物变成在舞台上神秘而又具有吸引力的梦中女神。他懂得赞赏和信任的价值，用他殷勤而又体谅的纯粹力量让她们自我感觉到美丽动人。齐格菲尔德很注重实用：他将歌舞团女演员的薪水从每周三十美元涨到一百七十美元。他还很有绅士风度，在轻松歌舞剧的开幕之夜，他给剧中的演员发贺电，并送给每个演员一支玫瑰。

我曾经着迷于一项流行的斋戒活动，六天六夜不能吃东西。其实这不是很难。我在第六天的饥饿感并不比第二天强烈。可是我们都知道，如果有人让他们的家人或雇员六天吃不上饭，那么他们会有强烈的罪恶感；但是他们会六天、六周甚至六年没有给家人或雇员衷心的赞赏，而这些赞赏是家人或雇员像渴望食物一样渴望获得的东西。

当亚弗雷德·伦特（他那个时代的一名伟大的演员）在《重聚维也纳》中担任主角时，他说："我最需要的东西是对我自尊的补给。"

我们给我们的孩子、朋友和雇员身体所需的食物，但是我们却极少给予他们自尊的给养。我们提供给他们烤牛排和马铃薯等食物给予身体上的活力，但是我们忽视了给予他们亲切的赞赏，而这样的赞赏会在他们的记忆里就像"晨星之歌①"一样回荡数年。

---

①晨星之歌，基督教的一首圣歌。

第二章
与人相处的大秘诀

保罗·哈维在他的广播节目"剩下的故事"中，讲述了表现出真诚的赞赏如何改变一个人的生活。他讲述说，几年前底特律的一名老师要求史蒂威·莫里斯帮她找一只在课堂上丢失的老鼠。她赞赏上天只给了史蒂威的某项天赋——上天给了史蒂威一双灵敏的耳朵补偿失明的双目。但这是史蒂威第一次因为灵敏的双耳而受到赞赏。若干年后的今天，史蒂威说那次赞赏让他开始了崭新的生活。从那时起，他开发了上天赐给他的灵敏听力，后来成为了一名伟大的歌手（艺名史提夫·汪达）和七十年代的作曲家[1]。

当有些读者读到这里时，会说"哦，呸！奉承！油腔滑调！"我试过那些了，一点都不起作用，对聪明人不起作用的。

当然阿谀奉承很少能对聪明的人起作用。阿谀奉承是肤浅的、自私的、虚伪的，就应该不起作用，并且应该总是不起作用。确实，有些人对获得赞赏如饥似渴，所以他们会不顾一切，就像饥饿的人会吃干草和蛆虫一样。

甚至连维多利亚女王也易受阿谀奉承的影响。首相本杰明·迪斯雷利承认在与女王交往中时常阿谀奉承。这里引用他的原话，他说他"嘴巴像抹了蜜似的竭力恭维"。但迪斯雷利是一个优雅、机敏灵巧的人，曾经治理着辽阔的大英帝国。他是一个天才。为什么他的阿谀奉承就起作用，而我们就不行。阿谀奉承最终给你带来的坏处要比好处多。阿谀奉承是虚假的，就像假币一样；如果你把它传递给其他人，它最终会让你陷入麻烦之中。

---

[1]保罗·奥莱迪特，《保罗·哈维的剩下的故事》（纽约：Doubleday出版社，1977）。琳恩哈维编辑和校订。Paulynne公司版权所有。

人性的弱点

How To Win Friends and Influence People

赞赏和阿谀奉承的区别是什么呢？这其实很简单，一个是真诚的，另一个是毫无诚意的；一个是发自内心深处的，另一个是肤浅的从嘴中说说；一个是无私的，另一个是自私的；一个是普遍的赞赏，另一个是普遍的责备。

最近我在墨西哥城的查普尔特佩克宫中看到一尊墨西哥英雄阿尔瓦罗·奥布雷冈将军的半身像。半身像的底座上刻着奥布雷冈将军人生观的慧言慧语："攻击你的敌人并不可怕，谄媚你的朋友要提防。"

不！不！不！我没有倡导阿谀奉承！截然相反的是，我是在谈论一种新的生活方式。让我重复一遍：我是在谈论一种新的生活方式。

乔治五世国王在白金汉宫书房里的墙壁上挂着含有六条准则的一套格言。其中一条是："既不要施予虚伪的赞美，也不要接受虚伪的赞美！"所有的阿谀奉承都是虚伪的赞美。我曾经看过阿谀奉承的一个定义，值得在这里重复一下："阿谀奉承就是准确地告诉他对自己的所思所想。"

拉尔夫·瓦尔多·爱默生说："无论你使用什么样的话语，都离不开自己的种种。"

如果我们都必须去奉承，那么每个人都要学会，我们都会成为人际关系的"专家"。

当我们不专心考虑某个具体的问题时，我们常常花费大约百分之九十五的时间考虑我们自己。现在，如果我们停止考虑自己，而是开始去想别人的优点，我们就不必诉诸虚伪的奉承，这种奉承还未说出口，就已经发现了。

我们日常生活中最容易忽视的美德就是赞赏。不知为何，当孩子带着出色的成绩单回家时，我们就忘记了称赞他们；当孩子们第一次成功地烘焙一个蛋糕或搭建一个禽舍时，我们就忘记了鼓励他们。

没有什么比父母的关注和赞美更能愉悦孩子了。

下次你在餐厅享用牛排时，要转告厨师牛排做得相当不错；当一名神情疲惫的售货员对你展露不寻常的礼貌时，请你赞扬她。

每一位牧师、讲师和演讲者都知道，当他们倾其所有的演讲得不到听众的一丝赞赏时，他们是多么的挫败。适用于专业人士的东西，应该对办公室、商店、工厂的职员以及家人和朋友加倍适用。在我们的人际关系中，我们永远不要忘记，我们所结交的人都是人类，他们都渴望得到赞赏。赞赏是所有心灵都喜欢的法定货币。

在你每日往返的路程中，尝试留下感谢的小火花。你会惊奇地发现这些小火花会点燃小小的友谊之火，并将在你下次经过时，变成玫瑰灯塔。

康涅狄格州新费尔德的帕梅拉·邓纳姆的工作职责之一就是监督一个工作非常可怜的看门人。其他员工都讥笑看门人，并在狭窄的过道里乱扔杂物，让他明白他的工作是多么的糟糕。这确实非常糟糕，因为工作时间都浪费在整理打扫上了。

帕梅拉曾经尝试过各种方法激励他，但是都没有成功。她注意到，偶尔他也能非常出色地完成一项工作。每当这时候，她都会在其他员工面前对他提出表扬。他所做的工作越来越出色，而且很快

人性的弱点
How To Win Friends and Influence People

他的工作效率非常高了。现在,他做着非常出色的工作,其他员工也给予他赏识和认可。真诚的赞赏富有成效,而批评和嘲笑只能失败。

伤害别人不仅不能改变他们,而且还会适得其反。这里有句古老的谚语,我把它剪下来贴在镜子上,所以我每天都可以看到它:

这条路我只经过一次,所以凡是我能做的好事或我能向人表达的善心,我一定要马上就做。不要拖延或忽视,因为我不会从这里经过第二次。

爱默生说:"我遇到的人都有胜过我的地方,我要学习他们的长处。"

如果爱默生都这样认为,那么我们岂不是更应如此?让我们停止思考我们的成就和欲望,试着找出别人的优点,然后忘掉阿谀奉承,给出诚恳和真挚的赞赏。让我们诚恳地赞赏和慷慨地赞美,人们会珍视和珍惜你的赞赏,并牢记终生——在你已经忘记的若干年后,他们还会牢记于心。

准则2　给出诚恳和真挚的赞赏。

第三章

能激发别人渴望的人拥有全世界，否则形单影只

在夏天的时候，我经常去缅因州钓鱼。就我个人而言，我非常喜欢草莓和奶油，但我发现这是因为一些奇怪的原因，而鱼儿则更喜欢虫子。所以，当我去钓鱼的时候，我不会想我喜欢什么，而是想鱼喜欢什么。我不会用草莓和奶油做鱼饵，而会在鱼钩上放上虫子或蚱蜢，放到水里，对鱼说："难道你们不喜欢吃这个吗？"

为什么不用相同的常理去"钓"人呢？

第一次世界大战期间英国首相劳埃德·乔治就是这么做的。有人问他，其他战时领导人（威尔逊、奥兰多和克列孟梭）都已退位，他是如何得以继续执政的？他回答说，他继续执政可能归因于一件事的话，那就是他懂得必须用合适的鱼饵钓鱼。

为什么要谈论我们想要什么呢？这是很幼稚的、愚蠢的。当然，你对你想要的东西感兴趣，且永远对你想要的东西感兴趣，但是没有人对你想要的感兴趣。其他人也都一样，只对自己想要的东西感兴趣。

人性的弱点

How To Win Friends and Influence People

所以，世界上唯一能影响他人的方式是谈论他们想要的，并告诉他们如何实现。

以后当你想要某人做某项事情时，要记住这句话。例如，如果你不想让你的孩子吸烟，那么不要劝诫他们，也不要谈论你想要做什么，而是告诉他们香烟可能让他们无法打篮球或者无法赢得比赛。

无论你在教育孩子或是小牛或黑猩猩，你都应该记住这种方式。例如，有一天，拉尔夫·瓦尔多·爱默生和他的儿子要把小牛赶进谷仓里，但是他们犯了只考虑他们想要的东西的常见错误：爱默生推，他的儿子拉。但是小牛跟爱默生他们一样，它只想要自己想要的东西；所以它使劲站在那里，不肯离开草地。爱尔兰女仆看到了他们的困境。她从未写过文章，也从未读过书，但是至少在这种情况下，她比爱默生更具有马或者牛的意识。她知道考虑牛想要什么，所以她把拇指放在小牛的嘴里，一边引导着小牛进谷仓一边让小牛吮吸她的拇指。

从你来到世界上的那一刻起，你完成的每一种行为都是因为你想要某些东西。那当你给红十字会捐助的时候呢？这也不例外，你给红十字会捐助是因为你想要伸出援助之手、想要做一件美丽、无私、神圣的事情。

如果比起想要这种感觉而言你更想要钱，那么你就不会捐款。当然，你可能因为羞于拒绝或因为有主顾请求你捐款而捐款。但是有一件事是确定的，你捐款是因为你想要得到某些东西。

哈利·艾伦·奥弗斯特里特在他的启蒙书《影响人的行为》中说："行动出于我们根本的欲望……成为说客的最好建议是无论在商

第三章

能激发别人渴望的人拥有全世界，否则形单影只

业中、家庭里、学校里或政治中最首要的是激发别人的渴望。能激发起别人渴望的人就能拥有全世界，否则只能形单影只。"

贫困的苏格兰小伙子安德烈·卡耐基第一份工作只有两美分一小时，而最终拥有三亿五千六百万美元的财产，这是由于他很早就知晓影响人的唯一途径就是谈论别人想要的。虽然他只上过四年学，但是他早已学会了如何与人相处。

我们举一个例子吧：他的嫂子因担心她的两个孩子而忧郁成疾。他们在读耶鲁大学，因为忙于自己的事情而忘记给家里写信，还把他们心急如焚的母亲寄来的信置之不理。

卡耐基说他有办法能收到回信，并愿意赌一百美元。有人答应跟他打赌，所以卡耐基给他的侄子们写了一封信，并在信后附言说给他们每人寄了一张五美元的钞票。但是，他故意忘记附上钱。

因为卡耐基的附言，他很快就收到了两个侄子的感谢信，信中说："亲爱的安德烈叔叔……"后面的内容你肯定猜到了，就是收到信了但是没看到钱。

另一个说服的例子来自于俄亥俄州克里夫兰的圣诺瓦克，他也是我们课程的一名参与者。有一天晚上，圣诺瓦克忙完工作后回到家，发现他的小儿子提姆在客厅里又踢又叫。提姆第二天就要上幼儿园了，但是他不想去。圣诺瓦克的正常反应应该是把提姆带到自己的房间，然后告诉提姆别无选择，必须要下定决心去上学。但是圣诺瓦克意识到那样做并不能帮提姆以最好的心境去开始幼儿园生活。于是，圣诺瓦克便坐下来，平心静气地想："如果我是提姆，我怎么样才能兴高采烈地去幼儿园呢？"他和妻子列了一张提姆喜欢玩的

项目列表,例如手指画画、唱歌和结交新朋友。然后他们付诸行动。"我、妻子和另一个儿子鲍勃开始在餐桌上画手指画,而且都充满了欢乐。不一会,提姆就偷偷地躲在墙角看我们,接着他就请求能参与进来。'哦,不行!你首先得去幼儿园学会用手指画画。'带着我所有能鼓起的热情,我按照列好的列表告诉他在幼儿园能学到所有这些好玩的事情。第二天早上,我想自己肯定是第一个起床的,但是当我走下楼梯时发现提姆坐在客厅里的椅子上睡着了。'你在这里做什么呢?'我问道。'我在等着去幼儿园,我可不想迟到。'我们没有用任何的威胁或商讨就激起了提姆去幼儿园的热情。"

以后,你想要别人去做一件事情,在你开口之前,停下来问自己:"我如何才能让他想做这件事?"

这个问题能防止我们陷入匆忙和无用地谈论我们的要求之中。

我曾经每个季节都要租赁纽约一家酒店的大宴会厅二十晚,用来举办一系列讲座。在某一季的开始,我突然接到要多付三倍租金的通知,而且我收到这个通知的时候,所有的讲座票已印刷并分发下去了,所有的公告也已张贴。当然,我不想支付增加的费用,但是跟酒店谈我想要的有什么用呢?他们感兴趣的是他们想要什么。所以几天以后,我去见了酒店经理。

"当我收到你们的通知时,我有点震惊。"我说,"但是我一点都不会怪你们。如果我站在你的位置,我可能也会写类似的通知。你的职责是管理好酒店并获得最大的收益。如果你不那么做,那么你会被解雇,而且你也应当被解雇。现在,让我们列出你坚持增加租金,给你带来的利处和害处。"

然后,我拿出一张纸,在纸中间画了一道线,第一栏顶部写上"利

第三章

能激发别人渴望的人拥有全世界，否则形单影只

处"，第二栏顶部写上"不利处"。

我在"利处"下面写上："宴会厅空闲"，然后我接着说："宴会厅空闲，你将拥有可以租给舞会和会议的利处。这是一个很大的利处，因为这种类型的租用会比举办讲座租金高。如果我在这一课程季中占用宴会厅二十个晚上，这肯定意味着你将失去一些很有利可图的生意。"

"那么，我们再看一看害处。首先，租给我不会增加酒店的收入，反而会减少。事实上，因为我无法负担起你要求的租赁费，我只能在其他地方举办讲座，所以你需要清理宴会厅。"

"你还有另外一个不利之处。这些讲座会吸引大批上流社会的人来你的酒店。这对你是很有利处的，不是吗？事实上，如果你花费五千美元在报纸上打广告，也不会比我带来更多的人来你的酒店。这对酒店来说是非常有利的一面，不是吗？"

我一边说一边把利害关系写在纸上，并把列好的利害关系递给经理，说："我希望你能仔细考虑一下，然后告诉我你的最终决定。"

第二天，我就收到了酒店发来的通知，我的租金只增加百分之五十，而不是原先的百分之三百。

你要注意的是，整个过程中，我只字未提我想要什么。而我谈论的全是别人想要什么，以及他怎么获得自己想要的。

假设我跟普通人那样，冲进他的办公室，大喊："你知道我的票已印刷、公告也已张贴，却突然要增加三倍租金，你到底是什么意思？三倍租金！可笑！荒谬！我不可能付的！"

这种情况下，又会发生什么呢？一场争吵是不可避免的，那么

人性的弱点

How To Win Friends and Influence People

争吵的结果又是什么呢？即使我已经说服了他，但是他的自尊心会使他难以退缩和放弃。

下面是一个人际关系艺术的很好建议。"如果有一个成功秘诀，"亨利·福特说，"那就是站在别人的立场上观察和看待事物的能力。"

这句话很好，我想再说一遍："如果有一个成功秘诀，那就是站在别人的立场上观察和看待事物的能力。"就是这么简单，这么明显，任何人都应该一眼就看到它的真相；然而，世界上百分之九十的人在百分之九十的时候都忽视了。

需要举一个例子吗？那就明天早上看看你桌上的信件吧，你就会发现大部分人违反了这种常识性的准则。就拿这封来说，这是具有无数办事处的广告公司的无线电部门负责人写的。这封信是寄给全国地方广播电台经理的。（我在每一段后面的括号里注释了我的反馈。）

印第安纳州布兰克维尔的约翰·布兰克先生
亲爱的布兰克：
本公司企望在无线领域的广告公司中保持领导地位。

（谁在乎你的公司企望什么？我还在为自己的问题烦恼呢。银行要没收我抵押的房子、害虫正在侵蚀我的花园、昨天股市大跌、我今早上班迟到了、昨晚琼斯的舞会没有邀请我、医生说我有高血压、神经炎和头皮屑。然后我遇到了什么？我忧心忡忡地来到办公室，打开信件竟然是纽约某个小公司在嚷嚷着他的公司企望什么。呸！如果他知道自己写的信件给人的印象是什么，那么他应该滚出广告

第三章

能激发别人渴望的人拥有全世界，否则形单影只

界，去生产羊毛杀虫剂。）

本公司的全国广告客户是广播网的堡垒。我们的广告时间历年都处在最高点。

（你自负、有钱、有势，对吗？那又如何？就算你跟通用汽车、通用电气和美国陆军总参谋部联合起来一样大，跟我有什么关系。如果你能有愚蠢的蜂鸟一样的理智，你就会意识到我感兴趣的是我的现状，而不是你的现状。这一切都是谈论你的巨大成功，而使我感到自己非常渺小和微不足道。）

我们渴望用最新式的电台信息服务客户。

（你渴望！你渴望！你这个纯粹的白痴！我对你的渴望一点都不感兴趣，对美国总统的渴望也不感兴趣！我再告诉你一次，我只关心我渴望什么，而你却在这封荒谬的信里只字未提我的渴望。）

所以，你会把我们公司列在你们的每周广播信息的优先列表中；在智能预约时间中，每一个细节都将是有益的。

（"优先列表"？你神经病吧！你通过对你们公司大肆吹嘘，让我感到自己那么渺小，你却让我把你们放到"优先列表"里，甚至你都没有说声"请"。）

及时确认这封信，并告知你们的最新"计划"，将对彼此有益。

人性的弱点
How To Win Friends and Influence People

（你这个傻蛋！你寄给我一封廉价的平信——一封像秋天的落叶一样到处分发的信。你竟然让我在担心抵押和高血压时，坐下来给你写一封回信，而且你还让我"及时"回信。"及时"是什么意思？你难道不知道我也很忙。我们才是客户，是谁给你的权利命令我？……你说这将"对彼此有益"，至少你开始站在我的立场考虑了。但是，你倒是说清楚对我有什么益处。）

敬上

无线电部门经理

某某约翰

附言：随信附上您可能感兴趣的布兰克维尔杂志的拷贝版，可供你在广播中参考。

（终于，你在附言中提到一些可能帮我解决我的问题的东西。你为什么不在信的开始就这样写呢，但是又有什么用呢？所有广告人都像你一样犯了同样的错误，估计你们脑子都有问题。你需要的不是我们的回信，而是你的甲状腺需要来上一斤碘。）

如果致力于广告事业的人，自以为具有影响别人购买广告业务的力量，但是如果他们写出这样的一封信，我们还能期望从他那里得到什么呢？

这里还有另一封信，是一个大型货运站主管写给我们课程中一位学员爱德华·夫姆雷的。这封信对收信人有什么影响呢？我们先看一下这封信，然后我再告诉你。

纽约，布鲁克林，前街28号，泽雷加公司

第三章

能激发别人渴望的人拥有全世界，否则形单影只

呈送：爱德华·夫姆雷先生

先生您好：

我们出境铁路接收站的运转是有缺陷的，因为客户都是在傍晚将货物交付给我们。因此，这种情况导致拥挤、我们的人员加班、货车延误以及在某些情况下导致货物延迟。11月10日，我们从贵公司收到510件货物，到达我处时间是下午4：20。

我们请求您的合作来克服因货物迟收而造成的不良影响。您下次发送大宗货物时，可否让货车早点送到我处或早上的时候先送来一部分？

这样的安排有利于提高贵公司的货运效率和货物到达及时率。

敬上

某某主管

泽雷加公司的销售经理夫姆雷看完这封信后，他附上下面的评论并将信件发给我：

这封信产生的效果正好与写信者原意相反。这封信一开始就描述了货运站的困难，但一般而言我们对此并不感兴趣。然后，他根本就没有考虑到是否给我们带来不便，就要求我们配合。终于在最后一段，他提到如果我们配合的话，我们可以提高货运效率和货物到达及时率。

换句话说，我们最关心的事情在信的最后才提到，所以使信的整体效果是一种相反的抵触，而不是合作。

那么，我们看一下能否重新改写和改善这封信呢，而且不会浪

人性的弱点

How To Win Friends and Influence People

费我们讨论问题的时间。就像亨利·福特劝诫的那样,让我们"站在别人的立场上观察和看待事物"。

我们在这里就给出一种修改方法。这可能不是最好的修改方式,但是也不失为一种改善。

呈送:

纽约,布鲁克林,前街28号,泽雷加公司

爱德华·夫姆雷先生

敬爱的夫姆雷先生:

十四年来,贵公司一直都是我们的优质客户。我们非常感谢您的惠顾,并且渴望为您提供您应得的快速、高效的服务。可是,我们很抱歉地说,当贵公司的货车在傍晚交付给我们大宗货物时,就像十一月十日那次一样,我们就无法提供快速、高效的服务。原因是:许多其他的客户也在傍晚时候交货。很显然,这样就导致了交通堵塞,贵公司的货车不可避免地在货站长时间停留,甚至有时致使贵处的货运延迟。

这会影响贵处应享有的服务,但是这是可以避免的。如果贵处可能的话就在上午交付货物,贵处的货车也会很快地卸下货物,且货物也会及时发出,我们的员工也可以早点回家享受贵公司制造的美味食物。

无论贵处的货物何时到达,我们都会竭诚为您提供及时优质的服务。谢谢您在百忙之中阅读此信,请不必烦心答复此信。

谨致问候!

某某主管

第三章

能激发别人渴望的人拥有全世界，否则形单影只

在纽约一家银行工作的巴巴拉·安德森考虑到儿子的健康成长，所以想到亚利桑那州凤凰城工作。她利用在我们的课程中所学习的准则，向凤凰城的十二家银行写了下面这封信：

尊敬的先生：

您好！

我十年的银行工作经验应该会对快速发展的贵银行有帮助。

我在纽约银行信托公司练就了处理各种银行业务的能力，现在已晋升为支行经理。我已经习得了银行各阶段处理业务所应有的能力，包括存款、信用、贷款和管理等方面。我将在5月份搬家到凤凰城，而且我相信我能有助于贵银行的成长和获利。我在4月3日的那周会在凤凰城，希望能有机会向您展示我如何能帮助你达到银行的目标。

谨致问候！

巴巴拉·安德森

你认为安德森夫人的那封信会收到任何回应吗？十二家银行中有十一家邀请她面试，她可以选择自己想去的银行。这是为什么呢？安德森夫人没有说明她想要什么，但在信中写明了她如何能帮助他们，专注于他们想要的，不是她自己想要的。

现在成千上万的推销员脚步沉重地走在路上，内心疲惫、失落，而且工资微薄。这是为什么呢？因为他们总是想着自己想要什么，而没有意识到我们都不想买任何东西。如果我们想买什么东西，我们会出门去买。但我们永远都是对解决我们的问题感兴趣。如果销

人性的弱点

售人员可以告诉我们，他们的服务或产品将帮助我们解决我们的问题，他们都不需要向我们出售，我们就会购买。而且客户会觉得，他们是在买东西，而不是被卖于东西。

然而，许多销售人员一生都在销售，却从未从客户的角度看待事情。例如，许多年前，我住在大纽约中心的一个小私人住宅社区——森林山。有一天，在我正赶往车站的时候，我偶然遇见了一个房地产商，他已经在该地区买卖房子好多年了。他对森林山非常了解，所以我匆忙地问他，我的房子是用钢结构还是空心砖建造的。他说他不知道，然后还长话连篇地说我早已经知道的事情——况且这些都是可以通过森林山花园管理部门了解到的情况。第二天早上，我收到了他寄来的邮件。信里面是我想知道的信息吗？他完全可以花一分钟打电话告诉我。但是信里面没有我想知道的信息，反而又让我打电话问森林山花园管理部门，最后却让我买他的保险。

他对我需要的帮助一点都不感兴趣，只是专注于他自己想要的。

阿拉巴马州伯明翰的霍华德·卢卡斯讲述了同一家公司的两名销售人员在处理同一种类型情况时的不同方式。他说：

"几年前，我在一家小公司带领着一支团队。我们附近是一家大型保险公司总部的办公区。他们的代理人是按照地区划分的。他们分配两个代理人到我们公司，我分别称他们为卡尔和约翰。"

"有一天早上，卡尔来我们的办公室拜访。他偶然提到他们公司刚刚为高管推出了一个新的人寿保险，并且认为我们可能会感兴趣。他将会在了解到更多信息时，再来拜访我们。"

"同一天，当我们喝下午茶回来的时候，在人行道上遇见了约翰。他喊道：'嘿，卢克，等等，我有一些好消息要带给你们。'然后，他

第三章

能激发别人渴望的人拥有全世界，否则形单影只

跑过来，非常兴奋地告诉我们今天刚为高管推出的人寿保险（这与卡尔偶然提到的是一个人寿保险）。他希望我们能够成为这份人寿保险的第一批受益人。他给我们简要介绍了关于保险项目一些重要情况，最后说：'这项政策非常新，我明天会让办公室的人来详细解释。现在，我们把这个申请签了，那么他就可以有更多的信息进一步工作了。'他的热情激发了我们对这项保险政策的渴望，尽管我们还不知道细节。我们都坚定了约翰对保险的初步认识，他不仅是卖给了我们每人一份保险，而后来还增加了我们的保险项目。"

"卡尔卖同样的保险项目，但是他并没有激起我们对该项保险的任何购买欲望。"

世界上挤满了追求自我的人。所以只有寥寥无几的人无私地试图为别人服务，而这正是一个巨大的优势。这样的人几乎没有人能够竞争得过。美国著名的律师和伟大的商业领袖欧文·扬曾经说过："能够设身处地地站在别人角度考虑事物的人，能够理解别人的想法，等待他们的是辉煌的未来。"

如果读这本书，你得到的只是一种东西——不断地站在别人的立场上思考，站在他们的角度上看待事物。如果你能从本书中学到这种能力，那这将成为你职业生涯的垫脚石。

站在别人的角度看待问题和唤起他急切想要的东西，这并不意味着操控别人，否则他很可能会做出一些损人不利己的事情。

每一方都应从协商中获得利益。在邮寄给夫姆雷的信中，发信方和收信方都可以通过实施我们的建议而获得自身的利益。银行和安德森夫人都因为她的信而赢得了各自需要的，银行获得了有价值的员工，而安德森夫人得到了一份合适的工作。在约翰卖给卢卡斯

先生保险的例子中,通过交易都获得了自己需要的东西。

这里还有另外一个通过激发别人渴望的准则实现共赢的例子。罗得岛沃里克的迈克·惠登是壳牌石油公司的区域推销员。迈克想成为该销售区域的销售第一,但是有一个加油站阻碍了他。这个加油站经理是个老古董,他总是把加油站弄得乱糟糟的。因为这种恶劣的环境,所以销量直线下降。

对于迈克提升加油站的请求,这位销售经理充耳不闻。经过多次劝说和谈心之后,他对提升加油站还是无动于衷。迈克决定邀请他去参观一座最新的壳牌加油站。参观完之后,这位销售经理对新加油站印象非常深刻。当迈克下次去拜访他的时候,他的加油站已经整理得井井有条,而且销售记录也快速回升。这也让迈克获得了该销售地区的第一名。迈克之前的所有谈话和讨论都是无用功,但通过激发销售经理的渴望、通过展示现代化的加油站,迈克实现了自己的目标,而销售经理和麦克都是获益者。

许多人都读过大学,学过维吉尔的诗歌,掌握微积分的奥秘,但是没有发现自己的心是怎么起作用的。例如:我曾经给大型空调制造商开利公司聘用的应届大学毕业生开办过"有效演讲"的课程。一个学员想说服其他人在他们的空闲时间打篮球,他是这么说的:"我想让你去打篮球。我喜欢打篮球,但是最近几次我去体育馆时,由于人数不够,都无法开始比赛。那天晚上,我们几个人只好练传球,我的眼睛还被打肿了。我希望你明天晚上能来,我想打篮球。"

他自始至终谈论过你想要什么吗?你也不想去一个没人去的体育馆,不是吗?你根本就不关心他想要什么。你也不想眼睛被打肿。

他能告诉你去那个体育馆,你能得到什么吗?当然可以。更有

第三章
能激发别人渴望的人拥有全世界，否则形单影只

活力、加强食欲、清醒头脑、好玩、游戏、篮球。

我们再重复一遍奥弗斯特里特教授的明智建议：能激发起别人渴望的人就能拥有全世界，否则只能形单影只。

在某个培训班中，有一名学员对他的孩子非常担忧。他的孩子非常瘦，还不肯吃东西。他的父母使用通常的方法——责备和唠叨。"妈妈想让你吃这个、吃那个。""爸爸想让你长成结实的身体。"

孩子会关心这些恳求吗？就像让你关注沙滩上的一粒沙一样难。

一点常识都没有的人会希望三岁的孩子拥有三十岁的见解。然而，这正是大多数父亲所期望的。这简直荒谬极了，最后孩子的父亲终于意识到了这个问题。所以，他自言自语道："我的孩子想要什么呢？我怎么能把我想要的和孩子想要的联系起来呢？"

当孩子的父亲开始考虑这个问题时，问题就变得容易解决了。他家住在布鲁克林，他的孩子喜欢骑着三轮车沿着房子前的人行道来回窜。离他家不远处住着一位恃强欺弱的大男孩，他会把小孩推下三轮车，抢过来骑着玩。

很显然，小男孩会哭喊着去找他的妈妈，她只好出来把三轮车从大男孩那里夺过来，还给小男孩。这种事情几乎每天都会发生。

小男孩想要什么？这么简单的问题就不必劳烦夏洛克·福尔摩斯去探究了吧。他的自尊、他的愤怒、他的自重感欲望——他天生的所有强烈的情感——驱使他报复，想打碎大男孩的鼻子。就在那个时候，他的父亲解释说，如果他能吃上妈妈给准备的饭，他总有一天会把大男孩一拳打倒。当他的父亲这样向他许诺后，就不会再有孩子不吃饭的问题了。从此以后，孩子会吃菠菜、白菜、咸鱼等等任何能让他快点长大的食物。

父母解决这个问题后,又面临着另一个问题:这个小男孩有尿床的坏习惯。

小男孩跟他的奶奶一起睡。早上,他奶奶醒来后,摸了摸床单说:"你看,小家伙,你昨晚又尿床了。"

他会反驳说:"没有,我没有。是你尿的。"

父母为了不让他再尿床,就责骂、殴打、羞辱他,还一遍遍跟他说,父母不想让他再尿床。然而,这些方式并不能真正解决问题。所以父母就问:"我们怎么做才能让孩子不再尿床。"

孩子想要什么呢?首先,他想要穿爸爸那样的睡衣,而不是穿奶奶那种睡袍。奶奶受够了他晚上尿床,所以如果他不再尿床,她会很高兴地给他买一套睡衣。其次,他想要有自己的床,奶奶没有反对。

他妈妈带他去了布鲁克林的一家百货商店,对售货员使了一个眼色,说:"这位小绅士想要买点东西。"

售货员让小男孩感到很受重视地说:"年轻人,你想要买些什么呢?"

他挺直了身板说:"我想要为自己买张床。"

当妈妈看到自己中意的床时,就向售货员使了个眼色,然后男孩就被售货员说服并买了它。

那张床第二天就送到了。当天晚上,当孩子的爸爸回到家时,小男孩跑到门口喊道:"爸爸!爸爸!快上楼去看看我买的床。"

爸爸看了床后,想起查尔斯·施瓦布的建议:诚恳地赞赏和慷慨地赞美。

"你不会再尿床了吧,孩子?"爸爸问道。"不,不!我不会再尿床了。"小男孩信守了诺言,因为他的自尊心。这是他自己的床,而

第三章

能激发别人渴望的人拥有全世界，否则形单影只

且是自己买的。现在他穿着睡衣像个小大人一样。他想要跟大人一样，而且他做到了。

我们课程中的一名学员杜奇曼，他是一名电话工程师，也是位父亲。他无法说服自己三岁大的女儿吃早餐。惯常用的责骂、恳求、哄骗等方法都以失败告终。所以杜奇曼夫妇扪心自问："我们怎么做才能让她想吃早餐？"

小女孩喜欢模仿她的母亲，好让自己觉得已经长大了。所以，有一天早上，他们把小女孩放到一把椅子上，让她做早餐。小女孩正在搅动麦片时，父亲就在这时来到厨房，她说："看啊，爸爸，我今早上做了麦片。"

小女孩在没有受到任何哄骗的情况下，吃了两份麦片。因为她喜欢这种感觉，获得了自重感。她发现做麦片是一种自我表现的方式。

威廉·温特曾经说过："自我表现是人性的主要需求。"我们为什么不能适应这种心理而进行业务往来呢？当我们有了一个绝妙的主意时，与其让别人认为这是我们的主意，不如让他们自己"烹饪"和"搅拌"。然后他们会把它作为自己的；他们会喜欢它，也许会多吃几份吧。

记住："能激发起别人渴望的人就能拥有全世界，否则只能形单影只。"

准则3　激发他人的渴望。

人性的弱点

How To Win Friends and Influence People

第一部分小结
处理人际关系的基本方法

准则1　不要批评、谴责或抱怨。

准则2　给出诚恳和真挚的赞赏。

准则3　激发他人的渴望。

第二部分

让人喜欢你的方法

第四章

如果这样做，你将处处受欢迎

为什么要读这本书学习如何赢得朋友？为什么不向迄今所知的世界上最厉害的朋友赢家学习技巧？他又是谁？明天你可能就会在大街上遇见它。当你离它有十英尺时，它就会开始摇自己的尾巴。如果你停下来拍拍它，它几乎要把心掏出来让你知道它有多喜欢你。而且你知道，在它这种亲昵的行为背后并没有什么企图：它不想卖给你一栋房产，也不会想要嫁给你。

你有没有想过，狗是不必工作谋生的唯一的动物吗？母鸡必须要下蛋、母牛必须要产奶、金丝雀必须要唱歌才能谋生。但是狗不会给你什么东西而谋生，只是爱。

我五岁的时候，父亲花五十美分买了一只黄毛小狗。它是我童年的快乐源泉。每天下午四点半左右，它就会坐在院子前，它美丽的眼睛目不转睛地盯着我归来的道路；当它听到我的声音或透过灌木丛看到我摆动饭盒时，它会飞快地跑上小丘，欢快地跳跃着迎接我。

迪贝当了我五年的伙伴。然后一个悲惨的晚上，我永远不会忘记的夜晚，它在离我十英尺的地方被雷电击死了。迪贝的死是我童

人性的弱点

How To Win Friends and Influence People

年时代的悲剧。

迪贝从未读过心理学的书,也不需要读。迪贝通过某种非凡的本能就能在两个月内交到很多朋友,甚至比让别人对你产生兴趣、在两年里所交到的朋友的总和还要多。

但你我都知道,人最大的错误,就是只单方面地希望别人都来关心自己、对自己产生兴趣。当然,这只能是一厢情愿的美好期望,人们不仅不会对你我产生兴趣,也不会对其他任何人产生兴趣。从早到晚,能让他们产生兴趣的只是他们自己本人。

纽约电话公司曾做过一个详细的调查,调查内容就是研究人们在电话中最常用到的字眼。没错,想必你也猜到了,那就是人称代词"我"。在五百次通话记录里,"我"竟然出现了三千九百多次!"我"、"我"、还是"我"!

当你在看一张包括你在内的集体照时,你最先搜索的又是谁呢?

如果我们只想得到人们更多的关注和兴趣,那么我们将永远不会有很多真挚的朋友。朋友,特别是真挚的朋友,并不是这样得来的。

拿破仑曾做过这样的尝试,他在和约瑟芬最后一次相聚时说:"约瑟芬,我曾经是这个世界上最幸运的人;然而,在这个时候,我在这个世界上唯一信任的就只有你了。"对于他的这段表白,历史学家却始终持怀疑态度。

著名的维也纳心理学家艾尔弗雷德·艾德勒曾写过一本名为《对你而言,生活意味着什么》的书,他在书中写道:"一个对别人漠不关心、毫无兴趣的人,他在生活中一定会困难重重,与此同时,他还会给别人带来莫大的伤害和困扰。人类所有的失败,归根结底的始作俑者就是这种人。"

第四章

如果这样做,你将处处受欢迎

也许你曾阅读过一些深奥的心理学书籍,但你可能并没有留意到书中有这样一句重要的话。虽然我不喜欢反复重复,可艾德勒的这个论断实在是意义深远,所以我不得不再次提醒大家:

一个对别人漠不关心、毫无兴趣的人,他在生活中一定会困难重重,与此同时,他还会给别人带来莫大的伤害和困扰。人类所有的失败,归根结底的始作俑者就是这种人。

我曾在纽约大学选修过短篇小说写作课程,在此期间,我们曾有幸听过一位著名杂志编辑的演讲。据他所说,他的办公桌上每天都会飘过数十篇小说手稿,而他随便浏览上几段,就能够判断出这个作者是否喜欢别人。要知道,一个不喜欢别人的人,不可能是一个受人欢迎的人,更不会写出引人入胜的故事。

在演讲过程中,这位著名编辑曾两度停下来为他的跑题而道歉。他说:"现在我所告诉你们的,可能和牧师告诉你们的是同一个道理。请记住,如果你希望能够成为一名成功的作家,首先你必须对别人产生兴趣。"

如果连写小说都需要这样做,那么与人打交道就更需要如此了。

当塞斯顿先生最后一次在百老汇演出时,我曾去他的化妆间拜访过他,并和他促膝长谈了整整一夜。四十年来,这位著名魔术师的足迹遍及了世界各地。一次又一次,他用惊人和魅惑的魔术幻象,俘获了无数观众的心。根据统计,世界各地大概有六千万名以上的观众曾观看过他的表演,而他也获得了二百万美元的利润。

我向塞斯顿先生请教他成功的秘诀,他说自己能够拥有今天的

人性的弱点

How To Win Friends and Influence People

一切，和学校教育毫无关系，因为他根本就没上过学。当他还是个小男孩的时候，他就已经离家出走，成了一个流浪儿。他偷乘火车，在干草堆里过夜，学会了挨家挨户的乞讨，也通过铁路沿线的广告认识了几个字。

那么，是他有高人一等的魔术知识吗？不是的，他亲口对我否认了这一猜测。在这个世界上，关于魔术的书籍已出版有成百上千本，而当今魔术界中，像他一般造诣颇深的也不过区区数十人。如果说他拥有什么别人不具备的东西，那就只有以下两点：

第一，他拥有一种表演性人格，懂得人情世故。他的每一个动作、每一种语调都经过了台下的精心排练，而他反应灵敏、身手敏捷，这就使得语言、动作的配合可以说是分毫不差。

第二，最重要的是，塞斯顿是一个真心对人持有兴趣的表演艺术家。他告诉我，有很多魔术师在面对台下的观众时，总会自言自语道："嗯，下边那一群没见过世面的傻瓜，我得好好愚弄他们一下。"而塞斯顿的想法则截然相反，每次登台之前，他都会对自己说："这么多人来捧场，我一定得好好感谢他们，是他们让我得以拥有现在这般舒适愉快的生活，我一定要尽最大努力来做好这次演出。"

他说，每当登台之前，他都会对自己说："我爱我的观众，我爱我的观众。"可笑吗？荒谬吗？随便你怎么想，我只是将这位最著名的魔术师的为人处世之道不加修饰地展现在你的面前。

宾夕法尼亚州北沃伦的乔治·达克是加油站的一名工作人员。三十年后，当一条新修的公路需要拆除他的加油站时，他不得不退休了。没多久，退休后闲散的日子让他感到厌烦，所以他开始用他的老旧的小提琴演奏音乐打发时间。他开始去听音乐会，并与很多

第四章

如果这样做,你将处处受欢迎

技艺高超的小提琴手交流。他为人处世非常谦虚和友好,并对每一位所遇到的音乐家表现出自己的兴趣,并与他们兴致勃勃地交流。虽然他并不是一个伟大的小提琴手,但他在这种追求中结交了许多朋友。他参加了比赛,并很快成为了美国东部的乡村音乐迷们眼中的知名人物,他们还称他为"乔治大叔,来自乡村的小提琴手。"当我们知道乔治大叔时,他已经七十二岁了,正在安享晚年。当大多数人认为退休就是他们光辉岁月的结束时,乔治通过持续对其他人感兴趣,而创造了退休后的新生活。

这也是西奥多·罗斯福的处世秘笈。老罗斯福总统深得人心,就连他的仆人们都对他敬爱有加。他的贴身男仆詹姆斯·E.阿莫斯曾写过一本关于他的书,书名就是《西奥多·罗斯福——侍从心中的英雄》。在那本书里,阿莫斯讲述了一个感人的故事:

"有一次,我的妻子好奇地问总统美国鹑鸟长什么样子?因为她从来都没有见到过鹑鸟。而罗斯福总统却不厌其烦地向她描述了起来。过了一段时间,我家的电话铃声响了起来。(阿莫斯和他的妻子就住在罗斯福总统牡蛎湾庄园的一所小房子里。)接电话的是我的妻子。原来,总统亲自打来了电话,告诉我的妻子现在正有一只鹑鸟停靠在了我们小屋的窗外,如果她愿意的话,现在就能看到它了。

"对一件不起眼的小事都能这样上心,这正是罗斯福总统的特点之一。不管是什么时候,每当他经过我们的小房子时,虽然有时候他并没有看到我们,可我们依然能够听到他那亲切的问候声:'嘿,安妮!''嗨,詹姆斯!'"

像这样一位亲切的主人,又怎会有仆人不爱戴他呢?谁又能不喜欢他呢?

人性的弱点
How To Win Friends and Influence People

一天,罗斯福去白宫会见塔夫特总统,恰逢总统和夫人外出。老罗斯福总统对待曾经的旧臣和部下是如此的真诚,所以当他看见曾经的熟悉面孔时,都能够叫出名字来问好,甚至连做杂役的女仆都不例外。

当他看到厨房女佣艾丽斯时,便问她是不是在做玉米面包。艾丽斯告诉他说,她有时候也会做一些,不过都是佣人在吃,楼上的人没有吃的。

"哦,那是他们没有口福,"罗斯福说,"当我见到总统的时候,我会这么跟他说的。"

于是艾丽斯拿出一块玉米面包给他,他边吃边向办公室走去。途中经过园丁和其他仆人身边时,他还不忘亲切地和他们打招呼,就像他当年做总统时一模一样。艾克·胡佛,一位为白宫奉献了四十年的老仆人,眼里噙满了泪水说:"这是我这两年来最快乐的一天,就算有人拿一百美元来跟我换,我也不会同意的。"

对看似不重要的人给予同样的关心,正是因为这样使得新泽西的销售代表爱德华·赛克斯保住了客户。"许多年前,"他讲述道,"我拜访了马萨诸塞州地区的约翰逊和他的客户。其中有一个客户是辛厄姆市一家药店的。无论何时我进入这家店,我在与店主商谈获得他们的需求前,总是先与店员和销售员聊几分钟的天。有一天,当我去拜访这家店主时,他让我离开,因为他已经对我们的产品不感兴趣了。他觉得药店集中精力进行食品折扣活动对小药店没有任何利处。我心里很不是滋味地开着车绕着小镇转了好几个小时。最后,我决定再去这家药店,至少要试着向店主解释我们的立场。"

"当我回到药店时,我像往常一样跟店员和销售员打招呼。当我

第四章
如果这样做，你将处处受欢迎

见到店主时，他向我微笑并欢迎我回来。然后，他给了我双份订单。我惊讶地看着他，并问他这几个小时发生了什么。他指了指外面那个年轻的店员。然后他说，在我离开后，那位店员向他透露，我是来拜访的销售人员中为数不多的不缺乏耐心地跟他和其他店员打招呼的人。那位店员对店主说，最应该拿到订单的人应该是我。我保住一个忠诚的客户。我永远都不会忘记，真诚地对别人感兴趣是销售人员最重要的品质。"

根据我的个人亲身经历，我发现，如果一个人会发自真心地对别人感兴趣、真诚地关心别人，那么他就能够得到最受追捧的人的关注和合作。让我举个例子吧。

数年前，我曾在布鲁克林艺术与科学研究院开设了一个关于如何进行小说写作的课程。我们希望能够邀请到当时著名作家前来指导和进行经验传授，比如说凯瑟琳·诺里斯、芬妮·赫斯特、艾达塔·贝森·忒赫尼、鲁伯特·修斯等。于是，我们给他们每人都写了一封信，信中表达了我们对他们作品的欣赏以及对他们本人亲临课堂现场的诚挚邀请。我们在每封信的最后都签有一百五十名学生的签名，同时还附了一些材料。在材料中，我们对他们的百忙缠身表示了理解和尊重，因为考虑到他们有些人可能没有时间前来，所以我们就在每封信里都附上了一张问题表，请他们在百忙之中填好自己在写作方面的方法等问题，然后再把这张表寄给我们学习参考。看来他们都很喜欢我们精心准备的这封信，所以纷纷从各地赶来布鲁克林帮助我们解决这些问题。

运用同样的方法，我们还邀请到了西奥多·罗斯福总统内阁的财政部长、塔夫特总统内阁的司法首长以及其他诸多名人前来我的

人性的弱点
How To Win Friends and Influence People

公共演讲课当演讲嘉宾。

我们所有人，不管是工厂工人，还是办公室文员，抑或是宝座上高高在上的国王，都希望受人尊敬。比如说德国皇帝威廉，他就是一个很好的例子。第一次世界大战结束后，全世界都在咒骂威廉是罪魁祸首，即便他后来逃到了荷兰，可就连德国人都不愿搭理他。全世界人民对他的憎恨是如此的强烈，以至于数以千百万计的人都想要把他碎尸万段。

然而，在这如火如荼的燎原怒火之中，一封来自于一个小男孩的信笺，无异于一股清泉感动了威廉。信中，小男孩的字里行间都洋溢着简单真挚的钦佩之情，他说不管别人怎么想，而他将会永远地爱戴他们的皇帝——威廉。看完这封信，德皇深受感动，便邀请小男孩前来见他，而小男孩也果真来了，陪同而来的是他的母亲。后来，德皇和这个小男孩的母亲结了婚。对于这个真诚的孩子来说，他根本不需要去读什么教人如何交友、如何提高影响力之类的书籍，因为他的本能已经教会他如何去做了。

如果我们想去交朋友，那么首先应该为别人做一些事情，一些需要花费时间、精力、体恤和无私奉献的事情。温莎公爵是威尔士的王子，当他计划出行南美的时候，曾在出发之前花费数月来进行西班牙语的学习，为的就是能够直接和南美各国人民进行自由谈话。因此，他在此行之中深受南美各地人民的喜爱和欢迎。

多年来，我总是认真去打听朋友们的生日。这是为什么呢？虽然我一点都不相信占星术，但我却喜欢问我的朋友们是否相信每个人的性格、脾气会和他的生日有关，然后再请他告诉我他的出生年月日。如果他说他是11月24日出生的，那么我就会牢牢记住这个

第四章

如果这样做,你将处处受欢迎

日子,回头悄悄将他的生日写在自己建的"生辰簿"上。

每年年初,我都会把这些朋友的生日记录在我的台历上,每当有人过生日,我就会给他发一封贺函或是打一通贺电。想想看吧,在自己的生日当天收到意想不到的关心和祝福,该是多么开心啊!要知道,除了他的亲人,我是这个世界上唯一知道并记得他生日的朋友。

如果我们要交朋友,请让我们付出最热情的态度。当别人打电话给你时,你也应该抱有同样的态度,以热情的语气问候一句"你好!"许多公司曾开设过电话接听培训班,以期为公司培养一批训练有素的接线生。当电话里的接线生充满热忱地服务时,相信意向客户能够感受到公司对他们的好感,从而他们对该公司的好感会大大增加,忠诚度也会得到相应的提高。请让我们记住这一点,明天接电话时就开始运用吧。

展现出对别人感兴趣,不仅为你赢得朋友,而且可能为你的公司发展忠诚的客户。在纽约北美国家银行发行的一本出版物中刊登着下面这封来自存款人马德琳·珀丽的信:

纽约北美国家银行出版,纽约,1978年3月31日

"我写这封信的目的是想让你知道我是多么欣赏你的员工。每个人都非常彬彬有礼、温文尔雅且乐于助人。在漫长的排队等候后,有出纳员热情地接待你,那是多么令人愉悦啊!"

"去年我母亲住院五个月。我经常来找出纳员玛丽办理业务。她非常关心我母亲的健康,经常询问她的康复情况。"

毫无疑问,太太肯定会继续使用这家银行的服务!

人性的弱点

How To Win Friends and Influence People

　　查尔斯·R. 华特是纽约一家大型银行的工作人员，他曾被委托去一家公司调查一份有关该公司经营状况的秘密报告。华特知道这件事只有另外一家公司的一个经理最为清楚，而且这个人手中还有他急需的资料，于是便决定去拜访他。当华特被引进那位经理的办公室时，恰巧碰见他的女秘书从门外探进头来，说她那天没有帮他买到什么好邮票。

　　"那些邮票是我帮我那十二岁的儿子收集的。"经理解释说。

　　华特点了点头之后，坐下来说明自己的来意，并开始提问问题。而在整个过程中，那位经理却始终闪烁其词，明显是想敷衍了事。不管华特使出怎样的方法，都摆脱不了空手而归的命运了。不出所料，这次谈话终于还是草草结束了。

　　"坦白说，当时我真不知道该怎么做才好了。"当华特先生向我讲述这段经历时，曾无奈地摇了摇头。"可是后来，我突然想起他的那个女秘书说过的话。邮票……十二岁的儿子……同时我突然想起，我们银行的国外汇兑部和世界各地经常有书信业务往来，他们那里就有不少稀罕的外国邮票，这下正好可以派上用场了。"

　　第二天下午，我再次去拜访这位经理，同时表示我特地给他的儿子带了许多珍稀邮票。你说，这次我是不是受到了热情地接待？没错，他自然是满脸堆笑地紧握着我的手，看过邮票之后心情更是高兴得久久难以平复："嗯，我的乔治肯定会喜欢这张的……看看这个！这绝对是绝无仅有的宝贝！"

　　后来，我们聊了半个小时的邮票，他还给我看了儿子乔治的照片。再后来，还没等到我开口，他就主动花了一个多小时的时间把自己知道的事情一五一十地告诉了我，都是有关我所需要的资料的。在

第四章

如果这样做,你将处处受欢迎

这之后,他还把自己的下属请进了办公室,询问他们是否知道更多细节,还打电话给自己的一些同事帮我做更加深入的了解……最后,他还帮我指出了有关那家公司财务状况的各项报告、信函,那天我真是满载而归。

接下来是另外一个例子。

C. M. 克纳福是费城一家燃料公司的推销员。多年以来,他一直希望能够把燃料推销给一家大型连锁机构的采购商,可那家公司压根就不理他,始终坚持从另外一家偏僻地区的燃料公司进货。更让他气不过的是,每次运送燃料时,那家偏僻公司的运货车还偏偏得从他的办公室门前经过!为了这件事,克纳福曾在我的演讲班上大动肝火,把那家大型连锁机构给骂了个体无完肤。

虽然他嘴上牢骚不断,但其实心里却是十分不甘心:为什么他就说不动那家连锁机构来买他的燃料呢?

我建议他尝试一下不同的战术,还把班上的同学分为两组进行辩论,辩题就是"大型连锁机构的业务发展,对国家而言弊大于利"。

根据我的建议,克纳福同意加入了反方替那家公司辩护。然后,我让他直接去见那个不买他燃料的机构的采购负责人。

在见了那个负责人之后,克纳福首先说明了来意:"我这次来不是为了推销燃料,而是想请你帮我一个忙。因为除了你之外,我实在想不到还有谁能帮我提供这项资料了。我很想赢得这场辩论,如果你能够给我提供一些帮助,我将不胜感激。"

这是克纳福自己叙述的接下来发生的故事:

"我请求那位负责人给我一分钟的谈话时间,结果意想不到的是,我们竟聊了整整一小时四十七分钟!在这期间,他打电话给另外一

人性的弱点
How To Win Friends and Influence People

家连锁机构的高管,据说那人曾写了一本有关连锁性百货公司的书籍。他还帮我写信给全国连锁性百货公司协会,替我搜集了不少有关这个辩题的辩论记录。

"在他看来,他的连锁机构已经做到了服务大众、奉献社会的宗旨,对于自己的工作,他也深感自豪。整个谈话过程中,他两眼始终都闪耀着骄傲的光芒。对我而言,我不得不承认自己在此过程中也开拓了眼界,同时也改变了对他原有的态度。

"在我即将离开的时候,他亲自把我送到了门口,拍了拍我的肩膀并祝我在辩论中取得胜利。那天,他对我说的最后一句话是:'等春天来了的时候你再来拜访我吧,我希望能够订购你们公司生产的燃料。'

"这真是个破天荒的大奇迹!要知道,我并没有提起或是央求他来买我的燃料,而他竟主动提供了订单!我想,正是因为我与他真诚相对、对他的问题产生了兴趣,才会在两个小时的时间里就取得了突破性进展。这个不费吹灰之力得来的硕果,竟比我十年来费尽心思所得的要多得多。"

克纳福的发现,并不是什么新的真理。远在基督降世前的一百年,一位名叫普布里乌斯·西鲁斯的著名古罗马诗人就已经这样说过了:"要想让别人对我们产生兴趣,我们首先要对别人感兴趣。"

作为处理人际关系的准则,对别人感兴趣一定要真诚。这不仅对表现出感兴趣的人有帮助,而且对受到关注的人也有帮助。这是一种双方受益的方式。

马丁·金斯伯格在纽约长岛参加了我们的课程。他向我们讲述了对一名护士的特殊兴趣如何深刻地影响了他的生活:

第四章

如果这样做,你将处处受欢迎

"这件事发生在我十岁那年的感恩节。我住在城市医院的福利病房,第二天要做大型骨科手术。我知道,自己在手术后的几个月内只能乖乖地躺在床上,等待康复,并忍受疼痛。那时我的父亲早已不在人世;而我和母亲独自住在社会福利提供的一个小公寓里。感恩节那天,我母亲没有时间来看望我。

"日子一天天过去,我逐渐地被淹没在孤独、绝望和恐惧的感觉之中。我知道母亲正独自在家挂念着我,没有人能陪伴她,也没有人能跟她一起用餐,甚至都没有足够的钱买一只火鸡。

"想到这里,我的眼泪涌了出来。我用枕头捂住脸,默默地哭泣,但是内心感触太强烈,以至于我感到手术伤口处非常疼痛。"

"一位年轻的实习护士听到我的哭泣声,走到我的床边。她把我捂着脸的枕头拿开,然后为我擦拭眼泪。她告诉我她是多么的孤独,不得不天天工作而无法与家人相聚。她让我跟她一起吃感恩节晚餐。她买了两份食物:切火鸡、土豆泥、甜点蔓越莓酱和冰淇淋。她一直跟我说话,试图平息我内心的恐惧。虽然她应该在下午四点下班,但是她却一直陪伴我到晚上十一点。她跟我一起玩游戏,跟我聊天,一直到我进入梦乡。

"从那时到现在,已经过去了数十个感恩节,但是我永远都记得那个感恩节。那时我心中的挫败感、恐惧和孤独,都被那陌生的温暖和温情所消融。"

因此,如果你希望别人能够喜欢你,如果你想交到真正的朋友,如果你想在帮助别人的同时帮助自己,请记住:

准则1　真诚地对他人产生兴趣。

第五章

一个给人留下美好印象的简易方法

一次,我在纽约参加宴会,席间有一位刚刚继承了一笔遗产的妇人,她似乎急于让每一个人都对她留有一个好印象,于是便穿着价格不菲的紫貂皮衣、戴着昂贵的钻石和珍珠首饰来到了这里。然而,她却忘记了最重要的一点,那就是她脸上那尖酸刻薄又自私的表情是无法遮掩的。要知道,真正会令人赏心悦目的是一个人表情中健康向上的气度和神韵,而非她那徒有其表的华贵打扮。

查尔斯·施瓦布曾告诉我说,他的微笑价值百万美元。他或许是对的,因为以他当时的情况,确实身价不菲。施瓦布能够取得今天的非凡成就,几乎完全归功于他的人格魅力以及能力。而在他的所有人格因素之中,最有魅力的恐怕就是他那迷人的微笑了。

事实胜于雄辩。当对方面带微笑时,他的内心往往意味着这样的潜台词:"我喜欢你,遇见你让我很快乐。我很高兴能够见到你。"这也是人们为什么会喜欢狗的原因。当看到我们时,它们表现得是那么兴奋,高兴得几乎都要跳起来了,所以我们自然而然地也会对它们产生好感。

婴儿的微笑也有同样的效果。

第五章

一个给人留下美好印象的简易方法

你曾经在医生的候诊室里，看着那些忧郁的面孔在焦急地等待着被看见吗？密苏里州雷敦的兽医史蒂芬·斯普劳尔博士向我们讲述了一个故事。那是一个明媚的春日，他的候诊室挤满了等待给宠物接种的客户。没有任何人说话，所有的人可能都在考虑许多别的事情，他们宁愿做些什么而不是坐在那间候诊室里"浪费时间"。他跟我们的学员说："当一个年轻的女人带着九个月大的婴儿和一只小猫走进来时，还有六七个客户在等待接诊。运气好的话，她会坐在由于漫长等待而有点心烦意乱的绅士旁边。接下来，那个婴儿带着所有婴儿的那种大大的微笑看着他。那位绅士会做什么呢？当然只是跟你我一样，对那个婴儿还以一个微笑。不久，他开始与这位女士谈论他的孩子和他的孙子。又不一会儿，整个候诊室的人都参与到这个话题中来。而原本无聊、紧张的候诊室变成了令人愉悦的交流室。"

那么，虚伪的笑容呢？那又会怎样？不，虚情假意可欺骗不了任何人，那只是机械的嘴角上扬，只是"皮笑肉不笑"，我想所有人都会讨厌这种不真诚的笑容。只有一个真正的微笑、温暖的微笑、发自内心的微笑，才能够打动人心。

密歇根大学的心理学教授詹姆斯先生曾经说过："面带微笑的人，在教学和销售行业往往能够取得更大的成功，因为微笑能够提高儿童和客户的幸福感。而且，相对于皱眉和惩罚，微笑和鼓励往往更容易事半功倍。"

纽约一家大型百货商店的人事部经理曾经和我谈起过此事，她表示与其雇佣一个满脸忧郁的哲学博士，她宁可雇佣一个小学还没毕业的人做销售员，只因他（她）脸上时常挂着令人愉快的微笑。

人性的弱点

How To Win Friends and Influence People

微笑的力量是巨大的,哪怕对方无法看见它。美国有个电话公司在培训员工时,就要求电话销售员在电话中面带微笑地交谈。因为,你的微笑会通过声音传到客户的耳朵里。

罗伯特·克莱尔,俄亥俄州一个电脑公司的部门经理,他告诉我自己曾成功地为一个难以填补的职位找到了一个合适的申请人:

"当时,我拼命地搜罗获得计算机博士学位的求职者的简历,终于找到了一个理想的目标人选,那是一个毕业于普渡大学的年轻人。通过几次电话交流,我得知同时还有其他几家公司看中了他,其中还不乏更大、更好的平台。最终,他还是接受了我的入职邀请,这让我感到有些受宠若惊。于是我便问他,究竟是出于什么原因,他才选择了我们公司?他是这样回答的:'我之所以会选择贵公司,是因为和你们的通话让我感受到了语言的温度。这样的职业修养,让我感到自己应聘的是一家专业且商业经验丰富的企业。听您在电话里的声音,似乎是非常高兴能够得到我的青睐,迫切希望我能够加入到这个大家庭来。'而这,仅仅是因为我在通电话的过程中始终保持微笑。"

美国一家大型橡胶公司的董事长告诉我说,根据他的观察,很少有人能在自己不感兴趣的领域获得成功。这位产业领袖一直都对这句古老的格言持怀疑态度:"艰苦的工作,是开启我们欲望之门的神奇之钥。"他曾说过:"在我认识的人中,那些成功之士无不是因为自己本身就对自身业务抱有浓厚的兴趣,工作时也能够乐在其中。而当他们开始对这项工作感到厌烦、失去原有的乐趣时,就已经走在失败的下坡路上了。"

如果你希望能够被别人欢愉相待,那么首先你自己就得用这种

第五章

一个给人留下美好印象的简易方法

态度去面对对方。

我曾向成千上万个商业人士建议,让他们在每天遇见别人的时候都展开一个自然的微笑,然后请他们在一周之后向我反馈一下这样做的心得和收获。首先让我们看看纽约的股票经纪人威廉·B.史丹赫先生的来信吧。他的案例绝非特殊,事实上可以称得上是典型案例。他在信中写道:

"我已经结婚十八年多了,这些年来出于工作原因,我很少有时间和妻子说上几句话,也很少对她微笑。

"后来,我听从了你的建议,决定尝试一个星期面带微笑的生活。那么现在就让我谈谈我的经验吧。在我作出决定的第二天早上,当我对着镜子梳头的时候,映入眼帘的却是我那张僵硬紧绷、面带愁容的脸。于是我对自己说:'比尔,从今天起你必须舒展开你的面颊,要让微笑爬上你的脸颊。对,从现在开始就要微笑了。'接下来,当我在餐桌旁边坐下时,便面带笑意地向我的太太问候说:'早上好,亲爱的。'

"你曾经提醒过我,刚开始这样做的时候她可能会感到非常惊讶,但你低估了她的反应。当时她就愣住了,半天都没回过神来。于是我告诉她不要感到太吃惊,这种事情今后会经常发生的,她会在每天清晨都看到一个面带微笑的我。

"这种态度的转变给我带来了更多的幸福。这两个月来,我的家庭发生着翻天覆地的美好变化。

"现在,每当我去办公室的时候,都会对电梯操作员微微一笑:'早上好!'看见门卫、地铁站的收银员以及交易所里那些素昧平生的陌生面孔时,我的脸上也是带着微微的笑意。

人性的弱点
How To Win Friends and Influence People

"没过多久,我就发现几乎我所见到的每个人都会对我报以微笑。现在,每当面对那些跑来向我诉苦和抱怨的人时,我都会面带微笑地给予关怀,听他们发泄心中的不满。这样,不管是再多的愁苦,似乎都变得容易解决多了。我发现,微笑这个转变给我带来了很多的财富,很多很多。

"我和另外一个经纪人共用一间办公室,他新聘了个可爱的小伙子。经过这段时间的'微笑改造',那个小伙子开始渐渐地对我有了好感。对于我所取得的成就,我本人是深感骄傲和自豪的,所以便自然而然地对那个小伙子传授开了人际关系学的经验之谈。后来,那个小伙子告诉我说,当他第一次来到我的办公室时,还以为我是个脾气暴躁的可怕的家伙,现在他不这样认为了,经过这段时间的观察,他觉得我笑起来很真诚、很有人情味!

"我也改掉了对人百般批评、不依不饶的态度,取而代之的是鼓励和赞美。现在,我再也不会说我想要什么,而是尽力去体谅别人的观点。而这些心态的改变,已经彻底改变了我的生活。现在的我已经变成了一个和以前截然不同的人,一个比过去更加快乐、更加富有、收获了更多友谊的幸福之人。"

你不喜欢微笑吗?那该怎么办呢?别怕,只要做好下面这两点,微笑也不是难事。第一、强迫自己微笑,在你独自一人的时候,不妨试着去吹吹口哨或是哼上一支小曲,尽量让自己开心起来,就好像你真的很快乐一样,久而久之就能"假戏真做"了。在这方面,心理学和哲学家威廉·詹姆斯有着独到的见解。他说:"行动似乎是跟着感觉走的,然而事实上,行动和感觉完全是并驾齐驱的。通过调节行动,我们也可以更多地去间接控制感情。因此,如果我们想

第五章
一个给人留下美好印象的简易方法

要找到快乐,不妨先强迫自己快乐起来。"

在这个世界上,每个人都是想要追求幸福的,这点毋庸置疑。然而,幸福并不是由外在条件决定的,而是取决于内部条件。不管你是谁,你拥有什么,你身处何地,或是你在从事什么样的工作,只要你想要快乐,那么你就能够快乐起来。比方说有这么两个人,他们在同一个地方做同样的事,声望地位和金钱财富也不相上下,可为什么一个过得轻松自在、另一个却活得贫困潦倒呢?答案很简单,因为他们两个人的心态不同,命运自然也就不尽相同了。

莎士比亚曾经说过:"事情没有好坏之分。"林肯也曾经表示:"对于大多数人来说,自己所得快乐的多少,完全取决于心中的意念。"关于这点,我曾看到过一个生动的例证:

当时我正往纽约长岛车站的楼梯上走着,走在我前边的是三四十个行动不便的残疾儿童。他们只能靠拐杖支撑着前进,看上去很辛苦,而且他们中还有些人需要同伴抱着上去。可即便这样,他们看上去依然非常乐观,让我惊讶的是,他们在整个过程中都充满了欢声笑语。

后来,我找到了这些小男孩的管理教师,他说:"哦,没错。当一个孩子刚刚得知他将面临的是终生残疾的命运时,吃惊之余的确会深受打击。可这种不安的打击过去之后,他就只能听天由命、继续寻找属于他们自己的快乐了。你看,他们现在比正常男孩还要快乐呢。"

听到这里,我真想向那些男孩子们脱帽致敬,我永远都不会忘记他们给我上的这一课。

自己只身一人在一个封闭的办公室里工作不仅是孤独的,而且

人性的弱点
How To Win Friends and Influence People

还失去了与公司其他员工交流的机会。墨西哥瓜达拉哈拉的玛丽亚·冈萨雷斯夫人就有这样一份工作。她羡慕其他在同一个办公室中那些同事们的欢声笑语。在她刚开始上班的第一周，当她走过大厅时，她都是羞涩地看着别处。

几周后，她对自己说："玛丽亚，你不能指望那些同事来找你。你必须走出去，去见他们。"下一次，她走到饮水机旁，然后面带灿烂笑容地对碰见的人说："嘿，今天怎么样？"这种效果立竿见影，她也得到了回敬的微笑和问候，走廊里似乎显得更明亮，同事们也更友好。通过进一步了解认识，还有一些发展成了非常不错的朋友关系。她的工作和生活变得更加愉快和有意义。

让我们再看看散文家哈博德的神奇建议吧。不过你得记住，光知道没用，你必须得用实际行动去践行才可以。他的建议如下：

当你出门的时候，请收紧下巴、抬头挺胸，深呼吸一口新鲜空气。当你遇见朋友的时候，请面带微笑地向他致以最亲切的问候，握手时要饱含热情。不要担心你的亲密举动会被人误会，也不要去想一些不开心的事情，更不要浪费哪怕一分钟去想你的仇敌，就这样，全神贯注地和朋友握手。

把你的心思集中在你感兴趣的事情上，然后不要偏离方向、尽管勇往直前去做吧。当你把注意力集中在你想做的事情上时，那么在之后的每一天，你会发现自己始终会在不知不觉中抓住能够实现你理想的机会。

你要时时刻刻把自己想象成一个满腹才干、真诚正直的有用之材。这么一来，你就会时时注意改变自己，让自己向这个大方向靠拢。要知道，意念的作用是崇高的，保持一种正确的心态，勇敢、

第五章

一个给人留下美好印象的简易方法

坦率、乐观,要相信正确的思想能够赐予你无尽的创造力。所有的事情都是你的理想和欲望的缩影。每一个真诚的祈求,最终都会得到完全的应验。我们想要获得什么成就,只要在心中埋下这个愿望一年,就终会如愿以偿!抬起头来吧,我们完全能够主宰自己的明天!

古代的中国人是非常明智的,他们有句老话说得好:"不笑莫开店。"你应该把它抄下来贴在自己的帽子上。

你的笑容是你最好的使者,它能够点亮所有看到它的人的生活。人们会对面带愁云的冷漠之人避之不及,却会对拨开乌云的微笑趋之若鹜。特别是当一个人在深处重压之下的时候,只要他的老板、他的客户、他的老师、他的家长或是他的孩子能够给他一个微笑,他就会感到一切都还有希望,这个世界依然充满欢乐。

几年前,纽约一家百货商店的圣诞节广告中就提到了如下几句虽然质朴却又饱含哲理的建议,令人深思。

圣诞节一个微笑的价值

它无需花费什么,却能够创造更多。

它会使接收者获益,而施予者亦无损。

它发生在刹那之间,却让人记忆永存。

它能让有钱人锦上添花,让贫困者发家致富。

它能使家庭幸福,生意兴隆,友谊长存。

它让疲惫者得到休息,让悲伤者沐浴阳光,是大自然最好的"消毒剂"。

它无处可买、无处可求、无处可借,也无法偷窃……在你得到它之前，它只会一无是处。

在圣诞这个欢乐的日子里，如果我们的店员在忙累之余无法去给您一个微笑，可否将您的微笑留下来呢？

因为无法给人微笑的人，更需要别人给他一个微笑。

准则2　微笑。

第六章

如果你想避免麻烦，请这样做

故事发生在1898年的冬天。那天，纽约洛克雷村发生了一桩悲剧。因为村里有个孩子去世了，所以根据惯例，出殡那天村里的所有人都要去送葬，吉姆·法利自然也不例外。可当他去谷仓牵马的时候，由于当时正值隆冬，冰雪封地，那匹马显然是在马棚里憋疯了，一出谷仓就放肆地撒开了欢儿，竟一不小心把法利给活活踢死了。所以，不幸的洛克雷村在短短一个星期里举行了两桩葬礼。

吉姆·法利去世之后，留给他妻子和三个孩子的只有区区几百美元的保险金。而为了生计，他那刚满十岁的长子吉姆不得不去一个砖厂卖苦力。虽然吉姆没有受到更多的教育，但是他自然亲切的秉性使得他具有非凡的亲和力。多年之后，当他步入政坛时，还逐渐养成了一种特殊的才能——对他人的姓名过目不忘。

吉姆从来都没有上过中学，但在他四十六岁的时候，却已经获得了四个大学授予的荣誉学位。他还当选过民主党全国委员会的主席，担任过美国邮政署的署长。

我曾在采访吉姆先生的时候向他咨询过成功的秘诀，他微笑着

人性的弱点

回答我说:"努力工作。"这个回答显得太过平淡和官方式了,于是我摇了摇头:"不,吉姆先生,我是认真的,这一点都不好笑。"

对于我的异议,他反问我说:"那你觉得我成功的秘诀是什么呢?"我回答说:"我知道你可以叫出上万个人的名字。"

"不,你错了。不只是上万,而是五万个。"

不要对他的回答感到吃惊,事实上,正是受益于这个超凡的本领,法利先生才能够顺利帮助富兰克林·D.罗斯福总统入主白宫。

当年,在吉姆还在一家公司做推销员的时候,他就已经兼任洛克雷村的书记了。正是这份工作,让他养成了记忆人名的习惯,并最终形成了一套个人记忆法。

这套方法其实很简单。每当他遇到一个新朋友时,他就会自然而然地打听对方的姓名、职业、家里有几口人以及对当前政治的看法。在弄清楚这些之后,他就会把这些牢牢地记在心里。下次再遇到这个人的时候,哪怕是时隔一年以后,他也能够自来熟地和人家握手并问候对方的家人,甚至还能够聊聊对方家后院里的蜀葵。

在罗斯福竞选总统的前几个月,吉姆每天要写数以百计的信笺分发给他在美国西部、西北部各州的朋友和熟人。在接下来的十九天里,他长途跋涉一万里路走遍了美国的二十个州。除了火车通行这个交通方式,他还使用汽车、轮船等交通工具。每到一个城镇,他都会找熟人一起共进早餐、午餐、下午茶或晚餐,席间做一次恳切的交谈,然后再马不停蹄地奔往下一段旅程。

当他回到东部的时候,立即给他在各城镇的朋友每人都写了一封信,请他们把曾经吃过饭、聊过天的那些客人的名单寄给他。那

第六章

如果你想避免麻烦，请这样做

些名单上不计其数的人，又纷纷收到了吉姆亲密而又礼貌的信笺，而这些信笺都是以"亲爱的比尔"或"亲爱的简"之类开头的，信尾的署名是亲切又不失分寸的"吉姆"。

吉姆先生早就发现了，人们对自己的名字要比世界上其他所有名字加在一起还要关心得多。因此，记住对方的名字并能随时叫出口来，对对方而言，这就是微妙的恭维和赞赏了。反过来说，如果你忘记了对方的姓名，或者叫错了，不仅让对方感到难堪，更是把自己置于不利之境了。

例如，我曾在巴黎组织过一次公开演讲培训班，其间给居住在巴黎的美国人都送去了一封信。不曾想我雇佣的那个法国打字员英文水平很差，连人名都给打错了。其中有个被打错姓名字母的培训班学员还为此给我发来一封责备的信。

有时，当我们很难记住一个人的名字时，或是遇到一个很难发音的名字时，总是倾向于忽略它或是叫人的昵称，而非尽力去学会这个发音。西德·利维有个客户，名叫尼格蒂姆·帕帕多普洛斯，可人们却一般习惯称他为"尼克"。利维告诉我们说："为了记住他的名字，我特别努力地做了好多次尝试。后来，当我在电话中问候他说'下午好，尼格蒂姆·帕帕多普洛斯先生'时，他简直要惊呆了。沉默良久之后，他激动地流下了泪水，对我说：'利维先生，我已经在这个国家待了十五年了，你是第一个努力叫出我全名的人！'"

安德烈·卡耐基先生成功的原因在哪里？这个被人们称作"钢铁大王"的人，对钢铁懂的却并不多。而他手下的上千名员工对钢

人性的弱点

How To Win Friends and Influence People

铁的了解,却远比他本人要内行得多。可他却知道如何处理人际关系,而这正是他能够致富的原因所在。在卡耐基年轻的时候,他就已经表现出超凡的组织领导才能了。当他十岁的时候,他就发现了人们对自己姓名的重视程度,并逐渐学会了利用这一点。

这是他童年时代的一个回忆:这个名叫卡耐基的苏格兰男孩捉到了一只兔子,而且是一只小母兔。没过多久,这只母兔就生了一窝小兔子出来,可他却找不到能够给这些小兔子吃的食物。于是,他便想出了一个绝妙的主意。他对附近的小伙伴们说,如果他们谁能够找来足够的三叶草和蒲公英来喂兔子,他就给这只小兔子起谁的名字。最终,这个计划取得了意料之中的神奇效果,使得卡耐基永远记住了这一课。

多年以后,他用同样的心理技巧收获了数百万美元的收入。比如说,他想把铁路钢轨卖给宾夕法尼亚州的铁路局,便在匹兹堡建了一座大型钢铁厂,并以宾夕法尼亚州铁路局局长的名字给它命名。

试想一下,如果你是宾夕法尼亚铁路局的局长,你会倾向于买哪家钢铁厂生产的铁轨呢?

当卡耐基和乔治·布尔曼为争夺太平洋铁路的火车业务而竞争得如火如荼、甚至不得不通过价格战进行恶性竞争时,双方的利益都受到了严重的损害。这时,"钢铁大王"卡耐基又不禁想到了他童年时代兔子的故事。一次,卡耐基和布尔曼分别前往纽约参加太平洋铁路局的董事会。当天晚上,卡耐基便在圣尼古拉斯酒店约见了布尔曼。他是这样说的:"晚上好,布尔曼先生。我怎么感觉咱们两个人都在愚弄我们自己呢?"

第六章
如果你想避免麻烦，请这样做

"你这是什么意思？"布尔曼挑了挑眉毛。

于是卡耐基耐心地说出了自己的见解：只有两家公司业务合并，才能够避免恶性竞争，实现强强联合。也只有这样，双方才能够获得最大的利益。

布尔曼虽然这么听着，但其实心里还是半信半疑。最后，他问卡耐基："那么，你准备给这家新公司起个什么名字呢？"

"当然是布尔曼豪华车公司咯！"卡耐基马上回答说。

这时，布尔曼那张紧绷的脸突然焕发出了异样的光彩："好吧，卡耐基先生，请到我的房间来，咱们好好商量一下吧！"就这样，卡耐基再次利用人们对自己姓名的尊重和偏爱，谱写了企业界新的一页。

卡耐基深谙领导的管理智慧，他也一直为自己超强的记忆力感到自豪。他能叫出自己工厂里许多工人的名字，在他负责公司业务的时候，还从未有过罢工现象出现呢。

得克萨斯州商业银行的董事长米尔斯也表示，记住员工的姓名，是大公司人文关怀的一个重要体现。

凯伦是加利福尼亚州TWA航空公司的乘务员，她曾做过一个实验，就是尽可能地记住乘机人员的姓名，并在给他们提供服务时尽量说出来。意想不到的事情发生了：航空公司收到了很多对凯伦的表扬信，赞美她的服务专业而到位。其中一位乘客这样说道："我已经有一段时间没有乘坐TWA航空公司的飞机了，不过从现在起我要继续选择贵公司的航班出行。因为空姐人性化的服务让我感受到了贵公司的人文关怀，而这对我而言弥足珍贵。"

人性的弱点

How To Win Friends and Influence People

人都是这样，会为自己的名字感到自豪，为了所谓的"人过留名雁过留声"，他们愿意付出任何代价。伟大的表演艺术家 P. T. 巴纳姆就一直为自己的儿子不愿沿用自己的姓名而耿耿于怀，为了让孙子 C. H. 西利改名为巴纳姆·西利，他甚至愿意给他二万五千美元的改名费。

许多世纪以来，贵族和富豪们一直热衷于向那些艺术家、音乐家和作家捐钱，条件也只有一个，那就是对方得用自己的名字为作品署名。

图书馆和博物馆都有丰富的藏品，而这些藏品的捐赠者，大都会在这些陈列品上标明自己的姓名，只为自己的名字能够流传至今。

大多数人都不会想要记住别人的名字，原因很简单，他们认为没必要为这点小事花费时间和精力。他们还给自己找了个借口：因为忙。

说起忙来，恐怕没人会比富兰克林·罗斯福更加忙碌了，可他还是会抽出时间牢牢记住别人的名字，哪怕对方只是一个普通技工。事情的经过是这样的：

当时，克莱斯勒汽车公司为罗斯福总统定制了一台特殊的汽车，因为总统下肢瘫痪，无法驾驶标准汽车。汽车造好之后，W. F. 纪伯伦便和另一名技师专程前往白宫交付。纪伯伦先生曾在信中对我说："我教给罗斯福总统如何去驾驶这辆不同寻常的汽车，而他教给我的却是为人处世的艺术。"

"当我来到白宫时，"纪伯伦先生写道："总统显得非常高兴，直

第六章
如果你想避免麻烦，请这样做

接呼唤我的名字，让我舒适之余也感到受宠若惊。更重要的是，当我在介绍汽车的每一个细节时，他似乎都特别感兴趣，一直在专心地倾听。

"我对总统先生说，这部汽车设计独特，完全可以只用手来操作。罗斯福总统站在那一群围观的人中间，不住地感慨说：'这真是一个不可思议的奇迹！你要做的只是触摸一下这一个个的按钮，它就能自己开动，根本就不费吹灰之力。我想，这一定是个伟大的设计，虽然我并不懂得其中的原理。真希望能有时间把它拆开看看，它究竟是怎样工作的。'

"当罗斯福的朋友和同事们纷纷对这台汽车表示赞赏时，他又当着他们的面对我说：'纪伯伦先生，我非常感谢您能够为我专程打造这台汽车，想必这也花费了你很多时间和精力。这是一台无可挑剔的作品，一个完美的工程。'

"然后，他开始一一夸赞起辐射器、特殊设计的后视镜、车载时钟、个性化聚光灯、私人定制的驾驶座椅、衣箱里的特殊衣柜以及车里的内饰和外观等等。很显然，他看到了我在每一处细节设计上所下的苦心。他还特别将这些设计指给自己的夫人和秘书波金斯小姐看，并不时地向身边的侍从说：'乔治，你一定要好好保养这些精心设计的衣箱。'

"介绍完驾驶方面的细节之后，总统转过身来对我说：'好了，纪伯伦先生，联邦储备委员会的成员已经等了我三十分钟了，我想我现在最好回去工作了。'

"来白宫的时候，我还带了一位技工，便把他介绍给了罗斯福总

人性的弱点
How To Win Friends and Influence People

统。他并没有和总统交谈过,而总统也只有一次听我提起过他的名字。这个技工是个腼腆的家伙,在我们离开之前,一直躲在我的身后不说话。可当我们离开的时候,总统先生却握住了这位技工的手,亲切地叫出他的名字表示谢意。他对于这个技工的态度并不是出于敷衍,而是源自真心,这点我能够感受得到。

"回到纽约没过几天,我就收到了罗斯福总统寄来的亲笔信,信中还夹带了一张他亲笔签名的照片。信中,罗斯福总统再次对我们的帮助致以谢意。他是如何才能抽出时间去做这件事情的呢?这至今都是一个谜。"

罗斯福总统知道一种最简单、最明显而又最重要的获得好感的方法,那就是记住对方的名字,让对方感到自己很重要。然而,在我们中间,能做到这点的又有多少人呢?

当别人介绍给我们一个陌生人认识时,虽然彼此已经聊过几分钟,但我们往往在说再见时就把对方的名字给忘了个一干二净。

对于一个政治家来说,他要上的第一课就是:记住选民的姓名。

记忆姓名的能力,不管是在事业上还是交际上,抑或是政治上,同样举足轻重。

法国皇帝拿破仑三世,也就是伟大领袖拿破仑的侄子就曾经夸口说,虽然他国事繁忙,但却能够记住他所见过的所有人的名字。

这需要什么技巧吗?其实很简单,就是他在没有听清对方名字的时候总会实话实说:"对不起,我没有听清楚你的姓名。"如果这个姓名比较少见,他会接着问道:"能告诉我怎么拼写它吗?"

在整个谈话的过程中,他都会不厌其烦地把这个名字重复好多

第六章

如果你想避免麻烦，请这样做

次，同时尝试在脑海中把这个人的姓名、神态和思想特征联系在一起。

如果这个人十分重要，那么拿破仑就更会下一番苦工夫了。只要他独自一人，他就会把这个人的姓名写在一张纸上，集中精力盯着它反复看几遍，然后牢牢记在心中，随后再把纸撕掉。这么一来，他就能把眼前看到的和耳朵听到的关于这个人的信息联系在一起了。

当然，做这一切都需要时间，但"良好的礼貌，都是由小的牺牲养成的。"

记住别人姓名的重要性，不仅仅是国王和企业高管的必修课，对于我们而言也不可或缺。

诺丁汉印第安纳通用汽车公司的一名员工，他通常会在公司的自助餐厅吃午饭。可每当他去取餐时，总会看到柜台后面的女服务生对他横眉以对。

"我知道她已经连续做了两个小时的三明治了，可我只让她做一个给我，应该不过分吧？"那名员工抱怨说："我告诉她我想要里边加些什么，可她只给我夹了一小片火腿、一片生菜和几根薯条。

"后来有一天，我经历了同样的遭遇。只不过唯一不同的地方，就是我注意到了这个工作情绪很大的服务生的名牌。于是我笑着对她打招呼说：'你好，尤尼斯。'然后告诉她我想要取的食物。没想到这次她竟大方得有点让人出乎意料：她给我夹了大块火腿、三片生菜，以及满满的薯条！我想，这正是因为我能够叫出她名字的缘故吧。"

人性的弱点
How To Win Friends and Influence People

  我们应该意识到,每一个名字都是一串神奇的密码,对于每一个个体而言,自己的名字具有独特的特殊意义。不管对方是女服务员还是高管,学会使用名字的魔法,无疑是我们与人和谐相处的秘密武器。

准则3　记住你所接触到的每一个人的名字。

第七章

一个简单的方法：学会倾听

前段时间，我应邀参加了一个桥牌聚会。虽然我不会打桥牌，可凑巧的是，现场还有另外一位漂亮的女士也不会打桥牌。她对我之前在托马斯还没有从事无线电事业时做过他的私人助理的这段经历也有所耳闻。记得当时托马斯经常到欧洲各地旅行，而我则帮他记录旅行沿途的所见所闻。所以，这位漂亮的女士在知道了我的身份之后随即说："哦，卡耐基先生，听说你们沿途见识过了许多美好神奇景象，能不能请你给我讲讲、让我也开开眼界啊？"

当我们在沙发上坐下来时，她又说她和丈夫刚从非洲回来。"非洲！"我立马来了兴致："那真是个有趣的地方！一直以来我都想去那边看看，可惜一直没有找到合适的机会。我就在阿尔及尔停留过二十四小时，除此之外就再没去过非洲的其他地方。你们都去了哪些地方啊？真羡慕你们，你们是多么幸运啊！你能给我讲讲非洲的奇闻轶事吗？"

于是,那次谈话我们足足聊了有四十五分钟。她没有再问我到过哪些地方旅游,也没有问我看见过什么。她所要的是一个对她感兴趣的聆听者,通过她的讲述,使她扩大"自我"。

或许你会认为,她真是个不同寻常的女士。其实不然。要知道,像她这样的人大有人在。

例如,我曾在纽约出版商组织的一次晚宴上遇到过一位著名的植物学家。虽然此前我从未和植物学家接触、交流过,但在我眼中,他却是那样的迷人。我坐在自己的位子上,静静地听他讲述外来植物和正在研发的新型植物的轶事,像着了魔似的。他告诉我马铃薯有哪些不为人知的小秘密,还给我讲他是如何布置他的室内花园、又是如何解决花园里需要解决的那些小问题的。

其实一同出席这次晚宴的有十多个客人,可我竟忽略了其他所有人的存在,专心致志地和这位植物学家畅谈了数小时之久。

午夜时分,我和大家一一告别。意想不到的是,这位植物学家在主人面前竟对我极度赞赏,说我是一个"最富于激励性"的人,还褒奖我是个最风趣、最健谈的交流对象。

一个风趣健谈的人?这是在说我吗?可自始至终我几乎就没说过几句话!在谈话主题不变的前提下,刚才就算我自己想要表现得"健谈",也是压根就不可能的。毕竟我对植物学方面了解的知识实在是太少了,就算我想要说些什么,也实在是插不上嘴啊。

不过我自己知道,我唯一能够做到的,就只有专心聆听了。于是在别人说话的时候,我自始至终都会静静地聆听,用心去聆听,

第七章

一个简单的方法：学会倾听

渐渐地，我会发现自己对对方的谈话内容越来越感兴趣，同时对方也能够感受到我这种情绪，因此自然而然就觉得高兴了。要知道，聆听始终是最高的赞美，这对所有人都受用。杰克·伍德福在《陌生人之爱》一书中曾经写道："很少有人能够经得住那些全神贯注的奉承和谄媚。"

对于那位植物学家，我只是由衷地表达了自己对他的崇拜和赞美。我告诉他，很荣幸自己能够得到他的指导，今天晚上我过得很愉快。我是多么希望自己能够像他那样学富五车、才华横溢啊。我告诉他，我希望能够和他一同去田野散步，真希望下次还能见到他。如是而已。

正因如此，他认为我是一个健谈的人。而事实上，我只不过是一个善于聆听、懂得适时鼓励他谈话的人而已。

你知道一个成功的企业是如何谈拢一桩生意的吗？这其中又有什么秘诀呢？针对这点，哈佛大学的前校长——查尔斯·W.艾略特曾经说过："成功的商业交往没有什么秘密可言。你要做的，只是专心致志地聆听对方的讲话，这是最重要的。再没有什么比做到这点更重要了！"

事实上，艾略特本人就是一个深谙倾听艺术的高手。美国最伟大的小说家詹姆斯曾经这样回忆说："艾略特博士在聆听的时候并不只是单纯的沉默，他还会有一些动作上的配合。比如说他会一直挺直脊背地坐着，双手落在大腿上，除了大拇指会或快或慢地回应摆动，再没有其他的小动作了。面对谈话者，他的眼睛和耳朵似乎保持了高度的专心和敏感，所以每当谈话结束后，对方都会觉得他已经完

人性的弱点
How To Win Friends and Influence People

全理解了自己的意思。"

不证自明,是不是?关于这个问题,我想你不用专程去哈佛大学读上四年,因为我们都知道这个道理。很多店主情愿租下租金昂贵的百货商店,想方设法去降低进货成本,绞尽脑汁地布置漂亮橱窗,出手阔绰地广告推广……可他们雇佣的却是些不会听顾客讲话的店员。那些店员时不时地打断顾客说话,反驳、质疑他们,仿佛不把他们赶出商店就不会善罢甘休似的。

结果不言而喻,不是吗?你不需要在哈佛研究四年就能发现这些。然而我们都知道租用昂贵空间的百货商店业主,购入经济型的商品,装扮引人注目的橱窗,花费上千美元的广告,却不懂雇佣善于倾听的好店员。

芝加哥的一家百货商店差点失去了一位每年都会在那家店消费几千美元的老顾客,只是因为一名销售员没有学会聆听。亨丽埃塔·道格拉斯夫人参加了我们在芝加哥开办的课程,她在商店推出特价时买了一件外套。她带回家后,发现内衬已经破裂了。第二天,她又去商店要求售货员调换货物。店员拒绝调换,甚至不听她的诉苦。

"这是你在特价时购买的。"售货员指着墙上的一个标志,大喊道,"你看看墙上贴的敬告,'售出概不退换!'你已经买了就不能退换。你自己找裁缝处理吧。"

"但这是件损坏的商品……"道格拉斯夫人解释道。

"没有区别,"售货员立刻打断道格拉斯夫人的讲话,"规定就是规定。"

道格拉斯太太非常愤怒,正要离开,且发誓永远不会再来这家

第七章

一个简单的方法：学会倾听

店。这时部门经理正好走来,他知道道格拉斯太太是该商店的大客户。道格拉斯太太把刚才发生的事情告诉了部门经理。经理仔细地听了整个事情经过,检查了外套,然后说:"特价商品是'不退换商品',所以我们可以在季节结束时处理掉商品。但是这个'不退换'政策不适用于损坏的商品。我们肯定会修理或更换内衬,或者把钱退还给你。"

处置方法是多么的不同！如果经理没有过来倾听客户的要求,该商店就可能永远失去这位老顾客。

如同在商界中一样,倾听在家庭生活中同样重要。纽约的米莉·埃斯波西托知道,当孩子想跟她交流时,她应该放下手头的工作仔细倾听。一天晚上,她与儿子罗伯特坐在餐桌前。罗伯特在心中进行简短的权衡后说:"妈妈,我知道你非常爱我。"埃斯波西托太太很感动,并说:"我当然非常爱你。你对此有怀疑吗？"

罗伯特回答说:"没有,不过我真的知道你非常爱我,因为无论何时我要跟你讲话,你都会停下手中的任何事情倾听我的讲话。"

即便是最爱挑剔的人,或是情绪最激动的批评者,在面对一个富于忍耐力和同情心的聆听者面前,往往也能卸下盔甲、变得柔软起来。当然,这位聆听者一定要有过人的冷静和沉着,特别是在面对一个仿佛是张开血盆大口的大毒蛇一样的寻衅者的时候。

多年前,纽约电话公司迎来了一个史上最蛮横无理的顾客。这个顾客总是用最恶毒的语言责骂和诅咒接线生。后来他又宣称电话

公司给他的是虚假账单,所以他自然拒绝支付话费。同时,他还扬言要把这些事情曝光给报社,还要向公共服务委员会提起申诉……这可是个善于投诉的客户,电话公司可是没少在这方面吃过他的亏。

最后,公司不得不派出一位经验最丰富、办事最利索的调解员去拜访这位不讲理的顾客。于是,这位"解决麻烦专业户"便来到了这位客人的住处,静静地听着这位好争论的老先生发泄满肚子的不满,而他所做的,就只是简短地"是,是"这类的附和,以及对他的委屈表示同情。

"嘿,你不知道,我在那里足足听他发了三个多小时的牢骚。后来我又去他家,他又跟我抱怨了不下四个多小时。我前后共去他家拜访了四次,在第四次拜访结束之后,我已经被他纳入了他创建的组织,就是被他自称为'电话用户保障团'的组织成员。直到现在我还是这个组织的成员呢。而且,据我所知,除了这位老先生以外,我就是这个组织的唯一成员了。"在我的讲习班上,这位电话调解员道出了事情的发展始末。

"在这四次的拜访中,我扮演的始终是静静的聆听者的角色。对于他列出的每一点难熬的遭遇,我都抱有深深的同情。据他所说,此前他还从未遇见过任何一个电话公司的职员会用如此出言不逊的语气接待他,也从未有人这样咄咄逼人地跟他说过话。而神奇的是,说着说着,他对我的态度竟然渐渐和善了起来。在前三次拜访中,我甚至对他只字未提前来拜访的目的,直到第四次——也就是最后一次拜访的时候,我才圆满完成了任务。这位老先生不仅主

第七章

一个简单的方法：学会倾听

动付清了所有的账款，而且还头一次撤销了对公众服务委员会的申诉。"

毫无疑问，这位老先生表面看来是在为保障公众权益而战、坚决反对不合理的剥削，而事实上他所需要的却是自重感。对他而言，获得这种自重感的手段就是挑剔和抱怨。但只要他的这种自重感能够从电话公司的代表身上获得之后，他也就不必再唠叨那些没用的委屈和怨气了。

若干年前的一个早晨，一个愤怒的客户冲进了德莫毛纺公司创始人朱利安·德莫先生的办公室。

德莫先生对我解释说，"这个人欠了我们一笔小钱。虽然他自己不肯承认，但我们知道错在他，因此我们的信用部坚持让他付款清账。在接到我们信用部的催款通知以后，他就立马来到了芝加哥，匆匆走进我的办公室对我说，他不仅不会付那笔钱，而且从今往后我们公司都别想再和他做一块钱的生意。"

我耐心地听他把话说完，好几次都差点忍不住动气想和他反驳争辩几句，可我知道那不是个解决问题的好方法，所以我尽量让他先把情绪发泄完。最后，他终于冷静了下来，我觉得是时候跟他说些什么了。于是我平静地说道："非常感谢您能够亲自来到芝加哥告诉我这些。事实上，您已经帮了我一个很大的忙。如果我们公司的信用部得罪了您，那么我相信他们也会得罪其他客户，那后果可就不堪设想了。相信我，我迫切地需要您来告诉我刚才所说的那番情形。"

可能他压根都不会想到我会对他说出上面的那番话来，所以感

到有些小失望吧。毕竟，他之所以会来芝加哥，是想要和我交涉，而我却非但没有和他争论起来，反而心平气和地告诉他我会取消账目上那十五美元的账款，同时把它忘掉。另外，我还向他表示说，他是个非常细心谨慎的人，需要处理的只有一份账目，而我们公司的职员每天却有成千上万份账目需要过目，所以相比之下，还是他比较容易不会犯错。

我还告诉他说，我很理解他此时的心境，因为如果换作是我，在摊上了这样的问题之后可能也会像他一样做。考虑到此前他表示将不再购买我们公司的任何货物，所以我还向他推荐了其他几家不错的毛纺公司。

因为以前他来芝加哥时，我们经常会在一起共进午餐，所以那天我也像往常一样邀请他和我一起去吃午饭，他有些不情愿地勉强答应了。但当我们吃完午饭、回到我的办公室时，他给了我们公司一个比往常更大的订单，然后心情平静地回家去了。这位顾客似乎只是为了追求一份生意上的公正和公平，所以回家后又重新翻了一遍老账单，终于找到了错误所在。于是，他又把那十五美元的账款寄到了我们公司，同时还附上了一封道歉信。

后来，这位顾客的妻子给他生了个儿子，他还给他取名为"德莫"，也就是我们公司的名字。再后来，他成为了我们公司的重要主顾，也和我成为了好朋友，直到二十二年以后他去世为止。

多年以前，一个荷兰籍的小男孩为了勤工俭学，每天放学后都会到一家面包店打零工，靠擦窗户赚取每天五毛钱的酬劳。因为家里穷，除此之外他每天还得提着篮子去水沟边上捡些从过往运煤车

第七章

一个简单的方法：学会倾听

上颠簸下来的煤块。那个男孩名叫爱德华·伯克，一生中也没上过超过六年的学，可最终他却成为了美国新闻界有史以来最成功的杂志编辑。那么，他是怎么做到的呢？说起来这该是个很长的故事，那我们就长话短说，就以本章所提出的原则作为开场吧。

他离开学校的时候只有十三岁，在一个西部联盟的办公室里打工，靠着微薄的薪水艰难度日。可是，即便身处如此贫困的环境，他依然没有放弃受教育的机会，而且开始走上了自学成才的漫漫求学路。他从不花钱搭乘公交车，连午饭钱都省了下来，直到攒下的钱够买一套《美国传记百科全书》。后来，他还为此做了一桩人们闻所未闻的事。

在仔细研读完这部美国名人传记之后，爱德华·伯克便挨个给传记上出现的名人写信，请求他们告诉一些自己童年的情形，越多越好。从这点上可以看出，伯克有一种善于倾听的品质。他希望那些名人告诉他更多关于自己童年的事。

他写信给当时正在竞选总统的詹姆斯·A.加菲尔德，问他是否曾在运河口拉过纤，加菲尔德真的就给他回了一封信。他又给格兰特将军写信，向他讲述名人传记上所说的他在某次战役中的情形……于是格兰特将军在回信中给他附了一张当时作战时的地图，还邀请这位十四岁的男孩共进晚餐，畅谈了一宿。

没过多久，我们这位在西部联盟办公室打工的男孩就已经同许多名人有了通信往来，比如说拉尔夫·瓦尔多·艾默生、奥利弗·温德尔·福尔摩斯、亚伯拉罕·林肯的夫人、修曼将军以及杰弗逊·戴维斯。

人性的弱点
How To Win Friends and Influence People

不仅是通信往来,他还利用放假时间前去拜访过这些名人中的相当一部分,并成了他们欢迎的座上宾。对于爱德华·伯克而言,这些经历无疑是有利于提升自信心的无价财富。这些名人的故事,直接激发了他的理想和抱负,改变了他之后的命运轨迹。所有的这些——让我再说一遍——都是因为他践行了我们之前所说的这些原则。

艾萨克·F.马克森是一位鼎鼎大名的记者,他成功采访过不少风云人物。他就曾告诉我们说:"有些人之所以不能给人留下一个好印象,是因为他不懂得用心倾听对方的谈话。他们只懂得把心思放在自己的嘴巴上,可却从来不知道打开自己的耳朵……有很多地位显赫的名人曾告诉我说,他们喜欢的并不是夸夸其谈的健谈者,反而是那些懂得静静聆听的人。然而,能养成这种良好性格的人似乎比较少见。"

不仅仅是大人物会渴望一个好的倾听者,就连我们普通人也是如此。正如《读者文摘》中所说的那样:"很多人都在找医生,事实上,他们需要的只是一个听众。"

在美国内战时期最黑暗的时候,林肯曾给他在伊利诺斯的老朋友斯普林·菲尔德写了一封信,说有事想和他商量,请他务必前来华盛顿一趟。于是,他的这位老邻居便应邀来到了白宫,听林肯与他讲述了好几个小时的黑奴解放的问题。林肯收集了很多反馈,有赞成的,也有反对的,他又重新把这些意见梳理了一遍。然后,他又看了看来信和报纸上的文章,有些是害怕他解放奴隶而发来的谴责,有些则是在谴责他对废奴问题的悬而不决。就这样,在倾诉了几个小时之后,林肯与他的这位老朋友握手告别,互道晚安之后派

第七章

一个简单的方法：学会倾听

人把他送回了伊利诺斯，甚至都没问他对废奴问题的意见。

这些话，其实都是林肯对他自己说的。在澄清了自己的想法之后，林肯的心情反而轻松了很多。这位老朋友后来回忆说："那次谈话以后，林肯似乎感觉心里畅快了不少。"没错，林肯需要的并不是这个老朋友的建议，他想要的其实仅仅是一个友好而富于同情心的听众。只是静静地听他讲话，让他将心中的苦闷发泄出来就好。所以，在我们感到困难和煎熬的时候，需要的也是同样的东西。

如果你想要惹客户生气、让同事不满或是伤害你的朋友，那么很简单，你只需自顾自说自话、永远都不要听别人讲话就好。

西格蒙德·弗洛伊德就是一个非常伟大的听众，所有和他交流过的人都会对他的态度赞赏有加："他身上有我此前从未遇见过的人性特质，我永远都忘不了他。我从未见到过一个像他这样注意力高度集中的人，不仅观察敏锐，而且灵魂直指人心。他有一双亲切而温和的眼睛，音色低缓柔和。真的，我没有夸张，如果你也见上他一面，你就会发现自己就像从来都不知道'聆听'是怎么一回事一样！"

如果你想要知道怎样才能让人远远地躲着你、在背后嘲笑你、甚至是鄙视你，那么你只管按下面的做法照做就行：永远都不要仔细听人家说话，不断地谈论自己就好。在别人正说在兴头上的时候，如果你突然想到说些什么，那就不等对方说完直接打断他（她）。

你曾遇到过上面我说的这种人吗？不幸的是，我自己就碰到过。更令人意想不到的是，在这些人中还有相当一部分是社交界的名人。

那种人真是出了名的讨厌。他们只谈论自己，只陶醉在自己的

人性的弱点
How To Win Friends and Influence People

世界里,只为自己的自重感而亢奋,却为其他人所厌恶。

"那些人就只想到他们自己。"哥伦比亚大学的校长尼古拉斯·莫里博士说,"他们的行为暴露了他们完全没有受过教育的内里。不管他们曾经接受过怎样的教育,也完全像是些没文化、没素质的人一样。"

所以,如果你立志要成为一个健谈的人,首先要学会当一名细心的聆听者。若想让别人对你感兴趣,首先你要对别人感兴趣。问别人他们所喜欢回答的问题,鼓励他们谈谈自己的故事、自己的成就。

记住,就和你谈话的人而言,他自己的需求和问题,要比你的问题远远重要一百倍。

准则4　做一个善于倾听的人,鼓励别人多谈谈他自己。

第八章

如何让人对你感兴趣

相信每一个去过牡蛎湾拜访过西奥多·罗斯福总统的人都为他渊博的学识拍手称奇。不管来客是牛仔还是骑士，抑或是纽约来的政治家和外交家，罗斯福都能对他们侃侃而谈、应对自如。那么，他又是怎样做到的呢？答案很简单：每当有客人预约拜访时，罗斯福一定会在前一天晚上准备好来客所感兴趣的话题。

和其他所有具有领袖魅力的领导人一样，罗斯福也知道：走进一个人心里的最佳途径，就是对那个人讲些他知道得最多的事情。

耶鲁大学前教授、散文家威廉·里昂·菲尔普斯在年轻的时候就已经明白了这个道理。

"在我八岁时候的某个周末，我去利比姑妈家度假。那天晚上正好有个中年男人也到姑妈家做客。和姑妈寒暄过后，那个中年人就把注意力放到了我的身上。记得当时我迷上了帆船，而那位客人在谈论这个话题时似乎也是兴致盎然，于是一整个晚上我们聊得都很投机。他走之后，我对姑妈把这个人夸了一通。可姑妈却告诉我说，这个人是纽约的一名律师，按理说他应该不会对帆船有多大兴趣。

人性的弱点
How To Win Friends and Influence People

我觉得有些难以置信,便反问姑妈如果他真对帆船一无所知,刚才又怎么会在和我聊起帆船的时候说得头头是道呢?

"'因为他是一个有修养的绅士。他见你对帆船感兴趣,便会配合你聊聊这些。这样,你会感到舒服,而他也会留下个受欢迎的好名声。'姑妈是这样回答我的。"

威廉·里昂·菲尔普斯又说:"姑妈说的这番话,我永远都不会忘记。"

当我写到这一章节的时候,我的面前正好有一封信,是童子军工作的活跃分子爱德华·L.查理夫先生寄来的。他在信中写道:

"有一天,我发现自己需要找人帮忙,因为欧洲即将举行一个童子军大露营,而恰巧我的一个童子军需要请美国的一家大公司赞助旅费。幸运的是,在我去拜访那位大老板之前,我曾听说他之前签出过一张一百万美元的支票,可随后又莫名其妙地把它作废了。据说,那张支票现在已经被他装裱起来留念了。

"因此,当我走进他的办公室时,第一件事就是请求他让我开开眼,看看那张作废的百万支票。我告诉他说,我还从来没听说过有人开过百万美元的支票呢,回去之后我一定会告诉我的那些童子军们,今天我亲眼看见了一张一百万美元的支票!听我这么一说,他感到非常高兴,随即便把那张百万美元的支票拿来给我看。我钦佩地看着它,并表达了由衷地赞美,同时还请他给我详细讲讲这张支票从开出到作废的故事。"

不知你注意到了没有,查理夫先生自始至终都没有说起过童子军的事以及他此行的来意。他所做的,只是谈了谈对方感兴趣的事。那么接下来的结果又怎样呢?

第八章

如何让人对你感兴趣

查理夫在来信中接着写道：

"后来，那位大老板问我这次来拜访他是否还有其他事情，于是我就表明了来意。出乎意料的是，他不但连考虑都没考虑就答应了我的要求，反而给了我比原来期望得还要多得多。我原本只是想请他赞助一个男孩去欧洲，可他却给了我五个童子军前往欧洲的经费，而且连我也受请在内。他还给了我一张一千美元的外汇银行支付凭证，让我们在欧洲住上七个星期。同时，他还给我写了好几封介绍信，吩咐他在欧洲各城市分公司的经理人要好好地接待我们。随后，他自己也去了欧洲，在巴黎盛情款待了我们，还带领我们游览了整个城市。此后，他还帮几个家境贫寒的童子军介绍工作。直到现在，这位大老板仍经常活跃在我们童子军团体的募捐一线，尽其所能地帮助着这些孩子。

"当然我也知道，如果事先我没能发现他的兴趣所在、没能让他高兴起来，我就不可能如此顺利地接近他。"

在商界上，这个方法也是颇具价值的，难道不是吗？让我们再看看亨利·迪韦尔诺瓦·杜凡诺先生的例子吧。

杜凡诺先生在纽约经营着一家面包店。一直以来，他都希望能够把面包推销到一家大酒店去。四年来，他一直做着各种各样的尝试，几乎每个星期都会想方设法去拜访那家大酒店的老板。如果杜凡诺知道那个大老板会去哪家交际会所，那么为了获得和他接触的机会，杜凡诺一定会跟过去，甚至不惜在那家酒店租下一间房间。可惜的是，这些努力全都失败了。

"后来，在研究人类关系的秘密之后，我才决定改变自己的策略。"杜凡诺说："我决定找出他所感兴趣的事情来，看看哪一方面最能吸

人性的弱点

How To Win Friends and Influence People

引他的注意力。"

"我发现,他是美国酒店管理协会的会员,不仅如此,他还一直致力于推进这个协会的业务发展,后来还被推举为这个组织的主席。同时,他还兼任了国际酒店业联合会的会长,不管这个团体在哪里举行会议,他都会搭乘飞机翻山越岭去参加会议。

"所以,当我在第二天见到他的时候,我就开始向他请教有关这些会议的详细情形,他的反应果然开始发生了翻天覆地的变化。说起这些会议来,他的话匣子直接就关不上了,一聊就是半个小时,而且语气里全是满满的热情。我已经清楚地意识到,那个团体就是他的兴趣所在,而且不仅仅是爱好这么简单,而是他生命中充满激情的一部分。在我告别他的办公室之前,他甚至还邀请我参加到他们的团体中去。而当时,我压根就没有提起有关面包的事。

"几天后,酒店的管家打电话对我说,让我带些面包样品和价目表过去聊聊。"

"我不知道你在那老头身上下了些什么工夫,"管家在招呼我的时候开玩笑说:"可是,说实话,你还真是挠到他的痒处了。"

"想想吧!我已经在他身上下了四年的工夫了,就是为了等到今天,如果不煞费苦心地找到他的兴趣所在,不知道还得再浪费多少时间呢!"

马里兰州黑格斯敦市的爱德华·哈里曼在服完兵役后,选择在美丽的坎伯兰山谷生活。不幸的是,那时坎伯兰山谷没有什么可以选择的工作岗位。他经过简单的研究发现,该地区的大多数企业都被特立独行的冯克豪瑟所拥有或控制。哈里曼对他白手起家的过程非常感兴趣。然而,他知道作为一名求职者是无法接近冯克豪瑟的。

第八章

如何让人对你感兴趣

于是，哈里曼先生写道：

"我采访了一些人发现，他的主要兴趣是握住他的权力和金钱。为了防止像我这样的人轻易接近他，他雇佣了一名专业而又严厉的秘书。我通过突然拜访这位秘书办公室的方式，了解了她的兴趣和目标。她已经在冯克豪瑟身边工作十五年了。当我告诉她，我有一个非常好的建议可以让冯克豪瑟获得金钱和政治上的成功时，她开始变得有兴致。我还与她谈到在冯克豪瑟成功过程中她起到了不可估量的作用。这次谈话后，她为我安排了会见冯克豪瑟的时间。"

"我走进了他那巨大和令人印象深刻的办公室。我决定不直接向他开口谋求职位。他坐在雕刻精美的桌子后面，对我吼道：'你想怎么样，年轻人？'我说：'冯克豪瑟先生，我相信自己可以帮你赚更多的钱。'他马上站起来，请我坐在一个大沙发椅上。我表述了我的想法，并说明了要实现这些想法的条件，以及它们将如何有助于他个人和企业的成功。"

"当冯克豪瑟了解了我的情况后，立刻聘用了我。二十多年来，我帮助了他的企业成长，而我们都获得了成功。"

通过谈论别人的利益回报，取得双方的成功。霍华德是某家通讯企业的一名领导，他始终遵循这一准则。当被问及他所得到的回报时，霍华德回应说，他不仅从每个人那里获得了不同的回报，而且通常情况下每次他与别人交谈时还会获得更大的回报。

准则5 聊聊别人感兴趣的话题。

第九章

如何让人很快喜欢上你

纽约三十三号街八号路的邮局里有不少人在等待寄信。我排在队伍的尾端,发现里面的那个邮务员似乎对他的工作苦恼不堪。他百无聊赖地重复着千篇一律的动作:给信件称重,递出邮票,找零钱,分发收据……一年又一年,他的工作程序不会有任何改变。

于是我对自己说:"我得去试试,让那个邮务员喜欢上我。当然,要让他对我产生好感,我必须得捡点好听的话说,当然这些事得是关于他的。"然后,我又问自己:"在他身上有什么值得赞赏的地方吗?"有时,这个问题很难回答,尤其是面对的还是一个素昧平生的陌生人。然而,幸运的是我终于在这位邮务员身上找到了一桩值得赞赏的事情了。

他在给我的信封称重时,我热情地赞美了一句:"我真希望能长一头你这样漂亮的好头发!"

他抬起头来,从惊讶中焕发出一个微笑,客气地对我说:"好吧,只是它们现在不如以前那样好了。"我向他肯定地说,或许就像他说的那样,这头乌发没有以前那样好了,可至少现在看上去依然是少有的漂亮。

第九章

如何让人很快喜欢上你

听了我的话，他感到非常高兴，于是我们又愉快地聊了几句，最后他对我说："其实，有很多人都羡慕我有这样一头好头发呢。"

我敢打赌，那个邮务员中午下班后一定会步履轻盈地走出去吃午餐，晚上回家后他也一定会跟他的太太提起这件事，还会对着镜子说："这真是一头美丽得让人嫉妒的头发啊！"

我曾在公共场合和别人说起过这个故事，后来有人问我说："那么你从那个邮务员身上得到什么好处了吗？"

我这样做是想从他身上得到什么好处？那么请你告诉我，他能给我什么好处呢？

如果我们每个人都是这样的卑鄙自私，平日里都不舍得分一些快乐给别人，只有在有求于人的时候才会付出一些虚情假意，那么我们的灵魂真就跟酸苹果一样大了，而吝于付出真诚的代价绝对就只有失败了。

哦，是的，我确实想要从那个家伙身上得到些什么。只不过我想要的东西是无价之宝，而我也已经得到了它。我替他做了一件并不需要回报的事情，而这件事即便过去很久之后，依然能够在他的记忆中闪耀出善意的光芒。

人类行为是有定律可循的。如果我们遵守这项定律，麻烦几乎就永远都不会找上门来。

事实上，遵循这项定律会给我们带来无数的朋友和长久的幸福，而我们倘若违反了它，我们将会陷入麻烦的漩涡。这项定律就是：永远让别人感到他自己很重要。

正如我们已经意识到的这样，约翰·杜威说："自重的欲望，是人类最深切的渴望。"威廉·詹姆斯说："人性中最深刻的本质，就

人性的弱点

How To Win Friends and Influence People

是渴望被别人欣赏。"我曾经说过，正是这种自重感的有无，把我们和动物区别开来。同时，也正是这种自重感，使得人类文明得以延续至今。

关于人与人之间的关系定律，哲学家们已经思索了数千年。而如果从中一定要只选取一条箴言，那么恐怕它并不是新生的，而是和历史一样古老。三千多年前，索罗亚斯德曾把这句箴言告诉了他在波斯的二十五名追随者。两千四百多年前的孔子也曾在中国弘扬过这条定律，道教的创始人老子也将它传授给了他的门徒。公元前五百年，印度教的创始人也曾把这条定律流传在了神圣的恒河上空。耶稣在群山之中教导犹太人，一定要记住这条定律，还为此做出了可能是世界上最深刻而又易于理解的总结。这条最重要的定律就是：

"你希望别人怎样对待你，你就要怎样去对待别人。"

你希望那些和你有所接触的人都认可你、承认你的价值，你希望在你的小世界里享受一种自重感。你不想听到那些廉价而虚伪的奉承，而是渴求真诚的赞美。你希望你的朋友和同事就像查尔斯·司华博所说的那样"诚于嘉许，宽于称道"。而这些，正是我们所有人所渴求的。

所以，让我们遵守这条黄金法则，像自己所期待的那样去对待别人。

那么，我们该如何去做、何时去做呢？答案是：所有时间，任何地点。

威斯康星州的戴维·史密斯向我们讲述了他的经历。当他被要求在慈善音乐会收取茶点摊费用时，他是如何处理这个棘手问题的。"音乐会的那天晚上，我来到公园时，发现有两位老太太心情非常不

第九章

如何让人很快喜欢上你

好地站在茶点摊旁。显然，每个人都认为她是这个项目的负责人。当我站在那里思考要做什么时，我的赞助委员会成员出现了，她递给我一个现金箱并感谢我接手项目。她介绍了罗丝和简作为我的助手，然后跑掉了。

"我们都陷入了沉默。我意识到那个现金箱是（各种各样的）权威的象征。我把现金箱交给罗丝，然后解释说我不能看管这个钱箱，如果她能照看好，我会非常高兴。然后，我建议简给被分配到茶点的两个少年展示如何操作汽水机。我让她负责项目的一部分。

"那天晚上罗丝一直愉快地数钱，简负责监督那两个少年，而我愉快地享受音乐盛宴。"

你不必非得等到当上了驻法大使或是聚会委员会的主席时才去称赞别人，你几乎每天都可以享受它带来的魔力。

比如说，你明明是想要一份炸薯条，而服务员端上来的却是一份土豆泥，在这个时候，你不妨这样说："我很抱歉要再次麻烦你了，不过我更喜欢吃炸薯条。"他可能会回答："没问题，一点都不麻烦。"并且非常乐意去帮你重新换一份炸薯条。之所以会出现这样可喜的局面，完全就是因为你尊重了她。

平日里，如果你就比较注重礼节，经常说一些诸如"很抱歉打扰到您""你会介意……吗？""非常感谢"之类的客气话，那么不仅可以减少人与人之间的纷争，而且还会让人感到你很有修养。

让我们再举个例子吧：二十世纪初期的美国畅销小说家科恩是个铁匠的儿子，甚至在一生中都没有受过八年以上的教育，可他却拥有数以百万计的读者，在他去世的时候依然是他那个时代最为富有的文人。

人性的弱点
How To Win Friends and Influence People

故事是这样的：因为科恩很喜欢诗词，所以他读遍了但丁·加布里埃尔·罗塞蒂所有的十四行诗，甚至还写了一篇歌颂罗塞蒂艺术成就的演讲稿，并给他送了一份过去。收到这样的来信，罗塞蒂很是高兴，并表示说："像这样一个年轻人呢，居然对我的才学有着如此深刻独到的见解，想来也一定是个聪明人，前途不可限量。"

于是，罗塞蒂便邀请这个铁匠的儿子前来伦敦给他当私人秘书。而就是这个事件，成为了改变科恩一生命运的重要转折。在这个平台上，科恩每天都能够遇见许多当代大文豪，并在潜移默化中接受着他们的指导和鼓励。得益于此，科恩的写作生涯就此顺利启航了，并且很快就成为了一名著名作家。

格力八堡的马恩岛是科恩的故乡。现在，这里已经成为一个著名的旅游胜地，一年四季都有来自世界各地的游客到此造访。科恩去世以后留下的遗产足足有二百五十万美元，可谁又知道，如果当初他没有写下那篇赞赏名人的演讲稿，他这辈子都可能只是个默默无闻的铁匠，在贫困中落寞死去。

这就是真诚的力量，发自内心真诚赞赏的力量。

罗塞蒂认为他自己是重要的，这也不足为奇。因为在每个人的眼里，自己永远都是最重要的那一个。

许多人的生活都可能会因此而发生改变，哪怕只有一个人觉得他很重要。我的导师罗纳德·J.罗兰生活在加利福尼亚州，他同时也是一名美术老师。他曾写信告诉我他在初级工艺品培训班上的一个学生的故事，那个学生名叫克里斯。

克里斯是一个非常安静、腼腆而缺乏自信的孩子，而这样的学生也往往容易被忽视。在教授初级班的时候，我也同时在高级班任教，

第九章

如何让人很快喜欢上你

所以如果我的学生想升到高级班上课，我这边也算是有些小权利。

上个星期三，克里斯正在努力地伏案工作，而我的内心深处却闪现出一个念头，于是便走过去问克里斯是否想去高级班上课进修。我不知道该如何形容当时克里斯的面部表情，只见那个羞怯的十四岁的男孩似乎很激动，但同时他也在克制着自己的情绪，生怕一不留神眼泪就落了下来。

"可是罗兰先生，我，我并不够好……"克里斯嗫嚅说。

"听着，克里斯，你已经足够优秀了。"我不得不这样承认说，因为泪水已经湿润了我的眼睛。

克里斯走出初级班课堂的那一天，人也似乎长高了两英尺。他用明亮的蓝眼睛看着我大声说："谢谢你，罗兰先生！"

克里斯的故事给我上了一课，我永远都不会忘记学生们对自己重要性的渴望。为了永远地记住这个规则，我特意做了一块牌子挂在教室前面的显眼位置，以便让所有人都看到。牌子上面写了五个大字："你是重要的！"每当看到这个牌子，我就会提醒自己：我的每个学生都是同等重要。

"三人行，必有我师焉。"事实上，几乎你所遇到的所有人，都在某个方面有着过人的长处。但如果你想要走进他们的心灵深处，只有一个方法，那就是要让他觉得他在你心里很重要，要真诚地肯定他们的重要性。

记得艾默生曾经说过："我遇见的每个人，都有着比我优秀的地方。而那些方面，正是值得我学习的地方。"

可悲的是，有些人往往才刚刚有些小成就，就开始骄傲自大了，这才是真正让人感到反感的行为。

人性的弱点

How To Win Friends and Influence People

正如莎士比亚所说的那样:"人,骄傲的人,依仗着一点小权小势就开始在上帝的眼皮子底下胡作非为,让天使都为他落泪。"

我要告诉你的是,在我的讲习班上就有这样三个生意人,他们就是因为运用了这个原则而获得了惊人的良效。

第一个学生是康涅狄格州的律师,考虑到他不愿意透露自己的姓名,姑且就让我们称他为R先生吧。

R先生来到我的讲习班没多久,他就驱车载着妻子去长岛探望她的亲戚了。R太太把R先生单独留在了老姑妈家,自己去拜访另外一些年轻的亲戚。因为过不了多久R先生就要写一份关于学习我课程上的结业总结,所以决定干脆就先从老姑妈身上着手,做一次实践应用。

他首先在房子四下看了看,想找到有什么值得赞赏的地方。于是他便问老姑妈:"这栋房子是1890年建成的,是吗?"

"没错,正是那年建的。"老姑妈回答说。

"啊,果然。"R先生由衷地赞美说:"看见它,我仿佛回到了自己出生的那栋房子。它可真是又宽敞又美丽。你也知道,现在再想让人建一栋这样的房子恐怕比登天还难了。"

"没错,"老姑妈点点头,说,"现在的年轻人已经不讲究房子是否好看了。他们要的只是一所小公寓,再就是可以带他们去四处兜风的汽车了。"

"这是一栋用梦想筑成的房子。"似乎在一瞬间,老姑妈便陷入了温柔的回忆之中,声音中还透着一丝丝激动:"这栋房子可是满怀了爱意呢。记得在建造它之前,我和我的丈夫已经梦想了很多年。我们没有请建筑师,这里的一切全都是我们自己设计的。"

一边说着,老姑妈一边带着R先生参观了整栋房子的各个房间。

第九章

如何让人很快喜欢上你

老姑妈毕生都喜欢收藏各种美丽的瑰宝，比如说旅行时带回来的披肩，复古的英式茶具，法国的床椅，意大利的绘画，以及一幅曾挂在法国酒庄的丝绸窗帘。在看到这些珍品时，R先生都表达了由衷的赞美。

"老姑妈带我参观完房间之后，又领我来到了她的车库。在那里，一辆崭新的'帕卡德'汽车安静地停在那里。"R先生告诉我说。

只听老姑妈轻轻地说："这台车是我丈夫去世前不久刚刚买的，可自打他去世以后，我就再也没坐过它。既然你那么欣赏美好的东西，那么就把这车子送给你吧！"

"不不，"听老姑妈这么说，R先生感到有些意外，连忙婉拒说："我很感激您的好意，姑妈，可我真的不能接受如此贵重的礼物。我甚至都算不上您的亲人，而且我自己已经有一台新车了。您有很多亲戚，相信他们中有很多人都会对这台车感兴趣的。"

"亲戚！"老姑妈叫道："或许你说得对，我的确有很多所谓的近亲。可他们只是希望我赶快撒手人寰，这样他们就可以得到这台车了。可惜的是，他们永远都别想得到它。"

"如果您不想给他们的话，其实您也可以把它卖掉的。"R先生告诉她说。

"卖了它？！"老姑妈的话里几乎带着哭腔了："你觉得我会把它卖掉吗？你认为我能够忍心看着陌生人开着这台车行驶在大街小巷吗？这可是我丈夫买给我的礼物，打死我都不会把它给卖了！我只想把它留给你，因为只有你懂得欣赏美丽的事物。"

R先生还想推辞，可又不忍再次伤害老姑妈的感情。

人性的弱点

How To Win Friends and Influence People

  这位老妇人现在已是孤身一人地住在这栋宽敞的大房子里,对着满屋子的精美古董缅怀着曾经的美好回忆。她渴望有一个人能够懂她,理解她。毕竟,她也有过一段金色的年华,她也曾美丽过、年轻过、被男士们追捧过。这栋孕育着温暖和爱的老房子是她一手打造的,房子里陈列的精美陈设也是她从欧洲各地一点一点搜罗回来的。可惜的是,现在的她已是风烛残年、孑然一身。她所渴望的,只是一点来自于人间的温暖、一点真心的欣赏,可却没有一人愿意给她。于是,当她找到他的时候,就像是沙漠中涌现出一片绿洲,让她从心底里感动不已。就为了这份感动,她甚至愿意把她最珍爱的帕卡德汽车送给他!

  让我们再举一个例子吧。唐纳德·M.麦克马洪是纽约的景观设计师,他也是刘易斯情人节的设计总监。事情是这样的:

  "在听了'如何赢得朋友和影响别人'这个演讲之后,我应邀去为一位著名律师设计园景。关于设计方案,那位律师给出了许多自己的建议,比如说他希望在园中能种一些高品质的杜鹃花。

  "于是我对这位律师说:'先生,您有个非常可爱的业余爱好。事实上,从一进门开始我就被您养的狗狗给迷住了。我听说您还曾多次获得过赛狗会中的蓝丝带优秀奖呢。'

  "果然,我的这个小小的赞赏开始奏效了,只听那位律师回答说:'没错,我非常喜欢养狗,你要不要一起来看看我的狗舍?'

  "接下来,他用了差不多一个小时的时间向我展示了他的狗,以及它们赢得的奖杯。他甚至还给我讲了很多关于狗狗的血统系谱,还一一向我介绍了那些狗狗的血统。因为血统优异,所以他养的狗都很可爱、活泼。

第九章

如何让人很快喜欢上你

"最后,他将头转向我问道:'你有没有孩子?'

"'是的,我有个孩子,是个男孩。'我回答说。

"'嗯,那他不喜欢小狗吗?'律师问。

"'他喜欢极了,如果告诉他可以养只小狗,我想他一定会高兴得跳起来!'

"'那太好了,我送他一只正好。'律师点头道。说完,他就开始教我怎样喂养小狗。说着说着,他顿了顿:'我担心这么空口跟你说你扭头就会忘,干脆让我把养狗的注意事项写下来给你吧。'说完,律师便走进房间,用打字机将那条小狗的血统系谱以及喂养方法一五一十地给我打了出来,并将那只价值数百元的小狗送给了我。为此,他还浪费了一小时十五分钟的宝贵时间。而这一切,只因我对他的成就和爱好表达了由衷的钦佩。"

柯达公司的乔治·伊斯曼发明了透明胶片技术,并使大荧幕的迅速发展成为了现实可能。为此,他积累了一亿美元的财富,并让自己跻身为世界著名商人之列。然而,即便他已经取得了如此巨大的成就,他依然像你我这些普通人一样,渴望得到别人的赞赏。

比如说:伊斯曼在多年前就建立了伊斯曼音乐学校和凯本剧场,而纽约的一家座椅公司十分期待能够承办剧场的座椅订单。于是,这家座椅公司的经理亚当森便给建筑师打了个电话,希望能够引荐他前去拜访伊斯曼先生。

亚当森到达那里之后,建筑师提醒他说:"我知道你很想得到这个订单,不过我得提前警告你,乔治·伊斯曼先生的工作特别忙碌,如果你占用了他超过五分钟的时间,你就别想再做他的生意了。他可是一个讲求纪律、原则分明的人,不仅人忙,而且脾气也大。所

人性的弱点

How To Win Friends and Influence People

以别怪我事先没有提醒你啊,说明你的来意之后,你最好立即就从他的办公室消失。"

听完建筑师的这一番话,亚当森准备就依他的建议做了。

他被领进伊斯曼先生的办公室时,恰巧看见伊斯曼先生正在埋头工作,桌子上摆满了一堆文件。见有客人进来,伊斯曼先生抬起头来,摘下眼镜看着建筑师和亚当森说:"早上好,先生们。我能为你们做些什么吗?"

于是建筑师便把亚当森介绍给了伊斯曼先生。这时,亚当森开口说:"伊斯曼先生,我太羡慕您能够在这么一间漂亮的办公室工作了。如果我也能拥有一间这样的办公室,我工作起来一定会更加完美高效!您也知道,我是做室内装潢的,可我还从来都没有见过比这还要漂亮的办公室呢!"

伊斯曼先生回答说:"谢谢你提醒了我,要不然我真该把这件事给忘了。它很漂亮,是不是?记得当初刚建好的时候,我可是喜欢得不得了呢。可惜后来工作越来越忙,我几乎都没有时间再注意这些了。"

亚当森走过去摸了摸办公室的地板,说:"这是英国橡木,对吗?看它的纹理,还是和意大利橡木有稍许差异的。"

"没错,"伊斯曼回答说:"这的确是英国进口的橡木,是我一位专门研究木料的朋友替我挑选的。"

接下来,伊斯曼还带亚当森参观了他亲自设计的室内陈设,包括色调、手工雕刻工艺品等。

他们边看边聊,最后在一扇窗前停了下来。伊斯曼和蔼地说,他准备给罗切斯特大学和儿童医院等地捐一些钱,也算是为社会尽

第九章

如何让人很快喜欢上你

一份善心。亚当森当即拍手称赞，为他的慈善义举表示钦佩和赞美。这时，伊斯曼打开了玻璃橱的橱锁，取出了里面的那架摄像机——那是他当年买下的第一架摄像机，是从一个倔强的人手中买卜的发明品。

后来，亚当森又同伊斯曼先生闲聊，问他当年是如何开始商业上的努力和奋斗的？伊斯曼回忆起他那贫苦的童年生活，感慨万分。据他所说，他的母亲年纪轻轻就守了寡、靠出租一间小公寓为生，而他自己则是一家保险公司的小职员，每天的薪水也只有少得可怜的五毛钱。记得当年，对贫困的恐惧日夜折磨着他的肉体和灵魂，于是他立志要赚大钱，免得母亲辛劳致死。

亚当森又提起了一些别的话题，而他自己却只是静静地听着。伊斯曼还说起了他在实验室的一段往事。过去，他在做实验的时候往往一工作起来就是一整天，有时干脆就连轴转，身上的工作服三天三夜都脱不下来。

在詹姆斯·亚当森进入伊斯曼的办公室之前，那位建筑师曾警告他不要在里边停留超过五分钟。可现在，一个小时、两个小时都过去了，他们依然还聊得起劲。

最后，伊斯曼转向亚当森，对他说："上次去日本的时候我买了几张椅子回来，现在它们就在我的阳台上放着。后来，阳光把椅子上的油漆都晒褪色了，所以我自己买了些油漆回来又重新漆了一遍。你想看看我的劳动成果怎样吗？对了，干脆今天中午你就到我家来，和我一起吃个便饭吧。我正好给你看看。"

午饭后，伊斯曼把他自己重新漆过的椅子拿来给亚当森看。虽然那些椅子本身不值几美元，但是对于乔治·伊斯曼这个千万富翁

人性的弱点

How To Win Friends and Influence People

来说,它们可是价值连城,因为那可是他亲自漆的。

凯本剧场座椅的订单总额是九万美元。你猜,最后是谁从众多竞争对手中脱颖而出、赢得了这批订单呢?当然是詹姆斯·亚当森,除了他以外,难道还会有别人吗?

从这个故事发生的那天起,直到伊斯曼先生逝世,他和詹姆斯始终保持着极其亲密的朋友关系。

克劳德·马瑞斯是法国里昂一家餐厅的老板,他也是通过使用这个原则挽留了一名重要员工,从而挽回了餐厅可能发生的损失。

这天,一名在餐厅工作了五年的女员工向马瑞斯提交了她的辞职申请,由于事发突然,马瑞斯也惊呆了,有些措手不及。要知道,这个女员工堪称是他的左膀右臂,是他与其他二十一名员工之间上传下达的桥梁和纽带。

对于这件事情,马瑞斯首先是感到非常惊讶,但是更多的却是失望。因为在他的印象中,自己对她一向是公平相待。对他而言,她不仅仅是他的一名员工,更是他的朋友。然而,或许是马瑞斯的这个想法太过一厢情愿,又或许是他在无形之中对她寄予厚望、所以对她给予更多的期待。

"我当然不能接受她的辞职。"马瑞斯这么想着,便把这个女员工拉到了一边,真诚地对她说:"博莱特,你必须明白,我不能接受你的辞职,因为不管是对公司还是我个人而言,你都是至关重要的。这家餐厅之所以能够开得如此成功,离不开你的努力。"

我在公司其他所有员工面前不断地挽留她,甚至还邀请她来我家做客。我重申了我的态度,像家人一样对待她。

第九章
如何让人很快喜欢上你

"后来，博莱特撤回了辞呈。"马瑞斯说："今天我对她的倚重程度，比以往更加强烈了。我经常对她表达自己的谢意，让她知道，她的存在对于我和餐厅有多么重要。"

英国有史以来一位最聪明的首相蒂斯雷利也曾经感慨过："和人们谈论有关他们自己的事情，他们往往能讲上数小时之久。"

准则6　要让别人感到他自己很重要。在这样做的时候，一定要真诚。

人性的弱点

How To Win Friends and Influence People

第二部分小结
让人喜欢你的六种方法

准则1　真诚地对他人产生兴趣。

准则2　微笑。

准则3　记住你所接触到的每一个人的名字。不管在任何语言中，这都是最甜美最重要的发音。

准则4　做一个善于倾听的人，鼓励别人多谈谈他自己。

准则5　聊聊别人感兴趣的话题。

准则6　要让别人感到他自己很重要。在这样做的时候，一定要真诚。

第三部分

如何赢得别人的支持

第十章

你无法在争辩中取胜

第一次世界大战结束后不久的一个晚上，我在伦敦上了宝贵的一课。当时，我还是澳洲王牌飞行家罗斯·史密斯先生的经理人，战争期间，罗斯先生曾奉命到巴勒斯坦接受飞行任务。宣布和平以后没过多久，他在三十天内绕着地球飞行了半周，这个壮举引发了世界性的广泛关注。为此，澳洲政府授予他五十万美元的奖金，英国国王也对他封爵以资奖励。一时间，史密斯爵士成了英国最受关注的焦点人物。一天晚上，我应邀参加了一次欢迎史密斯爵士的晚宴，当时坐在我旁边的一位来宾给我讲了一个幽默故事，其中还引用了一句他自称出自圣经的成语。

恰巧，我对那句成语的来历非常熟悉，因此我非常确信那根本就不是出自圣经。为了显示我的知识渊博和优越感，我当场就毫无顾忌地指出了他的错误，虽然我已经预料到了这样做可能会令人生厌。果然，他坚持说这句话出自圣经："什么？你说这句话是莎士比亚说的？不可能！简直是荒谬至极！这句话就是出自圣经，我就知道！"

讲故事的这位来宾坐在我的右边，而我的老朋友、公正坦率的

人性的弱点

How To Win Friends and Influence People

加蒙就坐在我的左边。作为莎士比亚作品的资深研究者，加蒙可谓是专家级的人物了，所以我和讲故事的那位来宾一致同意把这个问题交给加蒙先生来判定。听完了我们各自的理论，加蒙在桌子底下悄悄地踢了我一脚，然后说："戴尔，这次你说错了，这位先生才是正确的。没错，这句话就是出自圣经。"

晚宴结束回家的路上，我问加蒙："弗兰克，你明明知道那句话出自莎士比亚的作品，刚才为什么反而说我的不是？"

加蒙是这样回答我的："没错，我当然知道那句话出自《哈姆雷特》第五幕的第二场。可是我亲爱的戴尔，你也应该知道，我们是来参加这次宴会的客人。这本来就应该是个喜庆的场合，又何必一定要去证明人家的错误、给人难堪呢？你这样做会让人喜欢你吗？为什么不给他留点面子呢？要知道，他根本就没征询过你的意见，也不打算听你指正，你又何必去和他争辩呢？戴尔，我想告诉你的是，永远都不要与人正面起冲突，这才是明智的选择。"

"永远都不要与人正面起冲突。"这个教训，我想我永远都不会忘记。回想当时的情境，我不仅让讲故事的那位来宾感到不舒服，还差点把我的朋友也拖进了这个尴尬的局面。今后再遇到这种情况，不管给我多少钱我都不会再去和人争辩了。

对我这种执拗之人来说，这个教训堪称意义深远。从小我就是个倔强的人，和兄弟争辩起来也不是善罢甘休的主儿。当我上了大学之后，我学的就是逻辑论证，也经常参加各种各样的辩论赛。后来，我来到纽约教授辩论，甚至还写了一本有关辩论的书，虽然在现在看来我还真不好意思承认。

从那时起，我曾静听并参与过数以千计的辩论，同时也开始关

第十章

你无法在争辩中取胜

注事后产生的影响。出于这个经历，后来我发现了一个真理，那就是：要想赢得辩论的最大胜利只有一条路可走，那就是尽量避免它。避免争论，就像避开响尾蛇和地震一般。

每场辩论，十有八九都是以各持己见的状态结束的，而且辩论者会比辩论之前更加确信他们观点的正确性。

你无法在争辩中取胜，因为如果你落了下风，无疑就是失败者，可即便你打赢了嘴仗，依然是虽胜犹败。为什么这么说呢？好吧，假设你在辩论中打败了对方，把对方漏洞百出的观点批判得体无完肤，几乎就要让对方觉得自己是精神失常了，可这样做的结果真的会好吗？当然，你自然会很高兴，可对方呢？他只会感到自卑，而伤了他自尊心的人正是你。对于你的胜利，他只会心怀不满。要知道，当人们在被对方说服，不得不违背自己的真心来"接受"某种观点时，他在心中依然会执拗地坚信自己是正确的。

多年前，有个名叫帕特里克·J.奥哈尔的喜欢争辩的人加入了我的课堂。他所接受的教育水平不高，人也非常好斗。他曾经做过司机，后来又去汽车公司做销售，因为一直以来的努力都没有获得成功的回报，所以才找上门来。通过交流我才得知，原来他在担任汽车销售期间，曾因不接受客户批评而多次与人发生口角。他是这么对我说的："我就是不服气嘛，就教训了那家伙几句，谁知他扭头就走，都不买我的东西了。"

对于帕特里克·J.奥哈尔这样的案例，我教给他的第一件事并不是如何说话，而是如何训练他少说话和避免与人起争执。

现在，奥哈尔先生已经是纽约怀特汽车公司的明星销售员了。那么，他是怎么做到的呢？他给我讲了下面的故事：

人性的弱点
How To Win Friends and Influence People

"如果我走进买方的办公室,对方质疑我说:'什么?一辆怀特汽车?趁早算了吧,我是不会花钱买破烂的,就算是你送我我都不会要。我想买的是胡雪公司的卡车。'即便如此,我也不会忙着反驳了,而是顺着他的话说:'没错,您很有眼光。胡雪公司的车确实不错,如果你买它,肯定不会后悔的。而且他们公司是个大品牌,销售员也很能干。'

"听我这么一说,他就说不出别的话了,这样,我们也就吵不起来了。他说别家的车好,我表示赞成,他就自然而然地把话停住了……他总不会一直说别家的车好,说上一个下午吧?只要他把这个话题打住,我就有机会从其他的主题切入了。比如说,现在我就有机会向他介绍怀特汽车的优点了。

"要是搁在从前,我要是遇到类似的情形肯定会大动肝火,我会把胡雪牌汽车的缺点一一指出来……而我越说那个品牌的汽车是怎么怎么的不好,对方就会越发坚持那个品牌的汽车是如何如何的好。这么一来,争辩越来越激烈,对方也更倾向于买竞争对手公司的车了。

"现在回想起来,我真不知道自己过去究竟是怎么向客户推销东西的。类似于这种争论,该使我损失了多少宝贵的时间和金钱啊!现在,我学会了如何去避免争论,何时该闭嘴,这对我来说真的是大有裨益。"

就像睿智的老富兰克林经常说的那样:"如果你和人争辩、反驳,或许你会赢得胜利,可那只会是一个空洞而短暂的胜利,因为你永远无法赢得对手的好感。"

所以,你不妨自己权衡一下,你是希望得到一个徒有其表的胜利呢,还是希望得到对手对你的好感?而这两件事,很难兼得。

第十章

你无法在争辩中取胜

记得我曾在波士顿的一本杂志上看到过一首十分有趣而寓意深远的打油诗,内容如下:

这里躺着威廉的身体,他死时认为自己正确无疑,死得其所。

而他的死,本身就是一个错误。

在和别人辩论时,或许你的论点是对的,可你要做的却是改变别人的意志。那么,即便你的论点正确,行为也是错误无疑。

弗雷德里克·帕森斯是一名所得税顾问,有一次,他和一名政府的税务稽查员为一笔九千美元的账目产生了分歧,俩人争来争去,一直争了一个多小时。帕森斯声称这九千美元是一笔永远无法收回的坏账,所以不应缴税。而稽查员却说:"坏账?就算它是,也必须正常纳税。"

提起这次的经历,帕森斯说:"这个稽查员高冷傲慢又不近人情,跟他说理无异于对牛弹琴。而且,跟他吵得越久,他就越是固执。所以我决心改变策略,避免和他争执。后来,我主动转换了话题,把他赞美吹捧一番。"

我是这样说的:"对于您这种经验丰富的前辈来说,这个问题真就是小菜一碟了,毕竟经您手处理的案例数不胜数。别看我虽然也是研究税务的,但这些雕虫小技都是从书本上学来的,而您所了解的,可都是真枪实弹的实践经验所得啊。真希望自己也能有您这样的工作机会,跟您在一起,我真是学到了不少东西呢。"

上面这一番话,句句都是我的肺腑之言。那稽查员一听,顿时来了精神,挺直了腰杆坐在座椅上,开始对我大谈特谈他的工作经验,

人性的弱点

How To Win Friends and Influence People

还说起了他是如何发现那些自作聪明的偷税漏税事件。后来，他的语气也渐渐变得友好起来，随后又把话题扯到了他孩子身上。临走时，他告诉我会重新考虑这个问题，过几天再给我答复。

三天后，他再次来到我的办公室，正式通知我那笔坏账不用缴税了。这位稽查员身上显露了一个人性共通的弱点，他需要有一种自重感。

当帕森斯和他争论时，他就大力宣扬自己的正确性，以证明自己的权威，并凭此来希求别人给予他尊重。可当他的重要性得到了别人承认的时候，这种争论自然而然就失去了意义，也就会戛然而止了。这是因为他的"自我"已在支持中得到了扩大化，于是埋藏在他内心里的同情心和善心就显露了出来。

佛说："仇恨永远都不能使仇恨消泯，唯有爱才能。"所以说，争辩对消除误会毫无益处，只有机智的外交手段以及对对方的同情心，才是根本的解决之计。

一次，林肯曾训斥了他的一个年轻军官，因为这个年轻军官和他的同事发生了冲突。林肯是这么说的："我还从未听说有哪个成大事的人会浪费自己的时间去和别人争论。要知道，无谓的争论不但有损于自己的性情塑造，而且还会丧失自己的自制力。只要不是太过分，不妨尽量多谦让别人一些。与其与狗同行，倒不如让狗先走一步。如果被狗咬伤，就算你把这只狗给打死，伤口也无法抚平。"

在《星星点点》一书的一篇文章中，提出了一些如何制止分歧成为争论的建议：

迎接分歧。记住口号"当两个伙伴总是一致的，其中之一是不

第十章

你无法在争辩中取胜

必要的。"如果有一些方面你没想过,如果它能引起你的注意,那么请感恩。或许这样的分歧是你避免犯大错的修正机会。

不要相信你的第一直觉印象。在分歧的情况下,我们的第一个自然反应是防守。小心!保持冷静,小心你的第一反应,这可能是最差的你,而不是最好的你。

控制你的脾气。记住,你可以通过让一个人生气来测量他或她的气量大小。

先倾听。给对方说话的机会,让他们说完。不要抵抗、辩护或辩论。抵抗、辩护或辩论只会产生障碍。让我们试着架起理解的桥梁,而不是增加误解。

寻找共识。当你知道你的反对者出现时,首先专注于你同意的点和方面。

诚实。寻找你能承认的错误,并说出来。为自己的错误道歉,这将有助于缓和你的反对者,并降低他们的防御心理。

答应考虑你的反对者的想法,并进行仔细的研究。你的反对者可能是正确的。在这一阶段可以非常容易地同意考虑他们的观点,而不是迅速地前进到达你的反对者会说"我们已经尽力劝你了,但是你一意孤行"的境地。

为你的对手的兴趣,而真诚地感谢他们。任何花时间反对你的人,他们都是跟你有同样兴趣的人。我们要知道这些人是真的想帮助你,你可以把你的反对者变成朋友。

推迟行动,给双方时间思考问题。我们建议在当天晚些时候或第二天进行新的会议磋商,那时所有的问题可能就可以承受。为筹备这次会议,问自己一些难以回答的问题:

我的反对者是正确的吗？一部分是正确的？他们的论点中有没有事实或真相？我的反应会缓解这一问题，或只是缓解挫折？我的反应是让我离反对者更远还是更近？我的反应提高了对好人的估计吗？我会成功还是失败？如果我赢了，我必须要付出什么代价？如果我保持沉默，这个分歧会消失吗？这个困难对我来说是一个机会吗？

歌剧男高音歌唱家詹·皮尔斯在结婚五十多年后，有一次说："很久以前，我和妻子就有约定。而且无论我们多么生气，我们都要遵守这个约定。当我们一方愤怒地吼叫时，另一方必须聆听。因为当两个人都吼叫时，他们之间不会有沟通，只会产生噪音和不好的心情。"

准则 1　赢得争论的唯一方法，就是避免争论。

第十一章

怎样避免树敌

当西奥多·罗斯福还在白宫的时候，他曾坦白说，如果他每天能有百分之七十五的时候是对的，那么已经谢天谢地了。

如果这百分之七十五的正确性已经是这位二十世纪最受人瞩目的伟人的期望，那你我又该如何自持呢？

如果你能保证自己每天有百分之五十五的时间是对的，那么你完全可以在华尔街拿上百万日薪。当然，如果你无法确定自己有百分之五十五正确的可能性，那么你又凭什么指责别人是错误的呢？

你的一个眼神、一个动作、一种强调完全可以告诉别人，你觉得他们是错的。这就像我们用语言直白地说出一样有效。然而，你真的认为指出别人的错误之后他们就会感激你吗？不会的，永远都不会！因为你这样做会直接打击到他们的骄傲和自尊，是对他们智商和判断力的侮辱。他们非但不会改变自己的意志，反而还会想要反击。就算你运用柏拉图、康德的所有理论来与他们进行辩驳并且占到上风，他们也不会改变自己的意志，因为你伤害了他们的感情。

人性的弱点
How To Win Friends and Influence People

你千万不要说"你就是错了,不信我来证明给你看"这类的话,因为这无异于你对他们说:"我比你聪明,我要用事实来纠正你的想法。"

这是一个挑战,它会引起对方的反感。不等你开口论证,他就已经将你置于敌对的境地了。即便你用了最委婉的措辞,可要想改变别人的思想也是难于登天。所以,何必要让双方置于如此不利的局面呢?为什么不试着去阻止自己呢?

如果你想要证明些什么,那么就不要对任何人赤裸裸地指出他的错误,而应该熟练地运用技巧,这样才不会得罪对方。

就像亚历山大教皇所说的那样:"教育别人的时候,应该润物细无声;提醒别人过后,理应马上把这件事忘掉。"

三百年前,伽利略也曾感慨地说:"你无法教会一个人任何事情,你能做的只是帮助他找到他自己。"

查尔斯·菲尔德勋爵曾教育儿子说:"我们要比其他人聪明,可我们却不能告诉他自己比他聪明。"

苏格拉底曾多次在雅典对他的追随者表示:"我只知道一件事,那就是我什么都不知道。"

好吧,我自认自己的聪明才智远远不能和苏格拉底相提并论,所以我尽可能避免去指摘别人的错误了。同时这样做也让我意识到,这的确对我大有裨益。

如果一个人说了些你认为是错误的话,即便你知道那是错误的,你也完全可以用平和的语气来表达自己的观点,这样可能会更好一些:"好吧,现在让我们来探讨一下吧。虽然我有自己的看法——当然我也有可能犯错,事实上我经常会把事情搞错——可如果我错了,

第十一章

怎样避免树敌

我也愿意改正。那么,就让我们看看事实是怎么一回事,怎样?"

如果你这样说,相信普天之下没有人会跳起来反对你,他们也会这样说:"我也可能是错的,那就让我们来看看究竟是怎么一回事吧!"

在我的培训班上,有个名叫哈罗德·道奇的经销商也开始用这种方法和客户打交道了。据道奇所说,在汽车行业竞争压力最大的那几年,他经常会在处理客户投诉时毫不考虑后果地指摘对方的错误,常常惹得对方怒火中烧,他也为此损失了很多业务,心里也很不爽。

他在培训班上说:"后来,我认识到了这个错误,便开始尝试一种新的解决方式。于是我便开始这样对客户解释说:'我们的经销商也会时不时地犯些小错误,为此我也感到非常羞愧。所以,对于您反馈的这个问题,我们同样不能排除错误的可能性。您有什么想法就告诉我吧。'"

这种方法非常奏效,因为客户的情绪得到了释放,通常最终的结果是客户会采取一种更为合理的方式来解决问题。事实上,有几位客户为了对我的理解表示感谢,甚至还把我推荐给了他们需要购买新车的朋友。无疑,在这个竞争高度激烈的市场,我们需要更多这种类型的客户。我相信,对客户表达应有的尊重、礼貌待人,会帮助我们打败更多的竞争对手。

如果你承认自己有可能经常会犯错,那么你将会少去许多对方的苛求和指责,也不会再和别人争得面红耳赤。与此同时,别人也会感动于你那坦诚开阔的胸怀,会诚恳地承认他自己也难免会犯错。

如果你确信一个人犯了错,而去直截了当地告诉他,你知道接

下来会发生些什么?让我举例说明吧。

S先生是纽约的一个年轻律师,最近他在美国最高法院辩护一个相当重要的案子。这桩案件牵涉了相当大的一笔金钱和一项重要法案。在辩护过程中,最高法院的一个法官向S先生提问:"海事限制法的申诉期限是六年,对吗?"

S先生沉默片刻,然后目视法官直言不讳地说:"法官阁下,海事限制法中并没有这条限制法令。"

"当我说出这句话的时候,法庭上顿时鸦雀无声,整个房间的温度似乎都降到了零度以下。"S先生回忆说:"没错,在这件事情上我是对的,而法官说错了,我把真相告诉了他。但是,这会使他对我友善起来吗?不是的。虽然我相信我有法律依据,而且我也知道我在那次辩护中比以往表现得都更好,可我并没有说服那位法官。我犯了一个巨大的错误,因为我对一个极具学问的人物说他是错的!"

很少人能够具有完全客观而不偏执的逻辑思维,事实上,我们绝大多数人都怀有成见。比如说,我们中的绝大多数人都有先入为主的观念,情绪的波动也会受到极度猜疑、恐惧和骄傲的影响。大多数人都不愿意改变自己的想法,自己的宗教信仰,自己的发现或是自己崇拜的电影明星。所以,如果你想要告诉人们他们是错误的,请在每天早餐之前阅读一下詹姆斯·哈维·鲁滨逊教授写下的这篇文章:

有时,我们会发现自己在毫无任何抵抗和阻力时不知不觉地改变了自己。但如果有人告诉我们:"你是错的。"我们却会感到不满和怀恨在心。我们不会关注自己的意念是怎样形成的,但却在有人

第十一章

怎样避免树敌

要剥夺它、抹去它时出乎意料地变得顽固和抗拒起来。之所以会出现这个结果,并不是因为我们对自己的意念有着强烈的偏爱,而是因为我们的自尊受到了威胁和伤害。

"我的"这个词汇看似不起眼,但在人与人之间的交往中却起着十分重要的作用。如果能够恰如其分地运用好这个词汇,那么智慧也就即将开启。无论是"我的"晚餐,"我的"狗,"我的"房子,"我的"父亲,"我的"国家或是"我的"神,它所具有的力量都是同样的。

我们所抗拒的,并不是别人说我们的车子破旧、我们的表针不准,我们的发音奇怪,让我们感到不满的,其实只是别人强势地要纠正自己的任何错误。对于我们所信任的事情,我们也已经习惯于认定它的真实性,如果有人怀疑它、更或是试图纠正它,就会激起我们的强烈反感,最终的结果就是我们会想方设法去保护它,为它激辩到底。

著名心理学家罗杰斯曾在他的书中写道:

我发现了一个人类的共性,这给我带来了巨大的价值,让我能够更深入地了解别人。虽然我的发现或许会让你感到有些奇怪,但事实的确如此。

在其他人刚开始发表意见时,我们绝大多数人的第一反应就是评估或判断,而非去理解它。当别人在表达一些情感、态度和信仰时,我们的反应几乎是清一色的主观反馈:"没错""这是愚蠢的""这是不正常的""这是不合理的""这是不正确的""那是不好的"等。而我们却很少会想去试着理解,这个人之所以会发表以上见解,究竟

人性的弱点
How To Win Friends and Influence People

原因何在?

一次,我曾雇了一位室内设计师帮我家配置了一套窗帘。当他把账单送来时,我几乎吓了一跳。

几天后,一个朋友来我家做客,当他看到那个窗帘时,不禁也对它的价格起了疑心。

"什么?这个价格也太离谱了点吧?我真担心你被人骗了。"她惊声说。

我真的是被人骗了吗?或许吧。她说的是实话,可人们就是不愿意去接受这类似的真相。所以,在听了她的话之后我极力地为自己辩解,声称毕竟一分钱一分货,好东西的价格肯定会高一些云云。

第二天,又有一个朋友来我家,见了我的窗帘她简直是赞不绝口。她同时也表示,自己真的很喜欢这套窗帘,要是自己有钱的话,真想也买一套安在家里。听了这番话,我的反应和头一天截然相反。

"说实在的,"我对这位朋友说,"我觉得这套窗帘我买贵了,现在还真有点后悔呢。"

当我们犯错时,我们通常会对自己承认——如果对方能够给我们这样的机会的话。在这种情形下,不用对方提醒,我们往往自然而然地就意识到了,遇到这种善解人意的人,我们通常会心怀感激。但是,如果有人硬要把这些令人不快的事实从我们的喉咙塞到胃里去,我们就很难保持原本可以引以为豪的宽广胸襟了。

美国内战期间,美国最著名的评论家赫拉斯曾言辞激烈地反对

第十一章
怎样避免树敌

过林肯的政策，甚至还曾使用嘲笑、辱骂等争辩方式攻击林肯，希望能以此让林肯屈服、从而接受他的意见。一月又一月，一年又一年，他矢志不渝地这样斗争着，甚至就在林肯遇刺的当天晚上，他还写了一篇极尽挖苦、讽刺之能事的刻薄文章来对林肯进行人身攻击。

然而，他这样刻薄地攻击林肯，真就能够让他屈服吗？不可能，永远都不可能。

如果你想要知道如何和人相处，或是如何管理自己和提升自己，那么我建议你可以读一读《本杰明·富兰克林的自传》。这本书里描写了一些非常有趣且贴近生活的故事，同时也是美国文学的经典之作。

在这本自传中，富兰克林根据自己的真实经历，对他是如何改掉好辩这个恶习的经历娓娓道来。此后，他才成为了美国历史上最能干、最温文尔雅又善于外交的风云人物。

当富兰克林还是一个浮躁少年时，一天，一个教会的老教友把他拉到一旁狠批了一顿。这位老教友对他说："本，你这样做真是大错特错了。你总是打击那些和你意见不合的人，到头来反而没人会再理会你的意见。当你不在场的时候，他们反而会感到更轻松和快乐。你知道的太多了,以至于再没有人愿意告诉你任何事情。事实上，没有人愿意去给自己找不痛快。现在，除了所知道的这些仅有的事情之外，你永远都不会再知道其他更多了。"

据我所知，正是受益于这位老教友犀利的教训，富兰克林才会取得后来的伟大成就。当时的富兰克林也已经到了懂事的年纪，有足够的智商来辨别这个道理的正确性。他深深地意识到，如果不就

人性的弱点

此痛改前非,他就会被社会无情抛弃。所以他做出了一个正确的决定,把自己以前那副傲慢、自以为是的嘴脸一股脑儿地给矫正了过来。

"我给自己定了个规矩,"富兰克林说,"我不再直接和别人作对,哪怕对方真有错误,我也不再固执己见一定要去指出来。我开始注意使用积极的词汇,比方说当我想说'当然可以''毫无疑问'等的时候,我就用'我想''据我理解'等词汇来替代。当别人断言是我错了的时候,我不再本能地想要反驳,而是稳当地作答。虽然我这个转变似乎有些太大,但不得不承认的是,在某些情况下,这么做的确是明智的选择。

"没过多久,我就从自己的这种态度转变中收获了好处。当我参与任何一处谈话时,我都能感受到双方的交流更融洽、更顺畅了。每当我用一种温和的方式提出自己的见解时,对方都会非常容易地接受,很少会为此产生矛盾。当人们指出我的错误之处时,我也不再感到羞愧和懊恼。当我是对的时候,我反而更容易去劝导别人放弃他们的错误坚持,从而接受我的正确意见。

"刚开始采用这个做法的时候,我的确感到非常不习惯,骨子里的冲动和反叛总是在不经意间伺机抬头。可后来,这就渐渐成了我的一个新习惯。在过去的五十年里,或许从来都没有听我说过哪怕一句无端的话。在我看来,或许正是因为这个良好的习惯,使得我在每次提建议时都能够得到人们的支持。我不善于演讲,也没有雄辩的口才,词汇量也不多,说出来的话也并不是滴水不漏,可通常人们却愿意接受我绝大多数的见解。"

那么,把富兰克林的方法应用在商业上又会如何呢?让我再来

第十一章

怎样避免树敌

举两个例子吧。

凯瑟琳是北卡罗来纳州一所纱线加工公司的机加件工程主管,研究建立并维护公司运营商的激励制度和标准,是她工作职责的一部分。如果凯瑟琳公司的机加件及其系统能够良好运行,那么他们的客户无疑就能赚取更多的利润。

"最初,我们的设备只能生产两到三种不同类型的纱线。可最近,应客户要求,我们已经扩大了设备的生产范围,现在的设备已经能够生产十二种不同类型的纱线了,只不过设备的应用系统需要根据实际情况进行调试。

"当我们为一个运营商设计好系统调试方案后,双方进入会议程序,以确保调试方案的最终落实。

"会议上,我们对自己设计的系统调试方案信心十足,可对方却出人意料地始终在坚持一种错误的调试方案。于是我一不做二不休指出了对方的错误,却不想招致了极其惨痛的失败。由于我急于捍卫我们设计的新系统,所以在面对对方的错误时十分生硬和刻薄。几轮会议下来,事情毫无进展。终于,我意识到了自己的错误所在,于是便打电话邀请对方供应商再次与会商讨。

"这次,我的态度柔和了下来,我对对方说:'如果你们觉得自己的方案才是最好的,那么我完全可以照做不误,毕竟你们是客户,是上帝,你们完全有理由提要求。虽然我们之前的努力已经搭进去了两千块钱,但只要能够让你们满意,我情愿按照你们的意见再重新返工设计。不过丑话得说在前面,如果根据你们的设计方案做出的结果不甚理想,那么后果请自行承担。不过,如果你们愿意相信我们、按照我们的方案进行,那么在此过程中如果发现有任何差错,

人性的弱点
How To Win Friends and Influence People

我们负全责。'

"听我这么一说,对方的怒火逐渐平息了下来。沉思过后,他对我说:'好吧,就照你的方案做吧。'"

现在,我更加确信,单刀直入地指出一个人的错误不会有什么好结果。当面让人失去自尊是十分遭人厌恶的,这一定会招致更多损害,非常不值得。

让我们再看看接下来的例子吧。别忘了好好记住这些例子,因为说不定在什么时候你就会遇到同样的事。

R. V. 克劳利是纽约一家木材公司的推销员。这些年来,他一直在挑木材检查员的毛病,也总是能在争论中获胜,可就是没得到哪怕一丁点的实际好处。

"这些木材检查员就像棒球裁判员一样顽固不化。"克劳利总是愤愤不平地说,"一旦他们做出判断,就永远都不会改变了。"

事实因为他好在嘴巴上争上风,这些年来他损失了成千上万的钱。后来,在参加了我的讲习班之后,他才意识到自己的错误所在,并决定改变战术,从今往后不再总是和人争辩了。

那么,结果如何呢?这是他亲口告诉我的故事进展:

"一天早上,我办公室的电话铃响了,打电话过来的顾客似乎非常生气,他声称我们送去的木材根本就不能用。现在,他的公司已经停止卸货,同时要求我们立即安排人把那些破烂木材运走。据客户反馈,他们的工人在刚刚卸了四分之一的货时得到了木材检查员的反馈,说是木料在标准等级以下的百分之五十五。因此,在这种情况下他们完全有理由拒绝收货。

"在知道这个情况之后,我立即赶往他的地方。在路上的时候我

第十一章
怎样避免树敌

就在心里反复盘算，怎样做才是处理这件事情的最佳方式。要是搁在从前，通常情况下我会引用木材评定规则、同时根据自己的经验和常识来说服对方，并不是我们的木材有问题，而是对方搞错了检验规则的定义。但是，这次我还是压制住自己的冲动、尝试用在培训班上学到的原则来处理这次事件。

"当我来到木材厂时，发现采购员和检验员的脸色都不太好看，似乎已经做好了和我据理力争的准备。于是我来到他们卸下木料的地方，要求他们继续卸货，以便让我看看到底是哪里出现了错误。同时我还请求那个木材检验员，把合格的木料和不合格的木料分别放成两堆。

"我在旁边静静地看了一阵子，发现那个检查员在检验时似乎过于严格，而且弄错了检验规则。这批特殊的木料是白松，而我也知道，这个检查员至少学习过有关硬木的检测标准，只是，对于白松的分级检验并不擅长。而我就不一样了，对白松的检验可是我的强项。那么，这次我是不是又对检查员表现得不友好了？没有，绝对没有。我只是一直在观察他怎样检查，并试探性地问他为什么会认定那些木材不合格。我并没有暗示他是错的，我只是在强调——我之所以会这么做，完全是为了避免在以后运送木材时再次发生类似的错误。

"自始至终，我都以一种非常友好的态度在和那位检查员交谈，同时还时不时地夸奖他仔细、能干，说他想要找出不合格的木材是负责任的表现。聊着聊着，他的脸上渐渐开始有了笑容，我们之间紧张的关系也开始融洽了。在这期间，我也会非常自然地插进一句经过慎重考虑的话，让他觉得自己判定为不合格的木材，实际上也应该是合格的。可是我说话非常谨慎含蓄，自始至终他们都没有认

How To Win Friends and Influence People

为我是存心这么说的。

"渐渐地,他的态度发生了翻天覆地的改变。他终于对我承认,就检验白松而言,他其实也并不是很懂,同时开始向我请教各种问题,我也非常乐意为他一一解释怎样才能评价一块木料是否合乎标准。最后,他终于意识到了自己的错误所在,并为给我造成的困扰感到十分内疚。"

这件事情的最终结果是:在我驱车离开之后,他再次把一整车木料重新检查了一番,不仅全部接收了下来,同时还给我寄来了一张即期支付的支票。

从这件事情可以看出,只要稍稍动动脑子运用一下智慧,任何事情都会有事半功倍的解决途径,而并不需要你去告诉对方他是如何犯错的。就我而言,这次我不仅替公司挽回了财产损失,而且也给客户留下了十足的好印象,而这所带来的无形利益将是无法用金钱衡量的。

当马丁·路德·金被问道,作为一个和平主义者,他却对空军将军丹尼尔·詹姆斯——这个国家最不安定的因素心生崇拜,这样做似乎有所不妥。金是这样回答的:"我评判一个人的标准是他自己的原则,而不是我自己的原则。"

类似的话语,罗伯特将军也曾对联邦总统杰弗逊·戴维斯说过。为此,他的一个部下曾百思不得其解,惊讶地说:"将军,真没想到你会这样评价你的敌人,要知道他可总是不放过任何机会来中伤你的!"

"这个我知道。"罗伯特只是这样简单地回答,并没有再提更多。

两千年前,当耶稣基督降世时就已经这样说过:"赶快对你的反

第十一章
怎样避免树敌
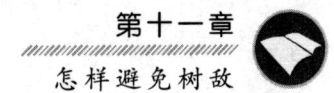

对者表示赞同吧。"

在基督降世前的两千二百年,埃及国王就这样教育他的儿子说:"使用一些精明的外交手段十分必要,这将帮你达成自己所希望的目的。"

换句话说,不要和你的客户、你的配偶或是敌人起冲突,不要指摘他们的错误,不要激怒他们,你不妨试着用点外交手段。

准则2 尊重别人的意见,永远都不要指摘别人的错误。

第十二章

如果你错了就要承认

在距离我家不到一分钟路程的地方是一片野生树林。每当春天来临,树林就沐浴在漫山遍野的花丛之中。在这片树林里,筑巢的松鼠开始抚育后代,马尾草也长得像马头那么高。这片未经破坏的林地,被人们称为"森林公园"。

这真是名副其实的一座原始森林,可能就像哥伦布发现美洲大陆时的情景差不多。我经常带着自己养的那头小波士顿斗牛犬——雷克斯去公园散步。这是一头可爱、友好而无害的小型猎犬,因为公园里很少有其他人,所以我一般都不会给雷克斯拴上狗绳或系上口笼。

一天,当我们像往常一样在公园里溜达时,不曾想竟遇到了一个骑马的警察——一个急于显示自己权威的警察。

"你让你的狗在公园里乱跑,也不给它戴上口笼,这是违法的难道你不知道吗?"他对我大声训斥道。

"是的,我知道。"我柔声回答说,"不过我并不认为雷克斯会在这里伤人。"

"你不认为!你不认为!"警察强势地说,"可法律可不管你自

第十二章

如果你错了就要承认

己怎么认为。那只狗可能会咬死这里的一只松鼠,也可能会咬伤孩子。这次我就放你一马,下次要是再让我看见你们还是这样不采取防护措施,那你就亲自去和法官谈吧!"

我温顺地点了点头,答应服从他的命令。

后来,我真就按警察说的话做了,可是只遵守了几次,雷克斯就不乐意了。它可不喜欢自己的嘴巴被套上口笼,事实上若非情非得已,我也不愿意这样为难它。所以,后来我们决定碰碰运气,看看能不能侥幸逃脱,然后我们终于撞到了枪口上。

那天下午,我带着雷克斯跑到一座小山上往下面看去,一眼就看到了那个威严的警察,只见他正骑在一匹栗色的大马上向我们走来。我立马就沮丧了下来。可雷克斯哪知道这是怎么回事,依然活蹦乱跳地直往警察奔去。

我知道这次肯定要坏事了,便干脆在警察开口之前承认错误:"警察先生,这次是我触犯了法律,我愿意接受处罚,没有其他借口。记得当初你就警告过我,在这个公园里遛狗就必须给狗戴上口笼。"

出乎意料的是,那警察居然用柔和的语气对我说:"好了好了,我知道在周围没有人的情况下来公园遛狗是多么有意思的一件事!"

"有意思倒是有意思,"我苦笑着回答说,"可惜这还是触犯了法律啊。"

"嗯,这倒是。不过像这头哈巴狗,应该不会伤害任何人。"警察反替我辩解道。

"不过,它还是有可能会伤害到松鼠。"我的回答显得很认真。

人性的弱点
How To Win Friends and Influence People

"我想是你自己把事情想得太严重了……"那警察摇了摇头，接着说："那现在我来告诉你怎么办吧。你只要让那条小狗跑过山头，我就当没看见算了。让我们忘掉刚才的那一幕吧。"

作为人类，这个警察具有一般人的共性，那就是想要得到尊重。当我开始谴责自己时，他唯一可以凸显自重感的方式就是宽容大度，以此来表现自己的高风亮节。

但是，如果当时我试图为自己辩解并和他争论起来的话，那么结果恐怕会和现在截然相反。

我不和他争辩，我承认他是绝对正确的，而我是完全错误的。我迅速坦诚自己的错误所在，事先把他原本要说的话都说完了，他就会开始替我辩解了，这样，事情也就圆满解决了。要知道，就在一个星期之前他还在严厉呵斥我、扬言再犯就该法庭上见了，而这次的态度却发生了一百八十度大转弯，就算我是切斯特·菲尔德勋爵，恐怕也做不到他这般的仁慈吧。

如果我们知道自己无论如何都会受到责罚，那么何不率先承认错误、责备自己呢？这样做的话，不是要远比听到批评从别人嘴中喷出来好受得多？

如果在别人责备你之前，你率先找个机会承认错误，把原本对方想说的话给说出来，那么他就无话可说了，而你却有百分之九十九的机会能够得到他的谅解。就像那位骑马的警察对待我和雷克斯一样。

斐迪南·沃伦是一个商业艺术家，他就曾用这个方式获得了一个粗鲁、无礼的顾客的信任和好感。

在回忆起这件事情的经过时，沃伦说道："在替广告商或是出

第十二章
如果你错了就要承认

版商绘画时,最重要的就是简明而精确。而有些艺术编辑却总是在刚刚给出工作任务时就要求我们立即完成,这样我们就很难去避免一些小的失误。我认识一位特别的艺术总监,他总是热衷于鸡蛋里挑骨头,经常搞得我很不高兴。我之所以会十分厌恶地离开他的办公室,并不是因为受到了批评,而是他所挑出的毛病根本就不恰当。"

"最近,我给他交了一件我在匆忙中完成的手稿,没过多久他就打电话过来,让我马上到他的办公室去一趟。果然不出所料,当我赶到他的办公室时,他正满脸怒气地等着我,似乎做足了幸灾乐祸和求全责备的准备。这时,我突然想到了在讲习班上所学到的自我批评技巧,于是便趁此机会运用了一番。"

在对方开口责骂之前,我连忙说:"先生,我就知道您看了这个手稿肯定会不高兴,这是我的错,我感到十分惭愧。按理说我已经给你画了这么多年的画,应该知道你想要的是什么才是……"

听我这么说,那位艺术总监便开始替我分辩说:"话虽如此,可也并不是什么大的错误……"

"小错也不行。"我打断了他,语气异常诚恳地说:"不管是大错还是小错,任何错误都不该犯。即便是一点小错,让人看了也会不舒服。"

他要插嘴进来,可我并没有让他这么做。这是我人生中第一次做自我批评。

"我本应该更加谨慎的,"我继续说:"平日里你照顾了我不少生意,所以我必须得对你负责,做出让你满意的东西。所以请允许我把这幅画带回去重新返工。"

人性的弱点
How To Win Friends and Influence People

"不不,不用这么麻烦。"他摇摇头说。然后,他开始称赞我的工作,向我保证他只是需要做少许修改,并不需要如此大费周章。同时他还指出,这点小小的错误并不会给他的公司利益带来什么损失,还让我不要顾虑太多。

由于我的主动自我批评,他的怒气很快就烟消云散了。最后,他还请我一起吃了午饭,分手时还签了一张支票给我,并给我下了另外一个订单。

新墨西哥的布鲁斯·哈维错误地批准请病假的员工发全额工资。当他发现这个错误时,他去找那名员工谈话。他解释了自己的错误,并想纠正这个错误,因此需要在这名员工下个月的工资中扣除。员工恳求说,这会使他的生活受到严重的影响,都已经过了这么长时间了,那笔钱必须要还吗?哈维说自己必须要获得上级的批准。"我知道这会导致领导生气。"哈维对我们说,"当我决定如何更好地处理这种情况时,我意识到所有的事情都是我的错,我必须向老板承认错误。"

"我去了老板的办公室,向老板汇报自己所犯的错误,然后告诉他全部的事实情况。他非常生气地说这都是人力资源部门的错。我重申那是我的错。他因为会计部门的这种疏忽,再次愤怒地爆发了。我又一次重申那是我一个人的错误。他又指责办公室里面的另外两个人,但每次我都重申,那是我的错。最后,他看着我说:'没错,都是你的错。现在就去改正。'那个错误已经改正过来,没有人因此而产生麻烦。从那以后,我的老板更加尊重我了。"

任何一个愚蠢的人都会为自己的过错百般辩解,而聪明人则不会。一个能够勇于承认自己错误的人,不仅可以让自己出类拔萃,

第十二章
如果你错了就要承认

而且还能给人以高贵、高尚的感觉,更重要的是,这往往还能帮助问题得到圆满解决。举一个例子吧。根据史料记载,美国南方部队的罗伯特·李将军就曾做过一桩非常漂亮的事情,那就是他主动把皮科特在葛底斯堡战役的失败揽责到自己身上。

皮科特的那次冲锋战无疑是西方历史上最为辉煌生动的一次战役。乔治·E.皮科特风度翩翩,长得十分英俊。他那褐色的长发几乎可以披到肩膀上了。像拿破仑在意大利战役中所做的那样,皮科特每天在战场上也不忘忙着写他那些热情洋溢的情书。

那是7月一个惨痛的下午,当时的皮科特正得意地骑着战马,率领着他的部队奔赴联军前线。他那股飒爽的英姿赢得了所有部下的喝彩。他被众星捧月般地簇拥在人群中间,全身上下都镀着一层宏伟壮丽的光芒。就连北方联军的将士们远远朝这边看过来,都忍不住对他发出一阵低声赞叹。

皮科特的部队在他的带领下,迅捷地往前推进,灵敏地穿过果园、麦田、草地以及峡谷。而在此期间,敌人的炮火始终在他们周边纷纷垂落,但他们依然熟视无睹、勇往直前。

这时,从他们后边突然响起了一阵意想不到的响动,原来联军早有准备,他们埋伏在山谷背面的石墙后面,就等着给皮科特他们出其不意的攻击呢。一时间,山顶上烈焰熊熊,犹如火山喷发,惨叫声就像是从屠宰场里传出来的似的。几分钟之后,皮科特带领的前线大军几乎只剩下了五分之一。

刘易斯·A.阿米斯特带领着部队乘胜追击,决定给皮科特的部队以致命一击。只见刘易斯用利剑挑起自己的军帽,大声喊道:"弟兄们,冲啊!"顿时,盟军士气大增。他们翻过围墙,和敌人一阵短

人性的弱点
How To Win Friends and Influence People

兵相接。一阵肉搏之后,他们终于打败了敌军,把他们的战旗竖立在了山顶。

在这次战役中,皮科特虽然获得了人们所谓"光荣、勇敢"的赞誉,但也是他从光辉走向没落的开始。李将军失败了,因为他们已经无法深入北方!

他知道,在这个旷日持久的南北战争中,南方军队已经注定要失败了。对于葛底斯堡战役的失败,李将军是如此的悲伤和震惊。备受打击的他向南方联邦的总统戴维斯提交了辞呈,请总统另派"年轻、能干的人"来带军作战。如果李将军想要把葛底斯堡战役的失败推给皮科特,他完全能找到一个充分的理由。比如说,他可以指责某些指挥官不称职、后援支持不及时以至于不能在短时间内协同步兵进攻。这儿不对,那儿也不是,他完全可以找到更多理由。

可是李将军并没有怨天尤人。当皮科特带着死里逃生的部队挣扎着回到南方前线时,罗伯特·李将军甚至还独自一人亲自策马前去迎接他们,并做出了令人敬畏的自我谴责:"所有的这一切都是我的错,我不得不承认,对于这场战役的失败,我该承担全部责任。"

迈克尔·张是我们在香港的一名授课老师,他在讲述中国文化时曾经提到:在遇到一些特殊问题时,与其偏执地固守老传统,倒不如去学习利用一个新思路。

在张的班上有一个中年父亲,此前他的儿子已经和他疏离了好多年。这个中年父亲曾经是个老烟枪,而现在已经成功戒烟很多年了。在中国,很多老年人都墨守成规,不愿意迈出改变的第一步。而这次他们父子之所以能够走向和解,他主动向儿子妥协起了至关重要的作用。

第十二章

如果你错了就要承认

刚开始上课的时候，他告诉我说他还从未见过自己的孙子，他是多么渴望能够和儿孙团聚。而班上的所有中国同学，都非常理解他的想法，毕竟根据中国的传统，年轻人就得尊敬长辈、听长辈的话。所以，这个父亲也没觉得自己倚老卖老、掌控儿子的生活有什么不对，因此现在就只是一门心思地等着儿子回来找他。

在课程结束之后，那位父亲再次来到了张的课堂，当着所有人的面感慨地说："我一直在思考一个问题。卡耐基曾经说过，如果你错了，那就要承认自己的错误。我承认，现在说这些可能有些太晚了。但我已经意识到自己当年剥夺儿子权利的错误了，我承认是我扰乱了他的生活。我原以为向年轻人承认所谓错误赢得宽恕是一件丢人的事情，但是我错了，这是我的责任。"这时，全班上下都响起了雷鸣般的掌声，大家都支持他去请求儿子的宽恕。

现在，那位父亲终于见到了他的儿子、儿媳和孙子，他和儿子一家的关系也进入到了一个崭新的局面。

艾尔伯特·哈波特是一个极具煽动性的作家，他那激进的文字常常会引起人们对他的反感和怨恨。然而，哈波特却有他独到的一套处理人际关系的技巧，他甚至可以将自己的敌人变成朋友。

例如，当一些愤怒的读者写信来批评他的作品时，哈波特往往会这样回答："让我想想……现在看来，我似乎也不能完全同意我之前的观点了。那是我昨天写下的文字，而今天我可能已经改变想法了。我很高兴对于这个问题您能有自己独到的看法，我也非常想和您共同切磋。如果下次你到附近来的话，我会热烈欢迎您前来我这里探讨一下，我会紧紧地握住您的手！"

如果是你接到了这么一封信，你还能说些什么呢？

人性的弱点

How To Win Friends and Influence People

  倘若我们是对的，我们可以试着去婉转地让别人接受我们的观点；可当我们是错误的时候，我们只能快速、坦然地承认自己的错误。信不信由你，这样做的结果绝对是妙不可言。它不仅能够收获意想不到的惊人效果，而且在绝大多数情况下，这往往比自我辩护更为有趣。

  请记住有句古老的谚语就是这么说的："夺取并不能够带给你预期的效果，而谦逊往往却会带给你超出预料的惊喜。"

  准则3 如果你错了，就迅速、坦诚地承认错误。

第十三章

一滴蜂蜜

如果你盛怒时对人发了脾气,那么对你而言的确是发泄了心中的不快,可对对方而言又意味着什么呢?他会分享你的快乐吗?你那敌对的态度和发飙的音调,会让对方轻易就同意你的意见吗?

"如果你握紧了拳头来找我,"伍德罗·威尔逊总统说:"我想我可以向你保证,我的拳头会握得比你更紧。但如果你再来找我的时候这样说:'让我们坐下来共同探讨一下吧。'那么即便我们彼此的意见不同,我们也可以试着去顺藤摸瓜地找到原因所在,主要症结又在哪里。这样的话,用不了多久我们就会意识到,说不定我们的意见并没有太大分歧,反而还有许多共通之处。换句话说,如果我们耐心、真诚地坐下来聊聊,求同存异也就不是什么难事了。"

相信没有人会比约翰·D.洛克菲勒对伍德罗·威尔逊总统的这句话有更深刻的体会了。早在1915年的时候,洛克菲勒还是科罗拉多州一个不起眼的人物。那次的工潮无疑是美国历史上最血腥、最可怕的一次,它所引发的震动足足持续了两年之久。

那些愤怒且好斗的矿工要求科罗拉多煤铁公司给他们涨工资,

人性的弱点

How To Win Friends and Influence People

而这家煤铁公司的负责人恰恰就是洛克菲勒。当时,暴怒的矿工几乎把工厂碾为了平地,最后不得不调用军队前来镇压。流血事件不断发生,死于枪口的罢工者数不胜数。

在这种剑拔弩张的环境下,仇恨已经随着空气蔓延到了每一处角落。可面对这种局面,洛克菲勒依然希望能够与矿工达成和解,而且他最后真还就做到了。那么,他是如何完成这件事情的呢?故事的经过是这样的:

洛克菲勒花了几个星期的时间去结交朋友,然后还对工人代表们做了一次诚挚的演说。他写下的这篇演讲稿堪称杰作,因为它产生了惊人的效果,不仅平息了工人的愤怒,甚至还赢得了很多人的赞赏。在这篇演讲稿中,洛克菲勒表现了极大的友善,因而那些高喊着罢工的矿工,最后居然一个个地全都回到了原来的工作岗位,而且对加薪的问题只字未提,这简直是太不可思议了。

下面就是洛克菲勒写下的效果非凡的演讲稿。值得注意的是,这篇演讲稿的演说对象,就是在几天前还想要把他的脖子吊在一棵酸苹果树上的人。可他所说的话,却字字亲切、句句友好,简直比口吐莲花的医生和传教士还要和蔼而谦逊。

在他的演讲中,通篇洋溢着这样的语句:很荣幸今天能够来到这里……我曾经去拜访过你们的家庭,也见到过你们的妻子和孩子……今天,站在这里的没有陌生人,只有朋友……我们彼此有着友好和互助的精神,为着大家共同的利益,承蒙大家厚爱,我才能够站在这里……

洛克菲勒是以这样的开篇话语开始演讲的:

第十三章
一滴蜂蜜

这是我人生中最值得庆贺的一天，因为我第一次有幸能够和在座的诸位公司劳工代表、职员以及管理层欢聚一堂。我可以向大家保证，这样的聚会，我毕生难忘。如果这个会议放在两个星期前举行，我想我无疑会是这里的一个陌生人，即便在你们中间有些熟面孔，可毕竟少之又少。

上个星期，我有幸去南煤区的住所和几乎所有的代表们做了一次个别谈话，同时还探望了你们的妻子和孩子。所以，今天在座的没有陌生人，大家都是朋友。在这样一种友好、互助精神的前提下，我很高兴能有机会和大家共同探讨一些事关我们共同利益的事情。

因为这次的聚会，到场的几乎都是劳工代表和公司职员，而我之所以能够来到这里，完全是承蒙大家厚爱，毕竟我既不是劳工代表、也不是公司职员。但我却打心眼儿里觉得，在某种意义上我和大家的关系依然十分密切，因为我代表了股东和董事会。

像这样一个充满语言艺术的演讲稿，是不是一个化敌为友的完美例子？

假设洛克菲勒采用的是另外一种不同的策略：他和那些矿工展开了一场激烈的辩论，当着他们的面撕破脸，用毁灭性的事实和语言来痛击、威胁他们，同时想方设法地指出他们所犯的错误，那么事情的结果又会怎样呢？想必那一定会招致更多的愤怒和仇恨，以及更为疯狂的反抗和斗争。

如果一个人已经对你抱有成见、心存不满了，那么即便你找出所有的逻辑和理由来回应对方，也无法让他真心实意地接受你的意见。那些强势骂人的父母，盛气凌人的老板，唠叨不断的妻子，根

人性的弱点
How To Win Friends and Influence People

本就不能改变对方的意识，而如此强硬的手段不仅不能让对方屈从于你的意见，反而很可能遭到对方的反击，然而，如果我们使用一种温和、友好的方式加以引导，事情很可能就会向着你所期望的方向发展了。

事实上，早在一百年前林肯就已经说过："一滴蜂蜜，往往比一加仑胆汁捉到的苍蝇还要多。"

请记住这句古老而真实的格言。如果你想让人们同意你的见解，那么你首先让他相信你是他真诚的朋友。用一滴蜂蜜抓住对方的心，你前进的道路也会更加顺畅无阻。

对于企业高管而言，如果知道如何运用友善的态度来对待罢工者，也是有百利而无一害的。举个例子吧：

怀特汽车公司有两千五百名员工，他们为了达到加薪的目的，曾组织工会进行过罢工抗议。而公司当时的总裁布莱克，不仅没有大发雷霆地谴责和威胁他们，反而还对罢工领袖表示了赞赏。他在克利夫兰的报纸上刊登了一则广告，称赞他们是"放下工具的和平抗议者"。

他见罢工的纠察队员闲着没事干，就去买了几套棒球和棒球手套，邀请他们在空地上玩球。对于那些喜欢打保龄球的工人，他甚至还帮他们租下了一家保龄球馆。

当然，布莱克的友好态度也为他收获了友善的效果。后来，那些罢工的工人自发借来了很多笤帚、铲子和垃圾车，开始将工厂附近的火柴、纸屑、烟头打扫一空。试想一下！这可是在罢工期间，而那些罢工工人在要求加薪和承认工会的同时居然还不忘打扫卫生！像这样的情况，在美国劳资纠纷的战争史上实属罕见，而那次

第十三章
一滴蜂蜜

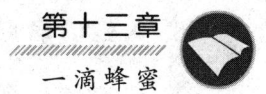

罢工,在持续了一个星期之后就以和解而告终,没有留下一丝怨恨和恶意。

丹尼尔·韦伯斯特长得像一尊神,他是一位最成功的律师,而他却从不做无谓的争辩,只是尽可能友好地提出自己强有力的见解。比如说:"尊敬的陪审团。也许这个细节值得考虑……""这件事情似乎值得探讨……""这里有一些事实,我相信你们不会忽略……""我相信用你们对人性的判断会很容易看到这些事实的意义……"

韦伯斯特在谈话中丝毫不会给人胁迫、高压的感觉,他也从不将自己的意见强加于人。韦伯斯特在说话时始终采取温和、友善的策略,这让他声名远扬。

你可能永远都没有机会被请去解决一次罢工事件,也不会去跟法院的陪审团舌战,但你或许可以凭借这种友善的方式压低你的房租。让我们看看下面的例子吧。

工程师O. L. 施特劳嫌自己住的房子租金太高,希望房东能够降降价,可他知道房东简直就是个油盐不进的"老古董",完全就是顽固不化。

施特劳在讲习班的课前演讲中说:

"我给房东写了一封信,告诉他我的租约马上就要到期了,我将很快搬走。事实上,我一点都不想搬家,如果房东能够把房租降低一些的话,我非常乐意继续再在这里住下去。但我知道,这简直是痴心妄想,因为此前有其他住户也曾尝试过,可结果他们都失败了。所有人都告诉我房东非常不好应付,但我却对自己说:'反正我正在学习如何与人打交道,要不然就在他身上试试效果?'

"收到我的信后,房东带着他的秘书一起过来看我。而我站在门

口,一看见他们的身影就给了他们一个热情的拥抱表示欢迎。起先,我并没有提到租金高的这件事情,而是反复提及我是如何喜欢他的这套公寓。相信我,我这是由衷的赞美。我赞美他在管理公寓上很有一套方法,同时表示自己是多么希望能够再在这里待上一年,只可惜有点承担不起这份租金。

"他显然从来都没有被租客这样夸奖过,几乎都有些手足无措了。接着,他开始向我倾诉自己的烦恼。他抱怨曾经有一个租户甚至写了十四封信给他,极尽侮辱之言;还有一位租客,威胁他除非楼上的人睡觉不打呼噜,否则他就要立即取消租约。

"'值得欣慰的是,'房东指着我说:'还有你这样一个感到满意的租客。'然后,还没等我开口,他就主动给我减少了一部分租金。我希望房租能够再降低一些,便说出了一个我能够承担的数字,而房东居然一口就答应了我。临走之前,他还转过头来问了我一句:'在你的房间里,还有缺少什么东西吗?'"

当时,如果我采用其他租客所使用的方法要求房东降价,我确信我一定会和他们遭遇同样的失败。我之所以能够得到这个圆满的结果,正是因为我采用了友好、同情和欣赏的方式。

宾夕法尼亚州匹兹堡的伍德科克是当地电力公司一个部门的负责人。他的工作人员被安排去修理电线杆顶部的一些设备。这种工作以前是由另一个部门负责,只是最近被转移到伍德科克的部门。虽然他的员工已经进行了相关工作培训,但这是他们第一次真正地应用到实战中。公司里的所有人都想知道他们能否以及如何修理设备。伍德科克只有几名下属,公司其他部门的员工都去看他们修理设备。许多汽车和卡车都聚集到那根需要修理设备的电线杆下面,

第十三章

一滴蜂蜜

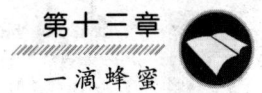

很多人站在周围看着电线杆顶部的两名维修工人。

伍德科克环顾四周，发现一个人拿着相机下了车。然后，那个人开始拍照。突然间，伍德科克意识到这种场景对那个拿着相机的人来说是有点看不下去，因为数十人看着两个人工作。随后，他走向摄影师。

"我发现你对我们的工作很感兴趣。"

"是的，我的母亲会更感兴趣。她拥有你的公司的股票。这会让她大开眼界。她甚至会认为自己的投资是不明智的。多年来，我就一直告诉她，像你们这样的公司有很多地方效率低下。这正好证明了此事，我想报社也可能对这感兴趣。"

"并不是你看到的那样，不是吗？如果我站在你的角度，我也会想到同样的事情。但是这是一种特殊情况……"伍德科克继续解释了这是他们部门第一次执行这样的任务，下面的人又是如何对此事感兴趣的。他向这位带相机的人保证，正常情况下只需要两人就可以处理。那个摄影师收起相机，跟伍德科克握手，并感谢伍德科克花费时间向他解释了事情真相。伍德科克以友好的方式使他的公司避免了很多尴尬和负面宣传。

友好的方式救了他的公司避免陷入很多尴尬和不好的宣传。

来自新罕布什尔州的杰拉尔德·韦恩·力特尔顿是我们班的另外一位学员，他也曾通过友好的态度，圆满解决了一起损害索赔事件。

"故事发生在一个春天"，杰拉尔德回忆说："那时地面上的冰雪还没有开始融化，也很少会有暴风雨之类的降水。奇怪的是，最近却经常会有一股水流沿着这条小路流到排水沟去。不巧的是，我的新家却刚好位于这条小路附近，所以水流直接浸入了混凝土地板

人性的弱点

How To Win Friends and Influence People

下面,水漫金山不说,还毁了我家的热水器等电器设备,单是修理费就超过了两千美元。

"不过,我很快就发现了这起事件的罪魁祸首。如果附近土地的开发商可以改变排水管道的路线,那么我的新房子就可以完全避免这种灾难了。于是,我准备和他见上一面聊聊。

"在去之前,我首先仔细了解了一下相关情况,然后回顾了一下我在课程中所学到的原则,然后做了一个重要的决定:无论如何都不能动气,因为愤怒不会解决任何问题。

"当我来到开发商的办公室时,我的情绪一直很稳定。听说他刚从西印度群岛度假回来,我便就旅行见闻和他寒暄了一下。然后,当我觉得时机差不多的时候,我才开口和他提起了我家'发洪水'受损的事情。不出所料,他马上就答应了要替我解决问题。

"几天之后,他打电话过来要给我赔偿损失,同时表示已经对排水管道做出了修正,保证今后不会再有类似的事情发生。

"虽然我家遭损的确是开发商的过失,但如果我没有以一个友好的方式开好这个头,那么我想,即便想要维权也是很困难麻烦的一件事。"

多年以前,当我还是个孩子的时候,我每天都必须光着脚丫穿过密苏里州西北部的森林,然后才能来到上课的乡村课堂。

我读到了一个名叫《太阳和北风》的寓言故事:

太阳和北风都说自己最强大,为了一争高下吵了个不可开交。

北风说:"我马上就可以证明给你看,我才是最强大的!你看见那个穿大衣的老人了吗?我能把他吹得一个扣子也扣不住,而且只要我高兴,我还可以把他的大衣吹走!"说完,北风就开始发威了。

第十三章
一滴蜂蜜

暂时回避的太阳从云朵的缝隙中窥探着外面的一切。只见北风吸足了气，圆滚滚的肚皮鼓得像个气球，然后呼啸似魔鬼一般地怒吼起来。他发出尖厉的喊声，使劲刮着，还带来了暴风雨，沿途毁坏一切，刮走很多屋顶，刮沉很多船只……没想到那个人见起风了，反而把衣服穿的更紧了，北风用了全部的力气直到精疲力尽，那个老人依然把衣服死死地裹在身上。

最后，筋疲力尽的北风终于缴械投降了。这时，太阳从云层后面露出了笑脸，不动声色地缓缓放出自己温暖的光芒。见天气转好，老人自己解开了大衣、擦了擦额头的汗水，接下来又因为太暖和把整件衣服都脱了下来。

而太阳这时还并没有使出它的全部威力。可见温和是胜过愤怒和暴力的。一滴蜂蜜比一加仑的胆汁能捕捉到更多的苍蝇。

马里兰州的 F. 康纳的举动就证明了这一点。

当时他刚从一家汽车公司买了一台汽车，可开了还没四个月就已经维修了三次。他在我们的讲习班上说："很明显，就算我再去找他们的售后服务，同样还是找不到一个满意的解决方案。"

思虑过后，康纳再次来到汽车售后服务中心，要求和这家汽车公司的老板怀特先生谈谈。

"经过短暂的等待之后，我被引入了怀特先生的办公室。我向他简单介绍了一下自己，说经朋友推荐，我已经从这里买了他们的一台汽车。当时也曾侧面了解了一下老主顾的意见，大家都说这个品牌的汽车不仅价格非常有竞争力，就连服务也是一流的。

"听了我的话，怀特先生露出了满意的笑容。然后，我向他提到了我所遇到的问题以及售后服务的解决方式，并真诚地对他说：'我

想你可能已经意识到了,在任何情况下,这样的解决效果都可能会有损你的好名声。'"

"他显然是听进去了我的肺腑直言,并向我保证,无论如何一定会给我一个满意的答复。在我维修汽车的这段时间,他甚至还把自己的车借给我开。"

伊索是一个在希腊克洛伊斯宫里打杂的奴隶,在基督降世前的六百多年,编织了一部不朽的神话,也就是流传至今的《伊索寓言》。然而,他对于人性的教育,就像是波士顿的情形,和两千五百年前的雅典如出一辙。太阳比北风更能令人脱下大衣。相对于咆哮和暴力,善良、欣赏以及友好的方式更容易让人改变自己的想法。

记住林肯说过的那句话:"一滴蜂蜜,往往比一加仑胆汁捉到的苍蝇还要多。"

准则4　以友好的方式开始。

第十四章

苏格拉底的秘密

在与人交谈的时候，不要从一开始就发表自己的不同意见，首先应该强调的是你赞同对方的看法。如果可能的话，你应该告诉对方，你们所追求的都是同一个目标，而唯一的区别只是方法有所差异。

你要想办法让对方在一开始的时候就连连说"是的，是的！"如果可能的话，尽可能不要让"不"字从对方口中说出来。

根据奥佛斯·特里特教授的经验，对"不"字的反应是需要克服的最困难的障碍。当你在说过一个"不"字以后，你所有的骄傲和尊严都要求你在此后的谈话中前后保持一致。或许你在事后也会觉得之前说"不"字不甚明智，然而，你必须要考虑到自己的自尊，然后坚持到底。你觉得一旦表明了立场，就必须坚持下去。因此，最为重要的是，一个人在开始的时候就应该保持肯定的方向。

哈里·A. 奥弗斯·特里特在《影响人类的行为》一书中表示：善于说话的人，往往在一开始的时候就能够得到很多"是"的反应，从而在整个谈话过程中都能够将听者的心引向正面。就像弹子球的运动一样，它需要一定的力量将它推向一个方向，而这种力量也同

人性的弱点

How To Win Friends and Influence People

样可以将它推向与你希望相反的方向。

这样的心理状态其实非常好理解。当一个人说"不"时，他此时的心态远远比这个"不"字更加内涵深广。当他产生这个"不"的意念时，全身上下的所有器官——腺体、神经、肌肉就会全部进入一种抗拒的状态。反过来说，当一个人说"是"的时候，他体内的那些器官就会放下武装、全然舒缓下来，呈现出一种前进、接受和开放的状态。因此，如果我们在最开始的谈话之中就可以吸引对方做出更多"是"的回答，那么越到最后，我们谈话的建议就越能够被对方所接受。

得到"是"字的反应，原本就是一种非常简单的方法，可惜的是人们却常常忽略它。似乎人们总喜欢一上来就通过反对别人的意见来凸显自我的重要性，而这样做的结果，除了能给自己带来一时的快感，实在是不利于目的任务的达成。

如果你的学生、客户、孩子、丈夫或是妻子一开始就认定了这个"不"字，那么接下来就算你耗尽所有的智慧和耐心，也难以改变他们的意志，很难重新获得肯定。

通过运用"是的，是的"这个方法，纽约格林尼治储蓄银行的业务员詹姆斯·艾伯斯甚至还拉住了一个随时可能丢失的阔气的潜在客户。

"这个人是来开一个账户的，"詹姆斯·艾伯斯回忆道："我给了他一张我们银行开户的表格模板，上面有一些必填问题，可他只填了他愿意填的那一部分，其他竟断然拒绝回答。

"如果这件事情发生在我开始研究人与人之间的关系之前，我可能会告诉这位客户，如果他拒绝回答银行需要他填写的信息，那么

第十四章

苏格拉底的秘密

我们也将拒绝给他开户。很残酷,此前我一直都是这样做的。当然,当我说出上述那些跟最后通牒似的强硬语言时,的确会自我感觉良好,因为我的态度表明了在这里谁说了算,银行的规章制度是不可轻视的。但是,这种态度肯定不是对方想要的对待方式,因为很明显这其中带着一种不受欢迎、不被重视的微妙感觉。

"今天上午,我决定换一种方式,运用一些在课堂上学到的人际关系小常识。我决定这次不再谈银行需要他做些什么,而是问了一下客户的需求。最重要的一点,是我打定主意让他在一开始就说'是,是'。因此,从一开始谈话的那一刻起,我就表达了和他观点的一致性,并承认开户申请表上的有些内容也并不是一定要非填不可。

"'但是,'我接着说:'假如你把钱存在了我们银行,那么去世之后是否愿意让你的近亲继承这笔遗产呢?'

"'当然,我愿意。'那位顾客马上回答道。

"听到他肯定的回复,我马上说道:'既然你愿意的话,那么难道你不认为填写这表上关于你近亲的资料是个好主意吗?如果有一天你不幸去世,那么我们就可以根据你在这张申请表写下的近亲的姓名、地址等资料,将这笔财产移交给他了。'

"'确实是这么一回事。那么好吧。'听了我的一番话,那位顾客点头说道。

"那位顾客的态度之所以会软化下来,完全是因为他意识到了填写这份表格是为了保障他的利益,是在为他打算。在他离开银行之前,他不仅完整地填写了开户申请表上所需的信息,而且还接受了我的建议,另建了一个信托账户,并把他母亲设定为受益人。很显然,他非常顺从地在这个信托账户申请表上填写了自己母亲的信息。

人性的弱点
How To Win Friends and Influence People

"我发现,自从他开始说'是的、是的'的那一刻起,他就已经忘记了争执的关键,而是非常愉快地接受了我的建议。"

约瑟夫·艾莉森是西屋公司的销售代表,他说出了自己的这样一段经历:

"在我负责推销的片区,住着一位有钱的大企业家,我们公司很早就想做他的生意了,可过去的那个推销员花了十年的工夫都没有攻进他这块市场,连一笔交易都没有达成。在我接受了这片区域之后,也曾在他身上下了三年的功夫,可结果还是不甚理想。最后,经过了我十三年的不断电话访问以及会谈,对方也只买了屈指可数的几台发动机。而我的希望却远非如此,我设想的是,如果这次买卖能够做成,而且我们的订单没出现什么问题,后续他会给我们下几百台甚至更多的订单。

"我确信我所销售给他的发动机不会出现任何售后问题,所以三周之后,我便前去上门拜访了。

"我本来是带着志在必得的喜悦前往的,可没想到自己竟高兴得太早了。我刚一进门,里面的那位总工程师便对我说出了一句令人震惊的话:'艾莉森,今后我们恐怕不会再从你们公司买发动机了。'

"'为什么?'我吃惊地问:'究竟是怎么一回事?'

"'因为你卖给我们的发动机实在是太热了,我甚至不能把手放在上面。'总工程师解释道。

"'关于这个问题,我的确没什么好辩解的。'我开口说。因为此前我也没少遇到过这类似的问题,所以这次我想得到他肯定的反应。

"我接着说:'先生,我百分之百完全同意你的看法,如果发动

第十四章
苏格拉底的秘密

机在运行的时候温度过高,我也不建议你再多下订单。你肯定不会需要一台温度高于美国国家电器制造商协会既定标准的发动机,是不是?'

"他点了点头,然后我就得到了他的第一个'是'字。

"我又说:'我记得电器制造商协会规定,一台标准的发动机的温度可以高出室温华氏七十二度,没错吧?'

"我得到了他的第二次肯定,但他接着说:'可是你的发动机却远远高出了这个温度。'

"我没有和他争辩,只是问道;'那么,厂房的温度有多高呢?'

"'呃,'他想了想,回答说:'大概有华氏七十五度吧。'

"'好吧,'我说:'如果厂房是华氏七十五度,再加上应有的华氏七十二度,那么总共就是华氏一百四十七度了。如果你把手伸进华氏一百四十七度的热水中,会不会把手给烫伤了?'

"'是的。'这是他第三次给我肯定的答复。

"'好吧',这时我说出了自己的建议:'要不你试试别再用手去碰那台发动机了,这样就不会觉得烫了。'

"'嗯,我想你是对的。'他自己也承认说。后来,我们又继续聊了一会儿,然后他把秘书叫了进来,安排在下个月再从我们公司订购大约三万五千美元的货物。"

我浪费了好几年的时间,也遭受了无数商业损失,就是因为此前我没有明白这个道理。现在,我终于意识到,争辩绝不是个聪明的做法。只有从对方的观点出发,设法让别人去说"是的,是的",这才更有趣、更容易获得成功。

加利福尼亚的艾迪先生是我们奥克兰分校的赞助商,他告诉我

人性的弱点
How To Win Friends and Influence People

他的哥哥是如何被商店售货员"洗脑",不断地说"是的,是的"然后顺利在店里成交的:

艾迪是个资深的弓箭爱好者,而且在购买设备方面花了不少钱。而他的哥哥比较节俭,只想通过租赁的方式从商店租借弓箭。可售货员却告诉他说,他们店里的弓箭只卖不租。所以他只好打电话给另外一家弓箭售卖商店。当时的情形是这样的:

"接电话的是一个令人愉快的绅士。听了他的要求,售货员说这种租赁弓箭的方式的确不太常见,然而抱歉的是,他们现在已经不提供这种租赁服务了,因为太赔本。

"然后,售货员问他:'您是不是以前曾经在这里租过弓箭?'

"他回答说:'是。'

"售货员接着说:'嗯,如果是几年前的话,大概二十五到三十美元就能租到了。'

"'没错。'他对售货员对市场行情的把握深表赞同。

"接下来,售货员又问他是不是那种喜欢节约省钱的人,他的回答当然是肯定的。然后售货员便开始说,现在如果购买他们店里的弓箭只需要不到三十五美元,而且同时还有配套设备相赠,确实比较划算。而这,也是他们店停止租赁业务的原因之一。

"面对这样一个合理的理由,难道他还有心思反对吗?他想都没想就买下了一架弓箭,而且后来还成了这家店的常客。"

众所周知,苏格拉底是世界上最伟大的哲学家。可私底下,他却堪称是雅典的一个老顽童,总是做出些出人意料的事情。比如说他一向喜欢光着脚丫不穿鞋,四十岁的时候还顶着个大光头把一个十九岁的姑娘娶回了家。可就是这样一个伟大的人物,却改变了人

第十四章
苏格拉底的秘密

们的思维途径，直到今天，他还被尊称为世界上最聪明的人，是人类历史上能够对芸芸众生起到劝导作用的智慧先知之一。

那么，他运用了什么方法呢？是告诉人们他们是错的？哦，不，这样做的话他就不是苏格拉底了。别忘了，他可是一个深谙人性的圆滑之人。

他的整个处世技巧，现在被人们称为"苏格拉底辩论法"。他习惯于以"是，是"作为对别人的回应方式，而他所提出的问题，往往就连他的竞争对手也不得不表示同意。就这样，他接连不断地赢得对方的赞同，最后，在他的不断追问下，他的反对者就会在不知不觉中成为他的拥护者，而就在数分钟之前他们还在持有反对态度！

下次，当我们试图告诉别人他是错误的事实之前，不妨记住老苏格拉底温和的提问方式，向对方提问一个能够获得"是，是"响应的问题。

中国有句古话，它充满了东方的智慧："轻履者远行。"

他们用了五千年的漫长时间去研究人类的天性，而中国那些有学问的人，往往积蓄了更多像"轻履者远行"这类极具洞察力的智慧语录。

准则5　让对方很快回答说"是，是"。

第十五章

处理矛盾的安全方法

在想要别人赞同你的意见时,人们往往习惯于过多地谈论自己。事实上,你应该让对方多谈谈他们自己,特别是有关他们自身的问题,他们当然比任何人知道得更多,也更有发言权。所以你应该多向他们提问,让他们告诉你一些事情。

如果你对他们的言论持有异议,你可能会立刻打断他们,而你要知道,这样做是危险的。当他还有很多想法没有发泄出来时,他根本就不会将注意力放在你的身上。所以,抱着一个开放的心态耐心倾听,并且用最真诚的态度鼓励他们充分表达自己的意见,这才是一个聪明的做法。

那么,把这种策略应用在商场上又是否能够奏效呢?让我们来看看下面的这个例子吧。故事的主角是个销售代表,他也是被逼无奈去做这种尝试的。

几年前,美国最大的汽车制造商之一曾公开招标,标的是该公司近年来所需要的所有汽车内饰织物的采购。当时有三家供应商送来了备选样品,而这家汽车公司的高级采购师在考察完毕样品之后,决定在某天邀请这三家厂商的一位代表前来商谈,然后再决定最后

第十五章

处理矛盾的安全方法

中标的供应商是哪家。

琪伯是其中一家供应商的代表,可不巧的是,就在商谈的那一天,他却偏偏患上了重度咽喉炎。

琪伯先生说:"当轮到我去和会议室的那些高管面谈的时候,我居然连声音都发不出来了。当我被引进一间办公室时,发现里面坐着的有这家汽车公司的纺织工程师、采购员、采购经理、销售总裁。我没有站起来大谈特谈的,而只是勉强发出些沙哑的声音。

"他们围坐在一张桌子周围,而我却无论如何都说不出话来了,所以只好用笔在纸上写了一行字:'很抱歉先生们,我喉咙哑了,现在已经说不出话来了。'

"'好吧,那就让我来替你说说看了!'这位汽车公司的总经理说。然后,他就真的替我说话了。他把我的样品一件件展开,然后细数了一下它们的优点。然后,他们就开始进入到讨论环节了。因为那位总经理是替我说话的,所以其他员工在谈论的时候也都有意无意地帮着我这边说话。当时我能做的只是点头微笑,或是用手势示意。

"讨论会在这种奇特的方式中圆满结束,出乎意料的是,最后是我得到了这个订单,这家公司向我订购了超过五十万码的车饰织物,总价共有一百六十万美元,这也是我截至目前接受的最大一份订单。

"我知道,若不是当时我喉咙嘶哑说不出话来,我恐怕真的会与那份订单失之交臂,因为此前我对这整个事情一直有一种错误的观念。这次我却意外地发现,原来让别人多说说话,有时真就能促成一件好事。"

倾听别人的想法,不仅有助于公司业务的开展,而且还利于家庭关系的和谐。

人性的弱点
How To Win Friends and Influence People

芭芭拉·威尔逊和女儿劳丽的关系正在迅速恶化。劳丽曾是个安静、骄傲的孩子,而现在她却渐渐长成了一个不肯合作而且好斗的少女。威尔逊太太威胁她、惩罚她,可都无济于事。

一天,威尔逊太太在我们的课堂上对大家说:

"后来,我放弃了。要是搁在从前,劳丽若是不听我的话去找她那些朋友们玩,回来时一定会遭到我的大吼大叫。而现在,我却没有了这样做的动力。我只是看着她,伤心地说:'为什么?劳丽,为什么?'

"也许是我一反常态的平静软化了劳丽的神经,她头一次回答我说:'你真的想知道吗?'

"我点了点头。

"劳丽犹豫了一会儿,眼里流出了两行热泪,告诉我说一直以来都是我要求她这个能做或是那个不能做,而我却从来都没有听过她的意见。要么就是当她想要告诉我她的想法和感受时,我总是会中途插嘴打断。

"我开始意识到,她需要的并不是一个专横的母亲,而是一个红颜知己,一个能够表达成长过程中的所有困惑的红颜知己。是啊,一直以来都是我在自顾自地发表意见,而我却从来都没有听过她的想法。

"从那时起,我就让她想说什么就说什么。她也常常告诉我她的想法,而此后我们母女的关系也有了极大的改进。现在,劳丽又成了一个听话、懂得合作的孩子了。"

纽约一份畅销报纸的经济版中曾刊登过一则占据很大篇幅的广告,目的是想要招聘一位具有特殊能力和经验的人。

第十五章

处理矛盾的安全方法

看到广告之后，查尔斯·T.库贝里斯决定前去应征，并投了一份简历过去。几天之后，他便收到了面试的电话邀请。在他去华尔街应征之前，他曾下了很大工夫去打听一切关于这家商业机构创始人的生平事迹。

面试的时候，库贝里斯说："我很自豪能够得到这次面试机会，要知道，咱们这家商业机构所取得的成就有目共睹，这让我感到非常自豪。我听说，二十八年前，当您刚刚开始创立这家企业的时候，除了一间房间、一套办公桌椅和一名打字员之外，其他什么都没有，这是真的吗？"

几乎每一个事业有成的人都喜欢回忆早年的艰难奋斗史，而眼前的这个商业机构负责人自然也不例外。他对库贝里斯谈了很多有关他当初如何用四百五十美元创业的故事，还聊到了他在创业初期的想法和意志，并告诉库贝里斯该怎样面对挫折和嘲笑。

当时，不管是劳动节还是其他节假日，这位负责人从来都没有休息的时候。他每天都会工作十二到十六个小时的时间，终于排除万难混到了现在这个位置，而直到现在，就连华尔街最重要、最有地位的一名金融高管和经济专家也会前来向他请教。他为自己能够取得这样的成就深感自豪。最后，他简单听库贝里斯做了一下自我介绍，随后便请来了一位副总，对他说："我想这位先生就是我们要找的人了。"

库贝里斯的工夫没有白费，他曾不辞辛劳地去了解他的这位未来上司过去的成就，同时在面试的时候对他的个人经历表达了强烈的兴趣，并鼓励他多说话，从而给对方留下了相当不错的第一印象。

人性的弱点
How To Win Friends and Influence People

加利福尼亚的罗伊·G.布拉德里萨科拉门托,则用相反的方式解决了一个招聘问题。

他听说过很多传言,说什么到自己公司打工做销售是一件多么肥的差事。所以,再有销售前来应聘时,罗伊总是会这样对面试者说:"作为一个小公司,我们能够提供的优待着实有限,比如医疗保险、养老金等,我们都不占优势。我们甚至还无法提供一个看似明朗的前景,因为我们不想做广告,那是我们的竞争对手需要做的事情。"

理查·布莱尔是我们要找的人,我的助理对他进行过初试,同时也告诉了他关于这项工作的具体情况。初试结束之后,理查在来到我的办公室时似乎有些气馁,因为我提到的唯一的好处就是给我做销售的人,最后几乎人人都能成为一个独立的承包商,也就是说他们很多人最后都成了老板。

面试的过程中,理查对我描述了外面对公司待遇的美好传言,又提到了经过这两次面试,他得到的信息和外面的传言明显不一致。有那么好几次,他似乎陷入了矛盾的自言自语。有时我很想插话,可最终还是忍住了。最后,当面试结束时,我已经非常确信他想要加入公司、为我工作的决心了。

之所以会出现这种期待之中的局面,是因为我本人就是一个很好的倾听者,在整个谈话过程中,绝大部分的时间我都任由查理自我权衡、判断而不加打扰,最终他得到了肯定的结论。这是一个挑战,而他创造了奇迹。最后,我们雇佣了这个有胆有识有头脑的销售员,后来他也成为了我们公司的中流砥柱。

即便是我们的朋友,他们也更愿意和我们谈一谈他们自己取得的成就,而愿意听我们自我吹嘘的人可谓少之又少。

第十五章
处理矛盾的安全方法

法国哲学家洛熙福柯曾经说过:"如果你想树敌,那就胜过你的朋友;可如果你想要交到朋友,那么就让你的朋友超过你吧。"

为什么要这么说呢?因为当我们的朋友胜过我们的时候,他就会觉得自己很重要;可如果我们超过了他们,他们中的一些人就会产生自卑甚至嫉妒的情绪。

在纽约人事局工作的亨利·埃塔已经在这个单位工作几个月了,可她却没能和一个同事成为朋友。这是为什么呢?因为她每天都会吹嘘一下自己的工作成果,日复一日地不知疲倦。

在我们的培训班上,亨利·埃塔诉说道:"现在我各方面都已经发生了好转,也开始为自己的工作而感到自豪。以前,我一直以为我的同事们会分享我在工作中取得的成就,可惜我错了,他们对我的憎恨似乎更多一些。我是真心希望能够成为同事中受欢迎的那个人,也真心期待能和他们交朋友。后来,我听了大家的一些建议,便开始少说多听。这下可好了,我的助手们开始向我吹嘘他们自己的成就,而在说这些的时候,他们似乎比听我的炫耀更为兴奋和开心。现在,当我们聚在一起闲聊的时候,我总是让他们多分享一下他们自己的成就和快乐,而只有在被问到有关我的成就时,我才会简单地一言带过。"

准则6　尽量让对方多说话。

第十六章

如何促成合作

你是否有过这样的感觉，就是相对于别人的想法，自己的想法要更加可信、牢靠？如果你的回答是肯定的，那就不要再把自己的意志强行塞进别人的喉咙，因为这种想法本身就是错误的。如果你能够提出建议，然后让别人去自己领悟，这不是更聪明的做法吗？

费城的阿道夫是一家汽车销售公司的经理，他也是我在讲习班上的学生。一天，他突然觉得自己很有必要给手下那些涣散沮丧的汽车推销员注入些信心和热情了，于是他便给手底下的这些推销员召开了一次电话销售会议。

会上，阿道夫询问他的手下希望他能够为他们做些什么，然后根据大家的要求，将所列事项一一写在了黑板上。然后，他接着说："我会给你们提供你们所期望的东西，不过现在该你们回答我了，你们又能为我做些什么呢？"

很快，他就得到了令自己满意的答复，那就是：忠诚、诚实、积极主动、乐观、团队合作、业绩、每天八小时的热忱工作，甚至还有人自愿每天工作十四个小时。

第十六章
如何促成合作

最后，会议在充满勇气与正能量的氛围中圆满结束。而据阿道夫所说，此后他们的销售订单激增，公司的业务发展蒸蒸日上。

"我和他们做了一次灵魂上的道德交易。"阿道夫说："我承诺尽我所能地去满足他们的要求，所以他们也决心尽最大的努力不辜负我的付出。跟他们商谈如何才能得到他们所需要的东西，想必没人会去拒绝。"

没人会喜欢被强迫去买一件东西，也没人愿意被人差遣着去做一件事。相比之下，我们更倾向于随心所欲地去购买自己喜欢的东西，依着自己的心意自由行动。同时，我们还希望有人能够来跟我们谈谈如何才能让我们愿望成真。以尤金·维森先生为例，他在参加我这个讲习班、研究人类关系之前，曾经损失了原本可以得到的数千美元的佣金。事情是这样的：维森是一家服装图样设计公司的推销员，几乎每周都会前往纽约拜访某位著名设计师，一去就去了三年。

"他从不拒绝见我"，维森说："可他也从未买过我的图样。每次他都是在看完我的草图之后接着说：'哦，这恐怕不行，孩子，我想这次我们还是不能合作。'"

在经过了一百五十次失败之后，维森意识到自己似乎已经陷入了某种可怕的心理定势，所以他下决心，从今往后每个星期都会拿出一个晚上的时间，来研究一下如何才能影响别人的行为，如何才能让别人产生新的想法以及新的热情。

没过多久，他便决定采取一种新方法。这天，他拿了几张未完

成的草图走进了那位买主的办公室,对他说:"我想请你帮我个小忙,如果你愿意的话。我这里有一些尚未完成的草图,你能告诉我该如何将它完工才能满足你的需要吗?"

买主盯着草图看了一会儿,最后,他终于说道:"好吧,维森,图样先放在我这里,过几天你再来找我吧。"

三天之后,维森再次来到了买主的办公室,听从了他的修改建议,然后把草图拿回了公司的设计工作室。最后,他们根据买方的要求绘制完了草图。那么,故事的结果如何呢?不用问,那位买主全然接受了这套设计方案。

此后,这个买家又从维森这里订购了许多其他的图样,而这些设计手稿完全是根据他的想法完成的。

"我这次知道为什么之前一直在他这里碰壁",维森说:"原来我总是在强迫他购买一些他实际上并不需要的东西。从那以后,我完全改变了自己的销售方式,现在我总是倾向于让他给我们提要求,这让他感到他所购买的图样完全是他自己的设计。现在,不用我要求他买,他都会主动来向我订货了。"

让别人觉得这个想法来自于他自己,不仅适用于商业和政治领域,在家庭生活领域也有着绝妙之处。

俄克拉荷马州的保罗·M.维斯塔尔萨告诉他的学生,他是如何在生活中运用这一原则的:"当时,我和我的家人决定去一个有趣的地方旅游度假。老早之前我就想去参观一些美国东部的名胜古迹和内战时期的葛底斯堡战场遗址了,可我的妻子南茜则提出想出国玩一圈。南茜感兴趣的地方包括一些欧洲国家以及像墨西哥州、亚

第十六章

如何促成合作

利桑那州、加利福尼亚州、内华达州这样的地区。而关于这些旅行目的地,她自己也期待了好几年了。然而,我们一家人不可能分道扬镳各自去旅行。

"我们正在上初中的女儿安妮刚刚在历史课上结束了美国历史这门课程,而且她已经对美国历史上的某些事件产生了浓厚的兴趣。于是我便问她,下次旅行的时候想不想去她在课本上学到的历史古迹度假?安妮的回答是肯定的。

"两天之后,我们一家人坐在餐桌前,南茜宣布,如果我们大家都同意,夏天的假期我们就去美国东部度过了。不用多想,我和安妮都举双手赞成了南茜的这个提议。"

利用人们的这种心理,美国的一位X光仪器制造商成功将一批机械仪表卖给了布鲁克林最大的一家医院。当时,负责采购仪器的是这家医院X光部门的主管,消息一传出来,他就被成群结队的销售代表包围了,他们每个人都说自己公司生产的设备是最好的。

在这群销售代表之中,有一位制造商更懂得人情世故,关于人性他也有着比别人更多的了解。于是,他便给这家医院的X光部门主管写了一封信,信上是这样写的:"我们公司最近刚刚完成了一批新型X光设备的初步设计,现在样品已经运到了我们办事处。我们知道这批样品肯定有不甚完备之处,所以很想精益求精再次加以改良。如果您能够抽出宝贵的时间前来我们办事处参观一次,并给我们讲讲您的意见和建议,我想它们肯定能够更加适合像您这样注重品质的客户的需求,这是我们的荣幸。您工作的忙碌我们已经早有耳闻,所以如果方便的话,还请您制定一个时间,我们会派专车

人性的弱点

How To Win Friends and Influence People

过来接您。"

这位大医院的 X 光部门主管恰巧是我讲习班上的一个学员,在讲到这件事情的经过时,他感慨万分:"说实话,在收到这封信的时候我感到非常惊讶,除此之外我还觉得很高兴。因为此前还从未有过一个 X 光仪器制造商会来征求我的意见,这让我感到自己很受重视,这种感觉非常的荣耀。事实上,接下来的一个星期我都很忙,可我还是取消了一个晚宴之约,特地去看了看那批新仪器。我发现,对于那些新设备,我是越看越喜欢。

"没有人曾试图向我推销设备,可我却打心眼儿里希望为医院采购他们公司的这批仪器。我认为他们公司的设备品质最高、质量最好,于是便决定把订单下给他们公司了。"

拉尔夫·瓦尔德·爱默生在他的文章《论自助》中写道:"我们从每部巨著中寻回早被我们抛弃的想法,带回来我们所陌生的尊严。"

在伍德罗·威尔逊入主白宫的这段期间,爱德华·豪斯上校在美国的内政和外交上都有着很大的话语权。威尔逊十分器重豪斯上校,不管有什么重要事情都会去和他商量探讨,对他的重视程度也远在自己的内阁成员之上。

那么,豪斯上校究竟用了什么方法,能够把威尔逊总统影响到这种程度呢?幸运的是,豪斯上校在一次偶然的机会中对亚瑟·D.豪顿史密西说起了这个秘密。此后,亚瑟在星期六邮报中发表了一篇文章,将豪斯的这个秘密公之于众了。

"在我认识了总统之后,"豪斯说:"我发现使他信从一种意念

第十六章
如何促成合作

的最好的方法,就是漫不经心地将这种意念移植到他的心里,让他自己对此产生兴趣,并引导他自己去思考这个问题。这个方法在第一次产生效果时,完全是出于一个意外。

当时,我去白宫拜访他,并劝他采取一项政策,可他似乎却并不十分赞同。然而,在几天之后的一次聚会上,我竟惊讶地听到总统主动提到了我说的那项建议,并且表明了这是他自己的意思。"

接下来,豪斯上校是否打断了威尔逊总统,挑明那是他提出的意见而并非是总统的想法呢?哦,当然没有,豪斯上校当然不会那样做。他要的不是居功,而是结果。所以他让威尔逊总统继续感觉这个建议真就是他自己的意见,而且还在公众场合赞扬总统的睿智。

让我们记住,我们每个人都会接触像伍德罗·威尔逊总统那样的人。所以,我们就要学着使用豪斯上校的方法。

多年前,在美丽的加拿大的新布伦瑞克就有这样一个人,他就是因为使用了这个方法而获得了我的光顾。记得当时我计划去新布伦瑞克泛舟、钓鱼,所以就写邮件找了几家旅行社咨询比较。

显然,我的姓名和地址都已经在邮件列表中公开了,所以一时间我就几乎被淹没在了众多旅游公司寄来的宣传册和旅游指南之中。当时我还比较迷茫,不知道要从中选择哪家旅行社才好。然而,其中一家旅行社的野营主任却做了一件聪明的事情。他给了我几个他曾招待过的、住在纽约的客户的联系方式,邀请我自己打电话给他们了解他们在野营时的详情。

我惊讶地发现,在他提供的这份名单中居然有一个我认识的人,

于是便给他打了一个电话，打听他的那次野营经历，而他也毫不考虑地赞美了一下这家旅行社的服务。虽然其他的旅行社都以真诚热情的服务期待我的光顾，可只有那家旅行社的野营主任，才是让我真正心甘情愿光顾的人。

两千五百多年前，中国的圣人老子曾经说过一段话，或许对本书的读者能够有所启发："江海所以能为百谷王者，以其善下之，故能为百谷王。是以圣人欲上民，必以言下之；欲先民，必以身后之。是以圣人处上而民不重，处前而民不害。是以天下乐推而不厌，以其不争，故天下莫能与之争。"

准则7 让对方觉得这是他自己的想法。

第十七章

一个能够为你创造奇迹的公式

记住，即便别人可能是错的，可他本人要是不这么认为，那么你也不要去谴责他们，只有傻瓜才会去这样做。而面对这种情形，一个明智、宽容的人只会试着去了解对方，原谅对方。可惜的是，聪明人毕竟是少数。

为什么这个人会产生这样那样的想法和行动，想必一定有他自己的理由。如果我们能够找到这种想法和行动产生的根源，无疑就找到了了解他的人格的密钥。所以，设身处地地换位思考是解决这个问题的一个好方法。

如果你站在对方的角度换位思考，对自己说："如果我是他，面对这种局面我会如何反应、采取何种行动呢？"在有了这种想法之后，你可能就不会对他产生明显的敌意了。因为你已经知道了他这样做的原因，所以自然就不会再憎恶它所带来的结果了。此外，你还可以增加些处理人际关系方面的技巧。

肯尼斯·M.古德曾在他那本《如何把人变成黄金》的书中写道："停下一分钟，把你对自己之事的感兴趣程度和对他人之事的冷漠做一个对比，你就会知道，其实世界上的其他人也都是如此。然后，

人性的弱点

How To Win Friends and Influence People

你就可以像林肯和罗斯福总统那样,掌握到人际关系最坚实的基础性原则。也就是说,在和人打交道时如果想要获得预定的良好结果,那么就抱着一颗同情心去了解对方是怎样想的。"

来自纽约亨普斯特德的山姆·道格拉斯曾经埋怨他的妻子,自从四年前他们搬到这里来之后,他的妻子每周都会花两次工夫除草、施肥、修剪草坪,可他们的草坪也没见比四年前长得更好。自然,他的这番话总是能让他的妻子感到不快,在他每次这样抱怨之后,晚上一定会爆发一次家庭战争。

后来,在学习到我们的课程之后,道格拉斯先生终于意识到了自己这些年来的行为是多么的愚蠢。

"或许她真的非常喜欢护理草坪,"道格拉斯先生说:"而且她的辛勤工作也并不可能没有一点效果。我应该感谢她才是。"

一天晚上,晚饭之后,道格拉斯的妻子说她想去院子里清理一下杂草,她希望他能够和她一起去。道格拉斯刚开始拒绝了她的请求,可转念一想觉得不太合适,便开始帮她一起干活了。他的妻子显然感到非常高兴,于是两人一起边拔草边聊天,不知不觉一个多小时的时间就过去了。

此后,道格拉斯便经常帮助妻子修剪草坪,并且还不时地称赞在她的精心照料下,草坪看上去真是漂亮极了。

道格拉斯先生的这个故事告诉我们一个道理,那就是:试着从对方的角度看待问题,生活就会更加幸福美满。哪怕主题只是杂草。

吉拉德·尼伦伯格在其著作《与人交往》中评论道:"在与别人交流过程中,如果你能展现出非常重视对方的想法和感受的举

第十七章

一个能够为你创造奇迹的公式

动,那么你便可赢得与对方合作的机会。因此,你要先说明自己的目的或方向,然后再倾听对方的见解,再根据对方的见解决定说什么内容。总之,接受对方的观点,对方也会比较容易地接受你的想法。"

当一名优秀的工人开始偷工减料时,你会怎么做?你可以开除他,但这不会解决任何问题。你可以指责工人,但这通常导致怨恨。亨利·亨克是印第安纳州一家大卡车经销商的服务经理,他的一名机械工开始在工作中偷奸耍滑。亨克没有高声叫骂他或威胁他,而是请他到办公室进行谈心。

"比尔,"他说,"你是一名非常优秀的机械工。你已经在这一行工作了好几年。你修理了很多汽车,并且让客户非常满意。事实上,我们对你所做的工作都赞不绝口。然而,你完成每一份修理的时间一直在增加,而且你完成的工作已经达不到以前你自己的标准要求。因为你以前是一位非常优秀的机械工,我觉得你会想知道我对现状不满意,也许我们能找到一些相同的方式来解决这个问题。"

比尔回答说,他没有意识到自己的工作状况在下滑。他保证自己的工作不会再出问题,并将努力改进。

他那样做了吗?当然。他再次成为一名高效全面的机械工。为了不辜负亨克先生给他的声誉,他还能做什么呢,只能让自己的工作做得跟以前一样好。

多年来,我都非常喜欢在我家附近的一个公园里骑马、散步。就像古代高卢的德鲁伊教教徒一样,我对这里的每一棵树都抱有崇敬、爱恋之情。所以,每当我听说年轻的树木灌丛遭遇火灾,就会

人性的弱点

How To Win Friends and Influence People

感到非常痛心。这些火灾的成因并不是粗心的吸烟者不小心,而是来树林野炊的年轻人生火做饭所引发的。有时候这些火灾爆发得太过猛烈,甚至不得不调动消防队才能够扑灭。

公园的边缘有一个布告栏,上边这样写着:凡是引发森林火灾者,视严重程度将受到罚款或监禁的处罚。可布告栏却设置在一个人迹罕至的地方,很少会有人注意到它。负责管理这座公园的是一个骑马的警察,可他似乎工作态度也不太认真,所以禁火工作也做得相当不到位。

有一次,我急匆匆地跑到警察那边,告诉他火灾正在公园里急剧蔓延,让他立即通知消防部门。可没想到这位警察竟漫不经心地说这不是他分管的片区,找他也没用。我对他的态度深感绝望,所以从那以后每当我骑马来到公园,便义务担当起保护公共财产的职责了。

刚开始的时候,我从未考虑到这些年轻人的想法,每当看到他们在公园里野炊烧烤便气不打一处来。看着那团团燃烧的火苗,我渴望做些什么来制止可能发生的危险,可没想到却做了不该做的事情。我骑马走到那些男孩子面前,用严肃的语气警告他们如果引发火灾的话就会被抓进监狱,并扬言如果他们不立即停下来,我就马上把他们抓走。其实,当时我只不过是在发泄自己的情感,根本就没有考虑过他们的感受。

那么,结果又是如何呢?

当着我的面,那些年轻的孩子们只好表示顺从,可心里并不服气。当我骑马离开的时候,他们立即又升起火来了,甚至还想要把整个公园烧掉。

第十七章

一个能够为你创造奇迹的公式

随着岁月的流逝，我渐渐感觉到自己的确应该多学习一些待人接物的技巧，学习去试着从对方的角度看待问题。于是，我不再发号施令。如果我现在再在公园里看到烧火的年轻人，我会这样和他们沟通：

"嘿，小伙子们，你们玩得还开心吧？晚饭打算做点什么？在我小的时候，我也喜欢生火野餐，现在想来还觉得意犹未尽呢。不过你们要知道，在公园里生火是相当危险的一件事情，不过我知道你们都知道这点，也相信你们不会惹出什么麻烦。

"可是其他男孩的话我就不那么放心了。要是他们看到你们在生火，肯定也会过来跟着一起玩。如果他们回家时忘了把火熄灭，那可就会惹大麻烦了。到时候，那些干燥的树叶很容易就会被火点着，然后树木也会陷入火海，那么公园就会成为荒野了。

"我不想干扰，我喜欢看到你们开心地玩乐。只是你们最好不要把篝火靠近干燥树叶堆积的地方，回家时也不要忘记要用大量的泥土覆盖树叶。下次你们再想野炊玩乐的时候，能不能请你们把篝火往山上的沙坑那边生一些？在那里的话就不会有危险了。

"小伙子们，我先谢谢你们啦！祝你们玩得开心！"

面对这样的一番谈话，相信那些孩子们会非常乐意与我合作。他们不会产生反感和怨恨的情绪，因为他们不会感到自己是被人强制着服从命令。他们保全了自己的面子，自然会感觉良好。而这，也会带来让我满意的效果。因为在处理这件事情的时候，我也考虑到了他们的情绪。

通过别人的立场去考虑问题，可以缓解双方观点不同造成的矛

人性的弱点

How To Win Friends and Influence People

盾和压力。

澳大利亚新南威尔士的伊丽莎白·诺瓦克,她的车贷已经迟付了六周。

"上个星期五,"伊丽莎白说:"我接到了一个讨厌的电话。那人声称如果我再不付款就会对我的个人账户采取非常手段。因为正值周末,我一时半会儿也筹不到钱,所以我甚至可以预见周一早上等待我的将是什么。

"周一早上我又接到了他的电话,心里惴惴不安,开始不停地道歉。可这次,我的真诚让他也有些于心不忍了,他甚至没好意思告诉我我是他遇到的最麻烦的客户之一,因为迟付确实会给他的工作造成诸多不便。

"他的语气马上就变了,甚至还安慰我说,我并不是他真正意义上的麻烦客户,还告诉了我他之前遇到的一些粗鲁客户的例子,他们不仅对他说谎,通常还总是试图回避欠款问题。

"我一声不吭地静静地听他倾诉工作中的烦恼,然后,也没有给出他任何建议。面对我的这次欠款,他说如果我现在真的没法拿出这些钱来,其实也并不是什么大碍。如果我方便的话,只要我能够保证月底二十号之前把钱还上,一切都还好解决。"

明天,当我们希望别人熄灭篝火、购买你推销的商品或是为你喜爱的慈善机构募捐时,不妨先停下来几分钟,闭上眼睛试着从对方的角度去想一想整件事情的情形,然后问问自己:"他为什么要这样做?"

没错,这的确需要花费时间,但至少它会帮助减少原来可能会产生的摩擦,维持一个良好的氛围。

第十七章
一个能够为你创造奇迹的公式

哈佛商学院的院长多纳姆曾经说过:"在和一个人会谈之前,我宁愿一个人在他办公室门前的走廊上来回走上两个小时,直到我想明白进去的时候我要说些什么,对方的兴趣点和这样做的理由又会是什么,以及他可能会说的话。"

做到这点非常重要。让我们再重复一遍:

"在和一个人会谈之前,我宁愿一个人在他办公室门前的走廊上来回走上两个小时,直到我想明白进去的时候我要说些什么,对方的兴趣点和这样做的理由又会是什么,以及他可能会说的话。"

如果你在读了这本书之后会增加一种趋向,在面对任何事情时都能够站在别人的角度思考问题,而且以别人的视角看待事情,那么即便你从本书中只学到了这个小道理,它也足够成为你人生中的一个新的征程了。

准则8　真诚地以他人的角度去看待问题。

第十八章

什么是每个人所需要的

难道你不想得到一个神奇的语句,来帮助你停止争论、消除怨恨、创造让别人愿意倾听你谈话的良好机会?

好吧,让我来告诉你这句话是什么吧。你需要做的,只是对别人说:"我一点都不会怪你这么想,如果我是你,想必也会产生和你同样的感受。"

就是这样一句简单的话,却能够让世界上脾气最暴躁、顽固不化的人卸下盔甲软化下来。当然,在说这句话的时候你必须保证百分之百的真诚,因为如果你是对方的话,肯定能够感觉得到。

以匪酋卡彭为例,如果你遗传了和他同样的身体、气质和性情,所处的环境也和他完全一样,甚至连个人经历都和他如出一辙,那么你就会成为和他一样的人。因为正是那些因素,也只有那些因素,才使他最终沦为盗匪的。

例如,你不是一条响尾蛇,究其原因就是你的父母都不是响尾蛇。记住,在面对可怜之人的时候,你要对他们表示同情、惋惜和怜悯,并告诫自己:"如果不是上帝的恩赐,我也会走上和他相同的道路。"

第十八章

什么是每个人所需要的

在这个世界上，四分之三的人都渴求同情，如果你能够对他们表现出同情和怜悯，他们就会喜欢上你。

早些时候，我曾经做过一次关于《小妇人》的作者路易莎·奥尔科特女士的播音演讲。当然，我知道她是在马萨诸塞州的康科德长大并写出她那些不朽名著的，但我却一不小心发生了口误，把她的成长地说成了新罕布什尔州，声称自己曾拜访过她的老家新罕布什尔州，并且还一连重复了两遍。如果我只说过一次这个错误地点，或许还可以被原谅，可我却连着说了两遍！

随后，我收到了许多电报和信函，大家都纷纷前来质问、指责我，有些侮辱甚至是毁灭性的，就像成群的黄蜂围着我的脑袋转，而我却无从抵抗。其中有一个在马萨诸塞州的康科德长大的贵妇人，当时她住在费城，将她满腔的怒火全都发泄到了我的身上。当我读到这封信的时候，暗自感慨地说："谢天谢地，幸亏我没有和这种女人结婚。"

我本打算写封信告诉她，虽然我说错了地名，可她的错误更大，因为她居然连基本的礼貌都不懂！这仅仅是我要说的第一句话，此后我还要卷起袖子，告诉她我的真实想法，她简直是个无法和人共处的恶劣女人！但后来我却并没有这样做。我强烈控制着自己的情绪，因为我知道，只有傻瓜才会那样莽撞。

我可不想和傻瓜一般见识，所以决心要化敌为友，打消她的敌意。对我来说这将是一个挑战，比玩游戏还刺激。我对自己说："毕竟，如果我是她的话，我可能也会有同样的感觉。"所以，我决定对她的观点表示同情。在我下次去费城的时候，我给她打了个电话，电话

人性的弱点

How To Win Friends and Influence People

里是这样说的。

我说："某某太太,几周前你曾给我写了一封信,为此我非常感谢您!"

她说(尖锐,倚老卖老,教育的音调):"你要感谢我?你是哪位?"

我说："对你来说,或许我可以算得上是一个陌生人。我的名字叫戴尔·卡耐基……几个星期之前,我曾经在广播里做过一场关于路易莎·奥尔科特的演讲,当时我犯下了一个不可原谅的错误,说她从小在新罕布什尔州的康科德长大,后来还是您帮我指出了这个愚蠢的错误。这次来,我是专程想为这件事情向你道歉的。你真是太好了,还会浪费时间给我写信。"

她回答说："对不起,卡耐基先生,我在信里向您粗鲁地发了脾气,应该道歉的是我。"

我说："不,不,不应该由你来道歉,该道歉的是我。即便是个刚入学的小学生都不会犯我这种低级的错误。虽然后来我已经在电台里公开道歉了,但这次我还是得向您亲自说句对不起。"

她说："我出生在马萨诸塞州的康科德。这两个世纪以来,我的家庭一直称得上是那里的名门望族,我也为自己的家乡感到非常的骄傲和自豪。当听你说路易莎·奥尔科特女士是新罕布什尔州人时,我确实感到非常难过。但现在,对于我给你写的那封信,我真的感到非常羞愧和不安。"

我说："我向你保证,你的难过还不及我的十分之一。或许我的口误没有伤害到马萨诸塞州,但却着实伤害了我。很少会有像您这样有地位、有文化的人愿意花时间给电台的播音员写信的,从今往后,

第十八章

什么是每个人所需要的

不管我在演讲中发生了怎样的错误,我都希望您能够写信给我指出来。"

她说:"你知道,我真的非常喜欢像你这种能够勇于接受批评的人。你真是一个好人,我也非常愿意接近你、更好地去了解你。"

所以,通过这次电话道歉,因为我对她的观点表示了理解和同情,所以我也同样得到了她的道歉和同情。对于我这次的情绪自控能力,我感到非常满意。以友善改变了侮辱,这也让我感到非常自豪。而她对于我的喜爱,无疑也让我获得了更多的乐趣。

每个人主白宫的政要,几乎每天都会面对这些人际关系中的棘手问题,塔夫脱总统也不例外。他从身经百战的经验中提炼出了这样一个结论,那就是:同情是消除敌意的最有效的良方。在他那本名叫《在伦理中服务》的书中,塔夫脱总统举了一个非常有趣的例子,这个例子讲述了他是如何使一个失望而野心勃勃的母亲平息愤怒的。

"住在华盛顿的一位夫人,"塔夫脱写道:"她的丈夫是政界名流,拥有相当的影响力。为了让她的儿子在政界谋得一份好差事,她曾经缠了我足足有六周以上。为此,她甚至还拜托了好几位参议员和国会议员帮忙,希望他们在我这里多为她儿子美言几句。

"可是,她所看重的那个职位需要的是一个懂技术的人才。后来根据相关主管的推荐,我在这个职位上任命了另外一个人。意想不到的是,我前脚刚落定了合适人选,后脚就收到了那位母亲的来信,她在信中指责我是个忘恩负义之徒,因为我拒绝让她成为一个愉快的母亲。她还义愤填膺地抱怨说,想当年我在竞选她那个州的州代表时,她可是帮我出了不少力,而我这次的举动明显就是过河拆桥、

人性的弱点
How To Win Friends and Influence People

无情无义。

"当你在收到这样的一封信时,第一反应就是想要义正辞严地对付这个毫无礼貌可言的粗鲁之徒,甚至不假思索就开始奋笔疾书了。可这样的行为明显是不恰当的,而不恰当的行为必然会导致不理想的结果。

"如果你是个聪明人,我想你会把这封信锁进抽屉,等过两天之后再把这封信拿出来。像这种类型的信,哪怕晚两天寄出,也不会产生什么不好的影响。但是根据我的经验,当你在两天之后再读读自己在盛怒之下写的这封信时,恐怕就不会想再把它寄出了。而这,就是我所采取的策略。

"此后,我又重新坐了下来,尽量用最礼貌的措辞给她写了一封回信。信中,我告诉她自己完全可以想象得到,作为一个母亲在面对这种情况时该会有多么的失望和懊恼。遗憾的是,对于那样一个需要技术含量的职位,并非仅凭我一人的喜好就能够决定任职人选的,所以我才不得不接受那位主管的建议,选择了一个有专业技术任职资格的人来入职。

"同时,我还表示,自己非常希望她的儿子能够继续在原来的岗位上发光发热,以期将来能够有所成就。终于,我的回信打消了她的盛怒,她还给我写了个便条,对她上次信中的过激言辞表示抱歉。

"不久之后,我又收到了一封信,写信人自称是她的丈夫,虽然前后几封信上的笔迹完全一样。这封信上写道,由于这件事情的打击,他的太太已经患上了神经衰弱症,现在不得不卧床不起,更严

第十八章

什么是每个人所需要的

重的是她的胃里还长出了一个恶性肿瘤。他希望我能够可怜可怜他的妻子，换掉我刚刚委任的那个人，而让她的儿子坐到那个职位上去，这样就可以恢复她的健康了。

"于是我又给这对夫妻回了一封信，信中表示希望她的病情纯属诊断错误。我非常同情他现在的处境，也很理解他此时此刻的悲伤。只是，要撤掉那个已经委任的人几乎是不可能的，这已是板上钉钉的事情了。

"就在我收到那封信之后的第二天，我在白宫举行了一场音乐会。而最先到场向我和塔夫脱夫人致敬的，居然就是这对夫妇，虽然这位太太最近还一直处于濒死的边缘。"

杰伊·曼格姆是奥克拉荷马电梯公司驻塔尔萨的维修负责人，其中有个大酒店正在他的服务范围之内。一次，这个酒店的自动扶梯发生了故障，而酒店经理却不想一次将扶梯关闭超过两个小时，因为这样会影响到客人的使用。而要想修理电梯，至少需要耗费八个小时，而且曼格姆的公司也并不是随时都能找到技术过硬、能在短时间内将电梯维修得当的技工。

终于，曼格姆找到了一个能够承担这项工作的熟练机械师，便立即致电这家酒店的经理，希望他无论如何都要接受他们的建议。

"里克，"曼格姆说道："我知道你很忙，也非常希望能够将自动扶梯的停机时间降到最短。我能够理解你为客人考虑的心情，所以我们也会尽力帮助达成你的愿望。然而，根据我们对电梯故障的排查情况来看，如果我们不立即采取维修行动，电梯很可能会遭到更为严重的损坏，而这会导致更长时间的停机运行状态。我也知道你

人性的弱点

How To Win Friends and Influence People

在这几天不想耽误客人使用,那么能不能找个时间,让电梯能够一次关闭八小时方便我们维修呢?"

听了曼格姆的一席话,酒店经理不得不同意了他的建议,答应过几天就关闭电梯。

因为曼格姆先生真诚地站在对方的角度思考问题,同时对经理的心意表示了恰到好处的同情和理解,所以他最终赢得了酒店经理的支持,而且没有让对方产生怨言。

乔伊斯·诺里斯是密苏里州圣路易斯的一名钢琴教师,她对我讲述了她在平常是如何处理那些爱漂亮的十几岁的小姑娘的问题的。

在她的钢琴培训班上,有个名叫巴贝特的小姑娘留着一手的长指甲。但对于一个需要培养正确弹奏习惯的练琴的孩子来说,这可是一个严重的坏习惯。

诺里斯夫人说:"我知道她的长指甲肯定会影响她弹曲子,但在整个上课过程中,我却并没有指出对她指甲的不满,因为我知道这会让她丧失上课的兴趣。同时,我也非常理解她对自己这一手长指甲的不舍和骄傲,因为它让她看上去更有吸引力。

"第一堂课结束之后,我觉得这似乎是个好时机,便坐下来和巴贝特聊了起来:'小姑娘,你的手长得可真是漂亮,指甲也漂亮得很。不过,如果你想要把钢琴弹得和你一样美,或许你可以试着把指甲剪短一些。这样一来,你就会惊讶地发现自己的手指居然会更灵活,弹起琴来也会更轻松。你可以考虑一下,好吗?'可她对我做了个鬼脸,似乎表示她不会那样做的。

第十八章

什么是每个人所需要的

"后来,我也找到了她的母亲,提到了她那些可爱的手指甲。很显然,这次的结果还是事与愿违。可以肯定的是,巴贝特对她的这一手修剪精致的长指甲视若宝贝,对她来说,它们非常非常的重要。

"一个星期以后,当巴贝特第二次来上课的时候,我竟惊讶地发现她居然把自己的指甲剪掉了!我大大地表扬了她,对她所做出的牺牲表示了极大地赞美。我非常感谢她的母亲能够帮我说服她去剪指甲。当我问到她的母亲,是使用了怎样的方法才让她最终改变了主意时,她的母亲是这样回答的:

"'哦,其实我也没做什么,这是巴贝特自己的决定,这也是她第一次愿意听从别人的建议去剪掉指甲。'"

那么,诺里斯夫人是否对巴贝特说过威胁的话,比如她不会教一个留着长指甲的学生弹钢琴?不,她没有。她只是对巴贝特的长指甲被剪表示了同情和理解,因为她也明白对巴贝特而言,剪掉这一手漂亮的长指甲是一个重大的牺牲。诺里斯夫人在谈话中做出了这样的暗示:"我很同情你,我也知道让你这样做很不容易,但我还是希望你能够在音乐道路上能有一个好发展、好前途。"

霍洛克恐怕称得上是美国历史上的第一位音乐会经纪人了。半个世纪以来,他所服务的艺术家都是像夏利宾、伊莎杜拉·邓肯、潘洛娃这样级别的大腕。霍洛克告诉我,在应付那些性格特殊的艺术家时,最需要的就是一定要对他们抱有同理心。他的经验表明,只有同情他们,对他们那些古怪的、可笑的脾气怀有彻底的同情,才有可能处理好音乐会的相关事宜。

人性的弱点

How To Win Friends and Influence People

想当初,霍洛克曾给世界低音歌王——德国的夏利宾——担任了三年的经纪人。可最让霍洛克头痛的是,夏利宾本身就是一个巨大的问题点,他始终就像个被宠坏了的孩子似的,任性起来不要命。用霍洛克先生自己的话来说:"他简直是糟透了,跟他在一起就像是炼狱。"

比方说,夏利宾会在既定举办音乐会的当天中午打电话对霍洛克说:"索尔,我现在真是感觉糟透了。我的喉咙肿得像个生汉堡,今天晚上我不能登台献唱了。"

听到这样的事情,霍洛克会气急败坏地和他吵起来吗?不,他当然不会。他深知,作为一个艺术家的经纪人,绝对不能以这样的手段处理问题。于是,霍洛克立即赶到夏利宾下榻的酒店,充满关切和同情地说:"真可惜,我可怜的朋友。既然嗓子坏掉了,那么今晚当然就不能再去登台了。反正这次的经济损失只有几千美元,只是和你的名誉相比的话,这些也就算不上什么了。"

听了霍洛克的这番话语,夏利宾叹了口气,说:"唉,要不你晚些时候——下午五点左右——再过来一下好了,到时候我再看看自己会不会好一些。"

到了下午五点,霍洛克再次来到夏利宾的酒店,还是怀着无比的同情,坚持要替他取消这场演出。可夏利宾又叹了口气说:"好吧,你晚些时候再过来,说不定到那时我会好受些。"

七点三十分,这位低音歌王终于同意登台了。可他唯一的要求,就是让霍洛克在演唱会开始之前走到舞台中央,对大家宣布夏利宾得了重感冒,嗓子不好。自然,霍洛克假意答应了下来,因为他知道这是能让夏利宾登台的唯一方式。

第十八章

什么是每个人所需要的

亚瑟·盖茨博士在他那本《教育心理学》中写道:"追求同情是人类最普遍的渴望。一个孩子为了得到大人的同情,会急切地展示他所受到的伤害,甚至不惜以弄伤自己为代价。而成年人也一样,他们会展示自己所受的跌打损伤,遭受的意外和疾病,特别是外科手术的细节。从某种程度上来说,真正的自怜或是不幸,实际上只是人们一个普遍的习性。"

所以,如果你想要赢得别人的赞同,请记住:

准则9　理解并同情对方的思想情感。

第十九章

每个人都喜欢的吸引力

我的故乡在密苏里州郊区的一个小镇上,附近有个名叫科尔尼的小镇,据说是当年美国匪首杰西·詹姆斯的故乡,当年我去参观科尔尼小镇的时候,杰西的儿子詹姆斯还生活在那里。

他的妻子告诉我当年的杰西是如何抢劫火车、银行,然后把抢来的钱布施给贫穷的邻居,帮助他们去偿还贷款。

在杰西·詹姆斯眼里,自己无疑就是一个行侠仗义的理想主义者,就像荷兰的舒尔茨、"双枪"克劳利和卡彭一样,可以称得上是绿林界的"教父"级人物了。事实上,你所遇见的每一个人,都喜欢把自己看得很高尚、很无私,希望给别人留下一个良好的印象。

银行家摩根在他的一篇文章中分析指出:人在做一件事时,通常有两个原因。一个听上去不错,另一个才是你的真实目的。这一点毋庸置疑,因为我们都是理想主义者,都喜欢给我们做事的动机披上一层漂亮的外衣。所以,要想改变一个人的意志,不妨激发他崇高动机的诉求。

这样的方法,运用在商业上是否会显得过于理想化呢?那么接下来就让我们来看看,宾夕法尼亚州葛兰诺登房产公司的法瑞尔·米

第十九章

每个人都喜欢的吸引力

切尔·汉密尔顿先生是如何应对他的客户的：

法瑞尔先生遇到了一个对房间不满意的顾客，甚至还威胁他说自己马上就要搬走，可是根据合同，这位房客的租约还有四个月才满期。这位房客似乎是铁了心了，一刻都不想多耽搁，也不管租约那回事，一定要马上就搬。

"那位房客已经在这间房子里住了一整个冬天，而恰恰现在是房租最贵的时候，根本不可能降低租金。"法瑞尔先生在我的课堂上说："而如果他真的搬走的话，在秋天来临之前我这个房子肯定不太容易找到新的租客。眼看着手中的租金就要白白溜走了，真让人着急。

"如果这件事情发生在过去，我八成会找到那个房客，让他好好看看合同上的白纸黑字，告诉他如果他现在就想要搬走，我也不会拦着，但他必须履行合同，把接下来那四个月的租金给我付清。

"然而，如果真要撕破脸的话，大家都会闹得不愉快，也不见得会得到我预期的结果。于是这次我决定去试试其他策略。于是我这样对他说：'某某先生，之前我听说你准备现在就搬家，可我并不相信你真的会那样做。毕竟你在这里已经住了那么长时间，我对你的本性还是有一定了解的。我始终相信你是一个信守承诺的男子汉，而且我也愿意赌一把，你一定就是这样的一个人！'

"见这位房客不做言语，似乎也有了一丝动摇的情绪，我便接着说：'这样吧，我建议你在做出最终决定之前再好好考虑考虑。如果到下月一号交房租之前你还是执意要搬，我一定支持你的选择。不过到了那个时候，我将会承认自己今天判断失误……不管怎么说，我还是相信你是一个诚实守信的人，不会随便违背合约的。毕竟我

人性的弱点

How To Win Friends and Influence People

们是选择做人还是选择做猴子，决定权完全在于自己。'

"当新的一月到来的时候，果然不出我所料，这位租客来找我交房租了。他对我说，他和他太太已经商量过了，最终还是决定继续留下来。夫妻二人一致认为，最光荣的事情，莫过于履行租约。"

一天晚上，诺斯克利夫勋爵无意中发现报纸上刊登了一张他不愿曝光的照片，便给那家报社的编辑写了一封信。在信里他并没有指责说："请不要再刊登我的那张照片了，我一点都不喜欢它！"而是想方设法去激起对方高尚的动机。我们每个人都有自己的母亲，人人也都敬爱自己的母亲。于是，他便在那封信上用了一种柔和的语气，动情地说："请不要再刊登我的那张照片了，好吗？因为我妈妈不喜欢。"

当约翰·D.洛克菲勒希望摄影记者不要再抓拍他孩子的照片时，他也想方设法激起了对方一个高尚的动机。他没有说："我不希望你们把我孩子的照片刊登出来！"因为他知道我们每个人的内心深处，都留有不愿意伤害孩子的潜在欲望。于是他换了个方法说："各位，我相信你们肯定也能理解我的感受，毕竟你们中有很多人也已经为人父。我想大家的感觉都是一样的，如果我们给孩子制造太多的宣传，对他们成长肯定是不利的。"

赛勒斯·K.科蒂斯原本是个来自美国缅因州的穷小子，可后来他却开启了辉煌的职业生涯，成为了《星期六晚报》和《妇女家庭》杂志的负责人，年收入上百万美元。其实在创业之初，科蒂斯根本就付不起买稿子的价钱，甚至也雇不起国内一流的作者为他撰稿，可他却懂得利用人们的高尚动机。

第十九章

每个人都喜欢的吸引力

例如,他邀请《小妇人》这本不朽名作的创作者——路易斯·奥尔科特为他撰写稿子,而此时正是路易斯名声大噪的时候,所以科蒂斯的方法必须另辟蹊径、出其不意。于是,科蒂斯签了一张一百美元的支票,当然这张支票并不是给路易斯的,而是以路易斯的名义捐献给了她最喜欢的慈善机构。

说到这里,可能有人会怀疑说:"哦,就凭这种手法,如果用在洛克菲勒、诺斯克利夫这些情感丰富的小说家身上或许还能奏效,可如果用在那些向我催债的不可理喻的人士身上,难不成还能起作用?"

也许你是对的,因为没有什么东西会在所有情况下都产生同样的效果,也没有一种做法,会在所有人身上都产生功效。如果你对自己现在所得的结果感到满意,那又为什么要去改变呢?如果不满意的话,尝试一下又何妨呢?

无论如何,我想你会喜欢我以前的一位名叫詹姆斯·L. 托马斯的学生所讲述的这个真实故事:

曾经有一家汽车公司,遭遇了六位顾客的拒付事件。他们倒不是不承认那些修理费的账目,只是他们一口咬定其中有些账款算错了。然而,不管是哪一笔账款,上边却都有他们白纸黑字的亲笔签名,所以严格地说,公司完全有理由确认这些账款没有错误。

下边是那家公司信贷部的工作人员去催款时所采取的步骤,你猜猜他们会不会成功呢?

1. 他们前去拜访每一位顾客,不客气地告诉他们公司已经收集了他们很久以前积欠的所有账单;

2. 他们非常清楚地表示,在这方面公司绝对不可能弄错,而所

有的错误必然得是顾客负责;

3. 他们暗示,对于汽车服务方面的业务,公司显然要比顾客内行得多,因此他们根本就没必要再作无谓的争辩;

4. 事情发展到最后,结果双方吵得不可开交。

那么,采取这些方法,真的就能让顾客心甘情愿地结清欠款吗?你不妨自己从这些问题上考虑一下,去想想信贷经理该如何做,才能圆满地解决这个问题。

事情已经闹到了这种难堪的地步,那位汽车公司的信贷经理本该派出一队法律人才去应付才是,幸亏事情引起了总经理的注意,这才避免了无谓的人力、财力和时间损失。

这位总经理首先查看了一下那几位欠款顾客曾经的付款记录,发现他们以前处理账单时都很及时。那么现在他们居然拒绝付账了,恐怕出错的还真是自家公司。于是,他便把詹姆斯·托马斯叫来,委托他去执行收账这个光荣而艰巨的任务。

以下便是詹姆斯所采取的方略步骤:

1. 我去拜访每一位欠费的顾客,同样我也是为了催缴一笔积欠已久的账款。当然,我对后者只字未提。我只是对他们说,我是来做一下售后回访,调查一下他们对公司服务的满意度。

2. 我明确表示,在未听完他们的意见之前绝不发表任何意见。我还告诉他们,公司也不可能百分之百不犯错。

3. 我告诉他们,我只是对他们的汽车比较感兴趣;而相信他们对自己汽车的了解远超于任何人。所以在这个问题上,他们拥有主要发言权。

4. 我让他们尽量发表一下自己的意见,而我所做的只是静静地

第十九章

每个人都喜欢的吸引力

倾听,并对他们的不满深表同情。当然,这也是他们希望我做的。

5. 最后,当顾客情绪平缓下来之后,我请求他们把整件事情公平地想一想,当然为了激发他们更崇高的动机,我是这样说的:

"首先,我希望您能知道,我也认为我们公司在这件事情上的确是处置不当,之前公司派来的代表也给你们造成了诸多不便和困扰,而这是本不该发生的。所以,作为公司代表我感到非常抱歉。在这里,我必须代表公司给您道歉。当我坐在这里听完您的故事,我不得不为您超强的忍耐力和追求公平的态度所感动。

"正是鉴于您伟大的胸襟,所以我在这里斗胆请您帮我做件事情——就这件事情而言,恐怕没有比您更合适的人选了。同时,您也比其他任何人都清楚自己的账单,所以这次我又重新整理了一遍拿来请您过目,还请您仔细检查一下是不是有什么地方记错了。您就把自己当成是我们公司的总经理,查账的过程中也请您全权做主,无论如何都是您说了算。"

那么,他会不会重新再检查一下账单呢?当然,他肯定会这样做的,而且在对账的过程中还显得十分高兴。这些账单的费用从一百五十美元到四百美元不等,但他能从中捡到便宜吗?是的,他们中的一个人发现其中一份账单中多计了一分钱,所以拒付了这个差额,而其他的那五个顾客,也都认为公司方面在账款上占了便宜。但是整件事情最精彩的地方就在于,这六位顾客在此后的两年里都购买了这家公司的新款汽车!

"经验告诉我,"托马斯先生说:"当你感到无法应付顾客的时候,最好的方法就是给自己做好心理暗示:假定那位顾客是真诚、可靠而且愿意合作付账的。那么一旦他们确信那笔账目是正确的,他们

人性的弱点

How To Win Friends and Influence People

就会毫不犹豫地主动还债。也就是说,人们都是诚实的,一般情况下还是愿意履行自己的义务的。"

类似于这种情形,例外很少发生。我深信,即便真有难缠的人,如果你能让他们感受到,在你眼中他们是诚实、正直和公道的,那么在绝大多数情况下,他们真就会像你所设想的那样,做出积极的反应。

准则 10 激发更崇高的动机。

第二十章

戏剧性地表现你的想法

多年前,《费城晚报》曾遭受了流言蜚语的恶意中伤,而那个谣言却不胫而走流传甚广。有读者指责报纸上的广告多于新闻,导致报纸不再有吸引力。为了挽回声誉、化解危机,必须立即采取行动。

那么问题来了:究竟该怎样采取行动呢?

接下来就是他们所使用的方法:

这家晚报把一天中的所有阅读资料分门别类地裁剪下来,编成了一本书,书名就叫《一天》。这部书总共有三百零七页,尽可能多地包含了报纸上的所有新闻。这本书的页数和一本价值两美元的书籍的页数差不多,而该报却只卖两美分。

这本书出版之后,把《费城晚报》新闻资料丰富的事实生动具体地表现了出来。这比运用图表、数字统计和空谈更有趣、更具说服力、更令人印象深刻。

《一天》所带来的戏剧化的逆转,至少说明了一个事实,那就是故事要讲求生动、有趣、富有戏剧性,这也是你必须掌握的技巧。你看过电影吗?如果没有,至少也看过电视吧。影视里运用这种技

巧的时候有很多，如果你留心观察的话，肯定会发现不少玄机。电影明星这样做，电视也是这样传播，如果你想要引起别人注意，那么你也应该学着这样去做。

那些布置橱窗的专门人才，他们深知"戏剧化"的表演有着惊人的力量。例如：一家鼠药制造商在替零售商布置橱窗时，在里面放了两只活老鼠，为的就是证实他那种鼠药的功效。果然不出所料，这家鼠药制造商在这个星期里所销售的鼠药，比平时的销售量足足增加了五倍。

电视广告中也有很多类似的例子，他们往往也着重于使用富于戏剧性的画面。你不妨抽一晚上的时间坐在电视机前好好分析一下，电视里出现的每个广告商究竟在广告中演示了些什么。你会发现在抗酸药的广告中，厂商将自家产品和其竞争对手的产品摆放在一起，而放置竞争对手试管中的试剂并无化学反应；你会发现，在肥皂或洗涤剂的广告中，销售商会倾向于将使用自己产品的衣服表现得光鲜亮洁，而其他品牌产品洗过的衣服则会残留有油渍和污迹；你会发现，广告商还会表现某个品牌产品发展过程中的曲折和辉煌；你会发现，广告中的模特会在使用该商品时表现得满脸快乐和满足……而所有的这些种种，都会挑起观众的购买欲。

你可以把你富于戏剧性的想法和创意应用在商业或生活中的其他方面，而这做起来也比较容易。坐落于弗吉尼亚里士满的NCR(国家收银机)公司有一位名叫吉姆·伊曼斯的销售员，就让他来给你讲讲他在销售活动中是如何展现戏剧性的效果的吧：

"上周我去拜访了附近的一家杂货店，发现他们放在柜台上结账用的收银机已经非常老旧了。于是我便走到老板跟前，对他说：'你

第二十章
戏剧性地表现你的想法

每结一次账,无异于随便扔掉了一便士。'在说这话的时候,我随手往地上扔了一个便士。他马上就对我熟络了起来。如果我单纯地告诉他这个事实,可能会引起他的注意,而硬币撞击地板所发出的声音,无疑却真正激发了他的兴趣。于是,我不费吹灰之力就得到了一个订单,他决定把店里的所有老式收银机都换成我们公司的产品。"

在家庭生活中,戏剧性的举动同样奏效。早些时候,当情郎向他的小甜心发誓表决心的时候,他是只通过语言来表达爱意吗?当然不是!他会单膝跪下,而这个举动更真实直接地表达了他的心意。虽然我们不建议给下跪赋予更多的内涵,但诸多求婚者还是把单膝下跪看成是求婚的浪漫举动。

处理孩子问题时,用好戏剧性的举措也是一剂良方。居住在阿拉巴马州伯明翰的乔·B.范特遇到了一个难题,因为他那五岁的儿子和三岁的女儿总是不愿意整理自己的玩具,所以他便虚构了一列"火车"。乔伊是"火车"的工程师,珍妮特是"运煤工"。每天晚上,珍妮特都会让她哥哥开着"火车",把"火车"上需要的煤炭燃料运到"车厢"里去。这么一来,房间里就干净利索多了,而且值得拍手称赞的是,在这一过程中乔完全没有使用争论、威胁或是其他那些会让孩子不愉快、产生逆反心理的方式。

印第安纳州的玛丽·凯瑟琳·沃尔夫女士在工作中遇到了一些问题,需要和她的老板商量。于是,星期一早上,她便请求和老板见上一面。可老板却说自己很忙,让她和自己的秘书另约时间,在本周晚些时候再见面。而秘书也表示,老板最近一段时间的确抽不开身,但她会尽力帮沃尔夫安排的。

回忆起当时的情形,沃尔夫说:"可后来一连等了好几天,我都没有得到何时可以见面的答复。每当我问秘书时间安排得怎么样了,

人性的弱点
How To Win Friends and Influence People

她都会用同样的理由搪塞我，说她自己也没见到老板的影子。到了星期五的早晨，我还是没有得到任何回复，而我却必须在周末之前见到老板，把这个问题讨论妥当。所以我便问自己，究竟怎样才能达到目的，和老板见面聊一聊呢？

"最后，我决心给老板写一封正式的求见信。在信中，我表示自己完全可以理解他的百忙缠身，若非万不得已，我也不会一定要这个星期和他见上一面。随后我附上了一个便笺，请他填写好时间后让他的秘书转交给我。便笺的格式和内容如下：

沃尔夫女士：我可以在 ___ 年 ___ 月 ___ 日 ___ 点约见你。你有 ___ 分钟的时间可以和我交流。

"发出这封邮件时是上午十一点，到了下午两点，我在邮箱里看到了他的回复。他在邮件里写道，今天下午他就能抽出来十分钟约见我，而我们见面之后却聊了一个多小时，直到把我的问题顺利解决。

"如果我没有把想要见他的问题严重性表露出来，可能就算一直傻等到最后也得不到一个何时可以约见的答复。"

詹姆斯·B.伯恩顿曾做过一篇冗长的市场报告。他的公司刚刚替一家面霜领导品牌完成了一项详尽的调研。因为其他竞争对手的面霜制造厂商准备降低价格参与到和这家公司的竞争中来，而他必须向该公司的负责人说明这个情况。

他们的第一次洽谈几乎在刚开始时就失败了。

"我第一次走进他的办公室时，"伯恩顿先生解释说："我发现自己走错了路。我曾试想介绍我在调查中所使用的方法，可这却让我

第二十章
戏剧性地表现你的想法

走上了一条不归路。他告诉我这个方法是不可靠的,而我却拼命地想要证明自己是对的。

"终于,我在理论上占据了上风,我自己也对此感到十分满意。可是会议结束时,我却没获得想要的效果。

"第二次去见这个人时,我再也不想去理会那些报表和数据,而是将实施用戏剧性的手法给表演了出来。

"当我走进他的办公室时,他正忙着接电话。等他放下手中的电话筒时,我便打开了我拎着的手提箱,在他的办公桌上倒出了里面的三十二瓶雪花膏。他十分清楚眼前的这些商品全是竞争对手的杰作。

"我在每一瓶化妆品上都贴了个标签,上面列出了我的调研结果,还写明了该商品过去的情形。

"那么,结果如何呢?

"这次肯定是不会再有争论了。因为这次发生的故事和上次不同,完全是一项新奇的体验。他拿起一瓶又一瓶的雪花膏,一边阅读上面标明的信息一边和我展开了友好的谈话,在此过程中他还问了不少其他问题,看样子是对整件事情产生了浓厚的兴趣。他本来只准备给我十分钟的谈话时间,可是十分钟过去了,二十分钟过去了,紧接着四十分钟也过去了……我们足足谈了一个多钟头还是意犹未尽!

"其实这次我所说的内容和上次并没有什么两样,只不过这次我使用了戏剧化的表现技巧,而所取得的结果竟是那么的不同!"

准则 11 把你的想法通过戏剧化的方式表达出来。

第二十一章

当你无计可施时，试试这个

查尔斯·司华博是一家工厂的董事长，可他的厂长却无法让工厂里的工人完成标准化生产。

"这是怎么一回事呢？"司华博向厂长询问道："作为一个工厂的厂长，怎么就不能让工人完成预计的生产量呢？"

"我也搞不明白这究竟是怎么一回事，"厂长回答说："我是哄也哄了，骂也骂了，甚至有时候还不惜用诅咒、解雇来威胁他们，可一点用处都没有。他们就是不愿意干活儿。"

在他们谈话时，恰恰白天的工作马上就要结束了，夜班工作即将开始。这时，司华博问厂长要了一支粉笔，走到了最近的工人跟前，向他询问说："你们这个班组，今天完成了几个单位的工作量呢？"

"六个。"

听到这个数字以后，司华博一言不发地在地上写下了一个大大的"六"字，然后便走开了。不一会儿，夜班工人过来上班了。他们看见地上有个大大的"六"字，便问是怎么回事。

白班的工人告诉他们说："刚才大老板过来了，问我们班组今天完成了多少单位的工作量，我回答说六个，然后他就在地板上写下

第二十一章

当你无计可施时，试试这个

了这个'六'字。"

第二天早上，司华博又来到了工厂，发现夜班工人已经把地上的"六"字擦掉了，现在赫然眼前的是个大大的"七"字。

当白班工人过来接班时，发现地上已经换成了一个大大的"七"字，心想白班工人怎么能比夜班工人干的差？于是他们就更加努力、热心地加紧干活，等到快要下班时，他们非常自豪地把地上的数字换成了"十"。没过多久，这家工厂的产量便渐渐发生了好转。

事情之所以会变成这样，是什么原因呢？

用查尔斯·司华博自己的话来说就是："如果我们想要完成一件事情，就要学会去鼓励竞争。当然，这并不是一个贬义词，也并不是说去抢着赚钱，而是说，我们应该保持一种战胜别人的欲望。"

好胜心加上挑战心，绝对是吸引人的一种万无一失的激励方式。若是没有这种挑战，西奥多·罗斯福就永远不会入主白宫、坐上总统的宝座。当时，这位勇敢的骑士刚从古巴归来就被推选为纽约州的州长候选人，可他的反对党却声称他现在已经不是纽约州的合法居民，所以根本就没有资格参加竞选。得知了这种情形，罗斯福吓坏了，心想干脆退出得了。

这时，纽约州的参议员托马斯·科利尔·普拉特决心用激将法逼罗斯福出山。他突然转身面向罗斯福，大声喊道："难道圣胡安山的罗斯福不是英雄，而是一个胆小鬼吗？"就为了这样一句话，罗斯福决心和反对党战斗到底。这其中的种种演变，在史料上都有详细记载。

这个挑战所改变的不仅仅是罗斯福本人的人生，对美国的未来

人性的弱点

How To Win Friends and Influence People

也是一次具有划时代意义的转折。

"每个人都会有恐惧心理，但勇者会放下恐惧继续前行。等待他们的或许会是死亡，但更多的时候却是胜利。"这是古希腊国王卫队的座右铭。那么，什么样的挑战能够战胜对恐惧的担心呢？

在艾尔·史密斯担任纽约州州长时，他就十分懂得利用这一点。当时，他所辖的魔鬼岛西端坐落着一座臭名昭著的"星星监狱"。这所监狱没有看守，只有穷凶极恶的罪犯，而里面的丑闻和恐怖已经广为传播，谣言四起。这座监狱如果无人看管，随时可能发生危险。这时的史密斯迫切需要十分坚强勇敢的"钢铁侠"去帮他治理"星星监狱"，可是谁又能胜任这个烂差事呢？最终，他把汉普顿的刘易斯·E.劳斯找了过来。

"嗨，你帮我去照看'星星监狱'怎样？"他愉快地对劳斯说："他们需要一个有经验的管家。"

听史密斯这么一说，劳斯大吃一惊。他自然知道"星星监狱"是个什么鬼样子，真要去那里当差无异于是提着脑袋过日子。可这毕竟是上级安排下来的一个政治使命，甚至还关乎自己的政治命运……据说那里的监狱长流动性特别大，能在那里干上三个星期已经算是谢天谢地了。可他又不得不为自己的职业生涯考虑。这，真的值得自己冒险一试吗？

见劳斯似乎面有犹疑，史密斯靠在椅子上，笑着说："小伙子，我不怪你会感到害怕。毕竟那儿的确不是个太平的地方，所以才更需要一个有能力、有本事的大人物过去压阵。"

所以，史密斯是给劳斯下了个挑战，就看他能不能升起一种大

第二十一章
当你无计可施时，试试这个

人物做大事的意念了。

最后，劳斯接受了这个挑战，并且一干就干了很多年，最后还成为了"星星监狱"有史以来最著名的监狱长。在此期间，劳斯还完成了一部名叫《星星监狱两万年》的著作，一时间洛阳纸贵畅销全国。他在"星星"的故事甚至还多次上了电台广播，被改编成多部影视作品。而他对犯人"人性化"管理的见解，成为了后来许多监狱体制改革的样本，并促成了多项监狱系统体制改革的奇迹。

"我从来都不认为高薪会汇集大量人才替我工作。"伟大的费尔斯通轮胎橡胶公司的创始人哈维·凡士通曾这样说过："只有竞争和挑战，才能够充分调动他们的积极性。"

关于这点，伟大的行为学科学家弗里德里·科赫茨伯格也深表赞同。他曾经深入工厂，从数千名高级管理人员身上深入调研，最终发现了这个最能调动他们工作积极性的要素。是高额的薪资水准？良好的工作条件？还是良好的福利待遇？不，这些都不是。

一个人之所以愿意全身心地扑在工作上，最主要的原因不是其他，而是他对这项工作持有好胜的兴趣。换句话说，他喜欢这份工作并期待把它做好——做得比别人还要好，这就是最好的工作动力。

这是每个成功人士都喜欢的竞技游戏，在这里他可以好好地表现自己，证明自己的能力和价值超出别人。也正因为此，这个世界上出现了千奇百怪的竞技比赛，比如说赛跑、唤猪比赛和吃馅饼比赛等等。在这些竞技的过程中，他们争强好胜的欲望得到了满足，同时也加深了自己的自重感。

准则 12　抛下一个挑战。

人性的弱点

How To Win Friends and Influence People

第三部分小结
如何赢得别人的支持

准则1　赢得争论的唯一方法，就是避免争论。

准则2　尊重别人的意见，永远都不要指摘别人的错误。

准则3　如果你错了，就迅速、坦诚地承认错误。

准则4　以友好的方式开始。

准则5　让对方很快回答"是，是"。

准则6　尽量让对方多说话。

准则7　让对方觉得这是他自己的想法。

准则8　真诚地以他人的视点去看待问题。

准则9　同情对方的思想和欲望。

准则10　激发更崇高的动机。

准则11　把你的想法通过戏剧化的方式表达出来。

准则12　抛下一个挑战。

第四部分

作为领导者：
如何在不冒犯或激起反感的情况下改变别人

第二十二章

如果必须批评，请以这种方式开始

在加尔文·库利奇执政期间，一个周末，我的一个朋友前去白宫做客。当他溜达到总统的私人办公室时，他听到库利奇对他的秘书说："今天你穿的衣服真漂亮，你是一位非常有魅力的年轻女人。"

这可能是沉默的库利奇在他生命中给予一个秘书的最热情的赞扬。这个表扬是如此与众不同，如此出人意料，以至于这位秘书激动得脸红，但又充满了困惑。然后库利奇接着说："不要为难，我刚才说的只是让你内心感觉好些。从现在开始，我希望你以后在使用标点符号时要仔细一些。"

他使用的方法可能有点明显，但都很好地运用了心理学方面的知识。当我们受到称赞后，再听到一些不愉快的事情时，心里就比较容易接受了。

理发师在给客人刮胡子时，总是先涂上剃须泡沫。这就是麦金利在1896年竞选总统时所使用的方法。共和党中一名非常优秀的秘书在那天写了一篇竞选演讲稿，他觉得已经写得非常出色了。于是，他非常高兴地把演讲稿读给麦金利听。麦金利觉得这篇演讲稿虽然有很多不错的表述，但不能直接采用。如果直接采用，必定会招来

人性的弱点
How To Win Friends and Influence People

无数的批评。麦金利不想让这位秘书感到非常挫败，他不能扼杀这个人的一腔热情，然而，他不得不说"不"。请注意他是如何巧妙地做到的。

"朋友，这是一篇非常精彩的演讲稿，辞藻丰富、语言华丽。"麦金利说，"没有人能写出比这更好的了。在有些场合，这样写是非常正确的，但它是否非常适合竞选这种场合呢？从你的立场上讲，这篇演讲稿是健全合理的，不过我必须要从共和党的立场上考虑其影响。现在你回去按照我的指示写演讲稿，写完后再给我。"

那位秘书按照麦金利的指示重新写了演讲稿。麦金利的校正帮助他写了第二份演讲稿，而他也成为麦金利竞选演讲的有力帮手。

这里还有亚伯拉罕·林肯所写的第二封有名的信件（他最出名的信件是写给比克斯比夫人的，表达了他对她五个儿子在战场上牺牲的悲痛之情）。林肯写这封信可能只用了五分钟；然而在1926年的公开拍卖中卖出了一万二千美元。顺便说一句，这些钱比林肯半个世纪努力工作所攒的钱都多。这封信是在1863年4月26日内战最黑暗时期，写给约瑟夫·胡克将军的。林肯的将领们带着联盟军经历了一次次的惨败已经有十八个月了。这一切不过是徒劳的，是愚蠢的人类大屠杀。全国上下都为此震惊。数以千计的士兵临阵脱逃，甚至参议院的共和党成员已经叛变，想强迫林肯离开白宫。"我们现在就在毁灭的边缘，"林肯说，"在我看来，即使是万能的上帝也反对我们。我看不到一丝希望。"这封信就在这黑色的悲伤和混乱的背景下产生了。

我在这里引用这封信是为了说明，当国家的命运可能取决于这位将军的行动，林肯是如何试图改变这位任性的将军的。

第二十二章

如果必须批评，请以这种方式开始

这可能是林肯就任总统以来写的最严厉的一封信。但你会注意到，他在讲述胡克将军的严重错误之前，首先赞扬了胡克。

是的，他们犯了严重的错误，但是林肯没有那样说。林肯是比较保守的，也非常老练。林肯写道："对于有些事，我对你不是非常满意。"这么写是多么的机智！多么的老练！下面是林肯寄给胡克的信件：

我已经将你放在波托马克军团的首位。当然，我这样做必然是有充足的理由。但我也希望你最好能够知道，对于有些事，我对你不是非常满意。

我相信你是一位智勇多谋的将军，那自然是我所喜欢的。同时我也相信你不会将政治与你的职务混为一谈，在这件事上，你是对的。你自信，那是一种有价值的、不可缺少的性格。

你有志气，在一定的范围之内，这是有益无害的。但我想在柏恩赛将军带领军队的时候，你顺从自己的志气，竭力地阻挠他。在这件事上，你对国家，对一位极有功而光荣的同僚长官，犯了一个大错。我曾听说，并使我相信，你最近曾说军队与政府都需要一位独裁者。当然，不是因为这个，却是不顾这个，我方给你统治权。

只有得到胜利的将领，方能起立成为独裁者。我现在请求于你的，是军事的胜利，我可以将独裁权冒险给你。

政府要尽力帮助你，就如同以往及今后对于所有将领给予的帮助一样，不多也不少。我深怕你所帮忙灌输于军队的批评将领及不信任他的思想，现在将加在你的身上了，我要尽力帮助你消灭这种思想。

人性的弱点
How To Win Friends and Influence People

当这种思想存在于军队中时，即便是拿破仑在世也不能从军队中得到什么益处。现在，切莫轻率，要小心、不要匆忙，要用精力及不懈的努力前进，使得我们取得胜利。

你不是库利奇·麦金利和林肯。你想知道这种哲理对你的日常业务联系有帮助吗？那么我们就看下面的例子。下面是费城沃克公司卡伍先生的例子。华克公司在费城承建一座要在指定日期完成的大型写字楼。所有的事情进展都非常顺利，大楼基本要完工了。但是突然，制造铜工装饰的分包商通知说他们无法按期交货。什么？整个建筑工程都要停工、违约罚款？令人痛心的损失！全都是因为这个分包商！

各种长途电话，不休的争论，激烈的谈判……全都毫无用处。这时，卡伍先生被派到纽约去与分包商当面交涉。

"你知道在布鲁克林没有与你重名的吗？"卡伍先生在见到分包商的总裁后问道。这位总裁非常惊讶地回答道："我不知道。"

"好吧，"卡伍先生说，"我今早下了火车后，查阅电话本找你的地址。我发现在布鲁克林的电话本里，你的名字是唯一的。"

"我从来都不知道这些。"分包商说。他非常有兴致地翻阅着电话本。"哇，这是一个独一无二的名字。"他自豪地说，"我的家族来自荷兰，已经在纽约定居二百年了。"他继续谈论他的家庭和他的祖先。当他谈论完家族以后，卡伍称赞他的工厂如何大，不比他以前参观的类似工厂逊色。"这是我见过的最干净、最整洁的工厂。"卡伍说。

"我花费毕生精力经营这家公司，"分包商说，"我非常为之自豪。

第二十二章

如果必须批评，请以这种方式开始

你愿意参观一下工厂吗？"

在参观期间，卡伍处处称赞，并说为什么分包商的工厂比他的一些竞争对手更高一等。卡伍继续称赞一些不寻常的机器，分包商说那是他自己发明的机器。他花了相当长的时间向卡伍演示如何操作和讲述机器的优异性能。分包商坚持要卡伍一起用午餐。你应该注意到，到目前为止，卡伍对自己的真正来意只字未提。

午餐后，分包商说："现在，言归正传。很明显，我知道你来的目的。我没想到我们会相处得这么愉快。你可以回到费城，即使我把其他的订单推迟，也会保证你所需材料的制造和运输。"

卡伍先生甚至没有开口就把事情解决了。材料准时到达，建筑在合同指定的日期内完工。如果卡伍先生也使用普通人遇到这种情况时所使用的争论逼迫等方法，那会是什么样的结果？桃乐西·乌鲁布莱夫斯基是联邦信贷联盟新泽西蒙默思堡的分行经理，她在我们的课堂上讲述了她是如何帮助她的一个员工变得更有效率的。

"我们最近聘请了一位年轻的女士作为出纳实习生。她服务客户非常周到细心。她在处理个人事务时准确有效。问题就发生在某天下午下班结算的时候。"

"总出纳来找我，强烈建议我开除这个女人。'她拖累了每个人，因为她结算是如此之慢。我反复向她演示了无数次，但是她却无法理会。必须要把她开除。'"

"第二天，我看到她在处理日常事务的时候，非常快速、准确。而且她对我们的客户非常的友好。"

"没过多久，我就知道为什么她结算总是很慢了。下班后，我去找她谈话。显然她很紧张和不安。我表扬她对待客户非常友善有耐

人性的弱点
How To Win Friends and Influence People

心,并称赞她处理工作的精度和速度。然后我建议一起回顾结算中使用现金抽屉的程序。当她意识到我对她很有信心,她跟着我的建议,就很快掌握了这个诀窍。从此以后,她再也没出过任何问题。"

以赞美开始,就像牙医用麻醉剂开始工作一样。虽然病人的牙齿还是会被凿,但是麻醉剂让他感受不到疼痛。

准则1 从真诚的赞美和赞赏开始。

第二十三章

巧用暗示，让他人意识到自己的错误

有一天中午，当查尔斯·施瓦布经过他的钢厂车间时，他看到一些员工在吸烟。刚好在这些员工的上方就挂着"禁止吸烟"的标识。施瓦布会不会立刻走过去指着标识说："你们不识字吗？"不，施瓦布绝对不会这样做。他走到工人面前，给他们每人一支雪茄，并说："伙计们，如果你们到外面去吸烟，我会非常感激。"工人们知道自己坏了规矩，而且他们非常感激施瓦布，因为他不但没有责备，反而给他们雪茄，让他们觉得自己很受尊重。这样的人，有谁不敬佩呢？

约翰·沃纳梅克也使用了同样的方法。沃纳梅克每天都去他在费城开的大商店转一圈。有一次他看见一个顾客在柜台等待。但是没有店员注意到她。收银员呢？他们在柜台的远处与其他店员谈笑着。沃纳梅克什么话都没有说，只是悄悄地走进柜台，为顾客结账。他把顾客购买的物品交给店员打包，然后他就离开了。

政府官员经常被批评，因为他们对他们的子民不热情。他们是非常忙碌的人，而问题的原因可能是他们有过分保护的助手，这些助手往往不想他们的上司被太多人打扰。卡尔·兰福德曾经是佛罗里达奥兰多的市长。奥兰多是迪士尼乐园的所在地。多年来，他经

人性的弱点
How To Win Friends and Influence People

常告诫自己的下属,要让市民可以随时拜访他。他声称设立了"门户开放"政策。然而,当社区居民想去拜访他时,总是被他的秘书及行政人员挡在门外。

市长最终找到了好的解决办法。他把自己办公室的门摘掉了!市长在摘掉门以后,终于真正地实现了开放式管理。

许多人在批评别人前,先进行赞美,然后用"但是"进行转折,以批评进行结尾。例如,我们想改变孩子在学习中粗心大意的习惯,我们可能会说:"我们为你本学期学习成绩的提升而感到骄傲,孩子。但是如果你再加强代数课程的学习,我想你会有更好的成绩。"

这种情况下,孩子在听到"但是"之前可能会觉得备受鼓舞。因此,他可能会质疑赞美的真诚。对他来说,表扬可能只是进行批评的铺垫。你们之间的信誉可能会因此而紧张,而且我们可能无法达到改变孩子学习中粗心大意的毛病。

其实这种情况很容易解决,你只需要将"但是"改为"并且"即可。"我们为你本学期学习成绩的提升而感到骄傲,孩子。并且如果你在下个学期继续努力,你的代数成绩就会跟其他科目一样好。"

这样,孩子就会接受赞美,因为没有后续的失败推理。我们间接的吸引他的注意力到我们所希望他改变的行为上,他可能就不会辜负我们的期望。

间接地让别人意识到错误,特别是对痛恨直接批评的敏感的人。罗得岛文索基特市的玛姬·雅各伯给我们的学员讲述了她是如何说服给她装修房子的邋遢工人在工作完后收拾卫生的。

在装修刚开工的前几天,每当雅各伯太太下班回家后,她发现院子里总是散落着木材边角料。她不想招惹这些工人,因为他们的

第二十三章
巧用暗示，让他人意识到自己的错误

工作都非常出色。所以当她下班回到家后，她和她的孩子一起把散落的木材边角料一片片拾起来整齐地堆放在一个角落里。第二天早晨，她把工头叫到一边，说："我昨晚看到草坪前干净的道路非常高兴，这样非常漂亮、干净，而且不会得罪邻居。"从那一天起，工人都会捡起杂物堆放到一边，每天工作做完后，工头都会到草坪上巡视一趟。

1887年3月8日，著名演说家亨利·沃德·比彻去世了。在接下来的礼拜天，由于比彻的悄然离世，所以李曼·阿伯特应邀在讲道坛上讲道。他渴望表现出自己最完美的一面，所以他尽毕生所能写了一篇演讲稿。然后他读给妻子听。但是这篇演讲稿跟其他平平的演讲稿没什么两样，没有给他妻子眼前一亮的感觉。如果她没有什么判断力，她可能会说："李曼，这篇演讲稿太糟了，简直是空谈，会让听布道的人睡着的。它读起来就像一本百科全书。你演讲了这么多年，应该很明白。你为什么不能像正常人一样讲话？你为什么不自然一点？如果你在讲道坛上读这篇稿子，只会让你蒙羞。"

她可以对丈夫这样说！但如果她这样说，你肯定会料想到结果如何。而她深知如此，所以她只是说，如果这篇演讲稿在北美评论杂志发表的话肯定是非常完美的。换句话说，她称赞这篇文章，也同时巧妙地暗示它不适合作为演讲稿。李曼·阿伯特明白了妻子的深意，所以撕碎了精心准备的演讲稿，空手去布道去了。

准则2　间接地指出别人的错误。

第二十四章

先谈自己的错误

我的侄女约瑟芬·卡耐基曾来纽约做过我的秘书。三年前高中毕业她已经十九岁了,但她几乎没有业务经验。现在她已是一位能干的秘书了,但是刚开始的时候她确实急需改进。有一天,当我准备批评她时,我对自己说:"等一下,戴尔·卡耐基,冷静一下。你的年龄有约瑟芬两倍大,你有她成千上万倍的业务经验。你怎么能希望她有你的观点、你的判断、你的见解呢?再想一下,戴尔,你十九岁的时候都做了些什么?还记得当时你犯的愚蠢错误和失误吗?还记得当时你做了这样和那样的……吗?"

经过诚实和公正的考虑后,我的结论是十九岁的约瑟芬比十九岁时的我成功多了。而且我惭愧地承认没有给约瑟芬足够的赞美。

所以,自那时起,每当我想让约瑟芬注意到犯的错误时,我就对自己说:"你做错了事,约瑟芬,但是上帝知道这并不比我犯的错误还糟。你不是一出生就会辨别是非,这些只能从经验中获得,而且你比我当年强多了。当年我犯了那么多愚蠢的错误,做了那么多愚蠢的事情,所以我决定不批评你或其他人。但是,如果你用另一种方式处理事情,你不会觉得更聪明些吗?"

第二十四章

先谈自己的错误

如果在批评别人之前，先想一想自己的缺点，那么你的批评就不会那么难听。

狄理斯东是加拿大马尼托巴布兰登的一名工程师，他有点看不惯新来的秘书。这位秘书送到他办公室需要签字的文件上，每页都有两三个拼写错误。狄理斯东先生向我们讲述了他是如何处理这件事的：

"像大多数工程师一样，我没有意识到自己的英文或拼写能力如此优秀。多年来，我一直用一本小册子记载容易拼错的单词。当我意识到只是指出错误并不会让我的秘书进行更仔细的文字校对时，我决定采取另一种方法解决。当又一份仍有拼写错误的文件送到我的办公室时，我坐下来与打字员说："不知为什么，总感觉这个单词有点别扭。哦，这是那个我一直拼写错的单词。正是因为这个单词，我才做了一本小册子记录容易拼错的单词（我打开小册子翻到相应的页面）。对，就是这个单词。我现在非常留心单词的拼写，因为人们会因为我的拼写错误而觉得我很不专业。'"

"我不知道她有没有参照我的方式，但是自那次谈话以后，她的拼写错误频率已经明显减少。"

文雅的伯恩哈德·冯比洛王子在1909年就学会了先谈自己错误的重要性。当时伯恩哈德是德国的总理，坐在帝王宝座的是高傲的威廉二世。威廉二世非常傲慢，也是德国最后的皇帝，大肆发展陆军和海军，意欲称霸。

然后一个惊人的事情发生了。这位德国皇帝做了一系列不可思议的事情，这使得世界各地的人议论纷纷。最糟糕的是，这位德国皇帝在访问英国时，他做出了愚蠢、任性而又荒谬的公共演讲，而

人性的弱点

How To Win Friends and Influence People

且他还允许这些言论发表在每日电讯报上。例如，他声称自己是唯一一个对英国友好的德国人；他发展海军是为了抑制日本的威胁；他并且只有他才使得英格兰不受俄罗斯和法国的屈辱；正是由于他的计划才使得英格兰的罗伯茨勋爵击败在南非的布尔人，等等诸如此类的话题。

在一百年和平时期，从未有其他欧洲国王能说出这样的话来。整个欧洲大陆就像被捅的马蜂窝一样愤怒。英格兰被激怒了，德国的政治家们都吓呆了。在这一切的恐慌之中，德国皇帝惊慌失措并建议王子伯恩哈德担任帝国总理，让他承担责任。

没错，德国皇帝是想让伯恩哈德宣布这都是他的责任，是他建议他的君主说这些不可思议的事情。

"不过，陛下，"伯恩哈德谏言道，"在我看来，要想让德国和英国认为我能够劝陛下说出这样的事情是完全不可能的。"

就在伯恩哈德说出这些话的那一刻，他意识到自己犯了一个极大的错误。德国皇帝大怒。

"你认为我是一头蠢驴，"德国皇帝大喊道，"而你却永远不会犯错误！"伯恩哈德知道他应该在指出错误前先称赞一番，但是为时已晚，他只好指出错误后再加称赞。这种方法果然奏效。

"您可能误会我了，陛下，"他回答道，"您在很多方面都远胜过我；当然不只是在海军方面，还有自然科学方面。我经常听到臣民赞美陛下解释的晴雨表，或无线电报，或伦琴射线。我对所有分支的自然科学都很无知，甚至无法解释最简单的自然现象。不过幸好作为弥补，我具备一定的历史知识和在政治上也许有用的某些特质，尤其是在外交方面。"

第二十四章
先谈自己的错误

由于伯恩哈德的称赞，德国皇帝终于露出了笑容。伯恩哈德称赞了皇帝，而贬低了自己。这样皇帝就原谅了他之前的言语。"我不是一直都告诉你，"皇帝热情地说，"我们以相互弥补对方的短处而出名？我们应该精诚合作！"

皇帝热情地握着伯恩哈德的手，而且那天他一直都那么热情。他还攥着拳头说："如果有人说伯恩哈德的坏话，我会打扁他的鼻子。"

伯恩哈德及时地挽救了自己，但是作为精明外交家他也犯了一个错误：他应该以谈论自己的缺点和称赞威廉皇帝的优点开始，而不是暗示皇帝是一个需要别人守护的笨蛋。

如果几句自谦加上对皇帝的赞美就可以把傲慢无礼的皇帝变成热忱的朋友，那么想象一下谦卑和赞美能在日常生活中帮我们做什么。只要我们加以正确使用，它们就会展现出不可思议的奇迹。

承认自己的错误，即使这个错误自己还未改正，这也可以说服别人改变他们的行为。这里还有一个最近的例证，马里兰州蒂莫厄姆的克拉伦斯·楚尔豪森发现十五岁的儿子正在抽烟。

"当然，我不想让戴维吸烟，"楚尔豪森对我们说，"但是我跟他妈妈都抽烟。我们给他树立了不好的榜样。我向戴夫解释我是如何在他这个年龄开始吸烟的，以及尼古丁是如何影响我的，现在让我戒烟几乎是不可能的了。然后，我提醒他吸烟让我承受难忍的咳嗽。"

"我没有用吸烟的危害劝他停止吸烟或威胁或警告他。我所做的只是指出我是如何迷上了香烟，以及香烟对我有什么影响。"

人性的弱点

How To Win Friends and Influence People

"他想了一会儿,然后决定在高中毕业之前不会抽烟。随着岁月的流逝,戴维后来没有吸过烟,也没有打算要吸烟。"

"由于那次谈话,我决定戒烟。在我家人的支持下,我成功地戒掉了香烟。"

准则3　在批评别人之前先谈自己的错误。

第二十五章

没人喜欢被别人命令

我曾经很荣幸有机会能与美国著名传记作家伊达·塔贝尔女士共进晚餐。当我告诉她我正在写这本书时，我们开始讨论与人相处这个重要的主题。她说自己正在写欧文·杨的传记，还采访过和欧文·杨在同一办公室相处过三年的同事。那个人说，他从未听到欧文·杨给任何人下过直接的命令。他总是给出建议，而不是命令。欧文·杨从未说过"做这或做那"或"不要这么做或不要那么做"之类的话语。他会说"你可能考虑这样"或"你认为可行吗？"他在拟定文件后，经常会说："你觉得这个怎么样？"他看过助手草拟的信件后会说："如果我们用这样措辞，也许会更好。"他总是给人自己做事的机会；他从不命令助手做事情；他让他们做他们的，让他们从自己的错误中学习。

这样的方式使人们很容易改正自己的错误。这样的方式使人们感受到自尊和自重感。这是鼓励了合作，减少了反抗。

一个傲慢的命令引起的不满可能会持续很长时间，即使这个命令是为了纠正明显的错误。丹·桑塔雷利是宾夕法尼亚怀俄明一所职业学校的教师。他向我们讲述如何处理他的一名学生非法停车堵住去学校商店道路的问题。另一个教师冲进教室，用傲慢的口吻问："谁的车挡住了车道？"当一名学生回应时，这位教师尖叫道："抓

人性的弱点
How To Win Friends and Influence People

紧把车开走,现在就去!否则我就用拖车把它拖走。"

学生是犯错了,那辆车确实不该停在那里。但从那一天起,不仅那名学生对那位教师产生憎恨,甚至该班级的所有学生都会给那位老师出难题,让他的工作不愉快。

他是否可以用不同的方式来处理呢?如果他以非常友好的方式询问:"请问是谁的车停在车道上?"然后建议道,如果他能把车移走,其他车辆就可以出入,那么这名学生会很乐意把车移走,而且他和他的同学们也不会沮丧和怨恨。通过提问的方式不仅可以让命令更易接受,它也会激励被提问人的创造力。如果人们是导致命令发布的决定的一部分,那么他们更容易接受命令。

南非约翰内斯堡的伊恩·麦克唐纳德是一家小制造厂专业从事精密机械零件的总经理。当他有机会去接受一个非常大的订单,可根据目前生产进度的安排确信无法按期交付货物时,他运用了科学的处理方法。

他没有通过急促的命令催促工人加快工作速度。他反而是把所有人召集在一起,向他们说明了情况。他告诉大家,如果他们按期完成订单,这对公司和所有人有多大的意义。然后,他以提问题的方式开始:

"我们怎么做才能完成这个订单?"

"有人能想出更好地完成订单的方法吗?"

"有没有办法通过调整我们的时间和人员分配来完成订单呢?"

员工们想出了许多好的想法,并坚持让他接受订单。他们通过"我们可以完成"的态度来接受订单,最后伊恩接受了订单,并按期生产和交付了订单。

准则4　通过发问而不是直接发号的方式下达命令。

第二十六章

为他人保全颜面

多年前,美国通用电气公司遇到了一桩棘手的事情:他们打算撤销查尔斯·斯坦米兹的部长职位。

在电学方面,斯坦米兹可谓是一位不可多得的一等一的人才。然而,公司之前却委任他担任了会计部的部长,在这个岗位上他无疑是一无所成的。考虑到斯坦米兹在电学方面的权威性,公司也不敢得罪他,毕竟这次职位撤换是个相当敏感的话题。综合权衡之后,公司决定给他赋予一个新头衔,请他担任通用电气公司的咨询工程师,而他原先的职位自然也就得另外委派他人了。

斯坦米兹对公司的这个安排感到非常开心。而公司的管理人员自然对这个结果也十分满意。毕竟他们在一片祥和友好的氛围中调动了这位特立独行的高级职员,而在此过程中双方没有发生任何不愉快的冲突。事情之所以会进展得如此顺利,正是因为他们保全了斯坦米兹的颜面,顾及到了他的骄傲。

顾全到一个人的颜面,这是多么重要的一件事情啊!可是在我们中间,又有几个人能够停下来想想这个问题呢?我们践踏别人的感情,只顾自走自的路;我们挑出别人的缺点,发出指责或恐吓;

人性的弱点

How To Win Friends and Influence People

我们当着别人的面批评他的孩子或是他所雇用的员工,根本就没有考虑到这会伤害别人的自尊心!

其实,我们只需要花上几分钟去思考一两句体贴的话语,对别人抱有理解和同情,完全就可以缓解对彼此的很多刺痛。

让我们记住,当我们下次需要辞退一位佣人或是员工时,完全可以这样做。

现在我将引述一位名叫马歇尔·A.格兰杰的会计师写给我的信:"解雇员工可不是一件有趣的事,对于被炒鱿鱼的员工来说,就更无有趣可言了。因为我们的业务具有季节性,所以在每年三月我都需要去辞退一批员工。"

在我们这行有个俗语:"没人喜欢掌管斧头。"于是在这个行业就渐渐形成了越快解决越好的习惯。因此,在必须要解雇一名雇员时,我通常习惯于这样说:"请坐,史密斯(或XX)先生。这一季的用工旺季已经过去了,而我们似乎没有什么工作可以安排给你做了。当然,我想您事先也应该清楚,我们只是在忙不过来的时候才会临时请你们来帮忙的。"

你可以想象得到,当对方听到这些话时该有多么失望,因为这种被人辞退的感觉并不好受。他们中的绝大多数人都是一辈子在会计领域讨生活的,对于这种随便就能辞退他们的机构,他们肯定并不是十分中意。

最近我在辞退这些季节性员工时,稍微动了动脑子、使了些小手段。在给他们打电话之前,我事先把他们每个人在这一季中的工作成绩仔细过目了一番,这才和他们进行了辞退面谈。我是这样对他们说的:

第二十六章

为他人保全颜面

"史密斯（或XX）先生，你在这一季的工作中表现很棒。上次我委托你接手的纽瓦克项目真的是非常艰难，可你却做得有声有色。我想说的是，像你这样优秀的人才能够为公司效劳，的确是公司的荣幸。你真的是非常能干，我相信你的未来还会有很大发展。不管今后在哪里工作，公司都会一如既往地看好你、支持你，希望你有时间的话'常回家看看'。"

那么，这样做的效果如何呢？虽然这些人是被辞退了，但他们心里却感觉舒服多了。他们并不会感到失望，也不会觉得受了委屈，因为他们知道如果我们再次需要他们的时候，还会再请他们回来的。事实上，当我们再次需要他们的时候，他们对我们公司也有了更加微妙的亲切感。

在我们的一堂课上，我们的学员分成了两组，分别就挑剔刻薄的负面影响和顾全颜面的积极影响展开了讨论。

来自宾夕法尼亚州哈里斯堡的弗莱德·克拉克给我们讲述了一件发生在他们公司的故事：

"在一次生产会议上，副总指出了我们生产主管在生产过程中出现的很多问题。他说话的声音极具侵略性，旨在突出自己指出错误的权威性，压根就没有考虑到这种语气会让人感到非常尴尬和难堪。也正因如此，生产主管一直在回避正面回答他的问题，而这却让副总大发雷霆，不仅把生产主管训得更厉害了，而且还横加指责他在说谎。

事实上，这个生产主管基本上可以算得上是个称职的好主管，可副总却在这一瞬间把他之前的一切功劳全都抹杀了，这让他感到非常的委屈和失望。几个月之后，他跳槽去了竞争对手的公司。我理

解他为什么会做出这样的选择,或许对他而言,他早该这样做了。"

另一个名叫安娜·马佐尼的学员,给我们讲述了发生在她身边的故事。这个故事和上一个故事类似,只是谈话方法有些不同,而这却导致了完全相反的差异。

马佐尼女士是食品包装领域的市场营销专家。一次,她接到了一个对新产品市场调研的任务。

"当测试结果出来的时候,我简直要崩溃了。"马佐尼在课堂上说:"我发现我在刚开始做规划时就犯了一个严重的失误,所以这整个测试都白做了,必须从头再来。而更糟糕的是,老板让我在开会时就这个项目做个完整的市场调研汇报,而在这之前我根本就没有时间再做补救。

"于是在会议上,我一直在恐惧中战战兢兢,身体抑制不住地不停打颤。我唯一希望自己做到的就是一定不要哭出来,因为这些男人们总是认为女人不能很好地处理一项管理工作,他们认为女人太情绪化了。在轮到我作报告时,我简明扼要地坦白说,由于我的一项失误,现在的这份报告已经失去了参考价值,我会在下次会议之前做好这项工作。说完,我就坐了下来,心想我的老板一定会气炸了。

"然而,出乎意料的是,我的老板不仅没有气急败坏,反而还感谢我之前的辛勤工作。他说,这毕竟是个不同于以往的新项目,犯点错误也很正常,而他对我们重新开展调查工作也抱有信心,因为这会对公司产生十分重要的意义。他还向我保证,不管结果怎样他都会一如既往地支持我、对我充满信心,因为他知道我已经尽力了。即便最终失败了,也不是因为我的能力不够,仅仅是因为我在这方

第二十六章

为他人保全颜面

面经验不足。

"会议结束之后,我暗自下定决心一定要把这项工作做好,我不会让我的老板失望。"

即便我们完全正确、而对方才是绝对错误的那个人,我们也不能让对方丧失颜面下不来台。

带有传奇色彩的法国航空先驱和作家安东尼·德·圣·埃克苏佩里曾在他的书中写道:"我没有任何权利去对任何人眼中的世界加以评论或干预。在我眼中他人是一个怎样的人对我根本不重要,重要的是他会怎样看待自己。伤害他人的尊严是一种犯罪。"

准则5　顾全别人的颜面。

第二十七章

激励的作用

皮特·巴罗是我的一个老朋友。他把他的毕生精力都用在了马戏团和歌舞表演上,他本人对狗和马的性情都十分熟悉。我喜欢看皮特训练新的狗狗表演。我留意到,每当那只狗在动作上稍稍有些进步,皮特就会马上惊喜地拍拍它的脑袋表扬一番,然后还给它肉吃。

其实这也不是什么新鲜的技巧了。几个世纪以来,驯兽师都是使用同样的技巧训练动物的。

只是,我很好奇的是,当我们试图去改变别人的意志时,为什么不采用训练狗狗的这种办法呢?为什么我们不用肉来代替皮鞭、用赞扬来取代谴责呢?哪怕只是稍稍有点进步,我们也要给予鼓励和称赞,这样就能够鼓励他取得更大的进步了。

在心理学家杰西·福德·莱尔的著作《宝贝,我没有拥有很多,但我却是自己的一切》中有这样一段评论:"赞扬犹如明媚的阳光,能够温暖人们的精神,花朵的成长不能少了它。然而,大多数人却习惯于给别人扇去批评的冷风,而吝于对自己的同伴付出温暖的阳光和赞美。"

第二十七章

激励的作用

　　回想一下我自己过去的人生经历，我发现，有那么几句赞美的话，后来竟深深改变了我的整个未来。在你的一生之中，是否也曾有过和我类似的经历？历史上那些关于赞美给人带来神奇力量的佳话真是数不胜数呢。

　　比方说，很多年前，有个十岁的男孩在那不勒斯的一家工厂里做工。他希望长大以后能够成为一名歌手，但他的第一位老师却毫不留情地打击他说："你根本就不能唱歌。你的嗓音简直是糟糕透了，发出的声音就像风吹过百叶窗一样难听。"

　　但男孩的母亲，一个贫穷的农妇却把他搂在自己的怀里，称赞他说，他将来肯定能够唱歌，她已经看出他在不断进步了。为此，男孩的母亲甚至光着脚出去做工，只为省出钱来给自己的儿子付音乐班的学费。经过这个农民妈妈的不断鼓励和称赞，男孩的人生也终于发生了翻天覆地的变化。后来，这个男孩真的如愿以偿，成为了当时最伟大、最著名的歌剧歌手，他的名字叫恩里克·卡鲁索。

　　上个世纪初，伦敦有一个年轻人，立志要成为一名作家。遗憾的是，似乎他的所有经历都事与愿违，就跟铆足了劲跟他作对似的。他只上过不到四年学，父亲也因为无钱还债而锒铛入狱，而这个年轻人从小就饱尝了饥饿的滋味。最后，他好不容易找到了一份工作，可工作内容居然是在一间黑老鼠满地跑的仓库里粘贴墨水瓶上的标签。

　　晚上，他就和其他两个来自伦敦贫民窟的男孩挤在一个凄凉的阁楼里。环境弄人，他对自己能否写作也一直缺乏信心。当他在完成自己的处女作时，心里还是非常自卑的。他生怕别人会嘲笑他，所以只好在夜深人静的时候偷偷将它投进了寄往编辑部的信箱。他

人性的弱点
How To Win Friends and Influence People

不断经历着写稿、投稿的过程,而那些寄出的稿件,也接二连三地全都被退了回来。

终于,伟大的一天来临了!终于有人愿意采用他的稿子,他终于有作品得到编辑的认可了!事实上,他却连一个先令的稿酬都没能领到,可是采用他稿子的那位编辑对他的作品给予了赞赏。他是那么的兴奋,一个人漫无目的地徘徊在空无一人的大街上,任由激动的泪水顺着脸颊流淌下来。正是这份认可和赞赏,从此改变了他的人生。如果没有那次鼓励,他可能会在那满是老鼠出没的工厂里混天熬日地糊弄一辈子。你可能听说过那个男孩的名字,他就是后来英国的大文豪查尔斯·狄更斯。

在伦敦还有另外一个男孩,他是一家干货店的职员。他每天必须五点就起床打扫店面,然后再在店里工作十四个小时。像这样的一份苦差事,他早就干够了。

在做了两年的苦工之后,他终于忍无可忍了。于是一天早上,他连早饭都没吃就步行十五英里,来到了他那当管家的母亲跟前诉苦了。

他简直就快被逼疯了,哭着恳求他的母亲不要再让他回去了。他发誓自己再也不会回那家店干苦力了,否则就只有自杀一条路可走了。他还给他的老校长写了一封长信,说自己现在感到非常伤心和绝望,对这个世界也再无留恋了。而他的老校长在看到这封信后,不仅给了他一些赞美,还让他放心,因为像他这样的聪明人,总会有更美好的东西在前面路上等着他的,然后还给了他一个教师的职位。

老校长的那些赞美改变了那个男孩的未来。后来,这个男孩在

第二十七章

激励的作用

英国文学史上留下了不可磨灭的印象。他在此后的一生中创作出了无数本畅销书，用他的笔杆子赚了不下一百万美元的财富。说到这里，你可能已经猜到他是谁了。没错，他就是 H. G. 威尔斯。

用赞扬来取代批评，这是斯金纳的基本教育理念。在这个伟大的时代，心理学家已经通过动物和人类做出过无数试验，结论就是：当赞美和鼓励多于批评和指责时，做好事的人们将会增多，做坏事的人们将会减少。

来自北卡罗来纳州落基山的约翰·皮奎就是运用这个理论来教导他的孩子的。似乎在很多家庭中，父母和孩子沟通的主要方式往往就是打骂他们。然而，在多数情况下，他们的这种方式只会让孩子在事后变得更糟，而父母也一样。而本身的问题似乎也并没有解决，从而陷入了一个越解决越糟糕、越糟糕越难以解决的死循环之中。

于是，皮奎先生决心运用在我们讲习班上学到的内容来彻底解决这种情况。他说："我们决定尝试一下赞扬，而不再指责他们所犯下的错误。当然，这并不那么容易，因为闯入我们眼中的全是他们的缺点，要想找一件能够真心赞美出来的优点还真得好好费费脑筋。在我们最初尝试这样做的前一两天，他们所做的那些让人苦恼的事情真的有些让我们想打退堂鼓。可是后来，他们的缺点开始渐渐消失了——我们的表扬开始奏效了！他们开始尝试着去改变自己不那么美好的做事方式，我们简直有些难以置信。当然，这些东西或许并不会持续太久，但为此养成的爱赞美的好习惯却让我们受益良多。渐渐的，我们也不再需要去费尽心思地求全赞美了，因为孩子们的优点越来越多，犯的错误也越来越少。所有的这一切改变，都是因为我们对孩子的赞美和鼓励，而不是谴责他们做错的一切。"

人性的弱点

How To Win Friends and Influence People

这个技巧运用在工作上也十分受用。加利福尼亚州伍德兰的吉斯·罗珀在他的公司就是这么干的。这天，罗珀遇到了一件麻烦事，据说他掌管的一家高端打字店新来了一个打字员，而经过观察，这个新人显然很难适应他的这份新工作。于是，打字店的负责人便认为他是消极怠工，甚至还开始认真考虑解聘他的相关事宜。

获悉了这个情况，罗珀便亲自赶到了打字店，和这个年轻人聊了起来。他对这个年轻人说，能够雇佣到像他这么优秀的人才，自己是多么的荣幸，还指出自己有时候甚至会觉得这份打字员的工作还真是不赖，和他简直是绝配了。然后，他向年轻人说明了之所以会觉得这份工作十分优越的原因，而且年轻人的这份工作对于公司的整体运转简直就是功不可没。

那么，你会觉得他的这一席话能够影响到年轻人在工作中的态度吗？事实证明，在接下来的几天中，这个小伙子的工作态度有了翻天覆地的转变。他还把和罗珀的谈话内容告诉了其他几个相关同事，而公司里的部分同事也打心眼里开始相信这真是一份极好的差事了。从那天起，他对公司的忠诚感更是日渐强烈了。

罗珀先生所做的，不仅仅是夸赞打字员的这份工作，更关键的是，他明确告诉这个年轻人："你很优秀。"此外，他还特别指出了年轻人在工作中的一些具体细节，借以表达公司对他的感谢。而相对于一般的奉承话，这些具体细节让赞美也变得更具说服力。每个人都喜欢被赞美，但当赞美显得真诚而具体时，给人的感觉势必会更加美好。

记住，我们都渴望得到别人的欣赏和认可，为了得到赞美，我们几乎愿意去做任何事情。然而，没人想要虚伪的奉承，所以在这

第二十七章
激励的作用

里请允许我再次重复一遍：这本书所教授的原则，只有在发自内心地使用时才会产生效用。我并不是在倡导一种怎样的技巧，而是在谈论一种崭新的生活方式。

说起怎样才能改变一个人的意志，我想，如果我们能够激励我们所接触到的所有人，让他们知道自己所拥有的宝藏，那么我们所能实现的就不仅仅是改变他们的意志了，我们甚至可以改变他们的整个人生和命运！

这句话听上去有些夸张吗？那么就让我们听听美国最负盛名的接触心理学家威廉·詹姆斯怎么说吧：

"如若和我们本应取得的成就相比，那么我们只不过是在半醒着，因为我们只用到了自己一小部分的身心资源。从广义上来说，我们每一个人类，个体生活所运用的能量远在可以发挥的极限范围之内。他潜藏着各种各样的能力，但却惯于不会运用。"

没错，正如我们前面所讲到的，我们每个人都拥有各种各样的潜能，只不过却惯于不会利用。在这些潜能当中，其中有一项就是赞美别人、激励别人的魔力。

批评会让人向好处改变的能力枯萎，而赞美却会施予这种能力阳光和雨露。

准则6　不吝对最细微的进步给予认可和赞美，而且要由衷地称赞每一个进步。

第二十八章

给人一个好名声

鲍德温机车厂的总裁赛谬尔·华克伦曾经说过:"对于一般人来说,如果你能够得到他的尊重,并且对他在某些方面的能力表现出应有的敬重的话,他们会非常乐意接受你的指导的。"

总之,如果你想要改善一个人在某一方面的缺点,那么就表现出他已经具备这方面优点的样子,告知他、称赞他,那么他就真的会尽其所能地向你希望的方向靠拢,不会让你失望。

莎士比亚说:"如果你缺乏某种美德,那么就假定你已经拥有它。"如果你假定别人也具备他暂时没有的美德,那么为了不辜负这种良好的声誉,他们往往会做出惊人的努力。

乔其纱·勒布朗在她的《纪念我在美特林克的生活》一书中,就曾描述过一个卑微的比利时女佣的惊人转变。

"隔壁酒店每天都会派一个绰号叫'玛丽洗碗机'的女佣来给我送餐,据说她刚开始在这里工作时,只不过是厨房里一个打杂的洗碗工。"勒布朗在书中写道:"她长得真像一个怪物,生着一双古怪的斗鸡眼不说,连两条腿都是罗圈状,不仅身上瘦得皮包骨头,而且整天还无精打采、蔫了吧唧的。

"一天,当她再次端着盘子来我这里送餐时,我对她说:'玛丽,你知不知道自己潜藏的财富?'

第二十八章

给人一个好名声

"玛丽似乎已经习惯了隐瞒自己的感情,听我这么问,只是迟疑了一会儿却不作声,好像生怕会招致什么灾祸似的。当她把餐盘放在桌子上时,才叹了口气,说:'夫人,对于我来说,去想那些没有的事情简直是太天真了,我也从不敢去相信那些。'她没有怀疑,也没有提问,只是默默地回到厨房反复思考着我所说的话,似乎是在确认我并没有拿她开玩笑。

"然而,就从那一天起,她似乎自己也开始考虑我说的那回事了。在她谦逊的心里,一些妙不可言的变化正在渐渐升腾。她开始相信自己是沧海遗珠、还没见到阳光的金子,同时也开始注意保养自己的面容和改善体形。渐渐地,她那原本枯萎了的青春又迎来了'第二春',年轻的花朵又重新绽放开来。

"两个月后,当我即将离开那个地方的时候,她突然跑来告诉我自己马上就要和厨师的侄子结婚了。她偷偷告诉我说:'我马上就要去给人家当太太了!'她对我表示了由衷的感谢,因为我那简短的一句话,竟然改变了她的一生。"

乔其纱·勒布朗给了"玛丽洗碗机"一个美好的声誉,而为了不辜负这个声誉,这个年轻姑娘的一生都发生了美好的转变。

比尔·派克是佛罗里达州一家食品公司的销售代表,听说公司新上了一批生产线,他由衷地表示非常激动。可当他听说老板决心让他当"第一个吃螃蟹的人",希望把这条生产线生产的新产品放到他的店里去卖时,他简直快要愁疯了。为此,比尔思考了一整天,最终决定在晚上回家之前再去公司一趟,做最后的拒绝尝试。

"杰克,"他对老板说:"自从今天早上听到这个消息以来,我也做了很多努力。可至少目前为止,我还是无法担此大任的。您能想到让我来处理这件事,我感到非常荣幸。但是与此同时,我必须得

人性的弱点

How To Win Friends and Influence People

尊重现实。根据我对您的了解,相信您也不会强人所难的。"

话已至此,杰克能拒绝他的要求吗?为了不辜负自己善解人意的美名,他也不会这么做的。

一天早上,爱尔兰都柏林的一位名叫马丁·菲茨休的牙医被他的病人吓了一跳。这位病人指出,他刚刚用来冲洗口腔的金属杯架并没有清洗干净。没错,虽然病人是使用纸杯里的清水漱口的,可对于医疗行业来说,辅助设备被污染也是相当不专业的。

当病人离开时,菲茨休医生便回到了他的私人办公室,给他的女佣布里奇写了一张便条。布里奇每周都会过来两次打扫卫生。他是这样写的:

我亲爱的布里奇:

因为平时不常见到你,所以只好用这种方式来表达我对您帮我清理办公室的谢意了。一直以来你的工作都做得非常出色,不过我想说的是,或许每周打扫两次、每次打扫两个小时的工作安排可能有些过于紧张。如果方便的话,可否将每次的清洁时间延长到两个半小时?比如说金属杯架之类的东西,偶尔也是需要清理一下的。当然,我会付给你额外的薪酬。

"第二天,当我走进办公室时,发现我的办公桌被擦得像一面锃光瓦亮的镜子。"菲茨休医生说:"当我坐在办公椅上时,屁股几乎能滑落下来了。当我来到处理室时,我发现镀铬杯架已被擦洗干净,正光亮地插在机器上面。我给了我的女佣一个良好的声誉,而她也没有辜负我。因为这个小小的举动明确地告诉了她,她以往的努力都没有白费,我全都看在眼里。那么,她为此又花了多少额外的时间呢?没错,答案是一分钟都没有。"

第二十八章

给人一个好名声

有句老话说得好:"如果不给狗起一个好听的名字,还不如把它给勒死算了。"如果你给它起个好名字,看看会发生怎样的结果呢?

开学第一天,当纽约州布鲁克林的霍斯·霍普金斯夫人——一个四年级的老师——看着她班里的学生花名册时,一抹愁容爬上了额头。这本该是个兴奋而喜悦的日子,可她怎么都没有想到,学校里最臭名昭著的"坏男孩"汤米·T居然被分到了她的班上。她早就听汤米的三年级老师向其他同事和校长抱怨过这个"刺头"的"丰功伟绩"了。据说,汤米的问题可不只是调皮捣蛋、恶作剧这么简单,他还会严重违纪。比如说,他会和别的男孩子打架,戏弄女同学,不尊重老师,而且随着年龄的增长,他的这些恶习只多不少,而且还呈愈发严重的态势。似乎他唯一的可取之处就是那快速学习的能力以及对学生工作的应对自如。

于是,霍普金斯夫人决定不再抱怨命运的不公,而是直接去面对"汤米问题"。第一堂课上,她开始点评班级新同学中的每一个人:

"罗斯,你今天穿的衣服可真漂亮。"

"阿西里亚,听说你画画很棒?"

当轮到汤米时,她走到他的面前,看着他的眼睛说:"汤米,我知道你是一个天生的领袖,在今后的一年里,我需要你的帮助。我希望我们班能够成为四年级中最好的班级。"

在此后的几天里,她一直如此恭维汤米,并且一再从他身上找一些好学生的特征,并以此鼓励他。面对如此的殷殷期望,即便是一个九岁的男孩也不会想要让她失望,而事实上,汤米也是这样努力的。

准则7　给他人一个好名声,让他有动力去保全。

第二十九章

鼓励使人容易纠正错误

我有一个大学时代的朋友，现在四十多岁，最近才订婚。他的未婚妻劝他学一下跳舞，可这对于他来说，可能有些太迟了。他是这么对我说的：

"天晓得我还得去学跳舞！记得我第一次学跳舞还是二十多年前，当时跳成什么样子，现在还是跳成什么样子。我的第一个舞蹈老师是个爽快人，她直接告诉我说，我的舞步完全不对，必须再从头开始学。听了她的话，我简直灰心极了，也没有心情再继续学下去了。所以我便把她给辞退了。

"我的第二个舞蹈老师似乎没有对我说实话，但我却比较喜欢她的这种方式。她似乎是满不在乎地对我说，我的舞步的确有些过时了，不过基本步子还是正确的。她向我保证，像我这样的基础，再学习其他几种流行的舞步也不是什么难事。

"第一个老师过于强调我的错误，所以打消了我学习的兴趣；而第二位老师所做的却恰恰相反，她不停地赞美我跳得正确的地方，从而减少了我错误的舞步。她肯定地对我说：'你的舞步有一种自然流露的韵律感，你真是一个天生的舞蹈天才。'而我的常识却告诉我，

第二十九章

鼓励使人容易纠正错误

充其量我最多是个四流的舞者,然而在我的内心深处,我却隐隐希望她所说的也许是真的。可以肯定的是,我的确是付给了她学费,可她能对我说出这样鼓励的话,却着实令我感动和振奋。

"不管怎么说,她那句'你的舞步有一种自然流露的韵律感'的赞美之词的确赐予了我一种神奇的力量,我感觉此后我所跳的舞步要比之前给人的感觉强多了。我应该感谢她,是她鼓励了我,给予了我继续跳下去的信心和希望,也使我自己愿意努力提高自己的舞蹈水平。"

如果你告诉你的孩子、你的配偶或是你的员工,他在某一点上所做的简直是愚蠢至极、一无是处,他的做法完全错误,那么你就破坏了他想要努力改善进取的上进心。但如果你使用一些截然相反的技巧,多多给予他们一些鼓励和自由,让事情看上去比较容易做,让其他人知道你对他有信心,那么他在这方面尚未开发出来的潜能和天赋将会引领他做出最大的努力,直到胜利的黎明到来。

这是洛厄尔·托马斯所采用的方法。他是一位研究人类关系学的杰出的艺术家。通过这种方法,他将鼓励你,成全你,让你重拾信心和勇气。

例如,最近我约了托马斯先生及他的太太一起消磨周末。那是一个周六的晚上,他们约我一起打桥牌。可是我从来都没有打过桥牌,对这个游戏可以说是一窍不通。对我而言,这简直像谜一样让我晕头转向。

"桥牌?哦,哦,趁早算了吧,我一点都不会打!"我不得不这样推辞说。

"为什么不一起玩呢,戴尔?这一点都不难。"洛厄尔对我说:"其

人性的弱点
How To Win Friends and Influence People

实桥牌也没什么技巧可言，只不过需要些记忆和判断而已。对了，你之前不是写过一篇关于记忆方面的文章吗？所以说啊，对你而言，桥牌这个游戏只不过是小菜一碟了，你很快就会上手的。"

很快，我就意识到自己究竟做了些什么。有生以来，我第一次坐在了桥牌桌上。而这个我原本连想都不敢想的游戏，居然让我越玩越顺手了。正是因为洛厄尔告诉我说我在玩这个游戏方面有着超高的天赋，所以在我看来，这个游戏就变得简单易学了。

说到桥牌，我想到了伊莉卡·波特森。凡是玩桥牌的人，我相信没有人没听说过波特森的大名。他所写下的关于桥牌的著作，已经被翻译成了十几种语言畅销海内外，根据发行商进行的数据统计，销量绝对不下一百万册。然而，他曾经告诉我，若不是当年有个年轻女人告诉他有玩桥牌的天赋，他可能压根儿就不会把这项游戏当成自己的终生事业。

1922年，当波特森初次来到美国时，他只不过是想找份教授哲学和社会学的工作，可惜事与愿违。

后来，他尝试着去卖煤，可最后还是以失败告终了。

接下来他试着替人叫卖咖啡，可还是造化弄人，失败始终如影随形。

即便在他最落魄的这段日子里，波特森也从未想过去教人家打桥牌。因为他可不是一个精于打牌的牌友，而且人也相当固执。他经常会找出很多麻烦和问题去问对方，让人家觉得很烦，所以根本就没人愿意和他一起玩。

后来，他遇到了一位美丽的桥牌老师，她的名字叫约瑟夫·狄龙。再后来，他们熟悉，相爱，并最终结为了夫妇。当时，狄龙注意到

第二十九章

鼓励使人容易纠正错误

波特森总是十分仔细地分析手中的牌，于是便对他说，他在玩桥牌方面有一个潜在的天赋。波特森告诉我说，正是狄龙这句鼓励的话语，促使他后来成为了一位职业打桥牌的专家。

克拉伦斯·M. 琼斯是我们在俄亥俄州辛辛那提分校的一个课程导师，他对我们讲述了自己是如何通过鼓励、让困难看上去不那么难以克服的方法改变他儿子的生活的。

"1970年，我的儿子戴维搬来辛辛那提和我一起居住，那年他只有十五岁，此前一直过着得过且过的日子。早些年的时候，他曾经有个挥之不去的创伤阴影。那是1958年的时候，他遭遇了一场严重的车祸，此后前额上一直留有一道深深的疤痕。1960年，我和他妈妈离了婚，然后他便和他的母亲一同搬到了得克萨斯州的达拉斯居住，直到他15岁。当时，他的大部分时间都在达拉斯为学习能力迟缓者准备的特殊教育学校上课，或许是因为他前额上这个疤痕的缘故，学校认定他患有脑损伤，不能像其他正常孩子一样接受正常水平的教育。因为他所处的年级比他实际年龄应该上的年级低两届，所以他只能跟着七年级的学弟学妹一起上课。他记不住乘法表，就算是一边数着手指头也只能把它勉强读完。

"不过他身上倒是有个优势，那就是他喜欢玩弄收音机和电视机，而且希望自己将来能够成为一名电视技术人员。我在鼓励他的同时也指出，如果他想实现这个理想，可能还得加强数学方面的指导培训。于是，我决定帮助他攻克这个难题，熟练掌握数学这门课程。首先，我们得攻克四则运算这个难关：加法、减法、乘法、除法样样都不能含糊。我做了很多张数字卡片，让戴维从中找出正确的答案。如果戴维说对了，标有正确答案的那张卡片拿到一边去；如果他说错

人性的弱点
How To Win Friends and Influence People

了,我就拿出那张标有正确答案的卡片给他看,然后再把它放回卡片堆里继续练习,直到我手中再没有剩余的卡片。每天晚上我们都会这样重复练习,直到我手中的卡片一张不剩为止。

"再后来,我们每天晚上都用秒表定时训练。我还答应戴维,如果他能够在八分钟内一次不错地将标有正确答案的卡片全部抽取完毕,那么我们以后就再也不做这种练习了。对于戴维来说,要想完成这个目标几乎是不可能的。在做出这种尝试的第一天晚上,戴维花了五十二分钟才完成任务,第二天晚上用了四十八分钟,再后来分别是四十五分钟、四十四分钟、四十一分钟,最后竟然提速到了四十分钟。每当他取得哪怕一丁点的进步,我都会打电话告诉我的前妻——戴维的母亲,然后我们会给他一个大大的拥抱,有时还会开心地跳上一支舞。终于,在月底的时候,戴维在八分钟之内就能准确无误地挑完所有的卡片了。每当他取得一个小小的进步时,他都会要求再做一次。而他所做的这一切竟让他有了个奇妙的发现,原来学习并不难,而且其乐无穷。

"自然,他的代数成绩开始有了质的飞跃。当他对乘法应用自如的时候,他竟惊讶地发现,原来代数是如此的简单。这次他在数学考试中得了个B,这是前所未有的事情。不仅在数学上,戴维在其他方面也以惊人的速度发生了令人难以置信的改变。他的阅读能力提升得很快,而且在绘画方面也表现出了惊人的天赋。在学期末的时候,他的学科老师推荐他去参加一个展览,他选择了开发一个非常复杂的系列模型,其中还运用到了杠杆原理。这个模型不仅体现了数字技术的应用,而且充分利用了他在美术方面的天赋。最终,这个模型在他们校内的科技博览会中拿到了一等奖,同时进入了市

第二十九章
鼓励使人容易纠正错误

级的决赛,并最终夺得了辛辛那提市的三等奖。

真是够了。这个孩子只不过因为两次考试不及格就被告知他的大脑受损,甚至还被同学们嘲笑为'弗兰肯斯坦'[①],说他的大脑因为撞击已经退化成了个弱智。然而,当他突然有一天意识到自己完全可以像正常人一样学习、做事,那么结果又会发生怎样的变化呢?从八年级的下学期开始,一直到高中结束,他从来没有从光荣榜上跌落下来过;在高中时代,他甚至还被推选成为国家荣誉协会的成员。在他发现学习并不是什么难事的那一天起,他的整个人生就都发生了改变。"

所以,如果你想帮助别人取得进步,请记住:

准则8 通过鼓励的方式,让错误看起来容易改正。

[①]《弗兰肯斯坦》:英国诗人雪莱的妻子玛丽·雪莱在1818年创作的小说。主人公往往被引申为科学怪人、人造人、怪物的意思。

第三十章

使人乐意去做你所希望的事

1915年，美国上下举国震惊，因为就在这短短的一年间，欧洲国家居然开启了互相残杀的惨痛模式。而此次战争的规模之大、惨烈之极，无疑在人类战争的血腥历史上极其罕见。在这种恶劣的大环境下，和平能否实现？没有人知道答案，但伍德罗·威尔逊总统决心尝试一下。于是，威尔逊总统决定派出一名和平使者，代表他去同欧洲的那些军阀们协商此事。

时任美国国务卿的威廉·詹宁斯·布莱恩是主张和平的最有力的人选，他本人也希望能够为此事尽一点绵薄之力。他发现这是个绝好的个人表现机会，如果能把这桩事情办成了，那么他势必会成为一个名垂千古的榜样。然而，威尔逊总统却决定委派另一个人前去欧洲执行任务，这个人就是布莱恩的好友兼顾问——陆军上校爱德华·M.豪斯。对于豪斯上校来说，这还真是个棘手的任务，虽然自己没有想去争夺布莱恩的心头肉，但从结果来看，这个消息无疑会让布莱恩心里不舒服。

"当布莱恩听说总统委派我作为和平使者前往欧洲时，他显然感到非常失望。"豪斯上校在日记里写道："布莱恩对我说，他原本希

第三十章

使人乐意去做你所希望的事

望那个前往欧洲的人是他自己。

"我回答说，总统认为委派一名政府大员担当此事显然是非常不合适的，因为这位和平使者的身份如果太过显赫，那么整个会谈就会显得过于正式，如此一来，势必会引发人们的大量关注。他们就会猜测：美国政府为什么要派一个国务卿来协商此事？"

通过豪斯上校的这段话，你是否听出了什么弦外之音？没错，豪斯上校实际上是在暗示布莱恩，因为他的地位是何等显赫，所以并不适宜担任那项工作。这么一来，布莱恩也就满意了。

精于人情世故、社会经历丰富的豪斯上校做到了人际关系中的一项重要法则，那就是：永远让人们乐意去做你希望他做的事情。

伍德罗·威尔逊总统在邀请威廉·吉布斯·麦卡杜担任他的内阁成员时，也是运用了这个法则。虽然这是威尔逊总统能够授予他人的最高荣誉，但是威尔逊总统的做法，更让麦卡杜感觉到自己的重要性翻倍了。下面是麦卡杜自己叙述的故事经过：

"他（威尔逊总统）说他正在准备组建内阁，如果我能够担任他的财政部长，他会感到非常高兴的。他用一种令人开心的方式把这件事情说得非常动听，让我觉得如果我接受了这项巨大的荣誉，就会帮了他一个大忙似的。"

不幸的是，威尔逊总统并不是永远都会采用这种手腕，如果他这么做的话，或许整个历史都会因他而改变。

比方说：当年美国申请加入国际联盟，其实并没有获得参议院和共和党的支持。而威尔逊总统却一意孤行，拒绝带领著名的共和党党魁伊莱休·鲁特、查尔斯·伊万斯·修斯或是亨利·卡波特·洛奇一同参加这次和平会议，反而却带了两个在党内并没有什么声望

人性的弱点
How To Win Friends and Influence People

的人随行。威尔逊总统的目的十分明显,就是要冷落共和党人,不想让他们认为申请加入国际联盟是他们自己的想法。他是想告诉他们,这样做完全是他自己的意思,并不需要他们插手。然而,威尔逊总统此次对共和党人采取的简单粗暴的处理方式,不仅毁掉了自己的政治生涯,还损害了自己的健康,甚至还缩短了他的寿命。他的此番举动不仅让美国未能参加国联,同时还改变了未来世界的历史。

"永远让人们乐意去做你希望他做的事情。"这并不是只有政治家和外交官才能用到的手段,对于处理生活琐事也同样适用。来自印第安纳州韦恩堡的戴尔·O. 费里叶就给我们简述了他是如何运用这个方法去鼓励一个年轻人主动做家务的。

"杰夫的一个主要任务就是去捡拾掉落在树下的梨子。这样,如果有人在梨树附近走动时,就不用停下来自己弯腰拾梨子了。可是,杰夫自己却一点都不喜欢这个苦差事,他要么敷衍了事,要么就干脆不做。所以当其他人过来修剪草坪的时候,就不得不停下割草机,去捡拾他遗漏在地上的梨子。看到这种情形,我没有正面和杰夫发生争论,而是在某天对他说:'嘿,杰夫,我跟你商量个事情吧。如果你能够把落在地上的梨拾满一篮子,我就给你一美元。如果在你拾完之后,我在院子里发现有你落下的梨子,我就会把这一美元拿走。这笔买卖听起来怎么样?'如你所料,他不仅捡起了地上所有的梨子,而且据我观察,他还时不时地从树枝上摘下几颗来填补果篮。"

我认识一个人,经常会有许多人邀请他去做演讲,所以百忙之中他必然会拒绝掉其中的一部分,而向他发出邀请的又基本上都是他的朋友或熟人。然而,他的婉拒工作却总是做得那么到位,即便

第三十章
使人乐意去做你所希望的事

对方遭到了拒绝，却对他没有任何的不满。

那么，他是怎样拒绝他们的呢？是告诉他的朋友们，他最近特别忙碌，实在抽不出时间来？还是其他的什么理由？不，不是的。首先，他会对对方的邀请表示感激和荣幸，同时为自己不能应邀而深感遗憾。紧接着，他会推荐另一位可以代替他去演讲的人。换句话说，他不会让任何人感觉到被拒绝的不满，因为他马上为对方提供了一个在接受范围之内的备选方案。

冈特·施密特是我们西德分校讲习班的一个学员，他告诉我们说，他所管理的食品店里有一个员工，总是会把货架上的标签搞错，搞得顾客十分混乱，经常来他这里投诉这个事情。"我提醒过她，警告过她，甚至后来还当面训斥过她，可她丝毫都没有长进。"施密特说："后来，我把她叫进了自己的办公室，让她升职做我的主管，负责整个商店的价格标签张贴，而她也必须保证货架上的标签和物品保持一致。意想不到的是，这个新的责任和头衔完全改变了她的工作态度，从那时起，她再也没有搞乱过标签。"

这听上去是不是很幼稚？也许吧。但是据说拿破仑也使用过这类似的手段。当时，他创建了他的荣誉军团，并亲手训练这些将士。他发出了一千五百枚十字徽章给他的士兵们，还封了他的十八位将军为"法国元帅"，宣称他的部队为"护法大军"。有些人认为他这样做简直是太孩子气了，还嘲笑他居然拿玩具给那些战场上出生入死的老兵。可拿破仑是这么回答的："没错，可人有时候就是受玩具所统治。"

这种拿头衔或玩具赠与的方式，对拿破仑奏效，对你也同样有用。例如，我之前曾提到过我的朋友——纽约州的欧尼斯特·琴特夫人，

人性的弱点

How To Win Friends and Influence People

她家有一块草坪,经常会被那些跑来跑去的淘气男孩所踩坏。她曾经试图去劝告那些男孩,可不管怎么哄骗,那些淘气鬼就是不吃她这一套。于是,她只好想了另外一个法子……

琴特夫人从这群调皮捣蛋的孩子中找了一个最坏的出来,封给他一个头衔,让他产生一种权威的感觉。她让他做她的"密探",专门侦查那些入侵她草坪的孩子。这个方法果然很好使,之前当她"密探"的那个孩子在她家院子后面生起了一堆篝火,然后将一根铁棒烧得通红,威胁那些调皮的孩子,谁再敢闯到琴特夫人的草坪上,就用这块烧红的铁棒烫谁。就这样,琴特夫人的麻烦迎刃而解了。

作为一个有力的领导者,当需要改变别人的态度或行为时,应该牢记以下法则:

1. 要真诚。当你无法许诺,不要给对方做出任何承诺。忘记一己私欲,多考虑考虑对方的利益。

2. 明确地知道,自己究竟想要对方为你做什么。

3. 移情。问问自己,什么是对方真正想要的。

4. 考虑一下,如果对方按你的建议去做,他将得到什么好处。

5. 平衡其他人的欲望。

6. 言简意赅地传达给别人你的想法,同时告诉他这样做会对他有益。

我们可以简单地命令对方:"约翰,明天我有个客户会过来,需要找人清理一下仓库。所以你去整理一下相关单据,把货架擦干净,然后把物品也收拾整齐了。"或者,我们还有另外一种方法来表达自己的意愿,同时也暗示约翰他这样做会有好处:"约翰,我们现在有

第三十章

使人乐意去做你所希望的事

个紧急工作需要马上完成。如果我们提前把它做完了，明天就不用手忙脚乱了。是这样的，明天会有一些客户来公司参观，我想给他们展示一下咱们的仓库，可目前来看仓库的状况不甚理想。如果你现在能够去把相关单据整理妥当，把货架擦干净，然后再把货物也收拾整齐了，我想这对展示公司美好的形象会是一个很大的帮助。"

那么，你觉得约翰会开心地去做这些工作吗？可能不会很快乐，但如果你能勾起约翰对提升公司形象的兴趣，那么他将更愿意去照你说的做。不过，明确指出约翰的这个工作早晚都得做的既定事实的话，约翰至少会权衡一下，如果现在马上行动，就不必面对明天的尴尬。

我相信，如果你能够熟练使用这个方法，就总会收到满意的效果。而大多数人的经验表明，与不使用这些原则相比，在使用了这个方法之后，你更可能会改变别人的态度。如果这个方法能让你离成功更近一步，那么恭喜你，和之前相比，你的领导力已经往前进了一大步。而这，就是你从中得到的好处。

所以，如果你希望别人按照你的意志行事时，请记住：

准则9　让人们乐意去做你希望他做的事情。

人性的弱点

How To Win Friends and Influence People

第四部分小结
作为一个领导者

准则1　从真诚的赞美和赞赏开始。

准则2　间接地指出别人的错误。

准则3　在批评别人之前先谈自己的错误。

准则4　通过发问而不是直接发号的方式下达命令。

准则5　顾全别人的颜面。

准则6　不吝对最细微的进步给予认可和赞美，而且要由衷地称赞每一个进步。

准则7　给他人一个好名声，让他有动力去保全。

准则8　通过鼓励的方式，让错误看起来容易改正。

准则9　让人们乐意去做你希望他做的事情。

附录

走向成功的捷径

作者：洛厄尔·托马斯

　　本文转载自戴尔·卡耐基的传记资料，附录在卡耐基作品《如何赢得朋友和影响他人》（原版）的最后，通过介绍作者本人的背景及其相关资料，以期方便读者对本书的理解和认识。

　　这是1935年1月的一个寒冷的冬夜，然而严寒的天气依然未能阻挡人们趋之若鹜的脚步。足足有两千五百名先生和女士涌进了纽约宾夕法尼亚大酒店的宴会大厅，七点半的时候就已经座无虚席。晚上八点钟，人群还在不断地涌入，就连宽敞的阳台都被挤了个水泄不通。目前看来，就连能够在大厅里站着也成为了一种奢侈，而这成千上万的观众，在结束了一天的辛勤工作之后却还依然心甘情愿地再在这里站上一个半小时。是什么让他们这么着迷呢？

　　一场时装秀？

　　一场为期六天的自行车比赛还是克拉克·盖博的个人演出？

　　都不是。这些人是被报纸上的广告吸引来的。两天前，他们看到纽约《太阳报》用了一个整版刊登这个广告，广告上的大字赫然眼前：

人性的弱点

How To Win Friends and Influence People

学习如何去有效地说话

或许有助于提高领导力

是不是有些老套？或许吧，但信不信由你。就在此时此刻，在地球上这个正处于经济萧条之中的城市，有百分之二十的人选择来到这里寻求帮助，有两千五百个市民选择来到这家酒店观看演讲。

在这些前来观看演讲的观众之中，甚至还不乏上层社会的成功人士，包括管理人员、企业主以及专业人才。

一开始，这些先生和女士们就已经被这次演讲的主题——"如何有效说话和在商业中影响别人"给迷住了。在这个演讲课程中，卡耐基将现身说法，传授维护人际关系和说话之道。

那么，这两千五百名观众为什么会来到这里？

因为他们突然得了抑郁症，所以开始渴望得到更多的教育？

显然不是。因为在过去的二十四年里，卡耐基每个季度都会在纽约举办一场这样的演讲，而每次都是座无虚席。在这期间，有超过一万五千名商业人士和专业人才在此接受过卡耐基的训练，而这还是保守数据。像是西屋电力公司、麦格劳·希尔出版公司、布鲁克林联合煤气公司、布鲁克林商会、美国电气工程研究所、纽约通讯公司等许多企业，都曾邀请过卡耐基前往他们公司为管理层和员工做培训指导。

事实上，这些人在经历了十到二十年的小学、中学和大学教育之后，在这个培训课堂上却发现原来自己之前受到的教育竟有如此大的不足之处。在这里，他们学到了许多课堂上永远都学不到的东西。

对一个成年人来说，什么才是他真正想要学习的？这是个十分重要的问题。为了回答这个问题，美国成人教育协会和基督教青年会学校曾耗费两年的时间做了一个调查。

调查显示，人们最关心的问题是健康问题。而通过这份调查我们还发现，他们第二感兴趣的问题是如何发展人际关系的相关技能，他们希望学习一些能够影响他人的技巧。当然，他们并不是想要成为一名公众演讲家，也不想听一些所谓的演讲大师的高谈阔论，他们需要的是一些实用的建议，方便他们能够马上应用在工作上、社会中和家庭生活里。

那么，这就是一个成年人想要学习的东西，是吗？

"没错。"调查研究者表示："如果这就是他们想要的，那我们就满足他们的要求。"

他们四处搜寻教材，然后发现没有已出版的相关书籍帮助人们解决日常生活中遇到的人际关系问题。

这真该算是个谜了！几百年来，关于希腊语、拉丁语和高等数学的教材数不胜数，可这类教材在一般成人眼里却并不怎么受欢迎。而他们真正感兴趣、一直以来都求知若渴的这类书籍，在市场上却是一片空白。

这就解释了为什么会有两千五百名观众会在寒冷的冬夜，为了报纸上的那则广告而迫切地涌入宾夕法尼亚酒店的宴会大厅里去。显然，在这里，他们找到了自己一直以来求而不得的东西。

早在高中和大学时代，他们就已经阅读了很多书籍，认为从书本上学来的知识完全可以解决一切问题。可经过几年的事业沉浮，他们在社会上历尽了磨难和挫折，最后深深地感觉到失望了。他们发现，那些建功立业的成功人士所拥有的知识，并非是从课本上学到的。他

人性的弱点
How To Win Friends and Influence People

们善于交谈，能够改变别人的思想，让他们按自己的想法行事。

他们很快就会发现，如果自己想要戴上船长帽引领一艘事业之船，那么人格和说话的魅力远比熟悉拉丁语动词和接受哈佛大学的教育更重要得多。

纽约《太阳报》指出，如果你能够参加广告上所写的这期宾夕法尼亚酒店演讲，那么你会感到整个人生都颠覆了。而事实上的确如此。

十八个曾经学习过这门课程的人被请到麦克风前，给其中的十五个人每人七十五秒的时间说说他的故事。时间一到击锤声就会"砰"地响起，紧接着主席就会宣布时间到，然后邀请下一名演讲者继续。

这件事情进展之迅速，就像一群水牛以雷鸣般的速度穿过平原，而观众则站立着一个半小时，只为观赏这样的演出。

在麦克风前演讲的人，代表了美国商界的横截面。这里有几个销售代表，一个连锁店的经理，一个面包师，一个贸易协会的会长，两个银行家，一个保险商，一个会计师，一名经纪人，一名牙医药剂师，一个建筑师——他是专程从印第安纳州来到纽约学习这门课程的，还有一名律师——他是从哈瓦那来为自己那重要的三分钟演讲的。

第一位在麦克风前讲话的人叫帕特里克·J. 奥海尔。他在爱尔兰出生，后来只上了四年学就漂洋过海来到了美国。此前他做过技工，后来成为了一名司机。

然而，在他四十多岁的时候，家里的成员渐渐增多，因此需要更多的钱来维持生计，所以他就开始尝试改行去卖卡车。奥海尔有一种自卑又痛苦的复杂心理，就像他自己所说的那样，如果他要去一间办公室推销产品，中间他会在外面徘徊很长时间才能够鼓足勇气走进去。作为一个推销员，他是如此的沮丧。正当他准备干回老

附录
走向成功的捷径

本行、去车间里操作机械时，有一天他收到了一封信，邀请他去参加戴尔·卡耐基的讲习班。

奥海尔一点都不想参加这个讲习班，因为他担心那里会有很多大学生，他会感到自卑和不安。

可他绝望的妻子却坚持让他去，并对他说："这对你可能会有一些好处。上帝知道你需要它。"听妻子这样说，奥海尔便来到了集会的场所，在人行道上足足徘徊了五分钟，才鼓足勇气走进房间。

他头几次尝试演讲的时候，差点被眼皮底下密密麻麻的人头给吓晕过去。可随着时间的流逝，渐渐地他便不再对听众有所恐惧了，而且还越来越喜欢演讲。听众越多，他就越起劲，简直成了个"人来疯"。从那以后，奥海尔便不再对拜访顾客感到紧张了，很快他的收入就有了明显的提高，眼下，他甚至都已经成了公司的明星销售员。

那天晚上，帕特里克·J.奥海尔来到了宾夕法尼亚大酒店，在两千五百人面前愉快地说出了自己成功历程。受他愉快情绪的感染，场下观众的笑声一波盖过一波。眼下的奥海尔，就算面对一群专业演讲家，恐怕也挑不出什么毛病了。

第二个演讲者名叫格弗雷·梅耶，他是一位白发苍苍的银行家，同时也是一个孩子的父亲。

他第一次在卡耐基的讲习班上演讲时，就发现自己脑子一片空白，好半天竟憋不出半句话来。而他的经历，生动地证明了一个会说话、口才好的人是如何具备成为领袖的倾向的。

梅耶在华尔街工作，这二十五年来一直居住在新泽西的克利夫顿。那时候，他并不是社交活动的活跃者，认识的人也不超过五百个。

在他参加卡耐基的课程之后不久，一次，他收到了一份纳税单，

可仔细核对过上面的数据之后,他觉得这一点都不合理。为此,他感到十分地愤怒。这件事要是搁在从前,梅耶肯定会坐在家里生闷气,要么就是向附近的邻居抱怨个不停。可这次梅耶和过去不一样了,只见他戴上帽子,来到镇上的活动中心,指着税单上不合理的数据发泄着心中的不平和愤慨。

就是那次公然抗议,使得镇上的人都力劝梅耶去竞选市议会驻克利夫顿的议员,而他也欣然接受了他们的建议。接下来的几个星期,梅耶的身影出现在了镇上的各个公共集会场所,他在演讲中谴责当局的奢侈和城市建设中的浪费。

竞选议员的总共有九十六位候选人。当公开选票结果时,格弗雷·梅耶的选票居然名列第一。几乎在一夜之间,梅耶就已经成为了这拥有四万人口的小镇上的名人,而他演讲的结果,使得他在这几个星期交到的朋友数量竟比他在过去二十五年里所交到的朋友总数还要多上八十倍。而和他为竞选议员所做的投资相比,他在当上议员后的收入差不多达到了百分之一千的比例。

第三个演讲者是一位大型食品制造公司的负责人。他向台下的两千五百名听众讲述了自己当初是如何在董事会中站起来发言的原因。

在他参加卡耐基的讲习班之后,发生了两件惊人的事情。首先,他在不久之后就被选为工会主席,而在其位谋其政,上任之后他必须要在全美所有的工会中演讲,他在演讲中的摘要,也会被美联社刊登在全国各地的报纸和商业杂志上。

其次,在他学习"如何更有效地说话"这门课程的两年之后,他为自己公司及产品所做的宣传,竟比从前斥资百万美元的广告宣传影响力还要大。这位发言人承认,从前他在打电话邀请曼哈顿的

附录
走向成功的捷径

一些重要业务主管共进午餐时，总是会心里发憷、惴惴不安。而现在，自从他开始到各地演讲之后，现在这些人在打电话给自己邀请一起吃饭时，他们甚至会觉得占用了自己的时间，并向自己道歉。

会说话的能力是帮助一个人成功成名的快捷方式，他能把人置身于聚光灯下，让这个人显得鹤立鸡群。说话得体的人，通常能够获得意想不到的收获，而那是超出他的才学和能力之外的。

现在的成人教育已经席卷全国。在这项教育运动中，最为成功、力量最可观的就是本书的作者戴尔·卡耐基。他曾经听过，或者说做过比任何人都多的演讲。根据漫画《你信不信》的作者普雷里的统计，卡耐基曾做过十五万次的演讲。如果这个数字还不能给你留下深刻印象，那么我们可以换句话说，从哥伦布发现新大陆的那天起直到今天，几乎每天都会有一次演讲。或者我们也可以这样说，就算让那些在卡耐基面前说过话的人每人只说三分钟，那么他们一个接一个地在他眼前出现，也会耗用整整十个月的时间，而在此期间，卡耐基必须夜以继日地去听，才能够把他们每个人的话听完。

卡耐基自己的职业生涯，前后也充满了强烈的对比。这是一个惊人的例子，它证明了一个人在沉迷于某事、充满诚挚的热情时，竟可以成就怎样的大事。

卡耐基出生于密苏里州一个距离铁路十英里的农场，在他十二岁之前，他甚至从未见过电车。今天，他已经四十六岁了，现在他的足迹早已遍布世界各地，从香港到哈特斐摩斯、从南极到北极，都留有他走过的痕迹。

这个密苏里州来的孩子，从前靠采草莓、割苍耳赚取五美分的时薪，而现在却办起了讲习班、组织起研讨会、同时还在各大企业为那些高级职员提供培训服务，而他现在的收费标准已经是每小时

人性的弱点
How To Win Friends and Influence People

一美元了。

这个昔日的牛仔曾经一度在西部的南达科他州过着放牛的生活，而后来，他却来到了伦敦，在王室的赞助下举办他的演讲表演。

他曾经六度遭遇了彻底失败的打击，就在他试图在公共场合演讲的时候。后来，他成为了我的私人经理，而我的成功，很大程度上也得益于卡耐基的训练。

年轻时候的卡耐基不得不为了接受教育而奋斗。当时他正生活在密苏里州西北部的一座老农场里，总是命运多舛、颠沛流离。船具被水冲走，连年的河水泛滥，赖以谋生的玉米和干草被大水冲走，雨季过后就连圈养的肥猪也因遭遇瘟疫而死，牛骡的市场极度低迷，而银行还把他家能够抵消贷款的财产拿来抵债……

这一连串的打击终于使卡耐基病倒了，而他的家人在万不得已的情况下，只好变卖家里的田产，在密苏里州州立师范学校附近买下了一个农场。当时，只要你肯付出一块钱，你就能在镇上得以食宿，可年轻的卡耐基仍然负担不起这笔费用。所以他只好待在乡下的农场里，每天骑马走上三公里的单程往返于学校和家之间。在家里，他挤牛奶、伐木、喂猪，在煤油灯下学习拉丁语动词，直到眼前的文字渐渐模糊才垂下头来打盹。

有时候，卡耐基还会用功到半夜以后才能睡下，可他还是把闹钟的铃声设定在了凌晨三点。他父亲饲养的是纯种的杜洛克泽西猪，而这些小猪在寒冷的夜晚却往往挺不过这般严寒，经常会有冻死的危险。所以，家人一般会把这些小猪放在一个篮子里，然后再在上面盖上麻袋放在厨房的炉灶后面，希望以此来帮助它们抵御严寒。可根据这些小猪的天性，它们需要在凌晨三点的时候吃一些热乎食物。那个时候，卡耐基一听见闹钟的铃声便会从被窝里一咕噜地爬

附录
走向成功的捷径

起来，把这些小猪带到它们的母亲身边，等它们吃饱奶之后，再把它们带回厨房温暖的炉灶旁边。

州立师范学校里总共有六百名左右的学生，可卡耐基称得上是其中特立独行的那一个。因为他没钱住在镇上，所以必须每天骑马往返于学校和家之间，每天晚上还得去给牛挤奶。他的衣服太小不够合身、裤子也短了一截，这些贫困的表象都是带给他羞愧感的因素。生活在这样一种贫困的环境里，卡耐基的自卑心理也初现雏形。可与此同时，他又迫切希望找到个成功的捷径。因为他发现，即便是在学校里，也总有一些人会享受到权利和声望。他们是足球队、棒球队的球员以及辩论赛和演讲赛的优胜者。

他深知自己没有运动天赋，所以便决定做演讲比赛中的优胜者。他花了几个月的时间来准备这个演讲比赛，即便是坐在马鞍上、来回于学校的路上也不忘练习，就连在挤牛奶的时候，他的口中也始终是念念有词。他爬上谷仓的干草堆大声演练自己的演讲词，惊起一群现实的白鸽。

虽然卡耐基已经竭尽了全力，可他在演讲比赛中还是接二连三地遭受到了失败的打击。当时的他只有十八岁，还是个敏感、自尊心极强的少年。这些打击让他感到灰心丧气，他甚至还想到了自杀。然后，突然有一天，一切似乎都发生了转机，他开始不停地在学校的演讲比赛中获胜，不只是一次，而是每一次！

其他学生慕名而来，请求他给予指导。而经过他训练的学员，最终也获得了优胜！

毕业以后，卡耐基开始向内布拉斯加州西部的丘陵和怀俄明州东部的农场区的农牧者出售他的函授教程。只是，尽管他为此付出了无限的热情和精力，可依然没能取得任何进展。他失望至极，中

人性的弱点
How To Win Friends and Influence People

午回到他在内布拉斯加州的旅馆房间时竟失声痛哭起来,感觉未来一片黑暗。绝望之至,他迫切地渴望背着这严酷生活的苦战回到学校,可他知道,他不能。此后,他决心到奥马哈去寻找另外一份工作,可凑来凑去却发现身上的钱连买车票都不够。不得已,他只好靠搭乘货运列车,靠在路上帮忙饲养两车厢的野马补偿车费。

终于,卡耐基抵达了奥马哈的南部,找到了一份兜售肥皂、鲜肉和脂油的工作。他所负责销售的地区是在达克托的西南部,那是印第安人部落之间的一片畜牧地。要在这种地方工作,卡耐基需要搭乘载货列车、长途马车前往,中途时不时地还得骑马赶路。夜晚,他在简陋的旅馆中凑合着住,分割房间的隔板竟只是一片布帘。

他开始研究书籍的推销技巧,有时还骑着小野马和当地的土著打扑克牌,还跟印度人学会了如何筹措资金。比方说,如果一个从内陆来的买主暂时无法付清鲜肉或火腿的账单,那么卡耐基就会从货架上拿出十几双鞋子来卖给铁路工人,然后将收据送回公司。

他经常搭乘运货火车,当火车到站卸货时,他会匆忙赶去会见几名商人,然后得到他们的订单。当火车鸣笛要出发时,他又匆忙赶回。经常是在他跳上火车时,火车已经开动了。

这两年中,卡耐基的表现非常出色,于是公司决定要晋升他,但他却在那时辞职了。辞职后,他到纽约的美国戏剧艺术学院研究学习,然后又周游全国,甚至还登台演出过舞台剧。不过,卡耐基非常了解自己,知道自己在戏剧方面不会有大发展,于是他又从事销售工作。他开始为一家汽车公司推销卡车。

卡耐基缺乏机械方面的知识,而他又不想学习机械知识。因此,那一段时间内,他情绪非常糟糕,每天只能逼迫着自己去上班。他希望能有时间写那本在学院时所想要撰写的书。于是,卡耐基再次辞职，他要把大部分时间用在写作上。他要晚上去夜校当讲师，以此为生。

虽然自己已经下定了决心，但是自己能教什么呢？卡耐基回想了自己的大学成绩，并加以权衡。他发现所学的演讲课让他有自信。同时，他觉得在工作中与人交往的能力，比在大学中学的所有课程更有益。因此，他便去请求纽约青年会学校能给他一次机会，让他为社会上的人士开办一门演讲类的课程。

什么？让商人成为演说家？荒谬至极！他们知道，以前他们曾经尝试开办过此类课程，但均以失败告终。当学校拒绝每晚支付给卡耐基两美元的工资时，他同意以佣金的方式来结算薪水——如果有利润的话。而在三年内，他们支付给卡耐基每晚三十美元的酬劳，而不是两美元。

卡耐基开办的学习班发展起来了。其他城市的人也对卡耐基这个名字耳熟能详。戴尔·卡耐基很快成了一位知名的讲师。他不时地往返于纽约、费城、巴尔的摩之间，随后又到了伦敦和巴黎演讲。对于来参加卡耐基课程的生意人来说，其他所有的教科书都太学术和不切实际。而卡耐基所著的这部书已经成为美国银行家协会、国家信用协会的正式教材。

戴尔·卡耐基说，当人们情绪激动时就都能说出话来。他说，如果你在大街上一拳打倒一个最无知的人，他会马上站起来，非常雄辩、激昂地讲话，就像达到了著名演说家威廉·詹宁斯·布莱恩的高度。他说，所有人只要心怀自信，而且心中还蕴藏着热忱的念头，都可以在公共场合说话得体。

他说，培养自信的方法是做自己不敢做的事，并取得一次成功。因此，他让每一位学员在每节课前讲述自己的故事。其他学员都非

人性的弱点
How To Win Friends and Influence People

常有同情心，因为他们都在同一条船上。通过不断的实践，他们形成了一种勇气、信心和热情，并把这些应用到他们的私人谈话中。

戴尔·卡耐基可能会告诉你，他这些年不是靠公共演讲谋生——那只是偶尔的。他的主要工作是帮助人们克服自己的恐惧和培养自身的勇气。

他最开始只是开办了一项公开演讲的课程，但是那些去听演讲的学生都是商界的精英。而且有很多学员已经有三十多年未曾踏入过课堂了，他们中的大多数人都是通过分期付款支付他们的学费。他们想马上见到成效，甚至他们想在第二天的商务洽谈和演讲中就能应用所学的知识。

因此，卡耐基被迫把课程变得实用。因此，他开发了一套独一无二的训练方法——一种惊人的演讲、推销、人际关系和应用心理学的组合。

他所开办的课程不是那种刻板的规定学习，而是非常真实又非常有趣的课程。

当课程结束后，毕业生组成了他们自己的俱乐部，多年之后仍然是半月进行一次聚会讨论。费城的一个十九人组成的俱乐部，冬季的时候每月举办两次聚会，并已经坚持了十七年。有的学员需要经常从五十里甚至一百里外的地方赶来上课。还有一名学员每周都从芝加哥去纽约听卡耐基的课程。哈佛的威廉·詹姆斯教授曾说，一般人只使用了他潜在脑力的百分之十。戴尔·卡耐基通过帮助人们挖掘自己的潜力，创造了成人教育中最重要的运动。

洛厄尔·托马斯
1936 年

在人生的道路上能谦让三分，即能天宽地阔，消除一切困难，解除一切纠葛。

——卡耐基

处世的艺术

Dale Carnegie

（美）卡耐基 著

若水 译

北京日报出版社

图书在版编目（CIP）数据

处世的艺术 /（美）卡耐基著；若水译. -- 北京：北京日报出版社，2017.11（2019.5 重印）

（卡耐基经典三部曲）

ISBN 978-7-5477-2609-9

Ⅰ.①处… Ⅱ.①卡… ②若… Ⅲ.①心理交往—通俗读物 Ⅳ.① C912.1-49

中国版本图书馆 CIP 数据核字（2017）第 119060 号

处世的艺术

出版发行：北京日报出版社
地　　址：北京市东城区东单三条 8-16 号东方广场配楼四层
邮　　编：100005
电　　话：发行部：（010）65255876
　　　　　总编室：（010）65252135
印　　刷：三河市嵩川印刷有限公司
经　　销：各地新华书店
版　　次：2017 年 11 月第 1 版
　　　　　2019 年 5 月第 3 次印刷
开　　本：710 毫米 ×1000 毫米　1/16
总 印 张：54
总 字 数：600 千字
定　　价：198.00 元（全三册）

版权所有，侵权必究，未经许可，不得转载

推荐语

我从8岁就开始读卡耐基先生的著作，现在的年轻人，你越早读卡耐基的作品，你的人生就越早获得启发。

——股神、全球著名投资商沃伦·巴菲特

卡耐基先生的这些原则如魔术般令人震惊，他改变了3亿人的命运和生活。

——美国传媒大亨罗伯特·默多克

成功其实如此简单，只要你遵循卡耐基先生这些简单适用的人际标准，你就能获得成功。

——马克·维克多·汉森

戴尔·卡耐基

(1888年11月24日－1955年11月1日)

美国著名的**人际关系学大师**

西方现代人际关系教育的奠基人

他的作品被译成几十种文字，被誉为"**人类出版史上的奇迹**"

卡耐基对**人性**的洞见，指导着**千百万人**改变思想，完善行为，走上成功之路。

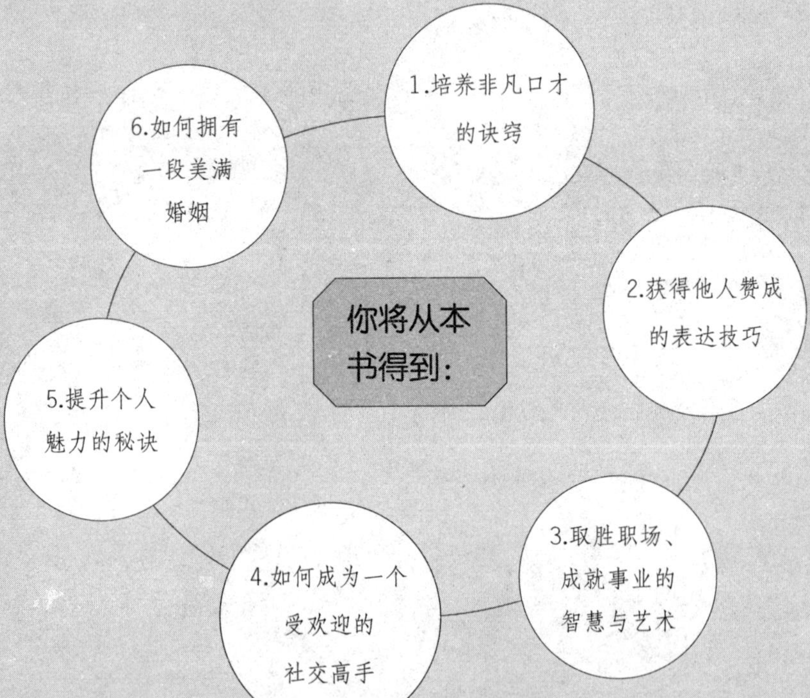

你将从本书得到：

1. 培养非凡口才的诀窍
2. 获得他人赞成的表达技巧
3. 取胜职场、成就事业的智慧与艺术
4. 如何成为一个受欢迎的社交高手
5. 提升个人魅力的秘诀
6. 如何拥有一段美满婚姻

序

在此之前的35年间，全美国大概出版了20余万种不同的书籍，其中大多都是乏味无趣、不受读者欢迎的，以至于许多出版商都是赔钱的。最近，世界最大出版社的负责人告诉我，他们出版社已经有75年的历史了，可每出版的8本书中，就有7本赚不到钱。

既然如此，我为什么还要坚持写这本书呢？为什么我笃定读者愿意看这本书呢？事实上，我必须要回答这些问题，因为这与本书的内容息息相关。

在1912年的时候，我就在美国纽约开设了成人演讲课。刚开始，我只教授有关演讲的课程。在授课的过程中，我慢慢发现，人们不仅需要口才方面的训练，还亟须掌握商务活动与社交中的处世之道。同时，我自己也迫切需要掌握这门艺术。

与人交流大概是我们所面临的最大问题，在商务交往中更是如此。即使是作为会计师、建筑人员、工程师、家庭主妇或学生也是如此。我开设的基金会曾资助了一项研究，调查结果表明：一个人所取得的成就，有85%是由他的人格以及领导能力决定的。

多年前，我每个季度都会在费城的工程师联合会授课，同时还为那里的电机工程联合分会讲课。至少有1500名工程师来过我的培训班。在对他们的观察中我发现，他们其中收入最高的人，却并非是最了解工程知识的。经过调查，我找到了其中的原因：我们每周支付25美金或50美金的薪水，就可以找到工程、建筑、财务以及其他方面的专业人才，社会上从来不缺乏这几类人；但是在知识、技术之外，如果一个人能够同时具有表达意见的能力、领导能力、激励团队的能力，这样一来，他的收入自然就高了。

石油大王约翰·戴维森·洛克菲勒在事业辉煌时期，就曾说过这样的话：善于交流的能力，也是一种可交易的商品，它就像是普通的咖啡、糖块一样。他还说道："我愿意给具有这种能力的人提供高薪，因为这种能力的价值，要比世上任何东西的价值都要高。"

芝加哥大学曾做过一次问卷调查，问题都是"你所从事的职业或专业？你所接受的教育程度？你的梦想是什么？你希望解决自己的哪些问题？你闲暇时间用来做什么？你最热爱的课程是什么？"

根据最后的调查结果得出，一般人最重视的是健康，其次是如何正确地与人相处、了解他人、使自己受人欢迎、让他人赞同自己的意见。

看到这个结果，芝加哥大学决定针对这些问题开设一门课程。可是，他们却为上课用的书籍发愁，尽管他们努力在找寻相关主题的书籍，可完全找不到。最后，他们找到一位世界知名的成人教育专家，询问有没有关于成年人所需的培训书籍。教育专家答道："尽管我们都知道成年人需要的是什么，却从没有人写过这样的书籍。"

我对他的话没有丝毫的质疑，因为在很多年的时间里，我也曾去寻找一本实际有效的、提高人们交流能力的书籍，可最终也是没有结果。

正是因为很多人希望找到这样的一本书，我才尝试着写一本这方面的书，这是为培训班授课所用的，也希望能让你喜欢。当然，本书所写的方法，并不只是作为理论或假设，它们都极具效果；这听起来可能让人难以置信，但我的确见证了这些方法的效果，许多人的事业和人生都因此有了很大的转变。

写这本书只有一个目的，就是帮你发现、挖掘并使用那些潜伏在深处的巨大潜力。

现在，就让我们正式进入主题！希望你能顺利成为一个与人交往的高手，走向幸福、美好的未来！

戴尔·卡耐基
1936 年

目 录

上篇
最受欢迎的口才技巧

第一章 培养非凡口才的诀窍

第一节 克服恐惧，当众说话 / 005

第二节 借他人经验，给自己打气 / 010

第三节 明确目标，时刻不忘 / 015

第四节 有针对性地增强自信 / 021

第五节 坚定对成功的信念 / 029

第六节 积极的自我暗示 / 035

第七节 锻炼坚定的意志力 / 040

第八节 把每一次说话当成锻炼的机会 / 045

处世的艺术

The art of worldly wisdom

第二章 获得他人赞成的表达技巧

第一节　注意说话的方式 / 051

第二节　说话要抓住重点 / 056

第三节　牢记他人名字，是一种巧妙的恭维 / 060

第四节　借对方的嘴说明事情的来龙去脉 / 069

第五节　只提建议，不下命令 / 077

第六节　颐指气使，指挥人的语气最不可取 / 081

第七节　不和他人争论 / 088

第三章 取胜职场、成就事业的智慧与艺术

第一节　说话方式是职场取胜的关键 / 097

第二节　走向成功的面试技巧 / 102

第三节　作为领导，和下属沟通要有艺术性 / 108

第四节　作为下属，与领导交流要注意技巧 / 114

第五节　与同事相处的正确方法 / 120

第六节　批评他人应讲究技巧 / 124

第七节　如何加强团队意识 / 129

第八节　注意办公室的谈话禁忌 / 135

下篇
最有益处的处世艺术

第四章 | **如何成为一个受欢迎的社交高手**

　　第一节　微笑是留下好印象的秘诀 / 143

　　第二节　称赞是最巧妙的沟通技巧 / 151

　　第三节　让他人意识到自己的错误 / 163

　　第四节　学会顾及他人的感受 / 175

　　第五节　鼓励他人成功，也会帮你取得成功 / 179

　　第六节　满足他人的自重感 / 185

第五章 | **提升个人魅力的秘诀**

　　第一节　学会认真倾听他人讲话 / 197

　　第二节　努力得到他人的信任 / 210

　　第三节　要勇于承认自己的错误 / 215

　　第四节　多鼓励对方说话 / 224

　　第五节　大方地与异性交谈 / 232

第六章 如何拥有一段美满婚姻

第一节　不要一直想着改变伴侣 / 239

第二节　爱她，就要时常赞美她 / 242

第三节　爱他，就要不断鼓励他 / 246

第四节　谈心，能够为婚姻保鲜 / 251

第五节　切勿在婚姻中喋喋不休 / 257

第六节　性沟通，是婚姻和谐的润滑剂 / 265

第七节　不要拿离婚作为威胁的筹码 / 271

上篇

最受欢迎的口才技巧

第一章

培养非凡口才的诀窍

俗话说"沉默是金"，但随着时代的变迁，应该重新解读这句话的意义。因为在现代，是否拥有说话的艺术，决定了一个人能否借助沟通获得成功。

要知道，人类的社会需求决定了他们的行为方式。现代人最大的社会需求是什么呢？在身体健康的前提下，改善人际关系、掌握相应的处世之道，就是如今人们最大的需求。这些需求决定了人们不仅需要口才方面的锻炼，还亟须掌握商务活动与社交中的处世之道。

所以，如何练就高明的说话技巧，了解处世的艺术就是本章的主要内容。

第一节

克服恐惧，当众说话

早在20世纪初，科学界就有了一个惊人发现：人类还有极大的潜力尚未被开发。我们每个人所展示出来的能力，只不过是全部潜力中的很小一部分。我们现在取得的成绩，也只不过是我们应取得成绩的一半。那么，是什么造成了这样的结果呢？

原因就是我们的恐惧心理，影响着我们潜能的发挥。唯有克服恐惧，我们才能更好地发挥潜能。为此，我常常这样告诉学员："面对台下的听众，你要想象他们是欠钱没还的人，正在请求你再给他们一点时间；而你正是他们的债主，所以完全不用对他们感到恐惧。"

我刚开始授课是在纽约，那时我刚开始教授"如何当众说话"这门课。我还清楚地记得那是1912年，泰坦尼克号撞上冰山那年——当时在基督教的青年夜校，我为他们讲述关于公开演讲的知识。在讲授的过程中，我自己也积累了很多相关知识，并使我萌生了创办口才培训班的想法。

处世的艺术

The art of worldly wisdom

在创办培训班后,我发现人们"不愿与人交流"或是"畏惧当众讲话"的心理。并且,这并非是个别现象,我们中的大多数人都会这样,不过是具体情况有所不同罢了。除了对培训班学员的统计,我还对大学生群体进行过调查,他们其中的80%~90%,都有过害怕当众说话或畏惧与人交流的情况。这是否意味着"害怕说话"是人的天性呢?

事实上,也的确是这样的。"害怕说话"作为人性的弱点之一,与人的性格有着密切的关联。在心理学上有这样的定义,性格是人在行为进入稳定状态下表现的特征。性格自身具备稳定性,这就决定了:在教育和环境影响下形成的性格,是很难改变的。因此就有了"江山易改,本性难移"的说法。

在亚利桑那州,心理学家曾做过这样一个研究:

他们选取的研究对象,是大学里的一对双胞胎姐妹。姐妹俩长相相同,遗传基因也完全相同,成长所处的环境也相同,从小学到大学也都是在同一所学校,在遗传、教育、环境三个方面都相同的前提下,两人的性格却截然相反:姐姐善于交际,自信勇敢;妹妹则缺少主见,不愿与人交流。在与心理学家的谈话中,也都是姐姐一直在说话,妹妹则是大多处于沉默状态。

其中的原因是什么呢?原来是因为她们的父母教育方式的影响。从小,父母就灌输姐姐应该照看妹妹,应该是妹妹榜样的思想。在这样的状态下,姐姐慢慢形成了独立、自信、擅长交际的性格,妹妹也习惯了听姐姐安排。

一个人的性格形成受所受到的教育与生长环境的影响,但通过双胞胎姐妹的案例,说明性格不仅仅是由教育和环境决定的。作为成年人,心理状态决定了他的性格。换句话说,如果一个成年人希望改变自己的性格,可以通过调整他的心态来实现。

这与锻炼当众说话一样,在平时生活中与任何人的交流,都需要我们去克服说话的恐惧,建立说话的自信。这也是保证有效交流的前提。通过这种方式,我们才能够挖掘出自己的潜能——最大限度地提高说话能力,能够当众进行合适的讲话,赢得众人赞誉,受到人们的欢迎,从而获得成功。

锻炼说话的能力,任何的技巧都需要以自信心为前提。因为自信是强大的根本,会让人有安全感,从而敢于和任何人进行交流,在任何公开场合,都能够勇于开口说话。如果你对说话充满激情,那么即使是很普通的小场合,你也会尽力搜寻自己能够知道的事情,以此作为你的谈资。长此以往,你的视野会越来越广,还能更好地认识自己,发现新的生命意义。

在培训班尚未开课的时候,我曾经对有意参加培训的人做过调查,询问他们参加的原因,以及他们希望在培训班获得什么。最后的结果令我十分震惊,多数人的主要原因和需求非常一致,他们这样答道:"每当我需要当众讲话时,我都会觉得很不舒服、心里会害怕,这让我无法冷静思考,无法集中我的注意力,甚至大脑一片空白,不知道说什么。所以,我希望让自己有自信,能够坦然镇静地当众说话,能够自由地进行思考,能够有清晰的思维逻辑,能够当

处世的艺术
The art of worldly wisdom

众或是在重要人士面前从容讲话,语言条理清楚且具备说服力。"

当然,他们的这些话是真实的。试想一下,你正位于听众的面前,而他们等待着你的讲话,这时是无法像独自一人时那样能够清晰思考的。但是,这可以通过一些方法进行改善,尤其是我在这里给你们的方法。

首先,我要给你们说一个秘密:即使是专业的演讲人,也一直没有完全摆脱上台时的恐惧。在刚开始演讲的时候,他们在一定程度上也总会有胆怯,这些胆怯可以在他们前面几句话中感觉出来,只不过他们能够迅速调整自己,战胜自己的胆怯并进入演讲状态——我本人也是如此。

克服当众说话的恐惧,你要知道一点,那就是这种恐惧感其实有益于人们的交流。因为人类有着与生俱来的一种能力,就是能够应对身边各种异于寻常的挑战。当你感觉自己呼吸加速、心跳加快时,其实是因为身体对外界的异常情景产生了警觉,这种警觉代表着身体已经在做准备,以应对接下来的挑战。

所以,你一定要避免过度紧张,而且应该保持冷静。如果把这种心理紧张保持在一定程度之下,你反而会因此思考得更快,说得也会更好,并且通常来讲,还会比正常状态下表达得更加精练有力。

克服说话时的恐惧,在平时就能够得到训练。因为我们做其他任何事情的时候,都会在潜移默化中形成极大的影响。如果你敢于挑战自己的恐惧,就会发现自己的进步,渐渐摆脱说话时的恐惧，使自己更加完美，走向更加精彩、美好的未来。

相信我，你完全不用因为害怕而束缚住自己，而应该抱着极大的热情与信心，勇敢地去表达自己。不然的话，恐惧会慢慢吞噬自己，不仅会造成思维延迟、说话卡顿、肌肉痉挛却又无法控制，还会严重影响到你说话的效果。

克服当众说话的恐惧，需要注意以下这些：

（1）保持乐观的心态与坚定的信念，不断激励自己前进。

（2）在生活中，有针对性地进行一些锻炼，想办法克服紧张和胆怯，提高自己的适应力与心理平衡力，增强自信心，以强大的信念战胜恐惧。

（3）多总结、多学习，加深自己的认知能力，扩展自己的视野，准确找出恐惧的源头。

（4）"知识能够医治恐惧。"对于将来可能遇到的意外情况，如果你已经做好了充足的思想准备，那么你的心理承受力就会更强，让恐惧无法影响到你。

第二节
借他人经验，给自己打气

也许你知道：当开口说话时，需要鼓起勇气来才能做到。但事情常常是知易行难，真到了需要开口说话的时候，鼓起勇气仿佛也并非那么容易。

既然知道了开口说话的关键在于如何鼓起勇气，接下来要讲的，就是如何才能做到"鼓起勇气"。

有一天，我办公室来了一位"不速之客"，他对我说："我是顾瑞屈公司的创始人，开口说话的问题已经困扰我很多年了，每次开口讲话时，我的内心都充满了恐惧。但身为创始人，我必须主持很多会议，每次开始主持的瞬间，都会卡着说不出话。我开口说话的问题简直病入膏肓，卡耐基先生，相信即便是您，也一定会束手无策。"

"顾瑞屈先生，那你为什么会出现在我的办公室呢？"我问他。

"因为我发现了一件事，在我的公司有一个会计，说话做事一直都特别害羞，之前路过我办公室的时候，他总是低着头蹑手蹑脚的，没听他说过一句话。"顾瑞屈先生接着说，"最近这段时间，在他身上发生的改变却震惊了我。现在的他没有丝毫的怯懦，走路时下巴抬起，眼神里也有了自信，而且每次都和我打招呼，太难以置信了！"

"那么，你来找我是因为他是我的学员吗？"我接着问道。

"是的，我问他前后变化如此之大的原因是什么，他说得益于您，虽然难以置信，但我还是忍不住来找您了。"顾瑞屈先生回答说。

"如果你也想要有所转变，希望解决自己害怕说话的问题，你可以来我这里上课。"我对他说。

"假如您真的能帮我克服说话时的恐惧，"顾瑞屈先生说，"我的生活将充满快乐。"

之后的时间里，顾瑞屈先生开始定期来上课，成了我培训班的学员之一，顾瑞屈先生开始有了很好的转变。在他加入培训班3个月后的一天，我邀请他参加一个3000人的大聚会，希望他用两分钟谈谈他在培训班的真实感受。尽管他刚开始说有个重要会议，但后来还是取消了会议，前来参加聚会，并告诉我说："通过培训班训练，现在的我充满了快乐，我希望用自己的经历来告诉大家，说话的恐惧是可以克服的，我可以做到，每个人也都可以做到。"

在聚会的主持台上，对着台下的3000多人，顾瑞屈先生没

处世的艺术
The art of worldly wisdom

有紧张、害怕，整个演说持续了10多分钟，说到精彩之处更是全场掌声雷动，恐怕顾瑞屈先生自己都忘记了自己原本是恐惧开口说话的。

你是否也希望自己和顾瑞屈先生一样有所改变，可以克服说话的恐惧？其实事情很简单，如同顾瑞屈先生讲他为什么参加那个聚会的原因一样，你可以在他的故事中发现，克服说话的恐惧原来是可以做到的事情。你完全可以通过他的故事来激励自己，当面对说话时内心产生的恐惧时，你可以这样想：同样会有恐惧，既然顾瑞屈先生能够克服，那么自己也一定能够克服。这就是如何借助他人的经历来让自己鼓起勇气。

无论是在和重要的人谈话，还是专业的商务活动交流，甚至在日常的与人交流中，当你与人交谈时表现得很害羞，你都可以通过借助他人的经验来给自己打气。面对的情况不同，你可以借助不同的经验，来给自己加油打气。

我做过一次有关害羞心理的调查，尽管调查对象都很擅长说话，结果却发现几乎所有人都有过害羞心理。这说明了什么呢？那就是害羞心理的普遍性。"钢铁大王"安德鲁·卡耐基就对人说过："虽然我是一个很害羞的人，但我尽力让自己变成说话高手。"

我收到了很多感谢信，它们来自世界各地。写信的人职业也处于社会各个不同的阶层，有州长、议员，也有企业创始人、大学教授、校长，以及万众瞩目的明星；但更多的是兢兢业业的普通人，他们默默无闻，包括公司上班族、工人、大学生、农场主等。这些人都有一个相同点，那就是他们认识到自己缺乏说话的勇气，需要足够的勇气来帮助自己与人交流、说出自己的看法，以及得到他人的认同和接纳。他们原本都不善交际，正是因为我的帮助，才使他们取得了相当大的进步，成功地找到了说话的勇气。为了表示感谢，他们会特意写信告诉我他们取得的成绩。

如果你来我家，我将给你展示这些感谢信，你可以借助他们的经验来为自己打气。当在谈判时讲话或者在酒会上演讲时，以及任何需要通过说话展示自己的时候，如果你缺少勇气，你都可以借助他们的经验，来给自己打气。当你想要退缩时，不妨问一下自己："既然那么多人都成功了，我怎么就不行呢？"

同时，借他人的经验给自己打气，你可以：

（1）多了解一些擅长说话者取得成功的经历，找出自己与之相似的长处和短处。

（2）找一个成功人士作为榜样，可以选择你印象深刻的人，也可以是刚开始和你情况类似、最终成功的人，借助他们的经历帮你鼓起勇气。

（3）你要知道，每个人一开始都是胆怯的。当你害怕开口

处世的艺术

The art of worldly wisdom

说话时,多想想那些已经成功克服这种恐惧的人。

(4)学习别人的成功方法,比如深呼吸、心理暗示、肌肉训练法等,自己主动地多加训练。

(5)直接把自己想象成另一个人,将自己的胆怯想象成他曾经面对的一个考验,而他最后成功克服了恐惧。

第三节
明确目标，时刻不忘

前文中，顾瑞屈先生的经历中提到过，正是口才培训班的学习，让他克服了说话的恐惧，即使在3000人的舞会上开口讲话也能轻松自若，使他的生活充满了快乐。让说话变得快乐起来，这正是我开设培训班想要达到的目的。在我看来，这个目的应该是最重要的。顾瑞屈先生来参加培训班，并定期前来听课的主要原因，就是因为他知道克服说话的恐惧能给他带来快乐。顾瑞屈先生将其视为自己的理想目标，投身其中为之努力，以求实现自己的目标。我们也已经知道了结果，他真的成功了。

一个参加过培训班的先生说："以前我宁愿选择被鞭子抽，也不想开口说话；但是只要鼓起勇气开口说话，即使你拿枪逼着我，我也停不下来。"几乎所有人都想拥有顺利谈话的能力，渴望这种"停不下来"的美妙体验。

美国的钢铁大王卡耐基，他在32岁就拟定了一个计划，内

处世的艺术

The art of worldly wisdom

容是打算在退休后去牛津大学学习，并且特别提到"有关公开演讲的学习"。

那么，是什么让人们想要去提高自己说话方面的能力呢？掌握说话的艺术，对人们又有着怎样的意义呢？不妨想象一下这样的场景：演讲台下坐满了听众，你信心十足地在上面演讲，所有的听众都被你的演讲所吸引，开讲时全场寂静，他们的情绪会被你的演讲内容所带动，说到精彩处他们会给你热烈的掌声，想象一下那种成就感，你将笑着接受人们对你的掌声……

谈到说话带来的好处，不只是在公开演讲上获取成功，还能够取得很多方面的成功。试着充分展开你的想象：你可以依靠口才，获取商业谈判上的成功；依靠幽默的语言，获取心爱女孩的芳心，并且走入婚礼的殿堂；依靠舌战群儒的说服力，你避免了一场战争，从而使无数人免于战乱伤害，你因此成为了英雄……试想一下，还有比这些更吸引人的吗？

很多人之所以来参加我的口才培训班，大多是因为在日常交往中会有拘谨、紧张的感觉，其中不乏商界名人以及影视明星，当然，还有很多普通人。他们之前的情况是这样的：他们当众说话时会感到十分紧张，即使周围有很多熟悉的人。当他们站起来讲话时，往往话都说不完整。在这种情况下，他们会感觉自己像是换了一个人一样，原因是他们无法控制自己。

于是，他们到我的口才培训班学习，当完成培训课程后，他们会为发生在自己身上的转变而感到吃惊。他们发现，自己开口说话时不会再觉得困难了。至于之前那个因说话而胆怯的自己，他们会感到好笑与幼稚。同时，他们在培训班养成的纵放旷达的风度，也让周围的人对他们刮目相看。他们变得更加自信，能够轻松处理好身边的人际关系，进而改变自己的人生。

同时，经过训练，还会在一定程度上改变一个人的性格——尽管没有立即表现出来，但这种改变是的的确确存在的。大卫·阿门博士是一位著名的心理医生，还兼任美国医药协会会长一职，我曾经向他询问："从心理健康的角度来看，训练自己当众演讲的能力会带来什么好处？"他当时这样回答："关于这个问题，就像是已经开出了一个药方，需要每个人按照药方自己去抓药。如果有人认为自己做不到，那他的想法就错了。"

这就是他为每个人开出的药方："你要有意识地训练一种能力，确保你脑海或心中的想法让他人所了解。无论是在一个人，还是在一群人面前发表自己的意见，你都要努力地让你的想法和意见，能够清楚地传达给每一个人。当你通过训练取得进步的时候，你会惊奇地发现：你已经蜕变为一个全新的自我，让人产生一些前所未有的好印象，同时，也让周围的人惊叹于你

处世的艺术
The art of worldly wisdom

的改变。"

"在与他人说话的时候，你对说话的自信心就会越来越强，同时也会慢慢改变你的性格——性格更加平和与沉稳，这就意味着你已经开始慢慢进入状态；紧接着，你的身体也会随着这种良好的状态而好转。在这个世界上，所有的人都需要与他人说话交流。我们很清楚，在这个工业社会，说话不会制造出实际的物质，但我始终相信，它仍会给我们带来一些其他的好处。从医学的领域而言，说话的确对健康有一定的好处，很多事实也证明是这样的——把握住说话的机会，只要有机会就勇敢地发言，你就会越来越擅长讲话。我就是用这样的方法训练的，与此同时，你整个人都会变得精神百倍，相信自己越来越优秀，越来越有自信。这种美妙的感觉，都是以前少有的。"

"这是来自心底的愉悦感，任何药物都不能帮你获得这种感觉。"

想象一下，你现在正在熟练地做着以前不敢做的事情，在脑海中想一下这样的场景：无论是生活还是工作，你都能和周围的每个人侃侃而谈，你的看法被人们重视，你已经成为了人生赢家。这能够帮你实现自己的目标，因此，明确并记住自己的目标非常重要。

哈佛大学心理学专家威廉·詹姆士教授有一句话，刚好验证了这一点，他说："无论学习哪种课程，只要你对它有满腔的

第一章
培养非凡口才的诀窍

学习热情，你都能取得好的成绩；如果你对成绩的渴望足够强烈，你就能让它达到这个成绩；只有你希望把一件事做好，你才能做好它；只有你渴望富裕，你才会变得富裕；只有你希望成为一个博学的人，你才会见多识广。也只有你从内心去追求一件事，心无杂念地一心追求，才不会浪费时间在那些毫不相关的杂事上面，去取得最后的成功。"

沃特思曾这样告诫人们："不要试着用投机取巧的心态去学习，这样的心态只会让你一无所获。首先，你应该给自己确定一个目标并列出计划，然后脚踏实地地朝着这个目标努力奋斗。当你所有的精力与智慧全部都用到奋斗之中，那你就会距离成功越来越近。我所说的投机取巧的态度，是指那种短暂的、毫无目标的学习，只是单纯地认为自己学的这些东西，可能会在未来的某些时候产生好处，这就是投机性质的学习。"

有一点对你来说是十分重要的，那就是集中精力，不要忘记说话的自信，以及能够让自己云淡风轻地与人交谈。只要想一想这将提高你在社会中的交往能力，想一想你为公众、为社会的贡献将越来越多，想一想这将会改变你的命运和事业……总的来说，只要你想一想，它将帮助你更好地实现自己的人生价值，你就能顺利实现自己的目标。

做到明确目标，时刻不忘，可以通过这样的方法：

（1）确定自己的目标，把它写下来，放在能经常看到的位

处世的艺术
The art of worldly wisdom

置。最好能够把它"写"在心上,这样就能够时刻提醒自己。

(2)牢记实现目标带来的好处,并为之努力奋斗。

(3)回想你以前说话时产生的羞涩和不安,以及因此遇到的窘境与其他不良后果。

(4)请记住,实现训练说话的目标,将对你的命运、人生都产生巨大的积极影响。

第四节

有针对性地增强自信

自信心,是做任何事之前都必须持有的正确态度。无论你是去攀登珠穆朗玛峰,还是与人说话交流,自信永远都是你取得成功的一个必要前提。因此,在你开口说话之前,你必须要具备说话的自信!

在培训班一堂课结束后,很多学员就会聚到一起,谈论各自的学习心得体会。其中有很大一部分人,认为他们学到的最重要的一点就是自信。也就是他们更加相信自己能够成功。从某个角度而言,没有其他什么东西,能比自信更能使一个人走向成功。

《贝德科旅行大全》上面明确指出,业余的登山爱好者攀爬阿尔卑斯山时,必须找一个向导给他们带路,因为登山不仅困难,而且伴随着巨大的危险。但在几年前,我和我的朋友到过阿尔卑斯山,面对着阿尔卑斯山脉的维尔德开赛山,我们想要登上这座被视为危险的山。尽管我们两个人都不是专业的登山

处世的艺术
The art of worldly wisdom

者,也没有请向导指引,可我们最后还是成功登上了山顶。

在去往那里之前,有另一个朋友怀疑我们是否能够成功,当时我就坚定地告诉他:"我们一定能成功!"

"为什么如此肯定呢?"那位朋友追问道。

我告诉他说:"曾就有人在没有向导带领的情况下,成功到达了顶峰。另外,我做任何事的时候,都不会先去想失败。"

那么,又该怎么做才能培养出强大的自信心呢?你可以参考下面的方法,有针对性地培养自信心。

美国一位著名的心理学家威廉·詹姆士曾说过:"行动貌似是在感觉之后才出现的,事实上,行动与感觉是同步的。人的行动被思想直接控制,也就是说,人通过思想来控制行动,也能够间接地去控制自己的感觉,但思想却不能直接控制感觉。所以,获得快乐最简单的方法,就是高兴地坐下来,让自己表现出很快乐的样子。这样就能够通过快乐的行动,从而获得快乐的感觉。如果这种方法不能奏效,那就没有任何办法能让你获得快乐啦。同样,认为自己是个勇敢的人,并且在行为上表现出勇敢的样子,然后尽力让你的思想去完成这个转变,最终就很有可能让勇敢替代恐惧。"

同样地,这也适用于说服他人的情况,能否成功地说服一个人,在某种程度上取决于你事先做了多少准备。林肯曾说过类似的话:"即使是一个很有实力的人,如果没有充分地准备,他也不可能讲出逻辑清晰、道理深刻的话。"所以你应该在说话之前，尽可能多地搜集相关材料，并且深入透彻地研究自己要表达的主题。再次确认自己的准备是否足够充分，如果准备充分，可以在脑海中想象一下，自己正在以绝对的控制力与这个人说话，并且最后成功说服了他。这样一个简单的行为，会给你带来极大的帮助，它的效果在于：只有对自己有信心，相信自己会成功，并且毫不动摇地相信自己，你才能取得真正的成功。

请记住威廉·詹姆士给我们的忠告："如果你希望增强信心和变得勇敢，那么当你站在听众面前的时候，就要表现出自己已经有了那种信心和勇敢。"当然，你仍需要做好充足的准备，不然你如何表现都没什么效果。

有针对性地培养自信心，第一种做法就是：如果你已经完全准备好了所讲的内容，那就微笑着大步走上讲台，冷静地做个深呼吸。半分钟的深呼吸，会使头脑更加清楚，并且给你带来信心和力量。正如以著名的男高音歌唱家吉恩·德·勒斯基所说的"如果你胸腔气息充足，自然就不会再有紧张感"。

还有另一种方法：就是让身体保持笔直，勇敢地看着场下观众，直视他们的眼睛，然后自信地开始演讲。你要把观众当成欠你钱的人，在下面苦苦哀求你宽限些时间。通过这样的心理，能够帮助你稳定好自己的情绪。

我培训班有一位做推销员的学员，他曾这样说过："在培训班站起来说过几次话后，我感觉自己能够应对任何顾客了。有

处世的艺术

The art of worldly wisdom

一天上午,我拜访了一位平时特别暴躁的顾客。在他还没有粗暴地拒绝我的时候,我已经把样品放在他面前了。结果那次,他在我这里订了很多产品!"

在另一次培训班的毕业晚会上,有身为店员的学员说道:"在我来之前,我特别害怕跟顾客说话,每次都是非常紧张。在班里站起来讲过几次话后,我发现自己越来越自信。现在跟顾客说话也不会紧张了,甚至能够逻辑清晰地说出不同的看法。经过第一个月的训练,我的业绩就已经提高了一半。"

事实证明,经过恰当有效的锻炼,这些学员就会发现,他们之前的那些恐惧和不安,已经变得很容易克服;以前他们经常失败的事情,现在也能成功了。当众说话给他们带来了自信心,并让他们自信地迎接生活中每一个挑战。

当然,你也可以拥有这份自信,接受自己将遇到的挑战。假如你可以做到这一点,之前你所恐惧的那些东西,就会变成你乐于接受的挑战,为生活增添更多的情趣与快乐。

如果是由于自身条件的某些不足,你应该有针对性地进行一些训练,克服困难或弥补自己不足,进而建立自信心。

古希腊著名的雄辩家德摩斯梯尼,他天生口吃、嗓音细小且不清晰,并且说话时还有耸肩的坏习惯。他常常被雄辩的对手压到无法说话,在那个以出色的口才为荣的时代,他自然就容易被人歧视。他自己也非常苦恼,并且有极大的自卑感。但是,他从来没有想过放弃,而是不断坚持刻苦地学习与训练。为了改善发音，他把小石子含在嘴里，对着大海和海浪讲话；为了矫正自己爱抖肩的坏习惯，他在家中装上一面大镜子，在房梁上绑上两根绳索，绳索下面绑着尖刀，对着镜子站在两把尖刀下练习，强迫自己不再抖肩。通过坚持训练，结果如同我们已经知道的那样，他成了一名出色且受人敬仰的雄辩家。

英国有一位年轻的律师，他要在法庭上与几个极具名气的律师进行辩论，虽然他已经做了很多准备，但是仍然对自己没有信心，担心自己完全不是对手。于是，他拜访了法拉第先生，向他请教："法拉第先生，我的辩论对手比我资历深，知道的比我多很多，这次我一定会输得很惨，我应该怎么办？"

听完他的话，睿智的法拉第简明扼要地对他说："如果你还希望获胜，就要说服自己，他们才是一无所知的人。"

事实上，很多人都会遇到类似这位年轻人这样的情况，他们需要解决的问题并非上面所说的两个方面，因为多数人也没有德摩斯梯尼那样的状况，说话没有口吃，也没有生理上的缺陷。

但从心理学的角度来讲，每个人都会有自卑或怯懦，只是程度各不相同罢了。据调查显示，参加宴会接触陌生人的时候，大概有75%的人会产生不安情绪。同样地，自卑或怯懦也会影响我们说话，由于心理上的原因，造成演讲或其他重要讲话失败的案例也不在少数。很显然，一个人缺乏自信心，并不是他

处世的艺术
The art of worldly wisdom

天生就找不到信心，而是他已经自认为做不到。因此，必须克服自己心理上的障碍，才能够正常地表现自己，甚至可以超常发挥。

说话前做的一切准备，都是为了能够在那几分钟内把话说清楚。但是，无论你准备了多少东西，一般来说，在开口说话的那一刻，你还是容易出现不安、紧张。之所以会如此，可能是因为你仍担心自己准备的还不够好——即使你已经准备好了所有东西，但你还是会觉得自己在什么地方会有所遗漏。当然，你也可能是在担心自己讲的东西不够好，会让那些高水平的听众觉得毫无趣味；也可能你是在担心说话时发生不可控制的事情，比如当你正说到重要地方时被人打断……或许还有很多其他原因。但是，这样的想法都是对自信心致命的打击，给你一种消极的心理暗示。因此，你应该找一些方法，去把这些念头从你脑袋里赶走。

如果你想要在当众讲话中大获成功，就必须要给自己一些积极的心理暗示。根据我多年的经验总结，建议你试一下这几个方法。

1. 相信演讲主题的价值

确定演讲主题后，要根据所讲的内容搜集整理相关的资料，并和周围的朋友共同讨论。不过，仅仅是准备材料还远远不够，你还要坚信演讲主题的价值，才会在内心建立一种演讲的信念。

此外，你还要有毫不动摇的态度，以此来实现自我激励，增强自信。

2. 不要想那些可能导致失败的事情

举一个简单的例子，如果你担心自己说话的句式会出错误，或者讲到一半突然忘记说什么……想那些可能导致失败的事情，这都会让你在演讲开始之前就丢掉一半的信心。

在开始演讲之前，关键的一点就是转移注意力。尽量不要把注意力放在自己身上，应该集中精力，认真听其他人是如何讲的，就不会再想自己可能会遇到的问题，从而避免给自己制造过度的上台恐惧。

3. 适当地给自己鼓励

大多数演讲人，他都可能在某一瞬间对演讲的主题有过怀疑，他可能会想这个主题是否适合自己，是否能够引起听众的兴趣等，甚至在一瞬间就再换个新的题目。这个时候，消极的念头会很容易地摧毁你所有的信心。因此，你应该给自己一些鼓励，比如用这些话来给自己加油打气："这次的主题特别适合我，因为这是我总结出的经验，是我对人生的理解；我比任何人都适合做这次演讲，我要让听众们从我的演讲里有所收获；我一定会竭尽所能，把这个主题明明白白地表达出来。"

快速增强自信，需要做到：

（1）找到造成你不自信的源头，有针对性地解决问题。

处世的艺术

The art of worldly wisdom

（2）你要始终坚信：自信会带你走向成功；什么都不要想，只要勇敢地站起来，信心满满地说话就行了。

（3）如果你只是怯场，其实这并不代表你不自信，也可能是其他原因造成的，这样就很容易解决问题了，因为你要知道，几乎每个人都不愿当众说话，怯场也不是什么大不了的事情。

第五节

坚定对成功的信念

说到成功的信念，我又想起了威廉·詹姆士曾说过的那句话，就是在前面章节中提到的："只要你对事情的结果足够渴望，你就一定能让它实现。"在这里，我们可以把这种渴望理解为对成功的信念。设定一个目标，最好让它对你有极大的吸引力，当这种吸引力足够强大时，你就会坚定自己对成功的信念。

所以，我们应该经常告诉自己：我必须成功，并且一定会成功！如此一来，你才更有可能成功。

战胜对说话的恐惧，从某方面来讲与打赢一场战争有很多相似的地方。比如恺撒大帝在高卢战争中的胜利，他带领士兵从高卢出发，渡过大海艰难地到达了现在的英格兰，并且在战斗中大获全胜。他获胜的秘诀是什么呢？

恺撒大帝获胜的秘诀很简单，就是让他的军队知道，他们必须成功，没有其他退路。在多佛海峡登陆之后，他就把军队带到海峡的悬崖上，让士兵们看着脚下200英尺海面上的船只

处世的艺术

The art of worldly wisdom

被全部烧毁。每个人都很清楚,他们已经完全没有退路,撤退的渡海船只已经没有了,活下来的唯一方法就是前进、战斗、胜利。最终,恺撒大帝带领的军队果然取得了胜利。

同样,在当众说话时,不仅会有面对众人的恐惧,而且在锻炼说话时,还会遇到各种各样的困难。如果你想要战胜这些,为什么不能有这种破釜沉舟的精神呢?把那些消极的想法统统扔进火里烧毁,然后把后退的道路彻底封掉,你就一定能够成功。

美国耶鲁大学有位名叫乔治·戴维森的教授,他出生于贫苦的非洲中部,可就是依靠坚定的信念获得了现在的成就。青年时期的乔治就有着远大的理想,他想要改变世界,对人类有所贡献。为了实现自己的理想,他知道自己首先要去学习知识,而美国是最合适的地方。

可那时的乔治一贫如洗,想要到达远隔万里的美国,简直就是在做梦。但是,乔治还是勇敢地踏上了梦想的旅途。他从他的家乡尼亚萨兰出发,计划徒步穿越东非大草原前往开罗,从那里再坐船到达美国。他的脑海里只剩下改变命运的信念,一心想着去往那个能够改变命运的地方,无论他将要面对怎样的困难,都是一副完全不在乎的样子。

刚出发没多久,他就遇到了极大的困难。在荒无人烟的非洲大草原,他花了5天的时间才艰难地走了25英里,最为严重的是,他带的水和食物都已经没了,而且他也没有钱,前面等

第一章
培养非凡口才的诀窍

待他的,还有几千英里的艰难路程。

选择原路返回还是用生命做赌注继续前行,乔治很清楚,回头就是回到原点,自己仍是贫穷与无知。而他正是因为这个才走出来的。思考之下,他仍然坚信自己可以解决这些问题,实现自己的理想。他告诉自己:"除非是我死了,否则,我要一直前进。"

于是,乔治艰难地继续着自己的旅途。他经常躺在路边睡觉,饿了就吃一些野果和一切能吃的植物,这些磨难让他的身体变得非常虚弱。由于远超身体承受极限和濒临绝望,他好几次都想要不要放弃,但每次在开始迟疑的时候,他就不断激励自己。最后,他都会战胜内心的软弱,然后内心坚定地继续前进。

乔治用了两年的时间,一路尝遍了无数的折磨与痛苦,后来终于成功到达了美国,并且顺利进入到斯卡吉特大学,在那里开启了全新的人生。

靠着自己对目标的渴望与坚定的信念,乔治经历了常人难以想象的磨难,并且最终战胜了那些困难。试想一下,我们还有什么事是比那更难完成的呢?

我曾在一次广播节目中接受采访,节目主持人让我用三句话总结一下我认为最重要的学习。我当时这样回答:"我认为最重要的学习内容,就是我们每个人的思想。如果你能解读某个人的思想,那么你就能彻底看清这个人,这是因为人们的行为

处世的艺术
The art of worldly wisdom

是由思想决定的。换一角度来讲，如果一个人可以改变他的思想，就可以进而改变他的整个人生。"

要想取得成功，你不仅要建立起足够的信心，还要抱有必须实现目标的信念；你必须努力训练说话的能力，并对将要取得的进步与成果持有积极乐观的心态。从这一刻开始，你就应该不断地假设，自己的努力终将帮你走向成功。试想一下，你努力换来的成果是什么？当你站在众人面前说话的时候，你可以从容地，清晰明确地说出自己的想法。你要在说出的每个字以及每次行动上，都烙上自己对成功的信念与决心，并且积极提高说话的能力。

乔伊·哈佛思迪是我培训班的一个学员，在某一天的课上，他站起来坚定地告诉大家，他不想仅仅做一个房产开发商，他的目标是成为"国家房产建筑协会"的发言代表。他理想的生活是，在整个美国的各个城市举办演讲，把自己在房屋建造方面的经验及取得的成就讲给更多的人。

乔伊最值得我们向他学习的是，他不仅狂热地追求着自己的理想，并且真的那样去做了。他想要讲给别人的东西，并不局限于某个城市，还放眼全国各个地方。他的想法非常坚定，他从未有过徘徊，一直都在认真为自己的演讲做准备，并且非常认真地努力练习。在培训班上课的时候，他从来没有落下过任何一堂课；无论事业多么繁忙，他都会按时完成培训班对学员的要求。结果就是他进步神速，让每个人都非常吃惊。在两个月后,乔伊已经成了培训班的优秀学员,并被大家推选为班长。

在那届培训班结束的一年后,乔伊·哈佛思迪的老师告诉我:"我差不多快要忘了那个俄塞俄州自信的乔伊·哈佛思迪了。但就在前几天的一个早晨,我正在家中吃早餐,随手翻看一本《弗吉尼亚指南》的杂志。在书中一个重要版面上,赫然印着乔伊的一张照片,并且有一篇有关他的报道。上面写着:前天晚上的区域地产商聚会上,乔伊·哈佛思迪发表了精彩绝伦的演讲。现在的乔伊不仅是'国家房产建筑协会'的发言代表,简直像是协会的会长一样。"

乔伊·哈佛思迪成功的秘诀是什么呢?就是因为他对成功狂热的追求,充满了高涨的热情,具有战胜一切困难的勇气与决心。最重要的是,他对成功有着坚定的信念。

一个成功的人,他不一定要具备非同常人的能力与智慧,但他始终相信自己终将成功,同时,他能够为了成功而投入自己的所有精力。在这种情况下,他就会比常人更容易取得成功。这就又回到了前面说过的人类潜能上。任何一个人都有着很大的潜力,但能够开发多少,就由这个人的态度决定。只要你坚信自己会取得成功,那么你就必然会走向成功。

坚定自己对成功的信念,你要时刻牢记:

(1)了解一些社会名人的故事,你要知道——事实也是如此——他们中很多人刚开始并不怎么优秀,甚至还不如你。

(2)在你要准备说话时,鼓励自己一定能成功。不断地说服自己:成功也不是一件非常困难的事情。

(3)无论遇到什么苦难,都不要抱怨。你要清楚,这些困难别人也都遇到过,并且成功战胜了它们。

(4)做任何事都要有信心,要把信心融入到每句话、每个动作中。

第六节

积极的自我暗示

一个在高楼里爬楼梯的人,把目标设在不同的楼层,开始感到疲累的时间也会有所不同。比如把目标分别设为6层与12层,如果他把12层设为自己的目标,与把目标设在6层相比,他在更高的层数才会觉得累。因为他在上了一半的时候,就会有这样的心理波动:还有6层呢,还要继续加油!接着就会积攒力量继续向上。

换一句话说,设定目标的高低会产生不同的心理暗示,进而影响我们的能力。那么,下面的这个结论就顺理成章了,即:意识思想不仅会影响人们的心理,还能直接对生理造成影响。因此,自我暗示是非常重要的。

也许有人还会有一些疑问:自我暗示会有效果吗?是的,的确有效。这点不必怀疑,因为很多心理学方面的专家已经验证了这点:通过积极自我暗示形成的动力,即使是虚无缥渺的,也会促使人们不断进步。所以,在平时就要常做一些积极的暗

处世的艺术

The art of worldly wisdom

示。

威廉·詹姆士曾经说过:"行动貌似是在感觉之后才出现的,事实上,行动与感觉是同步的。人的行动被思想直接控制,也就是说,人通过思想来控制行动,也能够间接地去控制自己的感觉,但思想却不能直接控制感觉。

"当你感到不开心的时候,如果你希望改变现状,就要开心地睡觉、吃饭、聊天,让自己表现出很快乐的样子。那样你就会有快乐的感觉了。如果这种方法不能奏效,那大概也没有其他办法了。

"同样,让自己成为一个勇敢的人,就尽量表现出勇敢的样子,进而能影响到你的心态,然后才能竭尽全力地完成这个目标,那么,内心的恐惧就会被勇气所取代了。"

这就是一种基本的自我暗示。如果你还有所怀疑,你可以找那些看过这本书并试验过的人谈谈,或者听我培训班的学员是如何说的,你就会知道自我暗示的强大效果了。

下面这个例子中的主人公,将会让你知道自我暗示的重要性。这个人是勇敢的代名词。他也曾有过怯懦的时候,但他用决心战胜了怯懦,并在长期坚持下,成为美国受人尊重的勇者。这个人不赞成托拉斯的理论,用语言煽动民众,他就是手持国家至高无上权力的西奥多·罗斯福总统。

他出过一本销量极高的自传,他在上面写着:"我小的时候,是个身材弱小且头脑愚笨的小孩儿。在长大后,我还是非常自卑，经常会产生莫名的紧张感，完全没有自信。因此，我下决心要锻炼自己，不仅要锻炼我的身体，还要锻炼我的精神与心态，在两方面都要取得进步。"

一个羸弱的孩子，又是如何成为一个勇者的呢？他同样在自传里给出了答案：

"莫里哀的书对我影响很大，我至今仍记得上面的一个故事，正是这个故事鼓励了我，并给我带来了力量。故事中有个英国军舰的长官，他鼓励故事的主人公要勇敢，以无所畏惧的心态面对人生的每一个挑战。他是这样说的：在准备行动的时候，每个人都免不了感到紧张、犹豫，可关键是，不能让这种紧张持续影响你。你要想办法排解这种紧张，可以这样做：尽力控制自己，在表面上要有一副平静的样子。这样坚持下去，时间会让这种伪装变成现实。主人公最初只是希望通过这种方法锻炼自己的意志，但坚持下来，他不仅成为一个意志坚定的人，更成了一名真正的勇士。

"这就是我的秘诀，小时候，我害怕灰熊、野马，甚至猎枪，几乎什么都怕。但通过这种训练，我尽量表现出不害怕的样子，日复一日，我后来真的不再害怕。如果你想成为一个勇敢的人，也可以用一下这种方法。"

在残酷的第二次世界大战期间，纳粹者疯狂地屠杀犹太人。有一个犹太人，他一直相信能活着离开纳粹集中营。可周围的人都早已对生存失去信心，因为疯狂的纳粹者随时会把他们枪

处世的艺术
The art of worldly wisdom

毙,已经有一批又一批的犹太人被残忍地杀害;同时,很多人因为饥饿、寒冷或疾病相继倒下,以至于后来人们都不再抱有活着的希望。就是在这种情况下,那个犹太人常常告诉自己:"最晚在 X 年 X 月,联军一定会打到这里,前来营救我们。在这之前,我要好好地活着。"接下来,在他预想之中,他身边的同伴一个接着一个死亡,可他仍然坚强地活着。

从上面的事例中,可以得出这样的结论:积极的自我暗示能够为我们提供勇气与力量,帮助我们战胜一切恐惧与苦难,对做任何事时都会有很大的帮助。那些勇于这样尝试的人们,已经开始向更好的自己蜕变,迎接更加精彩、更加美好的生活。

当然,训练说话也是如此。有位家庭主妇来参加我的培训班,开始时她告诉我:"我从来没有邀请过邻居来我家做客,我害怕与人交谈,担心自己不能与他们融洽相处。"在培训班结束的时候,她就换了一种说法:"经过课程训练,我不断告诉自己:我也能成功。慢慢地,我感觉自己不那么害怕了。最近我在家办了一个晚宴,结果真的非常成功,我与每个到来的客人打招呼,在宴会上毫无拘束地与他们进行交谈。"

许多学员都成功地做到了这点,他们利用自我暗示的方法,驱散了盘踞在内心的恐惧。不仅如此,在努力提高说话水平的过程中,将会有各种艰难挫折在那里等着我们,通过积极的自我暗示,同样能够帮助我们解决这些问题。因此,在你准备说话或者遇到困难的时候，最好还是拿出一副自信的模样，这样就能给你带来勇气和力量。如果你一切准备就绪，那就鼓起勇气，尽情地表达自己吧！

积极的自我暗示，你可以这样做：

（1）积极尝试，不必过于紧张、害怕。

（2）要知道，行动才是最关键的一步，行动会让你发生改变。

（3）每个人都会紧张，如果感到紧张也没关系，重要的是要学会控制紧张。

（4）即使你在说话时出现了明显的错误，也可以把这看作是一种幽默或者其他正面的东西。无论如何，要做出恰当的、积极的自我暗示，相信自己，一切都很顺利。

第七节
锻炼坚定的意志力

在开始写这本书的时候，我就打算谈一下意志力对于成功的重要性。这一节，我们就来谈一下意志力。意志力的训练，需要我们能够保持自己的专注度，要有不达目标誓不罢休的坚韧，以及克服万难的顽强毅力。

如果你想取得成功，那就必须保持强大的意志力，来克服可能遇到的任何困难。爱德华·立顿是英国活跃的政治家、作家，是个很明显的成功者。在他的一生中，不仅到过非常多的地方，而且不断参加政治会议和社会活动；此外，他还完成了60余本著作，并且那些著作都有着很深刻的见解，这都需要大量的时间去完成。他能从繁忙的事务中抽出时间来写作，这使人们感到非常不可思议，不禁会问这样的问题："你平时那么忙，竟然还能完成那么多的著作，难道你会分身术吗？"

没有人会分身术，爱德华也不例外，他依靠的不过是强大的意志力。他每天会用3个小时的时间去钻研、读书和写作，有时候甚至不到3个小时，但他能够充分利用好这些时间。在他学习和研究的时候，能够全身心地投入其中，专心地进行学习。这种强大的意志力，帮他在很少的时间里就取得了写作上的成功。

锻炼说话也是如此。我们在提高说话能力的时候，也需要像爱德华那样全神贯注地训练，因为只有充分把握时间，专注于培养说话能力，才能够有所成就。

当你刚开始训练口才的时候，会遇到一些无法避免的困难与挫折，这些会打击你的信心，让你有所动摇。当你处于困难之中时，不必去想产生这些困难的原因，因为它们本来就存在。你要知道，做任何事情时，保持坚定的毅力与决心才最重要。很多极具才能的人却没有成功，就是因为他们缺少这些东西。请记住，遇到的困难越大，就说明你已经距离成功越来越近。成功的方法也很简单，那就是在任何情况下，都不能让自己内心出现丝毫的动摇。

在前面曾说过乔伊·哈佛思迪的案例，他从一个普通地产商做到全国建筑协会的发言人。他能够成功的原因，除了前面讲的对成功有着坚定的信念之外，还有就是他有着强大的意志力，在走向成功的路上，他正是用这种优秀品质，才把那些阻碍他的困难清理干净的。

还有一个人物的事例也可以证明这一点，他就是可劳伦斯·比·兰道尔，这是一名成功的企业家，并且被人们视为商界

处世的艺术

The art of worldly wisdom

的一个传奇。

年轻时期的兰道尔先生也曾遭遇挫折。在大学第一次自我介绍中，他和很多人一样，以不善表达的方式结束了站起来的讲话。那时，老师让每个人用5分钟来介绍一下自己，轮到他到讲台上说话时，刚说了一半就紧张结巴，不得不窘迫地回到座位。

可是，那并没有让兰道尔灰心，他不甘失败，并且下决心要成为一个健谈的说话达人。他开始不断地训练，并在后来成为了国家的经济顾问，受到人们敬重。他出版了很多充满智慧的书籍，在《对自由的信念》一书中，他这样描述自己演讲的情况：

"我有非常多的演讲要去完成，因为这是会议中必不可少的环节。我参加过各种会议，包括企业协会、商务部、社会扶持基金会、校友会以及其他社会组织举行的会议。我曾在密歇根州的艾斯肯纳巴发表爱国讲话，情绪激昂地抨击第一次世界大战；我还与米基·隆尼在乡下进行过公益演讲，和哈佛与芝加哥两所大学的校长詹姆士·布兰特·柯南以及罗博·M·胡钦司在乡镇宣传教育的重要性。我的法语口语很差，但我曾在一次宴会上用法语进行了演讲。

"我很清楚听众想要知道什么，并且很清楚他们希望我通过什么方式讲出这些内容。对于演讲人而言，这里面的秘诀其实很简单：只要你愿意努力，什么都能学会。"

从兰道尔的那些话中，可以得出一个结论：渴望成功的意志力，决定了你能否提高自己的说话能力。如果我了解你的想法、意志力的强弱以及是否拥有乐观的心态，就可以根据这些，判断你在当众说话能力方面的进步速度。

对任何一个人而言，只要他愿意接受这个挑战，希望能够清晰准确地把自己的想法表达出去，让别人看到自己卓越的口才，那么，一定要有强大的意志力。

在那些善于表达的成功人士当中，除了少数的几个是说话方面的天才，其余的起初都是和我们一样的平常人。正是因为他们能够坚持，才获得了那样的成就。反而那些较有口才天分的人，因为灰心丧气，选择了放弃，最终反倒是碌碌一生。请记住，只要有勇气、有目标，就要不停地往前走，而这条路的尽头，就是成功的所在之处。

这是人类和大自然的定律。无论是在商业，还是在其他的任一行业中，这样的事情在接连不断地发生着。美国的石油大王卡耐基说："耐心与信心，是事业成功的首要条件。"在说话方面同样如此，它会帮你走向成功。坚信自己能够成功，你才会努力达到成功所需的一切条件，自然会因此而获得成功。

一个人意志力的强弱，决定着他能否成功。如果你希望成功，就要做到：

（1）尽管你失败了很多次，但是只要你没有被打倒，那就一定能成功。

处世的艺术
The art of worldly wisdom

（2）一个人能否取得成功，在相当多的程度上是由他的信念所决定的。成功与失败的差距，可能就是那一分的坚持。

（3）面对难以应对的困难时，试着想一下战胜它所获得的快乐。

（4）假如你能够靠着顽强的毅力，改掉自己的一个坏习惯，那么，你就能接受第二个挑战，并且有信心取得胜利。

（5）如果你因为看不到进步，对口才的训练产生动摇，只靠那些想象出来的成功，是无法让你愿意继续坚持。试着权衡自己的得失——如果不成功，你会是什么样子，而成功的话你又是什么样子，这样就能扫除那些使你动摇的念头。

第八节
把每一次说话当成锻炼的机会

萧伯纳不仅是一名伟大的文学家,同时也是一个说话的高手。在谈到如何提高语言能力的时候,他告诉人们:"我沿用了自己学习滑冰的方法——我不断地让自己出丑,直到自己完全熟练。"无论你的目的是成为演说家,还是能够在公众面前清晰地表达自己的看法,你都必须把握每一次说话的机会,不要害怕出丑。

有一个很简单的道理,如果一个人不下水,那么他永远不可能学会游泳。提高表达能力也是这个道理,如果你不去说话,即便是学会了很多口才技巧或表达方法,你也不可能真正有所提高。我在前面提到的那些好口才的成功人士,如果他们没有经常说话,或者没有思考如何说话,他们也不会取得那些成就。

在第一次世界大战过后,我仍在纽约125大街基督教会讲授说话的课程,但是讲授内容与最初相比,已经有了很大的变化。许多新的观念被加入课程,也剔除了那些过时的思想。但

处世的艺术
The art of worldly wisdom

是有一点从未有所变化,那就是我会要求参加培训班的每个学员,都要站起来进行一次当众讲话。因为我坚信,如果没有真实的练习,即使你看完了所有锻炼口才的书籍,你也不能真正学会如何说话。当然,也包括这本书,书中所有的技巧方法都是指导,你必须要亲身实践才行。

许多人不满于自我表达的现状,并希望自己成为理想中的那种人——善于表达,受人欢迎。可是,当他在陌生的说话环境中,比如与陌生人交谈、和异性交流、与重要人物谈话,或是公开演讲的时候,他就会不自觉地开始担心,因为意识中会认为自己的形象在面临着一种考验,担心自己说错话,当众出丑,也不希望自己被人说成"笨蛋""不会说话"或是"爱表现""出风头"等。其实,这些担心都是毫无必要的,因为即使是失败了,也没有什么大不了,更不会有人责备你。可能你没有十足的把握,不知道会有什么样的结果,如果因此而不愿开口,那就大错特错。你要知道,没有尝试就没有进步,而通往成功路上的所有失败都是值得的。

看一下自己的生活,几乎做任何事情都需要说话,这都是你锻炼自己的机会。你可以主动加入一些团体,找一份需要与人交流的工作;你也可以趁着聚会的时候,站起来讲几句话,或者简单附和他人几句;参加会议时,不要习惯性地躲在后面,要让自己勇敢地坐在前面,并积极发表自己的看法。如此一来,你就能看到自己的进步,才能真正掌握说话的技巧。

在你刚开始这样做的时候，可能完全不知道要说些什么，也没有想要表达的观点，就更不用说有文采和见解了。但是，这些都不重要，最重要的一点是你成功地开口讲话了。至于那些问题，是你坚持下来后在未来需要考虑的问题。要知道，无论这个人的学识多么渊博、头脑多么睿智，他一开始也不是你现在看到的那样，同样是无法清楚准确地表达自己。换句话说，任何你所见到的说话高手，都是这样一步步走过来的。

"你说的道理我都懂，"有位年轻的公司主管告诉我，"但是我还是下不了决心，我不愿面对其中的困难与阻碍。"

"会有困难、阻碍吗？"我对他说道，"快点抛开那些消极的想法吧！你为什么不换一种角度，用具有征服性的精神去面对那些问题呢？"

"征服性的精神是什么？"他提了这样一个问题。

我用果断有力的语气告诉他："冒险精神！"接下来，我又给他讲了几个事例，告诉他可以利用语言帮助他走向成功，并且还能让他更具个性魅力。

在最后，他对我说："我决定去做一些尝试，我要开启自己的冒险之旅。"

你手中的这本书，是一本带你进入冒险之旅的书籍。如果你看完这本书并且决定付诸行动，你就将正式进入与那个学员相同的冒险之旅。在这场通往成功的冒险之旅中，你将发现，你的自控力和敏锐的感知力会给你很多帮助；同时，你自身也将发生翻

处世的艺术

The art of worldly wisdom

天覆地的改变。

把每一次说话都当成锻炼的机会,应该做到:

(1)如果你失去了开口说话的机会,你应该十分地懊恼。

(2)尽可能把握每一个说话的机会。如果你不去尝试,就永远不能成为一个善于说话的人,并且是把这个锻炼的机会留给了别人。

(3)成功不是一蹴而就的,进步也是一步一步的。而每一次的当众讲话,都会使你更加接近成功。

第二章

获得他人赞成的表达技巧

每个人都希望自己能够畅快淋漓地表达内心的想法，渴望得到他人的赞成，得到认同的那一刻比任何时候都值得兴奋。林肯作为美国总统，一个公众人物，同时具有多项才能是不足挂齿的。如果让他选择成为一个什么样的人，一个是不善说话的天才，另一个是拥有好口才的一般人，我相信他会更倾向于后者。

我在卡耐基培训班的时候，许多学员一开始经常问这样的问题："怎样才能让自己拥有卓越的口才，成为说话高手，而不让人觉得啰唆反感呢？"

"很简单，只需要掌握一些表达技巧就行了。"这就是我给他们的答案。

第一节
注意说话的方式

参议院是美国政府的重要机构，里面的人和愚笨完全没有关系，可他们也曾遇到过迷惑不解的情况。有一次，一位高级政府官员来到了调查委员会，却把委员会的成员们搞得云里雾里。这位官员在讲话时，还不停地用手势比划，但说话却没有重点、概念模糊不清，完全没有清楚地表达出自己的意思。

在这位官员走后，一位名为萨姆尔·詹姆斯·阿尔文的年轻议员，他是北卡罗来纳人，抓住这个机会讲了一个精彩的故事：

这件事情让我想到一个熟识的朋友。他有着幸福的家庭，但有一天他找到自己的律师，告诉律师他要和妻子离婚。不过他还告诉律师，他的妻子漂亮又贤惠，也很会做饭，是个好妻子、好母亲。

律师就问他："既然是这么好的妻子，那你为什么想要离婚？"

男人说道："她太啰唆了，总围着我说个不停，这实在让我

处世的艺术
The art of worldly wisdom

无法忍受。"

"那她都和你说些什么?"律师接着问道。

"这就是最令我讨厌的地方,"男人答道,"我总是搞不清她在说些什么。"

这位政府官员正是如此。在现实生活中,很多人都是这样,人们完全搞不清他说话的重点是什么,他们也根本没有表达清楚,从来没有把话讲得明明白白的。

正如昆特来说过的一句话:"任一主题,说得是好还是坏,完全是由那个说话的人如何去讲决定的,而与讲话的内容没有多大关系。"昆特来是英国一位出色的政治家,他的这句话在当时也深受人们称道。虽然我不确定这句话在如今仍能完全适用,但有一点是完全正确的,那就是:只有掌握恰当的说话方式,才能把话说清楚。

把话说清楚很难吗?不,当然不是,只要我们掌握一些合适的表达方式就可以了。洛德维·维根斯坦说过:"一切能想到的事情,都是能够清楚地进行思考的;一切能说出来的东西,也都是能清楚地表达出来的。"

如果你希望能清楚地把想法表达出来,让听众很轻松地领悟你的想法,我建议你可以按照这些方法去做:

1. 减少说话的重点

我曾经遇到过这样一个人,他在 3 分钟的讲话中说了 11 个重点。平均下来的话,他要用 16.5 秒的时间去说清楚一个重点。

在我看来,即便是一个说话天才,也不可能做到。结果也和我预料的一样,他那次的讲话很失败——他就像是带着一群游客的导游,这些人初次来伦敦观光,而他想要用一天时间就带游客们游遍伦敦。这样也不是不可能,不过那种匆匆地游览又有什么意义?一天的旅程结束后,人们也想不起来自己游览过哪些地方。他说话就是这样,像一只快速奔跑的羚羊,从这个位置迅速跳到另一个位置,人们最后对他所讲的东西也没有任何印象。

2. 理清说话的逻辑顺序

所有的讲话,都可以按照时间或空间的先后顺序,以及说话内容的内在逻辑关系进行整理。在时间方面,可以按照从过去、现在、未来的顺序,把所说的内容有序地串联在一起;当然,也可以用相反的顺序进行倒叙。在空间逻辑方面,可以把一个地点作为中心,把这里发生的事情讲清楚后,再扩展到外层;也可以根据方位的先后,逐个地连成一条说话的线索。另外,如果说话的内容已经存在一定的逻辑关系,你就按照那个顺序进行就好了。

3. 逐一地说清重点

在说话的时候,要把内容的重点清楚地表达出来,你可以告诉你的听众,你要怎么讲,会讲哪些内容。如果你能够这样做,他们就会更容易明白你的意思,条理清晰的讲话也更容易受到欢迎。具体你可以这样说:"我讲的第一个重点是……"然

处世的艺术
The art of worldly wisdom

后再逐个地说明第二个、第三个，这样整个内容就变得简单且清楚了。当然，你也可以选择其他的一些关联词。

在美国一次正式的经济会议上，就有这样一个例子，故事的主人公正是巧妙地使用了这个方法，发表了一次成功的演讲。事情是这样的：

故事的主人公是来自伊利诺伊州的参议员、著名的经济学人士道格拉斯，在那次国会联合会举办的会议上，道格拉斯发表了自己的演讲。他站起来开始说道："今天我演讲的主题为：为了保持经济最快、最高效地增长，应该减征个人所得税，减征对象就是那些几乎留不下存款的中、低收入工薪阶层。"

然后，他沿用了我们所说的方法继续演讲：

"具体的方法是……"

"进一步可以……"

"另外……"

"我提出这样的议案，是基于下面这三个因素：第一……第二……第三……"

他在最后总结道："总而言之，我们应该立即降低中、低收入工薪阶层的个人所得税，从而解放内需与购买力。"

从开始到结束，整场演讲节奏感很好，严谨有序，具有很强的说服力。

4. 使用对方熟悉的题材

我们在之前已经讲过这个问题，就是要注意说话时的用词，慎重使用专业的术语，应该用那些使人们感觉熟悉的题材与他们交谈，在这里就不再详细说明了。

5.借助图片等其他工具

当然，为了让人们更容易理解，你也可以借助一些工具。它可以是你讲到的一些东西，也可以用图片或幻灯片的形式展示出来。对于身处科学技术飞快发展中的人们而言，这些东西会让他们觉得更熟悉，也更容易吸引听众的注意力，更好地引起人们的兴趣；最重要的是，可以帮助我们更清楚地展示自己的观点与想法。

所以，注意说话方式，应该做到：

（1）把自己的意思清楚地表达出去。

（2）如果你感觉对方不明白你的意思，不妨换一种方式告诉他。

（3）无论如何，在保证让对方明白你所讲的意思的情况下，说话的方式越简单越好。

第二节
说话要抓住重点

有一个人和他的朋友谈话，讲述自己亲身经历的事情，他是这样说的："我去一个公司谈生意，那个公司是在XX路上的转角处，在那条街的XX号。我去的时候，XX路还在修路。我之前去过那家公司，但我记得不是现在的地方，以前在XX路，或是其他路上。我去谈生意的时候，遇到了……"

他已经讲了很多话，但是完全不知道他要说的是什么事情。接着，他又说了很多，直到他开始说到"在那里见到了一个老同学"，你才豁然开朗，意识到原来他要讲的是这件事情。

他讲了那么多东西，只会让人觉得不明所以。可能他只是为了更好地把事情说清楚，但他却没有简明扼要地表达出来，反而是说了一堆云缠雾绕的废话。为什么会是这样子呢？就是因为他说话没有抓住重点。

有些时候可能会出现这种场景：在你费尽口舌把话说完之后，对方却听得很迷糊，到最后也不知道你要表达的是什么意思，直到你再次强调自己的重点，他才恍然大悟道："哦，明白

第二章
获得他人赞成的表达技巧

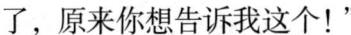

了,原来你想告诉我这个!"

我们都很清楚,这种说话方式取得的效果很不好,既不能让他人快速明白自己的意思,也不能让说话的内容具有说服性。其中原因,说到底还是因为你说话没有抓住重点。

许多人习惯在最后才说出自己的意见,这是他们从中学或大学中收获的技巧。但是在与人交流中,这并不是一个很好的习惯,它会带来的反应是:在你总结自己的观点或看法之前,对方已经对你所讲的内容失去了兴趣。因为人们在听其他人说话的时候,往往是没有很多耐心的。这也是你说话没有重点导致的。

有些自以为是的人,他们觉得话说得越长,就代表自己的水平越高。这种想法是偏执错误的。比如圣经上的主祷文,里面只有 56 个字,如果加上许多东西在里面,那么它还会有这么强烈的感召力吗!

美国总统林肯最著名的一场演说,就是葛底斯堡演说。演说的内容只有 226 个字,却常常被人引用,并流传至今。在那次纪念仪式上,先是马萨诸塞州的爱德华·伊维瑞特进行了两个小时的演说,接着林肯上台,只用了两分钟,便完成了他的演说。可是,人们还记得爱德华·伊维瑞特吗?

讲述一件事情,不管这件事件多么曲折,多么具有意义,都可以通过总体的概括,以及抽象的总结,得出一个或几个重点。而这些重点,就是说话的核心、精粹与本质。只要能抓住它们,你说话时的语言就会简明扼要,直达人心。

处世的艺术
The art of worldly wisdom

　　在你与人交谈的时候，为了表达自己的观点，有时候你需要说很多话才能表达清楚，有时候甚至不知道如何表达，尽管对方看起来仍在认真倾听，不过还是能看出他们听得有些厌倦了。所以，你应该说得简要精炼一些，尽量用最少的话来阐述自己的观点。也就是说，抓住你要表达的重点。

　　当然，如果你坚持你的观点需要用长篇大论才算是表达清楚，这我不会反对。但是如果能用一句简单的话就说清楚，为什么一定要弄成长篇大论呢？事实上，大堆的语言往往会影响到说话重点。在你用长篇大论阐述自己观点的时候，你就会用上很多无关紧要的词语，而这些会被人们认为是废话，还会把你真正想表达的东西遮掩起来。

　　这些道理听起来很简单，可在现实生活中，人们会由于各种原因，在真正说话时却完全不记得要注意这些。

　　有一年，加利福尼亚州的富商约翰飞往国外，他准备在那里投资建设新的工厂，需要在当地寻找一个合作伙伴。那个国家某厂商的经理找到约翰，这是一位精明能干的经理，他熟悉当地市场环境，约翰也感到非常满意。双方起初的谈判很顺利。对于即将成立的合资企业，那位经理描述了一幅宏伟蓝图，这也让约翰很兴奋。可就在即将签订合同时，这位经理为了让约翰更加放心，便自豪地说道："在我们公司，一共有2000多名员工，去年就创造了100万美元的利润，绝对地实力雄厚……"

　　约翰听他这么说，就在心里想：他们2000名员工，一年时间只有那么点利润？这和自己希望获取的利润差太远了，他们的经理竟然还引以为豪。于是，约翰果断决定放弃了与他们的合作。

回想整个谈判过程，如果这位经理没有说那句洋洋得意的话，谈判早就成功了。正是因为他多余的一句话，露出了他们公司存在的问题，进而导致了这次重要合作的失败。对于那位经理来说，他一定是万分懊悔的。

我们经常会看到这样的场景，有些人说起话来滔滔不绝，听起来却乱七八糟、毫无次序，容易令人生厌；还有些人说话夸张，常常夸大其词，完全不能让人信服……因此在说话时，一定要注意抓住重点，去掉那些毫无必要的话，用一些简单顺畅的语言。开口说话就直奔重点，也不要牵强附会，让对方感到迷茫。

说话要想抓住重点，就要做到：

（1）不讲废话，废话只会让对方感觉厌倦。

（2）一句顶一万句，可以用一句话说清楚的，绝不用第二句。

（3）时刻围绕主题，把你想要表达的主题作为中心，它就是统帅，把远离这个统帅的杂牌兵清理出去。

（4）多加训练，用一些简明扼要的概念把观点表达清楚。

第三节

牢记他人名字，是一种巧妙的恭维

那是在 1898 年，纽约郊外的落克村发生了一场意外。有个儿童不幸去世，村子里的人都要去参加他的葬礼为他送行，基姆·法莱也是参加送行队伍的一员，他想要从马房里牵匹马骑着去。那时正是寒冬腊月，地上早已落满了厚厚的积雪，而他把马关在马房里很多天了。他刚把马牵出来，那匹马就活跃起来，绕着他打转撒欢，两条前腿把上半个身体高高抬起，基姆·法莱一个不小心，就被马给踩死了。所以在那一周之内，村子里就又举行了一场葬礼。

基姆·法莱意外去世了。他还有 3 个孩子，他留给这个家庭的却只有几百美金。

基姆·法莱的大儿子小基姆·法莱那时刚 10 岁。为了补贴家用，他便开始去砖厂干活儿。他的任务是把制砖的黏土放入模具，然后压成砖块，再把砖块放到太阳下晒。对于小吉姆来说，这绝对需要下苦力。尽管小吉姆没有条件去上学，但他有着爱尔兰人乐观爽朗的性格，很多人都喜欢他。后来他开始从

第二章

获得他人赞成的表达技巧

政,经过生活的磨练,他养成了一种牢记他人名字的习惯。

小基姆连中学都没有上过,可在他46岁的时候,就已经获得了4所大学赠与他的荣誉学位。他曾被推选为民主党联合主席,还当选过美国邮政部长一职。

很幸运,我曾有机会访问过一次法莱先生。我问到有关他成功的秘诀是什么,他果断地回答我说:"埋头工作!"

我当然不会满意这个模糊的答案,所以继续追问道:"法莱先生,不要开玩笑了,再说得详细点吧。"

"那么在你看来,我为什么会成功呢?"他想了一下,然后问我说。

"法莱先生,这个我就不太确定,不过,我听说你能记得1万多人名字。"我这样回答。

"不,你错了!"小基姆·法莱接着说,"我大概记得5万个人的名字。"

不要感到不可思议,他的确有这个特殊能力,也正是因为这个原因,他才能帮助罗斯福成功竞选总统。

小基姆曾做过公司的推销员,同时那年还在洛克村担任书记员,从那个时候起,他便养成了牢记他人名字的习惯。小基姆是这样做的,他每次认识一个新朋友,就会尽量了解对方的职业、家庭状况以及对当时政治的看法。知道这些情况后,他就会牢牢地记下来。当他再次遇到这个人,即使已经隔了很长时间没见,小基姆还会拍着对方的肩膀,关心他的家庭情况、妻子和孩子,甚至提及一些家庭细节,比如院子里种的花草等。

处世的艺术
The art of worldly wisdom

作为罗斯福竞选总统的帮手，在刚开始竞选的几个月里，小基姆每天都会寄出几百封信，送往他在美国西部、西北部几个州的朋友那里。接着，他又用了19天的时间，乘坐火车游历了美国20个州，大概有12000英里的旅程。下了火车，他还乘坐其他交通工具，例如便装马车、汽车、轮渡等。每到达一个新的地方，他就会找当地的熟人一同吃饭，在与对方真诚地交流之后，再接着去下一个地方。

在十几天后，他结束旅程又回到东部，他就立刻给他在各个地方的熟人寄去一封信，请他们把那些与他们交流过的选民名单寄给自己。小基姆收到了不计其数的人名，并且给名单上的每个人都送出了亲切且礼貌的信函。

小基姆为什么要这么做呢？这是因为他早就发现，人们十分在意自己的名字。记住他的名字，当你们在遇见的时候自然地称呼对方，这能让对方察觉到你对他的赞赏，是一种巧妙的恭维。与之相反，如果你忘记或者说错了那人的名字，不仅会让气氛变得尴尬，也会让自己给人留下很不好的印象。

多年前，我在巴黎也开过一次演讲的培训班。有一次，我们因课程时间有些变更，需要寄信通知培训班的学员，有些学员是美国人，给他们的通知信就需要用英文去打印。可我忽略了一点，那就是我请的打字员是法国人，他的英文很差，在输入名字的时候容易打错字。其中有个学员是一家美国银行在巴黎分行的经理，我接到他的一封信，责备我们把他的名字写错了，这让他很生气。看到他的来信，我想如果是他的员工犯这

第二章
获得他人赞成的表达技巧

种错,大概已经被开除了。

美国钢铁大王卡耐基先生,大家都知道他其实不是很懂钢铁的,甚至还不如他手下一个普通员工内行。那么,他成功的秘诀是什么呢?

安德鲁·卡耐基的秘诀,就是很会与人打交道。在他很小的时候,就显示出他极具才能的组织与领导能力。10岁开始,他就已经注意记住他人的名字,并发现人们尤其重视自己的名字。他自从发现这个窍门,就更加清楚如何利用好这一点。

这个来自苏格兰的钢铁大王有这样一段童年趣事:他曾经养过一只母兔,这只母兔生了一窝兔宝宝。可这也让安德鲁·卡耐基有了新的烦恼,他要用什么东西喂小兔子呢?他突然有了一个好主意,他告诉附近的孩子们,谁能给小兔子找来吃的东西,那他就用谁的名字给小兔子命名。这个主意让周围的孩子们都很兴奋,积极地找来了各种食物。这件事令卡耐基先生终生难忘。

没错,这是人的天性,人们希望别人记住自己的名字,更希望自己能够流芳百世,让后世的人们记得自己。多年后,在卡耐基先生开创的诸多事业中,验证了他这个窍门的重要性。他的事业也因此不断扩大。

卡耐基与布尔姆在商业上是竞争对手,为了获得在太平洋铁路运输小汽车、小客车的经营权,卡耐基旗下的中央运输服务公司和布尔姆的公司展开了激烈的竞争。他们低价竞争,相互抢占市场,以求未来利益的更大化。有一天,他们两人一起

处世的艺术
The art of worldly wisdom

参加了纽约铁路运输部举办的晚会。当天晚上,他们在圣尼古拉酒店见面了,卡耐基先打了招呼:"晚上好,布尔姆先生。为什么我们两个人不能一起合作?这样的低价竞争对你我都没有什么好处吧?"

布尔姆接着说:"那么你有什么想法啊?"

接下来,卡耐基简明扼要地说了自己的想法。他诚恳地表示,如果两家公司能够联合起来,就能够获得更多的收益。布尔姆仍没有放松警惕,他在最后问道:"如果两家合作成立新的公司,你会给它起个什么名字?"卡耐基立即果断地答道:"当然是以你的名字命名了,就叫布尔姆运输公司。"

听完这句话,布尔姆完全放松下来,接着对卡耐基说:"很好,卡耐基先生,我们可以具体再谈一下,到我房间里坐一下吧!"

正是这次愉快的交谈,两个竞争对手对合作达成了一致意见,同时,也开启了运输界的全新局面。卡耐基有着惊人的记忆能力,他记得成千上万人的姓名,他认为这是成功企业家应该具备的基本素质,也是他走向成功的秘诀。他可以轻松地说出许多人的姓名,这也是他为之自豪的一种能力。在很长的一段时间里,他都是亲自管理公司。在他的管理下,公司从来没有出现过罢工的情景,这也是他引以为傲的一点。

还有一个简单的例子,就是比特华斯基先生,他家里有个名为考伯的黑人厨师,他为了表示对考伯的尊重,就一直称呼他为"考伯先生"。

第二章

获得他人赞成的表达技巧

每个人都非常重视自己的名字，他们都希望自己的名字能够被人传诵，流芳千古，为了这个愿望，他们甚至愿意用任何东西来交换。博纳姆是个饱经岁月风霜的老人，他一直以来的遗憾就是没有儿子可以继承自己的姓氏，所以，他提出给自己的外孙西勒25000美金，让他用博纳姆的姓氏。在200多年前，很多富人为了让自己能够出名，就会给作家很多金钱，把自己的名字放在作者的位置上。

试着猜一下，图书馆和博物馆里最值钱的是什么？你绝对猜不到！最值钱的其实是陈列品前那块写着捐赠者名字的牌子——这是那些捐赠者用了很大的代价换来的，他们愿意为这块牌子捐出自己珍藏的东西，原因就是希望通过这种方式，让自己的名字可以永远流传。

有谁会比美国总统罗斯福还要忙呢？可就是事务如此繁忙的一个人，也会记住一个普通汽车技师的名字。

克莱勒斯汽车制造公司曾为罗斯福设计了一辆汽车，这辆汽车功能完善且强大，张伯伦带着一个技师把制造好的车子送到总统府。后来，张伯伦曾在一封信中详细地描述了当时的情景。他说："那次让我有很大的收获，我只是教授了一些这辆装有特殊装置汽车的驾驶方法，而罗斯福总统却教给了我很多为人处世的艺术。"

他在信中写道：

我们在白宫见到了罗斯福总统，他看起来非常高兴，还叫了我的名字，这让我觉得非常亲切与激动。在我为他讲解这辆

处世的艺术
The art of worldly wisdom

车的设计时,他一直都在认真地倾听,这点给我留下了深刻的印象。此外,他还向周围的官员称赞这辆汽车,夸赞它的精巧设计,随时可以换成手动驾驶,还对我说这辆车设计完美,不时地称赞我们的设计。

他这样对我说道:"张伯伦先生,真的非常感谢你。你一定花了很多时间和精力放在这辆车上,这是一个无可挑剔、非常完美的设计。"甚至于一些细节,比如特制的倒车镜、前照灯、汽车座椅、驾驶座的设计,特制衣柜以及上面的标志,这些都受到了他的好评。可以说,他几乎仔细观赏了整辆车子的每一个细小设计。

我带去的那位汽车技师,是个比较羞涩内敛的人,他一直躲在后面。当我们告别时,总统和他握手并亲切地称呼了他的名字,还对他的辛苦表示感谢。总统所做的这些,绝不是形式主义,我们两人都可以感受到他的那种真诚。

更令我感动的是,在不久之后,我收到了一张带有总统签名的照片和一封感谢信。总统先生还能在百忙之中记得这件小事,我感到非常激动,这也给我留下了不可磨灭的记忆。

罗斯福总统为什么能够这么受人欢迎?其中的诀窍是:他有一个简单而有效的方法,能够最大限度地获取他人的好感,这个方法就是记住他人的名字,让他们有受人重视的感觉。可就是如此简单的方法,在现实中也没有多少人能够完全做到。当他人给我们介绍一个新朋友时,会有几分钟的时间进行一些交流,但在告别的时候,我们是否已经完全忘记了对方的名字?

第二章
获得他人赞成的表达技巧

截然相反的是,参与政府选举候选人的首要学习内容,就是牢记选民姓名。对姓名的记忆能力,无论是在政治方面,还是在交际和事业方面,都占有同等重要的地位。

拿破仑的侄子拿破仑三世重建了法兰西第二帝国,他曾经说过,尽管管理国家的事情非常多,但他能够记住每一个见过面的人。他有什么特殊的技巧吗?其实很简单,假如他没有听清这个人的名字,他就会谦虚地问:"不好意思,我听得不是很清楚。"假如这个人的名字不是很常见,他就会问:"请问这个姓是如何拼写的?"在短短的交流中,他会反复地记忆对方的名字,同时把这个人的姓名与其长相、神态和体貌特征联系在一起,牢牢地记在脑中。

如果这个人是很重要的人物,他就会不厌其烦地牢记这个名字。在他们分别之后,他会写下这个人的名字,认真、反复看这个名字,直到他已经牢记在心里,才会把这张纸丢掉。他通过眼看、耳听的方法,把得到的所有信息都结合在一起,这样就会记忆深刻。

如此看来,记住每个人的名字,的确需要我们花一些时间,但这绝对是值得的。爱默生就曾说过这样的话:"礼貌,需要做出一些微小的牺牲。"如果你想要更好地融入社会,在社交场合上表现得更加出色,这点小小的牺牲又算得了什么呢?

牢记他人名字,对社交会有很大的帮助:

(1)叫出对方的名字,有时会比耗费精力做其他事更有效果,它能起到事半功倍的作用。

（2）清楚地记住他人的名字，能够给自己带来很多帮助，要在平时就注重这件事情。

（3）在和对方谈话时，可以多次直接说出对方的名字，这样不仅会更容易记住这个名字，还会让对方感觉更加亲切。

（4）可以把遇到的那些人的名字写下来，方便记忆每个接触到的名字，并且不容易遗忘。

（5）如果你真的忘了某个人的名字，如果下次还有见面的机会，事先一定要想办法知道这个人的名字，并且牢牢记住。

第四节

借对方的嘴说明事情的来龙去脉

没有人会喜欢被人命令，在买东西、做事情时，我们讨厌被人强迫、或是被人命令的感觉。我们希望每个东西都是自己愿意买的，或者每件事都是按照自己的意愿才去做的。其中的道理很简单，就是每个人都希望别人关心自己的需要、意见与想法。试想一下，如果是自己得出的想法，是不是要比别人的想法更让你相信？即使把别人的想法放在精美珍贵的盘子里送给你，你也不会感到很开心。

事实上，每个人都会有这样的想法。如此看来，假如你想强行把你的想法灌输到他人的脑袋里，怎么可能让对方开心接受呢？所以，先提出自己的建议，然后让他自己得出结论，这样是不是更有智慧呢？

鲁道夫·赛尔兹先生是费城一家汽车商店的销售经理，他曾在我的培训班上讲过一件事。有一次，他看到店里的汽车推销员一副无精打采的样子，他认为需要立即给他们一些激励，于是便把员工叫过来开会。他诚恳地告诉手下的员工，让他们

处世的艺术
The art of worldly wisdom

把心里对他的真实想法说出来。在他们说自己想法的时候,赛尔兹详细地把这些记录在会议板上。他接着对员工们说:"你们对我本人提出的这些要求,我都可以满足你们。那么现在,请你们再说一下,我可以从你们那获得什么东西呢?"

每个人都非常积极地回答:忠诚、积极工作、乐观向上、团结合作以及每天都保持8小时的工作热情,有个员工甚至要求可以把工作时间延长到14个小时。这次会议取得了很成功的效果,提高了员工对工作的热情与积极性。

赛尔兹如实说道:"事实上,我和他们做了一次道德上的交易。我保证尽自己所能去满足他们,他们也提出要竭尽全力去工作。我与他们谈论他们的要求和想法,正好能够满足他们对精神食粮的追求。"

如果尤金·维森能够早些明白这个道理,不知能够帮他避免多少美元的损失。

维森是一家画室的图样推销员,这家画室专门为服装设计师和纺织厂商设计花样,而维森就负责上门推销。维森是个工作认真的员工,为了让纽约一位著名的服装设计师采用他的图样,他每周都会去纽约拜访这位设计师,这样的拜访持续了3年。

"这位设计师从来没有拒绝见我。"维森说道,"但是也没有接纳过我向他推销的图样。每次他都会认真看我送去的图样,接着摇头对我说:对不起,先生。我们今天不能接收你的东西。"

第二章

获得他人赞成的表达技巧

维森在3年里遭到了大约150次的拒绝,有一天他忽然明白:自己之前的推销太死板了,陷入了因循守旧之中。于是,他每周都会用一整晚的时间,去学习与人沟通交流的技巧,努力提高自己,寻找新的方法。

不久之后,他想到了一种方法,并且开始努力尝试。他从画室拿了6张尚未完成的图样,然后又找到那位设计师。

"设计师先生,我有件事情想请你给我一点帮助。"维森说道,"我这里有几张未完成的图样,请你简单说一下,我们应该如何完善它们,才能达到让你满意的程度?"

那位设计师低头看了下图纸,接着说:"先把这些东西放在这里吧,过几天你再来好了。"

3天后,维森又来到设计师的办公室,听他说了许多细节上的看法,然后把图纸带了回去,并让画师按照设计师的建议完成图样。后来的结果怎么样呢?当然是设计师把这些样式全买了下来。

这已经是9个月前的事情了,在这段时间里,设计师又向维森订了几十张图样,全部都是用上面的方法完成的。通过这个方法,维森多赚了1600多美金。维森最后总结道:"我之前那么长时间都不能和他达成交易,现在我终于明白是为什么了。以前我一直向他推销买我的东西,现在我不那么做了,我请他把自己的想法告诉我,他就会认为是自己设计出的图样,而且的确如此。现在不用我再向他推销,他就会主动找我买下那些图样。"

处世的艺术
The art of worldly wisdom

是的，这种方法会让你取得意想不到的效果。要知道，说服一个人的最高境界，就是让他愉快地接受你的想法。罗斯福总统就利用过这个方法，使自己的政策得到顺利的推行。

在西奥多·罗斯福还是纽约州长时，他就完成了一个不可思议的成就，他顺利地推行了几个不受政府高层官员欢迎的改革方案。那么他是怎样办到的呢？

如果某个重要职位出现空缺时，他就会请政府高层官员给他推荐几个能胜任此职位的人选。

"在开始的时候，"罗斯福说，"他们可能会推荐一个无能的党内混子给我，也就是那种'特殊照顾'的一类。我就会回答他们说，选择这样的人不是良策，因为民众不会同意。

"接着，他们又推荐另一个毫无作为的党内混子，这也是个无能的人，尽管他没有什么大问题，但也没有任何值得赞赏的优点。我就回复他们说，选择这个人不符合民众的期待。我诚恳地请他们再思考一下，看能不能找一个更加适合的人选。

"他们推荐的第三个人还不错，但仍不是最理想的人选。于是，我会向他们表示感谢，然后请他们再换一个。他们这一次提出的人选就合适了，这正是我心中这个职位的最佳人选。我感谢他们对我提出的建议，然后派这个人担任此职务。我还要把这里的功劳给他们，我告诉给我举荐的人，我这么做全是遵循他们的意见，是为了他们能够满意……那么下面就该让我满意了，他们也是这样做的——他们支持了我接下来提出的法案，比如《兵役法》《减免税收条例条案》等。这个结果让我也十分

第二章
获得他人赞成的表达技巧

满意。"

罗斯福就是巧妙地使用了这个方法,才让那些原本难以实行的法案顺利得到通过。所以,请记住,多向周围的人请教,并且重视他们给你的意见,让对方认为最后的想法就是由他自己决定的。这就是如何获得他人赞同的秘诀,也是走向成功的方法。

在商业方面,一位长岛的二手汽车经销商使用这个方法,把一辆二手汽车成功卖给了一个苏格兰家庭。用这种方法,我想不出他可能会失败的理由。

起初,这位经销商带着那对夫妻看了很多辆车,但是没有一辆能让他们觉得满意,评价说这辆不适合,那辆太破了,并且价格也太贵——他们一直嫌价格太贵。遇到这种情况也让经销商很无奈,于是这位经销商——他是我培训班的学员——来找我给他一些建议。

我明确地告诉他,应付这些"犹豫不定的顾客",先不要急于向他们推销,而应该想办法让他们自己选择买哪个。我建议这位经销商,不要告诉顾客要怎么做,而应该颠倒一下,让顾客告诉你怎么做,一定要让顾客认为是自己做出的决定。

在听完我的建议之后,这位经销商是怎么做的呢?就在几天后,刚好有这样一个机会,一位客户准备换新车,因此打算把自己的旧车卖出去。这位经销商打算用这辆旧车再试一下,他希望这辆车能让那对夫妻满意。于是,他立即给这对夫妻打了一个电话,在电话中表示希望得到他们的一些建议,请他们

处世的艺术
The art of worldly wisdom

帮忙审核一下这辆车值不值买,因为他相信他们的眼光。

这对夫妻果然去了那里,这个经销商诚恳地说:"谢谢你们能来,你们是很专业的买主,并且很懂旧车值多少钱。这里有辆旧车要卖给我,我想请你们帮我看一下,试一下它的性能,然后评估一下这辆车的价值。"

这家的男主人露出了明显的笑容,因为有人诚恳地在向他请教,他感觉自己的能力被人认可。他坐上驾驶位开始试车,他从牙买加区出发,沿着大道一直开到了弗洛李斯特山,然后又开回到这里。

试完车回来后,他向经销商建议说:"如果他肯以 300 美元的价格出售,那么你就赚到了。"

"如果我用这个价格说服那个客户出售,你是否愿意买下这辆车?"经销商问道。

"是 300 美元吗?我当然愿意。"他果断地说道。这位一度让经销商无奈的客户,现在竟然这么顺利就让他满意了。这是他自己看的车,也是他自己评估的价格,最后这桩生意便顺利地成交了。

爱默生的一篇文章《自力更生》中有句话,他是这样说的:"从天才的每一个伟大发明与创造上,都可以看到一些曾被我们抵触的想法;但当这些想法又一次出现的时候,却是那么地引人瞩目。"

在威尔逊担任美国总统期间,他最信赖的人便是爱德华·豪斯上校。在很多重要国事决策方面,都有着豪斯上校的

第二章
获得他人赞成的表达技巧

身影，总统对他的信赖程度，比最亲密的内阁成员还要多。为什么豪斯上校能够让总统如此信赖呢？我们很幸运地知道了答案，豪斯在一次谈话中告诉了亚瑟迪·史密斯，史密斯又在《周末晚报》上讲了出来。

豪斯上校这样说道：

接触威尔逊总统之后，我发现了一个秘诀，如果想让他同意你的某观点，最好的方法就是把这个观点植入他的心中，让他对此产生浓烈的兴趣，进而使他自己得出这个观点。这个巧妙的方法，也是在我无意间发现的。

有一次，我到总统府向他提出一项法案，希望他能够接纳并且推行下去，然而他似乎不是很满意。但在几天后的一次聚会上，我又听到他自然地对人们讲着我的那个建议，完全把那个建议当作了他的想法。

豪斯上校是怎么做的呢？他会上前打断说"这完全不是你想出来的，这是我的建议"吗？没有，豪斯上校没有这样做。他是一个聪明的人，他不屑于那些功名利禄，只希望能踏实做事，所以他什么都没说，继续让威尔逊认为是自己的想法。不仅如此，周围那些对威尔逊总统有如此深知灼见的称赞，他也欣然接受。

请大家记住这一点，我们会遇到各式各样的人，也许就有与威尔逊类似、在某一瞬间被自身弱点控制的人。这个时候，我们就要向豪斯上校学习。

我亲身试验过这种方法，只不过我是作为被试验的一方。

处世的艺术
The art of worldly wisdom

那是纽波仑斯维科一个旅行社里的人，运用这种方法使我成了他们的客户。那个时候，我计划去纽波仑斯维科度假，那是一个划船钓鱼的好地方，所以我向旅行社询问了一些具体情况。可在那之后，我就意识到自己的个人信息泄露了，可能被纳入了旅行社的公开渠道，因为我陆续收到几十封宣传手册，分别来自不同的野营中心以及向导中介所，这让我很难做出抉择，也不知道应该选哪个。

这时，有个野营中心的负责人做了一个非常巧妙的举动。他知道我居住在纽约，于是便给了我几个曾去过他们那里的纽约旅客的名字和电话，方便我向这些人打听他们野营中心的情况。我惊奇地发现，其中有一个正是我认识的人。我给他打了个电话，向他询问这个野营中心的情况和评价，接着我又给这个野营中心打了一个电话，告诉他们我会在什么时候到。在其他人还在热情向我推销的时候，这个野营中心的负责人已经让我做出了选择。最后，他成功了。

想借对方的嘴说清事情的来龙去脉，就要做到：

（1）谦虚请教别人的意见，让他替你说出建议，并让他认为这就是他想出来的建议。

（2）你只要给他一些简单的提醒，他就会自己去思考这件事，并得到与你相同的结论；注意不要让你的意图太过明显，否则的话，会引起他的抵触。

（3）说服一个人，最高明的方法就是不露痕迹，在无意间把你的想法放入对方的脑中，让其成为对方自己的想法。

第五节

只提建议,不下命令

有一次,我有幸遇到了伊答·泰伯尔女士,那时她写的几本传记已经深受人们喜欢,是当时美国最具名气的传记作家。我很荣幸与她一起吃了顿饭,席间无意间提到我正在写这本书,于是我们便以"处世艺术"这个话题展开了谈论。

她对我说道,她在为扬·欧文写传记的时候,先去拜访了一位先生,这位先生曾与欧文在一个办公室里一同工作过三年。这个人告诉她,在他们相处期间,他从没见过扬·欧文直接命令他人。他会委婉地"建议",而并非是"命令"。比如,欧文从来不会说"去做这个,再去做那个",或者"不要碰这个,不要碰那个"。他总会用"你这样想一下"或者"你感觉那样做恰当吗"之类的语言。在他助手记录他口述的信件时,他常常会问助手:"你认为这样合适吗?"在检查助手写完的信件时,他常常会说:"也许换一个词会更合适。"欧文先生工作时,他总会给他人独自做事的机会,而不是命令他的手下怎么去做;他会让手下放开手脚,让他们在错误中不断进步。

处世的艺术

The art of worldly wisdom

　　向别人提出建议，不要试着去命令对方，这样不仅是对他人的尊重，让他感受到自重感，而且不易引起对方的抵触，让他愿意配合。当看到别人的错误时，使用这样的方法，能够更容易让他接受错误并去改正它。而一些辈分高的人用粗暴的方式处理，只会引起对方的怨恨，而不一定能帮他改正错误。

　　唐·斯坦瑞利是我班上的一位学员，他是宾夕法尼亚州的老师，在一所职业学院里教学，就曾讲过这样一件事：

　　有位学生违规停车影响了学校门口的交通。一位老师怒气冲冲地走进教室，大声并严厉地说道："谁把车堵在校门那里了？"

　　有位学生站了起来，接着就听到一句更加严苛的话："你立刻把车挪走，不然我用铁链锁起来叫人拖走。"

　　是的，是这位学生的不对，他不应该把汽车停在校门口。但是那位老师这样做，不仅使这个学生感觉自己受到了伤害，还让班里的其他同学，也看不惯这位老师的行为，从此得不到学生的配合，这位老师后来的工作也很不顺利。

　　我们再回看这件事，其实这位老师完全可以换一种方式，更好地解决这个问题。如果他能够柔和一点，先问清楚是谁的车子，然后再建议那位学生："如果你把车停在合适的车位，就影响不到其他车辆进出了。"那么学生绝对会主动去把车挪走，并且也不会引起同学们的反感了。

　　尽管你是前辈，或者是公司领导，最好也不要用激烈的态度和你的后辈或员工说话，不然你最多只能得到他们不情愿的

第二章
获得他人赞成的表达技巧

合作,还会引起对方的抵触。同样,如果你换成提建议的方法,就更容易让对方接受并听从你的话,从而实现你的目标。

南非约翰内斯堡有一个名为伊恩·麦克唐吉的普通人,他是当地一家小制造厂的经理。有一次,他接到了一个很大的订单。但是有一个问题,制造厂无法在规定的时间内完成这份订单,尽管相关的工作都已经准备好了,但给他们的时间的确是太少了,所以,他很清楚接下这个订单是不切实际的。他没有催促工人加班,让他们加速工作来完成这份订单。他先把工人们都集合起来,告诉他们工厂遇到的情况,并且清楚地让他们知道,如果能够接下这个订单,对公司以及对公司的所有人都是多么重要。

"我们怎么样才能按时完成订单?"伊恩说道,"有没有什么办法,能让我们接下订单?或者谁有什么想法,能够调节工作时间,完善工作配合,让我们提高现在的生产效率……"

接着,员工们积极地说了很多意见,并提出要接下这个大订单。所有人用"我们可以完成"的态度,最终接下并顺利完成了这份订单。

通过询问工人们的意见,不仅使这家小小的制造厂完成了一份大订单,并且激发了每个人的积极性,形成了更协调、融洽的工作氛围。

所以,希望成功说服对方而不导致对方的反感,一定要注意说话的态度和方式。换一种态度,试着用"提建议"去替代"下命令"。

要知道,"只提建议,不下命令"会有这些好处:

(1)提建议和下命令没有本质上的区别,它是弱化后的一种命令,却会产生不一样的结果。

(2)如果你能把命令的话换成建议性的语言,从某些方面来讲,是不会遭到对方拒绝的。

(3)命令、要求或指示,可能就是产生抵抗、不满和愤怒的源头。

(4)即使你站在"真理"之上,为了不伤害对方的自尊,更顺利地说服他,也要选择"提建议"而不是"下命令"。

第六节

颐指气使，指挥人的语气最不可取

尽管我们站在正确的一方，是对方的错误，但如果我们不给对方面子，就会严重伤害到对方。盛气凌人不会帮你达到想要的效果，反而还可能造成消极的影响。

乔史德是一名安全生产的检查员，他在俄克拉荷马州的建筑公司任职，工作内容就是确保工地上的工人戴好安全帽。以前，如果他看到有工人没戴安全帽，就会上前指责那名工人，并命令立即戴上安全帽。看起来好像很威风，但这种方法却没什么效果。工人们会把安全帽拿出来戴在头上，在他走后就会再次把安全帽丢在一边。

后来，乔史德意识到这种方法不太好，便试着使用另外一种方式。在他再遇到工人没戴安全帽的情况时，他会面带笑容地走上前，去问那个工人是不是感觉安全帽大小不合适，戴着不是很舒服，并且用关心的语气告诉他们安全帽的作用，为了保证安全，在工地上一定要戴好安全帽。这样一来，工人们都

处世的艺术
The art of worldly wisdom

会听从他的意见。

两种方法产生的效果是截然不同的，其中的原因就是人们的普遍心理——面对颐指气使的态度和行为，每个人都会产生抵触心理。乔史德以前使用的方法，就是在命令和指挥工人们应该怎么做。被一个瘦小的检查员指挥，工人们当然不会喜欢。后来乔史德能够取得成功，顺利地让工人听从自己的意见，正是因为他现在不再指挥那些工人。

我也曾遇到过这样的事情：

有一年的夏天，我与一个朋友开着车去法国旅行，我们穿过一个又一个村子，然后就迷路了。我们看到路边田里有几个正在劳作的当地人，于是便停下车向他们问路。

我的朋友走了过去，他是一个做事风风火火的人，他到了跟前，大声地对他们说道："喂！罗格镇应该怎么走？"我在几十米远的车上都听得很清楚。

然后我便看到朋友垂头丧气走了回来，并对我抱怨说这里的村民太冷漠了，完全没有热情淳朴的样子。我知道发生了什么，于是我让他待在车上，自己下车走到那几个当地人的旁边，取下帽子微笑地问他们道："你们好，我遇上了一个麻烦，希望你们能帮我一下，请问罗格镇应该怎么走？"

我遇到的情况截然相反，他们很快地回答了我的问题，并且热情地告诉我详细的路径。他们非常善良、热情且有礼貌。听他们说完后，我再次表示了感谢并向他们告别，而他们又热情地邀我去他们家里吃饭。因为我们还要赶路，就答应他们下次有时间再来拜访。

我的那位朋友非常郁闷，他不理解为什么他们对我那么热情。我告诉他："所有人都不喜欢被人指使。"

也许有人认为是礼貌的关系，这也不错，礼貌是非常重要，但这绝对不只是因为礼貌的缘故。并且在没有礼貌的同时，就会让人觉得你是在命令他们。要知道，没有人愿意让别人指挥，也没有人愿意按照别人告诉他的指示去做，这点是人类的天性。

在培训班有位叫道娜的女学员，她在一家公司做助理的工作。有一次，有客户来公司谈生意，公司派了一个年轻的经理负责接待。而道娜就和平常一样，准备给客人端茶。这时她却突然听到经理说："道娜，快去倒茶！"道娜便随口说了一句："我正要去洗手间。"

是不是感觉非常尴尬？可这种尴尬的情况经常就发生在我们身上。比如在酒店里，你让酒店服务员给你打壶热水，尽管服务员当即就答应了你，但等了很长时间也没有出现。当然，你可以投诉，说她服务很差，但这也不会让你立刻用上热水，甚至不会带来任何好处。

既然如此，为什么不能用另一种语气说话呢？你可以告诉她："我可能需要一壶热水，你能帮我提壶热水吗？"我想她肯

处世的艺术
The art of worldly wisdom

定会很乐意为你提供服务。换一种语气，你也不会有任何的损失！

我们在努力说服别人的时候，往往就像是在指挥他。"我认为你应该这样做……"或者"你那样想才正确……"这些话在别人耳中，就会有被人指使的感觉，对他人而言，其实我们有时候并没有什么权威。所以，千万不要颐指气使，用指挥对方的口气说话，你应该尽量保持委婉、温和的语气。

可在职场中，许多领导似乎都对指挥员工充满了兴趣，他们指挥下属这样、那样，好像这样才能让员工知道自己的权威。事实上，大多数领导都会这样做，并且认为这没有什么问题。因为在绝大部分的人看来，如果发现有人犯错，那这个人只能"认错"，就可以以居高临下的态度指责他，并指挥他应该怎么去做。在这种情况下，对方也会为了尊严而尽力与你争论。大家都知道，在双方互相针对的情况下，没有谁是能够成功说服谁的。因此，最好的方法就是给对方尊重，用其他的方式让他意识到错误，并委婉地告诉他解决办法。

战功卓越的沃德将军，有段时间在军队训练新兵。有一次，他坐着吉普去新兵营地视察，恰好碰到一名士兵的女朋友前来探视，两个人正在散步。而这名士兵好像没有注意到车子，当吉普车从他们身边经过的时候，这名士兵的鞋带"恰巧"开了，士兵弯腰系鞋带。沃德将军当然知道是什么情况，于是便让那

第二章
获得他人赞成的表达技巧

个违反军营守则的士兵跑过来。

"士兵,"沃德将军说,"你刚才真的没看见我吗?"

"见到了,将军。"士兵知道瞒不下去,勇敢地承认。

"那你怎么不按军规立正敬礼,反而要假装系鞋带呢?"沃德将军这样问道。

这名士兵很为难,他不知道该如何回答。他回头看了看女朋友,苦着脸回答:"将军,假如你是我,带着女友的时候碰上这种情况,你会怎么做?"

沃德将军笑了起来,他顿了一下答道:"我会告诉她'稍等一下,我要向那个坐车的老家伙敬礼'。"

士兵听后,郑重地向沃德将军敬了一个军礼。这时沃德将军也没有继续斥责,给士兵回了一个礼,就开车离开了。

试想一下,假如沃德将军一开始就愤怒地呵斥那名士兵:"你违反了军规,你见到我要敬礼!"这样的话,虽然士兵会立即敬礼,并且也无话可说,却会在心里怨恨沃德将军,因为这让他在女友跟前没有了面子。沃德将军没有这样去做,他顾全了士兵的面子,用句玩笑话让士兵知道了自己的错误,然后告诉他要怎么做。

下面还有一个类似的例子,也是军营里发生的事情。

美国有一批新入伍的士兵进入新兵训练营,每个新兵都是勇敢的,不畏艰难刻苦训练。但从另一方面来看,他们很难改

处世的艺术
The art of worldly wisdom

掉自己的毛病——恶劣的习惯。教官们很清楚，对这些年轻气盛的新兵是讲不通道理的，同时，也不能用强迫、命令的方式迫使他们改掉自己的毛病，那样只会激怒他们不服从管理。

正是因为知道这些，教官们感到非常苦恼。他们费尽心思地让他们改掉身上的臭毛病，帮助他们正式成为军人，但效果都不怎么样。因为那些新兵固执地认为，他们不需要别人指挥就能做好。

后来，教官让那些新兵给家里写信，把自己的一些情况告诉他们的家人，让家里人放心。教官打印了一些信件，以便他们参考。而这些供他们参考的信件，上面的内容正是叙述在部队里养成的好习惯，以前自己身上的毛病都彻底改掉了，让家里人放心。他们全都按照参考写好了信，在把那些信件寄出去之后，教官们惊奇地发现：几乎所有的新兵都有所改变，他们慢慢地改掉了那些不好的习惯，每支队伍都更有纪律，卫生也搞好了，新兵精神面貌焕然一新，成为了优秀的军人。

在你打算指挥他人的时候，不妨试用提建议的方式，会更容易让对方服从；试着在前面加上一个"请"字，会让对方乐意为你工作；试着用商量的口气，就会有人毛遂自荐；试着用赞美取代指挥，你就会看到超出预期的结果，事实会证明你这样做才是正确的。既然颐指气使、指挥他人并不能实现我们的目标，而我们已经知道了这么多更好的方法，为什么不去积极尝试一下呢？

对于颐指气使、指挥他人，你必须明白：

（1）高高在上的指挥只会带来愤愤不平的怨恨，即使这个指挥是帮他改正错误的。

（2）用其他方法代替指挥命令时，最为核心的是，要让人感受到你对他的尊重。

（3）指挥他人的效果是，他可能会按照你说的去做，但只会敷衍了事，因为他是被强迫着去做的。

（4）不要针对那些反对你意见的人。即使要去说服他，也要明白对事不对人这一准则。

第七节

不和他人争论

在争论中不存在胜者,无论结果怎样,在进入争论的时候就意味着失败。即使是用语言打败了对方,却是另外一种失败。因为你斥责你的对手,把你的对手说得一无是处,即使是胜利了,接下来又会是什么样子呢?你尽情表达了自己的看法,肯定会很兴奋,但却打压了对手的情绪,让他丢掉面子,他自然容易对你怀恨在心。所以,在争论中不存在胜利的一方。这也是我下面要讲述的观点。

第二次世界大战结束之后,我在英国伦敦工作了一段时间。在那里,我学到了一个非常深刻的道理。在激烈的战争结束后,澳大利亚的飞行员詹姆士被人们视为空中英雄,退役后成了世界著名的人物,而我正是他那时的经理人。有一天晚上,我在伦敦参加了一场詹姆士的迎接晚宴。在宴席上,位于我右侧的先生讲了一个幽默的故事,而这个故事的中心围绕着一句名言:"木已成舟,由不得人。"可那位先生却说错了这句话的来历。

他说这是《圣经》上面的一句话,而我很确定不是那样,

第二章
获得他人赞成的表达技巧

它是莎士比亚作品中的一句话。于是,我以为这是一个展示自己博学的机会,便毫无顾忌地站起来指出了这个错误。可那位先生坚持自己的说法,他激动地说道:"不可能!这句话是莎士比亚说的?开玩笑,这绝对不可能!"他情绪激动,并且坚信自己没有记错。

参加宴席的都是社会各界的名流,我的左手边就是一位研究莎翁文学的专家,他就是我在伦敦的老朋友卡蒙。我们争执不下,便让卡蒙来证明谁说的对。卡蒙在桌子下踢了我一下,然后朝我说道:"卡耐基,你记错了,这句话确实源自《圣经》。"

晚宴结束之后,我找到卡蒙并责怪他说:"你很清楚那句话不是出自《圣经》,你怎么还说是我错了?"

"是的,你没有说错。"卡蒙回答道,"那句话出自莎士比亚的作品,是《哈姆雷特》第五幕第二场的一句经典台词。但是,我的朋友,我们只是去参加晚宴的客人,为什么非要拿出证据去纠正他人的说法呢?你这样做会有什么好处?既然不能为你带来别人对你的好感,为什么非要抓住不放呢?那位先生不是在向我们询问意见,也不在意他人的想法,你为什么一定要与他争论呢?你永远都不应该与人发生正面冲突!"

"永远不要与人发生正面冲突。"告诫我这句话的人已经离开了这个世界,但是我时刻铭记这个教训。这句话让我幡然醒悟,我原本是一个非常固执的人,从小就经常与人争论不休,到了大学时期,对逻辑性和辩论充满了兴趣,其间参加了很多

处世的艺术
The art of worldly wisdom

辩论赛。再往后,我就在纽约开设了辩论的课程,甚至那时就计划出一本辩论的书。现在再想到那些事情,我就会觉得非常羞愧。在那天过后,我再听别人辩论的时候,就会尤其关注辩论结束后造成的影响。通过上千次的观察,我的结论就是:取得辩论胜利的唯一方法,就是要像躲避毒蛇与地震那样,避免与人发生争论。

同时,我还发现另一个问题,那就是在辩论结束后,无论结果如何,双方还会坚持各自的观点,认为自己才是正确的。你永远无法在争论中取胜!如果输了,在他人眼中你就是输了;如果赢了,你还是没有胜利。为什么?让我现在给你答案,即使你赢了对方,把他的观点评论得一无是处或漏洞百出,找出证据证明是他错了,但这又怎样?你可能会很得意,但是对方却会怨恨于你,因为你让他受到了羞辱。要知道,口头上的认输,并不意味着他已经心悦诚服。

哈利先生是我培训班的学员,他是一位典型的爱尔兰人,平时喜欢争强好胜。虽然他没有受过很多教育,但是经常与人进行争论。他做过汽车司机,后来改行成了一名汽车推销员,但他干得并不怎么样,希望在培训班里学到成功的方法。我简单地和他交流了几句,他的问题很明显,他经常与买车的客户发生争论,并且冲撞对方。如果有客户挑剔他推销的汽车有不好的地方,他就会立即愤怒起来,大声地与对方争论,直到对方不再说话。

没错,他是赢过很多次争论,但工作上却是诸多不顺。后

第二章
获得他人赞成的表达技巧

来他告诉我:"当我离开别人的办公室时,我会安慰自己说'我总算是教训了那个家伙'。我通过争论教训了他,但还是没有人愿意买我推销的车子。"

因此,哈利先生需要解决的问题不是如何与人交流,而是要学会克制自己,尽量避免与人争论。这也是他亟须解决的问题。

如今,哈利先生已是怀特汽车的金牌推销员,成为纽约汽车行业的知名人物。他是依靠什么取得成功的呢?不妨来看看他现在是怎么做的:

"现在我到客户的办公室拜访,如果碰到客户说'怀特汽车?这个品牌不怎么样,就是白送给我,我也不会要的,汽车我只开XX牌的'。在这种情况下,我会对他说:'请让我说一句,先生,你提到的那个车型确实很好,你选那辆车也不会错,他们公司的生产质量可靠,并且推销员十分敬业。'

"这样一来,客户就不再说什么了,也没有和我争论的理由。如果他称赞其他的汽车很好,我就附和他确实不错,那么他就会停下来。我同意他的看法,关于那个牌子汽车的谈论就自然结束了,接着,他就不再提起那个汽车,而我开始为他介绍我这个汽车的优势之处。

"如果是以前,听到有人那样说,我肯定会立即发火,接着就会和他陷入争论之中。我不断批评那种汽车的缺点,我说得越多,客户就会不断地找各种理由来反驳我,这样下来,客户就会更加喜欢和信任其他牌子的汽车了。现在想想,如果我一

处世的艺术
The art of worldly wisdom

直那个样子，估计这一辈子也卖不出去多少东西，因为我把时间都浪费在与人争论上了。现在我约束自己，尽量避免陷入争论，效果却是非常地好。"

本杰明·富兰克林常常这样规劝他人："争强好胜不会帮你取得任何成就。如果你常与人争论，喜欢反驳对方的观点，这也许会让你得意于自己的胜利，可这样的胜利没有任何的意义，因为不可能让对方对你产生好感。"因此，当你再次准备与人争辩的时候，先要想清楚：你是想要一个毫无价值、表面的优胜，还是希望让别人对你产生好感？

巴恩公益保险公司有这样一条规定，就是"禁止争论"，并且要求员工严格遵守。他们对优秀推销员的判定，一定要具备不与客户争论的思想，即使在某些方面的意见互相针对，也要避免争论。这是因为，人的思想不容易被他人改变。

马杜是威尔逊总统执政时期的财政部长。他把多年的政界经验总结为一句话："我们不可能在争论中，彻底说服一个愚笨的人。"而我想告诉大家的是，在我看来，争论不能改变任何人的想法，而且不仅是对于愚笨的人。

派迅先生是一位税务顾问，他曾因为一项9000美元的账单与政府税务部门的人争论了近一个小时。派迅认为，这是一笔不可能收回的坏账，不应该就这笔钱向他的客户征纳所得税。而税务部门的人坚持认为这部分也需要缴税。后来，派迅先生还是说服了对方，不过却不是通过争论的方法。他在培训班上讲述了当时的情况：

第二章
获得他人赞成的表达技巧

对方是一个固执、傲慢且冷淡的人，和他完全没有什么道理可言，和他说得越多，他越是坚持自己的看法。慢慢地我不再和他争辩，我决定换一个话题，并且还称赞了他的能力。我对他说道："你肯定遇到过很多与这相似的情况，所以这对你来说是很简单的事情。虽然我是做税务的，可往往都是在纸上谈兵。说实话，税务真的还是要有实践经验才行，我就非常羡慕你的工作，与你的谈话让我受益良多。"

我说的这些，也都是公认的事实。那个税务人员调整了一下坐姿，开始和我讲他的工作，他说了很多他曾发现的逃税行为……语气也慢慢变得平和，后面我们又谈到了他的家庭和生活。在向他告辞的时候，我告诉他我回去会再研究一下这个问题。没想到3天后，他找到我并告诉我说："那个账目应该按相关条款处理，不必再缴纳税款。"

这再次验证了人性中的一个特点，即"渴望获得他人的认可"。在派迅与他争论的时候，他表现得很有权威，以此来让派迅认可他；当派迅转而称赞他的时候，他就随即表现得友善、平和，自然就摆脱了争论，反而把问题解决了。

佛家的释迦牟尼说："恨不能止恨，唯爱能止。"所以，遇到不同的意见，不要用争论去解决，试着用一些巧妙的处理方法——让对方认可你，就一定能够解决问题。

还有一次，林肯看到一位军官正在激烈地与人争吵，林肯呵斥了那位军官。他说道："成大事者不拘小节，还包括不与人斤斤计较，也不应该把时间浪费在与人争论上。毫无意义的争

论，只会显得你缺少教养，还会让你情绪失控。要学着谦和待人。与其和狗争路，不如让那只狗先走。因为如果恶狗咬了你一口，即使把那只狗打死，也不能立即让你的伤口痊愈。"

我们应该把林肯的这句忠告作为处世的准则，所以，训练说话能力的第三个方法，即是"不要与人争论"！

争论没有胜者，要知道：

（1）说服他人不能靠争论，即使是不明显的争论也不行。因为争论不能使人们改变自己的想法。

（2）在你准备与人争论之前，想一想对方是否具有一定的道理。

（3）"真理越辩越明"，有时候这句话并不适用。

（4）假如你直接指出了对方的错误，就很容易陷入到毫无意义的争论之中。

第三章 取胜职场、成就事业的智慧与艺术

　　一个在职场中获得成功的人，如果说成功的20%是来源于他个人的其他能力，那么多数的80%就源于他的好口才。

　　但是，很多人往往就忘记了这点，特别是刚进入职场的新人。在人们看来，只要自己工作努力出色，就一定能在职场中获得成功。只有经历职场的洗礼，他们才会意识到，仅靠自己的能力和知识，忽略了与同事间的交流与合作，是不可能完成好工作的。更需要注意的是，在很多情况下，你开始展示工作能力和所学知识的时候，如果你不能被人接受，你同样不能取得成功，更别提事业有成了。

第一节
说话方式是职场取胜的关键

我听到过许多的抱怨,这些抱怨来自我各个行业的学员们,他们都抱怨说自己很有能力,但从未取得什么成功。我知道是什么原因造成的。职场中的一大部分人有一个误解,是很严重的误解,他们以为获取成功、得到升职加薪的唯一方法,就是,只有努力让工作更加出色。

可事实上却不是这么回事。斯考伯先生曾对我说:"所有问题都源于人与人之间的关系。"他的这句感慨之语很有道理,职场中的问题也是如此。

那些长期身处职场的人们,会有些惊奇地发现——有时候,说话方式要比所讲的内容更重要。如果你希望自己的方案获得上司的认可,除了需要这个方案很精彩,重要的是要让领导也这样认为。促使员工努力工作,正确的方法并非是去命令他们,而是去称赞、激励他们。同事们不会因为你工作出色而尊重你,只有用尊重才能换来尊重。

处世的艺术
The art of worldly wisdom

威尔逊是美国一个连锁商店的管理者，他每周都会和连锁店的经理们开会。有一年夏天，因为市场的暂时性饱和，好几家店开始出现连续的业绩下滑。威尔逊准备约那些店的经理谈话，然而威尔逊没有一开始就去批评他们，因为他知道那样做不会发生什么好的转变。与此相反的是，会议刚开始，威尔逊就积极赞扬了那几个经理，对他们的工作表示肯定——即使是在市场疲软的情况下，业绩也只是稍微有所下滑。

反观那些经理，他们已经做好了为业绩下滑辩解的准备，突如其来的赞扬得到了他们愉快的认可，整个会议的气氛也轻松了许多，每个人都精神起来。威尔逊话刚说完，一位经理就站了起来接着发言。他主动开始批评自己，面对业绩连续几周的下滑，他认为有自己的责任，并保证可以做到更好。他向威尔逊提出，他接下来会推出全新的经营政策，以提高店面的业绩。紧接着，其他的几个经理也表达了自己的想法和决定。他们这种热情积极的反应，是威尔逊从来没有见到过的。

作为连锁店的总经理，威尔逊有着绝对的话语权。但他清楚用权势迫使下面的人服从，反而不一定会达到最终的目的。所以，他选择了另一种方式去和经理们进行交流，事实上，他这样做的结果很成功。

如果领导要注意与下属的说话方式，那么下属就更要注意

第三章
取胜职场、成就事业的智慧与艺术

与领导的说话方式了。下面就有一个这样的例子：

多年前，德国有一家知名的电器公司，他们当年研发了一款新产品。他们计划给这款产品设计一个产品标志，然后用这款新产品重点打入日本电器市场。

为了这款产品，他们的总经理自己也设计了一个标志，并且非常满意。在一次会议中，他提出谈论一下他的设计。在会议上，总经理这样说道："我设计的这个标志，它的主体图案是太阳，这样看起来与日本的国徽很相似，绝对会受到日本民众的欢迎。因此，我认为这个徽标非常合适。"

都知道，这是一个没有什么值得讨论的会议，因为所有人似乎都是同样的选择，那就是赞同总经理。事实上，几乎每个人也都表示了极力的支持，并且夸赞这个标志非常优秀。

但是，会议上突然出现了不同的声音。这是一个年轻人，是广告部的负责人。他起身说道："这个标志不是特别合适。"

在场的所有人的注意力都被这句话所吸引，都惊奇地看着这个年轻人，总经理脸上也出现了少许的惊讶。所有人都等着他接下来的讲话。

"这个设计就是过于完美了，"这个年轻的经理慢慢地说道，"创意这么好的设计，一定会受到日本民众的欢迎。但是有一个问题，那就是这款产品不仅仅是销往日本，同时也会销往亚洲的其他国家，那些国家会喜欢吗？"

处世的艺术
The art of worldly wisdom

这位年轻人用委婉的措辞,巧妙地把问题解决了。不仅含蓄地指出了问题所在,并且还巧妙地避免了总经理的尴尬。在会议最后,他们的总经理表扬了那位年轻人,并称赞他的话是"最为高明的语言"。

很多人多会犯这样的毛病:如果他发现了领导的某些错误,就会立即直接指出这个错误。因为他们认为自己的指正会被领导接受,但事实往往是截然相反的,领导不仅会拒绝他们的指正,还会对他们产生不好的印象。而下属则会认为这个领导蛮横、专制和不讲道理。

事实上,出现这种结果也是理所当然的。作为领导,如果自己的提议遭到下属的直接否定,他一定会有不满的情绪,会认为权威受到了挑战,进而影响他对待问题的客观性。在这种情况下,他会拒绝下属的指正就很正常了。事实上,每个人都是这样的,只是有时候没有察觉到而已。

那位年轻的广告经理,最终成功地使自己的意见被领导接受,他成功的原因是什么呢?其实就是因为他使用了恰当的说话方式。

对于同事间的交流沟通,也要多加注意自己的说话方式。因为相较于领导关系而言,同事之间的关系是平等的。在这种情况下,如果你的工作需要同事的配合,你也没有权利去命令他配合你的工作。所以,平时要多注意与同事的说话方式。

总而言之，身处职场，为了保证自己在工作中做到游刃有余，一定要注意自己的说话方式：

（1）尽量避免直接批评或责备他人，即使你很有道理。

（2）不要命令或指使他人如何去做，用其他的方式实现这个目的。

（3）用恰当的方式取得他人的配合和帮助。

（4）一定要谨记，职场中的每一个人都是平等的，应该互相尊重。

第二节

走向成功的面试技巧

对于职场新人来讲,面试是一个必不可少的环节,它是正式进入职场前的一次考验。所以,在参加面试时,谈话技巧的好坏十分重要,因为面试官会根据你的语言表现,去判断你的心理成熟度与综合素质。

或许真的有面试官只看重面试者的才能,其他的都不重要。可是你要知道,只有你把自己的才能展示出来,他们才会欣赏你。在这之前,你和其他参加面试的人是没什么区别的。

其实,面试就是向面试官推销自己。你的目的就是说服对方,让他选择你这个具有价值的"商品"。那么,具体应该如何去做呢?

1. 保持合适的衣着打扮

如果你已经意识到对方拥有录用权,是由他判断是否要录用你,在这个时候,你必须要清楚自己该如何穿衣打扮,你应该穿着最合适的衣服。当然,衣服也不能太过隆重,要知道你是去找工作,而不是去参加晚会。最合适的方法,就是选择与这份工作相匹配的衣服,这会让你给人留下能够胜任这份工作的印象。

当然,这种场合,化妆也适用,可以根据这份工作的需要去做决定。需要注意的是,即使需要,你的妆容也不要太过艳丽。

提前到达面试地点。在你到达那里之后,就要开始注意自己的仪表。你应该端正地坐在那里,平静地准备接下来的面试。面试时,在与面试官礼貌性的握手后,要端正地坐好,注意与面试官保持合适的距离——不宜太近,也不宜过远。

说话时要礼貌,富有热情与自信。同时,在说话时不要低着头,而应该是看着对方。虽然对方可以决定你的去留,但也没有必要害怕,你应该保持微笑,这会让他人看到你的自信。

在面试官说话时,你要真诚地看着他,认真听他讲话。你需要用简单的言行表示回应,以此说明你在认真倾听。要记住,不要打断正在说话的人,否则会让人感觉非常不礼貌。

要有自信心。不必表现得卑下恭敬,似乎在请求对方。这只是双方进行的一次相互选择,对方改变不了你的人生。如果你一副卑下的样子,还会令对方怀疑你的能力。

2. 锻炼语言表达能力

注意自己的说话方式。注意你的声音与语调,因为这在某种程度上代表了你的态度、性格与涵养。在面对陌生人的时候,

The art of worldly wisdom

声音会更清晰地展示出你的综合素质。

一定要吐字清晰、语意顺畅，不要说话模糊、词不达意。只要你能把每个字都清晰准确地表达出来，就会给人留下自信、思维清晰的良好印象。在当今的职场中，企业已经越来越重视员工的综合素质，而不是只注重知识和能力。

控制好说话的声音、语调和速度。如果你说话的声音很小，那就尽量地大声说话。说话声音小，会让人觉得怯弱、不自信。但也不是要你的声音很高，只要能让对方清晰地听到即可，而不是让隔壁屋子都能听到，那样只会让人觉得你粗鲁。说话时合适的语调，会让人觉得亲切、稳重，能够在不经意间拉近你们的距离。

一些职场新人，他们或许是紧张，或许是急于表达，说话时语速会很快。对方刚问他一个问题，他就接连不断地倾诉自己的看法，说起话来像是在和火车赛跑，这些都不是正确的说话方式。

在能够清晰表达自己的前提下，恰当地使用一些幽默和含蓄的语言，能够让氛围更加轻松愉快，进而拉近你们之间的距离，这会让你得到意想不到的收获。要注意，面试时也不宜过多地使用技巧。

3. 自然地表现自己

通常情况下，面试开始时需要进行自我介绍，这也是表现自己的第一步。不要以为这很简单，尽管你非常了解自己，但

要在几句话之内(事实上也只有几句话),就让面试官了解你并不简单。

首先,你需要让他知道你是谁。自我介绍不是闲聊,你要有清晰的逻辑。你可以简单说一下自己的姓名、学历、工作经验以及个人性格等基本信息。这些东西可能很重要,也可能没一点作用,这都取决于面试官看重的是什么。不过,你要清楚的是,这只是开场的自我介绍,你不用把所有想说的话说完,你还可以在后面继续补充。

多数人都有这样的想法:面试官最重视的是能力,只要展现出自己的优秀,就一定能获得这份工作。因此,许多人在面试的时候,就表现出很优秀的样子。在他们的谈话中,似乎是在说:"我会做所有事。"——事实可能如此,但是会做,并不意味着就能做好。公司都希望招来的员工能真正做事,而不是夸大其词的人。

展示自己的性格特点。这点非常重要,你应该实事求是,既不夸大、也不缩小地展示自己的优缺点。不要把面试官看成傻子,否则他们也会这样看你。你展示的重点在于,让面试官认为你的性格、能力适合这份工作。

4. 妥善回答问题

在回答面试中遇到的问题时,由于缺少经验,职场新人常常会犯一些这样、那样的错误。

"你为什么想做这个工作?"这是求职者们经常会遇到的问

处世的艺术
The art of worldly wisdom

题。一些人的回答就莫名其妙,也会让面试官认为他们不怎么聪明。比如这样的回答"这是一个机会,我想要试试看";或者是"原本我也不想来,但是因为……"类似的话,说完这些话,那些人就几乎不可能成功了。

面试官之所以这样问,是希望了解求职者的职业目标,是否熟悉这个行业。当你知道了这一点,就可以针对性地进行回答。你应该把自己的职业追求与这份工作联系在一起。比如"我喜欢贵公司的管理方式,正好是我所希望的工作状态"。像这样的话就非常合适。

还有一个问题:"你认为自己不足的地方是什么?"他们提出这个问题,是希望了解求职者的诚信,以及是否适合这个职位。但多数人只能想到这两者的某一个方面,要么直接说出所有的缺点,选择让面试官看到自己的诚实;要么就把缺点遮住,向面试官说谎。

当然,以上的两种做法都不可取。我们应该尽量去找一个恰当的平衡点。假如你应聘的这份工作是财务,你可以这样回答:"我属于慢性子的人,所以做每件事之前都要考虑周密。"或者可以笼统地回答:"我身上是有多个缺点,但我认为这些缺点不会影响到我发挥自己的优点。"

面试官还会这样问:"如果你和上司在某件事上的意见不同,你会怎么做?"这个问题,是考验你与人沟通的能力,以及你对自己的认同感。你可以这样回答:"首先,我会认真思考上司的意见,因为他的经验比我丰富,思考问题也更全面和深入；其次，如果我仍认为自己的意见更合适，我会去和上司沟通，向他说明我的想法，我相信他还是会理解的，因为我们追求的目标是一致的。另外，在和上司沟通时，也应该使用一些技巧。"

再是薪资问题，也是我们最关心的问题。在求职者心中，这个问题即使不是最重要的，至少也是相当重要的。同时，薪资问题也非常关键，它在某种程度上决定了你能否应聘成功。

勇敢地说出你所期望的薪资，不要用那些"按公司的正常待遇办"敷衍的话，这说明你没有清楚地了解这份工作。当然，这个期望的薪资应该与公司和个人的价值相符合，无论是过高还是过低，对你都不会有好处。回答一个合适的浮动范围，以便留一些考虑的余地。一般情况下，如果你的价值足够，公司是不会亏待你的。

职场新人需要掌握的面试技巧：

（1）放平自己的心态。既不要太过轻视，也不要过于紧张。在心里告诉自己，无论成功还是失败，都不用特别在意。

（2）恰当地展示自己。言行要有诚信，态度要不卑不亢。要清楚，展示自己是一种手段，不是最终目的。

（3）学会选择。不要忘了，面试是双方选择的过程，你也在选择企业。

第三节

作为领导，和下属沟通要有艺术性

作为一个领导，就必须要面对自己的下属，并且要和他们做好沟通。可以这样说：沟通的艺术，也是领导艺术的重要组成部分。作为领导，只有具备沟通的艺术，才能称得上是一个合格的领导。但在现实中，很多上下级关系中都存在沟通上的困难，这不仅会对个人造成不好的评价，还会影响到工作的顺利开展。

掌握与下属沟通的艺术，要做到以下几点：

1. 准确、清楚地传达指示

一些领导讲起话来滔滔不绝，这就容易产生一个问题，那就是在说完一件事之后，作为听众的下属员工，完全不知道上司表达的是什么意思。因为领导者在他们眼里具有一定的权威，他们对领导的每句话，甚至是每个字都看作重要的信息。我并不是说全部的问题出在领导身上，但领导确实要承担其中很大一部分的责任。

准确、清楚地传达指示，这是领导者需要具备的基本素质。尽量用简明扼要的语言，把工作重点有效地传达下去。你的语言还要没有疑义，要让下属能够正确地理解。作为领导者，你需要考虑的不仅仅是表达的内容，还要考虑听的人是否能够接受。讲话时不要漫无边际，除非你的下属已经完全了解你的意思。否则，一定要避免这点——滔滔不绝的讲话确实不适合，因为普通员工每天都有自己要完成的工作，他们并不希望听你夸夸其谈。

还要谨记一点，就是切勿朝令夕改。领导者应该在考虑成熟后，再发布指示。很多领导者会产生各种新的想法，他们在想法方面有着惊人的效率，因此常常出现这些情况：上个指示刚说完，一个小时后就有了不同的新指示。这会给普通员工们造成很大的苦恼，他们不知道究竟该如何做，因为他们接受了多个互相冲突的指示。同时，这也会影响到领导者的权威。

2. 保证批评具有效果

如果下属做错事，或者没有按时完成工作，领导就需要批评和训导他。重点在于，这些都是为了解决问题。所以，要保证你的批评能够产生效果。

只针对事情本身。在批评和训导员工的时候，要做到对事不对人。让他们清楚你不是在针对他，而是在对事情本身进行指正。你应该冷静地找出问题的根本原因，并且用较委婉的方式告知对方。你要知道，你是为了工作能够更好地进行，而不

是为了从批评中获得快感。

态度要平和。不要让员工觉得你在审判他,你应该保持平和的态度,在温和、认真的氛围中与他交流。只有通过这样的方式,才能够快速地解决问题。

判罚要公正。当然,员工也不希望自己出现错误,多数的错误也并非由一个人造成的,你要公正地指出他们的错误以及应负的责任。不要让他认为你把错误全归在他一个人身上,你应该明确告诉他,他只是造成这个错误的人员其中之一,并且按照公司的规章制度,公正地明确他的责任。

鼓励是犯错者的稳定剂。对于犯了错的人,在他们已经知道错误的情况下,就容易对自己丧失信心,他们这时也需要他人的鼓励。因此,不要忽略对犯错者的鼓励,这会更好地帮助解决问题。当然,这并不意味着忘记错误,仍要指导他们积极改正错误。

3. 多与员工谈心

清楚下属员工的想法与意见,能够使领导者更好地运筹帷幄,对尚未发生的事情提前做出准备。多与下属员工谈心,是最简单、最有效的方法。要做好与员工的谈心,可以这样做:

了解员工。要准确了解你的谈话对象,站在下属员工的角度,考虑你在谈话中要用哪些语言,以及这次谈话对他的影响。

明确目标。确定你的谈话目标,确定交谈的话题,以及考虑好可能要和下属交换、传递的信息,最后安排好你们谈话的时间与地点——我建议不要设定固定的时间与地点。

引导谈话。引导整个谈话的过程，把话题引到提前确定好的方向上，可能你会有许多意外的收获。

4.令员工服从指示

每个下属员工对指示的积极服从，是每个领导都希望看到的情况。美国总统罗斯福曾说过："讲话要和气，但手里要有大棒。"这个外交上的至理名言也适用于领导，保证员工服从指示。当你"和气讲话"的时候，如果你能找出对方想要的东西，然后告诉他你可以满足他，这样就能成功使手下的员工主动服从你的工作指示。

在这个过程中，你可以选择这三种方式，以满足他们的需求：

赞美。这个方法虽然古老，但至今仍然有效。告诉你的员工，他的工作非常出色，你真的需要他……如果你这样做，就能让他更加听从你的指示。

让他清楚这个任务对他有好处。了解他渴望的东西，然后告诉他这个工作能够满足那些需求，这样就能让他积极地去完成任务。

拿出实际的奖励。用实际的奖励告诉他，如果出色地完成任务，就会得到那些奖励。简单直接的方法是最有用的，但是你必须付出一些让他心动的东西，而前两种方式则不用任何的付出。

处世的艺术

The art of worldly wisdom

如果"和气讲话"没有奏效,也不必灰心。要知道"手里要有大棒"——你是他的领导,拿起你的大棒胁迫他,这样就可能让他服从于你。当然,你应该尽量避免使用手中的大棒。

5.学会拒绝的技巧

如果手下的员工向你提出一些要求,但这些要求你无法满足,或者其中有些你不同意。在这个时候,不要立即拒绝他们,你应该使用一些巧妙的方法。

就事论事。用平和、认真的态度,让他清楚公司有制度,或者是他所给出的方案的确不可行,任何人提出这样的要求,你都会选择拒绝。实际上,公司制度不是一个好的借口,你应该尽量少地使用这个理由。如果他对于公司的价值很大,那不妨通融一点;如果截然相反,就可以告诉他你为什么要拒绝他。

换一种方式。如何让员工更容易接受,不妨建议他用另一种方式。比如,他要求调一下工作时间,可现实是公司正处于忙碌阶段,你就可以告诉他:"如果有人愿意和你调换,我就会批准你的要求。"

拖延时间。的确,这是一种消极的做法,但在有些时候,它也确实能帮到你。尽管在一段时间之后,对方可能再向你提出,不过,你也许已经找到了更合适的理由。

掌握与下属沟通的艺术,需要做到:

(1)态度要真诚。在与下属沟通时,不要一直显得自己是高高在上的,如果这样的话,必然不会获得好的效果。态度要真诚,也并非就意味着妥协与让步,仍然需要你在合适的时候拿出一些权威。牢记这一点:态度要适中,过犹不及。

(2)尊重每一个人,这样才可能获得他们的尊重。当然,你可以用自己的权威强迫他们尊重你,但这种方法并不可取。

(3)想办法控制你的下属,让他们能够积极工作,这才是领导的重要作用。其他问题对你来说,都算是无关紧要的。

第四节

作为下属，与领导交流要注意技巧

你以为只要工作努力勤奋，就能在职场顺顺利利了吗？如果是这样，那你就想得太简单了。职场比你想象中要复杂得多，你个人的前途和发展，并不完全是由你的能力决定。在职场，个人和公司在彼此的需求上必须要有一个互通点，你的工作性质也可能与自己的兴趣爱好相互冲突。职场还有一个让人不能接受的事实，那就是你的领导在一定程度上左右着你的职场发展。因此，你首先要让领导满意，也许有时候你可能需要其他人的意见，但无论如何，你的升职或是加薪以及其他事情，最终还是由你的领导决定。

因此，如果想要在职场有好的发展，和领导交流就要做到恰到好处。下面是我给出的建议：

1. 主动和领导沟通

不是一定要等到领导开口才能去找他。如果你在工作上有自己的想法和建议，你可以主动去他的办公室。我没见过有领导不让下属进自己办公室的，一般来说，他们也希望你主动和他交流。

主动去找领导进行工作上的交流，能让他对你有一个好印象，因为他知道你在认真工作。认真工作很重要，但让你的领导知道才是关键。另外，了解所有下属是领导的基本工作任务，也是他需要掌握的一个基本信息，如果你没有去找他，他也一定会主动找你的。

2. 态度要不卑不亢

在前面说过，领导对自己职场的发展非常重要。他们决定了你是否能够升职加薪（即使是其他非直属领导，也会在一定程度上影响你未来的发展）。同时，他们身上一定有值得你学习的地方，他们在日常工作活动中也处于更重要的位置。从这个方面来说，我们应该对他们表示尊敬。

但表示尊敬绝不代表着自己很卑微，在人格上每个人都是平等的。以往的那种一味地奉承、恭维已经变得没有意义，领导也不会因此对你有较深的印象。如今的领导也都很清楚，奉承附和除了让自己的虚荣心得到满足外，其实是毫无意义的，自己更需要那种有个人见解并且忠实可靠的下属。因此，你要勇敢地说出自己的想法。

既要表示尊敬又要保持独立，对每个人而言都是很难做到的。但想要在职场中成为胜者，就必须要让自己做到。同时，你也可以把它当作是自己的一次挑战。

3. 正确的表达方法

注意你的说话方式。与领导说话时，语气要平和，表达委婉；你要小心平衡好尊重与独立的微妙关系，表达自己意见的时候要更加注意。另外，要注意不要浪费领导的时间，语言表达应该尽量简短，但前提是能够让领导清楚自己的意思。

注意一些谈话时的禁忌。说话用的词语要恰当，正确使用敬语，譬如避免"辛苦了""随便""我很感动"等词语，这些词语会让人感觉你更像领导。

4. 正确面对批评与指正

面对领导的批评与指正，正确的做法是接受其合理的部分，对其不合理的部分要学会拒绝。

领导对我们每一次合理的批评与指正，都能帮助我们进步。他们的经验和知识更丰富，看问题的角度也更加全面、深入，有资格对我们进行批评与指正。因此，受到批评的时候不必沮丧，更不必怨恨。我们反而应该感到高兴，因为他帮自己纠正了一个错误。

领导的话并不是金科玉律，当领导对我们进行指正时，我们一般都会对自己产生怀疑——看来是自己错了。产生怀疑是正常的，但不能因为领导的话就直接否定自己。怀疑之后要进行确认。如果是自己错了，就要积极改正；如果发现自己没做错，可以平静而客观地解释。

领导当然也会出现错误，不过是比我们出现错误的次数更

第三章

取胜职场、成就事业的智慧与艺术

少而已。有些人认为,发现了领导的错误,就可以借此来表现自己。但我更愿意换一种说法,那就是:这正好说明了你对工作的认真态度。在工作中做任何事都认真负责,而不是敷衍了事、简单应付。

同时,向领导指出他的错误也没那么简单。尽管我们都一致认为领导应该包容、具有风度和理性,但现实的职场中却并非如此。他们和下属沟通时往往并没有那么冷静,甚至比我们更容易说出过火的言语。因此,当我们向领导指出错误的时候,应该要注意方式方法,既要符合我们作为下属的身份,又要让他能够接受,并且应该说出自己这样做的理由。当然,无论在什么时候,说话都要讲究"以理服人"。

任何时候都不要当众顶撞领导。这会因为伤害到领导的面子而给自己带来伤害。有些自以为是、做事莽撞的下属,他们为顶撞领导而沾沾自喜,以为否定领导就能表现出自己的才华和能力。或许是这样的,但是借此表现,并不是聪明人的做法。

5. 提建议

如果你听到领导这样对你说:"有自己的想法很好。"在大多情况下,这是他们的真心话。大多领导都希望下属有自己的想法,他们也好像更喜欢接触新奇的事物。你要知道,正是这些新奇的想法给他们带来了更多利益。

因此,想要获得领导的好感,对领导说出自己的建议会是一个有效的途径,当然,前提是你的建议还不错。在你说出自

处世的艺术

The art of worldly wisdom

己的建议之前,你还要确定这些事情:第一,你的建议应该是经过深思熟虑的,而不是一个简单想法或是一闪而过的灵感。第二,在提出自己建议的时候,不仅要告诉他具体内容,还要想好这么做的原因是什么,具体应该怎么做——一个想法的好坏,往往取决于它的可执行性。第三,了解领导的工作习惯,把握与他交流的最佳时机。当然,不要在领导会见客人或是打电话等情况下去打扰他,也要尽量避开他在思考问题的时候去见他。

不要感觉自己比领导更聪明。首先,这种感觉并不是事实。其次,这不会给你带来任何好处。这只能说明,你是为了显示自己的能力更出色才去提建议,出发点并不是为了本职工作。

6. 说要求

为了获取更多的自身利益,我们需要在某些时候提出自己的要求,包括升职、加薪、更好的办公环境等。一般情况下,领导面对下属提出的要求,他们会有这样的表示:理解,却十分为难。公司的关系很复杂,下属有时很难理解领导为难的原因,其中的部分原因可能和下属本身无关,也有一些原因和下属本身有关。想要让领导更容易接受自己提出的要求,就要学习一些相关技巧:

提出的要求不能过高或脱离现实。不要提那些不可能被实现的要求,那样的话,不但不会得到领导的同意,还会使领导讨厌你,致使你与领导的关系跌入谷底。

注意说话的方式。虽然你的要求特别合情合理,但也要注

意自己的说话方式。提要求时要委婉，语气应平和，以免让领导感觉你是在威胁或是命令他。如果引起领导的反感，他的第一反应就是拒绝，这完全不需要理由。与领导谈话要注意：

（1）平衡自己的定位。对领导表示尊敬的同时，也要保持自己独立的人格。

（2）发表自己的看法时，态度应低调、谦逊，不要自以为是，试图把自己摆在很高的位置。

（3）主动和领导交流，可以谈论有关工作的事情，或者你自己对公司的想法，但绝对不要向领导打同事的小报告。

第五节

与同事相处的正确方法

身处职场的人们,在某些时候会觉得很累。太多让自己厌烦的应酬,或者是与共同工作的人关系不好,这些都是让人感觉很累的原因。身处职场,同事可能我们无法进行自己的选择,但职场也并没有你想的那么可怕,重点在于你是如何看待的。

有关与同事交流方面,下面是我给出的一些建议:

1. 放平自己的心态

除了自己的家人,最常见到的就是公司的同事了。多数情况下,你和同事的关系起始于在工作上的合作,是一种普通合作关系(同时也可能变成朋友,大多情况下也的确如此)。但是,只要你愿意向他们学习,同事其实和朋友一样,可以让你从他们那儿学到很多东西。

在公司与同事交流的时候,无论你是喜欢他或是讨厌他,你都要保持对他的尊重和理解。每个人身上都有自己的优点,会让我们学到很多有用的东西,如果你直接和他们划清界限,

第三章
取胜职场、成就事业的智慧与艺术

你将会失去很多学习的机会。

2. 少用嘴说，多用耳听

办公室不是靠说话就能获取别人尊重的地方，很多人急于想要展示自己，话往往说得太多。初入职场，你的首要任务应该是观察与学习，而不是急于表现。应该多看同事如何工作，多向身边的同事请教，才能提高自己的工作能力，否则，你只能在办公室处于落后的位置。

同事与你说话的时候要认真倾听，不要感觉对方的话没有意思或者不重要就敷衍应对，尽量从他身上发现积极的地方。未来的事情无法预测，任何人都可能是你以后的工作搭档、朋友，甚至是自己的领导。

3. 多称赞同事

不要吝啬自己的赞美，赞美能让别人对你产生好感，也是最简单有效的方式。无论是同事新买了一件好看的衣服，还是工作上的出色表现，你都可以说出自己的赞美之语，这些能帮助你拉近你们之间的距离。当然，称赞别人也不能不着边际，不然只能给人不真诚的感觉。

4. 恰当地利用幽默

要学会恰当地在办公室利用自己的幽默。死气沉沉的办公氛围不利于工作开展，办公室有时也需要欢声笑语。你一句极具幽默感的话，可能就会使工作气氛活跃起来，同时起到展示

处世的艺术
The art of worldly wisdom

自己的效果。当然，你一定要注意开玩笑的时机。

开玩笑要分场合。当大家都在认真工作的时候，最好不要来表现自己的幽默。这不是你展示自己的时候，反而还会影响大家工作。

开玩笑一定要适度。如果玩笑开得过分，那就成了笑话，还会给你以及身边的同事带来负面效果。同时也要分清对象，不是每个人都喜欢开玩笑，一定要分别对待。

黄色笑话不是幽默。一些男人喜欢开黄腔，在同性之间可以理解，但如果周围有女性在场，这种行为一般来说是不可取的。

5. 合理地拒绝

身处职场，难免会遇到同事找你帮忙的情况。别人来找自己帮忙，但有时候只能选择拒绝对方，这的确会让人很为难。

拒绝的前提是不要破坏到同事间的关系。如果你不得不拒绝对方的请求，说出你的理由会得到对方的理解。比如同事请你帮他办一件事情时，你可以对他说你有一些紧急的事情需要去做，自己做完了这些事情，然后才能帮他。说出拒绝的理由，对方也不会怪你的。有关拒绝的更多技巧，在前面的章节已经谈过，可以参考一下。

6. 交流的禁忌

不要探听他人隐私。人们喜欢八卦别人，了解别人隐私，但也都不希望自己私密的事情被别人知道。所以，为了避免造成他人的厌恶和戒备，千万不要做打听他人隐私的事情。

不要用命令的口吻。在前面的章节中已经说过，无论是经验、能力，或是在职位方面，你都未必有资格命令他人。如果你想要寻求帮助，一定要记得这些。

不要对同事说老板的坏话，说话要小心。如果有人把你当作垫脚石，要借你上位，你的话很容易就会传到老板那里，引来不必要的麻烦。因此，说话一定要小心。

不要太过张扬。每个人都认为自己是与众不同的，你在公司表现得多么有个性，并不会得到他人的认可。事实上，保持谦逊、低调的态度，更容易被你的同事接受。

和同事巧妙相处的重点：

（1）学会和谐相处。和谐相处不仅对工作有很大的帮助，还能让你有个好心情。

（2）尊重每一个人。只有尊重别人，才能换来别人的尊重。

（3）不要过于张扬，话不要说得太过或者自以为是，这些行为会使你与他人产生距离感。

（4）避免在交流上产生误会，不要使自己陷入那些误会中。

第六节

批评他人应讲究技巧

作为领导者而言，如果不知道如何正确地与下属沟通，即使在工作上表现得多么优秀，也不会是一个好领导。

在对下属提出批评的时候，领导常常会感觉事情的发展和设想相反。毫无疑问，他们的本意是好的：希望通过指出问题，帮助下属把错误改正，从而进入更好的工作状态……但结果常常事与愿违，他们的批评反而影响到下属的工作，并且造成下属对自己的怨恨。

如何批评下属才不会引起怨恨？这是我们每个领导者都要思考的问题。解决办法很简单，那就是掌握批评的艺术。有关具体的做法，我给出的建议如下：

1. 不要让批评成为你的习惯

不必一直在下属面前摆出自己的领导架子。他们知道你是领导，你不必用批评他们来证明这点。不要轻易就去批评、指正他人，甚至以此为乐，这种做法只会有损领导的权威。

在批评下属之前，最好能谨慎思考一下，或许他只是出现了一个小错误,甚至只是意见上的不同,根本不算一个错误。如果因此批评下属,自然会产生负面作用,结果会得不偿失。其次,如果注意力一直放在小错上,那么一定会分散你对大事情、大问题的注意力。

即使是下属出现较严重错误,批评时也不要一直抓住错误不放,要学会使用更合适的方式,不要让你的批评形成更大的负面效应,从而给公司造成更严重的后果。

2. 学会控制情绪

冲动和意气用事只会带来负面作用。当下属出现错误时,一些领导批评下属会有责骂、羞辱的语言,或者用拍桌子的方式发泄自己的不满。这些行为只会带来一些不良后果,如果批评成了领导用来发泄情绪的途径,那只会造成更糟的影响,不能帮助解决问题。

如果你的下属犯了一个在你看来非常愚蠢的错误,不要立即提高你的声音斥责他,也不要情绪过于激动。过于激动会让你丧失理智,做出并非你本意的举动。你只是想让他认识到自己的错误,并对这个错误留下深刻印象,并非是对他发脾气发泄情绪。难道你的本意不正是这样的吗?

你应该表现出作为领导的风度和涵养,冷静地和对方谈一谈。错误已经出现了,就要勇敢面对这个问题。首先要做的是弥补这个错误,并且防止发生新的错误。假如这个错误很严重,那么就应该让下属知道他应担的责任,扣他工资或者是开除他。

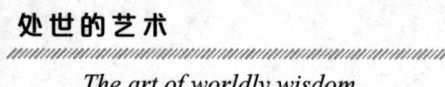

3. 要以理服人

批评他人应该有理有据、以理服人，用事实来说话，而不是领导者的片面看法。当然，要正确看待下属犯下的错误，以事实为依据是首要原则。不能夸大或者缩小问题，这样才有利于解决问题。

气势不能使人心服口服。他人不和你争辩，或者是在口头上说"知道了、懂了"。虽然看起来像是在表示对你的认同，但这并不说明他真的被你说服了。

批评下属犯下的错误，要以事实为依据，用事实说话，而不是自己主观意识上的看法。给他指出产生问题的根本原因，讨论挽救的措施、方法。作为领导者要记住，你的根本目的是为了让下属更好地进行工作。

4. 让对方有说话的机会

由于每个人的出发点、办事经验和价值观存在差异，因此经常会出现不同的意见。听一下对方的想法，也许他会给出不同的建议，而他的想法也许更合适，还会给你带来新的启发。因此，多给对方一些说话的机会。

5. 不要对人产生偏见

不能因为某个下属犯了一个错误，就对他产生偏见。错误只是一个行为上的偏差，而且错误并不一定是由于个人能力造成的。不能因为下属犯错就对他产生偏见，批评时不要用"你总是……"这样的字眼,更不要因此判断他能力的高低,这样会让他感觉你对他有偏见,进而无法正确看待自己的错误。当然,这还会使他从内心抗拒错误,甚至找借口来掩盖自己的错误,而不是选择承认。

同时,公司的多数员工不在乎你给的工作。假如他认为自己有很强的工作能力,而你对他有偏见的话,他多数会选择辞职。最终,只能造成公司利益的损失。

6. 把赞美加入到批评之中

一些企业家喜欢一种叫作"三明治"式的批评方式。即在批评他人的时候,先赞美他的一个优点,让谈话在相对和谐的氛围中进行下去,最后再用一个赞美结束谈话。从事实来看,"三明治"式的批评方式效果很好。

亨瑞·哈特的故事可以给我们一些启发。亨瑞手下的一个工人在工作上出了点问题,这名工人的工作效率大幅下降。亨瑞没有选择去当众批评他,提醒他干活要努力,或者直接辞退他。亨瑞这样做也可以,但会失去一个人才。那么亨瑞是怎么解决的呢?

首先,亨瑞把这位工人请进了自己的办公室,并没有以工作效率降低而责骂他,反而真挚地说道:

"皮尔,你的工作能力是毋庸置疑的。你在我们公司工作很多年了,经过你维修的车辆也都获得了顾客们的认可。事实上,我们公司像你这样优秀的员工太少了。不过,可能因为你工作

太辛苦,还是有什么其他方面的原因,最近你的工作效率比以前慢了一点。我知道,这是暂时的小问题,你有能力解决,是吗?"

皮尔告诉亨瑞说,最近家里出了一些小问题,所以他不能专心工作,但他同时保证一定尽快处理完这些事情。到了第二天,皮尔的工作效率就恢复到以前的水平了。

赞美之后的批评,往往会更容易被人们接受。因此,在你批评他人之前,适当地说一些赞美的话,这样会起到更好的沟通效果。

站在下属的角度来说,当他发现自己犯错时,自身就会产生一些压力,容易丧失信心,对自己的能力产生怀疑,甚至不利于正常工作。这个时候,他们就需要别人的肯定。因此,通过一些赞美,还可以帮助他们走出错误给他们造成的阴影。

批评他人时,需注意以下几点:

(1)控制好自己的情绪。一时的冲动解决不了问题,只能让问题变得更复杂。

(2)客观地看待问题。不要急于推卸责任,应该用客观的角度分析事情的前因后果。

(3)不要有个人偏见。不要只靠主观意识就得出结论,用事实来说话,不能因为犯过错就对他产生偏见。

(4)犯错者也有说话的权利。给犯错者辩解的机会,一味地批评会让人反感,甚至是招来怨恨。

第七节

如何加强团队意识

当今社会，无论是小公司还是大企业，整体工作很大程度上都是靠团队来完成的。在整个团队中，每个人都有各自的分工，大家共同努力，通过完成个人分工，来实现团队的整体目标。

当然，与个人相比，团队的作用更大。即使是两个人的团队合作，也要比单独工作的成绩好得多；人数越多，团队的力量越大。

但是，如果没有好的协调与沟通，团队的力量就会大打折扣。有关团队内部的协调与沟通，我给你们10条可以加强团队工作的建议，无论是团队领导者还是成员，都能从中获得帮助。

1. 明确团队的整体目标

有句激励人心的话："心有多大，舞台就有多大。"这句话可以说明目标的重要性，想要成功，一定先要有目标。不仅对个人如此，对于一个团队而言，也是如此。

首先，团队必须有一个明确的目标，这也是团队存在的根

处世的艺术
The art of worldly wisdom

本原因之一。它可以把整个团队的力量凝聚在一起，让所有的成员都向着这个目标前进，这种凝聚力在团队中起着关键作用。因此，我的第一个建议就是明确团队目标，无论是长期目标还是短期目标。

在团队工作中，要不断提醒团队成员记住目标，让目标深入每个成员的内心。如果目标达成一致，团队的力量就会更加强大。

2. 团队新人的融入

对一个刚加入团队的新人来讲，你要做好身不由己的准备。团队会湮没你的个性，你的工作要为整个团队服务；可能遇到自己不喜欢的同事，也可能去做自己不喜欢的工作；你的想法可能没有人认同，甚至个人利益也会被忽视。这些都是团队新人需要面对的。

另外，对于团队的老成员而言，应该清楚新人需要时间来适应，新人会由于经验不足而经常出现问题。因此，作为团队老成员，除了对新人表示欢迎之外，还应该尽可能地为他解答问题。

3. 整合团队的意见

如果你是团队的领导者，你当然可以把自己的意见视为权威，但最好能够整合团队的意见，对成员的意见逐个进行分析，过滤掉不切实际或不好的建议。将团队成员的建议尽量进行整合，把其中优点汇聚在一起，不断完善最后的决议。

是否有利于团队目标的实现,应该是判断一个建议是否应该被采纳的标准。但是,这个含混不清的标准在现实中很难发挥作用。因此,当一个建议无法形成统一意见时,就应该用投票的方式来解决问题。

4. 维持秩序

当遭遇突发情况时,团队可能会瞬间变得混乱。这种情况会严重影响工作,甚至对团队造成严重的损失。因此,领导者必须尽快用规章或权威去稳定团队,维持团队原有的秩序,从而保证团队继续朝着目标前进。

开会时同样需要有秩序。吵吵闹闹不能解决问题,反而会让会议变得一团糟。因此,为了保证会议的顺利进行,需要采用一些手段来维持秩序,尤其是对于一些提倡民主的团队。

5. 鼓舞士气

对于高明的企业家而言,他们很看重企业员工表现出的工作士气,它甚至可以和学历、能力和经验相提并论。企业也是一个团队,只不过这个团队更大、更复杂,而它又由很多小团队组成。对于团队而言,鼓舞士气是领导者应该掌握的一种技能,高涨的士气能帮助团队更好地实现目标。

作为团队领导者,在团队中应该少批评、多赞美,这样才能有效地提高团队士气和动力。没有一个经常被批评的团队会表现得非常亢奋,而被赞美的团队才会经常看到这种情况。这种亢奋的氛围会感染更多人。

6. 保持信息通畅

在团队工作中,保证信息在团队内部的顺畅是十分重要的。产生问题的根本原因在于信息,而解决问题方法同样是在于信息。只有成员之间的信息流畅,才能尽可能做出正确判断。

保证团队中每个成员都能顺利获得信息。谁都可能第一个发现问题,或者把问题解决得更完美,但前提是他能够掌握信息。

7. 向他人寻求帮助

团队有一个好处,那就是不是每件事都需要你去解决。这也正是分工合作的方便之处。同时,如果你工作的环节出了问题,就会产生一系列的连锁反应。当然,你工作出现问题并不会产生致命的后果——你只是团队的一个环节而已。尽管你的工作可能独一无二,但如果你遇到困难,还可以借助团队的资源来解决问题。

不要认为向他人寻求帮助是弱者的表现。其实,团队就是一个互相帮助的集体,每一个成员都在帮助别人,同时也在受到别人的帮助。在团队工作中,成员之间没有相互帮助协作是不可想象的。

8. 做出适当的反应

当其他成员给你提供信息时,你应该做出适当的回应。这不仅是礼貌问题,更是你应该做的事情。这是因为他给你提供

第三章

取胜职场、成就事业的智慧与艺术

的信息,即使和你工作没有直接的关系,但至少与团队有所关联。

认真听对方讲话,弄懂他话中的意思。只有当你明白他的真正意思,你才能做出正确的判断。然后说出你的见解或看法,一起讨论这个问题。

9. 认清事实

心理学家认为:团队中缺少理性。理性即是依据事实来对待问题,这也是团队的实际情况。与理性思考相比,领导的几句鼓动性的话,更能使员工干劲十足,即使领导的话完全偏离事实。

这也意味着,当团队在商议下一步怎么做的时候,应该认清事实、多进行理性思考,而不是轻易被别人鼓动。

10. 开展集体活动

通过开展集体活动,可以增强团队的集体意识,提高团队向心力。尽管这些活动并不一定与工作相关,但会起到很大的作用。

集体活动能够调节团队内部关系。它包括会议、集体培训以及旅游、聚餐等集体性的娱乐休闲活动。作为团队成员而言,每一个人都应该积极参加,因为它不仅能够表现你对团队的热爱,还能通过活动来增强与其他成员的情感。

总而言之,提高团队工作效率,就需要做到:

(1)找到个人与团队的利益共同点。这个共同点可以帮你

处世的艺术

The art of worldly wisdom

减少精神上的压力，从而使自己更好地投入工作。

（2）要有团队主人翁意识。不仅要把自己当成团队的主人，还要以一种与团队血肉相连、命运相系的态度，做好每一件事。

（3）牢记团队目标，热情地迎接工作，保持积极的工作态度。

（4）看待问题应全面、理性、客观，要集中群众的智慧。

第八节
注意办公室的谈话禁忌

在前面的内容中,我们提到过说话应注意场合,要在合适的场合说合适的话。也就是说,要注意在不同场合中的说话禁忌。当然,办公室同样存在禁忌话题,平时应多加注意。

1. 谈论薪资问题

不要在办公室试探询问他人的工资,也不要在办公室谈论公司对员工的薪酬,这些问题不会对你产生任何好处。

很多人把工资问题作为个人隐私。人们喜欢探究别人的隐私,但没有人喜欢别人探究自己的隐私。因此,如果你是一个聪明的人,最好不要询问公司其他人的薪资。另外,大多公司会采用工资激励制度,有意使员工的工资相对不平衡。对公司而言,同工不同酬是公司的隐秘所在,为了不造成公司与员工之间的矛盾,他们不希望员工在公司里谈论公司的薪酬问题,也相当讨厌这样的员工。

如果别人问及你的薪资问题,你应该拒绝他。不要感觉不

处世的艺术
The art of worldly wisdom

好意思,你有权利直接告诉他你不想讨论这个问题。同时也是在提醒他这不是一个合适的话题。

2. 谈论自己的家庭财产

在平时交流中,很多人喜欢提到自己去国外旅游,或者在哪新买了房子,表现出优越的样子。他们或许是真的很高兴,但会对其他同事造成伤害,因为他们其实就是在炫耀家里有钱。

不要在办公室谈论自己的家庭财产。这种话题只会让别人感觉你是在炫耀,而不是在分享愉快心情。很多人经常与同事比较家庭财产,这只是在满足自己的虚荣心罢了。

3. 谈论个人问题

对于在办公室谈论个人问题,你应该没有遇到过这种情况,比如同事在办公室里哭诉自己失恋经历的情况。我曾遇到过一次。那是我的一个下属,她没有从我这里获得同情,反而是被我批评了。当时我给她的理由是,无论你是热恋还是失恋,都不应该把个人情绪带进办公室,办公室更不是发泄自己情绪的地方。

还有一些人,他们喜欢在办公室里分享自己的生活,比如家里的小狗特别可爱等。对于诉说者来讲,这应该是让人高兴的事,但对于办公室其他人而言,这个话题就略显无聊。这种话题只会打断他们的工作,对工作起不到任何帮助。

4. 谈论自己的理想

不要把办公室当成演讲台，随意畅谈自己的理想。你现在还只是和周围同事一样的小职员，还不是老板。那些"我以后要自己开公司"之类的话，还是和朋友、家人去说吧！

更不要谈论自己对领导位置的想法——认为自己的能力可以胜任某个职位。这种话只会让你树敌，而不会因此让人高看你，因为它会让周围人觉得自己被轻视，你是在自以为是。你应该用工作成绩表现证明自己的能力，而不是让人感觉你是在说大话。

5. 议论是非

不要在同事面前议论是非，当着他的面评论其他同事或领导。公司的人事变动以及工作调整，都会有一些你不知道的原委，不要因为自己的凭空猜测就妄加评论。

说长道短不会对你有好处，反而会让你处于不利位置。你不能保证听到的人都不说出去——尽管他看起来是值得相信的。你要知道，传话会让语言的本意发生很大变化。尽管原本是比较中肯的话，经过多人的传播之后，就会完全改变你的意思。况且，一旦招惹是非，你也很难向每个人解释清楚。

6. 拿别家公司作比较

不要拿别家公司与自家公司作比较，不要感觉别人的都是好的，自己所在的公司其实并不一定比别家差。如果你不能改

处世的艺术
The art of worldly wisdom

变这种想法，立即换份工作是你最好的选择。如果你没有更好的选择，还一直抱怨自己公司没别的公司好，那只能说明：你选择待在这个让你抱怨的公司，是因为自己的无能。

不要经常提自己以前的公司。不要经常说"我之前待的公司年盈利高、待遇好"之类的话，如果真有你说的这么好，你为什么不待在之前的公司呢？你的上司不会喜欢听到这样的话，你的新同事同样不会喜欢，因为你会给他们这样的感觉："这个公司的人都很无能。"

牢记办公室谈话的禁忌：

（1）办公室的主要用途是办公。你要牢记这点，最好不要在办公室讨论与工作没有关联的事情，你可以选择在其他地方讨论。

（2）不要轻易做出评论。无论是对公司或是同事，任何评论都可能让你处于不利的位置。

（3）如果你想展示自己，那就让工作成果来说话。你和公司所有人之间的关系都是建立在工作基础上的，与生活无关。你不一定都要和他们成为朋友。

（4）最好不要闲聊。闲聊不会让你和同事间的关系变得牢靠，只会让老板感觉你没有认真工作。

下 篇

最有益处的处世艺术

第四章 如何成为一个受欢迎的社交高手

在社交方面，绝大多数人都有或多或少的问题，有些是由于夫妻沟通问题导致家庭关系紧张，有些不能向朋友准确表达自己感受，有些经常谈判失败，更多的则同时涉及多种情况。

之所以会发生这些情况，大部分是由沟通上的偏差导致的，也是因为不了解基本的社交原则造成的。因此，想要在社交上畅行无阻，一定要学习基本的社交原则。

第一节

微笑是留下好印象的秘诀

在纽约的一场酒会上，我见到了一位穿着华丽的妇人，她刚继承了一笔遗产，因此迅速跨入了富人阶层。她努力试着给人们留下一个良好的印象。她买了昂贵的貂皮大衣、钻石以及珍珠项链。但是，她完全没有注意到自己的面部表情。她显露出来的表情，让人感觉她是一个无情而又自私的人。

她大概不明白这个道理——人们所欣赏的，是脸上所展露的微笑和自信，而不是她华丽的着装与昂贵的首饰。美国钢铁公司第一任总裁斯华伯曾对我说过，他的微笑，就价值百万美元。这其中涵盖的意思，大概就是这个道理。斯华伯把他取得的成就归功于他的微笑，那么，他走向成功的秘诀，一定和微笑有很大的关系。

有一次，我计划用整个下午的时间，前去拜访莫理斯·雪弗立。坦率地讲，一开始，我很失望，他冷若冰霜、少言寡语，和我想象中的样子完全相反……直到他展露出那迷人的微笑，整个氛围才发生了彻底的改变，他整个人都开朗了许多。我想

处世的艺术
The art of worldly wisdom

这就是微笑的力量，他正是凭借着善意的微笑，才获得了如今的成就，如果没有他那一缕笑容，雪弗立应该和他父兄一样，依旧是巴黎的一个普通木匠。

一个人的行为表现，要比语言上的表现更具体些。一般来说，微笑就表示着你对他人的喜欢与欢迎，意味着"我喜欢你，你让我感到快乐，见到你真的很高兴"！

为什么很多人喜欢狗，我想也有类似的原因。狗狗喜欢亲近人类，当我们善意地接近它们的时候，能感到它们对我们的喜欢，因此，人们也很喜欢它们。

对于毫无诚意的微笑，会是什么样子呢？微笑是内心的真实投射。那种毫无诚意的笑容，是没有情感、敷衍了事的。在人前装出一副笑脸相迎的样子，根本不能骗到所有人，反而会被人们所厌恶。

纽约百货公司的人事经理也和我谈过这个问题。他表示，在面试员工时，自己宁愿选择一个有真诚笑容、受教育不多的女孩儿，也不会选择一个面无表情、学识丰富的女博士。

美国一家橡皮企业的董事长对我说过，在他看来，一个人能够取得事业上的成功，取决于他是否对自己的事业感兴趣，并非是用一味地苦干和钻研去获取成功。他说过这样的话："对于多数人而言，他们在事业刚开始的时候，都抱有很高的理想和兴趣，因此能在初期获取一些成绩。一旦他们开始厌烦自己的工作，感到无趣、沉闷，他的事业就会开始下滑，直到失败。"

第四章
如何成为一个受欢迎的社交高手

如果你想让别人用愉快、欢迎的态度对待你，那你就应该先用这样的态度对待他们。

在我培训班有过上千位商业界人士，我曾经给过他们这样的建议：在接下来的每一天，给遇到的每个人一个自然的微笑。坚持一个星期，然后回培训班，讲出你的真实感受！

先来看一下斯丁·哈旦先生写来的信，他是纽约的一名股票经纪人。事实上，他的情况也不是个例，很多人都有相似的感受。

斯丁·哈旦先生的信中这样写道：

我结婚已经18年了，我的太太常常抱怨说，很少在我的脸上看到笑容，在家也很少跟她交流。

得到你的建议之后，我就试着做了一下……第二天起床，我对着镜子中的自己说："哈旦，瞧瞧你那像石膏一样的表情，你得把紧绷的脸松开。从现在开始，你要保持微笑！"在吃早餐时，我带着微笑对我的太太说："早安，亲爱的！"你也许能想象到她那惊讶的表情！事实上，她的反应绝对超出了你的想象——她整个人都愣住了。我知道，那是她一直所希望的事情。从那以后，我们的夫妻关系有了巨大的转变。

现在我上班时，会微笑着对电梯里遇到的同事说："早上好！"

我会对办公室前台送去微笑……去吃午餐时，面对餐厅服务员，也带着自然微笑……对着交易所里的那些陌生人，我也会保持微笑……

处世的艺术
The art of worldly wisdom

　　没过多久，我发现周围人见到我时也会面带微笑。至于那些向我来诉苦的人，我抱着关怀的态度倾听，让他们从诉说的苦恼之中解脱出来。

　　我还发现，微笑给我带来了巨大的财富。我们办公室里有两个经纪人，另一个人手下还有一名年轻职员，那个年轻职员也渐渐对我有了好的印象。对于我自身发生的变化，我感到骄傲与自豪，所以我开始更多地和这个年轻人交流，很容易就会提到有关社交的问题——这门不太被人知道的学问。那个年轻职员诚恳地告诉我，他最初认为我是一个不好相处的人，但最近他对我有了彻底的改观，他的原话是："你笑起来的样子，让人感觉很温暖！"

　　同时，我改掉了批评人的习惯，用赞赏与鼓励代替批评。我不会一直强调自己的意见，而是学着去接受别人的看法。看着周围人对我的改观，让我下决心继续改变自己，现在的我比以前更快乐，生活更充实，已经是完全不一样的人了。

　　看到这封信的朋友们，请你们记住，这是一个阅历丰富、聪明机智的股票经理人写下的。他能够在纽约证券交易所工作，如果没有足够的聪明才智以及专业知识，是绝对不能在那种地方生存下来的。

　　当然，你会问："笑不出来怎么办？"下面所说的这两种方法，你不妨去试一下！

　　第一种方法：强迫自己笑。当你一个人独处的时候，可以哼哼歌，摇动几下身体，想办法让自己变得高兴，尽量让自己

第四章
如何成为一个受欢迎的社交高手

兴奋起来，这样就能让你笑出来。

哈佛大学已逝的詹姆士教授认为："一个人的行动，应该追随着他的心情……但实际上，一个人有什么样的行动，就容易产生什么样的心情。所以，你想要快乐时，可以强迫着让你的情绪轻松一点。想要知道如何找到快乐，这里有一条捷径可能帮你实现愿望。那就是告诉自己：快乐是发自内心的一种心情，完全不必向外界寻找。"

无论你是谁，你的职业是什么，你有多少财富，或者是在哪个地方，只要你想笑，你就能笑出来。

有这样一个故事：两个所处环境相同的人，他们地位相同，职业相同，收入也相同，其中一个人每天都很快乐，另一个人却总是不高兴的样子。这是为什么呢？原因很简单：两个人内心的情绪完全不同。

莎士比亚曾说过："事物的本身没有好坏，只在于你如何对待。"

林肯也说过类似的话："人们所得到的快乐，与他追求快乐的意念密切相关。"

事实也的确如此，最近我发现了一个很好的例子：

在纽约长岛火车站，我遇见了几十个走路不方便的残疾小孩，他们是一所特殊教育学校的学生，正在辛苦地依赖拐杖走上车站的石头台阶，有一些人还需要别人给抱上去。但是他们都很欢乐，一直都是欢声笑语，这让我感到十分惊奇。

于是，我找到了负责照顾这些可爱孩子的老师，和他聊到

处世的艺术
The art of worldly wisdom

这件事。他对我说:"当一个小孩面对自己的残疾时,他的心情当然会十分低落、难受。但这种低落与难受过后,他就会接受现实,继续寻找生活中的快乐。在这方面,他们比正常的孩子还容易获得快乐。"

这些可爱的孩子真的让我十分感动,他们给我上了一节意义非凡的人生课。

我的一个朋友准备离婚,于是我整个下午都和她待在一起。朋友们担心她的心情会是一团糟,但事实并不是这样,她整个人依旧很平和、豁达。她是怎么做到稳定、平静的呢?她的方法就是:反正事已至此,就不再去自寻烦恼了,从自己的内心去获取快乐。

伯格曾经是一名棒球运动员,现在已经是美国最成功的保险商之一,你认为其中有没有秘诀呢?当然有。他通过自己的观察,发现微笑永远是受人欢迎的行为。他在进入办公室之前,总会在门口停留一下,回想一下最近开心的事情,让自己面带微笑地走进办公室。

在他看来,微笑虽然是一件细微的小事,但正是这件小事,让他取得了现在的成就。

我们再聊一下哈巴德给出的奇妙建议,但是你要记住,你必须真的去尝试,只看不做是完全没用的。他的建议很简单:

在你平常走路的时候,要稍微收一点下巴,抬头挺胸,精神饱满地前行。见到朋友的时候,主动和他握手,让他通过手掌感觉到你的诚意。不要觉得尴尬,也不要想曾经发生的不愉

第四章

如何成为一个受欢迎的社交高手

快,就这样去握个手。

你一定要清楚自己想要的是什么,然后就努力去做……当你全神贯注于自己喜欢的事情时,以后你会发现,那些帮助你实现理想的机会,都已被你牢牢抓住。

你要对自己的未来有所要求,相信自己会是一个有能力、诚恳待人、对社会有贡献的人。你心里抱着这个想法,就会时刻改变自己,让你慢慢成为这样的一个人。你要知道,一个人的意念,能给人带来极其强大的力量。

第二种方法:保持积极、乐观的正确心态。思想具有创造力——很多事物都是由人的欲望创造出来的,你只有保持积极的心态,才能创造出美好的事物。你想要取得成就,就让这个意念扎根在你的心上,这样就会取得相应的成就!展开你紧锁的眉头,昂起头,你就能主宰未来!

中国的古人就充满了智慧,他们有句古训,你应该把它记下来,写在桌子上作为自己的人生格言,这句古训就是——非笑莫开店。意思是说如果不会笑脸迎人,那就不要开店做生意。

说到开店,在菲雷克·伊文为考林百货公司设计的广告中,有几句话值得我们深思。

圣诞节笑容的价值:

它不需要什么消耗,却会带来很多收获。

它会让接受者获益,赠与者也不会有损失。

它发生在瞬间,却能给人留下永久的回忆。

即使再富有的人,也会需要它;而贫穷者也会因它而变得

处世的艺术
The art of worldly wisdom

富有。

它能让家庭充满欢乐气氛；在商业合作中，它能让双方产生好感；在朋友中，它是友善的讯号。

它让疲劳者得到休息，让失望者看到光明，让孤独者接收阳光，自然地帮人们解除困扰。

它无处可买，无处可寻，不能赠与，更不能偷来、抢来……在你不能得到它的时候，谁都无法帮你。

在圣诞节一天的忙碌中，我们的店员因为工作上的劳累，你没有在他脸上看到微笑，那么，能否把你的微笑留下？

因为没能给出微笑的人，更需要他人对他的一个微笑。

因此，想要给人留下一个好印象，要记住以下几点：

（1）从心底让自己高兴起来，笑一下不是多么困难的事情。

（2）如果做不到，可以强迫自己微笑，想着自己很快乐，就会真的快乐起来。

（3）保持积极、乐观的心态。

第二节

称赞是最巧妙的沟通技巧

有一次,我去邮局寄东西,在那里排队等待的时候,我看到里面的邮递员看起来很不耐烦,很显然,他对这份工作感到非常烦躁——询问寄件地址、称重、收找钱、打印票据,这样枯燥的工作,每天都要周而复始地进行着。

我忽然冒出一个想法:"我要试着让他对我产生好感,我要和他说些有意思的事——有关他的,而不是我自己的。"接着我又问自己,"我应该称赞他些什么呢?"这是个难以解答的问题,尤其是当你的谈话对象,还是一个陌生人的时候。但是很快地,我有了主意,我从他身上找到了一件能够称赞的事。

当排到我的时候,我真诚地对他说:"我真想拥有和你一样好的头发!"那个邮递员听到后抬起头来,他面部的笑容取代了之前的冷漠,很高兴地说道:"现在没以前的好了。"

我接着对他说道,可能没有过去的那么柔亮,但是现在看上去还是很美观。他心情非常好,我们又交谈了几句,气氛十

处世的艺术
The art of worldly wisdom

分融洽。

我可以肯定,这位邮递员下班的时候,他的心情还会很愉快,走起路来都会感觉特别轻松。下班回到家里,他还会和家人说到白天发生的事,忍不住地再去照下镜子,心里想着:"嗯,我这头发真的很好。"

我曾经讲过这件事,那时有人问我:"你这么做的原因是什么?想从邮递员那里得到什么?"

我为什么一定要得到点什么?我这么做就是为了获取我想要的东西吗?

如果每个人都是那么自私狭隘,从别人身上得不到东西,就不愿意共同分享一些快乐;假如每个人的气度比酸苹果还要小,那我们的整个人生,就一定是失败的。

如果说我真的想要得到点什么,那么我只能说我想得到并已经得到的东西是非常珍贵的——我和他分享了快乐,我做了一件无需别人报答的事。这件事会一直留在他的记忆里,即使是在很久之后,他回想起来也会感到快乐。

"永远让他人觉得自己很重要"——这是人们交往活动中一个非常重要的准则。如果我们能够一直遵守它,那么几乎永远都不会受到别人的搅扰。事实上,还会给我们带来更多的快乐与友谊。假如我们违背了这项准则,在生活中就容易遇到很多困扰和烦心事。

杜威教授说过:"希望从他人那里获得尊重,是人类的一种

第四章
如何成为一个受欢迎的社交高手

天性。"

伽姆斯博士说："人性中的根本需求，是渴望受到他人的重视。"我曾经讲过，人和动物的根本不同，就是人会产生自重感。我们的文化，也是由此开始形成的。

有关人与人之间关系的研究，哲学家们已经思考了上千年。在这上千年的思考中，也只得出了一个定律，这个定律不是最近得出的，它有着古老的历史——3000年前，索罗斯特把这条定律传给了所有的拜火教教徒；公元前5世纪，孔子在中国这样讲授；道教的创始人老子把这样的思想传授给他的门徒。2000多年前，释加牟尼也让这个定律广为流传。自古以来，这是人类关系中最重要的一项定律，即："你希望别人如何对待自己，你就应该如何对待别人。"

你想让周围的人认同你，你想让他人看到你的价值，你想拥有自己的一片小世界；同时，你不希望听到那些毫无意义的奉承，你需要的是别人真诚地赞美。这不仅仅是你需要的，所有的人都需要。

所以，我们应该时刻遵守这条交往定律。"欲先取之，必先与之。"想要得到什么，一定先要付出什么。

至于怎么去做？什么时候做？哪些地方可以做？答案是："任何时间，任何地点。"

有一次，我在纽约无线电城音乐厅，向服务台询问苏文办公室的具体位置。那里的询问员穿着整洁的制服，看起来很有

处世的艺术
The art of worldly wisdom

风度,他吐字清晰地说道:"亨瑞·苏文,18楼,1816室。"每说一个信息,都会稍停顿一下,听着十分清晰舒服。

我离开询问处,想了一下,又回到那里对询问员说:"你说话的方式让人很舒服,很清晰、优美,就像是一位艺术家一样。"

他脸上很快就露出了笑容,他高兴地对我说为什么要停顿一下,以及每句话为什么要那么说。当我坐上电梯上18楼时,我觉得自己为这个世界增添了一些快乐。

你不必等到他人任职董事长,或者取得巨大成功时才去赞美他们,你随时都可以去赞美他们。

当餐厅上错菜时,比如把你点的煎马铃薯弄错成了煮的马铃薯。这时,我们可以这样对服务生说:"不好意思,要麻烦你一下,我需要的是煎的马铃薯。"他肯定会说:"不会麻烦。"因为你尊重了他,他会很乐意地为你服务。

一些客气的话,比如"对不起、不好意思、麻烦了、请你、谢谢"一些简单的话,就能避免生活中的一些冲突,同时展现你的道德素质。

再看一个例子:著名小说家科恩,他出生于一个铁匠家庭,他接受教育的时间,加起来还不到8年,可是他最终成为了世界上著名的作家。

科恩特别喜欢罗塞蒂的诗词,凡是罗塞蒂的诗,他都读过。为此,科恩还写过一篇文章,以歌颂的形式表达自己对诗词的喜爱,并且给罗塞蒂寄了过去。罗塞蒂看到了这封信后,他认

第四章
如何成为一个受欢迎的社交高手

为:"能够做出这样深刻地认识,这一定是个聪明的年轻人。"

于是,罗塞蒂把这个没怎么上过学的年轻人请到伦敦,做他的私人助理。这是科恩人生中重要的转折点,在这段时间,他见到了很多当代著名的作家,通过这些作家的指点和鼓励,科恩开始了他的写作,最终也成为了一位著名的作家。

科恩的家乡格利巴堡,现在成为了著名的旅游胜地。在他死后,留下的遗产就有250万美金。可是谁能想到,就是因为一篇歌颂他人的文章,一个铁匠的儿子,最终成为了享誉世界的作家。

科恩的成功,源于他的真诚——他从内心对他人的称赞。

从罗塞蒂的角度来说,他把自己看得很重要,这其实并没什么问题,因为几乎所有人都把自己看得很重要,国家和民族也是如此。

或许在你看来,你比日本人更优秀。换个角度,日本人也认为他们比你优秀得多。如果是一个传统的日本人,当他见到日本女人和白人跳舞时,他会立刻变得很气愤。

你认为自己比印度人更优秀吗?你有权利这样想,不过他们和你的想法完全相反。

你认为自己比爱斯基摩人更优秀吗?可是你知道他们的看法吗?在爱斯基摩人的俗语中,他们会把好吃懒做、无赖的人称为"白人",这是他们那里最刻薄的评价。

一个明显的事实摆在我们面前,你遇到的每个人,都会觉

处世的艺术
The art of worldly wisdom

得自己的某个方面比你更强。如果你希望与他和谐相处，有一个简单的办法，那就是满足他的自重感——让他感觉你也认同他是重要的。当然，一定要真诚，不要忘了爱默生曾说过："周围的所有人，都有比我更优秀的地方，正是这些方面，让我能够向他学习。"

有些人刚取得了一些成就，就认为自己很了不起，这只会引起别人的厌恶与轻视。

莎士比亚就说过这样的话："一个骄傲的人，凭着一点短促的力量，便到上帝面前肆意卖弄，天使都为之悲哀。"

我要给你讲3件在我培训班里的学员身边真实发生的事情。他们利用满足他人的自重感，取得了令人惊奇的效果。

第一个是来自康涅狄格州的一名律师，他不希望表露名字，就称他为R律师。R律师进入培训班后不久，他和太太开车去长岛拜访一位亲戚。他太太让他陪着老姑妈，然后自己去另一个亲戚那里了。

R律师决定利用在培训班学到的东西，在现实生活中检验一下。于是，他开始在老姑妈身上寻找能够赞美之处，他看了一下四周，对老姑妈说："姑妈，这栋房子是1890年建的吧？"

"没错，正是那一年建的。"老姑妈回答说。

他接着说道："这让我想起了我出生时的家，那时的房子很漂亮，风格也好，不过现在很少有人在意这些了。"

"是的，"老姑妈点了点头，"现在年轻人不一样了，不再在

第四章

如何成为一个受欢迎的社交高手

意房子是否好看,他们追求的是有一所有电冰箱的公寓,或者是一辆崭新的汽车。"

老姑妈开始回想这个房子的历史,慢慢说道:"这是一栋充满'爱'的房子。在建造之前,我和我的丈夫,在很早之前就梦想住进这样的房子。那时也没有找建筑师,全部都是我们两个人设计的。"

老姑妈带着 R 律师参观整个房子,展示她一生中收藏的珍爱之物,比如法式的桌椅、一套古典英式茶具、意大利的首饰盒以及法国封建时期的一件宫廷帷幔。R 律师看到这些东西时,都给出了真诚的赞美。

下面发生的事情,让 R 律师以及所有人都感到意外。在参观完房间之后,老姑妈又把 R 律师带到了车库,R 律师看到一辆很新的凯迪拉克汽车。

老姑妈告诉他:"这是我丈夫去世前买的车子,从他离开我们之后,就再也没有人开过。你是个真正懂得欣赏美丽的人,我要把这辆车送给你。"

R 律师听到后很吃惊,连忙婉言相拒:"姑妈,你的好意我心领了,但我不能要这辆车。再说我有一辆新车,你身边还有更亲近的人,我想他们会喜欢的。"

"亲人?"老姑妈突然激动起来,"我是有很多亲人,但他们盼望的是我早点去死,这样他们就能得到这些东西了,可我是不会给他们的!"

处世的艺术
The art of worldly wisdom

R律师说："姑妈，你不送给他们，把车子卖掉也行啊。"

"不可能！"老姑妈提高了语调，"我是不会卖了这辆车的，这是我丈夫特意买给我的，我不会把它交到一个陌生人的手里。我把车子交给你，是因为你能够欣赏它的美。"

尽管R律师婉言谢绝，但是看到她的一番诚意，他又不忍伤了老姑妈的心。

这位孤独的老人，自从丈夫去世后就一个人住在这栋房子里，平时只能看着房间里精美、珍贵的布局陈列，独自怀念过去的时光。她希望找到一个懂得欣赏的人，分享她的故事，分享她人生中的美好时光。那时她青春美丽，身后有许多男人追求。最后，她和她的爱人共同建造了这栋房子，并且从世界各地搜集自己喜爱的东西来加以装饰它。

这位风烛残年的老姑妈，面对现在孤身一人的情景，她希望人们能让她感到一点温暖，给她一点真诚地赞美。可残酷的现实，让她感受不到一丝温暖。当她遇到R律师的时候，就像是在沙漠中的旅行者发现了一眼泉水，她由于激动而想要感谢这份欣赏，甚至希望把这辆凯迪拉克当作礼物送出去。

让我再给你说个例子，这是纽约的一位园艺设计师迈克乌霍的亲口讲述：

前段时间我在为一位有名的司法官设计家中园艺。在那之前，我去听了"怎么和别人交朋友并影响他们"的演讲。有一天，司法官找到我，向我提出他自己的一些建议。

第四章
如何成为一个受欢迎的社交高手

在他说完建议之后,我表示已经清楚了。接着,我对他说:"先生,你家养的狗太可爱了,我还听说它们曾经在比赛上拿过奖。"

这句简单的话起到了很好的效果。司法官说:"是啊,我很喜欢养狗,你可以来我的狗舍参观一下。"

他大概用了一个小时左右的时间,给我展示他养的狗以及所得的比赛奖章。他详细地给我讲述它们的血统,每一条狗都有着优秀且纯正的血统,因此都显得十分活泼。

然后他问我家里有没有小孩,我回答他说有。

他继续问我说:"你的孩子喜欢狗吗?"

我说:"嗯,他非常喜欢。"

司法官高兴地说:"太好了,我送一只给他。"

他详细地教我如何养狗,最后又说:"这样吧,听到的很容易忘记,我写下来好了。"

司法官回到屋里,把小狗的喂养方法和它的血统系谱,打印了一份给我,然后把那条价值数百美元的小狗交给我,这又浪费了他75分钟的宝贵时间。这就是我对他的爱好以及成就表达真诚赞赏换来的意想不到的结果。

柯达公司的创办人伊斯曼,正是得益于他发明的透明胶卷,电影摄制才有了后来的成功。同时,伊斯曼也因此成了亿万富翁,成为世界闻名的企业家。虽然取得了如此大的成就,但伊斯曼和我们一样,也希望获得别人的赞赏。下面这个例子就很

处世的艺术
The art of worldly wisdom

好地说明了这点：

多年前，伊斯曼在洛佳士得建造"凯本剧院"和"伊斯曼音乐学院"，这个剧院是为了纪念他的母亲。纽约一家名为"优美"的座椅公司，希望能为这家剧场提供座椅，他们的经理爱达森与建筑师取得了联系，约好前去洛佳士得见伊斯曼。

建筑师对爱达森说道："我知道你们希望取得订货合同，但我要提醒你，伊斯曼正在忙工作，如果你占用的时间超过5分钟，那就几乎不可能成功了。他因为忙，脾气会很大，所以我建议，在你迅速表达完自己的想法之后，就离开办公室。"

爱达森听到后，就在心里准备好了怎样去做。他被建筑师带进伊斯曼的办公室，见到正在工作的伊斯曼，并且还有一堆待处理的文件。伊斯曼摘下眼镜说道："两位早上好，有什么事吗？"

建筑师为他们相互做了介绍。爱达森说道："伊斯曼先生，您的办公室很漂亮。如果我也能够拥有这样的一间办公室，我工作的时候一定会很高兴。虽然我是从事室内木工职业的，可我还没有见过这么精致美丽的办公室。"

伊斯曼答道："是的，刚走进这间办公室时，我也非常喜欢。因为现在越来越忙，我已经很久没有注意这方面了。谢谢你的提醒，要不然我都忘记了这件事。"

爱达森摸着办公室墙面的壁板说："这是英国的橡木吧？它与意大利的橡木在品质上略有不同。"

第四章
如何成为一个受欢迎的社交高手

伊斯曼答道:"是的,先生。这是从英国进口来的橡木,是一位朋友专门替我挑选的。"

伊斯曼又带着他参观了办公室里的其他设计,甚至包括木门上的油漆颜色与雕刻。他们在窗边停了下来,伊斯曼轻轻地说道,他计划给洛佳士得的大学和医院捐些钱,算是自己对社会的回报。爱达森诚挚地称赞道:"这是一件有社会责任感的行为。"伊斯曼接着从柜子里拿出一台摄影机,那是英国人发明的,也是他的第一个摄影机。

爱达森看到那个古老的摄像机,就顺势问到伊斯曼的商业奋斗史。伊斯曼讲述了自己以前的贫苦境遇。他是守寡的妈妈一个人带大的,母子俩靠着家里开的小公寓维持生计,他长大后成为了保险公司里的一个小职员,每天只有5角钱的工资。由于生活所迫,伊斯曼下定决心要努力奋斗,让妈妈过上好日子。

爱达森还找了一些其他的话题,自己安静地听着伊斯曼的讲述。伊斯曼讲述了自己在实验室的往事:他那时候忙于实验,一忙就是一整天,或者是一整晚的时间,甚至有时候连着就是三天三夜。

爱达森进去办公室的时间是上午10点15分,当时建筑师还建议他最多停留5分钟。可是现在,一个小时、两个小时都已经过去了,他们还在愉快地交谈着。

最后,伊斯曼说:"我上次去日本的时候,带回来了几张椅子,放在阳台上特别合适,但后来阳光把椅子晒脱漆了,我就

处世的艺术

The art of worldly wisdom

买了油漆自己修补，你来看看我漆的怎么样？正好也可以一起吃午饭。"

吃过饭后，伊斯曼带着爱达森看他漆的那些椅子，这些椅子每把都不到1.5美元，但身价上亿的伊斯曼却为此感到自豪，原因就是他亲自动手漆的。

剧场座椅的合同总额是9万美金，你猜最后是谁拿到了这份合同？如果不是爱达森，可能是其他人吗？

从那时起，他们就建立了很好的友谊，并保持着密切的联系，直到伊斯曼逝世。

所以，如果你想要成为一个受欢迎的人，请做到：

（1）学会尊重他人，多听他们说自己的故事。

（2）多称赞他人的优点，让他们感受到自己的重要。

（3）巧妙且适当地给他人"戴高帽"。

第三节

让他人意识到自己的错误

美国总统罗斯福，他在白宫时就说过这样的话：如果每天正确的时间达到四分之三，那就已经是他的最高程度了。

作为20世纪最受瞩目的人，他只希望自己能够拥有的正确时间为75%，那么我们普通人该如何呢？

只要你能够保证，你一天中略高于一半的时间是正确的，你就可以在华尔街成为风云人物，可以日进百万、买豪宅、买游艇了。如果你不能保证这点，当你看到别人犯错时，你凭什么去强烈指责他们呢？

让别人意识到自己可能错了，你可以通过表情、语调或者手势来告诉他——这些和说话一样有效。如果你直接说他错了，你认为自己会受人感激吗？不，完全不会！因为你的语言，是对他的自尊、判断力、想法乃至智力的直接否定，他不会因为你的指正而去改变自己的意志，甚至还会做出反击。如果你希望用柏拉图、康德的理论来与他辩论，他仍然会坚持自己的想

处世的艺术
The art of worldly wisdom

法，这是因为，你已经伤害了他的自尊。

千万不要说这样的话："如果你认为自己没有错，那我这就证明给你。"当你说出这句话，那就等同是说："你没有我聪明，我可以找到事实来证明你的错误。"

这意味着挑衅，只会造成对方更加激烈的反击，还没等到你再开口讲话，他就已经准备好向你反击了。

想要改变别人的想法，即使是用最温和的语言，也非常不容易。在那种容易造成争吵的情况下，你为什么非要那样做呢？

假如你希望他人能认识到自己的错误，要做的不是直接告诉他，而是应该巧妙地指出他人的错误，才不会造成对方的反感。

如同基斯爵士告诫他儿子的话："我们比其他人更聪明，但你不能直接对他说：我比你聪明。"

人们对事物的看法会随时间发生变化，20年前人们认为对的事情，现在看来可能就是错的。甚至在我刚开始接触爱因斯坦的理论时，我也是不太相信的。20年之后，我甚至可能会推翻自己在这里写下的东西。现在，我对于任何事情，都不会像以前一样敢于确定。正如苏格拉底经常对他徒弟说的那样："我只知道一件事，那就是我什么都不知道。"

我不认为自己比苏格拉底更有智慧，所以我尽量避免对周围的人说他错了。同时，我认为这种做法给我带来了好处。

第四章

如何成为一个受欢迎的社交高手

当你和别人谈话时,你认为对方说错了,如果用这样的方式来表达,也许会好很多:"不如我们探讨一下……你听一下我的看法怎么样……这可能不太对,因为我也总是搞错,如果是我错了,我会改正的。"

"也许不正确,我们来研究一下,看到底是什么情况。"当你这样说的时候,周围的人决不会因此而攻击你。

即使是科学家,也有着相似的态度。有一次我去拜访斯蒂文森,他不仅是一名科学家,还是一名探险家。他曾经在北极生活了11年。有6年的时间,除了水和肉以外,他吃不到任何其他食物。当时他正在开展一项实验,我问他是关于哪方面的证明,当时他给我的回答,让我记忆深刻。他回答说:"作为一个科学家,我永远不敢去证明任何东西,我只是去试着寻找真相。"

你是不是希望自己的思想就是科学,就是事实?的确如此,因为这样的话,世界上的所有人都不能反驳你。同样,如果你承认自己会犯错,你也能够远离所有困扰,用不着和他人进行争辩,你还会影响其他人,让他们也承认自己可能会犯错。

当别人犯错时,如果你直接对他说:"你错了",你知道接下来会发生什么吗?让我们来看一下这个特殊的例子:

S先生是纽约州的一位律师。他年轻有为,最近在为一件重要案件辩护。这桩案件由美国最高法院评审宣判,并且涉及巨额财产和一个关键的法律问题。

处世的艺术

The art of worldly wisdom

在法庭上，一位法官向 S 先生问道："在海军法中，申诉期限为 6 年，是吗？"

S 先生停顿了一下，目光对着法官说："法官大人，海军法中没有这样的规定。"

后来，S 先生在培训班讲述了当时的情景，他说："当我说完这句话，全场立刻变得很安静，仿佛整个法庭的温度，在那瞬间就降为了零度。我知道自己是正确的，是法官错了，可是我直接指出了他的错误，他会因此反感我吗？我相信我有法律作为依据，而且我认为我讲得也很好。但是，法官并没有被我说服，因为我犯了大错，我不该对一位知识丰富且受人尊敬的人，直接说他错了。"

逻辑性不是每个人都有的，可以说大多数人都对别人怀有成见。我们会因为嫉妒、猜测、恐惧或者傲慢而受到伤害。许多人不愿意发生改变，包括他的信仰、意志，甚至于他的发型。因此，如果你还打算准备直接对周围人说他错了，我建议你每天早饭前，读一遍鲁滨逊教授写的一段文字。他这样写道："我们有时会在无意之中发现自己的错误，自己的观念会在毫无阻力间改变。但是，如果有人直接告诉我们的错误，我们会因此而产生怨恨。我们不会有意识地去坚定自己的某个意念，但有人要改变那份意念时，我们会突然坚定这份意念，进而变得固执起来。这并非是由于我们对这份意念的偏爱，而是因为我们感觉到自尊遭到了损伤。"

第四章

如何成为一个受欢迎的社交高手

有个神奇的词语，那就是"我的"，在人与人的交往中，这是一个重要的表达方式，它具有强大的力量，比如："我的"午餐、"我的"狗、"我的"房子、"我的"父亲、"我的"上帝，但凡是用这两个字开端的话，如果遇到反驳，我们都会立刻变得固执起来。

例如我们不仅反对他人指出自己的错误，还反对他人评价自己的汽车太旧，甚至是纠正自己的任何事情。对于一件我们认为正确的事情，我们很乐意去继续相信这件事。如果有人对我们相信的事情表示怀疑，就会引起我们的激烈反对，用各种方法来为自己辩护。

我身边就有这样的一个例子。有一次，我请一个设计师帮我设计窗帘，当他最后把账单给我的时候，看到上面的高额价格，我自己都吓了一跳。

后来，有个朋友到我家做客，当我们谈到那套窗帘的价钱，她激烈地说道："不会吧？怎么可能会这样！你一定是被别人骗了，真是太不小心了！"

真的是像她说的这样吗？是的，我知道她说的是实话，但人们偏偏不想听到这样的真话。我尽力找出理由为自己辩护，当时我这样回答："价格贵的东西，肯定不会错的。"

第二天，另外一个朋友来我家，看到那套窗帘，她真挚地表示对它的赞赏，并且说自己也想要买一套。听到这些话，我的反应与昨天完全相反。我对她说："说实在话，当我拿到账单

处世的艺术
The art of worldly wisdom

的时候,我觉得太贵了,我现在还有点后悔。"

我们出现错误的时候,也许我们只会在心里对着自己承认……如果对方能给我们一个台阶,我们会感激他,不等对方开口,我们就自然地承认了自己的错误。如果对方把错误的事实直接摆出来,让我们独自咽下,这是让人无法接受的。

在美国内战时期,有位极有名气的舆论家格里力,他和林肯在政治上意见不合。于是,他就运用嘲讽、谩骂的争论方式,想要就此来让林肯屈服,同意自己的意见。他不断地用语言攻击林肯,一个月接着一个月,一年接着一年,甚至是林肯遇刺的当晚,他还发表了一篇粗俗、尖酸的文章嘲讽林肯。

像格里力这样苛责的攻击,能让林肯屈服吗?答案是:不,永远都不可能!

如果你想要学习人与人之间的相处之道,学会管理自己,完善自己的人格,你可以读下《富兰克林传》。这本书的内容十分有趣,也是一本美国著名的人物传记。

在这本传记中,富兰克林详细讲述了他是如何改变自己喜欢辩论的坏习惯,并最终成为一个能干、和蔼、擅长外交的美国总统。

在富兰克林年轻的时候,他像每个年轻人一样,总是容易冲动犯错。一天,教会里的一位年长者把他拉到一边,诚挚且认真地对他说:"亲爱的朋友,你不该这样做。你一直反对与你意见不合的人,现在已经没有人继续理会你的意见了。当你不

第四章
如何成为一个受欢迎的社交高手

在的时候,你的朋友们会更加快乐。你以为自己知道的很多,那么别人就不会再对你说任何事情……事实上,你除了现今掌握的极其有限的知识,不会再从别人那里获得更多知识了。"

这位老教友的教训让富兰克林记忆深刻。据我所知,富兰克林能够取得成功的原因,很大一部分都要归功于这位长者尖锐深刻的教训。那时的富兰克林已经能够明白其中的道理,他深深地知道,如果不积极改正,自己将会被社会抛弃。所以,他下定决心,要改变自己好与人辩论的恶习。

富兰克林在书中这样写:

"我这样规定自己:对事物的看法上,我不让自己跟其他人产生不同;我不再百分百肯定自己的看法,诸如'当然''毫无疑问'这样表示肯定的词语,我都要用'我推测''我认为'或是'我想'这类词语来代替。当别人说出我的错误时,我不能立即就向对方做出反驳,而要委婉地进行回应……在某种情况下,对方说的情况可能是对的,但有时也不尽然,需要客观分析。"

"在不久之后,我就能明显感受到,我在态度上的转变给我带来的好处……当我和他们谈话交流时,整个气氛会更融洽、更快乐。当我婉转地提出自己的意见时,他们也会很快就接受,很少受到反对。当他们为我指出错误的时候,我也不会因此而感到懊恼;如果我是对的,会很容易让他们放弃自己的错误看法,赞成我的看法。"

处世的艺术
The art of worldly wisdom

"我给自己立下种种规定,刚开始很难做到,心里会有很强烈的反对和抵抗,但后来就慢慢成为了一种习惯。从现在倒数的50年里,我想已经没有人听到我说过一句轻率的话。在我看来,正是由于养成了这种习惯,当我说出自己的建议时,人们才会热烈地支持我。我并没有很好的口才,也不善于演讲,用词晦涩,说话有时也不是很得体,可是我表达的大部分看法,都能得到人们的认同。"

如果把富兰克林采用的方法用在商业上会怎么样呢?让我们看下面这两个例子:

马霍尼是纽约一家出售煤油专用设备的店,它的店面位于自由街上的114号。有一次,一位长岛的老顾客在这里订了一批货,这批货的图样已经做好,并且已经开始进入制造流程。在这个时候,发生了一件不太愉快的事情。

这位长岛的顾客在和他朋友的交谈中,他的朋友跟他说了很多不同的意见和看法,其中有说尺寸太宽太短,还有一些其他的问题。当他听到朋友们提出的诸多意见时,立刻就变得烦躁起来。这位顾客当即就给马霍尼打了个电话,他说自己拒绝接受现在正在制作的那批设备。

马霍尼先生这样描绘当时的情景:

"接到电话后,我很认真地查看了一遍,发现我们没有出现错误。我知道可能是顾客搞错了,他与他的朋友并不了解具体的过程……可是如果我直接这样说,非但不合适,反而会影响

第四章

如何成为一个受欢迎的社交高手

到这笔生意的顺利进行。所以我选择去长岛当面和他谈……我刚到他的办公室,他就立马从椅子上站了起来,怒气冲冲地开始责备我们图样的种种错误,就像是要打架一样。最后他说道:'现在你们准备怎么解决?'"

我语气平和地告诉他,如果他有什么想法,我可以按照他的想法来办。我这样对他说:"你为这批设备付了钱,我们当然要给你合适的东西。如果你相信自己是正确的,你可以再给我们一张图纸……由于这套设备已经在生产,并且花去了2000块。我愿意损失这2000块,把现在正在进行的工作取消,重新开始。但是我们要事先说清楚,如果我们按照你重新给我的图纸进行制造,再出现错误的话,那就是你的责任,我们不再承担任何责任。可是,如果照现在的图纸继续制作,如果成品出现任何差错,我们会负全部责任。"

顾客听到我这样说,最开始的怒气渐渐消失了,最后告诉我说:"好吧,还是按照现在的进行好了,如果最后出现什么问题,那就只有上帝帮你们了。"

结果最后,我们是对的,并且在那之后,我们又接到了他两批货的订单。

当顾客情绪激动、言辞激烈地指责我时,我努力地克制自己,让自己不与对方产生争论。这的确需要很大的自制力,但我成功做到了,并且值得我去那样做。

你要知道,我说的这些例子,你在生活中也很有可能遇到。

处世的艺术
The art of worldly wisdom

下面继续看第二个例子：

柯劳雷是纽约泰罗木材厂的一名推销员。在工作的这些年，他不断地向木材验收员指出他们的错误，他经常在争论中占据优势，但从来没有得到什么好处。因为柯劳雷的好辩，他造成了木材厂上万元的损失。后来，他参加了我的培训班，在听完课程之后，他决定要改变自己好争辩的毛病。至于最终的结果究竟怎么样，看看他亲自写的报告：

一天早晨，我在办公室接到了一个电话。那是一位很生气的客户打来的，他怒气冲冲地咆哮，说我们给他工厂送去的木材是完全不能用的。他已经停止了卸货，打电话来通知我们，让立即把那批木材从他们那里拉走。他们已经卸了一车货的1/4，但这时他们的木材验收员说，这批木材没有达到等级标准，出现这种情况他们是不会接货的。

他们挂断电话，我就立即去了那里……在路上，我就思考着如何解决这个问题，怎么处理才是最好的方式。如果是之前遇到这种情况，我会拿出木材等级标准的各项指标，同时凭借我对木材的了解和经验，让他们的验收员相信我。我十分确信，这批木材是符合等级标准的，只可能是他在检查上出现了错误。可是，我强迫自己按照培训班学到的准则，前去处理这件事。

到了这家工厂，我看到他们的采购员和验收员都警惕了起来，仿佛准备好要和我争论、谈判。我走到他们卸货的区域，并让他们继续卸货，好让我看下具体出了什么问题。我请他

第四章
如何成为一个受欢迎的社交高手

们的验收员继续检查，把合格的木材放一边，不合标准的另放一边。

通过我的观察，发现他检查的标准太过严苛，并且搞错了一些规则。这批木材是白松木，我知道他一定学过有关硬木的知识，但对于这批白松木却不是很了解。而我对白松木很了解，那么，我要直接指出他的错误来解决问题吗？没有，完全没有。我只观察他是如何检查的，并试探着询问不达标的原因是什么。我没有用任何语言来暗示他的错误。我是这样说的："为避免以后送木材时再出现问题，所以我要问清楚些。"

在与这位验收员交谈时，我一直持着友好和善的态度，同时对他的验收态度表示称赞，夸他找出不达标木材是正确的行为。经过交谈，他不再对我有敌对情绪，气氛变得更加融洽。我又自然地说了一句，也是经过我认真思考过的话，让他们认为这些不达标的白松木事实上是达到标准的。我表达得十分含蓄，以避免他重新对我产生敌对情绪。

随着更多的交谈，这位验收员彻底改变了自己的态度。他对我说道，他对于白松木并不是很了解，他向我请教白松木分级的标准。我回答了这些问题，并且解释了什么样的白松木才是符合标准的木材。同时，我表示如果这批木材不符合他们的生产需要，我接受他们的退货。最后，这位验收员承认是他错了，原因在于他们没有说明工厂所需木材的等级。

在我离开后，这位验收员重新将这批木材检查了一遍，并

处世的艺术

且接收了全部木料。同时,我收到他们一张即期支票,当即就结清了货款。

从这件事情来看,对于有些事情,只要巧妙地运用一些谈话技巧,就无需说出对方的错误。在我看来,我不仅使公司避免了周折与损失,还给顾客留下了好感,这是不能靠金钱来估价的。

巧妙地指出他人的错误,要牢记这些准则:

(1)当你指出他人的错误时,前提是不能伤害他人的自尊心。否则,你会遭到来自对方内心的抗拒。如此,你便不会取得任何效果。

(2)指出他人错误的最终目的,是为了让他能接受错误并改正它,从而达到积极的影响。因此,你的所有做法都要围绕这个目标。

(3)上面的方法并不具体,你可以根据自身情况,找出适合自己的具体方法。

第四节
学会顾及他人的感受

多年前，美国的奇异电气高层遇到了一件难办的事，他们计划撤掉斯坦米兹的部长一职。

在电气学方面，斯坦米兹是一流的人才，有着丰富的学识和经验。可实际情况是，斯坦米兹还担任着公司会计部长的职位，在这个职位任职等同是废物。然而因为斯坦米兹在电气学上是个难得的人才，并且十分敏感，公司也不敢轻易得罪他。因此，公司想出了一个办法，特别给了他一个更高的职位，让他做奇异电气的工程顾问，再派其他人接替会计部的部长一职。

斯坦米兹当然乐意接受，奇异电气的高层对这个结果也很满意。他们在和谐的氛围中，就对这位敏感的重要员工进行了职位调动，并且，这件事没有造成一丁点的不愉快。因为他们顾及了斯坦米兹的面子。

保全对方的面子，是十分重要的！但是在生活中，却很少有人做到。我们伤害周围人的感情，丝毫不为他人考虑，批评他人的错误，甚至恐吓他们！当着众人的面，批评他人的孩子

处世的艺术
The art of worldly wisdom

或是自己的员工，肆意伤害他人的自尊！

其实，当我们静下来想一想，如果跟对方说几句安慰的话，搞清楚对方是什么想法，就可以避免很多伤害。

如果下次需要炒别人鱿鱼时，你应该要想好怎么做。

下面我引用会计师格蕾琪写给我的一封信：

辞退员工，这毫无趣味可言。至于被辞退的那个人，更不会觉得有什么趣味。我负责的业务是分季节性的，因此，我在每年三月份，都必须要辞退一部分员工。

在会计这一行，有句俗语叫做"没人愿意接管斧头"。这就形成了一种共识——越快解决越好。之前，当我解雇我的员工时，我会这样说："请坐，有一个事实我要告诉你，那就是忙碌的季节已过，我们这里似乎没什么工作了。我想你也知道，只有在忙不过来的旺季，才会请你们到这里帮忙。"

我这样对他们讲，他们会觉得沮丧，觉得是自己被人辞退了。这些人中的多数人，一生都不会离开会计这个行业。但对于一些随意辞退员工的机构，他们不会对其产生好感。

近来，当我需要辞退一些员工时，就改变了一种方式，我仔细查看了他们这一季度的工作，然后把他们逐个叫进办公室。我这样对他们说：

"史密斯，你在这一季度的表现很好。比如上次，我派你去组瓦克城的工作，真的很难，但最后你办得很出色，公司有像你这么优秀的人才，是公司的幸运。你很出色，前途也会很好，我相信无论到哪里都会受到欢迎的。公司信任你，也很感谢你，

第四章

如何成为一个受欢迎的社交高手

如果以后你有机会,欢迎你回来。"

这次的结果怎么样呢?我发现那些离开公司的人,他们的心情似乎没有那么郁闷,他们不再认为自己受了委屈。他们清楚,如果以后公司有需要,我还会请他们的。事实也是如此,当我下个季度请他们时,他们也对公司感到很亲切。

已逝世的马洛先生,他有一种神奇的能力:调解两个有我没他般的敌对仇家。马洛先生有什么秘诀吗?其实,他只是仔细找出两个人都占理的地方,接着对这个事实大加称赞,直到使他们满意为止。无论最后是通过什么方式解决,马洛先生绝对不会说双方任何一人的过错。

每个仲裁者心里都要有一个准则,那就是必须保全双方的面子。

历史上最伟大的人物,他们不会因为自己在某一方面取得了成就就忽视了他人。比如这样的历史事实:

土耳其人与希腊人之间,有着数百年的恩怨仇视。在1922年,土耳其决定将境内的希腊人驱逐出去。

当时土耳其的领导者是穆斯塔法·凯末尔·阿塔图尔克,他激昂地向士兵们宣布:"地中海就是你们最终的目标。"这句话开启了一场激烈的战争。最终,土耳其取得了这场战争的胜利。当希腊军队中的两位将军帖考比斯和迪阿尼向土耳其投降时,他们受到了土耳其人民的侮辱。

可是,土耳其的领导者凯末尔没有这样做,没有因为胜利就展示自己的骄傲。

处世的艺术
The art of worldly wisdom

凯末尔上前握住他们的手，说道："两位请入座，你们一定很累了！"

谈完战争后要应对的事情，凯末尔真诚地对他们说："战争，其实就像是一场体育比赛，强者有时候也会遇到失败。"

保全对方的面子：

（1）可以有效地避免与他人形成对立，减少树敌。

（2）可以让他人心生感激，同时提高他们的积极性。

第五节
鼓励他人成功，也会帮你取得成功

在很早的时候，我就认识巴洛，知道他十分了解马戏团的动物。他把自己毕生的精力都投入到马戏团与杂技表演上。我最喜欢看的，便是他训练狗的过程，并且我注意到，只要狗狗的动作稍有进步，他都会摸摸它的头，奖励它肉吃。

当然，这不是什么新鲜事，几个世纪以来，调教动物的人都会运用这种方法。

可让我感到奇怪的是，当我们希望改变他人的想法时，为什么不选择使用这种方法呢？为什么不把皮鞭换成肉呢？换一句话说，就是为什么非要用责备而不是称赞呢？尽管只是微小的进步，如果我们称赞他，就能够让他人更进一步。

先来看下面这个例子：

星辰监狱的监狱长罗斯有着多年的狱长经验，他发现称赞微小的进步对犯人很有效果，即使是监狱里最凶狠的犯人，只要称赞他的微小进步，他就会更愿意配合工作。在完成这本书

处世的艺术
The art of worldly wisdom

期间,我收到了一封罗斯狱长写来的信。他在信中写道:"我发现了一个微妙的技巧,如果对勤劳工作的犯人加以夸奖,要比厉声呵斥、惩罚更有效,更容易使他们配合,也能促进他们恢复健全的人格。"

我从没有在监狱里待过——至少目前来说是这样的。但我回想已经过去的人生历程,的确存在类似这样的情景,一些称赞的语言,对我的人生产生了极大的影响……再来回想一下你的一生,是否也存在这样的情景呢?称赞使人获取强大的力量,这样的例子在历史中也有很多,简直多如繁星。

这里就有一些例子:50年前,在那不勒斯有个10岁的孩子,他在当地的工厂做工。这孩子从小的梦想,就是希望能成为歌唱家。可现实情况是,他遇到的第一个老师就直接对他说:"你不适合唱歌,你的嗓子太差了,发出的声音简直难听极了。"

这个时候,这个孩子的妈妈来到孩子跟前,她搂住自己的儿子,并称赞他……她告诉这个受打击的孩子,说他一定可以唱歌,而且她已经听到他的进步。

这位贫苦但坚韧的农妇,光着脚到作坊去做工,就是为了给儿子攒下上音乐班的钱。她不断称赞儿子的进步,不断地鼓励他,并且这个孩子最终实现了人生理想。你可能也听过这个孩子的名字,现在已经是当代的一位著名歌王,他就是恩瑞克·卡鲁索。

在很多年前,伦敦的一个年轻人,他希望将来能成为一个

第四章

如何成为一个受欢迎的社交高手

作家。可他的前半段人生，充满了不幸的遭遇，他遇到的所有事情似乎都在和他作对……他在学校接受教育的时间不足4年，他的父亲因为欠债被关进监狱，从而让他饱尝了饥饿寒冷的滋味。最后，他辛苦找到的工作，是在一个老鼠遍地跑的仓库里，往墨水瓶上贴签条。

晚上，他就住在楼顶一间阴暗狭窄的阁楼里，同住的还有两个贫民窟的脏鄙顽童。这个曾经渴望成为作家的年轻人，那时几乎对写作丧失了所有信心。他写好第一篇文稿后，害怕别人知道后会嘲笑自己，就晚上偷偷地把稿子放进邮箱。他不断地写，写好之后就悄悄投出去，但他寄出的所有文稿都被退了回来。

终于，值得纪念的一天来了，他的一篇稿子被采用了。尽管他没有得到任何稿费，但他收到的信中，对他的稿子表示了称赞。他喜极而泣，年轻人流着眼泪，兴奋地在街上奔跑。

因为一篇文稿被刊登，他从中获得了认可与称赞，从而改变了这个年轻人的一生。如果没有那篇文稿带来的鼓励，他可能早就放弃了梦想，还在那个破旧的老鼠遍地跑的仓库里工作。那个曾经窘迫的年轻人，就是英国的大文豪——查尔斯·狄更斯。

还有一个故事，那是在50年前：在当地的店铺里有一个年轻人，他的工作十分辛苦，每天早上5点钟就要起床，打扫完卫生之后，一天还要做14个小时的苦工。这个样子过了两年，这个年轻人终于受不了啦。一天早晨，他没吃早饭就离开了，

处世的艺术
The art of worldly wisdom

他走了 15 英里的路,去告诉他那当管家的母亲。

他激烈地向他的母亲诉苦,并且发誓再也不继续待在那家店铺里了。如果非要他在那里工作,他宁愿选择自杀。他写信告诉他的老校长——那是一封很长很无助的信,说他的人生已经没有了希望,并且不想活了……那位老校长鼓励他,称赞他是一个聪明的人,以后的路还有很长,可以换一份更适合自己的工作,并且还问他愿不愿意去当教员。

老校长的称赞,使这个濒临绝望的年轻人一生发生了巨大的改变。多年后,这个年轻人共写了 77 本书,靠这些书赚了 100 多万,并在英国历史文学中留下了自己的名字……这个人你可能也知道,他就是英国最著名的史学家之一——乔治·威尔斯。

在 1922 年,加利福尼亚州的一个青年,他家的生活十分艰难,他甚至连自己的妻子都很难养活。周末,他去教会的唱诗班唱歌,以获得一些收入;有时会在婚礼中帮忙唱歌,能得到 5 美元的报酬。他的收入难以度日,没有足够的钱住在城里,他就住在乡下的葡萄园里,在那里租了一间破房子,每月只需交纳 12.5 美元的租金。

尽管是如此便宜的租金,他仍然难以承担,以至于最后欠着房东 10 个月的租金。

在没有办法的情况下,他在葡萄园里帮忙摘葡萄,以此来偿还房租。他后来对我说过,在那个时候,穷得实在没钱买食物时,就只能用葡萄来充饥。

第四章
如何成为一个受欢迎的社交高手

面对如此情形,他开始考虑是否要放弃唱歌,换一份推销载重卡车的工作。在这个时候,他的朋友修斯称赞他歌唱得好。修斯建议他说:"你的声音有很大的可塑性,你应该到纽约去学唱歌。"

这个青年最近告诉我,就是他朋友的一个称赞,让他受到了鼓舞,也是他人生中最重要的转折点。他在朋友那里借了2500元,然后去到美国东部学习唱歌。你可能知道他的名字,他就是后来著名的歌唱家铁贝德。

假如你问我如何改变一个人?我的答案就是去称赞他。对遇到的所有人,你都发自内心的去称赞他、鼓励他,就能让他们看到自己的潜在力量,我们给予那一点鼓励,不仅能使他们的意志有所改变,还能改变他们的未来。

这些话一点都不夸张。你可以看看哈佛大学的著名教授威廉·詹姆士是怎么说的,他虽然已经去世,但他在心理学和哲学上做出的研究,仍让后人得到许多启发。他留下这样的名言:

"和我们应该取得的成就相比,我们只不过还在半梦半醒状态。现在我们所利用到的,只占我们身体资源的很少一部分。换句话说,我们每个人,现在的生活状态,远未达到自己的极限;我们还有很多能力,但却经常不知道如何使用。"

在前面已经说过,每个人都有着巨大的潜力,但习惯都不利用这些力量。如何激发人们的这些潜力呢?其中的一个方法,就是称赞他、鼓励他,让他知道自己拥有的潜在力量,进而利用这股力量发挥出神奇的魔力。

处世的艺术
The art of worldly wisdom

因此，若是希望改变他人，同时避免引起抵触或反感，简单的一个方法就是：称赞他人微小的进步，并且称赞他每一次的进步。

你可以这样做：

（1）称赞他人的优点，这个方法最直接，也最有效果。

（2）利用每个人都有的竞争意识，激发他的斗志，这能让他更积极、更热情。

（3）如果你希望他成为一个什么样的人，那就用这样的美名去称呼他，这会让他尽力去实现这个美誉。

第六节

满足他人的自重感

这世上有一个办法,能让一个人自愿地去干任何一件事。可你有没有想过,这个办法是什么呢?无论你是否想过这个问题,这个办法都是真实存在的,并且也只有这一个办法,除此之外,再也找不到第二个了。

能够让一个人心甘情愿地去干任何一件事,唯一的方法就是满足他的需要。你需要做的,就是了解他们究竟需要些什么?

事实上,你可以选择用一些手段强迫他人。例如用手枪指着一个人的脑袋,让他把自己的手表递给你;或者以开除作为威胁,让公司的员工听从你的话,哪怕你远在天边;或许靠拳头和棍棒,让你的孩子做你希望他们做的事……可是这些暴力的手段,会给你带来不好的结果,那就是:当对方比你弱小时,他会表面上敷衍你;当对方比你强大时,就到你接受苦果的时候了。

处世的艺术
The art of worldly wisdom

20世纪，维也纳著名的心理学家，西格蒙德·弗洛伊德博士曾经说过："人们做事的动力无非两种，性冲动与对伟大的渴望。"美国的大哲学家杜威教授认为："人类天性中至深的本质，就是渴求被人重视。"的确如此，"为人所重视"在人生中具有强大的作用，你接下来将会认识到它是多么的重要。

人们需要什么？从人生的角度来看，我们真正需要的东西不多，并且不是那么的强烈。我总结了8个方面，都是一般的成年人想要拥有的。

第一，健康的身体和人生安全保障；

第二，足够的食物；

第三，良好的睡眠；

第四，巨额的财产；

第五，未来有保障；

第六，性方面的满足；

第七，下一代的健康快乐；

第八，被人重视获得的满足感。

这些欲望都是人们所需要的，其中有一个难以满足的欲望，它和食物、睡眠一样，如果得不到就会在内心形成饥饿，感触深切却又难以满足，这就是心理学家弗洛伊德口中的"对伟大的渴望"，也是哲学家杜威认同的"被人重视"。

这种欲望会让人从内心产生痛苦，并且是多数人无法满足的"饥饿"，真正能解决这种内心饥饿感的人很少很少，只有内

第四章
如何成为一个受欢迎的社交高手

心豁达的人才能较好地控制情绪。人和动物之所以不同,原因之一就是人会追求自重感。

我的家在密苏里的一个农场。在我小的时候,我父亲养了一头有着优秀品种的红毛猪,还有一头血统高贵的牛。那时他经常带着猪和牛去集市上展示,还参加了中西部的家畜展销会,并且几十次被评为特等奖。

至于获得的这些蓝绸带奖章,父亲就找出一条质地柔顺的白色软布,高兴地把拿到的奖章都用别针挂在软布上。当家里来亲戚朋友时,父亲便会拿出来展示一下,在四下无人时,他也经常拿出来,自己慢慢欣赏。

这些获得奖章的猪、牛,它们并不在意赢得了什么,可我父亲把这些奖章视为珍宝,原因就是这些奖章能让他获得被人重视的满足感。这就是人与动物的不同之处,即人性的本质,如果失去这点,人和动物还有什么区别呢?

正是对这种"被人重视"的迫切追求,让一个没有受过多少教育、在杂货店打工的年轻人,在堆满杂物的大木桶中找出了一些有关法律的书籍,用50美分买下并认真学习起来。你或许听过这个故事,这个年轻人就是美国总统亚伯拉罕·林肯。也正是这种对"被人重视"的迫切追求,让狄更斯写下了永存不灭的名著;让斯托夫·雷恩设计出巧夺天工的"石合之音";让约翰·戴维森·洛克菲勒创立了自己的石油帝国,成为美国的商业神话;也正是这种追求,让富翁们买下一座又一座不需

处世的艺术
The art of worldly wisdom

要的豪华房子；正是这种内心的渴望，我们会选择潮流的服装、更高级豪华的汽车，以及向别人炫耀子女的聪明能干。

如果人类没有这种对"被人重视"的强烈渴望，就不会形成现有的人类文明。也是由于这种渴望，许多年轻人成为了强盗惯匪。纽约警察局的一位局长马洛尼曾说过这样的话："现在犯罪的年轻人，他们盲目追求所谓的虚名，并且目中无人，即使是被逮捕之后，他们也会因为登上报纸版面而兴奋。他们在狱中最大的愿望，就是要看那些不入流的报纸——那上面常常用"英雄"来形容他们。他们的新闻在报纸上占据了很大的版面，版面大小与体育明星、电影演员、政府名人所占的版面大小几乎一样，这些都会令他们感到兴奋，至于即将面对的常年监禁或电椅判罚，在执行之前他们都不会在意，并且也不想知道最后会怎么宣判。"

每个人都希望获取被人重视的满足感，如果你能够告诉我，你是通过什么方式获得满足感的，我就能够以此来判断你的为人，以及你的性格等。对每个人来讲，这是一件很有意义的事，它能够帮助你更清楚地了解自己。

美国石油大亨洛克菲勒是这样做的：很早之前，他在北京建了一家设备齐全的医院，这家医院为许多穷人提供医疗救助，这些人与他素未谋面，并且几乎永远都不会见面，可他这样做了，以此来满足自己的自重感。另一个例子与此截然相反，银行大盗迪林格通过抢劫、暴力、杀人来让自己受到关注。在明

第四章

如何成为一个受欢迎的社交高手

尼苏达州被警方围捕时,他跑到了一家农场,他以被警察追捕为荣,他大声威胁里面的人说:"我是迪林格!保持安静,你们就不会受到伤害,但你们必须要知道我,我叫迪林格!"

洛克菲勒是美国有名的石油大王,而迪林格是当时的头号公敌,两个人完全不同,他们的行为天差地别,社会评价也各不相同,但唯一的相似之处,就是满足了自己对"被人重视"的渴望。

有一天,我从马瑞·哈恩莱特夫人那里听到了这样一件事情:有个年轻健康的少妇,为了从别人那里获取自重感,竟然常年假装生病。事情是这样的:这位少妇是单身主义者,坚持永远都不结婚,但她必须要面对一个事实,那就是年龄会越来越大,自己也会慢慢变老。想到那时只剩下自己一人孤单地生活,她觉得生活没有一点希望,于是就病倒了。在那之后的10年,她就一直躺在床上,她年迈的老母亲照顾着她,为她送水送饭,日日夜夜地伺候她。为了照顾女儿,这位年迈的母亲终日劳累,终于有一天倒下了。母亲的离世,让躺在床上的女儿伤心了很久,在这之后,她不得不下床独立生活,纠缠自己的病竟消失不见了,她开始了自己新的生活。

有专家认为,一些人发疯的原因,就是为了能够在自己疯狂的幻觉中,获得现实生活中无法得到的自重感。在美国的医院里,精神疾病的患者数量,比其他所有病人的总数还多。如果你年龄在15岁以上,同时又生活在纽约,那么在你整个人生

处世的艺术
The art of worldly wisdom

中，就会有21%的可能在精神病医院待上7年。

是什么原因导致了精神错乱？

对于这个宽泛的问题，没人能够说出确切的答案，我知道有些疾病会导致精神错乱，比如性病，它会影响大脑细胞，最终使人进入癫狂状态。通过对实际案例研究，有一半以上的精神病患者，发病的原因是由于生理问题，比如脑部经受创伤、酗酒、吸毒以及身体上遇到的伤害。但令人担心和困惑的是，还有一半精神失常患者，他们的脑细胞并没有发生任何病变。他们死亡后，通过对他们脑细胞的观察研究，发现与正常人的脑细胞一样，都处于健全状态。

为什么脑细胞正常也会精神错乱呢？

关于这个问题，我曾向精神病医院的一位医生请教。这位医生对导致精神问题的病理深有研究，并因此获得了这方面的最高荣誉。他直接告诉我，他也不知道是什么原因，也从来没有人彻底弄清楚这个问题。可是有一点可以确定，在疯狂的幻境中，他们可以获得在现实世界无法得到的东西，那个东西就是自重感的满足。为了让我更加明白，这位医生还给我讲了一个真实的例子：

"最近，我们医院新来了一个病人，这是一个遭遇不幸婚姻的女人，她心里渴望拥有爱情和幸福的家庭，她也希望获得周围人的认可，受人尊重。但现实很残酷，她不是处于自己所希望的世界，现实与她的梦想背道而驰——丈夫并不爱她，甚至

第四章

如何成为一个受欢迎的社交高手

拒绝两个人一起吃饭,她的丈夫在楼上吃,并且让她在一旁服侍。她没有孩子,也没有什么成就。因为受不了现实的残酷,她的精神开始出现问题,现在的她已经癫狂。在癫狂的幻想中,她认为自己已经离婚,恢复了婚前的姓氏,并且现在嫁给了皇室贵族,坚持让周围的每个人都称呼她史密斯夫人。在幻想中,她已经有了自己喜爱的孩子,当每次我了解她的病情时,她都会对我说:'医生,快看,这是我昨晚生的孩子,是不是很可爱?'"

现实的残酷,让这个女人对生活的所有希望都化为了泡影,但在虚妄的幻想中,她所有的愿望都得到了满足,她希望的小船也进入了安全的港湾,现实的风浪怎么也吹不进去。

我不知道如何评价这个结局,这种结局悲惨吗?我不知道。但那位医生告诉我:"我们没有办法让她恢复正常。即使是我真的找到方法治愈她,让她从癫狂中回到现实,我也不会感到高兴,因为现在的她似乎已经找到了属于自己的快乐。"

这样说可能会不太合适,但总体来讲,精神错乱的人可能比其正常时更快乐。既然可以通过癫狂来得到快乐,他们为什么要恢复正常呢?依靠这种方式,他们可以无视现实中的一切问题……他们可以轻松获取一张百万支票,并把这张支票送给任何人;他们可以和名声盛大的人物密切交谈,并介绍给你认识……在他们的疯狂幻想中,他们能够获得自己最渴望的东西——即自重感上的满足。

处世的艺术
The art of worldly wisdom

　　如果有人如此渴望自重感上的满足,甚至这种渴望让他进入癫狂,那为什么不在那之前称赞他呢?如果他能得到别人真挚的赞赏,一定会出现不一样的奇迹。

　　据我所知,目前只有两个人的年薪超过了百万美元,其中一个是克莱斯勒,另一个是美国钢铁公司的查尔斯·施瓦布。

　　年薪高达百万美元,就意味着每天都有3000多美元的薪资,施瓦布凭借什么从钢铁大王安德鲁·卡耐基那里获取如此高的薪资呢?是因为施瓦布有着过人的天赋吗?不,不是这样的。还是因为在钢铁制造方面,施瓦布有着丰富的知识呢?不,事实也并非如此。

　　查尔斯·施瓦布在公开场合曾说过,他手下管理着许多人,这些人中的大多数都比他更了解钢铁制造。他能够得到如此高的薪资,完全是因为他特别的待人能力。他的主要工作不是制造钢铁,而是管理人事,做好对人的管理,就能充分发掘那些员工的潜力,公司业绩就更好了。

　　我曾向查尔斯·施瓦布请教,问他怎么做才能使员工的潜力得到充分的发挥,他告诉了我这样的一段话,如果我们都能按照他所说的去做,我们的人生也会有所不同:"挖掘每一个员工的潜力,就是要激起他们工作的动力与热情,让每个员工的能力都得到充分的发挥,采用的方法就是称赞和鼓励!"

　　他还补充说:"来自领导的批评与责备,最容易打击员工的工作热情。我很清楚这一点,所以我不会批评任何人,我坚

第四章

如何成为一个受欢迎的社交高手

信——只有赞赏,才能够激起他们工作的热情。我习惯去称赞他们,而不是故意去挑剔他们的缺点,如果说有什么秘诀的话,那便是我'真心称赞,宽容待人'。"

施瓦布做事的方法,正好与普通人是相反的。一般人讨厌某个事物,他会极为挑剔,甚至于吹毛求疵;如果喜欢这个东西,他的称赞就会溢于言表,简直是完美无瑕。

施瓦布接着这样说:"我交友广泛,认识的成功人士可以说遍布世界各地,我在与他们的交往中发现,无论这个人成就有多高,多么受人尊敬,有一点是毋庸置疑的,这就是:相较于批评一个人而言,称赞更容易使他们取得成功。"

的确如此,美国钢铁大王卡耐基也是这样做的。他不仅是在私下称赞别人,在公开场合,他也常常夸赞身边的人。就连他墓碑上的铭文,也表示了对他人的称赞,这是他生前为自己写的墓志铭:这里躺着的是这样一个人,他深谙如何与周围比自己聪明的人相处。

美孚石油公司创办人,美国公认的"石油大王"洛克菲勒,也把真诚的赞美视为自己成功的秘诀。在与南非的一次交易中,由于主要负责人贝德福的决策失误,导致公司遭受了百万美元的损失。可他完全没有批评责骂贝德福,他知道做事不可能永远顺利,总会有遇到困难的时候。他也清楚,事情已经发生了,而贝德福已竭尽全力。洛克菲勒平和地对贝德福说:"幸好还保全了全部金额的60%,这个结果已经很好了。在一生之中,不可能

处世的艺术
The art of worldly wisdom

每件事情都能按我们的意愿发展。"

爱默生也说过:"我遇到的每一个人,他们身上都有比我强的地方,我需要向他们学习的,正是那些地方。"

爱默生的话说得非常好,我们应该照他说的那样做。我们不能只看到自己的优点和需要,还应该看到别人身上的优点。把奉承、恭维的话抛诸脑后,不要吝啬对别人的赞美,应该发自内心地去称赞他、鼓励他。如果你这样做了,就会让受鼓励的人牢记于心,将其视为珍宝……即使你早已忘记,他还会记得特别清楚。

诚挚的赞美,有这样的作用:

(1)帮助别人建立良好的自信心,帮助他们走向成功。

(2)让你成为一个受欢迎的人,也是获取他人好感的巧妙方法。

第五章

提升个人魅力的秘诀

在我们遇到的人之中，总会有一些很受欢迎的人，无论他们走到哪里，都会成为那个地方的焦点，人们也喜欢与他们交谈。为什么这些人能够如此受欢迎呢？因为他们除了掌握各种社交的技巧外，还有着迷人的个人魅力，吸引着人们向他们靠近。

　　我们之所以努力修炼，正是为了变成这样的人。

第一节

学会认真倾听他人讲话

最近我参加了一次聚会，聚会上大家在打桥牌。而我对桥牌并不了解，就没有参与，同时，聚会上还有一位漂亮的女士，也不会打桥牌。她知道我曾和汤姆斯在欧洲各地旅行——那还是在汤姆斯开始无线电事业之前的事，那时我是他的经理人。在旅行期间，我还帮他记录了很多旅途中的见闻。这位漂亮的女士知道我的名字后，到我面前说："你好，卡耐基先生，你去过世界上那么多的美景胜地，你能跟我讲一下那些美好的景色吗？"

于是，我们就在旁边的沙发上坐下，她顺便提了一下，她刚和她的丈夫从非洲旅行回来。

"哦！非洲！"我听到后说道，"那真是太有趣了，我一直想去非洲，但只在阿尔及利亚待过24小时，除此之外，我没有去过非洲的其他地方……你有没有看到让你难忘的风景……你的旅途太棒了，你真的让我很羡慕，你可以告诉我更多有关非洲的事情吗？"

处世的艺术
The art of worldly wisdom

关于这个话题，我们聊了有45分钟。在接下来的谈话中，她没有再问我都去过哪些地方，看到过哪些风景，她也没有再提起我在欧洲的旅行。她不再是一个倾听者，而是一个快乐的讲述者，为我讲述她所去过的地方。

这位女士身上有异于常人、或是特别的地方吗？并没有，其实许多人都和她一样。

纽约的一位出版商戈林博，邀请我参加他的宴会，在那里我遇到了一位知名的植物学家。在这之前，我对植物学知之甚少，也从来没有和植物学方面的学者交流过。我被他的讲述深深吸引，在椅子上安静地听他说话，谈话内容从大麻谈到另一位叫作普帮的植物学家，又讲到了如何设计室内花园等。我接着告诉他我有个小的室内花园，他就非常热情地给我讲解，告诉我应该如何解决可能遇到的问题。

在那次宴会上，还有另外十几位客人，但我对他们没有一点兴趣，一直都在和植物学家交流，从头至尾谈了好几个小时。

宴会在午夜结束，我向在座的每个人辞别。植物学家向主人辞别的时候，对我的评价极高，说我"让人觉得愉快"，还称赞我是一个健谈、幽默风趣、谈吐优雅的人。

"谈吐优雅"？这是在说我吗？整个谈话过程都是这位植物学家在说，我所做的只不过是倾听罢了。如果让我原封不动地将谈话内容复述一下，我是绝对做不到的，即使是我想谈些关于植物学的事情，也是毫无头绪，因为我对植物学的了解，真的是太少了。

第五章
提升个人魅力的秘诀

为什么他会称赞我谈吐优雅呢？想必是因为我"安静且认真地倾听"。在我倾听的时候，这位植物学家尽情地讲述着自己在植物学方面的见解，慢慢地，我被他讲的内容迷住了，越来越感兴趣。他当然能感觉出我的态度，所以他也会感到高兴。这种认真的倾听，可以向对方表达自己的友善，也是对他人的一种尊重。作家伍德福德的《异乡人的爱恋》一书中，有这样的一句话："没有人会抗拒认真倾听中所隐藏的恭维。"

我向那位植物学家表达了我对他的敬意，我感谢他的专业指导，并表示自己也希望拥有与他一般丰富的知识——这是我内心的真实想法。最后我对他说："认识你真的很高兴，希望还能再见到你，我们可以在田野间散步，那一定很不错。"

因此，这位植物学家称赞我的谈吐，事实上，我只是一个习惯倾听，并且善于让他人多说话的人罢了。

顺利谈成一桩生意，其中有什么秘诀吗？我赞成以列奥托的说法，这是一位忠厚老实的学者。他说："谈成一次成功的交易，其中并没有什么秘诀。你唯一需要注意的，就是认真地倾听对方讲话，这才是最重要的一点！"

有个很明显的事情，不用去哈佛大学攻读4年课程就能想明白的事。我们已经看到的，多数商人都会租下华丽的店面，尽量降低商品成本，然后布置精美新颖的橱窗，在广告上投入大量资金，可是他们雇用的销售员，却大多都不会安静地听顾客说话。这些销售员，打断正在说话的顾客，与顾客争辩，反驳甚至激怒顾客，仿佛想要把顾客从店里面赶出去！如此这般，

处世的艺术

The art of worldly wisdom

又怎能谈成生意呢?

胡顿是我训练班中的一位学员,他在训练班讲过这样一件事情:

他在新泽西州的一家商场里购买了一套西装。但这套衣服的质量让他很失望,西装上衣褪色,并且把衬衣领子染上了黑色。

他拿着衣服来到商场,想要找到当时的销售员,并说出自己遇到的问题。我问他当时是怎么说的,但他告诉我并不是那么一回事⋯⋯他的确是想去说明情况的,但他刚开始说话,就被那个"口才"不错的销售员打断了。

那名销售员理直气壮地说:"这套衣服,在我们这已经卖了几千套,从来没有人遇到过任何问题,你是第一个来挑刺的!"

这就是那销售员的原话,并且当时说话很有气势,他似乎在说:"我们的衣服不可能出现问题,是你说谎;我们也不是好欺负的,你想要找借口生事,我就给你点厉害!"

当他们开始激烈地争辩时,旁边的一位销售员插了一句话,他说:"黑颜色的衣服,刚开始都会出现一点褪色,这是不可避免的⋯⋯像那种价格的衣服,都会出现褪色情况,是衣服面料的问题!"

"听到这句话,顿时让我火冒三丈。"胡顿先生彻底被惹火了。"第一个销售员,怀疑我说的话;第二个销售员,讥讽我买的是便宜货⋯⋯我很生气,当我要责骂这两个人的时候,这家商店的负责人出现了。"

这位负责人很会讲话,也知道自己的工作是什么,他让我

第五章

提升个人魅力的秘诀

的态度彻底转变过来……他让一个对商店充满意见的人，成为了对他们满意的顾客。这位负责人是怎么做的呢？他大概做了这三件事：

第一，他让我把自己遇到的情况说清楚，他就在一旁认真地听着，从头至尾没说一句话，更没有打断我。

第二，当我把情况说清楚，那两名销售员又准备和我争辩。这位负责人制止了他们，并且站在我这一边去反驳他们……他说，顾客衬衫领子上的黑颜色，明显是我们衣服染上去的。他反复表示，这种让顾客不满意的服装，是不应该售出去的。

第三，他承认这套衣服质量有问题，也表示他们之前真的不知情，他态度诚恳地对我说："你希望我们如何帮你解决这个问题，尽管吩咐我们，我们会根据你的意愿进行处理。"

在几分钟之前，我还想着把这套劣质的衣服退给他们，这位负责人的态度让我转变了想法。我这样对他说："我接受这个建议，我只想知道，这套衣服褪色的情况是否只是暂时的，或者你们告诉我应该怎么做，才能让它不再褪色。"

这位负责人建议我可以把衣服先带回去，再穿一周看看是否还会褪色。他补充道："如果继续出现掉色问题，你可以拿回来，我会帮你换一套让你满意的衣服。对于给你带来的麻烦，我们深感抱歉。"得到他的保证，我把那套衣服带回家中，在穿了一个星期之后，果然没有任何问题了，我对那家商场的不信任也消失了，重新对那家商店恢复了信任。

这就是为什么那位先生能成为那里的负责人，至于那两个销

处世的艺术
The art of worldly wisdom

售员,他们也就最多只能停留在那个岗位上了。不但如此,还应该把他们调整到其他部门,最好是永远见不到顾客的地方。

即使是最挑剔、最难接受反驳的人,在一个平和、安静的倾听者面前,他也会变得柔软!而这位倾听者,必须要有冷静的态度。尽管批评者激烈的言辞就像是张开嘴巴的毒蛇。当面对这种情况,他需要做的,只有倾听。这里有一个例子:

在多年前,纽约的电话公司遇到一个不讲理、野蛮的顾客。当接线员为他接通电话时,他用最难听的话骂电话公司的接线员……后来,当电话公司把账单寄给他时,他粗鄙地说这份账单是伪造的,并以此为由拒绝付款……同时,他还向报社举报,并且在美国公众委员对纽约电话公司发起多项投诉。

最后,电话公司不得不前去调解,他们派了一位经验丰富的调解员。在调解员首次拜访这个客户的时候,多数时间都在认真倾听,让这位满腹怨言的先生发泄自己的不满。他所说的话也很简单,都是一两个像"是、没错、对的"之类的词语,并且表示自己能够理解这个客户的委屈。

那位调解员这样描述当时的情景:"我第一次去那里的时候,他不断地大声抱怨,直言都是电话公司的不对。我安静且认真地听了将近3个小时。当我再次去拜访他,还是倾听他尚未讲完的不满。我一共去了4次,在第四次去拜访他之前,我就已经是他创建的一个组织中的成员了,他称这个组织为'电话用户互助会'。到现在为止,我还是里面的成员。可据我所知,这个互助会里只有两个人,那就是我与这个习惯抱怨的老先生。

第五章
提升个人魅力的秘诀

"在最后的一次谈话中,我还是照之前一样静静地听他讲话,对他所说的每一个不满都表示理解。他告诉我:在这之前,电话公司的员工从来没有这样听他讲过话,他对我也慢慢变得友善。对于我来的目的,在前3次拜访中,我都只字未提,但最后一次,我就顺利地解决了全部问题。他结清了欠下的所有账单,并且撤销了他对电话公司的投诉——他之前曾多次进行投诉,这也是他第一次撤销对电话公司的投诉。"

从表面上来看,这位先生的确是为了维护社会公义,注重自我权益保护,以免受到资本家无理的盘剥。其实,归根结底这位先生寻求的仍是自重感,只不过他是通过挑剔与抱怨,从而获取自重感的满足。当他从电话公司派去的调节员身上,获取足够的自重感后,他自然就会停止那些无理取闹的挑剔。

在多年前的一个上午,迪托茂毛呢公司的老板,迪托茂先生的办公室闯进了一个不速之客。这是他们公司一个愤怒的顾客,我们来看迪托茂先生是怎么做的。

迪托茂先生亲口讲述了事情的经过:

这位顾客在我们这里有15美元的欠款……虽然这是一个事实,但这个顾客坚持是我们的问题。于是,我们的信用部门就催促他还款,在他收到我们发出的几封催款信后,就来到了芝加哥,并且怒冲冲地闯进了我的办公室。他这样告诉我,他非但不会还那笔钱,并且再也不会购买我们公司的产品了。

我尽量保持平和地听他讲话。在他说那些话的时候,有好几次,我几乎就要忍不住打断他,要和他进行一番争论。可是

处世的艺术
The art of worldly wisdom

我没有这样做,因为我知道这不会帮我解决问题,我就静静地听他不停地发泄,后来,他的火气也慢慢降了下来。这时我平和地对他说:"先生,你能特意来一趟芝加哥,我对此表示衷心的感谢。你能把这件事情告诉我,事实上已经帮了我很大的忙……如果我们的信用部门让你觉得不满,那么他们也会引起更多人的不满,到了那时,后果就难以想象了。请相信我的话,我真的希望你详细告诉我,关于你刚说的情况。"

他肯定没有想到,我竟然会说出那样的话,他可能会感到一些失落。他来找我的目的,是对于欠款的事情进行交涉,可没想到,我向他表示感谢,丝毫没有与他争论。我用平和的语气告诉他,我们将会勾消这15美元的货款,同时请他忘记这件不愉快的事情。我告诉他说:"你是一个认真细心的人,你需要核算的账目只有一份,而我们的员工,却需要处理上万份不同的账目,所以你弄错的可能性很小。"

我还向他表示,我很理解他所面对的情况,如果我也遇到类似的问题,一定会有和他一样的想法。因为他说不再和我们公司交易,我就真诚地向他推荐了另外几个制作毛呢的公司。

这件事之前,他来这里订货的时候,我们经常会一起去吃午餐。在把事情解决后,我同样邀请他共进午餐,他勉强答应了。在丰盛的午餐之后,我们怀着平和的心态回到办公室,他又向我们订了比之前更多的货物,并且心情愉快地回去了。由于我令他意想不到的接待方式和解决办法,故而他回去又仔细地核算了自己的账单,终于发现了问题所在,原来是他遗漏了一份

第五章 提升个人魅力的秘诀

账款。于是他给我们寄来了 15 美元,还有他写的一封道歉信。

他后来有了儿子,就以我们公司的名称为这个孩子起名,就叫作迪托茂。同时,他也一直是我们最忠实的顾客,我们私下也成了好朋友,这份友谊一直持续了 22 年,直到他逝世。

在多年前美国的一个小镇,有个被父母带来美国的荷兰籍男孩,他每天放学后,就在镇上的一家面包店里面擦窗户,这样每星期可以赚到 50 美分。他家里生活十分困难,他就提着篮子,跟着其他大男孩到运煤道路旁边的水沟,去捡从煤车掉落到那里的煤块。这个孩子的名字是爱德华·巴克,他待在学校的全部时间也不足 6 年,但他成了美国最著名的杂志编辑,在整个美国新闻界都有着重要地位。他是怎么成功的呢?他走向成功的故事很长,但他是从什么时候,开始改变了自己的人生,我们可以简单来看一下——他所运用的方法,完全符合本节讲述的基本原则。

由于家庭贫困,他 13 岁时就离开了学校,开始在西联组织里做童工,这样,他每个星期能够赚到 6 美元 25 美分。尽管他的孩童时期生活极度困苦,但他仍然一直寻找学习的机会,他从未放弃过接受教育,并且开始自学。为了能够买书,他坚持走路,从未坐过电车……午饭也尽量节省,只为了攒下钱来买书……他把这些省下的钱集中起来,去书店买了一本人物传记,上面记载了很多美国名人的成功历程。然后,他做了一件让所有人都感到吃惊的事。

爱德华·巴克得到这本人物传记后,认真阅读了上面的所

处世的艺术

The art of worldly wisdom

有内容，他开始给传记上的著名成功人士写信，请求他们多讲述一些有关他们自己青少年时期的事。巴克的这个行为，就表现了他的人格魅力——让他人成为谈话的主角，巴克在寻求倾听的机会——他希望那些取得成功的人士能谈一下自己。

他写信给正在参加总统竞选的詹姆士将军，他在信中向詹姆士询问，少年时是否真的曾在运河上拉纤。詹姆士看了他写的信，并且给他回了一封详细的长信。巴克还给格雷将军写信——他在传记上看到了格雷将军的一次战役，于是，就在信中问有关那场战役的情景……格雷将军对这个年仅14岁的男孩很感兴趣，他很快地给巴克回信，上面还画了一张当时的地图，并且邀请巴克一同吃饭，他们后来还聊了一整晚。

巴克把信寄给爱默生，希望爱默生谈一下他自己的经历……就这样，这个在西联组织送信的童工，竟在很短时间内，已经在与美国当时极具名气的人士通信了，这里面有詹姆士将军、格雷将军、爱默生、林肯夫人、奥利弗、修曼将军、布罗斯和台维斯等。

巴克不仅给那些名人写信，他还在自己放假期间，前去拜访其中的一些人，并受到了他们的热情欢迎。巴克与名人交流的经历，让他对自己有了很大的信心。通过与那些名人的交谈——这是常人难有的、甚至难以想象的经历——激起了巴克对理想的追求，最终改变了他整个人生。巴克能够获得如此之大的成就，最主要的原因，就是他执行了我们一直在强调的行为准则。

第五章

提升个人魅力的秘诀

著名记者马克逊采访过很多知名人士，他曾经这样说过："在日常交往中，之所以有些人不能让人产生好的印象，就是因为他们不注重倾听对方讲话……这些人只关心自己要讲的是什么，或许他们很擅长说话，可从来不知道如何用耳朵去听……"

马克逊又补充道："我访问过许多知名人士，他们曾经告诉我，一个善于谈话的人，并不会让他们留下深刻的印象，反而是那些能够认真听他人讲话的人，更容易让他们产生好感。这种习惯倾听的人，要比具有其他良好性格的人更少见。"

善于倾听的人，更容易让别人产生好感，这句话不仅仅适用于大人物，普通人也同样适用。因为所有人都有个共同点，那就是喜欢别人听自己讲话。

在《读者文摘》中有一句类似的话："多数人去找医生，他们的真正目的，只是寻找一个倾听者罢了。"

在美国内战的最艰难时期，林肯给他的一位老朋友写信，请他从伊利诺伊州的春田镇前往华盛顿，和他讨论一些问题。林肯的这位老邻居来到白宫，林肯跟他讲了好几个小时的话，内容都是和解放黑奴有关……林肯分别向他讲述了赞成与反对的理由，然后对这些理由进行详细地分析，他还拿出一些信件和报纸，其中有些是因为不解放黑奴对他进行的谴责，还有些谴责是为了避免他同意解放黑奴。他们谈话持续了数个小时，结束谈话后，他们互相握手道别，送这位老朋友回伊利诺伊……

在谈话的几个小时里，林肯没有向这位乡下的老朋友征求

处世的艺术

The art of worldly wisdom

任何意见，一直都是他在说话，在林肯说完这些话后，整个人都轻松了很多。他的老朋友后来说："在谈话过后，林肯似乎将压在心里的东西释放了出来，整个人都显得轻松、愉快起来。"的确如此，林肯需要的不是来自老朋友的建议，他当时急迫需要的，是朋友的温暖与理解，能够有一个人安静地听他说话，借此抒发压在心里的苦闷。当我们在迷惘、痛苦时，同样需要如此！

如果你想让自己成为一个讨厌的人，希望周围的人躲开你，在私下议论你，甚至是嘲笑你，这里就有个简单的方法：永远不要听别人讲话，不停地谈论和自己有关的事情。如果有人正在说一件极为重要的事情，你忽然有一些自己的看法，不等对方说完，就立即提出你的看法。你就这么想：讲话的人绝对没有自己聪明，为什么要浪费自己的时间，去听一些没有用处的话呢？不错，那就立即插句嘴，只需要说一句，就能打断别人的谈话。

你有碰到过这样的人吗？很不走运，我就曾经遇到过。让人感到不解的是，有些还是社会名人。

这样的人是所有人都厌恶的讨厌鬼，他们只想着自己，被自私与过分的自重感所拖累，从而令周围的人都感到厌恶。

如果一个人只谈论自己，那他就只会为自己着想。对于这种人，曾任哥伦比亚的大学校长柏德勒博士，他这样评价："这样的人已经病入膏肓，是没接受过教育的人。无论他有着多么高的学历，仍旧等同于没有接受过教育。"

所以，如果你希望自己成为一个受人欢迎、谈笑自若的人，你就需要学会认真倾听。如同李夫人曾说过："想让一个人对自己感兴趣，就先让自己对他产生兴趣。"多向他人询问他们乐意回答的问题，多鼓动他谈论自己的事情和成就。

学会让他人成为谈话的主角，可以这样暗示自己：

（1）正在你对面讲话的那个人，在他看来，他的讲述和问题，要比你所说的话重要百倍。

（2）如果你希望获取对方的好感，一定要多认真听对方讲话。

第二节
努力得到他人的信任

在1858年美国参议员竞选时，林肯当时正在竞选上议院的议员，为了拉取各州选票，他需要前往伊利诺伊州的南部地区进行演讲。可是这个目标却很难实现，那时伊利诺伊州的人们并不信任林肯，甚至对林肯有仇视心理。

这其中最大的原因，就是林肯支持废除黑奴制，而那个地方的农场主，却都有着成百上千的黑奴，他们当然不会支持林肯。这种在政治上以及个人利益上的对立十分尖锐。那些农场主声称，如果林肯前去，他们会立刻把他杀死。要知道，在那个区域，即使是在公众场合，这些民风彪悍的当地人身上也会挂着短枪、利刃。

面对如此直白的威胁，我们试想一下，林肯得需要用多大的勇气去面对。然而，即使面对来自生命的威胁，也没有使林肯改变主意。他还是决定前去演讲，他说："请给我一点时间，我可以说服他们。"

在开始演讲前，林肯先与当地极具威望的首领握了下手，

第五章
提升个人魅力的秘诀

接着开始正式发表他的演讲：

"在座的朋友们，你们有的来自伊利诺伊，有的来自肯塔基，还有的来自密苏里，我们同样都是朋友！在来这里之前，我听说了一个谣言，说这里有某些人会和我作对……如果有这么回事，那么这些人一定就在现场听我的演讲吧，可我不相信这件事是真的！因为你们完全没有理由这么去做。我和在座的诸位一样，都经历过艰难的乡村生活，是一个直爽且坦诚的农民。我和你们一样，为什么我不能来这里发表自己的想法呢？我的朋友们！我对你们的了解，要比你们对我的了解多得多！你们以后终会清楚，我是一个什么样的人。我从未想过和你们任何人作对，因此，你们也毫无理由和我作对。今天我们来到这里，我已经把你们视为我的朋友。我相信，你们也愿意和我成为朋友，因为我是个谦逊易接近的人。我真诚地请求你们能认真听我说几句话。在场的，都是勇敢且爽快的人，我相信都不会拒绝这个来自朋友的小小请求。接下来，就让我们诚恳公正地讨论一下摆在我们面前的严重问题！"

当林肯讲完这段话，原本还是愤怒的群众开始激烈地喝彩，这场演讲的最后结果是，其中的大部分人真的成为了他的朋友。他们从心底信任林肯，也正是有了这些人的信任，才帮助林肯成为了后来的美国总统。

林肯很清楚，怀疑与信任之间的差异简直天壤之别。因此，他在开始演讲的时候，尽力地拉近与他们之间的距离，向听众说明自己和他们有着类似的经历，他和他们可以是朋友。事实

处世的艺术
The art of worldly wisdom

上,他也成功做到了。

无论什么时候,信任都是人们交往的最基本前提。如果互相没有信任,无论谈话的时间有多长,都不能被称为真正意义上的沟通。

多年前,一家公司委托我请一个学者朋友帮忙,我也接受了他们的委托。刚开始,整件事情都很顺利,可就在即将开始工作的时候,似乎出了一些问题。那个委托我的公司给我打电话,告诉我他们遇到了一些情况,说我的学者朋友不愿意继续为他们工作了。他们公司给这位学者提供了很高的待遇条件,包括延缓上班日期、缩短每日的工作时间、提高工资待遇等,但这位学者说什么也不继续为他们工作了。

听到这种情况,我必须要弄清楚其中出了什么问题,是什么原因让我的学者朋友转变了态度。于是我就和公司的负责人一起来到学者的家。他依旧很热情地欢迎我的到来,他和我聊了很多事情,但我知道这些事情与他拒绝为这个工作没有任何关联。

然后,我直接向他询问为什么不愿意为这个公司工作。他对我说了几个理由,在他所说的众多理由当中,我认为最关键的理由,是他对于公司是否能严格履行合约,以及工作上是否配合默契有所担忧。

知道了这些,我不认为我能继续说服他,也知道那并不会起到什么作用,于是便离开了。在回去的路上,我告诉与我一同来的负责人说:"我不知道是什么原因导致他对你们产生了这种不

第五章
提升个人魅力的秘诀

信任,如果你们想要继续争取,让他能为你们公司工作,你们最需要做的事情,就是让他开始信任你们。如果没有信任,做任何事情都无济于事。"

第二天,我又接到那个公司的电话,他们说学者已经答应为他们工作了。事情是这样的,昨天那位负责人听完我对他说的话,又返回了学者的家,他雇了一辆车子在学者的家门口等着,之后送学者上了飞机。这些行为让学者看到了他的真诚,并且获取了学者的信任。同时,在前往机场的途中,这位负责人表示他们愿意按照合同提前付给学者报酬。这些举动让学者信任地答应留在他们公司工作。

这位学者的做法有问题吗?没有,完全没有问题。我们不能怪他出尔反尔或过于谨慎,因为这个社会本来就十分复杂,各色各样的人与事,是真相还是谎言;是真诚还是虚伪;甚至猜疑与欺骗,这些都随时可能在我们身边发生。社会中人与人之间的关系,已经不再只有单纯的合作关系,还夹杂着竞争、欺骗、猜疑的成分。于是,不信任感开始在我们心中生根发芽。

试想一下,一个对你怀有极深戒备的人,他会听取你的建议吗?不,当然不会,有些时候,这还会令我们不知如何是好。那么如何才能获取他人的信任,进而使这个人能够听取我们的意见呢?

其实,尽管我没有直接说出方法,但在这本书中,运用好每个章节中沟通与交流的方法,就已经能够帮你从别人那里获

处世的艺术

The art of worldly wisdom

取信任。你只要按照我说的那些方法去做，一定能给人以真诚、值得信任的良好印象。

获取他人的信任，你要知道：

（1）信任不是毫无根据就存在的，它需要你靠真诚去逐渐培养。

（2）不信任会带来莫名的猜忌。对方会怀疑你所说的事情，即使你准确地表达了整件事情，他还是容易产生额外的误解。

（3）如果对方毫无理由地拒绝你，你应该意识到你们之间可能缺乏信任。

第三节

要勇于承认自己的错误

在多年前,我就住在靠近纽约市中心的位置,好的是那儿附近有一个公园,距离我家只有不到一分钟的步程。我常常带我的狗瑞克斯去那里散步,那是一只温顺无害的波士顿哈巴狗,并且在公园不常遇到人,我就没有给它戴口套和狗绳。

有一次,我在公园遇到一个警察,他骑着马,看起来很威严的样子,似乎在急于展示自己的权威。

"你的狗没戴口套和狗绳在这里到处乱跑,你是怎么负责的?"他大声地质问我,"你知道这已经触犯法律了吗?"

"警察先生,我知道这犯法,"我温和地答道,"但是在这地方,我想它不会对谁造成什么危险。"

"你以为?你以为不会?法律不是你以为怎么样就怎么样的。你的狗可能会伤到这里的松鼠,或许咬到小孩子。这次我可以放过你,但如果你再让我看到你不把这狗戴上口套,用绳子系好,下次就去见法官吧。"我恭敬地表示自己以后会遵守的。

处世的艺术

The art of worldly wisdom

事实上,在那之后我的确按照他说的做了,但瑞克斯实在不喜欢戴口套,我同样不喜欢,于是就决定不戴口套去碰碰运气。刚开始没有什么事情,可是美好的事情总是短暂的,很快我们碰到了麻烦。那是一个下午,我刚带着瑞克斯走过一个小土丘,突然那个骑着栗色马的警察出现在我视线中,看到他在前面,我立马惊慌起来,但瑞克斯仍欢快地在前面跑着,并且正是朝着那个警察的方向。

我知道这次没办法躲过去了,所以还没等那个警察说话,我就主动承认了错误。我这样对他说:"警察先生,我被你当场抓住了,我知道自己触犯了法律,这我向你承认,我也没有什么借口。上次你已经告诉过我,如果我不给狗戴口套就再来这里,你就会处罚我。"

"嗯,是的,"这个警察口气很平和,"我知道在四周没人的时候,放开小狗让它欢乐地跑,确实是一件很吸引人的事。"

"这的确很吸引人,"我接着说,"但这触犯了法律。"

"这样一只温顺的小狗是不会伤到人的。"他开始为我辩护。

"即使不会伤到人,它也可能会伤到这里的松鼠。"我回答他。

"先生,我想你这次太较真了。"他对我说,"我告诉你应该怎么做,只要让你的狗跑过那边的土丘,我就什么都没看到。这件事情就让它这样过去吧。"

这位警官和我们平常人一样,都希望从别人那里得到自重

第五章
提升个人魅力的秘诀

感,所以在我主动承认自己错误的时候,唯一能让他感受自重感的方法,就是向我展示他的包容与肚量。如果当时我为自己找借口的话,就会换来截然相反的结果。

我没有说任何托辞,我承认了自己的错误,同时表示他是正确的,我毫无掩饰、直接、坦率地说出了这点。我让自己从他的角度上承认错误,他便反过来站在我的立场为我辩护。而在这之前,他还在用法律的权威来震吓我呢。

如果我们知道,将要因为犯了过错而受到责备,那为什么不在受到斥责前积极地承认错误呢?与其等着别人斥责自己,还不如主动责备自己,这要让自己好受得多。

美国的第一任总统乔治·华盛顿在他还是小孩子的时候就展现了很多优秀品质。他家里有一片种满各种果树的种植园,有一次,他父亲从很远的地方买来了一株品种极佳的樱桃树。在当时,这样的樱桃树还很少见,乔治的父亲很喜欢这株樱桃树,他小心地把它种在园子边上,并且告诉园子里面的所有人,要认真看护它,任何人都不能碰它。

后来有一天,乔治的父亲送给他一把崭新的小斧子,那斧子小巧且锋利。父亲告诉乔治,让他清理一些杂树树枝,然后就出门了。乔治收到这把锋锐的斧子很开心,于是,就拿着这把斧子在种植园中砍着玩。他在到处乱砍的时候,不小心把园子边上的樱桃树也给砍倒了。

那天下午,当乔治的父亲回到农场,然后来到果园巡视那

处世的艺术

The art of worldly wisdom

株心爱的樱桃树，可没想到，竟然发现那株樱桃树被人砍倒在地。他非常生气，立马把所有人叫来询问，但没有一个人知道是怎么回事。这时，他把正好路过的乔治也叫了过去。

"乔治，你知道是谁把这棵樱桃树砍倒的吗？"生气的华盛顿先生大声问道。

乔治面对生气的父亲，知道自己不小心闯祸了。虽然很害怕处罚，但他还是鼓起勇气对父亲说："父亲，樱桃树是我砍的……"

乔治的父亲这时稍微平静了一下，他接着问："乔治，告诉我你为什么把樱桃树砍了？"

"当时我在那旁边玩，一不小心用斧头砍倒了……"乔治回答。

看到乔治主动承认错误，乔治的父亲用平和的口吻对他说："孩子，我失去了一棵珍贵的树，这会让我很生气。但我也很欣慰，相比珍贵的樱桃树，我更希望要一个诚实的孩子，你能勇敢地说出实话，我真的很高兴。你要永远记住这点，即使是一万株樱桃树，也比不上一个诚实的孩子。"

乔治·华盛顿当然不会忘记这点。他长大后，仍像小时候一样诚实、勇敢，人们因此尊重他、支持他。直到现在，他依然受到很多人的尊敬。

其实，我们很多人都和乔治·华盛顿一样，从小都被大人教育做人要诚实，但令人遗憾的是，大多数人现在已经做不到

第五章
提升个人魅力的秘诀

了……我们会找出各种各样的理由,来为我们的行为辩解,从而让自己的谎言变得理所当然。另外,有很多情况,我们都只是因为自尊心,或者是为了保护自己而拒绝承认犯下的错误,慢慢发展为,即使不会因为错误而受到任何的惩罚,我们仍然不会承认错误。为自己的错误而进行辩驳,似乎已经成为一种不自觉的行为,即使我们也不知道因为什么。

这并不值得我们骄傲。假如你的确犯了错误,唯一正确的做法就是承认这个错误。这并不会令人承受多少后果。一些愚蠢的人,他们会想尽办法掩盖或反驳自己的错误;聪明的人正好相反,他们会毫无掩饰地承认错误,因为这将给他们带来更好的结果。

能够勇敢地承认自己的错误,也可以从中获取一些满足感。这不只是表现在能够消除自己的内疚和紧张,还能实质性地帮助你解决问题。下面就有这样一个例子。

在纽约有个叫布鲁斯的汽车维修工,他刚进入了一家维修店,因为他工作热情认真,很快就得到了老板与同事们的欢迎。

但有一天,布鲁斯却遇到了一点麻烦。事情是这样的,布鲁斯一时大意,把一台5000美元的发动机,以一半的价格卖了出去。当时他同事给他出了一个主意,建议他立即去找那个顾客;如果找不回来,可以自己垫上损失的2500美元,这样就没人知道了。可布鲁斯认为这样做不对,他认为应该向老板承认自己的错误。他的同事尽力阻止他,认为这样做只会让他丢了

处世的艺术
The art of worldly wisdom

这份工作,但布鲁斯仍然决定这样做。

布鲁斯取来了2500美元,带着钱走到老板办公室。他对老板布朗先生说:"真的很抱歉,布朗先生。今天我犯了严重的错误,由于我的失误,让店里损失了2500美元。我为这个错误道歉,也会弥补我给您带来的损失,这里是2500美元,就作为赔偿给您了。同时,我为这个错误感到羞耻,打算向您辞去我的工作。"

老板听完布鲁斯的话,先是沉默了一下,然后问布鲁斯:"你已经决定好要这样做了吗?"

"是这样的,老板,"布鲁斯说道,"今天出售发动机时,是我一时疏忽搞错了价格,但这确实是我犯了错,因此我必须来承担这个后果。我也可以去找当时购买的顾客,但我想那样会损害我们的声誉,而且这本来就是我的责任,我愿意承担。"

布鲁斯的行为让老板很感动,老板很清楚,每个人都可能会出现错误,重要的是这个人能否勇敢地承认错误,并且去改正它,而布鲁斯就具备这种承认错误的勇气。因此,老板没有同意让他离开,反而是挽留了他,并且更加重视他,不断给他提供更好的发展机会。对于布鲁斯而言,他由于承认错误而得到的东西,价值已经远远超过了那2500美元。

有些人犯错后,就会找来各种借口为自己辩护,其实这是大多数蠢人才会选择的做法。只有那些能勇敢承认错误的人,

第五章

提升个人魅力的秘诀

才能得到别人的原谅,并给人留下诚实、高尚的印象。

艾波·赫巴用他那极具创造性的文学作品,得到了全美国人的敬仰。同时,他具有讽刺性的文字也常引得一些人的憎恶,但赫巴却能运用他特有的待人方法,将仇人变为朋友。比如,当有些愤世嫉俗的读者反对他的某一篇作品,写信批评并粗鄙地责骂他时,赫巴都会给对方回一封信:"当我第二次进行思考的时候,我也会不那么赞同我自己,昨天写好的文章,今天再看就不一定像昨天那么满意。我很高兴你能告诉我你的真实看法,如果有机会的话,希望你能光临寒舍,我们可以多进行一些交流,最后,祝你一切平安顺利。"

当对方如此温和地对待你时,你还能继续抓住不放吗?如果我们是正确的,那就应该平和而巧妙地让对方赞成我们;如果我们是错误的,就应该诚恳而果断地承认自己的错误。这样会让你看到很多不可思议的结果,在很多情况下,这种结果要比你为自己辩解好得多。

斯蒂芬经营着一家裁缝店,因为他很会做生意,裁缝店一直都经营得很好。有一天,哈里斯太太来到裁缝店,让斯蒂芬帮她制作一套精美的礼服,并且最近就需要穿。经过日夜赶工,斯蒂芬为她赶制好了礼服,却发现袖子长了半寸;不幸的是,他已经没有时间再修改袖子,哈里斯太太很快就要来取衣服了。

很快,哈里斯太太就来裁缝店取她定制的礼服,她没有发现袖子尺寸的问题。她穿上那件礼服,认为这件衣服制作很精美,

处世的艺术
The art of worldly wisdom

也很适合自己。哈里斯太太频频称赞斯蒂芬高超卓越的手艺,并且准备支付定金外的礼服钱。就在哈里斯太太付钱的时候,斯蒂芬却没有接受,这让哈里斯太太很疑惑,并向他询问原因。

"哈里斯太太,"斯蒂芬答道,"我不能收下这笔钱,因为我把一个严重的错误,我把这件礼服袖子的尺寸搞错了,现在比您要求的长了半寸。对此我向您道歉,希望能够取得您的原谅。如果您能多给我点时间,我能很快就把它修改成原定的尺寸。"

当他说完这些话,哈里斯太太再次表示,自己很喜欢那件礼服,并且也十分满意,她也不在意袖子长了半寸。但是,她最终也没有说服斯蒂芬收下礼服的钱,她也只好不再坚持。

哈里斯太太带着礼服回到家中,向她丈夫讲这件事,她这样说道:"斯蒂芬一定会成为一位知名的服装师,他工作认真、技术精湛、又有着诚实的态度,这些优点使我对他很有信心。"

事实也是这样的。后来,斯蒂芬果然成为了一位世界知名的设计师。

有句智慧之语正好解释了这点:"选择与人争斗,你永远都不可能获得满足;但是选择让步,你实际得到的将远超预期。"这个道理很简单,但切实照此行动则没那么容易。我希望大家记住的是,如果你想取得说话上的成功,成为一个健谈的人,那么就请牢记第二句话:如果你犯了错,就要果断且诚恳地主动承认错误。

主动承认错误没有那么困难：

（1）犯了错就要勇于承认，这是每一个卓越的人物必备的崇高品格。

（2）不要担心别人会因此而嘲笑你，实际上，即使你选择不承认，他们也会替你指出错误，并且还会让人嘲笑你是一个懦弱、虚伪的人。

第四节

多鼓励对方说话

多数人会陷入这样的误区：当他希望别人认同他时，就会不由自主地说更多的话。特别是销售员，更容易出现这样的情况。但这种行为往往没有什么效果，正确的做法应该是"让对方多说话"对于有关他自己的事情，或者他不解的问题，他当然要比其他人都更清楚，所以，你应该让他多说话，进而更深入地了解他。

在别人说话的时候，如果有你不认可的地方，你可能会插嘴打断他，但最好不要这样做。那样只会造成破坏，当他仍有许多话尚未说完的时候，他是不会注意你的。因此，你必须要学会克制，抱着平和的心态，安静地听他继续讲话，并且要真诚地去鼓励他，让他把自己的话全部说完。

这种技巧在商业活动中是否有效呢？下面这个例子就很好地给出了答案。

在多年前，美国当时最大的一家汽车公司需要采购全年生

第五章

提升个人魅力的秘诀

产所需的坐垫布料。有三家厂商进入到最后的招标阶段，他们将样品送到汽车公司，在汽车公司验看后，先派出公司代表与这三家厂商进行商谈，然后再做出最后的决定。

伯奇是一家厂商派去的代表，可就在商谈的那天，他的嗓子却突然发炎了。伯奇先生在培训班上，详细地讲述了当时的情景：

在轮到我向汽车公司的代表们进行介绍的那天，我的嗓子竟然哑了，甚至很难发出声音。我哑着嗓子被带进他们的会客室，见到了汽车公司的座椅工程师、采购负责人、推销经理，还有他们公司的总经理。当我站在他们面前准备说话时，却只能发出微弱且沙哑的声音。

当时他们坐在桌子的四周，我因为嗓子沙哑没办法说话，就只好用笔写出来："各位先生，我喉咙突然不舒服，没办法说话。"

令我难以想到的是，他们的总经理说："既然这样，就让我替你说一下吧！"

接着，他们的总经理真的开始替我介绍。他把我送去的样品展开，并介绍这些布料的优点……他们接着开始讨论布料是否合适。因为总经理替我介绍的样品，于是在讨论的时候，他就很自然地偏向我……在他们讨论时，我只能点头微笑，或者用简单的手势去向他们表达。

在这个奇特的讨论结束时，我竟然拿到了他们的订货单，

处世的艺术
The art of worldly wisdom

这个订单有 50 万码汽车坐垫布,总共价值 160 万。这也是我至今为止签下的最大一笔单子。

有一点我很清楚,如果不是我喉咙忽然发炎,自己无法说话,我也不会得到汽车公司的订货单。这是因为,我一开始就没有正确地理解他们的需求,如果换成我介绍产品,反而会造成反面效果。我通过这件事情发现,原来多让别人说话,还能得到意想不到的收获。

对费城电力公司的范波先生而言,他也有着同样的看法。

有一次,范波先生前往宾夕法尼亚州一个荷兰人的耕作区视察,这个地方还算富庶之地,但他们却很少有人用电。

在经过一个整洁的农户家时,范波先生问这个区域的电力销售代表:"这里的人为什么很少用电?"

那位代表很苦恼地回答:"这些人都是守财奴,他们不可能向你买任何东西。并且他们厌恶电力公司,我曾经和他们多次交谈,但认为没有一丝的可能。"

范波相信那个代表说的是事实,但他希望亲自再试一下。他轻轻敲开这家农户的门,门只开了一条缝,只有特根保太太在家,她探头询问是谁。

范波先生回忆当时的情景,这样给我们描述:

门只开了一条缝,一位老太太从里面询问是谁敲门,当她看到电力公司的代表时,就立即关上了门。我再次敲门,这次她打开了门,并且跟我说出她对电力公司的看法。

第五章
提升个人魅力的秘诀

我温和地对她说:"你好,我首先要对我的冒昧打扰表示道歉,但我这次不是向你推销的,我只是想在您这里买些鸡蛋。"

她把门拉开了一些,探出身子怀疑地打量着我们。

我诚恳地告诉她:"我见到你家里养的是多米尼科鸡,于是便想要买一些新鲜鸡蛋。"

听我这样说,特根保太太把门开得更大了些,对我说:"你怎么知道我养的那些是多米尼科鸡?"她对我好奇起来。

我向她答道:"我家里也养鸡,可是还从来没有见过这么好的多米尼科鸡。"

特根保太太又怀疑地问道:"那你怎么不用你家里产的鸡蛋,还要向我买?"

我柔和地告诉她:"那是因为我家养的是来亨鸡,来亨鸡的蛋是白色的,你精通烹饪,当然知道做蛋糕用的鸡蛋,白蛋没有棕色的好。我太太喜欢做蛋糕,并且对她的技术很自豪,我想买一些回去送给她。"

这时,特根保太太终于把门完全打开,从里面走了出来,对我们也温和了一些。在打开院门时,我见到院子里还有一个奶牛棚。

我热情地对她说:"特根保太太,我敢向您打赌,你靠养鸡赚到的钱,一定比你丈夫卖牛奶赚得更多。"

她听到我的话很高兴,并自豪地对我说,当然是她养鸡赚得更多!她心情愉快地与我交谈,并抱怨说她丈夫从来也没承认过

处世的艺术
The art of worldly wisdom

这一点。

她带我们去看了她的鸡舍,在那个时候,我诚恳地称赞她实用的养鸡技巧,并且向她请教了许多问题。她耐心地回答了我的问题,同时,我们谈了很多有关养鸡的经验。

然后,特根保太太又说起另外一件事,她说周围的几家邻居,都在鸡舍里装了电灯照明,听她们说这样做产蛋效率会更高。她询问我的看法,如果她也在鸡舍装电灯的话,究竟是否划算。

在两个星期后,特根保太太的鸡舍里多了几盏电灯,多米尼科鸡在灯光下欢快地叫着、跳着。是的,我成功地让特根保太太接纳了电力公司,而她也可以提高鸡的产蛋率,双方都很高兴,都从中获得了收益。

这件事情的关键,就是让她自己发现她可以从中获益,如果没有投其所好,我绝对不可能把电卖给这个小心谨慎的老太太。

对于这类人,你千万不要推销让她买,应该让她自己想要买。

几年前,纽约的报纸曾登出一份广告,这个广告在报纸的经济版块占了很大的篇幅,希望招聘一位能力全面且经验丰富的人。科百里斯看到后,就投了封求职信到广告中写的地址。过了几天,科百里斯收到了回信,邀请他前去面试。在他去参加面试之前,科百里斯用了很多时间,在华尔街打听有关这家公司创始人的商业经历。

第五章

提升个人魅力的秘诀

到了面试的时候，科百里斯说："如果我能加入你们这个成就非凡的公司，我会感到非常自豪。人们都说您28年前刚开始创业时，那时只靠着一间小屋子、一套桌椅和一个员工，慢慢取得了现在的成就，不知道有没有这么回事？"

事实上，几乎所有在事业上取得一定成就的人，都喜欢回忆刚开始辛苦奋斗的日子。科百里斯面前的这位企业创始人，自然也不例外，他讲了他起初是如何靠着450美元和一股坚忍的意志，最早创办公司的经过；自己是如何克服诸多困难，又是如何一次次战胜失望……没有星期天、没有节假日，每天工作时间都在12~14个小时，最后又是如何一步一步取得现在的成绩……现在，华尔街上最有身份、地位最高的金融人士，也常常来向他请教。他为自己取得的成就而自豪，最后，他也简单地询问了科百里斯的工作经历，对身旁的副总经理说道："我想眼前这位先生，就是我们想要找的人才。"

科百里斯花大功夫的目的，就是为了能了解他未来老板取得的成就，他对自己未来的老板表示敬意，鼓励他多说一些话，进而给对方留下了很好的第一印象。

实际生活中，即便是朋友间的相处，他们也更乐意多聊他们自己取得的成就；至于喜欢听别人吹嘘、自我夸赞的人，已经是越来越少了。

法国的哲学家罗西福克曾经说过这样的话："如果你希望有更多的仇人，就强过你的朋友；如果你希望有更多的朋友，那

处世的艺术
The art of worldly wisdom

就令你的朋友强过你。"

这句话该怎样解读呢?当你的朋友比你更强时,就会使他们的自重感得到满足。可是,当你明显地强过朋友时,就容易让他产生自卑感,并且因此造成猜疑和嫉妒。

正如德国的一句俗语所讲的那样:"对于我们内心猜疑、嫉妒的人,当他们遇到不幸的遭遇时,会让我们感到一种邪恶的快感。"

的确如此,你身边的一些朋友,看到你遇到挫折,会比看到你成功更令他们兴奋。

正因为如此,所以我们不应该炫耀自己取得的成绩,我们应该辞尊居卑、谦逊待人,这样才容易让人对你产生好感,喜欢与你接近。著名作家考布先生就是以此待人。有一次,法庭上一名律师向考布先生问道:"考布先生,您是美国知名的作家……"考布当时这样回答:"这可不敢当,只是我比较幸运罢了。"

每个人都应该学会谦逊,因为我们实在没有多么地了不起,我们的经历终会过去,在百年以后,我们同样都会被人遗忘。人的一生很短暂,不要把那些不足挂齿的成就挂在嘴边,人们听多了之后也只会感到厌烦。我们应该鼓励他人多说话,仔细想想就能明白,我们实在没有多少值得炫耀的东西。

正常人为什么不会成为一个白痴?说白了就是因为在甲状腺存在着几克重的碘质。如果有个医生,把你脖颈中的甲状腺打开，将里面的碘质取出，你就会成为一个白痴。如果拿一点点的钱，就可以在药房买来含有等量碘质的碘酒，这个东西，就是让你远离精神病院的存在。如此看来，一个人的智慧、思想，就等价于一瓶碘酒，你还有什么值得骄傲的呢？

如果你希望获取对方的赞同，就应该做到：

（1）辞尊居卑，为人谦虚，要多尊重对方。

（2）给对方说话的空间，尽量鼓励对方多说话。

第五节
大方地与异性交谈

在你的一生中,你可能永远都不和日本人做交易,也可能永远不和意大利人商业往来,但是,你一定会经常与异性有交集。其实,能够风轻云淡地与异性交谈,最能体现一个人特有的交往艺术。

有这样一个例子:一名单身女性被一名男子邀请共进晚餐。女士希望给对方留下一个好印象,同时,也担心在餐桌上会有什么不当的言行。为了展示自己的优秀,女士就和男子谈论了大学里学的那些深奥的知识。后来,这位女士仍处于单身状态,并且很少有异性继续邀请她了。

再看一个完全相反的例子:一个没有受过高等教育的女服务员,她被一位男士邀请一同吃饭。在餐桌上,她真诚地注视着那位男性,在听男士说完话后,她会带着崇拜的表情说:"我对你刚才讲的内容很感兴趣,我太喜欢了。请你再多讲些和你相关的事情吧!"最后,男士在私下如此评价这位女服务员:"她并非是一个特别美丽的人,但她让我觉得和她在一起谈话很

第五章
提升个人魅力的秘诀

舒服。"

事实上，掌握与异性交谈的技巧，对每个人来说都是非常重要的。可在现实生活中，一些人接触异性时会心跳加速，进而影响正常的交谈；还有一些人，他们很难开口讲话，即使偶尔说几句，也经常是含糊不清、语意不明。产生这些情况的原因，就是因为与异性交谈时内心出现的恐惧。

真正善于谈话的人，无论他面对的是什么人，他都是能言善谈的，并且语言的逻辑清晰，语义明确。

开启谈话的方法只有一个，那就是开口说话。如果你有所顾虑，就不妨假设对方和你一样，也在渴望并喜欢与人交谈。只有双方都向对方表现出自己真正的兴趣时，才会感到存在于交往中的那种兴奋。比如你们都喜欢的事物，也可能是你们都讨厌的东西，例如窘迫、遭受拒绝或是被强迫干自己不喜欢的事情等。

在刚开始交谈的时候，可以说些可有可无的话，只要能够让对方感兴趣就行。有这样一个例子：

在一列火车上，有个女人旁边坐着一位很有魅力的男士，她想和这位男士聊聊天。女人纠结了很久，然后找到了一个交谈的话题。原来，这个女人正要前往一个陌生的城市找工作，然后又想到了自己不善于与人交往的问题，于是她开口对男士说："我乘上这列火车，是前往一个陌生的城市谋求工作。在那里我没有认识的人，所以，我希望能够先和你认识一下。我的名字是吉尔，很高兴见到你。"

处世的艺术
The art of worldly wisdom

听到吉尔这样说，正在望向窗外的男子回过头，面带微笑地说道："我很高兴能认识你，并且也希望与你聊天，你应该也注意到了，在车上的确很无聊。"

当你与异性交谈时，应该尽量表现得大方得体，而不是扭扭捏捏的样子。作为一个男人，无论在任何场合，你都应该主动和女性说话，这是作为男士对女性的基本礼貌。女性在交往中会有害羞、矜持的天性，而男性就显得主动与积极。在与异性交谈中，男士应该主动、热情、大方地和女士交谈，要拿出自己的绅士风度。当然，你可以在交谈中尽量展现你的知识与思想，同时也应该不乏风趣以及对女性的关心与照顾。如果是一个女人，你应该学会鼓励对方多说话，同时也能表现出女性的温柔、礼貌与修养。

多了解一些男女间的差异，能够帮助你与异性进行交谈。

通常来说，男人更自信、直爽，更擅长解决问题；女人则较为敏感，更善于情感的表达，对于冲动的克制力也更强。有过这样一个有趣的调查，男人平均一天会说15000个单词，而女人平均一天为30000个。这里面可能存在某些道理，但你不要因此认为，女性在任何场合都比男性说话多。社会交往学家研究发现：在正式的场合，比如会议和商务接待等，男性比女性说话更多，其中的部分原因，就是女性在正式场合会等着他人鼓励她讲话，而男性往往会主动地讲话；但在私人场合，比如吃饭和家庭聚会等，女性就比男性更善于说话。

性别不同，谈话的内容也有所不同：对男性而言，他们更

第五章
提升个人魅力的秘诀

喜欢谈论与自己无关的事情,而女性正好与此相反。男性可能对《泰晤士报》刊登的有关大学生行为的内容很感兴趣,女性则更乐意和你谈论给她的侄子送什么礼物。

谈话时男女之间还有一个差别:男性的表达方式通常比较直接,女性则更多利用一些暗示来表达自己的想法。比方有人说:"我希望自己能在会议上得到帮助。"女性就容易认为这是在向周围的人求助,而男性就不会有这样的想法。

大部分男性的谈话,都把这件事的必要性作为前提,如果他们认为这件事没有什么谈论的必要,他们通常就会拒绝谈论这件事。

有件事正好验证了这一点:我儿子的一位朋友被辞退了,但他公司的其他男同事没有一个人知道辞退的原因,也没有讨论过这个问题,就是因为他们认为没有谈论的价值。

当你在讲述一件事情的时候,如果你周围的男同事一直保持沉默,那么即使再讲一遍,也丝毫不会出现大的改变。其实,他听到了你讲的内容,只是他认为没什么值得评价的。当然,他可能也会简短地回应一下,向你表示他在听你说话,比如"是的""很有意思"类似的话。对于谈话时的沉默,男性往往更容易理解,而女性就经常抱怨难以理解,尽管她们也经常喜欢沉默,但当面对男性的沉默时,就会认为是在反对自己所说的话。因为听到别人对她们说一件事情的时候,她们总喜欢从各个方面去谈论这件事情。

对于男士们来讲,应该多赞美女人的美丽或是精心的穿着,

处世的艺术
The art of worldly wisdom

可很多人却容易忽略这些。事实上，女性很在乎这些赞美。我的祖母活了98岁，多年前，就在我祖母去世前不久，我们给她看她很早之前的一张照片，当时她已经很难看清东西了，可还是问我们："照片上我穿的是哪件衣服？"大家想想看，一个近百岁的老太太，她已经无法分辨出自己的子女，但她仍然在意自己当年穿的是哪件衣服。

大方地与异性交谈，要注意：

（1）应该对异性间的差异有所了解，认清了这一点，就可以对症下药，解决与异性交谈时存在的那些问题。

（2）放平心态，把异性看作一般的朋友，这样就不容易感到紧张。

（3）学习一些谈话技巧，比如对异性的赞美，能让你们的谈话氛围更加轻松。

（4）"异性间相互吸引"，这是人的天性。你要知道，异性对自己也会产生兴趣。

第六章

如何拥有一段美满婚姻

　　对于每一个成年人来说，婚姻占据着生活很重要的部分。婚姻能够美满、幸福，是每个人内心所希望的。婚姻是两个人的分享，在遇到困难的时候互相鼓励，在快乐的时候一同分享喜悦，在伤心难过的时候共同分担……总之，所有人都希望拥有一个和谐、美好的婚姻，这也确实能让自己得到幸福。

　　让人沮丧的是，即使我们强烈希望，现实也不会让每个人都得偿所愿。实际上，在很多时候，问题源自你自己身上，或许你说这不是一个人导致的，但失败的、破裂的感情生活，一定有你的一部分责任。这与人和人之间会出现问题一样，产生问题的根本原因，可能就是你们在沟通上出现了问题。

第一节
不要一直想着改变伴侣

英国的一位著名政治家迪斯瑞立说过:"在我一生中,可能会有不少的错误和愚蠢行为,但我一定不会因为爱情去结婚。"

事实上,他也是这样做的。

到35岁的时候,他仍没有结过婚。后来,他向一个女人求婚,这是一位有钱的寡妇,并且年龄比他还要大15岁,是一个年过50、头发斑白的寡妇。

是因为爱情吗?不,完全不是。这个寡妇知道迪斯瑞立不爱自己,只是因为金钱才会向自己求婚。所以那个女人提出一个要求,她让他等上一年,以便于观察他的品格。一年之后,他们还是结婚了。

听到这里,你是不是认为无趣、平凡乏味,就像是在谈一场交易?可能难以理解,但迪斯瑞立的婚姻,事实上令许多人羡慕,也确实被人们称颂为当时最幸福的婚姻。

迪斯瑞立选择的结婚对象,是个经过半百寒暑的妇人,与年轻漂亮的姑娘相比,自然差很远。

她的言谈也常常出现语法上、常识性的错误,因此成为人

处世的艺术
The art of worldly wisdom

们笑话的对象。比如这样常识性的问题——她永远搞不清希腊和罗马,到底是哪个国家先出现的。她对服装的搭配,就更离谱古怪,简直让人难以接受。至于房间的摆设,她也完全摸不着头脑。

尽管如此,她却是婚姻上的天才!

在对待婚姻这件人生大事中,她有着常人少有的天分——和男人相处的艺术。

她从不会让自己的想法和丈夫相对立。整个下午,迪斯瑞立都在应对那些反应敏锐的贵妇,当他精疲力竭地回到家,她就会立刻让丈夫安静地休息。他们日益愉快的家庭里,在互相尊重的氛围中,丈夫永远都能有个安静休息的位置。

迪斯瑞立的这段婚姻,是他人生中最轻松愉快的日子。他把她视为自己的贤内助、亲信和贴身顾问。每一个晚上,他从英国众议院赶回家中,会详细向她讲述自己白天的所见所闻。值得一提的是,只要是迪斯瑞立为之努力的事情,她从来不会认为他会失败。

玛丽安,这个年过50的再婚寡妇,经过岁月的启迪,在对婚姻的看法中,她认为自己全部财产存在的价值,就是让迪斯瑞立的生活更加舒适。对迪斯瑞立而言,他认为玛丽安是女英雄。在她去世后,迪斯瑞立才被封为伯爵,但在他还是普通平民时,就向维多利亚女王提议把玛丽安封为贵族。因此在1868年,玛丽安就被授予了比根菲尔特女子爵位。

的确,玛丽安不是一个完美的人,甚至在很多方面都显得很差,但在她再婚后的30年里,她从来没有对她的丈夫感到厌

第六章

如何拥有一段美满婚姻

倦！她永远是在称赞他、鼓励他，这换来了什么呢？迪斯瑞立亲口说过："在我们长达30年的婚姻中，我从来没有厌烦过她。"

当然，一些人会这样认为：玛丽安连简单的历史常识都不知道，她是个愚笨的人。

但迪斯瑞立一直把玛丽安视为他最重要的人，他也从来不隐讳这一点。

玛丽安又是如何想的呢？她经常这样对身边的朋友说："感谢上帝，我的人生充满了欢乐，是幸福的欢乐。"

他们夫妻之间还有一句玩笑。迪斯瑞立对玛丽安说道："你知道我向你求婚，只是因为你的钱吗？"

玛丽安微笑着答道："是啊，但如果你现在再次向我求婚，就一定是因为爱，我说的对吗？"

当然，迪斯瑞立赞同她的说法。

尽管玛丽安不是完美无瑕的，但迪斯瑞立没有去改变她，而是充满智慧地让她保持了自己。

伽姆曾经说过同样的话："在与人交往中，首要的事情就是不要干涉别人，让他保持自己原本特有的找寻快乐的方式。"

乌特尔在他出版的一本关于家庭生活的书中有这样的一段文字："一段成功的婚姻，不只是找到一个合适的人，而是应该如何成为一个合适的人。"

希望婚姻生活变得幸福、美满，要做到：

（1）认识到每个人的独立性，即使在婚姻中，也应该保存自己的思想、性格特点。

（2）学会尊重你的另一半，不要尝试改变你的伴侣。

第二节

爱她，就要时常赞美她

鲍宾诺在担任洛杉矶婚姻家庭研究会主任期间曾说过这样的话："对于大部分男士而言，他们对太太的标准，不是希望她经验丰富、具有才能，而是希望她长得漂亮，奉承自己的虚荣心，使自己的优越感得到满足。"

因此就常会看到这样的情景：一个担任经理职位的单身女性，当她接受男士的就餐邀请时，她在餐桌上的话题，自然就离不开她卓越的工作能力……就餐结束时，女经理还会坚持自己来付账。但在最后，她依然是一个人吃饭。

与之相反，一个没有接受过高等教育的女打字员，当她被男士邀请就餐时，她会用热情的态度与男士相处，认真注视着对方讲话，并会用仰慕的口吻说："这个太有趣了，我真的很喜欢……我真希望多听你讲些这样的事情……"

这次的结果是什么呢？当提到这个女性的时候，男士会这样告诉别人："虽然她长得不是特别漂亮，但她是我遇到过最会讲话的人了。"

第六章

如何拥有一段美满婚姻

那么，男士们又该如何与女性交流呢？男士们大可以去称赞女性的妆容与搭配得当的服饰，只要男士们稍加注意，就能知道她们到底有多重视自己的衣着。如果两对男女在街上相遇，女士们很少会去观察对面的男性，她们会习惯性地观察对面女性的穿着搭配。

我的祖母在98岁的时候去世了，在她离世前的某一天，我们找出了一张她很早之前的照片。当我们拿给她看的时候，她眼睛已经看不太清楚，唯一问我们的问题就是"那时我身上的衣服是什么样子的？"

大家不妨想一下这样的场景，一个看东西都困难的高龄老太太，并且已经糊涂到不能分辨自己的子女，可是她依然想知道，那张老照片上自己的衣服怎么样。祖母问这个问题的时候，我正好在她旁边，那个场景让我记忆深刻。

当你看完这个故事，男士们，请试着回想一下，你在5年前穿的外衣是什么样的？衬衫又是什么样的……事实上，男士们也完全不会花心思来记这个。可对女人来说，情况就彻底不同了！

我曾经看到过一个故事，虽然我相信现实中不会发生，但它蕴含了一个真理，所以我再复述一下这个故事。

这是一个荒诞的故事：农场中的一个女人，在结束劳作即将吃饭的时候，她抱来一堆草放在几个男工面前。男工们大声地责问她："你是疯了吗？"这个女人淡淡地答道："哦！是吗？我怎么知道你们还会注意这些是什么？这20多年来，我一直在

处世的艺术
The art of worldly wisdom

为你们做饭,在这么长的时间里,你们也从来没有说过一句话,来让我知道你们没有在吃草啊!"

在沙俄时期,住在莫斯科与圣彼得堡的贵族们,是非常注意礼貌的,礼貌仿佛已经是身为贵族的一种习惯。当他们在别人家吃完美味可口的宴请后,一定会请主人把后面的厨师叫到前面餐厅,对厨师进行赞美。

所以,为什么不学会这种简单的方法,放在你妻子身上进行尝试呢?当她端出一盘美味诱人的鸡肉时,试着告诉她,她做的饭菜是多么的好,吃起来感觉多么美味!你得让她知道你对她的欣赏,你吃的东西不是草。如同戈恩常说的那样:"好好地夸夸你身边的那个小女人。"

当你尝试这样做的时候,你的妻子一定很高兴,同时,她在使你开心的方面占有多么重要的位置。迪斯瑞立作为英国极富声望的政治人物,从前文中,我们知道,他不会把赞美妻子当作难以启齿的事情,绝对不会介意公开告诉人们——我从太太那里得到了许多帮助。

好莱坞的著名影星艾迪康特,他经常在接受采访时赞美他的妻子,并且被刊登在杂志上,内容是这样的:

在这个世界上,给我最多帮助的人,就是我的太太。我们从小一起长大,可以称作青梅竹马,在那个时候,她就引领着我,激励我不断进步。

后来我们结婚了,她一美元、一美元地把钱节省下来,之后开始不断投资,为我们积累了第一笔财富。我的太太为我生

第六章
如何拥有一段美满婚姻

了5个孩子,每一个都十分可爱……在生活中,她永远都会把家里布置成温馨、甜蜜的模样。如果我现在有任何成就,那都是我太太的功劳。"

要知道,在好莱坞那种娱乐氛围中,婚姻往往被视为一种冒险的行为。甚至伦敦的劳兹保险公司,也是如此认为。而巴克斯特夫妇,是少有的几对幸福夫妻。巴克斯特太太结婚前叫作蓓蕾荪,她为了婚姻放弃了自己的表演事业。但是她为婚姻做出的牺牲,丝毫没有影响到她的快乐。

这得益于巴克斯特高明的婚姻之道,他曾说过这样的话:"虽然我太太离开了舞台,失去了那里的掌声与喝彩,但是现在,我会随时随地陪着她,让她能够随时听到我对她真诚的赞美。"

如果妻子想要从自己丈夫那里获得快乐、尊重,她就会习惯性地从丈夫的欣赏与爱护中寻找。当然,这种欣赏与爱护最好是真诚的,因为那也是令妻子快乐的源泉。

你一定要明白这点!所以,爱她,就要用心赞美她:

(1)女人们十分重视自己的穿搭,在平时应该多注意她们的穿搭,并随时真诚地赞美这一点。

(2)女人有爱美的天性。作为男士,不仅要学会欣赏,还要善于欣赏。

第三节

爱他，就要不断鼓励他

美国有一位成功的女士，因为经常打断别人说话，被周围的人戏称为"打岔大王"。有次晚宴上，这位女士的丈夫正热烈地和朋友们谈话，正是男人乐于谈论的某位将军的英雄事迹。当他正讲得兴奋时，这位女士打断他说道："史密斯，不要再说别人了，只要你的成就有他的一半，我就非常满意了。"这位女士就是如此，当众打击、指责自己的丈夫。这肯定是让人无法忍受的。最后，她的丈夫只能选择和她离婚。

与之相反的还有一个例子。女皇凯瑟琳是俄国历史上著名的统治者，掌管着当时最强大的帝国，完全可以肯定，她手中有着极大的权力。历史上，她也是一个残忍的统治者，曾经杀害过无数的政敌，为实现夺取世界霸权，还发动了多次惨烈的战争。但是她在家里非常温和，婚姻生活也十分幸福。她从来没有激烈地批评或指责过自己的家人。即使是他们犯了错误，她也是和颜悦色的，表现得好像没有那回事一样。

即使是那些为人称道的婚姻，在刚开始的时候也会不被人

第六章

如何拥有一段美满婚姻

看好。在珍·威尔斯与托马斯·卡莱尔刚结婚时，很多人都认为这是一桩糟糕的婚姻，双方的身份天差地别，甚至被人称为"鲜花与牛粪"。珍·威尔斯是个美丽的女孩，并且继承了大量的财产，而她的结婚对象卡莱尔却完全是一无是处，从他身上看不出有任何的前途，因为众所周知，他粗鄙、愚笨并且缺少教养。

但珍·威尔斯疯狂地爱上了卡莱尔，她认为卡莱尔是难得一见的作诗天才……在婚后，威尔斯放弃了原本自由舒适的富贵生活，与她的丈夫一起在乡下生活，并且全心全意地照顾着自己的爱人。威尔斯完完全全成了一个标准的家庭妇女，每日洗衣煮饭，细心地照顾丈夫生活，鼓励他摆脱内心的抑郁。她始终相信卡莱尔会取得成功，并且一直鼓励他做自己喜欢的事情。

威尔斯曾在给朋友的信中写道："我不会去批评或责备卡莱尔，关于他生活上的粗鄙和愚笨，我不认为这是什么缺点。这是他原有的个性，我爱的是他整个人，为什么要把他改造成和其他人相同的样子呢？我会一直帮助他，并且他也十分感激我。"

最后的结果呢？卡莱尔成为了一位大学校长，并且是世界闻名的爱丁堡大学的校长。他著作的《法国革命》《卡莱尔夫人书信集》成为了优秀的文学名著，而他们在屯查尔的房子也成了进行文化聚会的地方。

我的一个朋友总被他的妻子笑话，她嘲笑他找到的每一个

处世的艺术

The art of worldly wisdom

工作。刚开始,我的朋友在做产品推销,由于刚进入公司,他的业绩总是达不到公司要求。当他晚上回到家时,他的妻子就开始对他说:"我的销售大王,今天的推销是不是顺利地签了好多单子啊?可为什么没见到你拿回来提成呢?看你的这副脸色,是不是你们经理又狠狠地批评你了?"

感谢上帝,幸亏没有让我遇到这样的妻子。妻子对他工作的嘲讽一直说了很多年,也导致了他们的离婚。但是,我的朋友没有放弃他产品推销的工作,通过坚持与努力,他已经成为那家知名公司的销售经理。我的朋友开始了新的婚姻,他现在的妻子年轻漂亮,会经常给他鼓励,支持他的工作。而他的前妻却一副很委屈的样子,经常和别人抱怨:"那个男人怎么能这样对我?在他穷困潦倒的时候,是我陪在他身边,但是现在他却抛弃了我,和一个年轻漂亮的女人结婚了。"

这很让人无法理解吗?

为什么你不能理解你丈夫的工作,反而是在他回家时对他冷嘲热讽呢?当他的行为引起你不满的时候——无论他是有意或是无意——你为什么要不停地责备他呢?你应该大度地原谅他。当你责备你的丈夫,指责他在某件事上的行为大错特错,在那个方面没有一点天赋的时候,你就已经摧毁了他希望改变的动力和勇气。

一味地批评是无法解决问题的,那样做只会让情况变得更糟,绝对不会有任何的益处。社会学家无数次向我们强调:充满批评与指责的家庭,只会走向破裂。

第六章
如何拥有一段美满婚姻

假如我们用另外一种方式——鼓励并支持他,这样就会取得更好的结果。作为他最亲密的人,应该让他知道你对他的信任——相信他有做好这件事的能力,这样才能激起他的积极性,完全投入到完成这件事当中。

桃乐丝·蒂克斯就十分信任她的丈夫。她的丈夫罗波·杜佩雷希望能成为一名成功的保险推销员,在1947年,当他真正进入保险行业的时候,却从来没有成功推销出去一份保险。终于有一天,他选择放弃这个工作。

"我从来没有成功过,"他对桃乐丝说道,"或许我根本就不适合做这个,我从一开始就不应该选择这份工作。"

我们已经说过,批评与指责都是愚蠢的做法,而桃乐丝也深知这一点,她温柔地告诉罗波,现在只是在成功的路上罢了。她表示自己对他的支持:"不要灰心,我相信你可以的,你会成功的!"然后,桃乐丝又指出了他所具备的获取成功的优点,并说这些优点会让他获取成功。

后来,罗波又换了另一个工作,推销其他的产品,但他还是不断地失败……每当这个时候,桃乐丝就会鼓励他说:"再尝试一次,下次可能就成功了。你必须知道,凭你的能力可以做到的。"如果没有桃乐丝不断地支持与鼓励,也许他早就没有再试一次的坚持了。

"我不能让她失望,"罗波在给朋友的信中写道,"她始终对我持有信心,她给我的信任成功地让我建立了自信,就是这个支持着我不断前进。"

处世的艺术
The art of worldly wisdom

　　我相信罗波最终能够获得成功,因为对于设立的目标,只要你相信自己能做到,最终就一定能做到。人生不如意事十之八九,像罗波这样因失败而丧失信心的例子还有很多,作为他们的家人,只有信任和鼓励他们,才会起到积极作用,那些批评与指责,反而会使情况变得更加糟糕。

　　儒勒·凡尔纳是法国的著名作家,他所著的科幻小说,在世界范围内都受到了广泛的欢迎。在他还没有名气的时候,和这个阶段的多数普通撰稿人一样,他投给出版社的稿子全部都被退了回来。面对一次又一次的失败,他非常生气,要把所写的稿子全部烧掉,幸运的是,他的妻子制止了他。他的妻子坚定地对他说:"凡尔纳,你写的这些东西真的很棒!它们一定会受欢迎的,再试一次,我相信你能成功!"于是,他把稿子寄给另一个出版社,这次果然被选中了。正是由于这一书稿的出版,让凡尔纳一举成名,才有了以后的成就。

　　在家庭生活中,请把批评与指责抛在一边,换成鼓励的方式,可能更容易让对方改变自己。

　　希望丈夫取得成功,婚姻幸福美满,就要做到:

　　(1)一味地批评与指责,只会让你的丈夫开始生气,从而不会听取你丝毫的建议。

　　(2)不要用命令的语气去指挥他如何做,最恰当的方式是让他主动地那样做。为达到这样的目的,鼓励是一种有效的方法。

　　(3)当他遭遇失败、心灰意冷的时候,一定不要去指责或嘲讽他,而应该给他一些鼓励、支持,并对他抱有他充分的信心。

第四节

谈心，能够为婚姻保鲜

我曾收到一封来自加拿大的信，是安大略省的杰克·杜门先生寄给我的，他在信中说了一些自己在婚姻生活里得出的感悟。他这样写道：

"感谢上帝，经过诸多的情感挫折，终于让我遇到了一位理想型的妻子，她美丽、聪慧并且温柔，简直就是完美的化身。在我们结婚后，为了保证让家庭生活更加幸福美满，我就把自己的全部精力投入到工作之中；从另一方面来说，我几乎不管家里的事情，关于维持家庭和经营婚姻的事情，全部都是我的妻子在做。

"起初，我并不觉得这种方式有什么不好，只是慢慢感觉家庭生活没有想象中的那么完美。我的妻子经常和我吵架，但是过不了多长时间，我们就自然和好了，所以我也从没把吵架的事情放在心上。但是有一天，4岁的儿子突然问我说：'爸爸，你为什么不喜欢妈妈？我觉得妈妈很好啊！'听到他这么说，我觉得自己像是一个坏人一样，让我忽然意识

处世的艺术
The art of worldly wisdom

到'妈妈'这个身份对我家庭的重要性，接着我又想到了她还兼顾着'妻子'的身份。当然，我很爱她，但是对于她长期为这个家所做的贡献，我却没有做过任何的表示。下班回到家，就有一桌精心制作的美味晚餐摆在我面前，让我驱散掉身体的所有疲惫；第二天又换上她熨烫整齐的衣服，神采奕奕地去工作。我把这一切都看成理所应当的，是平常的事情。

"听到我儿子的话，我突然想到，可能我妻子有时也会有与儿子同样的想法——杰克是不是不爱我了？是我哪里做错了吗？她会有这些想法，这全部都要怪我。虽然我一直很爱她，但我也无法原谅自己，在婚后的5年里，我从来没有让她享受过幸福、愉快的婚姻生活。

"于是，我专门找出一天的时间，让我们有一次只有两个人的约会，并且真诚地跟她谈些心里话。我非常认真而直接对她说：'我一直爱着你，和以前一样爱你，但之前我也做了很多愚蠢的事情，希望你能原谅我……'我的妻子高兴了许多，并且原谅了我。然后，她也告诉了我她的想法——果然和我预想的一样——她确实也怀疑过我不爱她了。她告诉我，作为妻子，她却没有完全信任与理解自己的丈夫，这让她感到羞愧。

"那次的谈话很有效果，在那之后，我们的婚姻以及生活都有了显著的改变，我的妻子也比以前更快乐了。因此，现在我经常和我的妻子谈心，每个星期起码谈一次心里话。这让我们的婚姻充满了活力，现在仍像是刚结婚的样子。"

第六章

如何拥有一段美满婚姻

夫妻间的和谐相处，的确需要杰克的那种做法。要知道，婚姻不是交换完戒指就能够幸福，而是要告诉你的另一半，你是多么爱他（她），多么愿意两个人共同生活。在婚姻中，很多妻子和丈夫都会有这样的疑惑：结婚之前两个人特别相爱，但在婚后就似乎变得陌生，或者就像是普通的朋友，两人之间完全没有情感的表达。甚至有些夫妻在完成婚姻的仪式后，就不会有任何的深入交流。

事实上，在他们的意见出现分歧、或者彼此产生不满的时候，他们往往会把这些藏起来，自己闷在心里生气，埋怨对方一结婚就变了，婚姻完全没有幸福可言。但他们就是不把自己的那些心里话告诉对方，无论是因为不喜欢还是不好意思。

最后的结果呢？许多破裂的婚姻，往往就是一些平常的琐事造成的，其实并没有一件严重的事情。而这些恰恰是因为缺少沟通。仔细想一下，如果能够及时地把内心真正的想法告诉你的配偶，有什么问题是不能解决的？还会造成现在的冷漠状况吗？

所以，婚姻专家不断地建议我们：多和你的妻子（丈夫）谈谈心——就像杰克所做的。

我们常常会听到"你不爱我了""你为什么不能理解我"，像这样的话已经听到厌烦，但究竟是为什么呢？难道说对方这么快就变心了吗？难道对方其实是个不负责任的人？那么在婚礼上，对着一个要相处一辈子的人，他是随便就做出了幸福的承诺吗？

处世的艺术
The art of worldly wisdom

事情会是这么简单吗？我不否认会有一些这方面的因素，但我始终都不认为这些是主要的原因。既然两个人走到了婚姻这一步，那么他们应该感情稳定，彼此也有一定的了解，也不会有什么不可调和的问题。那么最关键的原因，就是他们在婚后没有好好沟通。

一般来说，多数的丈夫更容易存在这样的问题，杰克就是他们的代表。他们会用这样的理由解释："每天我都要辛苦上班，10个小时下来已经是筋疲力竭，回到家就不想说话，也不想做事。至于家里的那些小事情，就让我的妻子去做好了。"

有这样一个调查统计，在婚后，男人一天和妻子说的话通常在2000个字以内，而男人每天说话的平均字数是15000个。看到这个结果，男人们往往不会认同，他们认为2000个字低得让人难以置信……但相信女人们就不会很惊讶，男人们的那些话，都说给他们的客户、领导、下属和朋友了，下班回家已经是无话可讲了。

如果这种情况还值得理解，那么下面所说的情况就不能让人理解了。如果一个男人，他明明知道妻子可能对自己有所误解，会有"不爱我了""有外遇"之类的想法，在这个时候，他仍然闭口不言，完全没有想要对妻子解释的意思，也没有想过妻子的这种猜测会导致什么后果。这种情况是完全不可理解的，但在现实中却常常存在。

让我们来推演一下，没有及时、足够的沟通是如何导致婚姻破裂的：男人认为他最大的责任是养家，是满足并不断提高

第六章

如何拥有一段美满婚姻

家庭的物质生活，以此为信念的男人开始忙于工作，但却很少有时间是真正放在家里的，也缺少了对妻子在情感上、身体上的抚慰，而这时的女人其实正需要这些东西。当她无法得到满足的时候，自己就会觉得很寂寞、被人忽视、受到了欺骗，接下来就开始抱怨，并且很容易产生许多无端的猜测与怀疑。这些都会让夫妻关系渐渐开始有些疏远、冷漠。

多数男人不会注意到这些，也不会发现夫妻关系微小的变化。在开始的时候，女人还会有耐心，会试着去理解、吸引、改变自己的丈夫，但是她开始主动找丈夫谈心的时候，男人仍然没有丝毫的重视。然后，这种生活慢慢让女人觉得难以忍受，尤其是独自在家时，就很容易产生更多的猜测与怀疑。

于是，女人开始想要挽救自己岌岌可危的婚姻，她变得焦躁不安，也更容易发脾气。她为了尽可能地引起男人的注意，就会不断地刺激他，让他尴尬、愤怒，而男人的反应会让女人更加焦虑。在这个时候，一件小事情就会引起争执，积攒的情绪开始爆发。女人不断借题发挥，而男人仍旧想要忽视发生的矛盾，他认为女人无理取闹，不能理解自己为家庭所做的贡献；还会认为她是一个刻薄、胡搅蛮缠的女人，或许他们根本就不应该在一起生活。女人对男人产生绝望，认为丈夫从来没有重视过自己，最后两人离婚。

事实上，我们推演的内容符合婚姻中的多数情况。这是多么地可怕！而导致这一切的根本原因，仅仅是因为没有及时、足够的沟通。

The art of worldly wisdom

所以,如果你不希望自己的婚姻出现这种情况,那就多和你的妻子(丈夫)谈谈心,让对方知道你内心的想法,这样的婚姻生活才会更加幸福。

让谈心成为夫妻间的必修课,你应该做到:

(1)及时、有效地进行沟通,告诉对方自己的想法,让对方清楚自己此时此刻的心理,这样能够给婚姻保鲜。

(2)如果你觉得对方因某件事对自己有所误解,就要把这件事说清楚,对方一定会理解你的;千万不要把事情藏在心里,那是最愚蠢的做法。

(3)营造轻松愉快的谈话氛围。不过,也要注意自己说话的方式,当你说出自己的想法时,最好不要让对方觉得你在开玩笑。

第五节

切勿在婚姻中喋喋不休

前文中提到的拿破仑三世，在他成为法国皇帝之后，与当时著名的世界第一美女欧仁妮（也译为尤琴）坠入了爱河，并且很快就结婚了。同时，法国有许多大臣反对这场婚姻，他们认为欧仁妮出身不好，来自西班牙一个普通伯爵的家庭。拿破仑三世已做了决定，他对大臣们说道："这又算得了什么？"

作为世界上最美丽的女人，欧仁妮优雅、靓丽、青春活力且魅力四射，这些诱惑让拿破仑三世迷恋上她。在一次大臣们的激烈反对中，他向所有人乃至全国宣布："我已经找到了我最爱的女人，她就是我的妻子；至于那些出身尊贵却素未谋面的女人，并不是我想结婚的对象。"

这场婚姻具备了幸福美满的全部条件，他们有着权力、财富、健康、美貌、爱情。如果把婚姻比作燃烧的圣火，那么从没有像他们的婚姻如此炽热、明亮。

但是，就在不久之后，这团炽热、明亮的圣火却渐渐转向熄灭，最后只留下一片灰烬。拿破仑三世有着至高无上的权力，

处世的艺术
The art of worldly wisdom

他让一个普通伯爵家的女儿成为皇后,可他狂热的爱情与无上的权力,却无法让这个女人停止喋喋不休。

迪巴妒忌宫殿里其他的女人,终日里怀疑和猜测他人,于是,她轻视丈夫作为国王的权威,她要知道拿破仑三世的所有事情。她冲进办理国事的议政厅,她搅乱了拿破仑三世正在与大臣们讨论的重要会议。她要知道拿破仑三世在做什么,不允许他一个人独处,她害怕自己的丈夫去找别的女人。

她经常和自己的姐姐抱怨,她哭诉、责备、喋喋不休!她闯入处理文书的书房,气急败坏,追问不休……拿破仑三世作为法国皇帝,有着无数舒适华丽的宫殿,可没有一个地方,可以让他安静地待在那里。

欧仁妮的那些无理取闹,最后带来的结果是什么呢?

答案可以在历史中找到,在莱哈德著作的《拿破仑三世与尤琴:一个帝国的悲喜剧》一书中,就有着这样的记载:

"在争吵过后,拿破仑三世经常在夜幕下悄悄离开宫殿,他用一顶软帽遮住脸,带着一个最相信的侍从,从宫殿小门出去与一位等待他的美人约会。他们有时在巴黎的城中游玩,有时欣赏那些国王难得一见的夜景……"

描述的这段情景,拿破仑三世避开他的皇后,正是欧仁妮造成的局面。为什么会这样呢?她已经成为尊贵的法国皇后,并且容貌依然倾国倾城,却无法保持住他们的那份爱情。欧仁妮曾痛心哭诉:"我最害怕的事情,还是在我身上发生了。"

这能怪得了他人吗?这完全是她自作自受,在自找苦吃。

第六章

如何拥有一段美满婚姻

这个无知的女人，正是她的猜疑、她的喋喋不休，摧毁了她婚姻中的幸福。那来自地狱摧毁爱情的无情烈火，吵闹是那些魔鬼发明的毁灭性最强的火焰，如同被致命的毒蛇咬到，绝对没有生还的希望。

当有些人明白这点时往往就已经为时已晚。比如俄国大文学家托尔斯泰的妻子，在她临死的时候，对她的子女们忏悔道："你们父亲的死亡，全都是我害的。"

子女们没有回答，相继抱在一起失声痛哭。他们也认为是这样的，父亲的死亡，正是因为母亲无休止的抱怨与责骂造成的。

在常人看来，托尔斯泰与他的妻子生活条件十分优越，照理说应该非常幸福才对。另外，托尔斯泰是世界上最具名气的大文豪之一，他的著作中就有《战争与和平》《安娜·卡列尼娜》这样永留文史的名著。

托尔斯泰还是一个受人崇敬的人，有些追随者甚至整日跟在他身后，记录下他说的每一句话。即使是一句像"我该去睡觉了"这样日常的话，也都被人记在了本子上。如果把那些人记录下的所有文字出版成书籍，加起来大概会有上百卷。

除了拥有极高的名声，托尔斯泰还拥有大量的财富、崇高的地位、可爱的孩子。在这个世上，几乎找不到第二个如此完美的家庭了。他们的婚姻是美满的，并且非常热烈，他们会跪在地上祷告，向上帝祈祷保持这样的快乐。

可是后来，因为对生命的理解，托尔斯泰似乎变了一个人，

处世的艺术
The art of worldly wisdom

他对自己的那些著作感到羞耻，并要放弃著作的出版权。就是从那个时候起，他余下的生命就都奉献给了宣传和平、抵制战争和消除贫穷，并写了许多宣传的文字。

他开始在教堂忏悔，为年轻时候的各种过错做祷告，他要严格听从耶稣的教诲。他把所有的财产送给穷苦的人，田地也分给了他们，而自己去过那种贫苦的日子。他在田地中劳作、砍柴、割草；他自己动手做鞋、打扫卫生，用简单的木碗吃饭，并且试着去向仇敌展示友好。

托尔斯泰的后半段人生算是一场悲剧，造成这个结果的原因正是他的妻子。托尔斯泰鄙视财富，坚持放弃自己文字的版权，不接受任何稿酬、版税，可他的妻子却不愿意他放弃。他的妻子奢侈且虚荣，喜欢来自社会的名誉和赞美。可是，托尔斯泰对那些东西是鄙弃、不屑的，他认为罪恶正是那些财富导致的。

他们争吵了许多年，他的妻子不停地谩骂、哭喊。当他试着说服妻子时，她就会激动地吵闹，躺在地板上撒泼……甚至拿着鸦片药膏，用自杀来威胁丈夫，不然就是跳井。

在他们的婚姻中，接下来发生的一件事情，也是我认为是他一生中最悲惨的事。我曾说过，他们的婚姻在开始的时候非常幸福、美满，却在48年后，托尔斯泰已经完全无法忍受妻子，甚至于不想见到她。

在一天夜晚，这个年迈孤独、希望重温爱情的女人，她跪在托尔斯泰的面前，请求他再读一遍他在50年前为自己写的爱

第六章
如何拥有一段美满婚姻

情诗句。当托尔斯泰读出那些美好诗句的时候，想到之前幸福、甜蜜的生活，却在现在早已成了陌生的回忆，两个人都伤心地哭了起来。如今的现实竟发生了这么大的改变。

终于，在托尔斯泰82岁的时候，那是1919年10月的一个夜晚，那晚天上下着大雪，他再也不想忍受婚姻带来的痛苦，便离开了那个折磨他的家，在黑暗、寒冷中不知所踪。

在11天后，人们在一个车站发现了他，这时他的肺炎已十分严重，在临死前还提出不要让妻子见到他。

这就是托尔斯泰人生悲剧的结局，也是他妻子无休止的吵闹和喋喋不休造成的后果。

或许人们会认为，她在某些地方争吵也不是太过分的事情。没错，我们也不否认这样的看法，但是，我们讨论的主要问题是，那种无休止的吵闹，是能给她带来一些帮助，还是让事情变得更糟？

当托尔斯泰的妻子意识到自己的错误时，早已无法改变事实，她也告诉身边的人："我想我当时是神经错乱了！"

同样地，林肯总统人生最大的不幸也来自他的婚姻。强调一下，并非他的遇刺，而是婚姻。当疯狂的开枪者布斯开枪时，他也没有感觉到痛苦，因为他的婚姻生活让他每天都感到痛苦。

哈顿是他做律师时的一个同事，哈顿这样说道："在他最后的23年中，不幸婚姻造成的痛苦一直围绕着他。"事实上，大概有25年的时间，林肯妻子总是喋喋不休，让林肯的人生充满烦恼。

妻子一直在抱怨、责备林肯，认为他所做的事情全都不对。

处世的艺术
The art of worldly wisdom

她甚至挑剔林肯走路的姿势，批评说他脚步缺少弹性，动作粗鲁不文雅，还总是模仿他走路的样子嘲笑他，总是要求他改正走路姿势。

她还看不惯林肯先生的样貌，指责他的耳朵大，头型简直就是直角；她还指出丈夫鼻子不够挺拔、嘴唇是多么难看，手脚都那么大，偏偏头那么小；毫无避讳地说丈夫就像得了痨病一样。

林肯的妻子和他简直格格不入，无论是在兴趣上、性情上、生长环境、个人修养……还是在智慧与相貌上。他们平时互相看不惯对方，常常争吵、指责对方。

美国上议院的议员毕福·瑞兹是研究林肯人生的权威人物，他在林肯的传记中这样写道："在他们争吵时，林肯夫人的声音十分尖锐刺耳，在隔壁街都能听到。她不停地指责，住在附近的邻居都能听到。除了激烈的言语，她还用各种方法发泄自己的愤恨，要清楚描述她那愤恨的表情，真的非常困难。"

举一个简单的例子：在林肯夫妇婚后的一段时间，他们借住在欧丽夫人的家中。欧丽夫人是春田镇的一个寡妇，为了补贴家用，不得不把屋子租给他人住。

在某一天的早上，林肯夫妇坐在桌边吃早餐，也不知是因为什么，两人起了争执，并且他的妻子非常愤怒，拿起桌上的热咖啡，就泼到了林肯的脸上……

要知道，当时屋子里还有其他的租客，她就当着众人的面那样做了。林肯先生沉默不言，强忍着怒气坐在那里，然后欧丽夫

第六章

如何拥有一段美满婚姻

人走了出来，拿着一块毛巾帮林肯擦拭脸上和衣服上的咖啡。

林肯妻子的妒忌简直让人难以相信，她的反应又是那么的激烈、愤怒……像这样当着众人面做出的毫无修养的事情，随便就能找出好几例子，这些事情即使放在75年后的今天，还会让人难以置信。

她最后真的精神失常了，如果用仁厚的语言来说，那就是她在平时就有些神经过敏。

那些喋喋不休的争吵、责备，真的让林肯先生有所改变吗？从一个方面来说，是的，那些让林肯先生改变了对她的看法，让他开始后悔这段痛苦的婚姻，并且不想与她见面。

他们居住的春田镇，包括林肯在内的就有11个律师，这么多人不可能挤在一起谋生，所以他们经常会骑着马，与当时那片区域所属的第八司法区的泰维斯法官一起，到各个镇子里去，这样的话，他们可以在其他各镇的案件中，找到一些工作。

那些律师都盼望着周末可以返回春田镇，能与家人共度周末的美好时光。只有林肯不是这样，他不愿意回家，春去秋来，他宁愿一个人待在他乡，也不愿回到春田镇的家中。

事实也是如此，他常年住在镇子的小旅馆里，尽管那里条件不是很舒适，可他就是宁愿待在那里，也不想回家听到他妻子永无休止的责备。

无论是林肯的妻子，还是伊琴尼皇后与托尔斯泰夫人，她们对丈夫喋喋不休的结果都是如此。她们让原本可以非常幸福的婚姻转向悲剧，她们亲手把珍爱的婚姻与爱情，就那样给摧

处世的艺术
The art of worldly wisdom

毁了。

海姆伯格在纽约法院工作了11年,处理的就是婚姻纠纷,期间经手过几千件"抛弃"妻子的案子,因而对婚姻问题有很深的见解。他这样说道:"丈夫之所以离开家庭,主要的原因就是因为妻子——她们吵闹个不停、喋喋不休。"《波士顿邮报》也曾登过这样的真理:"正是妻子在平地上接连不断地挖掘,才为她们的婚姻掘出了一座坟墓。"

所以,如果你希望自己的婚姻保持幸福美满,就要注意:

(1)支持你的婚姻伴侣,要知道,夫妻一心,能够克服一切困难。

(2)切勿在婚姻中喋喋不休,如果你要表达自己的意见,请换一个正确的方法。

第六节

性沟通，是婚姻和谐的润滑剂

洛杉矶家庭研究会的保罗·巴毕诺博士，曾经对美国上千对夫妻进行调查统计，他发现美国成年人婚后的性生活质量存在问题。同时根据英国的测试调查显示，婚后性冷淡已经使数百万的英国夫妻受到了困扰。

据调查显示，全球高达40%的女性都曾遇到过丈夫性冷淡的情况，这些女性处于心理与生理上的双重煎熬，这直接造成了他们婚姻生活的不和谐。

因此可以得知，有关性生活的问题，已经上升为全球性的问题。对于追求婚姻幸福的夫妻来说，性生活的缺失会使生活非常难熬并且充满危机。原因很简单，对于巩固和加深夫妻感情来说，和谐的性生活是一个最为之有效的方法。

研究心理学的约翰·华森博士认为："在人们的婚姻生活中，性生活是第一重要的；而且不和谐的性生活，将是造成婚姻破裂的直接原因。"

性生活来源于人类延续生命的本能，既然如此，人们就不

处世的艺术

The art of worldly wisdom

禁会有这样的疑惑：究竟是因为什么，导致了人类无法享受本该存在的欢乐呢？

为此，性医学专家早就开始了深入、细致的研究。他们认为，性生活不和谐的人群，其中99%都不是因为生理上有问题，而是因为很多夫妻有下面的这种默契：

没必要谈论性，每个人都知道；

对方清楚如何让自己满足；

为了避免尴尬，同意对方任何的要求……

正是由于以上种种原因，即使性生活对婚姻幸福的意义非凡，但夫妻两人待在一块的时候，他们常常更乐意谈论其他事情，比如如何布置客厅，厨房刷漆时应该用哪种颜色，会始终避开关于性的话题。他们认为不进行性生活的时候，没有谈论的必要，但当他们开始性生活时，却往往不能直接、充分地表达自己的想法、感情和需要。

比如在晚上8点钟，妻子一副困倦的模样走到床边，温柔地对丈夫说："亲爱的，开始睡觉吧……"

她的丈夫正在专注地看球赛直播，先是转头看了她一下，然后又看了一眼时间，疑惑地对已经在床上的妻子说："怎么这么早就睡了？"

"嗯，我觉得有点困，你不困吗？"妻子这样答道。

"我看完这场球赛，你困就先睡吧！"丈夫的注意力仍在电视上。

这样的场景是不是觉得似曾相识？是的，尽管人物、时间、地点有所不同,说话内容也有所不一样,但这些场景你都经历过——你的婚姻伴侣在暗示性生活,用委婉的方式邀请你,但有些时候,你接收不到她的暗示,还会认为她的行为不可理喻。

是什么地方出了问题呢?在性生活中,当你要求你的妻子换另一种体位时,你每次都要花很多功夫,才会使她按照你说的做,有时也会遭到果断的拒绝。然后你就开始抱怨她完全不爱你了。可是,她真的知道你当时的想法吗?你准确无误地对她说过你心里的想法吗?你告诉她你是为了两个人可以更幸福了吗?或者你只是简单地说了一下自己的想法……

的确如此,如性医学专家得出的结果那样,之所以会发生性生活不和谐的情况,基本都是因为夫妻之间存在沟通上的问题。当然,可以通过一些恰当的方法,解决这个问题。在这里,我有以下几个建议:

1. 保持积极与热情

对性要保持积极与热情,避免失去对它的兴趣。对待性生活,就要像讨论平常的那些事情一样,这有助于让婚姻更加和谐与幸福,是高层次的生活状态。另外,千万不要厌倦性生活,倘若兴趣大失,那可能只是你们没有用对方法。

留出时间享受性生活。不要让工作耗费你全部的精力,也要适当地把精力放在生活上;不要过于重视生活中的琐事,以免影响夫妻间的情趣。在性生活中,你应该投入自己的全部热情,不是完成任务,而应该去享受每一次的乐趣。如果你们遇

处世的艺术
The art of worldly wisdom

到了一些问题，千万不能忽视它，而应该积极去解决问题，"老夫老妻"不是你们的正当理由，不要用类似的借口去掩盖问题。

2. 了解伴侣的想法

在发现夫妻生活异于平常时，必须主动去了解另一半的想法和感受。比如，你的妻子忽然有一次拒绝和你进行性生活，你就要想办法弄清她为什么会这样做。可能她会告诉你，"你享受完了之后，自己倒头就睡，留下我躺在旁边看着你呼呼大睡。"或者是"既然你总是很随便地就结束了，为什么还要频繁地进行性生活呢？"她肯定有拒绝你的原因，极有可能是某种心理上的不平衡。你需要做的，就是了解她的想法，然后主动调整自己的行为。多数人因为嫌麻烦，所以就用无所谓的态度忽视那些问题，但是从婚姻的长久来看，这样的做法是为幸福铺路，是完全值得的。

在你试着去了解对方的想法时，会让对方感受到你对她的一种重视；如果你能满足对方的真正需求，对方就会乐意，甚至主动迎合你。完美的生活状态，就是两个人的心理预期互相契合，这就需要了解对方的需求，才可能让两个人的需求形成一致，从而达到和谐的状态。

认真倾听对方的表达，不要让她觉得你是在敷衍，你应该利用好你的肢体动作和语言，让对方知道你非常重视她在说的东西。

3. 向伴侣袒露心声

在夫妻两个人相处的时候，你应该把自己对性生活的想法告诉对方，这没有什么难为情的。因为只有让对方知道了你真正的想法，对方才有可能满足你。在你告诉对方的时候，多用一些"我想……""我会……"的句子，这样更容易让你的想法得到满足，因为这能让你的伴侣感觉到语言里的责任感，使对方更有安全感。

你要清晰地说出自己的想法，并且尽量是具体的要求，比如"我希望下班回到家时，你能给我一个拥抱"，而不是"我希望你能温柔一点"这样含糊的话。真诚地说出你的真实想法，同时，应该尽量避免那些过分的要求。

4. 感谢并鼓励你的伴侣

在和伴侣愉快相处的时候，就要积极向伴侣表示你的感谢，要善于利用亲密的语言或行为，让对方感觉到你的情绪。不要羞于表达内心的感激，这并不会让人觉得肉麻。感谢你的伴侣，能让对方感觉到他（她）对你的重要性，并且能够让对方获得成就感。不要感到害羞，直接称赞你的老公"你好强壮"或妻子"你好温柔"，性生活就会更加和谐幸福。

如果你的伴侣有所顾虑，担心不能很好地满足你，或者害怕尝试新的性生活方式，你就要鼓励他（她），告诉对方你们会顺利的，让对方知道你对他（她）很有信心。

5. 学习更多的性知识

对性有更多的了解，掌握更多的性知识，能让你们的性生活更加融洽。那些科学的生理知识，会给你很多性生活上的帮

助,并且应该把这些知识作为性生活的准则。

做好性沟通,可以让婚姻生活更加和谐,你一定要做到以下几点:

(1)和谐的性生活是婚姻的基石,只有积极和你的伴侣进行沟通,才能让性生活更加和谐。

(2)大部分失败的性生活,其实并非是生理方面的原因,因此,不要拿身体原因当借口。

(3)找出性生活中的主要问题,并着重解决掉这个难题。

第七节
不要拿离婚作为威胁的筹码

没有人喜欢听到"离婚"这个词,当然,平时也不会有人乐意提到这个词。在婚姻生活中,所有的争吵或者冲动的语言,都没有"离婚"一词带来的伤害大,在所有的问题中,只有这个词会让你的伴侣绝望,并且难以处理。听到这个词的时候,就像是审判席上的被告听到了被判处死刑一样。我相信我所说的这些话,会得到大部分人的赞成。

我要强调的一点是,我说的"离婚"是严肃地通知,而不是在玩笑中说的话。任何具有威慑力的语言,如果用开玩笑的语气说出来的话,就和平常打招呼的词语一样普通了,也就没有了它原有的效力。可是,现在不少人常常用这个词开玩笑,起码没有认真看待这个词带来的后果。

虽然一般的夫妻不会用这个词来开玩笑,但是通过我的观察,现在有越来越多的夫妻开始滥用这个词,经常用这个词来威胁对方。丈夫或是妻子常常使用这种方法,试图改变对方或让其服从自己的命令,并且屡试不爽。其实这种想法很天真。

处世的艺术
The art of worldly wisdom

要知道,这种具有攻击性的威胁,并不能顺利解决所有的问题。

他们经常会这样想:"如果还爱着我,就会听我的话。"那些经常用离婚相威胁的人,他们希望用这种方法获得对方的顺从,如果对方在这时候仍然没有任何行动,那么冲动之下,他们就会真正付诸行动——开始离婚。他们认为离婚是检验婚姻的工具,却不知道,这样的检验方法并不靠谱。

韦萨是我培训班的一名学员,他告诉我,他结婚已经10年了,可他的妻子最近写信向他提出了离婚,信的内容大致是这样的:

"我之所以用写信的方式告诉你,是因为你完全没有认真听过我说话。事实上,我已经告诉你很多次,我要和你离婚,可是你一直认为我只是在威胁你。那么,现在我就告诉你,除非让我看到你的实际行动,不然我立即让这成为现实。"

在交给我那封信时,我看到韦萨非常紧张,当我看完那封信,他立马问我:"先生,我妻子是认真的吗?"

我感到非常不可思议,我不知道如何回答他,因为答案已经是非常明显了。他的妻子给他这样一封言辞激烈的信,他还在怀疑妻子是不是认真的。这里面可能有两种原因:第一种是因为韦萨头脑愚笨——这个我可以帮他否认,因为他是我班里非常聪明的一个学员;那么第二种原因,就是正如他妻子说的那样,已经用了很多次这样的威胁,以至于韦萨仍抱着这只是一种威胁的想法。

正如我预想的那样,韦萨告诉我,他妻子已经多次郑重其

第六章
如何拥有一段美满婚姻

事地告诉他:"如果你没有任何改变,我就要和你离婚。"并且有好几次,俩人之间的冲突比这次还要激烈,韦萨都以为妻子已经要和他离婚了,但是最后都没有。韦萨接着告诉我,他也很想让自己有所改变,可是他仍不相信妻子会真正选择离婚。

面对妻子离婚的威胁,韦萨总是用半信半疑的态度对待。可是这一次,却让韦萨后悔不已——与之前的情况不同,最后,他们真的离婚了。

韦萨感到非常懊恼,他想不明白这其中的原因。他和多数男人一样,抱怨女人难懂。毫无征兆的离婚让他很是茫然。在妻子最后一次跟他说离婚时,他还是把这当成是对他的威胁,或者说是妻子常用的方法。他每次都以为,矛盾没有严重到要离婚的程度。

当然,这件事情的责任并非全在他的妻子,但不可否认的是,那位妻子要担负家庭破裂的主要责任。她把"离婚"作为生活中经常提及的词语,以至于这个词变成了一种威胁。在人们的普遍认知中,离婚代表着婚姻的尽头,应该是情况严重到不可挽回的地步才会说出的话,绝非仅仅是一种威胁。

大部分人在说出"离婚"的时候,心里其实还想着"也许很快就解决了""他会因此而改变的""我是不是太冲动了"这一类的问题,这些说出离婚的人并不是真正想要付诸行动,这些人也没有对对方彻底绝望。在说出这句话的时候,他们真的很生气,并且当时也有离婚的念头,但过了那段时间,他们就不再有这种想法。为什么会说"离婚"被很多人当作了一个威

处世的艺术

The art of worldly wisdom

胁？像上面这样解释，大概就清楚了。

因此，在你没有做好最终的决定之前，不要轻易说出这个词。离婚应该是婚姻的底线，而并非是作为威胁的筹码，也不是一种交换的条件。如果婚姻真的已经不可挽救，你才可以说："我要和你离婚！"

不要拿离婚作为威胁，你要知道：

（1）离婚不是一种筹码、谈判条件，也不是什么灵丹妙药；与之相反，它更多的时候是婚姻的毒药与屠刀。

（2）如果对方的某个毛病真的让你无法容忍，想要拿离婚作威胁让其改正，这不是一个聪明的做法。这种做法反而很愚蠢，你完全能够找到更有效的方法让他改正。

（3）也可能出现这样的情况：你随口提出离婚时，对方却认真了，那么你便只能独自懊悔了。

（4）他只要还不想离婚，就会为我改变——这其实是你单方面的想法，反而会弄巧成拙；因为男人们往往会这样认为：她因为这么小的事情就提出离婚，看来是真的不爱我了。